DICTIONNAIRE

DES

SCIENCES NATURELLES.

TOME XXIII.

IEA = IRY.

---

*Le nombre d'exemplaires prescrit par la loi a été
déposé. Tous les exemplaires sont revêtus de la signature
de l'éditeur.*

DICTIONNAIRE

DES

SCIENCES NATURELLES,

DANS LEQUEL

ON TRAITE MÉTHODIQUEMENT DES DIFFÉRENS ÊTRES DE LA NATURE, CONSIDÉRÉS SOIT EN EUX-MÊMES, D'APRÈS L'ÉTAT ACTUEL DE NOS CONNOISSANCES, SOIT RELATIVEMENT A L'UTILITÉ QU'EN PEUVENT RETIRER LA MÉDECINE, L'AGRICULTURE, LE COMMERCE ET LES ARTS.

SUIVI D'UNE BIOGRAPHIE DES PLUS CÉLÈBRES NATURALISTES.

Ouvrage destiné aux médecins, aux agriculteurs, aux commerçans, aux artistes, aux manufacturiers, et à tous ceux qui ont intérêt à connoître les productions de la nature, leurs caractères génériques et spécifiques, leur lieu natal, leurs propriétés et leurs usages.

PAR

Plusieurs Professeurs du Jardin du Roi, et des principales Écoles de Paris.

TOME VINGT-TROISIÈME.

F. G. LEVRAULT, Éditeur, à STRASBOURG, et rue des Fossés M. le Prince, N.° 31, à PARIS.

LE NORMANT, rue de Seine, N.° 8, à PARIS.

1822.

Liste des Auteurs par ordre de Matières.

Physique générale.

M. LACROIX, membre de l'Académie des Sciences et professeur au Collége de France. (L.)

Chimie.

M. CHEVREUL, professeur au Collége royal de Charlemagne. (Ch.)

Minéralogie et Géologie.

M. BRONGNIART, membre de l'Académie des Sciences, professeur à la Faculté des Sciences. (B.)

M. BROCHANT DE VILLIERS, membre de l'Académie des Sciences. (B. de V.)

M. DEFRANCE, membre de plusieurs Sociétés savantes. (D. F.)

Botanique.

M. DESFONTAINES, membre de l'Académie des Sciences. (Desf.)

M. DE JUSSIEU, membre de l'Académie des Sciences, prof. au Jardin du Roi. (J.)

M. MIRBEL, membre de l'Académie des Sciences, professeur à la Faculté des Sciences. (B. M.)

M. HENRI CASSINI, membre de la Société philomatique de Paris. (H. Cass.)

M. LEMAN, membre de la Société philomatique de Paris. (Lem.)

M. LOISELEUR DESLONGCHAMPS, Docteur en médecine, membre de plusieurs Sociétés savantes. (L. D.)

M. MASSEY. (Mass.)

M. POIRET, membre de plusieurs Sociétés savantes et littéraires, continuateur de l'Encyclopédie botanique. (Poir.)

M. DE TUSSAC, membre de plusieurs Sociétés savantes, auteur de la Flore des Antilles. (De T.)

Zoologie générale, Anatomie et Physiologie.

M. G. CUVIER, membre et secrétaire perpétuel de l'Académie des Sciences, prof. au Jardin du Roi, etc. (G. C. ou CV. ou C.)

Mammifères.

M. GEOFFROY, membre de l'Académie des Sciences, professeur au Jardin du Roi. (G.)

Oiseaux.

M. DUMONT, membre de plusieurs Sociétés savantes. (Ch. D.)

Reptiles et Poissons.

M. DE LACÉPÈDE, membre de l'Académie des Sciences, professeur au Jardin du Roi. (L. L.)

M. DUMERIL, membre de l'Académie des Sciences, professeur à l'École de médecine. (C. D.)

M. CLOQUET, Docteur en médecine. (H. C.)

Insectes.

M. DUMERIL, membre de l'Académie des Sciences, professeur à l'École de médecine. (C. D.)

Crustacés.

M. W. E. LEACH, membre de la Société royale de Londres, Correspondant du Muséum d'histoire naturelle de France. (W. E. L.)

Mollusques, Vers et Zoophytes.

M. DE BLAINVILLE, professeur à la Faculté des Sciences. (De B.)

M. TURPIN, naturaliste, est chargé de l'exécution des dessins et de la direction de la gravure.

MM. DE HUMBOLDT et RAMOND donneront quelques articles sur les objets nouveaux qu'ils ont observés dans leurs voyages, ou sur les sujets dont ils se sont plus particuliérement occupés. M. DE CANDOLLE nous a fait la même promesse.

M. F. CUVIER est chargé de la direction générale de l'ouvrage, et il coopérera aux articles généraux de zoologie et à l'histoire des mammifères. (F. C.)

DICTIONNAIRE

DES

SCIENCES NATURELLES.

IEA

IEAIEAMADOU. (*Bot.*) Nom donné, suivant Aublet, par les Créoles de Cayenne, à une espèce de muscadier sauvage, *virola sebifera* de cet auteur, que les naturels d'Oyapoc nomment *voirouchi*, et les Galibis *dayapa* et *virola*. Ses graines donnent un suif dont on fait des chandelles dans la Guiane. (J.)

IEBAL, EBAL (*Bot.*) : noms africains du chiendent des boutiques, selon Ruellius et Mentzel. (J.)

IEBLE (*Bot.*), nom vulgaire d'une espèce de sureau, *sambucus ebulus*, Linn. Voyez HIELLE. (L. D.)

IEIERECOU. (*Bot.*) Voyez COUGUERECOU. (J.)

IELLOO (*Ornith.*), nom du gypaète chez les Mongols. (CH. D.)

IEONPALA. (*Bot.*) Voyez JEONPALA. (J.)

IERABOTANE. (*Bot.*) Voyez HIERABOTANE. (J.)

IERATOUNE. (*Bot.*) Nom grec d'une plante citée par Clusius, dans son *Hist. plant.*, ayant le port d'un trèfle ou d'un lotier, des gousses que l'on peut manger avant leur maturité, comme celles des pois ou haricots. Cet auteur ne détermine pas l'espèce. (J.)

IEREE. (*Foss.*) Dans l'exposition méthodique des genres de l'ordre des polypiers, M. Lamouroux a établi sous ce

23.

A

nom un genre nouveau, auquel il assigne les caractères suivans : *Polypier fossile, simple, pyriforme, pédicellé ; pédicule très-gros, cylindrique, s'évasant en masse arrondie, à surface lisse ; un peu au-dessus commencent les corps de la grosseur d'une plume de moineau, longs, cylindriques, flexueux, solides, plus nombreux et plus prononcés à mesure que l'on s'éloigne de la base, et formant la masse de la partie supérieure du polypier ; sommet tronqué, présentant la coupe horizontale des corps cylindriques observés à la circonférence.*

Cet auteur dit qu'il est extrêmement difficile de prononcer sur la classe à laquelle appartient ce singulier corps ; il ne peut dire si c'est une actinie, un alcyon ou bien un polypier sarcoïde actinaire. Il croit que, si c'étoit une actinie, les corps cylindriques en seroient les tentacules. Si ces corps étoient des cellules ou des tubes polypeux, n'étant pas épars sur la surface du polypier, l'ierée ne pourroit appartenir aux alcyonées, et il le place provisoirement parmi les polypiers actinaires.

M. Lamouroux a donné à cette espèce le nom d'*Ierée pyriforme*, et d'après la figure qui se trouve dans l'ouvrage ci-dessus cité, pl. 78, n.° 5, ce corps a quatre pouces et demi de longueur sur trois pouces de diamètre. L'individu qui a servi à établir les caractères du genre, ayant été roulé par les eaux, on peut croire qu'il dépend d'une couche qui paroît moins ancienne que le banc bleu des Vaches noires, et qu'on trouve à Saint-Himer, près de Pont-l'Évêque, département du Calvados, à Laigle et aux environs de Mortagne, département de l'Orne. Cette couche, qui semble être crayeuse, renferme une grande quantité de polypiers dépendans de la famille des alcyonées.

Dans le supplément du premier volume de ce Dictionnaire nous avons décrit, à l'article ALCYON, page 108, une espèce que nous rapportons à ce genre, et à laquelle nous avons donné le nom d'*alcyon changeant* ; mais elle paroît avoir beaucoup de rapport avec le genre Ierée. Sa forme n'est pas précisément la même ; mais j'ai la preuve que différens individus qui dépendent de cette espèce sont d'une forme plus ou moins alongée. Ceux que je possède, au lieu de corps longs, flexueux et solides, ont leur surface supérieure criblée de trous arrondis, lesquels ont pu contenir des corps qui auroient disparu, comme il arrive souvent aux astrées de certaines localités; ou bien les corps qu'on remarque dans l'Icrée pyriforme ne seroient peut-être qu'une gangue moulée dans ces trous.

Au surplus je pense que ces polypiers doivent être distingués des alcyons, et surtout de ceux qu'on a appelés figue de mer et hallirhoé. (D. F.)

IEUSE ou YEUSE. (*Bot.*) C'est une espèce de chêne, *quercus ilex*, Linn. Voyez CHÊNE. (L. D.)

IEUZ. (*Bot.*) Voyez GIANZI. (J.)

IF: *Taxus*, Linn. (*Bot.*) Genre de plantes dicotylédones, de la famille des *conifères*, Juss., et de la *diœcie monadelphie* de Linnæus, dont les principaux caractères sont les suivans: fleurs monoïques ou dioiques: dans les mâles, calice de plusieurs écailles imbriquées; les supérieures plus grandes, opposées; cinq à dix étamines ayant leurs filamens réunis en colonne saillante et portant des anthères rapprochées en tête: dans les fleurs femelles, calice comme dans les mâles; ovaire ovoïde, porté sur un réceptacle orbiculaire et surmonté d'un stigmate sessile; noix monosperme, presque entièrement recouverte par le réceptacle qui a pris de l'accroissement après la fécondation, est devenu pulpeux et presque de la forme d'une baie.

Les ifs sont des arbres à rameaux nombreux, à feuilles simples, toujours vertes, et à fleurs axillaires. On en connoît huit à dix espèces, dont l'une croit naturellement en Europe. Ce sera particulièrement de celle-ci que nous traiterons dans cet article, et nous ne dirons que quelques mots des espèces exotiques.

IF BACCIFERE ou IF COMMUN: *Taxus baccifera*, Linn., *Spec.*, 1472; Nouv. Duham., 1, pag. 61, tab. 19; Blackw., *Herb.*, tab. 572. Cette espèce est un arbre dont la tige, cylindrique et très-droite, s'élève à trente ou quarante pieds de hauteur, ou un peu plus, en se partageant latéralement en branches nombreuses, presque verticillées, dont les dernières ramifications sont garnies de feuilles linéaires, d'un vert foncé, très-rapprochées les unes des autres, et disposées de deux côtés opposés. Les fleurs sont axillaires, sessiles, monoïques ou dioïques, roussâtres ; les mâles très-nombreuses, et les femelles plus rares. Les fruits sont de petites noix ovoïdes, contenant une amande oléagineuse, et aux trois quarts enveloppées par le réceptacle, qui a pris de l'accroissement, est devenu pulpeux, d'un rouge vif et a presque la forme d'une baie, d'où l'on donne souvent le nom de baies à ces fruits.

L'if croît naturellement dans les lieux secs et froids des montagnes de la France et de l'Europe, dans le nord de l'Asie et dans le Canada.

L'histoire de l'if présente beaucoup de contradictions, quand on recherche ce que les divers auteurs ont écrit sur ses propriétés : les uns n'en ont parlé que comme d'un arbre dont toutes les parties étoient mal-faisantes ; les autres, au contraire, ont prétendu qu'il n'avoit pas de qualités nuisibles.

Théophraste, le plus ancien auteur dans lequel il soit question de l'if, dit que ses feuilles sont un poison pour les chevaux, mais que les ruminans peuvent en manger sans en éprouver aucun mal ; et il ajoute que ses fruits, mangés par les hommes, ne leur font de même aucun mal.

Les Gaulois, d'après le témoignage de Strabon, employoient le suc de l'if pour empoisonner leurs flèches, et César, dans ses Commentaires (*de bello gallico, lib. VI*), rapporte que Cativulcus, roi des Éburoniens, se servit de ce même suc pour s'empoisonner.

S'il faut en croire Plutarque, l'if est surtout mal-faisant pendant qu'il est en fleur ; et c'est, sans doute, parce que Virgile croyoit aux dangereuses émanations de cet arbre pendant sa floraison, qu'il le dit nuisible aux abeilles et qu'il ne veut pas qu'on en plante près des maisons.

> *Sic tua Cyrneas fugiant examina taxos.*
> Eclog. IX , vers. 3o.

> *Ne proprius tectis taxum sine . . . .*
> Georg., lib. IV, vers. 47.

Lucrèce fait aussi allusion aux dangereuses propriétés de l'if dans les deux vers suivans :

> *Est etiam magnis Heliconis montibus arbor ,*
> *Floris odore hominem tetro consueta necare.*

Dioscoride confirme tout ce que nous avons rapporté jusqu'à présent des propriétés mal-faisantes de l'if : selon lui, les
fruits de cet arbre donnent le flux de ventre aux hommes,
et il ajoute que, dans la Gaule Narbonnoise surtout, il recèle
un venin si délétère que son ombrage suffit pour rendre ma-
lades ceux qui se reposent ou s'endorment dessous, et que
même on a eu des exemples de personnes qui avoient péri par
le seul effet des émanations reçues de cette manière.

Pline dit que l'aspect de l'if est triste et de mauvais augure, et il renchérit encore sur les mauvaises qualités que
lui attribue Dioscoride : car il assure d'une manière positive
que ses fruits sont vénéneux, surtout en Espagne, et que le
bois partage ces mêmes qualités délétères, des personnes étant
mortes pour avoir bu du vin qui avoit été renfermé dans des
tonneaux de bois d'if. Il ajoute d'ailleurs que quelques auteurs ont prétendu que les poisons qui servent à empoisonner les flèches avoient d'abord été appelés *taxica*, du nom
latin de l'if, *taxus*, et que ce n'est que par la suite que cette
dénomination fut changée en celle de *toxica*. Cette dernière
assertion de Pline a été réfutée par plusieurs commentateurs,
qui se fondent, avec raison, sur ce que Dioscoride emploie
le mot τόξικον, pour signifier venin ou poison, non comme
dérivé du latin, mais comme emprunté aux Barbares qui
ont coutume d'empoisonner leurs flèches et qui les nomment
toxa.

En suivant l'histoire de l'if des auteurs anciens dans les
modernes, Matthiole nous apprend qu'il a traité des bergers
et des bûcherons attaqués de fièvres ardentes pour avoir
mangé des fruits d'if. J. Bauhin rapporte que des chevaux
et animaux domestiques sont morts après en avoir brouté les
feuilles. Le jésuite Schott dit que ces mêmes feuilles, jetées
dans des eaux dormantes où il y a des poissons, les étour-
dissent et les engourdissent au point qu'on peut ensuite les
prendre à la main. Rai confirme aussi ce que les anciens ont
dit des dangereuses émanations de l'if, en rapportant que
les jardiniers qui étoient chargés de tondre un if très-touffu
dans le jardin de Pise, ne pouvoient résister plus d'une demi-
heure de suite à ce travail, et qu'ils étoient empêchés de le
continuer par les violentes douleurs de tête qu'ils ressentoient.

On est très-persuadé en Normandie, où l'on trouve l'if communément, que ses feuilles et même son bois sont vénéneux; et on y raconte une histoire de deux curés morts subitement dans une chambre lambrissée en if, et que leur successeur ne put habiter sans danger qu'après en avoir fait enlever la fatale boiserie.

Malgré tous les témoignages que nous venons de citer, quelques auteurs n'ont pas craint d'être d'un sentiment contraire et de révoquer en doute les propriétés mal-faisantes de l'if. Ainsi, Suétone, parmi les anciens, rapporte que l'empereur Claude fit publier que le suc des fruits de cet arbre étoit l'antidote du venin de la vipère; et, parmi les modernes, Lobel, Gleditsch, le continuateur de la Matière médicale de Geoffroy, et Bulliard, se sont prononcés affirmativement pour l'innocuité de ces fruits, et Pena, Daléchamps et Gérard ont assuré, le dernier surtout, après en avoir fait l'expérience lui-même, qu'on pouvoit impunément s'endormir à l'ombre de l'if.

M. Rever, dont nous parlerons encore plus bas, m'a fait assurer que c'étoit chez lui-même qu'étoit arrivée l'histoire des curés dont on attribue la mort à une poutre d'if qui se trouvoit dans leur chambre; mais qu'ayant eu occasion d'habiter cette même chambre, au lieu de faire retirer la poutre, il en brava l'influence, en plaçant son lit sans rideaux sous cette même pièce de bois, et que non-seulement il n'en mourut pas subitement, comme ses prédécesseurs, mais encore qu'il se porte bien à présent, plus de trente ans après.

Il seroit difficile, d'après ces autorités nombreuses et contradictoires, de se prononcer pour ou contre ce qu'on doit définitivement penser des bonnes ou mauvaises qualités de l'if, si les expériences positives qui ont été faites, dans ces derniers temps, sur les différentes parties de cet arbre, ne nous mettoient à même de l'apprécier maintenant d'une manière plus certaine.

M. Percy, qui a été chirurgien en chef des armées, et qui est aujourd'hui membre de l'Académie françoise, a fait, il y a trente et quelques années, des observations suivies sur l'emploi des fruits de l'if à l'intérieur, et il s'est assuré qu'ils étoient adoucissans, diurétiques et laxatifs; qu'il faudroit en prendre une grande quantité pour qu'ils pussent produire un flux de ventre abondant, mais, d'ailleurs, sans danger.

A peu près dans le même temps que M. Percy, M. Harmand de Montgarny a fait connoître les expériences qu'il avoit faites avec l'extrait et la poudre de feuilles ou de l'écorce de l'if; et, d'après ses expériences, ces préparations, quand elles étoient portées à des doses un peu fortes, comme douze grains pour l'extrait et deux gros pour la poudre, ont causé divers accidens, tels que la diarrhée, des nausées, des vomissemens, des vertiges, un assoupissement, un engourdissement plus ou moins long, avec la rigidité des extrémités.

Le même rapporte qu'il périt une grande partie de poissons dans un canal où l'on avoit jeté des racines d'if, et que des gens qui mangèrent de ce poisson empoisonné, eurent, pendant plusieurs jours, un dévoiement copieux, accompagné de coliques. Deux faits encore, rapportés par le même M. de Montgarny, tendent aussi à faire croire que les vapeurs qui s'échappent de l'if sont véritablement narcotiques. Un chien tomboit dans une sorte d'assoupissement léthargique qui duroit plusieurs heures, toutes les fois qu'il s'endormoit sous un if très-touffu; et une fille de vingt-six ans s'étant endormie un soir sous le même arbre, elle demeura, pendant deux jours, dans une sorte d'ivresse.

Le docteur H. Perceval, de Manchester, rapporte, dans la Bibliothèque britannique de Juillet 1808, plusieurs observations qui prouvent l'effet vénéneux des feuilles de l'if, et d'après lesquelles il paroît que ces feuilles sont beaucoup plus mal-faisantes lorsqu'elles sont fraîches que lorsqu'elles sont desséchées. Plusieurs animaux sont morts après qu'on leur en eut fait prendre le suc exprimé pendant qu'elles étoient dans le premier état.

Enfin, on peut conclure des expériences récentes rapportées ou faites par M. le docteur Orfila, que le suc retiré des feuilles d'if, ou l'extrait qu'on en peut préparer, sont vénéneux. Environ neuf gros du premier, qu'on a fait avaler à un petit chien, lui ont donné la mort; et un autre animal de la même espèce et de moyenne taille a également succombé, quelques heures après l'injection dans la veine jugulaire de quarante grains de l'extrait aqueux des feuilles, dissous dans une demi-once d'eau.

Pour résumer tout ce que nous avons dit jusqu'à présent sur les propriétés de l'if, nous croyons que les expériences des modernes confirment assez ce que les anciens avoient dit contre cet arbre, pour qu'on doive le ranger au nombre des espèces végétales suspectes et mal-faisantes.

Point de doute que le suc des feuilles et leur extrait ne soient vénéneux à une dose un peu forte, et que dans les pays plus chauds que le nord de la France et l'Angleterre, comme en Grèce, en Italie, en Espagne, ce suc ne puisse être encore plus délétère ; et que l'ombre des ifs, qui, le plus souvent, n'a fait éprouver aucun mal à ceux qui s'y étoient exposés dans notre pays ou en Angleterre, peut très-bien, dans des climats plus méridionaux, avoir causé des assoupissemens léthargiques, qui quelquefois même auront été suivis de la mort.

Quant aux fruits de l'if, ils paroissent être exempts des mauvaises qualités propres aux feuilles, au bois et à l'écorce, et leur pulpe devient seulement laxative lorsque, comme celle de beaucoup d'autres fruits, elle est prise en trop grande quantité. L'amande contenue dans la petite noix, qui est le véritable fruit de l'if, a une saveur agréable, analogue à celle de la noisette : elle fournit par expression une huile qu'on peut employer pour l'assaisonnement des alimens et autres usages économiques; mais on n'est pas dans l'habitude de faire l'extraction de cette huile.

Le bois d'if est d'un rouge brun, plus ou moins veiné : c'est le plus pesant des bois de l'Europe après le buis; le pied cube pèse, vert, quatre-vingts livres neuf onces, et lorsqu'il est parfaitement sec, soixante-une livres sept à huit onces. Il est très-dur et presque incorruptible ; il a le grain fin, serré, se travaille facilement et est susceptible de recevoir un très-beau poli. Varennes de Fenille a trouvé le moyen de lui donner une couleur d'un pourpre violet assez vif, qui le rapproche beaucoup de la beauté de certains bois des Indes. Ce moyen consiste à en faire immerger des tablettes très-minces dans l'eau d'un bassin pendant quelques mois ; cela développe sa partie colorante au point qu'elle pénètre tout le bois assez profondément pour que l'outil ne l'enlève pas dans le travail qui suit le placage. Cette opération réussit encore plus promptement lorsque le bois a toute sa séve au moment où il est plongé dans l'eau.

Les menuisiers, les ébénistes, les luthiers, les tourneurs, recherchent le bois d'if; il est excellent pour tous les ouvrages qui exigent de la force et de la durée. On l'emploie pour les vis, les dents d'engrenage des roues de moulins, les essieux de voitures. On en fait de très-beaux meubles, des vases, des tabatières, des étuis; on en a vu des ouvrages de marqueterie et de sculpture conservés sans aucune vermoulure, quoiqu'ils fussent faits depuis plus de cinq cents ans. Les anciens se servoient de ses branches pour faire des arcs, parce que son bois joint aux autres qualités dont nous avons déjà parlé, une grande élasticité. Virgile a dit, en parlant de cet usage,

> . . . . . . *Ityræos taxi torquentur in arcus.*
> Georg., lib. II, v. 448.

Aujourd'hui, les habitans des Alpes font, avec les branches de cet arbre, des cercles et des échalas qui durent très-longtemps. Pallas dit qu'en Colchide et en Géorgie on se sert aussi de ces échalas pour les vignes, et qu'ils sont presque incorruptibles.

Chez les Romains, l'if étoit regardé, ainsi que nous l'avons dit plus haut, comme un arbre triste et de mauvais augure, et ses rameaux servoient à faire des couronnes pour les cérémonies lugubres; c'est à quoi Statius fait allusion dans les vers suivans :

> . . . . *En taxea marcet*
> *Sylva comis, hilaresque hederas plorata cupressus*
> *Excludit ramis.*

La verdure continuelle de l'if a été regardée comme un symbole de l'immortalité; elle l'avoit fait consacrer chez nos ancêtres aux plantations dans les cimetières : aujourd'hui le cyprès est plus particulièrement destiné à ombrager les tombeaux; cependant, dans quelques cantons de la Suisse, en Angleterre et surtout en Écosse, on a conservé l'usage de placer des ifs dans les cimetières.

Il y a cent ans et plus, l'if étoit très-multiplié dans les parcs et dans les grands jardins d'agrément : docile à la taille, il prenoit, sous les ciseaux du jardinier, toutes les formes qu'on vouloit lui donner. Le plus souvent on le tailloit en boules, en pyramides, en palissades, en portiques disposés avec symétrie dans les allées des parcs et des parterres ; il fut même un temps où on lui faisoit prendre les formes les plus bizarres et les plus fantastiques. On a vu des ifs taillés de manière à représenter des saints et des anges, des dieux et des héros de la fable, quelquefois des animaux et des vases. Aujourd'hui la mode ridicule de défigurer l'if est passée, depuis que les jardins paysagers, dits jardins anglois, sont devenus le goût dominant. Dans ces derniers, on ne donne plus de place qu'à un petit nombre de ces arbres, que l'on groupe avec les autres arbres verts, en les laissant croître en liberté.

L'if se multiplie de graines, de boutures et de marcottes. Le premier moyen est préférable, parce que les arbres qui en proviennent s'élèvent plus droits et forment une tête plus touffue et plus régulière. Ceux, au contraire, qui sont venus de boutures ou de marcottes, sont sujets à se courber d'un côté ou de l'autre, et ne sont jamais aussi vigoureux.

Il faut semer les graines de l'if avec la pulpe qui les entoure et aussitôt qu'elles sont mûres ; lorsqu'on attend au printemps, elles ne germent que l'année d'après. On sème dans un terrain exposé au nord, un peu ombragé, et on recouvre les graines d'un demi-pouce de terreau de bruyère. Toutes les graines ne lèvent pas la première année ; il y en a qui ne poussent que la deuxième et même la troisième. A la fin de l'automne de la deuxième année du semis, on peut mettre les jeunes ifs en pépinière, jusqu'à ce qu'on les place à demeure, ce que l'on peut faire depuis l'âge de quatre jusqu'à six ans.

L'if n'est point délicat : il s'accommode de presque toutes les espèces de terrains ; mais il se plait mieux à l'ombre qu'au grand soleil. Il craint peu le froid, et depuis l'hiver de 1709, le plus rigoureux dont on ait mémoire en France et qui en a endommagé plusieurs, on en a rarement vu qui aient été maltraités par le froid.

L'if vit très-long-temps et acquiert avec les années une grosseur colossale. Il existe, dans le département de l'Eure, plusieurs ifs remarquables par leur grosseur et leur vétusté. M. Rever, correspondant de l'Académie des inscriptions et belles-lettres de Rouen, rapporte (dans un ouvrage ayant pour titre : Voyage des élèves de l'école centrale d'Évreux dans le département de l'Eure) que l'on voit dans la commune de Foullebec, à deux lieues de Pont-Audemer, un de ces arbres qui a vingt-un pieds de pourtour. Sa grosseur prodigieuse et sa solidité extraordinaire suffisent pour soutenir le chœur de l'église à laquelle il est adossé, et qui s'écrouleroit dans un profond ravin si l'arbre ne lui prêtoit pas son appui. . . . Dans le feuillage de ce vieux if nichent une foule d'oiseaux, tels que fauvettes, merles et grives, qui dévorent avec avidité les baies extrêmement douces que l'arbre produit encore en abondance.

M. Le Prevost, membre de l'Académie de Rouen, qui cultive avec succès les sciences naturelles, et qui en même temps s'occupe beaucoup des antiquités et des choses curieuses qu'on trouve dans la ci-devant Normandie, en m'annonçant que l'if de Foullebec existe encore aujourd'hui, à peu près tel qu'il a été décrit, il y a quelques années, par M. Rever, m'écrit que l'if est indigène dans plusieurs localités du département de l'Eure, et qu'on voit dans le cimetière de Boisney, arrondissement de Bernay, deux de ces arbres placés à quelques pas de distance, dont l'un a vingt et l'autre seize pieds de tour, et qu'il n'est pas rare d'en trouver de dimensions à peu près analogues dans le même département.

Mais ces ifs de l'ancienne Normandie paroîtront beaucoup moins étonnans quand on saura qu'il en existe un à Fortingall, en Écosse, dont la grosseur a beaucoup plus du double. Dans ce pays, assure-t-on, on montre aux voyageurs un if qui a cinquante-trois pieds (mesure angloise) de circonférence. Il est maintenant ouvert et en assez mauvais état ; un cimetière est à côté : les processions funèbres passent par l'ouverture du tronc. Quelques-unes de ses branches sont encore vertes, et beaucoup de voyageurs en emportent des morceaux, comme des reliques.

Ces arbres doivent être fort âgés, car l'if croît très-lentement : on a compté cent cinquante couches annuelles sur un tronc qui n'avoit que treize pouces de diamètre, et deux cent quatre-vingts sur un autre qui, mesuré de même, n'avoit que vingt pouces ; ce qui ne suppose guère plus de cinq pieds de circonférence pour un arbre de deux cent quatre-vingts ans ; et en prenant ce dernier pour terme de comparaison, l'if de Foullebec auroit onze à douze cents ans d'ancienneté, et celui de Fortingall en auroit peut-être près de trois mille. On aura peine à croire que ces arbres puissent dater d'une antiquité aussi reculée, et il est possible d'ailleurs que la nature du terrain et la vigueur particulière à certains individus hâtent quelquefois leur croissance : ainsi, parmi plusieurs ifs qui existent au Jardin du Roi à Paris, au lieu appelé les *petites Buttes*, et qui passent pour avoir été plantés peu après l'établissement de ce jardin, en 1635, ce qui leur donne environ cent quatre-vingts ans d'âge, le plus gros de ces arbres, mesuré à hauteur d'homme, a cinq pieds deux pouces de circonférence. En supputant l'âge des ifs de Foullebec et de Fortingall d'après celui du Jardin du Roi, le premier auroit environ huit cents et le second dix-huit cents à deux mille ans.

Jusqu'à présent il n'a été question que de l'if commun ; il nous reste à parler des espèces exotiques qui sont cultivées maintenant dans nos jardins.

If nucifère : *Taxus nucifera*, Linn., *Spec.* 1472 ; Gærtn., *Fruct.*, tab. 91, fig. 6. C'est un arbre élevé, branchu, à feuillage élégant, consistant en feuilles deux fois ailées, ressemblant à de petits rameaux, et composées d'une grande quantité de folioles linéaires, alternes, presque imbriquées, d'un vert glauque. Ses fruits sont des noix ovales-aiguës, lisses, de la grosseur d'une olive, entourées d'une pulpe verdâtre, fibreuse, et contenant une amande oléagineuse. Cette espèce croît naturellement au Japon. Dans ce pays, on mange les amandes de ses fruits, que l'on préfère lorsqu'elles sont sèches, parce qu'elles sont moins âpres et meilleures que fraîches. On en retire par expression une huile dont on fait usage dans les cuisines. L'if nucifère pourra passer l'hiver en pleine terre dans nos départemens du midi ; à Paris et dans le nord, il faut le rentrer dans l'orangerie pendant l'hiver. Comme il ne fructifie pas, on le multiplie de marcottes et de boutures.

If verticillé : *Taxus verticillata*, Thunb., *Flor. Jap.*, 276; Lamk., Dict. encycl., tom. 5, pag. 250. Arbre de quinze à vingt pieds, dont les rameaux nombreux, serrés et plus courts à mesure qu'ils approchent du sommet, forment une cime touffue, conique, à peu près semblable à celle du cyprès. Ses feuilles sont linéaires, obtuses, arquées en faux, glabres, vertes et convexes en-dessus, pâles et concaves en-dessous, avec deux lignes saillante. Les feuilles sont de la longueur du doigt, sessiles et verticillées environ huit ensemble.

Cette espèce croit naturellement au Japon; nous ne la possédons en France que depuis quatre ans. On dit qu'en Angleterre on la cultive en pleine terre. Comme elle est encore fort rare, on la rentre dans l'orangerie pendant l'hiver. Elle peut se multiplier de boutures. Au Japon, on se sert de son bois. qui est blanc, léger et durable, pour faire des boites, des coffrets et autres petits ustensiles; plongé dans l'eau chaude, il exhale une odeur agréable. Voyez Hi. (L. D.)

IF (*Conchyl.*), nom vulgaire d'une espèce de cérite, *C. aculeatum*, *Murex aculeatus*. (De B.)

IFLOGE, *Ifloga*. (*Bot.*) [*Corymbifères*, Juss. = *Syngénésie polygamie superflue*, Linn.] Ce genre de plantes, que nous avons proposé dans le Bulletin des sciences de Septembre 1819. appartient à l'ordre des synanthérées, à notre tribu naturelle des inulées, et à la section des inulées-gnaphaliées. Voici les caractères génériques que nous avons observés sur des échantillons secs, dans les herbiers de MM. Desfontaines et de Jussieu.

Calathide subcylindracée, discoïde : disque pluriflore, régulariflore, androgyniflore; couronne plurisériée, tubuliflore, féminiflore. Péricline un peu supérieur aux fleurs, formé de squames subunisériées, à peu près égales, appliquées, concaves, ovales-lancéolées, acuminées. coriaces-scarieuses, dorées. inappendiculées. Clinanthe cylindrique, court, inappendiculé au sommet qui est occupé par le disque, et garni du reste de squamelles imbriquées, un peu supérieures aux fleurs, et absolument semblables aux squames du péricline. Ovaires oblongs, glabres; aigrettes du disque composées de squamellules unisériées, égales, caduques, filiformes, nues inférieurement et barbellées supérieurement; aigrettes de la couronne nulles. Corolles de la couronne tubuleuses, longues, grêles, filiformes.

Les calathides, rapprochées pour la plupart en capitules très-irréguliers, sont séparées les unes des autres par des bractées.

Ifloge de Desfontaines. *Ifloga Fontanesii*, H. Cass.; *Gnaphalium cauliflorum*, Desf., *Flor. Atl.*, tom. II, pag. 267. C'est une plante herbacée, annuelle, tomenteuse, blanchâtre, longue d'un à trois pouces : sa racine est longue, perpendiculaire, filiforme, tortueuse; la tige se divise à sa base en plusieurs rameaux simples, filiformes, ceux du centre dressés, les extérieurs couchés à leur base; les feuilles sont alternes, longues de six à huit lignes, subulées; les calathides sont petites, sessiles, axillaires et terminales, éparses tout le long de la tige. Cette plante a été trouvée par M. Desfontaines, dans les sables du désert, près Elhammah, en Barbarie, où elle fleurit en hiver.

L'*ifloga* ne peut être convenablement attribué, ni au genre *Gnaphalium*, dans lequel on l'a confondu jusqu'à présent, ni à notre genre *Gifola*, auquel on pourroit être tenté de le rapporter d'après nos observations sur ses caractères génériques, et il doit constituer indubitablement un genre particulier. En effet, il diffère du *gnaphalium* par le clinanthe squamellifère, et par l'aigrette plumeuse dans le disque, nulle dans la couronne; il diffère du *gifola* par l'aigrette plumeuse, ainsi que par les squames et les squamelles scarieuses et colorées. (Voyez nos articles Gifole, tom. XVIII, pag. 551, et Gnaphale, tom. XIX, pag. 115.)

Les squames du péricline et les squamelles du clinanthe sont, chez toutes les synanthérées, des bractées de la même nature et attachées sur le même axe. Le seul moyen de les distinguer méthodiquement dans tous les cas, est d'attribuer au péricline les bractées qui se trouvent placées en dehors ou au-dessous des fleurs les plus extérieures de la calathide.

et d'attribuer au clinanthe les bractées qui se trouvent placées en dedans ou au-dessus de ces mêmes fleurs : c'est pourquoi nous disons que l'*ifloga* a un péricline unisérié, et un clinanthe squamellifère. Les botanistes qui n'adoptent pas la régle dont il s'agit, devront dire que le péricline est formé de squames imbriquées, entre lesquelles sont cachées les fleurs femelles, et que le clinanthe portant les fleurs hermaphrodites est nu. Cette méthode de description est sans doute plus commode et plus conforme aux apparences extérieures; mais elle nous paroît moins exacte et moins régulière que la nôtre. (H. Cass.)

IFVETEAU. (*Bot.*) Dans quelques cantons on donne ce nom à l'if commun, ou à un jeune if. (L. D.)

IGARSOK. (*Ichthyol.*) Au Groenland, on appelle ainsi le cotte quatre-cornes. Voyez Cotte. (H. C.)

IGCIEGA. (*Bot.*) Dans le Recueil abrégé des voyages il est question d'un arbre de ce nom dans le Brésil, mentionné anciennement par de Laet, qui laisse suinter de son écorce une espèce de résine ou d'encens, utile en application sur les parties affectées d'humeurs froides, et que l'on regarde comme une espèce de mastic. Un autre arbre nommé *igtaigcica*, c'est-à-dire, mastic pierreux, donne une résine si dure et si transparente, qu'on la prendroit pour du verre. Il paroît que ces arbres sont les mêmes que l'*icicariba*, qui fournit la résine Icica. Voyez ces mots. (J.)

IGE, IGI. (*Bot.*) Voyez Ibara. (J.)

IGEL. (*Mamm.*), nom allemand de notre hérisson. (F. C.)

IGEL-KOTT (*Mamm.*), nom que les Suédois donnent au hérisson. (F. C.)

IGGLING. (*Ichthyol.*) En Dalécarlie, on a donné ce nom au *cyprinus aphya* de Linnæus. Voyez Kime. (H. C.)

IGHUCAMICI. (*Bot.*) Dans le Recueil abrégé des voyages il est question d'un arbre de ce nom qui se trouve aux environs de Saint-Vincent, dans le Brésil, dont le fruit, assez semblable à un coing, est un puissant remède contre la dyssenterie. (J.)

IGILMA. (*Ornith.*) Cet oiseau du Kamtschatka, qui porte aussi le nom de *monichagaika*, est l'*anas arctica cirrhata* de Steller, et l'*alca cirrhata* de Gmelin et de Latham. (Ch. D.)

IGLICZE (*Bot.*), nom donné, dans la Hongrie, à un genet épineux, suivant Clusius. (J.)

IGLITE ou IGLOITE. (*Min.*) Ce sont les noms qu'on a donnés à quelques variétés d'arragonite cristallisées en pyramides alongées en forme d'aiguilles, qui viennent d'Iglo en Hongrie. Voyez Chaux carbonatée arragonite, tom. VIII. pag. 261. (B.)

IGNAME, *Dioscorea*. (*Bot.*) Genre de plantes monocotylédones, à fleurs incomplètes, dioïques, de la famille des *asparaginées*, de la *dioécie hexandrie* de Linnæus, offrant pour caractère essentiel : Des fleurs dioïques, pourvues d'un calice campanulé, à six divisions; point de corolle; six étamines : dans les fleurs femelles, un ovaire supérieur, trigone, surmonté de trois styles; une capsule triangulaire, à trois loges; deux semences membraneuses dans chaque loge.

Ce genre, aujourd'hui très-nombreux en espèces, renferme des plantes grimpantes, la plupart pourvues d'une racine tubéreuse et comestible; les tiges sont herbacées ou un peu ligneuses; les feuilles alternes, quelquefois opposées; les fleurs petites, disposées sur des grappes axillaires. Je parlerai des espèces les plus remarquables, particulièrement de celles qui peuvent fournir à l'homme un aliment sain et agréable.

Igname ailée : *Dioscorea alata*, Linn.; *Katsjil-kelengu*, Rheed., *Malab.*, 7, tab. 58; *Ubium vulgare*, Rumph., *Amb.*, 5, tab. 120, 121, 122. Cette plante intéressante produit une grosse racine tubéreuse, longue de deux à trois pieds et plus, noirâtre à l'extérieur, blanche ou rougeâtre en dedans, un peu âcre ou visqueuse; de formes différentes, selon les variétés : tantôt digitées ou palmées, tantôt contournées en plis de serpent, ainsi qu'on les voit représentées dans les figures que j'ai citées de Rumph. Ces racines pèsent quelquefois de trente à quarante livres. Ses tiges sont herbacées, grimpantes, longues d'environ six pieds et plus, quadrangulaires, munies sur leurs angles de membranes rougeâtres, crépues et courantes, garnies de feuilles opposées, pétiolées, en cœur, acuminées, lisses, vertes, traversées par sept nervures; les fleurs jaunâtres et petites, disposées en grappes axillaires, vers le sommet des tiges : des bulbes sessiles croissent souvent à la

partie supérieure des tiges et produisent de nouveaux individus.

Cette espèce croît naturellement dans les Indes orientales,
entre les tropiques; elle est aujourd'hui cultivée dans les
deux Indes, à cause de sa grande utilité, en Afrique et
même dans les mers du Sud. Cette culture est très-simple :
elle consiste à labourer la terre au commencement de la saison des pluies, à y introduire des morceaux de racines conservées à cet effet, auxquels il suffit qu'il y ait un œil pour
produire de nouveaux pieds. On abandonne ensuite la plan-
tation à la nature, jusqu'à la saison sèche, pendant laquelle
on consomme ces racines, en les arrachant à mesure du besoin. Elles varient dans leurs couleurs, leur saveur et leur
forme, selon les localités : elles germent, même exposées à
l'air, avec tant de facilité, qu'il est difficile de les conserver
long-temps, à moins qu'elles ne soient tenues dans des endroits très-secs. Elles fournissent un aliment très-sain, d'une
saveur assez douce; mais elles ont besoin de quelque assaisonnement pour les rendre plus agréables. On les mange rôties
sous la cendre ou simplement cuites à l'eau; elles remplacent
le pain : on en fait encore des bouillies agréables et autres
préparations alimentaires.

Igname élevée : *Dioscorea altissima*, Lamk., Encyclop.,
n.° 6; Burm., *Amer.*, tab. 117. fig. 2; Plum., *Spec.*, 1, et
Mss., vol. 3, tab. 144. Cette espèce croît à la Martinique.
Elle est pourvue d'une racine noueuse, géniculée, garnie de
fibres : il s'en élève une tige cylindrique, presque ligneuse,
verdâtre, noueuse, qui monte très-haut, en grimpant sur les
arbres, divisée en un grand nombre de rameaux étalés, longs,
fort menus : les feuilles sont pétiolées, opposées, en cœur,
acuminées, à sept nervures, larges de deux pouces, et un
peu plus longues; les fleurs petites, verdâtres, campanulées,
disposées en grappes alongées, opposées, grêles, axillaires
et pendantes.

Igname du Japon : *Dioscorea japonica*, Thunb., *Flor. Jap.*,
pag. 151; *Dsojo, vulgo Jamma-imo*, Kæmpf., *Amer.*, 828.
Ses racines sont tubéreuses : elles produisent une tige filiforme, anguleuse, glabre et grimpante, garnie de feuilles
opposées, pétiolées, oblongues, en cœur, acuminées, en-

23.   2

tiéres, longues d'un pouce, réticulées, à neuf nervures; les pétioles anguleux, presque de la longueur des feuilles; les fleurs disposées en épis axillaires, solitaires ou géminés, plus longs que les feuilles. Cette plante croît au Japon. On mange ses racines cuites et coupées par morceaux.

IGNAME A SEPT LOBES : *Dioscorea septemloba*, Thunb., *Flor. Jap.*, pag. 149. Cette plante a une tige cylindrique et grimpante, garnie de feuilles alternes, pétiolées, en cœur, glabres à leurs deux faces, à sept lobes anguleux; celui du milieu très-grand et acuminé, à sept nervures, longues d'environ quatre pouces et aussi larges : les fleurs petites, disposées sur des grappes axillaires ; elles produisent des capsules ovales, triangulaires; à angles ailés, échancrés. Cette plante croit au Japon. La *Dioscorea quinqueloba*, Thunb., *l. c.*; *Kai, vulgo Tokoro*, Kæmpf., *Amœn.*, 827, diffère de la précédente par ses feuilles supérieures à cinq et trois lobes, à neuf nervures : les grappes sont axillaires; celles des individus mâles presque paniculées, fort grêles.

IGNAME VELUE : *Dioscorea villosa*, Linn.; Pluk., *Amalth.*, tab. 575, fig. 5. Cette espèce, originaire de la Virginie et de la Floride, que l'on cultive au Jardin du Roi, a des tiges grimpantes; des feuilles plus souvent glabres que pubescentes, ovales, élargies, à peine échancrées; les fleurs alternes, sessiles, distantes, ou quelquefois réunies plusieurs ensemble, d'un blanc un peu jaunâtre, disposées en grappes étalées, paniculées, au moins une fois plus longues que les feuilles.

IGNAME NUMMULAIRE : *Dioscorea nummularia*, Lamk., Encycl.; *Ubium nummularium*, Rumph., *Amb.*, 5, tab 162. Ses racines, d'une grosseur médiocre, sont d'abord charnues et tuberculées; elles deviennent ensuite dures, presque ligneuses : ses tiges sont grimpantes, tenaces, longues et rameuses, garnies à leur base de piquans très-nombreux, et de feuilles opposées, glabres, en cœur, mucronées, à trois ou cinq nervures : les fleurs disposées en grappes axillaires, opposées; celles des individus mâles ramifiées comme par verticilles : les capsules courtes, plus larges que longues, à trois ailes arrondies; elles offrent l'apparence de petites pièces de monnoie. Cette plante croît aux îles Moluques, dans les bois, sur le bord des rivières. Les cochons sont très-avides des racines de cette igname, quand elles sont jeunes et tendres : les naturels du pays font avec les tiges et les rameaux des liens très-solides. Il en découle, surtout dans les temps pluvieux, un suc caustique, qui corrode la peau.

Igname de Cayenne : *Dioscorea cayennensis*, Lamk., Encycl. Cette espèce pousse des tiges grêles, herbacées, grimpantes, garnies de feuilles alternes, pétiolées, hastées en cœur, glabres, à cinq ou sept nervures, tronquées à leur base, avec deux oreillettes courtes, un peu divergentes. Les grappes sont axillaires, solitaires, très-simples : leur calice a trois folioles une fois plus petites et plus aiguës que les trois intérieures.

Igname a racines blanches : *Dioscorea eburnea*, Lour., *Fl. Cochin.*, 2, pag. 767; *An Kappa-kelengu*, Rheed., *Hort. malab.*, 7, tab. 50? Cette plante a des racines verticales, pourvues d'une ou de deux bulbes assez semblables, par leur forme et leur grandeur, à des dents d'éléphant, longues de trois pieds, un peu courbées : elles produisent des tiges grimpantes, ligneuses, très-longues; les rameaux quadrangulaires, ainsi que les pétioles; les feuilles glabres, alternes, en cœur, à sept nervures; les fleurs hermaphrodites, disposées en grappes alongées, latérales, très-simples; les trois folioles intérieures du calice ovales, jaunâtres, charnues. Le fruit consiste en une capsule oblongue, ovale, à trois angles très-saillans. Cette plante croît à la Cochinchine; on l'y cultive à cause de ses racines, dont on fait le même usage que de celle de l'igname ailée. Elles fournissent un aliment assez recherché. (Poir.)

IGNAMUS. (*Bot.*) Voyez Imhame. (J.)

IGNARUCU (*Erpétol.*), nom brésilien de l'Iguane. Voyez ce mot. (H. C.)

IGNATIA. (*Bot.*) Genre de Linnæus fils, désignant l'arbre de la féve de Saint-Ignace, qui diffère du vomiquier, *strychnos*, par son fruit pyriforme, ligneux, rempli de graines anguleuses en divers sens, et non orbiculaires comme dans les autres. Il nous a paru que ce dernier caractère n'étoit pas suffisant pour séparer ces deux genres : cependant Loureiro fait aussi de l'*ignatia* un genre sous le nom de *Ignatiana*. Voyez Vomique. (J.)

IGNAVUS. (*Mamm.*) Ce nom latin, qui signifie *paresseux*,

a été donné aux bradypes par les anciens naturalistes qui ont écrit sur les productions de l'Amérique méridionale. (DESM.)

IGNEOULITI. (*Bot.*) Nom caraïbe d'un mélastome de l'herbier de Surian, qui est le *melastoma ciliata* de M. de Lamarck, et plus récemment le *rhexia inconstans* de Vahl. (J.)

IGNIARIA. (*Bot.*) Césalpin, selon Adanson, désigne ainsi les champignons subéreux, qu'il nomme encore *fungi igniarii* et ESCA. Voyez ce dernier mot. (LEM.)

IGNIS SYLVESTRIS, FEU SAUVAGE. (*Bot.*) C'est le nom que Césalpin donne au *clathrus cancellatus*, champignon curieux par sa structure treillagée et par sa couleur d'un rouge de feu. Voyez CLATHRUS. (LEM.)

IGNITION et INFLAMMATION. (*Chim.*) Ces mots s'appliquent à deux phénomènes, où des corps deviennent lumineux par l'acte de leur combinaison avec d'autres corps; mais il y a cette différence, que le premier s'applique à un corps qui est fixe et qui reste fixe pendant la combinaison, et le second s'applique aux corps qui produisent de la flamme, parce qu'ils sont volatiles, ou que la combinaison qu'ils forment jouit de cette propriété. (CH.)

IGOANA (*Erpétol.*), nom que les habitans de Saint-Domingue, selon Hernandez, donnoient à l'IGUANE. Voyez ce mot. (H. C.)

IGOUINGOUM. (*Ornith.*) Ce nom kamtschadale est donné par Krascheninnikow comme désignant une espèce de canard. (CH. D.)

IGOUKOUNGOUKOU (*Ornith.*), nom qu'une espèce de canard porte au Kamtschatka. (CH. D.)

IGTAIGCICA. (*Bot.*) Voyez IGCIEGA. (J.)

IGUANE, *Iguana*. (*Erpétol.*) Les naturalistes ont donné ce nom à un genre de reptiles de l'ordre des sauriens et de la famille des eumérodes. Ce genre est distingué par les caractères suivans :

Doigts arrondis, séparés les uns des autres, non opposables; corps et queue couverts de petites écailles imbriquées; un goitre pectiné, comprimé et pendant sous la gorge; tout le long du dos, une rangée d'épines, ou plutôt d'écailles redressées, comprimées et pointues; tête couverte de plaques; une rangée de tubercules

poreux sur les cuisses; une rangée de dents comprimées, triangu-
laires, à tranchant dentelé à chaque mâchoire; deux petites ran-
gées de dents au bord postérieur du palais; queue sans épines;
flancs simples; langue charnue, échancrée au sommet.

À l'aide de ces notes et du tableau que nous avons donné
à l'article Eumérodes, il devient très-facile de distinguer les
Iguanes des Caméléons, qui ont les doigts opposables et
réunis jusqu'aux ongles; des Stellions, qui ont la queue
épineuse; des Lézards et des Agames, qui n'ont point de
goitre sous la gorge; des Dragons, qui ont les flancs garnis
d'une membrane en forme d'ailes; des Anolis et des Geckos,
qui ont les doigts aplatis en-dessous. (Voyez ces différens
mots, et Eumérodes et Iguaniens.)

Le mot *iguane* est originaire de Saint-Domingue. (Voyez
Igoana et Leguan.)

Les reptiles que le plus grand nombre des naturalistes
ont jusqu'à présent regardés comme devant appartenir au
genre des iguanes, sont assez nombreux; mais des observateurs modernes, après les avoir examinés et comparés avec
plus d'attention que leurs prédécesseurs, en ont reporté
plusieurs parmi les agames, et ont fait des genres à part du
basilic et de l'iguane marbré. Les espèces principales que ce
genre renferme aujourd'hui sont les suivantes.

L'Iguane ordinaire d'Amérique: *Iguana tuberculata*, Laurenti; *Lacerta iguana*, Linnæus. Dos bleu, changeant en vert
et en violet, piqueté de noir; ventre plus pâle; cinq doigts
à chaque pied; membres robustes et alongés; queue un peu
comprimée sur les côtés; de grandes épines dorsales; une
grande plaque ronde sous le tympan, à l'angle des mâchoires;
des écailles pyramidales éparses parmi les autres sur les côtés
du cou; bord antérieur du goitre profondément pectiné.
Taille de quatre à cinq pieds.

Ce reptile est assez commun dans toute l'Amérique chaude,
où il se tient dans les bois, aux environs des rivières et des
sources d'eau vive, se tenant la plupart du temps sur les arbres, allant quelquefois à l'eau, et se nourrissant de fruits, de
graines et de feuilles. Sans être ni venimeuse ni dangereuse,
sa morsure est extrêmement douloureuse, et, lorsqu'il est en
colère, le goitre qu'il a sous la gorge s'enfle et s'étend.

L'iguane a la vie très-dure et résiste fort bien aux coups de bâton ; aussi le chasse-t-on avec l'arc ou le fusil.

Les femelles sont plus petites que les mâles, mais leurs couleurs sont beaucoup plus éclatantes. Elles pondent dans le sable des œufs gros comme ceux des pigeons, mais un peu plus alongés et d'égale grosseur par les deux bouts. Ces œufs ont la coque blanche, unie et molle ; ils sont totalement remplis par du jaune et n'ont, pour ainsi dire, pas d'albumen. Ils ne durcissent jamais au feu ; ils deviennent seulement un peu pâteux ; mais ils n'en sont pas moins d'une saveur fort agréable, et à Surinam et dans la Guiane on les mange habituellement. Une seule femelle en pond quelquefois jusqu'à six douzaines.

La chair de l'iguane passe aussi pour délicieuse et est fort estimée dans toute l'Amérique chaude. Elle est blanche et délicate. Beaucoup de personnes néanmoins la regardent comme mal-saine, surtout pour les individus entachés d'un vice vénérien : on prétend en effet que, chez ceux-ci, elle occasionne le retour des douleurs ostéocopes. A Paramaribo elle se vend fort cher aux gourmets.

Pison, et plusieurs des anciens voyageurs en Amérique, ont vanté les vertus du bézoard d'iguane, pierre qui, disent-ils, se forme dans l'estomac ou le crâne de cet animal. Mais aujourd'hui cette substance est tombée dans le plus absolu discrédit aux yeux des médecins.

L'Iguane ardoisé ; *Iguana cærulea*, Daudin. D'un bleu violâtre uniforme, plus pâle en-dessous ; la crête pectinée du dos moins élevée que dans l'espèce précédente ; un trait blanchâtre oblique sur l'épaule, comme dans l'iguane ordinaire ; les écailles pyramidales des côtés du cou disposées par rangées longitudinales. Longueur totale de trois pieds seulement.

Ce reptile habite les mêmes lieux que l'iguane ordinaire, et n'est peut-être, ainsi que le pense M. Cuvier, qu'une variété d'âge ou de sexe de celui-ci. Séba, qui paroît l'avoir fait figurer à la pl. 96, fig. 4, du tome 1, de son bel ouvrage, le fait venir de l'île Formose. Daudin en possédoit un individu dans sa collection ; M. Alex. Brongniart en a un dans la sienne.

L'Iguane a col nu, Cuvier ; *Iguana delicatissima*, Laurenti.

Il ressemble à l'iguane ordinaire, surtout par les épines dorsales; mais il n'a point la grande plaque à l'angle de la mâchoire, ni les tubercules épars qu'offre celui-ci sur les côtés du cou. Le dessous du crâne est garni de plaques bombées; le goître est médiocre et non pectiné.

Laurenti, qui a trouvé cet animal dans la collection du comte de Turn, dit qu'il vient des Indes.

L'Iguane cornu de Saint-Domingue; *Iguana cornuta*, Lacépède. Assez semblable à l'iguane ordinaire et encore plus à l'espèce précédente; une pointe conique osseuse entre les yeux; deux écailles relevées sur les narines; point de grande plaque à l'angle de la mâchoire, ni de tubercules sur le cou. Taille d'environ quatre pieds.

On trouve assez communément l'iguane cornu dans les mornes de Saint-Domingue, entre l'Artibonite et les Gonaïves. Il se nourrit de fruits, d'insectes et de petits oiseaux qu'il saisit avec une agilité merveilleuse, et, pendant le jour, il se tapit sur les arbres et sur les rochers pour guetter sa proie. Pendant la nuit et durant toute la saison des grandes chaleurs, il se retire dans les creux des rochers ou dans les trous des vieux arbres, et y passe environ cinq ou six mois dans une sorte d'engourdissement.

Ce reptile est regardé par les Nègres comme un mets délicieux; aussi le recherchent-ils avec ardeur. Au rapport des colons, sa chair a la saveur de celle du chevreuil, et les chiens marrons en font un grand carnage. On ne sait pas au juste quelles sont ses couleurs. M. de Lacépède, le premier, l'a décrit à la fin de son Histoire naturelle des serpens, et Bonnaterre en a ensuite donné une bonne figure dans le Dictionnaire d'erpétologie de l'Encyclopédie méthodique.

L'Iguane a bandes, *Iguana fasciata*. Bleu foncé avec des bandes transversales plus claires; dentelures du dos petites; fanon médiocre et non dentelé; point de grande écaille à l'angle de la mâchoire.

Cet iguane est de Java. Peut-être est-il le reptile que Bontius a nommé *caméléon*. M. Brongniart l'a figuré dans son *Mémoire sur les reptiles*, pl. 1, fig. 5. C'est probablement aussi à cette espèce qu'il faut rapporter les très-grands iguanes qu'on trouve à Batavia, et qui sont quelquefois aussi gros que la cuisse d'un homme. Dans son voyage avec Cook, Banks en tua un qui avoit cinq pieds de longueur.

On mange leur chair aux Indes orientales, comme en Amérique on mange celle de l'iguane ordinaire. Leurs œufs sont aussi très-estimés. (H. C.)

IGUANIENS. (*Erpétol.*) M. G. Cuvier donne ce nom à la troisième famille des reptiles sauriens. Les animaux qui la composent ont la forme générale, la longue queue et les doigts libres et inégaux des lacertiens; leur œil, leur oreille, leur anus, leur verge sont semblables ; mais leur langue est charnue, épaisse, non extensible et seulement échancrée au bout. Le célèbre naturaliste que nous venons de citer, range dans cette famille les genres STELLION, CORDYLE, FOUETTE-QUEUE, AGAME, GALÉOTE, CHANGEANT, LOPHYRE, BASILIC, DRAGON, IGUANE, MARBRÉ, ANOLIS. Voyez ces différens mots, et LACERTIENS, SAURIENS et REPTILES. (H. C.)

IHARFA. (*Bot.*) Voyez IAVORFA. (J.)

IHUR. (*Bot.*) Dans l'île d'Amboine on nomme ainsi une espèce de palmier rondier, *lontarus.* (J.)

IIRA. (*Bot*) Nom brésilien, cité par Pison, du miel sauvage que les habitans du Brésil vont chercher dans les forêts. (J.)

IITO. (*Bot.*) Cet arbre du Brésil, cité par Marcgrave, n'est pas le même, selon son éditeur, que celui qui est désigné par Pison sous ce nom. Cependant Linnæus les indique tous deux pour son *guarea trichilioides.* (J.)

IJARSOAKALE (*Ornith.*), un des noms groenlandois du petit guillemot, *alca alle*, Linn. (CH. D.)

IKAN. (*Bot.*) Dans l'*Apparatus medïcaminum* de Murrai il est fait mention d'une racine de ce nom, recueillie en Chine, dans la province de Kiang-nang, laquelle a la forme et la consistance d'une racine d'orchis. On la conserve dans quelques collections, sans indication précise de ses propriétés. (J.)

IKAN BATOE BOANO. (*Ichthyol.*) Dans les Indes orientales, on appelle ainsi l'acanthure noiraud de M. de Lacépède, *chætodon nigricans* de Bloch. Voyez ACANTHURE. (H. C.)

IKAN BATOEJANG. (*Ichthyol.*) Nom qu'aux Indes orientales, on donne à l'holacanthe anneau. Voy. HOLACANTHE.(H.C.)

IKAN CACATOEA (*Ichthyol.*), nom japonois du spare noir de M. de Lacépède. Voyez SPARE. (H. C.)

IKAN CACATOEA IJA (*Ichthyol.*), nom japonois du spare cynodon de M. de Lacépède. Voyez DENTÉ. (H. C.)

IKAN CAMBING. (*Ichthyol.*) Dans les Indes orientales on appelle ainsi le teira. Voyez PLATAX. (H. C.)

IKAN DIOELON. (*Ichthyol.*) On appelle ainsi aux Indes orientales l'aulostome chinois, *fistularia chinensis*, Linn. Voyez AULOSTOME. (H. C.)

IKAN DOERIAN (*Ichthyol.*), nom que l'on donne, aux Indes, au guara, *diodon hystrix*. Voyez GUARA et DIODON. (H. C.)

IKAN JORDAIN. (*Ichthyol.*) Les naturels d'Amboine donnent ce nom au lutjan jourdin de M. de Lacépède, lequel est l'*anthias bifasciatus* de Bloch. Voyez LUTJAN. (H. C.)

IKAN KAKATOEA ITAM. (*Ichthyol.*) Aux Indes orientales c'est le nom du chéilodactyle fascé. Voyez CHÉILODAC-TYLE. (H. C.)

IKAN KAPELLE. (*Ichthyol.*) Aux Indes orientales, c'est le nom du gal verdàtre. Voyez GAL. (H. C.)

IKAN KOELAR. (*Ichthyol.*) Aux Indes orientales, on donne ce nom à l'holacanthe bicolor. Voyez HOLACANTHE. (H. C.)

IKAN LUTJANG. (*Ichthyol.*) Nom malais, latinisé par Bloch, et que porte aux Indes la première espèce de son genre *Lutjanus*. Voyez LUTJAN. (H. C.)

IKAN MAKEKAE. (*Ichthyol.*) Aux Indes orientales on nomme ainsi l'holocentre tigré. Voyez HOLOCENTRE. (H. C.)

IKAN MOELOET BETANG. (*Ichthyol.*) Aux Indes orientales on donne ce nom à l'espadon, *hemiramphus brasiliensis*, poisson que Linnæus a placé parmi les ésoces. Voyez DEMI-BEC. (H. C.)

IKAN ONGO. (*Ichthyol.*) Au Japon, c'est le nom d'un poisson du genre Holocentre, *holocentrus ongus*. Voyez HOLOCENTRE. (H. C.)

IKAN PAMPUS CAMBODIA. (*Ichthyol.*) Aux Indes orientales on donne ce nom à l'holacanthe anneau. Voyez HOLACANTHE. (H. C.)

IKAN PAROOLY. (*Ichthyol.*) Aux Indes orientales, on donne ce nom au *chætodon cornutus* de Linnæus, poisson que nous avons décrit à l'article Heniochus. Voyez ce mot. (H. C.)

IKAN RADJABAN. (*Ichthyol.*) Aux Indes orientales on appelle ainsi une espèce de poisson du genre Holocentre. Voyez ce mot. (H. C.)

IKAN SENGADGI MOLUKKO (*Ichthyol.*), nom que, dans les Indes orientales, on donne à l'holacanthe duc. Voyez Holacanthe. (H. C.)

IKAN SETANG. (*Ichthyol.*) Voyez Kakatoche capitano. (H. C.)

IKAN SIAM. (*Ichthyol.*) Aux Indes orientales, on donne ce nom au moucharra, espèce de glyphisodon. Voyez Glyphisodon. (H. C.)

IKAN SOE SALAT. (*Ichthyol.*) Aux Indes orientales on appelle ainsi le spare pointillé de M. de Lacépède, *perca punctulata* de Linnæus. (H. C.)

IKAN SUMBILANG. (*Ichthyol.*) Dans les grandes Indes, on donne ce nom au plotose anguillaire de M. de Lacépède. Voyez Plotose. (H. C.)

IKAN TEMBRÆ CUNING. (*Ichthyol.*) Aux Indes orientales on appelle ainsi le spare cuning de M. de Lacépède. (H. C.)

IKAN TERBANG BERAMPAT SAJAP. (*Ichthyol.*) Aux Indes orientales on désigne ainsi l'exocet sauteur. Voyez Exocet. (H. C.)

IKAN TSJABELANG JANG TERBANG. (*Ichthyol.*) Aux Indes orientales on appelle ainsi le voilier. Voyez Istiophore. (H. C.)

IKAN TSJAKALANG HIDJOE. (*Ichthyol.*) Nom que, dans les Indes orientales on donne à l'Orphie. Voyez ce mot. (H. C.)

IKAN WARNA. (*Ichthyol.*) Aux Indes orientales on appelle ainsi l'*anthias diagramma* de Bloch, que nous avons décrit à notre article Diagramme. (H. C.)

IKARA-MOULI. (*Bot.*) Nom, cité dans l'Histoire abrégée des voyages, d'une racine des Indes orientales, extrêmement chaude, et réputée bonne pour guérir les indigestions et combattre les venins. On ne dit point à quel genre de plantes elle appartient : sa propriété peut faire présumer que c'est une aumônée. (J.)

IKINGUSA (*Bot.*), un des noms japonois de la joubarbe, suivant Kæmpfer. (J.)

IKIRIOU. (*Erpétol.*) A Cayenne, on donne ce nom à un énorme serpent qui paroit être le même qu'on nomme boiguacu au Brésil. Voyez BOIGUACU. (H. C.)

IKORN (*Mamm.*), en suédois écureuil. (F. C.)

ILAD. (*Bot.*) A Java, suivant Burmann, on nomme ainsi le carex ambonicus de l'Herb. Amboin., qui est son *scirpus paniculatus*, devant être reporté au genre Scieria, dans les cypéracées. (J.)

ILANDA. (*Bot.*) Suivant Hermann, ce nom est donné, dans l'île de Ceilan, a un arbre qui est le *rhamnus jujuba* de Linnæus, *zizipus jujuba* de Willdenow. Dans un herbier de la côte du Coromandel il est nommé ilndai. (J.)

ILAYA. (*Bot.*) Les Portugais qui habitent la côte malabare, nomment ainsi le henné, *lawsonia*. (J.)

ILAT LOMAYA. (*Bot.*) Espèce de joubarbe de Java, que Rumph. nomme *sempervivum majus indicum*; c'est le *lida bouja* des Malais. (J.)

ILATHERA. (*Ornith.*) On appelle ainsi, dans l'île de Bahama, le canard maree, *anas bahamensis*, Lath. (Ch. D.)

ILATRUM. (*Bot.*) Suivant Césalpin, ce nom et celui de *intrubum* étoient donnés au *phillyrea media*, qui étoit, selon lui, le phillyrea de Théophraste, le phillyrea de Dioscoride. (J.)

ILDBRIMER. (*Ornith.*) L'oiseau qui est indiqué sous ce nom dans Clusius, *Exotic. Auct.*, p. 367, est l'imbrim ou grand plongeon de la mer du Nord, *colymbus immer*, Linn. (Ch. D.)

ILDER, ILLER (*Mamm.*), noms danois et suédois du putois. (F. C.)

ILDGEIERS-DIUR. (*Mamm.*) Nom que les Norwégiens, suivant Wormius, donnent a son ours de la seconde espèce, entièrement noir, plus petit, plus carnassier que le brun, qu'il nomme Gulosus. Si cette espèce existe, elle n'est point encore connue des naturalistes. (F. C.)

ILE ou ISLE. (*Ichthyol.*) La Chesnaye des Bois parle, sous ce nom, d'un poisson des Indes orientales, mentionné par Ruysch, et dont il est difficile de déterminer la nature. (H. C.)

ILETRO. (*Bot.*) L'alaterne est ainsi nommé aux environs de Lucques, suivant Clusius. (J.)

ILEVERT (*Bot.*). nom d'une variété de prunier dont le fruit est alongé et verdâtre. (L. D.)

ILEX. (*Bot.*) Ce nom, donné par Dioscoride et d'autres anciens aux diverses espèces d'yeuse ou chêne vert, leur avoit été conservé par Tournefort, qui en faisoit un genre distinct, à cause de la persistance de leurs feuilles. Linnæus, ne regardant pas ce caractère comme générique, a réuni ces espèces au chêne, *quercus;* ensuite il a transporté le nom *ilex* au houx, qui étoit l'*aquifolium* des anciens et de Tournefort, mais qui avoit été nommé *ilex* par Lonicer et C. Bauhin. Voyez Houx. (J.)

ILIADA. (*Ornith.*) Cette dénomination et celle d'*ilias* sont données, en grec, à la grive mauvis, *turdus iliacus*, Linn. et Lath. (Ch. D.)

ILICIUM. (*Bot.*) Voyez Badiane. (Poir.)

ILICUS. (*Ichthyol.*) Au rapport de La Chesnaye des Bois, Trallien a parlé sous ce nom d'un poisson qui nous est totalement inconnu et dont la chair étoit recommandée par les anciens médecins. L'histoire de cet animal est fort obscure; d'après même ce que dit le premier des auteurs précités, il n'est point très-sûr que, par le mot *ilicus*, on ait désigné un poisson. (H. C.)

ILIGALI (*Ornith.*), nom koriaque d'une espèce de canard. (Ch. D.)

ILINDAI. (*Bot.*) Voyez Ilanda. (J.)

ILIODÉES. (*Bot.*) C'est ainsi que M. Palisot de Beauvois désignoit la première section de sa famille des algues. Les genres qu'il y ramenoit et qui ont été cités à notre article *Algues*, Suppl., vol. 1, pag. 123, sont caractérisés par leur substance molle, muqueuse, qui enveloppe de petits corps ovoïdes nus, sans filamens, ou à filamens articulés, diversement ramifiés. (Lem.)

ILKIVICHA. (*Ornith.*) L'oiseau que les Koriaques appellent ainsi, est le rouge-gorge, *motacilla rubecula*, Linn. (Ch. D.)

ILLA. (*Bot.*) Nom malabare, adopté à Ceilan et cité par Burmann, donné par Adanson au *tomex tomentosa* de Linnæus, qui a été reconnu plus tard, par Linnæus lui-même.

être congénère du *callicarpa*, auquel se rapporte aussi le *porphyra* de Loureiro. (J.)

ILLANKEN. (*Ichthyol.*) On connoît sous ce nom, dans le lac de Constance, une espèce de salmone que quelques auteurs ont considérée comme une simple variété du saumon. C'est le *salmo illanca* de Wartmann, le *salmo lacustris* de certains ichthyologistes. Voyez SALMONE. (H. C.)

ILLÉCÈBRE; *Illecebrum*, Linn. (*Bot.*) Genre de plantes dicotylédones, de la famille des *paronychiées*, Juss., et de la *pentandrie monogynie*, Linn., dont les principaux caractères sont les suivans : Calice partagé en cinq divisions profondes, renflées sur le dos, acuminées à leur sommet; corolle de cinq pétales filiformes, insérés au bas du calice et alternes avec ses découpures; cinq étamines réunies en tube à leur base; ovaire supérieur, surmonté d'un style très-court, terminé par un stigmate en tête; capsule monosperme, recouverte par le calice connivent.

Les illécèbres sont de petites plantes herbacées, à feuilles opposées et à fleurs ramassées par paquets axillaires ou terminaux. La plus grande partie des *illecebrum* de Linnæus a été rapportée à d'autres genres par les botanistes modernes, et particuliérement au *paronychia* de Jussieu. Il ne reste plus dans le genre *Illecebrum* que trois ou quatre espéces qui paroissent réellement lui appartenir; toutes les autres que quelques auteurs y placent encore, sont assez incertaines. Comme ces plantes ne présentent d'ailleurs aucun intérèt, nous ne parlerons ici que de l'espèce suivante, qui est la plus connue.

ILLÉCÈBRE VERTICILLÉ : *Illecebrum verticillatum*, Linn., *Spec.*, 293; *Flor. Dan.*, tab. 335; *Polygonum parvum, flore albo verticillato*, Vaill., *Bot. Paris.*, tab. 15, fig. 7. Sa racine est fibreuse, annuelle; elle produit des tiges nombreuses, rameuses, grêles, étalées et couchées sur la terre, longues de deux à six pouces, et garnies de feuilles ovales, opposées, sessiles, rétrécies à leur base et glabres. Les fleurs sont blanchâtres, très-petites, verticillées aux aisselles des feuilles et dans presque toute la longueur des tiges. Cette plante croît dans les lieux humides et sablonneux. (L. D.)

ILLEHUE. (*Bot.*) Nom caraïbe, suivant Surian, de la

poincillade commune, dans les Antilles. Il cite aussi sous celui de *illahueboüe* une espèce de carmentine , *justicia*, mentionnée dans le Catalogue de Vaillant, et, sous celui de *illehuau*, une plante malvacée qui est le *pavonia spicata* de Cavanilles. (J.)

ILLEU. (*Bot.*) Feuillée cite ce nom péruvien pour une plante qu'il croit être une bermudienne, *sisyrinchium*. Une autre plante du même genre est nommée *huilmo*. Une troisième, *illmu*, du Pérou, étoit aussi une bermudienne de Feuillée ; mais elle a six étamines au lieu de trois, et c'est maintenant le *conanthera* des auteurs de la Flore péruvienne. (J.)

ILL-HVEL. (*Mamm.*) M. de Lacépède dit que les Islandois donnent ce nom aux cétacés dont les mâchoires sont armées de dents. (F. C.)

ILLI. (*Ichthyol.*) A ce que dit Gesner, les anciens Grecs donnoient le nom d'ιλλοι à de très-grands poissons, que les naturalistes modernes regardent comme des êtres fabuleux. Il en est parlé dans les *Géoponiques* de Tarentin. (H. C.)

ILLING. (*Ornith.*) L'oiseau connu aux Philippines sous ce nom, ou celui d'*iling*, est le *gulin* ou *goulin* de J. G. Camel, le merle chauve de ces îles, de Brisson, et sa 56.ᵉ grive, *gracula calva*, Linn. (Cʜ. D.)

ILLIPÉ, *Bassia*. (*Bot.*) Genre de plantes dicotylédones, à fleurs complètes, monopétalées, de la famille des *sapotées*, de la *dodécandrie monogynie* de Linnæus, offrant pour caractère essentiel : Un calice coriace, à quatre divisions profondes ; une corolle campanulée, à huit divisions ; seize étamines, quelquefois beaucoup plus ; un ovaire supérieur, surmonté d'un style simple et d'un stigmate aigu. Le fruit consiste en un drupe ovale, charnu, laiteux, renfermant quatre ou cinq noyaux monospermes.

Ce genre renferme quelques arbres des Indes orientales, intéressans par les usages économiques de leurs fleurs, et particulièrement de leurs fruits. Il est à regretter que ces arbres ne puissent être cultivés en Europe. Nous n'en connoissions d'abord qu'une espèce ; Roxburg nous en a fait connoître deux autres, avec des détails très-curieux sur leurs usages économiques.

Iʟʟɪᴘᴇ́ ᴀ ʟᴏɴɢᴜᴇs ꜰᴇᴜɪʟʟᴇs : *Bassia longifolia*, Linn.; Lamk. ,

Ill. gen., tab. 398 ; *Arbor facum major*, Rumph., *Amb.*, 3, tab. 49. Grand arbre laiteux, dont les rameaux sont cylindriques, glabres, feuillés vers leur sommet, raboteux dans leur partie nue. Les feuilles sont éparses, très-rapprochées, pétiolées, ovales-oblongues, presque lancéolées, glabres, entières, aiguës, d'un vert foncé en-dessus, plus pâle en-dessous, longues de cinq à six pouces sur un pouce et demi de large : les pédoncules sont simples, nombreux, d'abord presque verticillés, longs d'environ un pouce, situés près du sommet des rameaux; ils s'alongent ensuite et deviennent tout-à-fait pendans. Les fleurs sont blanches, leur calice velouté au dehors; le style saillant presque d'un pouce hors de la corolle; les filamens attachés à son tube, huit entre les divisions du limbe, huit autres plus bas, alternes avec les premières; les anthères droites, sagittées, velues en dedans. Le fruit est un drupe ovale, charnu, laiteux, contenant quatre à cinq noyaux, quelquefois deux, oblongs, presque trigones, monospermes. Cette plante croît dans les Indes orientales et au Malabar.

Le bois de cet arbre est employé dans les constructions en solives et en poutres : il est très-combustible. Les naturels aiguisent par le bout les rameaux et les branches; ils s'en servent comme de flambeaux pour aller, le soir, à la pêche des poissons, des crabes et des coquillages sur les bords de la mer. On mange ses fleurs lorsqu'elles tombent : mises dans l'eau; elles lui donnent un petit goût agréable, et la rendent rafraîchissante.

ILLIPÉ A LARGES FEUILLES : *Bassia latifolia*, Roxb., *Corom.*, 1, pag. 20, tab. 19 ; *Mahwahtree*, *Act. soc. Bengal.*, 1, p. 300; *Madhuca indica*, Gmel., *Syst.* Arbre assez fort, chargé de branches et de rameaux nombreux, étalés horizontalement, garnis de feuilles amples, ovales, presque elliptiques, arrondies à leurs deux extrémités, longues de six pouces, larges de quatre. Les fleurs sont nombreuses, pendantes, réunies en un paquet terminal; les pédoncules simples, longs d'un pouce : le calice glabre, à huit dents ovales; les divisions de la corolle ovales, une fois plus courtes que le tube; les étamines vont quelquefois jusqu'au nombre de trente-six. Le fruit est un drupe, de la grosseur d'une prune, à quatre.

quelquefois deux semences oblongues, aiguës. Cet arbre croît sur les montagnes, dans les Indes orientales.

Son bois est d'une dureté médiocre, d'un grain fin et rougeâtre. Lorsqu'on l'entame, il en découle une gomme-résine très-abondante, dont on ne fait aucun usage. Les fleurs desséchées font un objet de commerce assez considérable : elles se mangent sans autre préparation, quelquefois mêlées aux carries, ou bien bouillies avec le riz ; elles donnent une nourriture saine et fortifiante ; même fraîches, elles ont un goût relevé et agréable. Si on les fait fermenter avec de l'eau, et que l'on en distille le produit, on obtient une liqueur alcoolique, dont une très-petite quantité suffit pour enivrer. Ces fleurs paroissent au mois de Mars, lorsque les feuilles sont toutes tombées ; elles forment une grappe de trente à quarante fleurs : elles restent constamment fermées, et les corolles ne tombent que vers la fin d'Avril, un peu après le lever du soleil, temps que l'on choisit pour les ramasser, afin de les faire sécher au soleil, ce qui n'exige que peu de jours ; ainsi préparées, elles ont le goût, l'odeur et même l'aspect du raisin sec.

Les graines exprimées donnent en grande abondance une huile qui se fige facilement : en vieillissant, elle contracte un goût de beurre un peu rance. Elle est l'objet d'une grande consommation et d'un commerce actif dans diverses parties de l'Inde : on la brûle ; on la mêle dans le beurre clarifié, c'est-à-dire, rendu aussi coulant que l'huile.

Cet arbre est cultivé avec soin dans son pays natal. On en sème les graines vers le commencement des pluies, ou sur couches (si on veut le transplanter), ou à trente et quarante pieds de distance, sur le terrain qu'il doit occuper. Après sept ans, il commence à donner des fleurs ; à dix ans, il donne demi-récolte ; à vingt ans, il cesse de croître, et il vit jusqu'à cent ans. Un arbre, en plein rapport, donne trois cents livres de fleurs, qui valent soixante francs, argent de France, et soixante livres d'huile, qui valent cinquante-deux francs ; ce qui forme, pour le propriétaire, un revenu très-lucratif. La récolte de cet arbre est plus assurée qu'aucune autre production de l'Inde, parce qu'il ne craint pas les sécheresses qui, quelquefois, font manquer le riz, le

:aillet et autres grains. (Journ. de botan., 4 vol., pag. 118.)

ILLIPÉ BUTYRACÉ : *Bassia butyracea*, Roxb., *Asiat. rech.*, vol. 8; Biblioth. britan., vol. 41, pag. 22; *Fulwah seu Fulwarah*. Le tronc de cet arbre a environ six pieds de circonférence ; il est chargé de rameaux dont l'écorce est lisse, brune, parsemée de taches cendrées. Les feuilles sont alternes, pétiolées, ovales, cunéiformes à leur base, entières, velues en-dessous, longues de six à douze pouces; les fleurs grandes, nombreuses, pendantes, d'un jaune pâle, placées à la base des jeunes pousses; le calice a de quatre à six divisions, couvertes d'un duvet ferrugineux ; le tube de la corolle presque cylindrique, de la longueur du calice; les divisions obtuses, plus longues que le tube; trente à quarante étamines; l'ovaire à dix ou douze loges monospermes, velu, entouré d'un anneau pubescent. Le fruit est un drupe oblong, charnu, ne renfermant, par avortement, que deux ou trois noyaux.

Cet arbre croit dans les Indes orientales. Ses semences donnent une substance butyreuse, ferme, dont se nourrissent les naturels des diverses parties de l'Inde, et qu'ils emploient dans leur cuisine ordinaire, seule ou mêlée avec le *ghée*, qui est du beurre clarifié par l'ébullition. On emploie l'huile exprimée des fruits mûrs comme l'huile ordinaire à brûler, lorsqu'on n'a pas de quoi se procurer de l'huile de cocos. La première est plus épaisse; elle dure plus long-temps, mais donne moins de lumière; elle fume un peu, et son odeur n'est pas agréable. Cette huile est l'ingrédient principal du savon commun du pays; on la vend pour cet usage au même prix que celle du coco. Les naturels la substituent au *ghée* et à l'huile de cocos, dans la préparation des mets et dans les sauces. On en fait des gâteaux dont la vente est un objet de commerce parmi les pauvres : elle s'emploie en topique dans les maladies éruptives, telles que la gale, etc., ainsi que l'écorce de l'arbre. Le peuple ramasse les fleurs, qui tombent en Mai ; il les fait sécher au soleil, les rôtit et en fait un bon aliment : il les fait aussi bouillir en consistance de gelée, en forme de petites boules, qu'il vend ou échange contre du riz, du poisson ou autres denrées. Le fruit, mûr ou non, sert aussi de nourriture : lorsqu'il n'est pas mûr, on enlève la peau, et après en avoir retiré le noyau non mûr, on fait bouillir le reste en gelée, et on le mange avec du sel ou du piment. On peut ajouter que les oiseaux de nuit, les écureuils, les lézards, les chiens et les chacals prennent leur part des fleurs de cet arbre.

Le bois est aussi dur et se conserve aussi bien que le bois de *teck*; mais on ne le travaille pas aussi facilement : il ne fournit pas des poutres et des planches aussi longues, excepté dans les terrains argileux, où l'arbre s'élève à une hauteur considérable; mais, dans cette nature de sol, il ne fournit que peu de branches, et moins de fruits que dans les terrains sablonneux et mélangés, qui lui conviennent plus particulièrement.

Il paroît que l'arbre nommé par Mongo-Parck, *schea*, ou arbre à beurre d'Afrique, est, d'après la description qu'il en donne, une espèce du même genre. Il dit, pag. 352 de ses Voyages dans l'intérieur de l'Afrique : « L'apparence du « fruit place évidemment l'arbre appelé *schea*, dans l'ordre « naturel des sapotilliers, auquel appartient le *bassia*. Il « ressemble un peu au *bassia latifolia* ou *madheuca*, décrit par « le lieutenant Hamilton, dans les Recherches asiatiques, « vol. 1, pag. 500. » On voyoit, ajoute Mongo-Parck, le peuple occupé partout à cueillir le fruit du *schea*, avec lequel on prépare un beurre végétal : ces arbres croissent en quantité dans toute cette partie de Bambarra. On ne les plante point; on les trouve dans les bois, et lorsqu'on abat ceux-ci pour défricher, on n'épargne que les *schea*. L'arbre ressemble beaucoup au chêne d'Amérique, et le fruit, dont le noyau séché au soleil fournit la matière butyreuse par l'ébullition dans l'eau, ressemble, jusqu'à un certain point, à l'olive d'Espagne. Ce noyau est enveloppé d'une matière pulpeuse, d'un goût sucré, recouverte d'un épiderme mince de couleur verte, et le beurre qu'il fournit, outre l'avantage de se conserver pendant une année sans être salé, est plus blanc, plus ferme, plus savoureux que le meilleur beurre animal. La préparation de ce comestible paroît être l'un des premiers objets de l'industrie africaine dans ce pays et dans les contrées voisines, et cette matière y forme un des principaux articles du commerce intérieur. (Poir.)

ILLIPÉ, ILLIPAI. (*Bot.*) C'est le *bassia*, genre de la famille des sapotées, qui porte ce nom sur la côte malabare, suivant Kœnig, cité par Linnæus, et sur la côte de Coromandel, suivant les herbiers envoyés de ce lieu. Voy. ILLIPÉ ci-dessus. (J.)

ILLMU. (*Bot.*) Voyez HUILMO, ILLEU. (J.)

ILLOSPORIUM. (*Bot.*) Champignons extrêmement petits, qui croissent sur les végétaux. Ils sont très-voisins des genres *Bactridium*, *Sporidesmium* et *Apiosporium*; ils en diffèrent seulement par la présence d'une membrane extrêmement mince, granuleuse, sur laquelle sont épars ou groupés, en globules irréguliers, des sporidies ou séminules colorées. Ce genre a été établi par Martius, dans sa Flore d'Erlangen : Nées et Ehrenberg l'ont adopté. L'ILL. ROSE (*Ill. roseum*, Mart.) forme des vésicules et des taches d'un blanc rose sur les lichens du genre *Peltidea*. Les séminules forment de petits tas plus rose. Cette espèce est la même que le *conisporium Linckii*, Nées, *Syst.*, p. 27. §. 47. (LEM.)

ILLY-AMMANOEK. (*Bot.*) Sur la côte de Coromandel, suivant Burmann, on donne ce nom à un médicinier, *jatropha gossypifolia*. (J.)

ILOTE, *Ilotus*. (*Conchyl.*) Nom de genre imposé par M. Denys de Montfort à un petit corps crétacé, presque microscopique, décrit et figuré sous le nom de *nautilus orbiculus* par L. von Fichtel, *Test. microscop.*, p. 112, tab. 21, fig. *a-d*, qui l'a trouvé dans les sables de la mer Méditerranée, près Livourne. Quoiqu'il soit presque impossible d'en bien juger d'après la simple figure de l'observateur que nous venons de citer, et d'y voir rien autre chose qu'une sorte de très-petite nummulite dont la partie la plus saillante de chaque face ne seroit pas dans le centre, M. Denys de Montfort n'y trouve pas moins une coquille libre, univalve, cloisonnée et cellulée, contournée en disque et presque lenticulaire, ayant sa spire excentrique, apparente, mammelonée sur les deux flancs; la bouche linéale, triangulaire, échancrée sur le dos et cellulée, recevant dans son milieu le retour de la spire; le dernier tour enveloppant tous les autres; les cloisons unies et le dos caréné. L'espèce qui sert de type à ce genre et qu'il nomme l'ILOTE ROTALE, *Ilotus rotalisatus*, n'a qu'une ligne de diamètre au plus; elle est blanche et irisée. (DE B.)

ILTIS (*Mamm.*), nom allemand du putois. (F. C.)

ILWARSVOGEL (*Ornith.*), nom dalécarlien de l'ortolan de neige, *emberiza nivalis*, Linn. (Ch. D.)

ILY (*Bot.*), nom malabare du bambou. (J.)

ILY-MULLU. (*Bot.*) Nom malabare, suivant Rhéede, d'une plante graminée, qui est le *stipa littorea* de Burmann, le *spinifex squarrosus* de Linnæus. (J.)

ILYN. (*Min.*) M. Nose a donné ce nom, d'un mot grec qui veut dire *limon*, à une roche qui forme la masse principale de beaucoup de montagnes des deux côtés du Rhin, et qui s'étendent même assez loin.

C'est une roche composée qui paroît avoir subi l'action du feu, et qui se distingue de l'argile et de l'argilolite (*Thonstein*) par sa fusibilité. Elle est connue sur les bords du Rhin sous le nom de *Graustein*, et passe au basalte et à la wake. Elle est d'un gris de cendre, quelquefois d'un brun mordoré ; assez compacte : sa cassure donne des surfaces mattes et raboteuses. Elle a une dureté moyenne, et répand, par l'insufflation de l'haleine, l'odeur argileuse. On y trouve des cristaux de felspath et d'haüyne disséminés.

L'ilyn, autant qu'on peut en juger par cette description, paroît avoir beaucoup de rapports avec le TRACHYTE. Voyez ce mot. (B.)

IMAGE, *Imago*. (*Entom.*) On nomme ainsi l'insecte parfait, ou le quatrième état par lequel passe et où arrive l'insecte lorsqu'il est complétement organisé, c'est-à-dire quand il a subi toutes ses métamorphoses : d'abord sous la forme d'œuf, il a paru ensuite sous celle de chenille ou de larve ; après différentes mues ou changemens de peau, qui souvent encore lui ont communiqué des aspects divers, il prend la forme de chrysalide ou de nymphe ; enfin il arrive à l'état parfait : voilà ce que Fabricius et d'autres auteurs ont nommé l'image. Sous cette forme l'insecte ne croît plus ; souvent il ne prend plus de nourriture, et c'est alors seulement qu'il peut reproduire sa race ou son espèce.

Les anciens n'ignoroient pas ces circonstances. On trouve dans Aristote, livre V, chap. 18, ce passage, que nous allons emprunter à la traduction de Camus. « Les papillons vien-
« nent de chenilles : c'est d'abord moins qu'un grain de
« millet, ensuite un petit ver qui grossit et qui au bout

« de trois jours est une petite chenille. Quand ces chenilles
« ont acquis leur croissance, elles perdent le mouvement
« et changent de forme. On les appelle alors chrysalides :
« elles sont alors enveloppées d'un étui ferme ; cependant
« si on les touche, elles remuent. Les chrysalides sont ren-
« fermées dans des cavités faites d'une matière qui ressemble
« aux fils d'araignées ; elles n'ont pas de bouche ni d'autres
« parties distinctes. Peu de temps après l'étui se rompt, et
« il en sort des animaux volans, que nous nommons papil-
« lons. Dans leur premier état, celui de chenille, ils man-
« gent et rendent des excrémens : devenus chrysalides, ils
« ne prennent ni ne rendent rien. Il en est de même de
« tous les animaux qui viennent de vers.» Voyez MÉTAMOR-
PHOSES. (C. D.)

IMANTOPEDE. (*Ornith.*) L'échasse étant nommée en grec
imantopois, on a étendu l'application de ce terme, et le mot
imantopède désigne en général des oiseaux munis de longues
jambes, à moitié nues. (CH. D.)

IMATIDIE, *Imatidium.* (*Entom.*) Fabricius a décrit sous ce
nom, qui en grec, ιματιδιον, signifie *petit manteau,* une
division de coléoptères étrangers, tous de l'Amérique méridionale, et qui paroissent être des cassides, c'est-à-dire,
des tétramérés phytophages. Leur corps n'est pas entièrement caché, la tête étant libre et visible en-dessus. Voyez
l'article CASSIDE, tome VII. (C. D.)

IMBER. (*Ornith.*) L'oiseau désigné par ce nom et par celui
d'*imber goose* est l'imbrim. Voyez ce mot. (CH. D.)

IMBERBE (*Ichthyol.*), nom spécifique d'un poisson de la
mer Méditerranée, l'*ophidium imberbe* de Linnæus. Voyez
FIERASFER. (H. C.)

IMBERBES. (*Ornith.*) M. Vieillot appelle ainsi une famille
de son ordre des oiseaux sylvains et de la tribu des anyso-
dactyles, qui comprend les genres *Tacco, Scythrops, Vou-
roudriou, Coulicou, Coucou, Indicateur, Toulou* et *Ani.* (CH. D.)

IMBOUREL. (*Bot.*) Dans un herbier de Coromandel
donné à Commerson par M. Cossigny, on trouve une plante
rubiacée de ce nom, qui a beaucoup de rapport avec le
chayaver, espèce d'*oldenlandia.* (J.)

IMBRIACO ou IMBRIAGO. (*Ichthyol.*) Sur les côtes de

la mer Méditerranée, on donne ce nom à la *trigla lineata* de Linnæus, qui est la *trigle lastoviza* de M. de Lacépède. Voyez Trigle. (H. C.)

IMBRICAIRE, *Imbricaria*. (*Bot.*) Genre de plantes dicotylédones, à fleurs complètes, monopétalées, de la famille des *sapotées*, de l'*octandrie monogynie* de Linnæus, offrant pour caractère essentiel : Un calice à huit divisions ; une corolle monopétale à huit découpures profondes, déchiquetées en lanières ; huit appendices filiformes ; un ovaire supérieur ; un style ; un stigmate. Le fruit est une baie à huit loges monospermes, très-souvent à quatre semences au moins par avortement.

Ce genre est si rapproché des *mimusops*, que plusieurs auteurs les ont réunis ; réforme qui doit être adoptée, si, véritablement, le nombre des loges est tellement variable que de huit, dans les imbricaires, elles se réduisent à une seule dans les mimusops. Commerson a désigné ce genre sous le nom d'*imbricaria*, à cause de l'usage que l'on fait de son bois, qui, divisé en lames ou en lattes, est employé pour la couverture des maisons. Smith a employé le nom d'*imbricaria* pour un autre genre, qui appartient au *jungia* de Gærtner. On trouve encore, dans la Flore d'Amérique de Michaux, un genre *Imbricaria* qui rentre dans la famille des lichens.

Imbricaire a gros fruits ; *Imbricaria maxima*, Lamk., *Ill. gen.*, tab. 5oo; *Mimusops imbricaria*, Willd., *Spec.*, 2, pag. 3a6 : vulgairement Nattier, Bois de natte, Bardothier. Arbre observé par Commerson dans les Indes orientales, dont les feuilles sont éparses, rapprochées par touffes, coriaces, ovales-oblongues, entières, glabres, pétiolées, longues d'environ trois pouces et plus sur deux de large ; les pétioles longs d'un pouce et demi. Les fleurs sont solitaires, mélangées confusément avec les feuilles, formant, comme elles, des touffes terminales ; les pédoncules simples, couverts d'un duvet ferrugineux : les quatre découpures extérieures du calice pubescentes ; les intérieures plus étroites, blanchâtres, de la longueur de la corolle : le tube de celle-ci très-court ; son limbe étalé en forme d'une étoile frangée : les étamines courtes, insérées sur le tube de la corolle, opposées à autant de filamens écailleux inclinés sur l'ovaire. Le fruit est une

baie ou une pomme globuleuse, de la grosseur d'une orange
moyenne, acuminée par le style, divisée en huit, plus ordinairement en quatre loges, avec le même nombre de semences : celles-ci sont oblongues, d'une forme irrégulière, marquées d'une cicatrice latérale. (Poir.)

IMBRICARIA, *Embricaire* et *Imbricaire*. (*Bot.*) Genre de
la famille des lichens, établi par Acharius, et qu'il a réuni
ensuite au *parmelia*, qui comprend aussi le *lobaria* du même
auteur. M. De Candolle conserve le genre *Imbricaria*; nous
suivrons ici son opinion, tout en convenant que le rapprochement d'Acharius ne manque pas de justesse.

Les *imbricaria* sont de beaux lichens, qui forment sur les
écorces d'arbres, sur les pierres et sur les rochers, des plaques
membraneuses ou coriacées, adhérentes par leur partie inférieure, et disposées en roses ou étoiles découpées, plus ou
moins, en lanières étroites, obtuses, qui se recouvrent ou
s'embriquent les unes sur les autres, du centre à la circonférence. Le dessous est souvent garni de fibrilles. Les scutelles
ou conceptacles sont situés en-dessus, fixés par leur centre,
d'abord en forme de godet, puis plans, et d'une couleur
différente de celle de l'expansion, avec un rebord le plus
souvent de la couleur de cette dernière, ou plus pâle. Ces
scutelles sont ordinairement plus nombreuses dans le centre.
On voit en outre sur plusieurs espèces des glomérules pul-
vérulens épars ou marginaux, qui couvrent même quelquefois une grande partie de la surface du lichen, et surtout le
centre : alors les scutelles avortent, et le lichen se détruit
plus tôt en cette partie.

Ce genre renferme près de soixante-dix espèces, presque
toutes d'Europe : quelques-unes sont d'Amérique. Trente se
trouvent en France, dont vingt-une aux environs de Paris.

Beaucoup d'espèces méritent d'être citées, parce qu'on les
rencontre souvent sur les arbres, dans les bois, les vergers
et les promenades : elles se font remarquer par leur élégance
et par leur couleur.

§. 1.er *Expansion hérissée en-dessous et divisée en
lobes linéaires.*

1.° IMBRICARIA ÉTOILÉ : *Imbricaria stellaris*, Decand., Fl.

fr., 1047; *Lichen stellaris*, Linn., Hoffm., *Enum.*, pl. 13, fig. 1 et 2; Dillen., *Musc.*, t. 24, fig. 70; *Parmelia stellaris*, Ach., *Syn.*, 216. Expansion rayonnante, d'un vert grisâtre, plissée ou rugueuse, blanche en-dessous avec des fibrilles grises; découpures presque linéaires, un peu convexes, multifides; scutelles d'un noir voilé de gris ou glauque, à rebord d'abord entier, puis flexueux et crénelé. Commun sur les écorces des arbres.

2.° Imbricaria pulvérulent : *Imbricaria pulverulenta*, Dec.. Fl. fr., 1049 ; *Lobaria pulverulenta*, Hoffm., *Pl.*, *lich.*, t. 3, fig. 2 ; *Lichen omphalodes*, Jacq., *Coll.*, 2, t. 15, fig. 2. Expansion étoilée, d'un blanc bleuâtre ou d'un gris roux et givreux, couverte en-dessous d'un duvet noir ; découpures multifides et distinctes sur les bords, planes, déprimées, ondulées, tronquées à leur extrémité ; scutelles d'un gris bleuâtre, à bord entier ou flexueux. Commun sur les écorces d'arbres. Lorsqu'il est humecté, il prend une couleur d'un vert gai, et son aspect givreux disparoît. Il offre plusieurs variétés.

3.° Imbricaria gris : *Imbricaria grisea*, Decand., Fl. fr., n.° 1050; *Lichen griseus*, Lamk. ; *Lichen lanuginosus*, Hoffm., *Enumer.*, pl. 10, fig. 4 ; *Lichen pityreus*, *Engl. bot.*, tab. 2064; *Parmelia pityrea*, Ach., *Syn.*, p. 201. Expansion orbiculaire, grise, pulvérulente, blanche en-dessous avec des fibrilles noires ; découpures du centre plissées, frisées et comme rongées, pulvérulentes sur les bords ; découpures ou lobes du pourtour plans, arrondis, crénelés, givreux ; scutelles concaves, d'un noir brun, givreuses, à bord entier. Ce lichen n'est point rare ; cependant il n'est pas commun avec ses scutelles. Il croît sur les écorces d'arbres et sur les murs.

4.° Imbricaria orbiculaire : *Imbricaria cycloselis*, Decand., Flore fr., 1051; *Lichen orbicularis*, Hoffm., *Enum.*, pl. 9, fig. 1 ; *Parmelia cycloselis*, Ach.; *Lichen cycloselis*, *Engl. bot.*, tab. 1912. Orbiculaire, d'un gris livide, garni en-dessous d'un duvet noir spongieux ; découpures embriquées, un peu planes, très-découpées et comme digitées, crénelées, à peine ciliées; d'abord entier sur le bord, puis élevé, crispé et un peu pulvérulent; scutelles éparses d'un noir brun, à bord élevé et entier. Il se rencontre fréquemment sur les troncs d'arbres, et fait le passage de l'espèce précédente à la suivante.

5.º IMBRICARIA A CHEVEUX NOIRS : *Imbricaria ulothrix*, Dec., Fl. fr., n.º 1052; *Lichen ciliatus*, Hoffm., *Enum.*, pl. 14, fig. 1. Expansion étoilée, d'un gris glauque un peu livide, garnie en-dessous de fibrilles noires ; découpures écartées, linéaires, nombreuses, dichotomes, planes et ciliées sur les bords ; scutelles d'un noir brun, à contour entier, garni en-dessous de cils fibreux, peu apparens. Ce petit lichen croit sur les arbres et quelquefois sur les planches exposées à l'air humide.

6.º IMBRICARIA BRODÉ : *Imbricaria retiruga*, Decand., Fl. fr., 1054; *Lichen saxatilis*, Linn., Hoffm., *Enum.*, tab. 15, fig. 1, et tab. 16, fig. 1; *Engl. bot.*, tab. 603 ; Wulf, *in Jacq.. Coll.* 4, tab. 20, fig. 2; *Parmelia saxatilis*, Ach., *Syn.* 204; Vaill., *Bot. Par.*, tab. 21, fig. 1. Expansion orbiculaire, grise, rude au toucher, lacuneuse et réticulée par des nervures, noire et fibreuse en-dessous ; lanières embriquées, sinuées et lobées, planes, dilatées ou arrondies et presque tronquées aux extrémités ; scutelles de couleur baie et crénelées sur le bord. Cette espèce, quelquefois assez étendue, croit sur les rochers et sur les écorces d'arbres.

7.º IMBRICARIA BRULÉ : *Imbricaria adusta*, Decand., Fl. fr., n.º 1055 ; *Lichen omphalodes*, Linn.; *Engl. bot.*, pl. 604 ; Vaill., *Bot. Par.*, tab. 20, fig. 10; Dill., *Hist. musc.*, tab. 20, fig. 60; *Parmelia omphalodes*, Ach. Expansion orbiculaire, d'un brun olivâtre ou noirâtre, luisante, ponctuée de noir, fibrillifère et noire en-dessous; lanières sinuées, multifides, linéaires, planes, presque tronquées, arrondies et crénelées au pourtour; scutelles baies, un peu crénelées sur le bord. Vient sur les rochers et les écorces d'arbres.

§. 2. *Expansion hérissée en-dessous, et divisée en lobes larges et arrondis.*

8.º IMBRICARIA A FEUILLES DE CHÊNE : *Imbricaria quercina*, Decand., n.º 1056 ; *Lichen quercinus*, Willd., Fl. Berol., tab. 7, fig. 13; *Lichen quercifolius*, Wulf. ap. Jacq.. Coll., 5, tab. 9, fig. 2; *Lichen tiliaceus*, Hoffm., Enum., tab. 16, fig. 2 ; Engl. bot., tab. 700; *Parmelia tiliacea*, Ach., Syn., p. 199.

Expansion orbiculaire, membraneuse, d'un gris glauque et un peu givreux, d'un noir brun en-dessous, avec des fibrilles noires; lobes sinués, laciniés, les derniers arrondis et crénelés; scutelles presque brunes, orbiculaires, presque entières sur les bords. Cette belle espèce est fréquente sur les écorces d'arbres, dans les bois, et plus rare sur les rochers.

9.° IMBRICARIA PLOMBÉ : *Imbricaria plumbea*, Decand., Fl. fr., n.° 1058 ; *Parmelia plumbea*, Ach., *Syn. excl. syn.* Expansion orbiculaire, d'un gris de plomb livide, garnie en-dessous d'un duvet spongieux de couleur bleue ; découpures du pourtour aplaties, plissées, rayonnantes, arrondies, incisées et crénelées ; scutelles éparses, convexes, brunes, à bord presque de même couleur et entier. Cette jolie espèce croît sur les troncs d'arbres et sur les rochers. Elle est commune dans beaucoup d'endroits. En France elle se rencontre dans les Cévennes, en Gascogne et en Bretagne, à Fontainebleau, etc. La figure 1, pl. 45, ord. 23 de Micheli, ne paroît point devoir la représenter ; car l'auteur dit que le lichen qu'elle représente, est blanc en-dessous ; mais il paroît bien que c'est le *lichen plumbeus*, Lightf., *Scot.*, tab. 26.

L'*Imbricaria cærulescens*, Decand. (*excl. Syn.*), ou *Parmelia rubiginosa*, Ach., et *Lichen affinis*, Engl. bot., tab. 943, est très-voisin du précédent : il en diffère surtout par ses scutelles entassées dans le centre de l'expansion, planes, d'un brun roux, crénelées et blanchâtres tout autour. On le trouve dans les mêmes lieux.

§. 3. *Expansion glabre, divisée en lobes larges et arrondis.*

10.° IMBRICARIA DES MURAILLES : *Imbricaria parietina*, Dec., Fl. fr., n.° 1060 ; *Lichen parietinus*, Linn., Hoffm., *Enum.*, pl. 18, fig. 1 ; *Engl. bot.*, tab. 194 ; Dill., *Musc.*, tab. 24, fig. 76. Expansion orbiculaire, d'un beau jaune doré ou jonquille, plus pâle en-dessous et un peu fibrillifère ; lobes rayonnans, déprimés, plans, dilatés à l'extrémité, arrondis, crénelés et crispés ou frisés. Scutelles de même couleur plus foncée, entières, et plus pâles sur les bords. Cette espèce, des plus communes, et remarquable par sa couleur, couvre quelquefois les troncs d'arbres de larges et nombreuses plaques, qui suivent les sinuosités des écorces. Elle croît également sur les pierres et sur les murs. Lorsqu'elle vieillit, elle devient verdâtre. On la trouve partout.

11.° IMBRICARIA OLIVACÉ : *Imbricaria olivacea*, Decand., Fl. fr., n.° 1061 ; *Lichen olivaceus*, Linn., Hoffm., *Enum.*, tab. 15, fig. 5 — 5 ; Dill., *Musc.*, tab. 24, fig. 77, 78 ; Vaill., Bot., tab. 20, fig. 8. Expansion orbiculaire, d'un brun olive, unie ou ponctuée, plane ou ridée, plus pâle, brune, scabre et un peu fibrillifère en-dessous ; lobes rayonnans, déprimés, plans, dilatés, arrondis, crénelés ; scutelles un peu aplaties, plus pâles en couleur, crénelées sur le bord. Croît sur les rochers et les écorces d'arbres dans les bois.

12.° IMBRICARIA CIBOIRE : *Imbricaria acetabulum*, Decand., Fl. fr., n.° 1062 ; *Lichen acetabulum*, Jacq., *Coll.*, 5, tab. 9, fig. 1 ; Hoffm., *Enum.*, tab. 18, fig. 2 ; Dill., *Musc.*, tab. 24, fig. 79 ; Vaill., *Bot. Par.*, tab. 11, fig. 13 ; *Parmelia corrugata*, Ach. Expansion orbiculaire, membraneuse, un peu ridée, d'un vert glauque, brun-noir en-dessous et fibrillifère ; lobes incisés, arrondis, lâches, flexueux et plissés, très-entiers ; scutelles amples, flexueuses, rousses ou brunes, à bord crénelé, ou ridé et vert. Cette espèce, une des plus grandes de ce genre, et remarquable par la forme des scutelles, croît sur les écorces des arbres dans les bois.

13.° IMBRICARIA FRONCÉ : *Imbricaria caperata*, Decand., Fl. fr., n.° 1063 ; *Lichen caperatus*, Linn.; Wulf, *in* Jacq., *Coll.*, 4, tab. 20, fig. 1 ; *Engl. bot.*, 654 ; Hoffm., *Enum.*, tab. 19, fig. 2, et tab. 20, fig. 2 ; *Platisma caperatum*, ejusd., *Pl. lich.*, tab. 56, fig. 1, tab. 59, fig. 1, tab. 42, fig. 1. Expansion orbiculaire, coriace, d'un jaune verdâtre pâle ou soufré, rugueuse, souvent couverte de poussière dans le milieu, noire et hispide en-dessous ; lobes plissés, sinués, laciniés, arrondis, presque entiers ; scutelles brunes, à bord verdâtre, recourbé, entier d'abord, puis pulvérulent. Ce lichen, qui forme quelquefois des plaques larges comme la main et froncées dans le centre, est commun sur les écorces d'arbre dans les bois et sur les rochers. On remarque que dans le premier cas il offre rarement des scutelles.

§. 4. *Expansion glabre, divisée en lobes linéaires.*

14.° Imbricaria ponctué : *Imbricaria conspersa*, Decand., Fl. fr., n.° 1064 ; *Lichen centrifugus*, Hoffm., tab. 10, fig. 5, *Pl. lich.*, tab. 16, fig. 2. Expansion orbiculaire ou irrégulière, d'un jaune verdâtre pâle, lisse, souvent ponctuée de noir, d'un brun noirâtre en-dessous et fibrillifère ; découpures sinuées, lobées, arrondies, crénelées. un peu aplaties; scutelles situées au centre, brunes, a bord jaunâtre presque entier. Cette espèce croît sur les rochers et sur les pierres, dans les lieux montagneux. Elle est quelquefois entièrement pulvérulente dans le centre ; quelquefois aussi la partie centrale se détruit, et il ne reste que les découpures de la circonférence : c'est ce qui l'a fait confondre avec le *lichen centrifugus*, Linn.

15.° Imbricaria renflé : *Imbricaria physodes*, Decand., Fl. fr., n.° 1066 : *Lichen physodes*, Linn., Hoffm., *Enum.*, tab. 15, fig. 2 : *Engl. bot.*, tab. 126 ; Jacq., *Coll.*, 3, tab. 8, fig. 2, 5 ; *Fl. Dan.*, tab. 1186, fig. 2 ; Dill., *Musc.*, tab. 20, fig. 49 ; *Parmelia physodes*, Ach. Expansion arrondie ou oblongue, un peu rayonnante sur les bords, d'un blanc glauque ou grisâtre, à découpures imbriquées, sinuées, multifides, convexes, glabres, renflées à leurs extrémités et ascendantes, d'un noir brun en-dessous ; scutelles rouges, entières sur les bords et nues. Ce lichen est quelquefois un peu plissé ou chargé sur les bords d'une poussière grisâtre ; quelquefois aussi il offre de petits tubercules punctiformes noirs ; quelquefois encore il est bordé de noir. Sa couleur varie : dans une variété elle est olivâtre. On le trouve sur les troncs d'arbres, sur les pierres, à terre, sur les mousses et dans les bois. (Lem.)

IMBRICARIA. (*Bot.*) Ce nom avoit d'abord été donné par Commerson à un genre de la famille des sapotées, qui a été réuni au *mimusops* par Willdenow. M. Smith, suivi par M. Persoon, a appliqué le même nom à un sous-arbrisseau, nommé avant lui *mollia* par Gmelin, et *jungia* par Gærtner, mais qui paroît ne pouvoir être séparé de l'*escallonia*, genre maintenant voisin de l'airelle dans les éricinées. Un troisième *imbricaria*, qui prévaut maintenant, est celui d'Acharius,

fait sur quelques espéces de lichens , et adopté par MM.
Michaux et De Candolle. Voyez Imbricaire et l'article précédent. (J.)

IMBRIM. (*Ornith.*) Ce grand plongeon de la mer du Nord
est le *colymbus immer*. Linn. (Ch. D.)

IMBRIQUÉ. (*Bot.*) Composé de parties qui se recouvrent
comme les tuiles d'un toit. L'involucre de l'artichaut, par
exemple, la bulbe du lis, etc., sont imbriqués, c'est-à-dire,
composés d'écailles en recouvrement. Les étamines et les
camares du fruit du tulipier, du magnolia, etc.; les feuilles
du *tamarix gallica*, du *juniperus virginiana*, du *sedum acre;*
les graines du *cobæa*, de l'*asclepias*, etc.; les divisions du
calice du liseron ; les pétales de la rose, dans la préfleuraison,
c'est-à-dire, avant l'épanouissement de la fleur, sont encore
des exemples de cette disposition particulière. (Mass.)

IMBUTINI. (*Bot.*) Micheli désigne par *imbutini des bois*,
couleur de feuilles mortes, un champignon du genre *Peziza*
et voisin du *peziza acetabuliformis*, de Dillenius. Cette espèce
croit en touffe, et chaque individu forme un petit entonnoir
(*imbutino*, en italien) stipité. (Lem.)

IMBUTINO. (*Bot.*) Micheli donne ce nom à plusieurs espèces de petits agarics, dont le chapeau a la forme d'un
petit entonnoir. L'un de ces champignons paroît être l'*aga-
ricus rufus*, Scop. Ils ne sont d'aucune utilité. (Lem.)

IMERCOTEILAK (*Ornith.*), nom groenlandois de la grande
hirondelle de mer de Buffon, *sterna hirundo*, Linn. (Ch. D.)

IMGARA, IMGU (*Bot.*) : noms arabes généraux des
gommes ou sucs végétaux, selon Clusius, lesquels s'appliquent plus particulièrement à l'*assa fœtida* extrait d'une
espèce de férule. (J.)

IMMA. (*Min.*) Valmont de Bomare a introduit ce mot
dans son Dictionnaire, et c'est le seul motif qui nous engage
à en parler d'après lui. C'est, dit-on, le nom persan d'une
ocre rouge. (B.)

IMMÉDIATE [Insertion]. (*Bot.*) Voyez Insertion. (Mass.)

IMMENIRAS. (*Ornith.*) L'oiseau auquel les Allemands donnent ce nom et celui d'*Immenwolf*, est le guêpier, *merops
apiaster*. Linn. (Ch. D.)

IMMISCH - BALUK. (*Ichthyol.*) Les Turcs nomment ainsi
l'athérine joël, *atherina hepsetus*. Voyez Athérine. (H. C.)

IMMORTELLE (*Bot.*), nom vulgaire des *Helichrysum* et des *Xeranthemum*. (H. Cass.)

IMMORTELLES. (*Bot.*) Adanson a divisé l'ordre des synanthérées en dix sections, dont la quatrième porte le nom d'immortelles. Cette section, que l'auteur distingue de celle des chardons par le péricline non épineux, est tout-à-fait artificielle; car les quinze genres dont elle se compose appartiennent à neuf tribus naturelles différentes. L'*acosta*, le *cyanus*, une partie du *rhacoma*, le *rhaponticum* (Ad.), et l'*amberboi*, sont des centauriées; une partie du *rhacoma* et le *serratula* sont des carduinées; le *pterophorus* est une astérée; le *tarchonanthus* est une vernoniée; le *xeranthemum* (Tourn.) est une carlinée; le *lonas*, le *santolina* et le *gnaphalium* (Tourn.) sont des anthémidées; le *polymnia* est une hélianthée; le *gnaphalodes* est une inulée; le *denira* est une ambrosiée. (H. Cass.)

IMMUSSULUS. (*Ornith.*) Ce nom, que divers auteurs écrivent aussi *immusculus*, *immustulus*, est rangé par M. Savigny (Système des oiseaux d'Égypte) au nombre des synonymes de l'aigle commun, son *aquila fulva* et le *falco chrysaetos*, Linn. Charleton, *Exercitationes*, p. 71, n.° 8, a appliqué le même nom d'*immussulus* à l'orfraie ou grand aigle de mer, *falco ossifraga*, Linn. (Ch. D.)

IMO. (*Bot.*) Ce nom japonois est un de ceux donnés, suivant M. Thunberg, soit à l'*arum esculentum*, espèce de gouet, dont on mange, dans ce pays, la racine et les tiges; soit au *convolvulus edulis* de cet auteur, dont la racine tubéreuse, comme celle de la patate, est aussi employée comme nourriture dans le Japon. (J.)

IMPALUNCA. (*Mamm.*) On trouve ce nom dans quelques auteurs comme étant, au Congo, celui d'une espèce de gazelle. (F. C.)

IMPANGUEZZÉ. (*Mamm.*) Ce nom, rapporté par Merola, est, dit-il, au Congo et à Angola, celui de gazelles de différentes couleurs, très-légères à la course, et armées de cornes extrêmement longues. (F. C.)

IMPARI-PENNÉE [Feuille], (*Bot.*), pennée avec impaire, c'est-à-dire, pennée et terminée par une foliole solitaire: telles sont les feuilles du frêne, de la rose, de l'acacia, etc. (Mass.)

IMPATIENS. (*Bot.*) Une espéce de balsamine avoit été nommée *impatiens herba* par Dodoens, parce que ses capsules, parvenues à leur maturité, s'ouvrent avec élasticité au moindre contact. Ce caractère existe également dans les autres espèces connues plus anciennement sous le nom de *balsamina*, adopté par tous les auteurs depuis Tragus jusqu'à Tournefort. Cependant Linnæus lui a substitué pour nom générique le mot *impatiens*, qui, en qualité d'adjectif, ne peut être employé que comme nom spécifique. Il a donc été nécessaire de rétablir le nom *balsamina*, maintenant reçu. (J.)

IMPENNES. (*Ornith.*) Nom latin, donné par Illiger à sa 41.ᵉ famille d'oiseaux, composée du seul genre Manchot, dont les ailes, courtes et recouvertes de petites plumes en forme d'écailles, font l'office de nageoires. (Сн. D.)

IMPERATA. (*Bot.*) Cyrillo faisoit sous ce nom un genre du *lagurus cylindricus*, qui est un *calamagrostis* de M. Kœler. Mais MM. de Lamarck et Schrader le réunissent au genre *Saccharum*, dont il diffère cependant en quelques points. (Voyez ci-après.) On trouve encore dans l'ouvrage de Mœnch le *gypsophila saxifraga*, devenu genre sous le nom de *Imperatia*, parce qu'il a, comme les œillets, quatre écailles au bas du calice. (J.)

IMPÉRATA, *Imperata*. (*Bot.*) Genre de plantes monocotylédones, à fleurs glumacées, de la famille des *graminées*, de la *triandrie monogynie* de Linnæus, offrant pour caractère essentiel : Des épillets géminés à deux fleurs mutiques, entourées d'une touffe lanugineuse; les valves calicinales plus longues que celles de la corolle, dont l'inférieure est de moitié plus courte; les écailles oblongues et ciliées; deux ou trois étamines; deux styles; les stigmates plumeux.

Ce genre a été établi par Cyrilo, adopté par Rob. Brown et De Beauvois, pour quelques plantes placées d'abord parmi les *saccharum*, tel que le *saccharum cylindricum* (Voyez Canamelle), auquel on a ajouté les espèces suivantes :

IMPÉRATA SPONTANÉ : *Imperata spontanea*, Beauv.; *Saccharum spontaneum*, Linn.; *Kerpa*, Rheed., *Malab.*, 12, tab. 46. Belle graminée, qui croît sur les côtes du Malabar, aux lieux aquatiques. Ses tiges sont fistuleuses, hautes de douze pieds; les feuilles étroites, longues de deux pieds, glabres, roulées à leurs bords, velues à l'entrée de leur gaine; la panicule soyeuse, argentée, longue d'un pied, chargée de fleurs fort petites, disposées deux à deux, l'une sessile, l'autre pédicellée, munies à leur base d'un paquet de poils soyeux, plus longs qu'elles, les environnant en forme de collerette; les valves lancéolées, aiguës, scarieuses.

IMPÉRATA DE VALENCE : *Imperata sisca*, Beauv.; *Saccharum sisca*, Cavan., *Icon. rar.*, 3, tab. 292. Cette espèce est très-rapprochée du *saccharum cylindricum*, si toutefois ce n'est pas la même. Ses tiges sont droites, à peine longues d'un pied, à trois ou quatre nœuds, couvertes par les gaines des feuilles, dont les radicales sont roulées, terminées par une pointe très-aiguë; les caulinaires courtes; les gaines très-longues; les fleurs réunies en un épi paniculé, muni de poils argentés, plus longs que les fleurs; les valves de la corolle égales, chargées d'un duvet blanc; le calice remplacé par une touffe de poils blancs; les semences oblongues. Cette plante croît aux lieux humides, dans le royaume de Valence.

IMPÉRATA DE KŒNIG : *Imperata Kœnigii*, Beauv.; *Saccharum Kœnigii*, Retz., *Obs.*, *fasc.* 5, pag. 16. Les tiges de cette plante s'élèvent plus que celles du *saccharum cylindricum*, avec lequel, d'ailleurs, elle a beaucoup de rapports; elle s'en distingue par ses feuilles planes et non roulées : les articulations sont garnies de poils; les fleurs sont disposées en un épi cylindrique; chacune d'elles ne contient que deux étamines. Cette plante croît dans les Indes orientales. (POIR.)

IMPÉRATOIRE; *Imperatoria*, Lamk. (*Bot.*) Genre de plantes dicotylédones, de la famille des *ombellifères*, Juss., et de la *pentandrie digynie*, Linn., dont les principaux caractères sont d'avoir un calice entier, peu apparent; une corolle de cinq pétales échancrés, courbés, presque égaux; cinq étamines; un ovaire inférieur, surmonté de deux styles; un fruit comprimé, elliptique, composé de deux graines bordées d'une aile membraneuse, marquées sur le dos de trois petites côtes.

Les impératoires sont des plantes herbacées, à racines vivaces, à feuilles alternes, composées, et à fleurs blanches, petites, disposées en ombelles. Le nombre des espèces appartenant à ce genre n'est pas parfaitement déterminé, à cause

des grands rapports qui existent entre ce dernier et les an-
géliques ; ce qui fait que certaines espèces sont placées par
les uns dans les impératoires, et par les autres dans les angé-
liques. C. Sprengel, dans le sixième volume du *Systema ve-
getabilium* de Rœmer et Schultes, fait mention de six espèces
d'*imperatoria*. Nous nous contenterons de parler ici des deux
espèces suivantes, dont l'une est la plus anciennement connue et a servi de type au genre.

Impératoire ostruthier, vulgairement Impératoire autruche,
Benjoin françois; *Imperatoria ostruthium*, Linn., *Spec.*, 571,
Lamk., *Illust.*, t. 199, fig. 1. Sa racine est charnue, noueuse,
assez grosse, rameuse, brune en dehors, blanche en dedans;
elle a une odeur forte, aromatique, et une saveur amère,
un peu âcre. Cette racine produit une tige cylindrique,
haute d'un à deux pieds, garnie de feuilles pétiolées, ordinairement divisées en trois folioles larges, trilobées et dentées. Les fleurs sont blanches, disposées en une grande ombelle terminale, composée de vingt à trente rayons. Cette
plante croit en Europe, dans les prés secs et sur les montagnes.

C'est du verbe latin *imperare* (commander) que dérive le
nom d'impératoire, et il a été donné à l'espèce dont il est
maintenant question, à cause des grandes vertus qu'on lui a
attribuées, et parce qu'avec elle on croyoit que le médecin
pouvoit, en quelque sorte, être le maitre des maladies. La
racine, seule partie de la plante qu'on ait employée en médecine, a été conseillée contre la peste, les fièvres putrides,
les empoisonnemens, le scorbut, les fièvres intermittentes,
la chlorose, les coliques flatulentes; mais, après avoir été
très-préconisée autrefois, elle est maintenant presque entièrement tombée en désuétude. Elle jouit cependant d'une
propriété tonique très-prononcée, et son usage peut être
avantageux toutes les fois qu'il s'agit de relever les forces.
On peut la prendre en nature et en poudre, depuis douze jusqu'à trente-six grains, et en infusion à la dose d'un à deux gros.

Impératoire verticillée : *Imperatoria verticillaris*, Decand.,
Il. franç., tom. 4, pag. 287 : *Angelica verticillaris*, Linn.,
Mant. 217. Sa tige est cylindrique, souvent rougeâtre, haute
de trois à cinq pieds, divisée en rameaux verticillés, d'autant plus nombreux qu'on approche davantage du haut de

25. 4

la plante. Les feuilles sont grandes, trois fois ailées, à folioles ovales-deltoïdes, fortement dentées en scie, glabres, non décurrentes sur leur pétiole. Les ombelles sont grandes, d'un blanc verdâtre, dépourvues de collerette générale, et à dix ou douze rayons. Cette espèce croît en Italie dans les montagnes. (L. D.)

IMPERATOR (*Conchyl.*), nom latin du genre de coquilles que M. Denys de Montfort a appelé en françois Empereur. Voyez ce mot. (De B.)

IMPERATORIA. (*Bot.*) Voyez Impératoire. (L. D.)

IMPÉRATRICE BLANCHE et IMPÉRATRICE VIOLETTE (*Bot.*) : noms de deux variétés de prunes, dont la première est de grosseur moyenne, ovoïde, blanchâtre, et la seconde est plus grosse et d'un violet bleuâtre. (L. D.)

IMPÉRIALE. (*Bot.*) On donne ce nom à trois variétés de prune. L'une a le fruit gros, ovoïde, d'un violet clair : c'est l'impériale violette : l'autre, encore plus grosse et blanchâtre, est l'impériale blanche : la troisième, qui diffère de la seconde par sa couleur jaune, est l'impériale jaune. (L. D.)

IMPERTINENTE. (*Bot.*) Nom vulgaire, cité dans la Flore du Pérou, et donné, on ne sait pourquoi, à un liseron, *convolvulus hermanniæ*, nommé aussi dans le Pérou *enredadera*. (J.)

IMPIA. (*Bot.*) On trouve sous ce nom, dans Pline et dans Césalpin, la plante dite cotonnière ou herbe à coton, *filago germanica*, que Tragus nommoit *heliochrysos*. (J.)

IMPITOYABLE. (*Entom.*) Goedaert nomme ainsi les larves qui mangent les boutons de roses. (C. D.)

IMPOOF. (*Mamm.*) L'abbé Ray dit que ce nom est celui du canna, sans rapporter l'autorité sur laquelle il fonde cette assertion. (F. C.)

IMPORTUN. (*Ornith.*) M. Levaillant, tom. 5, pag. 27, de son Ornithologie d'Afrique, a donné ce nom spécifique a un merle très-babillard, qu'il a fait figurer pl. 106, n.° 2. (Ch. D.)

IMPOSTEUR. (*Ichthyol.*) Plusieurs auteurs ont parlé sous ce nom du *sparus insidiator*, poisson que nous avons décrit à l'article Filou. En lisant cet article, on devinera facilement d'où lui est venu cette épithète. (H. C.)

IMPRESSIONS DE PLANTES. (*Foss.*) Voyez Végétaux fossiles. (D. F.)

INACHUS. (*Crust.*) Genre de crustacés décapodes brachyures, établi par Fabricius. Voyez l'article MALACOSTRACÉS. (DESM.)

INACHUS. (*Foss.*) Le cabinet de la monnoie possède un crustacé de ce genre, auquel M. Desmarest a donné le nom d'Inachus de Lamarck, *I. Lamarckii*. Son test, plus long que large, élargi et arrondi en arrière, rétréci en avant, est surchargé de tubercules et présente des indices d'épines. Sa plus grande largeur est d'un pouce environ, et sa longueur à peu près égale, quoique le rostre manque en entier.

Sa carapace est noire, et sa forme approche de celle des *maja;* la région de l'estomac est arrondie et chargée de six tubercules saillans, savoir un en avant, un second latéral et le troisième en arrière de chaque côté. La partie antérieure de cette région présente le commencement d'un sillon longitudinal. Les bords latéraux présentent trois tubercules, dont le sommet est altéré, et qui ont pu être des épines. La région du cœur est fort saillante. Les deux régions branchiales sont postérieures et se touchent; elles sont séparées des autres par une ligne élevée et crénelée. Elles sont ridées et renflées de chaque côté. Il se trouve un sinus très-prononcé dans le milieu du bord postérieur de la carapace. La grosse pièce de la pince gauche est courte et renflée, et porte un petit tubercule sur son bord supérieur. Les autres parties de ce crabe sont enveloppées par la pierre et ne peuvent être distinguées.

On ignore où ce crustacé a été trouvé. (D. F.)

INADHÉRENT [CALICE], (*Bot.*), ne faisant point corps avec l'ovaire. Calice inadhérent, ovaire libre, ovaire supère, sont trois expressions synonymes. Les labiées, les caryophyllées, etc., ont le calice inadhérent. (MASS.)

INAIA-GUACUIBA. (*Bot.*) Marcgrave cite sous ce nom brasilien le cocotier, dont le fruit est nommé *inajaguacu*. Le mot *inaia* s'applique aussi aux palmiers en général. (J.)

INALBUMINÉ [EMBRYON], (*Bot.*), dépourvu d'albumen, ou de périsperme : tel est, par exemple, celui de la fève, des synanthérées, etc. (MASS.)

INALEL, PERIN-NIARA (*Bot.*) : noms malabares, cités par Rhéede, du *calyptranthes caryophyllifolia* de Willdenow, dans la famille des myrtées. (J.)

INANTHÉRÉE [Étamine], (*Bot.*), dont le filet est dépourvu d'anthère. Beaucoup de filets du *sparmannia africana*, par exemple, sont dans ce cas. (Mass.)

INAPANCKE (*Bot.*), nom transcrit dans l'herbier de Madagascar de Commerson pour l'*amaranthus spinosus*. (J.)

INAS. (*Ornith.*) Rondelet a prétendu qu'il falloit lire ainsi le mot grec *oenas* ou *oinas*, et, en l'appliquant au *ganga*, *tetrao alchata*, Linn. et Lath., il a supposé que, la racine de ce terme signifiant fibre, l'intention d'Aristote avoit été de caractériser la peau fibreuse de cet oiseau. (Ch. D.)

INCARVILLE, *Incarvillea*. (*Bot.*) Genre de plantes dicotylédones, à fleurs complètes, monopétalées, de la famille des *bignoniées*, de la *didynamie angiospermie* de Linnæus, offrant pour caractère essentiel : Un calice à cinq divisions, muni de trois bractées ; une corolle en tube, ventrue à son orifice, à cinq lobes courts, inégaux; quatre étamines didynames ; deux dents sétacées aux anthères des deux étamines inférieures; un ovaire supérieur; le style simple, un stigmate à deux lames. Le fruit est une capsule en forme de silique, bivalve, à deux loges ; une cloison opposée aux valves ; plusieurs semences ailées.

Incarville de Chine : *Incarvillea chinensis*, Juss., Gen., pag. 138; Lamk., Encycl. et *Ill. gen.*, tab. 427. Plante herbacée, haute d'environ un pied, à tige glabre, anguleuse, striée, médiocrement rameuse. Les feuilles sont glabres, alternes, pétiolées, presque deux fois ailées, à folioles étroites, aiguës et confluentes. Les fleurs sont presque sessiles, d'un pourpre violet, disposées en une grappe, ou plutôt un épi droit, lâche, terminal ; leur calice est garni à sa base de trois bractées étroites, aiguës, un peu pubescentes, ainsi que le calice divisé à son bord en cinq dents droites, linéaires, étroites, aiguës; la corolle longue d'un pouce, dilatée et ventrue à son orifice; ses lobes courts, inégaux, arrondis; les étamines renfermées dans la corolle, insérées à la base du tube; les anthères à deux lobes; l'ovaire surmonté d'un style de la longueur des étamines; le stigmate élargi, à deux lames inégales et ouvertes. Le fruit consiste en une capsule glabre, étroite, linéaire-subulée, comprimée, ayant la forme d'une silique, longue au moins de trois pouces, bivalve, à deux loges, renformant des semences ailées. Cette plante a été découverte aux environs de Pekin par le père Incarville.

Incarville a grandes fleurs : *Incarvillea grandiflora*, Poir.; *Bignonia chinensis*, Lamk., Encyclop.; *Bignonia grandiflora*, Willd., Thunb., *Jap.*, pag. 253; Banck, *Icon.*; Kæmpf., tab. 21; *Campsis*, Lour., *Flor. Cochin.*, *ex herbario*. Ses tiges sont grimpantes, radicantes et ligneuses; les feuilles opposées, ailées avec une impaire, composées de neuf à onze folioles vertes, ovales-aiguës, glabres, dentées en scie. Les fleurs sont grandes, très-belles, disposées à l'extrémité des rameaux en grappes paniculées, d'un aspect fort agréable; leur calice est campanulé, à cinq divisions assez profondes, aiguës, presque égales; la corolle campanulée; son tube aussi long que le calice, puis évasé en un limbe fort grand, à cinq divisions larges, arrondies, un peu inégales. Le fruit consiste en une capsule presque cylindrique, un peu comprimée sur les côtés, à peine longue de trois pouces. Cet arbrisseau croit à la Cochinchine et à la Chine, où on le cultive pour la beauté de ses fleurs. (Poir.)

INCENDIARIA. (*Ornith.*) Les noms d'*avis incendiaria* et *avis incineraria*, employés par les anciens, ont été appliqués, peut-être mal à propos, au jaseur de Bohème, *ampelis garrulus*, Linn. (Ch. D.)

INCENSARIA. (*Bot.*) Césalpin nommoit ainsi l'*inula odora*. Camerarius donne le même nom à la grande aurone, *abrotanum*. (J.)

INCIENSO. (*Bot.*) Sur le mont Silla, dans le territoire de Caracas, on nomme ainsi la plante qui est le *baillieria neriifolia* des auteurs de la Flore équinoxiale. (J.)

INCINÉRATION. (*Chim.*) C'est l'opération par laquelle on brûle une matière organique qui contient des parties fixes minérales, afin d'obtenir ces dernières, que l'on appelle vulgairement *cendres*. (Ch.)

INCISÉ. (*Bot.*) Terme général, employé par opposition au mot entier, lorsqu'il est question du calice, ou pour exprimer, lorsqu'il est question d'une feuille, que ses découpures sont plus profondes que celles qui forment des dents ou des crénelures. (Mass.)

INCLUSES [Étamines], (*Bot.*), ne saillant point au dehors

du périanthe. Celles du jasmin, du lilas, du pois et d'autres
légumineuses papillonacées, sont incluses. Le style du nar-
cisse, du phlox, du lilas, est également inclus. (Mass.)

INCOMBANTE [Anthere], (*Bot.*) : attachée par son milieu
et dressée de manière que sa moitié inférieure est appliquée
contre le filet ; telles sont, par exemple, les anthères de
l'*amaryllis formosissima*. (Mass.)

INCOMPARABLE. (*Ornith.*) M. Levaillant a désigné par
cette dénomination une pie de paradis, représentée pl. 20
de ses Oiseaux de paradis, rolliers, etc. (Ch. **D.**)

INCOMPLETE [Fleur]. (*Bot.*) La fleur complète réunit les
organes des deux sexes et les deux enveloppes florales (calice
et corolle). La fleur incomplète est celle où il manque une,
ou deux, ou trois de ces quatre parties. Le lis, le noisettier,
le saururus, etc., ont les fleurs incomplètes.

L'arille est dit incomplet, lorsqu'il ne recouvre la graine
qu'en partie (*evonymus verrucosus*). Une cloison est incomplète, lorsqu'elle ne sépare qu'incomplétement la cavité péri-
carpienne : telles sont les cloisons du pavot. (Mass.)

INCONNUE CHENEAU (*Bot.*), nom d'une variété de
poire, nommée aussi fondante de Brest. (L. **D.**)

INCONNUE LAFARE. (*Bot.*) Dans quelques cantons on
appelle ainsi la poire de Saint-Germain. (L. **D.**)

INCRUSTATIONS. (*Foss.*) On a quelquefois présenté à la
crédulité des personnes peu versées dans la connoissance de
l'histoire naturelle, pour être de véritables pétrifications anciennes, des fruits, des oiseaux dans leurs nids et d'autres
corps qui n'étoient qu'incrustés. Certaines eaux chargées de
molécules terreuses et calcaires, telles que celles d'Arcueil,
celles de la fontaine de Saint-Alyre près de Clermont en
Auvergne, et autres, ont la faculté de déposer ces molécules
sur les corps qui s'y trouvent plongés, de s'y cristalliser et de
les enduire d'un moule extérieur qui conserve la forme de
ces corps, mais qui ne les change point en pierre. Tous
ces corps incrustés se rapportent à ceux que nous connoissons
à l'état vivant, et il n'en est pas ainsi des véritables pétrifications : elles ont appartenu à un monde ancien, différent
de celui qui existe aujourd'hui. Ils nous présentent aussi des
corps, tels que des fruits mous ou des oiseaux emplumés,

qu'on n'a jamais vus et qu'on ne verra sans doute jamais pétrifiés. (D. F.)

INCUBATION. (*Ornith.*) Voyez ŒUFS. (CH. D.)

INDAYÉ. (*Ornith.*) M. d'Azara décrit, sous le n.º 3o de ses Oiseaux du Paraguay, et à la suite des éperviers, un oiseau de proie qui en a la taille et la physionomie, et dont les noms espagnols signifient *busard fou* et *busard à tête noire*; mais qui diffère des éperviers en plusieurs points, surtout en ce qu'il se nourrit uniquement de vers de terre, de limaçons, de grillons, etc., et qu'il paroit aussi indolent et aussi stupide que les autres sont vifs et rusés.

Cet oiseau, long de 13 pouces 5 lignes, a 12 pennes d'égale longueur à la queue, et aux ailes 25, dont la première est assez courte et la quatrième la plus longue. Sa tête est noirâtre, à l'exception d'un filet blanc qui part du front et s'élargit de chaque côté, jusqu'à la peau nue des joues; les parties supérieures sont brunes, avec des bandes plus foncées; les pennes caudales sont noirâtres, et l'on remarque une teinte rousse sur les deux du milieu; le dessous du corps est blanchâtre, avec des raies transversales dorées; les tarses et l'iris sont jaunes; le bec, garni d'une membrane de la même couleur, a la pointe noire et le reste d'un bleu de ciel.

M. d'Azara regarde cet oiseau comme devant former un genre particulier; mais ni lui ni M. Vieillot n'ont trouvé des caractères assez tranchés pour l'établir. (CH. D.)

INDÉFINIES [ÉTAMINES]. (*Bot.*) Le nombre des étamines n'est constant, dans une espèce donnée, que jusqu'à douze: dans ce cas on les compte; elles sont définies. Passé ce nombre, on ne les compte plus; elles sont indéfinies. Le pavot, la renoncule, la rose, ont les étamines indéfinies. (MASS.)

INDÉHISCENT (*Bot.*), n'ayant pas la faculté de s'ouvrir spontanément: les camares du fruit du tulipier, de la renoncule, etc., le légume du *cassia fistula*, etc., par exemple, sont indéhiscens. (MASS.)

INDEL. (*Bot.*) M. de Lamarck décrit sous ce nom le palmier, qui est le *katou-indel* du Malabar, l'*elate* des botanistes. (J.)

INDÉPENDANCE DES FORMATIONS. (*Min.*) Le mot *formation* [1] désigne, en géognosie, ou la manière dont une roche a été produite, ou un assemblage (système) de masses minérales qui sont tellement liées entre elles, qu'on les suppose formées à la même époque, et qu'elles offrent, dans les lieux de la terre les plus éloignés, les mêmes rapports généraux de gisement et de composition. C'est ainsi que l'on attribue la *formation* de l'obsidienne et du basalte aux feux souterrains; c'est ainsi que l'on dit que la *formation* du thonschiefer de transition renferme de la pierre lydienne, de la chiastolithe, de l'ampélite, et des couches alternantes de calcaire noir et de porphyre. La première acception du mot est plus conforme au génie de la langue; mais elle a rapport à l'origine des choses, à une science incertaine qui se fonde sur des hypothèses géogoniques. La seconde acception, aujourd'hui généralement reçue par les minéralogistes françois, a été empruntée à la célèbre École de Werner : elle indique ce qui est, non ce que l'on suppose avoir été.

Dans la description géognostique du globe on peut distinguer différens degrés d'agroupement des substances minérales, simples ou composées, selon que l'on s'élève à des idées plus générales. Des *roches* qui alternent les unes avec les autres, qui s'accompagnent habituellement et qui offrent les mêmes rapports de gisement, constituent une même *formation;* la réunion de plusieurs formations constitue un *terrain :* mais ces mots de roches, de formations et de terrains sont employés comme synonymes dans beaucoup d'ouvrages de géognosie. (Voyez Roche, Terrain.)

La diversité des roches et la disposition relative des couches qui forment la croûte oxidée du globe, ont, dès les temps les plus reculés, fixé l'attention des hommes. Partout où l'exploitation d'une mine étoit dirigée sur un dépôt de sel, de houille ou de fer argileux, qui se trouvoit recouvert d'un grand nombre de couches de nature différente, ce travail fit naître des idées plus ou moins précises sur le *système de*

---

1 Cet article est extrait d'un ouvrage inédit de M. de Humboldt, ayant pour titre : *De la superposition des roches dans les deux hémisphères.*

roches propres à un terrain de peu d'étendue. Munis de ces connoissances locales, remplis des préjugés qui naissent de l'habitude, les mineurs d'un pays se répandirent dans des pays voisins. Ils firent ce que les géognostes ont souvent fait de nos jours : ils jugèrent du gisement des roches dont ils ignoroient la nature, d'après des analogies incomplètes, d'après les idées étroites qu'ils s'étoient faites dans leur pays natal. Cette erreur dut avoir une influence funeste sur le succès de leurs nouvelles recherches. Au lieu d'étudier la liaison de deux terrains contigus, en suivant quelque couche généralement répandue ; au lieu d'agrandir et d'étendre, pour ainsi dire, le premier *type de formations* qui étoit resté gravé dans leur esprit, ils se persuadèrent que chaque portion du globe avoit une constitution géologique entièrement différente. Cette opinion populaire très-ancienne a été adoptée et soutenue, en différens pays, par des savans très-distingués ; mais, dès que la géognosie s'est élevée au rang d'une science, que l'art d'interroger la nature a été perfectionné, et que des voyages entrepris dans des contrées lointaines ont offert une comparaison plus exacte des divers terrains, de grandes et immuables lois ont été reconnues dans la structure du globe et dans la superposition des roches. C'est alors que les analogies les plus frappantes de gisement, de composition et de corps organiques renfermés dans des couches contemporaines, se sont manifestées dans les deux Mondes. A mesure qu'on s'habitue à considérer les formations sous un point de vue plus général, leur *identité* même devient de jour en jour plus probable.

En effet, en examinant la masse solide de notre planète, on s'aperçoit bientôt que quelques-unes de ces substances que l'oryctognosie (ou minéralogie descriptive) nous a fait connoître isolément, se rencontrent dans des *associations constantes*, et que ces associations, que l'on désigne sous le nom de roches composées, ne varient pas, comme les êtres organisés, selon la différence des latitudes ou des bandes isothermes sous lesquelles on les trouve. Les géognostes qui ont parcouru les pays les plus éloignés, n'ont pas seulement rencontré dans les deux hémisphères la plupart des mêmes substances simples, le quarz, le feldspath, le mica, le grenat ou l'amphibole : ils ont aussi reconnu que les grandes masses de montagnes présentent presque partout les mêmes roches ; c'est-à-dire les mêmes assemblages de mica, de quarz et de feldspath, dans le granite ; de mica, de quarz et de grenats, dans le micaschiste ; de feldspath et d'amphibole dans la syénite. Si quelquefois on a cru d'abord qu'une roche appartenoit exclusivement à une seule portion du globe, on l'a constamment trouvée, par des recherches ultérieures, dans les régions les plus éloignées de la première localité. On est tenté d'admettre que la formation des roches a été indépendante de la diversité des climats ; que peut-être même elle leur est antérieure (Humboldt, *Géographie des plantes*, 1807. p. 115 ; Idem, *Vues des Cordillères*, tome 1.ᵉʳ. p. 122). Il y a identité de roches là où les êtres organisés sont le plus diversement modifiés.

Mais cette identité de composition, cette analogie que l'on observe dans l'association de certaines substances minérales simples, pourroit être indépendante de l'analogie de gisement et de superposition. On pourroit avoir rapporté des îles de l'Océan Pacifique, ou de la Cordillère des Andes, les mêmes roches que l'on observe en Europe, sans qu'il fût permis d'en conclure que ces roches sont superposées dans un ordre semblable, et qu'après la découverte d'une d'elles on puisse prédire avec quelque certitude quelles sont les autres roches qui se trouvent dans les mêmes lieux. C'est à reconnoître ces analogies de gisement et de positions respectives, que doivent tendre les travaux des géognostes qui se plaisent à étudier les lois de la nature inorganique. On a tenté de réunir dans les tableaux suivans ce que nous savons de plus certain sur la superposition des roches dans les deux continens, au nord et au sud de l'équateur. Ces *types de formations* ne seront pas seulement étendus, mais aussi diversement modifiés, à mesure que le nombre des voyageurs exercés aux observations géognostiques se trouvera agrandi, et que des monographies complètes de divers cantons trèséloignés les uns des autres fourniront des résultats plus précis.

L'exposition des lois que l'on reconnoît dans la superposition des roches, forme la partie la plus solide de la science géognostique. On ne sauroit nier que les observations de gisement présentent souvent de grandes difficultés, lorsqu'on ne peut parvenir au contact de deux formations voisines, ou que celles-ci n'offrent pas une stratification régulière, ou que leur gisement n'est pas *uniforme*, c'est-à-dire que les strates du terrain supérieur ne sont pas parallèles aux strates du terrain inférieur. Mais ces difficultés (et c'est la un des grands avantages des observations qui embrassent une partie considérable de notre planète) diminuent en nombre ou disparoissent totalement par la comparaison de plusieurs terrains très-étendus. La superposition et l'âge relatif des roches sont des faits susceptibles d'être constatés immédiatement, comme la structure des organes d'un végétal, comme les proportions des élémens dans l'analyse chimique, ou l'élévation d'une montagne au-dessus du niveau de la mer. La véritable géognosie fait connoître la croûte extérieure du globe telle qu'elle existe de nos jours. C'est une science aussi sure que peuvent l'être les sciences physiques descriptives. Au contraire, tout ce qui a rapport à l'ancien état de notre planète, à ces fluides qui, dit-on, tenoient toutes les substances minérales en dissolution, à ces mers que l'on élève jusqu'aux sommets des Cordillères pour les faire disparoître dans la suite, est aussi incertain que le sont la formation de l'atmosphère des planètes, les migrations des végétaux, et l'origine des différentes variétés de notre espèce. Cependant l'époque n'est pas très-éloignée où les géologues s'occupoient de préférence de ces problèmes presque impossibles à résoudre, de ces temps fabuleux de l'histoire physique du monde.

Pour faire mieux comprendre les principes d'après lesquels est construit le *tableau de la superposition des roches*, nous devons le faire précéder de quelques observations que fournit l'étude pratique des différens terrains. Nous commencerons par rappeler qu'il n'est pas aisé de circonscrire les limites d'une même formation. Le calcaire du Jura et le calcaire alpin, très-séparés dans une région, paroissent parfois étroitement liés dans une autre. Ce qui annonce l'*indépendance d'une formation*, comme l'a très-bien observé M. de Buch, c'est sa superposition immédiate sur des roches de diverse nature et qui par conséquent doivent toutes être considérées comme plus anciennes. Le grès rouge est une formation indépendante , parce qu'il est superposé indifféremment sur du calcaire noir (de transition), sur du micaschiste ou du granite primitifs ; mais, dans une région où domine la grande formation de syénite et de porphyre, ces deux roches alternent constamment. Il en résulte que la roche syénitique y est dépendante du porphyre , et n'y recouvre presque nulle part seule le thonschiefer de transition ou le gneis primitif. L'indépendance des formations n'exclut d'ailleurs aucunement l'*uniformité* ou *concordance de gisement*; elle exclut plutôt le passage oryctognostique de deux formations superposées. Les terrains de transition ont très-souvent la même direction et la même inclinaison que les terrains primitifs ; et cependant, quelque rapprochée que puisse être l'époque de leur origine, on n'en est pas moins fondé à considérer le micaschiste anthraciteux ou le grauwacke, alternant avec du porphyre, comme deux formations indépendantes des granites et des gneis primitifs qu'ils recouvrent. L'uniformité de gisement (*Gleichförmigkeit der Lagerung*) ne fait rien préjuger contre l'indépendance des formations, c'est-à-dire sur le droit que l'on a de regarder une roche comme une formation distincte. C'est parce que les formations indépendantes sont placées indifféremment sur toutes les roches plus anciennes (la craie sur le granite, le grès rouge sur le micaschiste primitif), que la réunion d'un grand nombre d'observations faites sur des points très-éloignés devient éminemment utile dans la détermination de l'*âge relatif* des roches. Pour reconnoître que la syénite zirconienne est une roche de transition, il faut l'avoir vue placée sur des formations postérieures à des calcaires noirs remplis d'orthocératites. Des observations faites sur les porphyres et syénites de la Hongrie par M. Beudant, un des géologues les plus distingués de notre temps, peuvent jeter beaucoup de jour sur les formations des Andes mexicaines. C'est ainsi qu'un nouveau végétal découvert dans l'Inde fait reconnoître l'affinité naturelle entre deux familles de plantes de l'Amérique équinoxiale.

L'ordre que l'on a suivi dans le tableau des formations est celui du gisement et de la position respective des roches. Je ne prétends pas que ce gisement et cette position s'observent dans toutes les régions de la terre; je les indique tels qu'ils m'ont paru le plus probables d'après la comparaison d'un grand nombre de faits que j'ai recueillis. C'est l'idée de l'âge relatif qui m'a guidé dans ce travail, bien imparfait encore. Je l'ai commencé, long-temps avant mon voyage dans les Cordillères du Nouveau Continent, dès l'année 1792, où, sortant de l'École de Freyberg, j'étois chargé (comme *Oberbergmeister*) de la direction des mines dans les montagnes du Fichtelgebirge. La même roche peut varier de composition, des parties intégrantes peuvent lui être soustraites. de nouvelles substances peuvent s'y trouver disséminées, sans que pour cela, aux yeux du géognoste qui s'occupe de la superposition des terrains. la roche doive changer de dénomination. Sous l'équateur. comme dans le nord de l'Europe, des strates d'une véritable syénite de transition perdent leur amphibole, sans que la masse devienne une autre roche. Les granites des bords de l'Orénoque prennent quelquefois de l'amphibole et ne cessent guère pour cela d'être du granite primitif, quoiqu'ils ne soient pas de la première ou plus ancienne formation. Ces faits ont été reconnus par tous les géognostes expérimentés. Le caractère essentiel de l'identité d'une formation indépendante est son rapport de position. la place qu'elle occupe dans la série générale des terrains. (Voyez le mémoire classique de M. de Buch, *Ueber den Begriff einer Gebirgsart*. dans *Mag. der Naturf.*, 1810, p. 128 — 133.) C'est pour cela qu'un fragment isolé, un échantillon de roche trouvé dans une collection, ne peuvent être déterminés géognostiquement, c'est-à-dire comme formation constituant une des nombreuses assises dont se compose la croûte de notre planète. La chiastolithe, l'accumulation de carbone ou des nœuds de calcaire compacte dans les thonschiefer. le titane-nigrine et l'épidote dans les syénites (alternant avec un granite et des porphyres), des conglomérats ou poudingues enchâssés dans un micaschiste anthraciteux, peuvent sans doute faire reconnoître des formations de transition; de même que, d'après les utiles travaux de M. Brongniart. des pétrifications de coquilles bien conservées indiquent quelquefois directement telle ou telle couche de terrains tertiaires. Mais ces cas, où l'on est guidé par des substances disséminées ou par des caractères purement zoologiques , n'embrassent qu'un petit nombre de roches d'une origine récente ; souvent des observations de ce genre ne conduisent qu'à des faits négatifs. Les caractères tirés de la couleur du grain et des petits filons de carbonate de chaux qui traversent les roches calcaires ; ceux que fournissent la fissilité et l'éclat soyeux du thonschiefer, l'aspect et les ondulations plus ou moins marquées des feuillets du mica dans les micaschistes ; enfin, la grandeur et la coloration des cristaux de feldspath dans les granites de différentes formations, peuvent, comme tout ce qui tient simplement à l'*habitus* des minéraux, induire en erreur l'observateur le plus habile. Sans doute, les teintes blanches et les noires distinguent le plus souvent les calcaires primitifs et de transition ; sans doute, la formation du Jura, surtout dans ses assises supérieures, est généralement divisée en couches minces, blanchâtres, à cassure matte, égale ou conchoïde, avec des cavités très-aplaties (*flachmuschlig*) : mais dans les montagnes de calcaire de transition il y a des masses isolées qui, par leur couleur et leur texture, se rapprochent des caractères oryctognostiques de la formation du Jura ; mais au sud des Alpes il y a des collines de terrains tertiaires où ce même calcaire fissile et mat du Jura trouve ses analogues (quant à l'aspect) dans des formations placées au-dessus de la craie, et qui ressemblent au calcaire que l'on recherche pour les usages de la lithographie. Si l'on préfère de donner aux formations des noms tirés de leurs seuls caractères oryctognostiques , les divers strates d'une même roche composée, dont l'épaisseur est considérable et que l'on poursuit très-loin dans le sens de sa direction (*Streichungslinie*), sembleroient souvent appartenir à des roches différentes, selon les points où l'on en prendroit des échantillons. Par conséquent on ne peut guère déterminer géognostiquement dans les collections que des *suites de roches* dont on connoît la superposition mutuelle.

En énonçant ces idées sur le sens que l'on doit attacher au mot *formations indépendantes*, lorsqu'il s'agit du tableau de leur gisement, on est bien loin de méconnoître les éminens services que l'examen oryctognostique le plus rigoureux, l'étude approfondie de la composition des roches, ont rendus à la géognosie moderne , et nommément à la science du gisement ou de la position respective des formations. Quoique, d'après les découvertes de M. Haüy sur la nature intime des substances inorganiques et cristallisées, il n'existe pas, à proprement parler, un passage d'une espèce minérale à une autre (Cordier, *sur les roches volcan.*, p. 55 , et Berzelius, *Nouv. Syst. de Minéral.*, pag. 119), les passages des *masses* ou *pâtes de roches* ne sont pas restreints aux formations que l'on distingue généralement par le nom de roches composées. Celles que l'on croit simples, par exemple, les calcaires de transition ou les calcaires secondaires, sont en partie des variétés amorphes d'espèces minérales dont il existe un type cristallisé, en partie des agrégats d'argile, de carbone, etc., qui ne peuvent être soumis à aucune détermination fixe. C'est sur les proportions variables de ces mélanges hétérogènes que se fonde le passage des calcaires marneux à d'autres formations schisteuses. (Haüy, *Tableau comparatif de la Cristallographie*, p. XXVII, XXX.) Toutes les pâtes amorphes des roches, quelque homogènes qu'elles paroissent au premier aspect, les bases des porphyres et des euphotides (serpentines), comme ces masses noires problématiques qui constituent le *basanite* (basalte) des anciens, et qui ne sont pas toutes des grünstein surchargés d'amphibole, sont susceptibles d'être soumises à l'analyse mécanique. M. Cordier a appliqué cette analyse d'une manière ingénieuse aux diabases (grünstein) , aux dolérites, et à d'autres productions volcaniques plus récentes. L'examen oryctognostique le plus minutieux en apparence ne peut être indifférent au géognoste qui examine l'âge des formations. C'est par cet examen qu'on peut se former une juste idée de la manière progressive dont, par *développement intérieur*, c'est-à-dire par un changement très-lent dans les proportions des élémens de la *masse*, se fait le passage d'une roche à une roche voisine. Les schistes de transition, dont la structure paroit d'abord si différente de la structure des porphyres ou des granites, offrent à l'observateur attentif des exemples frappans de passages insensibles à des roches grenues, porphyroïdes ou granitoïdes. Ces schistes deviennent d'abord verdâtres et plus durs. À mesure que la pâte amorphe reçoit de l'amphibole, elle passe à ces amphibolithes trappéennes qu'on confondoit jadis avec le basalte. Ailleurs, le mica, d'abord caché dans la pâte amorphe, se développe et se sépare en paillettes distinctes et nettement cristallisées ; en même temps le feldspath et le quarz deviennent visibles ; la masse paroit grenue à grains très-alongés : c'est un vrai gneis de transition. Peu à peu les grains perdent leur direction commune ; les cristaux se groupent autour de plusieurs centres, la roche devient un granite ou une syénite de transition. Ailleurs encore le quarz seul se développe, il augmente et s'arrondit en nœuds, et le schiste passe au grauwacke le mieux caractérisé. A ces signes certains les géognostes qui ont étudié long-temps la nature, reconnoissent d'avance la proximité des roches grenues, granitoïdes et arénacées. Des passages analogues du micaschiste primitif à une roche porphyroïde, et le retour de cette roche au gneis, s'observent dans la Suisse orientale. (Voyez les développemens lumineux qu'ont donnés M. de Raumer, *Fragmente*, p. 10 et 47 ; M. Léopold de Buch, dans son *Voyage de Glaris à Chiavenna, fait en* 1803 et inséré dans le *Magaz. der Berl. Naturf.*, tom. 3, p. 115.) Mais ces passages ne sont pas toujours insensibles et progressifs : souvent aussi les roches se succèdent brusquement, et d'une manière bien tranchée ; souvent (par exemple, au Mexique, entre Guanaxuato et Ovexeras) les limites entre les schistes, les porphyres et les syénites sont aussi distinctes que les limites entre les porphyres et les calcaires ; mais dans ce cas même des bancs hétérogènes intercalés indiquent des rapports géognostiques avec les roches superposées. C'est ainsi que le granite de transition de la formation syénitique offre des couches de basanite, en se chargeant d'amphibole : c'est ainsi que ces mêmes granites passent quelquefois à l'euphotide. (Buch, *Voyage en Norwége*, tom. I, p. 138, tom. II, p. 85.)

Il résulte de ces considérations, que l'analyse mécanique des pâtes amorphes, au moyen de demi-triturations et de lavages (analyse dont M. Fleuriau de Bellevue a fait le premier essai qui ait été couronné de succès, *Journ. de Physique*, tom. LI, p. 162), répand à la fois du jour, 1.º sur les grands cristaux qui s'isolent et se séparent des cristaux microscopiques entrelacés dans la *masse* ; 2.º sur les passages mutuels de quelques roches superposées les unes aux autres ; 5.° sur les couches subordonnées qui sont de même nature qu'un des élémens de la masse amorphe. Tous ces phénomènes sont produits, pour ainsi dire, par développement intérieur, par une variation quelquefois lente, quelquefois très-brusque, dans les parties constituantes d'une masse hétérogène. Des molécules cristallines, invisibles à l'œil, se trouvent agrandies, dégagées du tissu serré de la pâte : insensiblement elles deviennent, par leur agroupement et leur mélange avec de nouvelles substances, des bancs intercalés d'une puissance considérable ; souvent même elles deviennent de nouvelles roches.

Ce sont les bancs intercalés qui méritent surtout la plus grande attention (Leonhard, Kopp et Gærtner, *Propæd. der Miner.*, p. 158). Lorsque deux formations se succèdent immédiatement, il arrive que les couches de l'une commencent d'abord à alterner avec les couches de l'autre, jusqu'à ce que (après ces préludes d'un grand changement) la formation la plus neuve se montre sans aucun mélange de couches subordonnées. (Buch, *Geogn. Beob.*, tome I, p. 104, 156 ; Humboldt, *Rel. hist.*, tome II, p. 140.) Les développemens progressifs des élémens d'une roche peuvent par conséquent avoir une influence marquante sur la position respective des masses minérales. Leurs effets sont du domaine de la géognosie : mais, pour les découvrir et pour les apprécier, l'observateur doit appeler à son secours les connoissances les plus solides de l'oryctognosie, surtout celles de la cristallographie moderne.

En exposant les rapports intimes par lesquels nous voyons souvent liés les phénomènes de *composition* aux phénomènes de *gisement*, je n'ai point eu l'intention de parler de la méthode purement oryctognostique, qui considère les roches d'après la seule analogie de leur composition. (*Journal des mines*, tome 34, n.° 199.) Ce sont là de véritables classifications, dans lesquelles on fait abstraction de toute idée de superposition, mais qui n'en peuvent pas moins donner lieu à des considérations intéressantes sur l'agroupement constant de certains minéraux. Une classification purement oryctognostique multiplie les noms des roches plus que ne l'exigent les besoins de la géognosie, lorsqu'elle s'occupe des gisemens seuls. Selon les changemens qu'éprouvent les roches mélangées, un même strate de beaucoup d'étendue et d'une grande épaisseur peut (nous devons le répéter ici) renfermer des parties auxquelles l'oryctognoste, qui classe les roches d'après leur composition, donnera des dénominations entièrement différentes. Ces remarques n'ont pas échappé au savant auteur de la *Classification minéralogique des roches;* elles devoient se présenter à un géognoste expérimenté qui a si bien approfondi la superposition des terrains qu'il a parcourus. « Il « ne faut pas confondre, dit M. Brongniart, dans son mémoire « récent sur le Gisement des Ophiolithes, les positions res- « pectives, l'ordre de superposition des terrains et des roches « qui les composent, avec des descriptions purement miné- « ralogiques (oryctognostiques). Leur confusion en jeteroit « nécessairement dans la science et en retarderoit les pro- « grès. » Le tableau que nous donnons à la fin de cet article n'est aucunement ce que l'on appelle une classification des roches; on n'y trouve pas même réunies, sous le titre de sections particulières (comme dans l'ancienne méthode géognostique de Werner, ou dans l'excellent *Traité de Géognosie de* M. d'Aubuisson), toutes les formations primitives de granite, toutes les formations secondaires de grès et de calcaire. On a tâché, au contraire, de placer chaque roche comme elle se trouve dans la nature, selon l'ordre de sa superposition ou de son âge respectif. Les différentes formations de granite sont séparées par des gneis, des micaschistes, des calcaires noirs (de transition) et des grauwackes. Dans les roches de transition on a éloigné les formations des porphyres et des syénites du Mexique et du Pérou, qui sont antérieures au grauwacke et au calcaire à orthocératites, de la formation, beaucoup plus récente, des porphyres et des syénites zirconiennes de la Scandinavie. Dans les roches secondaires on a éloigné le grès à oolithes de Nebra, qui est postérieur au calcaire alpin ou zechstein, du grès rouge (grès houiller), qui appartient à une même formation avec le porphyre et le mandelstein secondaires. D'après le principe que nous suivons, les mêmes noms de roches se retrouvent plusieurs fois dans le même tableau. Un micaschiste anthraciteux (de transition) est séparé , par un grand nombre de formations plus anciennes , du micaschiste antérieur au thonschiefer primitif.

Au lieu d'une *classification* des roches granitiques , schisteuses , calcaires et arénacées (agrégées), j'ai voulu présenter une esquisse de la structure géognostique du globe , un tableau dans lequel les roches superposées se succèdent , de bas en haut , comme dans ces *coupes idéales* que j'ai dessinées , en 1804, à l'usage de l'*École des mines de Mexico* , et dont beaucoup de copies ont été répandues depuis mon retour en Europe (*Bosquejo de una Pasigrafía geognostica , con tablas que enseñan la estratificacion y el parallelismo de las rocas en ambos continentes , para el uso del Real Seminario de Mineria de Mexico*). Ces tableaux pasigraphiques réunissoient , à mes propres observations faites dans les deux Amériques , ce qu'à cette époque on avoit recueilli de plus précis sur le gisement des roches primitives , intermédiaires et secondaires , dans l'ancien continent. Elles offroient , avec le type que l'on pouvoit regarder comme le plus général , les types secondaires , c'est-à-dire les couches que j'ai nommées *parallèles*. Cette même méthode a été suivie dans le travail que je publie aujourd'hui. Mes formations *parallèles* sont des *équivalens* géognostiques ; ce sont des roches qui se représentent les unes les autres (voyez le *Traité de Géologie de M. d'Aubuisson* , t. II, p. 255). En Angleterre et sur le continent de l'Europe opposé , il n'existe pas une identité de toutes les formations : il y existe des équivalens ou des formations parallèles. Celle de nos houilles situées entre les terrains de transition et le grès rouge , la position du sel gemme qui se trouve sur le continent dans le calcaire alpin (zechstein), la position de nos oolithes dans le grès de Nebra et dans le calcaire du Jura peuvent guider le géognoste dans le rapprochement des formations éloignées. On observe en Angleterre les houilles (coal-mesures) placées sur des formations de transition , par exemple . sur le calcaire ou mountain-limestone du Derbyshire et de South-Wales , et sur le grès de transition ou old red sandstone de Herfordshire. J'ai cru reconnoître dans le magnesian-limestone , le red-marl , le lias et les oolithes blanches de Bath , les *formations réunies de calcaire alpin* (avec sel gemme), de grès à oolithes (bunte sandstein) et de calcaire du Jura. En comparant les formations de pays plus ou moins éloignés, celles de l'Angleterre et de la France, du Mexique et de la Hongrie, du bassin secondaire de Santa-Fé de Bogota et de la Thuringe, il ne faut pas vouloir opposer à chaque roche une *roche parallèle;* il faut se rappeler qu'une seule formation peut en *représenter* plusieurs autres. C'est ainsi que des bancs d'argile inférieurs à la craie peuvent, en France (cap la Hève, près de Caen), être séparés de la manière la plus tranchée des couches calcaires oolithiques, tandis qu'en Suisse, en Allemagne et dans l'Amérique méridionale , ils ont pour *équivalens* des bancs de marnes subordonnés au calcaire du Jura. Les gypses qui, dans un district, ne sont quelquefois que des couches intercalées dans le calcaire alpin ou le grès à oolithes, prennent, dans un autre district, toute l'apparence de formations indépendantes, et se trouvent placés entre le calcaire alpin et le grès à oolithes, entre ce grès et le muschelkalk (calcaire de Gœttingue). Le savant professeur d'Oxford, M. Buckland, dont les recherches étendues ont été également utiles aux géognostes de l'Angleterre et du continent, a publié récemment un tableau de formations parallèles, ou, comme il les appelle aussi, *equivalents of rocks,* qui ne s'étend que du 44.ᵉ au 54.ᵉ degré de lat. bor. , mais qui mérite la plus grande attention. (*On the structure of the Alps, and their relation with the rocks of England,* 1821.)

De même que dans l'histoire des peuples anciens il est plus facile de vérifier la série des événemens dans chaque pays que de déterminer leur coïncidence mutuelle, de même aussi on parviendra plutôt à connoître avec la plus grande exactitude la superposition des formations dans des régions isolées, qu'à déterminer l'âge relatif ou le parallélisme des formations qui appartiennent à différens systèmes de roches. Même dans des pays peu éloignés les uns des autres, en France, en Suisse et en Allemagne, il n'est pas aisé de fixer l'ancienneté relative du muschelkalk, de la molasse d'Argovie et du quadersandstein du Harz, parce que l'on manque le plus souvent de roches généralement répandues, servant, selon l'expression heureuse de M. de Gruner, *d'horizon géognostique,* et auxquelles on pourroit comparer les trois for-

mations que nous venons de nommer. Lorsque des roches ne
sont pas en contact immédiat, on ne peut juger de leur
parallélisme que par leurs rapports d'âge avec d'autres formations qui les unissent.

Ces recherches de *géognosie comparée* occuperont encore
long-temps la sagacité des observateurs, et il n'est pas surprenant que ceux qui s'attendoient à retrouver chaque formation dans toute l'individualité de son gisement, de sa
structure intérieure et de ses couches subordonnées, finissent
par nier toute analogie de superposition. J'ai eu l'avantage
de visiter, avant mon voyage à l'équateur, une grande partie
de l'Allemagne, de la France, de la Suisse, de l'Angleterre, de l'Italie, de la Pologne et de l'Espagne. Pendant ces
courses, mon attention étoit particulièrement fixée sur le gisement des formations, phénomène que je comptois discuter
dans un ouvrage particulier. Arrivé dans l'Amérique du Sud,
et parcourant d'abord en différentes directions le vaste terrain
qui se prolonge de la chaine côtière de Venezuela au bassin
de l'Amazone, je fus singulièrement frappé de la conformité de superposition qu'offrent les deux continens. (Voyez
ma première esquisse d'un tableau géologique de l'Amérique
équinoxiale, dans le *Journ. de phys.*, T. LIII, p. 5o.) Des
observations postérieures, qui embrassoient les Cordillères
du Mexique, de la Nouvelle-Grenade, de Quito et du
Pérou, depuis le 21.ᵉ degré de latitude boréale jusqu'au
12.ᵉ degré de latitude australe, ont confirmé ces premiers
aperçus. Le type des formations s'est plutôt agrandi à mes
yeux, qu'il ne s'est altéré dans ses parties les plus essen-
tielles. Mais, en parlant des analogies que l'on observe dans
le gisement des roches et de l'uniformité de ces lois qui nous
revèlent l'ordre de la nature, je puis citer un témoignage
bien autrement imposant que le mien, celui du grand géognoste dont les travaux ont le plus avancé la connoissance
de la structure du globe. M. Léopold de Buch a poussé ses
recherches de l'archipel des îles Canaries jusqu'au-delà du
cercle polaire, au 71.ᵉ degré de latitude. Il a découvert de
nouvelles formations placées entre les formations anciennement connues; et, dans les terrains primitifs comme dans
les terrains de transition, dans les secondaires comme dans

les volcaniques, il a été frappé des grands traits qui caractérisent le tableau des formations dans les régions les plus éloignées.

Du scepticisme qui nie tout ordre dans le gisement des roches, il faut distinguer une opinion qui renaît, de temps en temps, parmi des observateurs très-expérimentés, et d'après laquelle les formations de granite-gneis, de grauwacke, de calcaire alpin et de craie, uniformément superposées dans différens pays, ne correspondent guère entre elles par rapport à l'âge des élémens homonymes de chaque série. On croit qu'une roche secondaire peut avoir été formée sur un point du globe, lorsque les roches de transition n'existoient pas encore sur un autre point. Dans cette supposition, il ne s'agit pas de ces roches granitiques qui recouvrent un calcaire rempli d'orthocératites, et qui sont par conséquent postérieures aux roches primitives. C'est un fait généralement reconnu de nos jours, que des formations de *composition analogue* se sont répétées à des époques très-éloignées les unes des autres. Le doute que nous exposons, sans le partager nous-mêmes, porte sur un point beaucoup moins constaté, sur la question de savoir si des micaschistes indubitablement placés dans un pays au milieu de roches primitives (au-dessous de celles dans lesquelles la vie organique commence à paroître), sont plus neuves que les roches secondaires d'un autre pays. J'avoue que, dans la partie du globe que j'ai pu examiner, je n'ai rien vu qui semble confirmer cette opinion. Des roches grenues syénitiques répétées deux, peut-être même trois fois, dans des terrains primitifs, intermédiaires (et secondaires?) sont des phénomènes analogues qui nous sont devenus familiers depuis quinze ans; mais la non-concordance d'âge des grands terrains homonymes ne me semble guère prouvée jusqu'ici par des observations directes, faites sur le contact de formations superposées. La craie ou le calcaire du Jura peut, d'un côté, couvrir immédiatement le granite primitif, et de l'autre en être séparé par de nombreuses roches secondaires et de transition : ces faits très-communs ne démontrent que la soustraction, l'absence, le non-développement de plusieurs membres intermédiaires de la série géognostique. Le grauwacke peut, d'un côté, plonger sous une roche feldspathique, par exemple, sous du granite de transition ou sous la syénite zirconienne, et, de l'autre côté, être superposé à du calcaire noir rempli de madrépores : ce gisement ne démontre que la position intermédiaire d'une couche de grauwacke entre des roches calcaires et des roches feldspathiques de transition. Depuis que, par les travaux importans de MM. Cuvier et Brongniart, l'examen approfondi des corps organisés fossiles a répandu comme une nouvelle vie dans l'étude des terrains tertiaires, la découverte des mêmes fossiles dans des couches analogues de pays très-éloignés a rendu encore plus probable l'isochronisme de formations très-généralement répandues.

C'est cet isochronisme seul, c'est cet ordre admirable de succession, qu'il semble donné à l'homme de reconnoître avec quelque certitude. Les essais que des géologues hébraïzans ont faits pour soumettre les époques à des mesures absolues du temps, et pour lier la chronologie d'anciens mythes cosmogoniques aux observations mêmes de la nature, n'ont pu être qu'infructueux. « On a voulu plus d'une fois, dit M. Ramond
« dans un discours rempli de vues philosophiques, trouver
« dans les monumens de la nature un supplément à nos
« courtes annales. C'étoit pourtant assez des siècles histori-
« ques pour nous apprendre que la succession des événemens
« physiques et moraux ne se règle point sur la marche
« uniforme du temps, et ne sauroit par conséquent en
« donner la mesure. Nous voyons derrière nous une suite de
« créations et de destructions par l'arrangement des couches
« dont la croûte de la terre est formée. Elles font naître
« l'idée d'autant d'époques distinctes ; mais ces époques si
« fécondes en événemens peuvent avoir été très-courtes, eu
« égard au nombre et à l'importance des résultats. Entre les
« créations et les destructions, au contraire, nous ne voyons
« rien, quelle que puisse être l'immensité des intervalles. Là
« où tout se perd dans le vague d'une antiquité indéterminée,
« les degrés d'ancienneté n'ont plus de valeur appréciable,
« parce que la succession des phénomènes n'a plus d'échelle
« qui se rapporte à la division du temps. » (*Mémoires de l'Institut pour l'année* 1815, p. 47.)

Dans la monographie géognostique d'un terrain de peu d'étendue, par exemple, des environs d'une ville, on ne sauroit distinguer assez minutieusement les différentes couches qui composent les formations locales. Des bancs de sable et d'argile, les sousdivisions des gypses, les strates de calcaire marneux et oolithique, désignés en Angleterre sous les noms de Purbeck-Beds, Portland-Stone, Coral-Ray, Kelloway-Rock et Corn-Brash, acquièrent alors beaucoup d'importance. De minces couches de terrains secondaires et tertiaires, renfermant des assemblages de corps fossiles très-caractéristiques, ont servi d'*horizon* au géognoste. On a pu, dans leur prolongement, rapporter à l'une d'elles ce qui se trouve placé au-dessus ou au-dessous dans l'ordre de la série totale. Les dénominations particulières par lesquelles on distingue ces couches, offrent même beaucoup d'avantage dans une description géognostique, quelque bizarre ou impropre que puisse être leur signification ou leur origine puisée dans le langage des mineurs. Mais, dès que l'on traite du gisement des roches sur une surface très-étendue, il est indispensable de considérer les formations ou agroupemens habituels de certaines couches sous un point de vue plus général. C'est alors qu'il faut être plus sobre et plus circonspect dans la distinction des roches et dans leur nomenclature. L'ouvrage de M. Freiesleben, sur les plaines de la Saxe, qui ont plus de 700 lieues carrées (*Geogr. Beschr. des Kupferschiefergebirges*, in 4 *Th.*, 1807 — 1815), offre un beau modèle de la réunion d'observations locales et de généralisations géognostiques. Ces généralisations, ces essais de simplifier le tableau des formations et de ne s'arrêter qu'à de grands traits caractéristiques, doivent être plus ou moins timides, selon qu'on décrit le bassin d'un fleuve, une province isolée, un pays grand comme la France et l'Allemagne, ou un continent entier.

Plus on approfondit l'étude des terrains, plus la liaison entre des formations qui nous paroissent d'abord entièrement indépendantes, se manifeste par le grand phénomène d'*alternance*, c'est-à-dire par une succession périodique de couches qui offrent de l'analogie dans leur composition, et quelquefois même dans de certains corps fossiles. C'est ainsi que dans les montagnes de transition, par exemple, en Amérique

(à l'entrée des plaines de Calabozo), des bancs de grünstein
et d'euphotide ; en Saxe (près de Friedrichswalde et Maxen),
les schistes avec ampélites, les grauwackes, les porphyres, les
calcaires noirs et les grünstein, constituent, d'après leur *alternance* fréquente et répétée, une même formation. Souvent il
arrive que des bancs subordonnés ne paroissent qu'à la limite
extrême d'une formation, et prennent l'aspect d'une roche indépendante. Les marnes cuivreuses et bitumineuses (Kupferschiefer), qui se trouvent placées en Thuringe entre le calcaire alpin (zechstein) et le grès rouge (rothes liegende),
et qui sont devenues depuis des siècles l'objet de grandes
exploitations, sont *représentées* dans plusieurs parties du
Mexique, de la Nouvelle-Andalousie et de la Bavière
méridionale, par des couches multipliées d'argile marneuse,
plus ou moins carburées, et enclavées dans le calcaire alpin.
Des circonstances semblables donnent souvent à des gypses,
à des grès, et à de petits bancs de calcaires compactes,
l'apparence de formations particulières. On reconnoît leur
dépendance ou leur *subordination* par leur association fréquente avec d'autres roches, par leur manque d'étendue
et d'épaisseur, ou par leur suppression totale fréquemment
observée. Il ne faut point oublier (et ce fait m'a beaucoup
frappé dans les deux hémisphères) que les grandes formations
de calcaires, par exemple le calcaire alpin, ont *leurs grès*,
comme les grès très-généralement répandus ont *leurs bancs
calcaires*. De minces couches de grès, de calcaires et de gypses
caractérisent, sous toutes les zones, les dépôts de houille et de
sel gemme ou d'argile muriatifère (salzthon), dépôts isolés
qui le plus souvent ne sont recouverts que de ces petites formations locales. C'est en négligeant ces considérations, qui
devroient être familières à tout géognoste expérimenté, que
l'on a rendu trop compliqué le type des grandes formations
indépendantes.

Le phénomène de l'*alternance* se manifeste, ou localement
dans des roches superposées plusieurs fois les unes aux autres et constituant une même formation complexe, ou
dans la suite des formations considérées dans leur ensemble.
Ce sont ou des grünstein et des syénites, des schistes et des
calcaires de transition, des couches de calcaires et de marne

qui alternent immédiatement, ou c'est tout un système de micaschistes et de roches feldspathiques grenues (granites, gneis et syénites) qui reparoît parmi les terrains de transition et que séparent du système homonyme primitif les grauwackes et les calcaires à orthocératites. La première connoissance de ce fait, un des plus importans et des plus inattendus de la géognosie moderne, est due aux belles observations de MM. Léopold de Buch, Brochant et Haussmann. Ce phénomène rapproche, non par rapport au temps ou à l'ancienneté relative, mais par rapport à l'analogie de composition et d'aspect, le terrain de transition du terrain primitif. De ce que, dans le premier, des roches grenues, dépourvues entièrement de débris organiques, succèdent à des roches compactes qui contiennent ces mêmes débris, de célèbres géognostes ont conclu que cette *alternance* de roches coquillères et non coquillères pourroit bien s'étendre au-delà des terrains que nous appelons primitifs. On n'a pas seulement demandé si des thonschiefer, des micaschistes et des gneis ne supportoient pas les granites que l'on a crus les plus anciens; on a aussi agité la question de savoir si des grauwackes et des calcaires noirs à madrépores ne pourroient pas se retrouver sous ces mêmes granites. D'après cet aperçu, les roches primitives et de transition ne formeroient qu'un seul terrain, et les premières pourroient être regardées comme intercalées dans un terrain postérieur au développement des êtres organisés et qui pénètreroit à une profondeur inconnue dans l'intérieur du globe. J'avoue qu'aucune observation directe n'a pu être citée jusqu'ici pour étayer ces suppositions. Les fragmens de roches que j'ai vus enchâssés dans les laves lithoïdes des volcans du Mexique, de Quito et du Vésuve, et que l'on croit arrachés aux entrailles de la terre, semblent appartenir à des roches altérées de granite, de micaschiste, de syénite et de calcaire grenu, et non à des grauwackes et à des calcaires à madrépores.

On a conservé, dans le tableau des roches, les grandes divisions connues sous le nom de terrains primitifs, intermédiaires, secondaires et tertiaires. Les limites naturelles de ces quatre *systèmes de roches* sont le thonschiefer avec ampélite et pierre lydienne, alternant avec des calcaires com-

pactes et des grauwackes, la formation des houilles et les formations qui succèdent immédiatement à la craie. En géognosie,
comme dans la botanique descriptive (phytographie), les sous-
divisions ou les petits groupes des familles ont des caractères
plus tranchés que les grandes divisions ou les classes. C'est le
cas de toutes les sciences dans lesquelles on s'élève de l'individu aux espèces, des espèces aux genres, et de ceux-ci à des
degrés d'abstraction encore supérieurs. Une méthode repose
nécessairement sur des *abstractions diversement graduées*, et
les passages deviennent plus fréquens à mesure que les caractères sont plus complexes. Les terrains intermédiaires de
Werner, que M. de Buch a limités le premier avec la sagacité qui le distingue (*Moll's Jahrb.*, 1798, *B.* 2, *p.* 254),
tiennent, par le thonschiefer ampéliteux, les syénites à zircons, les granites quelquefois dépourvus d'amphibole, et
les micaschistes anthraciteux, aux terrains primitifs, tandis
que les grauwackes à petits grains et les calcaires madrépo-
riques et compactes les lient aux grès houillers et aux calcaires des terrains secondaires.

Des porphyres de formations très-différentes ont leur siége
principal parmi les roches de transition ; mais ils débordent,
pour ainsi dire, en masses considérables vers les terrains secondaires, où ils se lient au grès houiller, tandis qu'ils ne
pénètrent dans le terrain primitif que comme des couches
subordonnées et de peu d'épaisseur. Le mouvement progressif, ou, si j'ose me servir de ce mot impropre, l'étendue
de l'*oscillation* de la serpentine et de l'euphotide, est très-
différente. Ces roches de diallage, constituant plusieurs formations distinctes, rarement recouvertes, et d'un gisement
difficile à vérifier, s'arrêtent presque à la limite inférieure
des terrains secondaires : vers le bas elles percent bien avant
dans les terrains primitifs au-delà du micaschiste. La craie
semble offrir une limite naturelle aux terrains tertiaires, que
MM. Cuvier et Brongniart ont caractérisés les premiers, et
avec justesse, comme des terrains entièrement différens des
dernières formations secondaires, décrites par l'école de
Freyberg (*Géogr. minér. des environs de Paris*, *p.* 8 et 9).
Frappé des rapports qui existent entre le terrain tertiaire
et les couches sous la craie, M. Brongniart a même pro-

posé récemment de désigner les formations tertiaires sous le nom de *terrains secondaires supérieurs*. (*Sur le gisement des ophiolithes*, p. 57 ; comparez aussi les discussions géognostiques très-intéressantes que renferme le *Traité des roches de M. de Bonnard*, p. 158, 210 et 212.)

La distinction des quatre terrains que nous venons de nommer successivement, et dont trois sont postérieurs au développement de la vie organique sur le globe, me paroît digne d'être conservée, malgré le passage de quelques formations à des formations différentes, et malgré les doutes que plusieurs géognostes très-distingués ont fondés sur ces passages. La classification des terrains marque de grandes époques de la nature, par exemple, la première apparition de quelques animaux pélagiques (zoophytes, mollusques céphalopodes) et la destruction simultanée d'une énorme masse de monocotylédones; elle offre comme des points de repos à l'esprit, et tout en se rappelant que les formations mêmes sont bien plus importantes que les grandes divisions, on a souvent lieu, en avançant des hautes montagnes vers les plaines, de reconnoître l'influence diverse que l'agroupement des roches primitives et intermédiaires, celui des roches secondaires et tertiaires ont exercé sur l'inégalité et la configuration du sol. C'est à cause de cette influence que l'aspect du paysage, la forme des montagnes et des plateaux, le caractère de la végétation, varient moins, lorsqu'on voyage parallèlement à la direction des couches, qu'en les coupant à angle droit (*Greenough*, *Crit. examinat. of Geologie*, p. 58).

Je continue, en suivant MM. de Buch, Freiesleben, Brochant, Beudant, Buckland, Raumer (*Geb. von Nieder-Schles.*, 1819) et d'autres géognostes célèbres, à grouper les formations indépendantes d'après les divisions en terrains primitifs, de transition, secondaires, etc., sans m'appesantir sur l'impropriété de la plupart de ces dénominations. Je continue de séparer l'argile (avec lignites) superposée à la craie, de celle qui est dessous, et la craie même, des formations secondaires plus anciennes. Mais ces distinctions par assises et par groupes d'assises, si utiles dans la description d'un terrain de peu d'étendue, ne doivent pas empêcher le géognoste, lorsqu'il tente de s'élever à un point de vue plus général, de lier ces

argiles et la craie au calcaire du Jura, et de les regarder
comme les derniers strates de cette grande formation composée de couches calca·res et marneuses. Les assises inférieures
de la craie (*tuffeau*) renferment des ammonites. Le calcaire
de la montagne de Saint - Pierre de Maestricht indique ,
comme l'ont déjà observé MM. Omalius et Brongniart (*Géogr.
minér.*, p. 13), le passage de la craie à des calcaires secondaires plus anciens. Près de Caen , selon les belles observations de M. Prevost, les argiles sous la craie renferment ces
mêmes lignites qui se trouvent, en plus grande masse, dans
l'argile superposée à la craie ; des cérites, qui rappellent le
calcaire grossier de Paris, se montrent, dans un calcaire à
trigonies, placés entre des argiles inférieures à la craie et les
couches oolithiques. Je n'insiste pas sur ces faits particuliers ;
je les cite seulement pour prouver, par un exemple frappant,
comment, en rapprochant des faits observés sur différens
points d'un même pays, le grand phénomène de l'*alternance*
nous révèle des liaisons entre des formations qui, au premier
abord. paroissent n'avoir presque rien de commun. C'est le
propre de ces couches qui alternent les unes avec les autres,
de ces roches qui se succèdent en *série périodique*, d'offrir les
contrastes les plus marqués dans les deux couches qui se suivent immédiatement. En géognosie, comme dans les différentes
parties de l'histoire naturelle descriptive, il faut reconnoître
l'avantage des classifications, des coupes diversement graduées, sans jamais perdre de vue l'unité de la nature. Aussi,
ceux qui ont avancé le plus la philosophie naturelle, ont eu à
la fois et la tendance à généraliser et la connoissance exacte
d'une grande masse de faits particuliers.

On a l'habitude de terminer la série des terrains par les
roches volcaniques, et de les faire succéder aux terrains secondaires et tertiaires. même aux terrains de transport. Dans
un tableau formé d'après le seul principe de l'ancienneté relative. cet arrangement m'a paru peu convenable. Sans doute que
des laves lithoïdes se sont répandues sur les formations les plus
récentes. même sur des couches de galets. On ne sauroit nier
qu'il n'existe des productions volcaniques de différentes époques: mais, d'après ce que j'ai pu observer dans les Cordillères du Pérou, de Quito et du Mexique. dans une partie du

monde si célèbre par la fréquence des volcans, il m'a paru
que le site principal des feux souterrains est dans les roches
de transition et au-dessous de ces roches. J'ai reconnu que
tous les cratères enflammés ou éteints des Andes se sont
ouverts au milieu de porphyres trappéens ou trachytes (*Berl.
Abhandl. der Kön. Acad.*, 1813, *p.* 131), et que ces trachytes
sont liés à la grande *formation de porphyre et de syénite* de
transition. D'après cette remarque, il m'a paru plus naturel
de faire suivre parallèlement, comme par bisection, les
terrains secondaires et volcaniques aux terrains de transition. Par cette nouvelle disposition la formation des porphyres
et des grauwackes, ou celle des porphyres, des syénites et
des granites de transition, se trouve liée à la fois, 1.° aux
porphyres du grès rouge dans le terrain houiller secondaire,
2.° aux trachytes ou porphyres trappéens qui sont dépourvus de quarz et mêlés de pyroxènes. J'emploie à regret le mot
de *terrain volcanique*, non que je doute, comme ceux qui désignent les trachytes, les basaltes et les phonolithes (porphyrschiefer) sous le nom de *terrain trappéen*, que tout ce que
j'ai réuni dans le terrain volcanique ne soit produit ou
altéré par le feu; mais parce que plusieurs roches, intercalées entre les roches (primitives?), de transition et secondaires, pourroient bien aussi être volcaniques. J'aurois de plus
voulu éviter toute idée (historique) de l'origine des choses
dans un tableau (statistique) de gisement ou de superposition.
A Skeen, en Norwége, une syénite basaltique et poreuse,
renfermant des pyroxènes, est placée, d'après l'observation
de M. de Buch, entre le calcaire de transition et la syénite
zirconienne. C'est une couche, non un filon (dyke); c'est
un phénomène bien moins problématique que le basalte
(urgrünstein? Buch, *Geogn. Beob.*, *T. I*, *p.* 124, et Raumer,
Granit des Riesengebirges, *p.* 70) renfermé dans le micaschiste de Krobsdorf en Silésie. Les trachytes avec obsidienne
du Mexique sont intimement liés aux porphyres de transition, qui alternent avec des syénites. Les mandelstein, appartenant au grès rouge, prennent, sur le continent de
l'Europe et dans l'Amérique équinoxiale, tout l'aspect d'un
mandelstein de formation basaltique. M. Boué, dans son
intéressant *Essai géologique sur l'Écosse*, *p.* 126 — 162, a

décrit des roches pyroxéniques (dolé-ites) enclavées dans le grés rouge. Sans rien préjuger sur l'origine de ces masses, ni. en général, sur celle de toutes les roches primitives et de transition, nous désignons ici par le nom de terrains volcaniques la *série la moins interrompue* de roches altérées par le feu.

En faisant l'énumération des roches, je me suis servi des noms le plus généralement employés par les géognostes de la France, de l'Allemagne, de l'Angleterre et de l'Italie ; j'aurois craint, en essayant de perfectionner la nomenclature des formations. d'ajouter de nouvelles difficultés à celles que présente déjà la discussion des gisemens. J'ai cependant évité avec soin les dénominations, trop long-temps conservées, de *calcaire inférieur et supérieur;* de gypse *de première, seconde* ou *troisième formation;* d'*ancien* ou de *nouveau grès rouge,* etc. Ces dénominations offrent sans doute un vrai caractère géognostique : elles ont rapport, non à la composition des roches, mais à leur âge relatif. Cependant, comme le type général des formations de l'Europe ne peut être modelé sur celui d'un seul canton, la nécessité d'admettre des formations parallèles (*sich vertretende Gebirgsarten*) rend les noms de *premier* ou *second gypse.* de *grès ancien* ou *mitoyen*, extrêmement vagues et obscurs. Dans un pays on est en droit de considérer une couche de gypse ou de grès comme une formation particulière, tandis que dans un autre on doit la regarder comme subordonnée à des formations voisines. Les meilleures dénominations sont sans doute les *dénominations géographiques :* elles font naitre des idées de superposition très-précises. Lorsqu'on dit qu'une formation est identique avec le porphyre de Christiania, le lias de Dorsetshire . le grès de Nebra (bunter sandstein) . le calcaire grossier de Paris. ces assertions ne laissent, à un géognoste instruit. aucun doute sur la position que l'on veut assigner à la formation que l'on décrit. Aussi c'est comme par convention tacite que les mots : *zechstein de Thuringe. calcaire de Derbyshire, terrain de Paris,* etc.. se sont introduits dans le langage minéralogique ; ils rappellent un calcaire qui succède immédiatement au grès rouge houiller. un calcaire de transition placé sous le grès houiller. enfin, des formations plus récentes que la

*

craie. Les seules difficultés que présente la multiplicité de ces dénominations géographiques, consistent dans le choix des noms et dans le degré de certitude que l'on a acquis sur le gisement ou l'âge relatif de la roche à laquelle on rapporte les autres. Les géognostes anglois cherchent sur le continent leur *lias* et leur *red-marl;* les géognostes allemands leur *bunte sandstein* et leur *muschelkalk.* Ces mots se trouvent associés dans l'esprit des voyageurs à des souvenirs de localités. Il ne s'agit par conséquent, pour faire naître des idées précises, que de choisir des localités assez généralement connues et qui sont célèbres, soit par l'exploitation des mines, soit par des ouvrages descriptifs.

Pour diminuer les effets des vanités nationales, et pour rattacher les nouveaux noms à des objets plus importans, j'avois proposé, il y a long-temps (1795), les dénominations de *pierre calcaire alpine,* et *calcaire du Jura.* Une partie des Hautes-Alpes de la Suisse, et la majeure partie du Jura, sont sans doute formées de ces deux roches : cependant les noms, aujourd'hui généralement reçus, de calcaire alpin (zechstein) et de calcaire du Jura, devroient être, à ce que je pense, modifiés ou entièrement abandonnés. Les assises inférieures des montagnes du Jura, remplies de gryphites, appartiennent à une formation plus ancienne, peut-être au zechstein; et une très-grande partie du calcaire des Alpes de la Suisse n'est certainement pas du zechstein, mais, d'après MM. de Buch et Escher, du calcaire de transition. Il vaut donc mieux choisir les noms géographiques des roches parmi les noms de montagnes isolées et dont toute la masse visible n'appartient qu'à une seule formation, que de les emprunter, comme je l'ai fait à tort, à des chaînes entières. J'avois pensé, et beaucoup de géognostes ont partagé cette opinion, que le calcaire du Jura (calcaire à cavernes de Franconie) étoit généralement placé, sur le continent, au-dessous du grès de Nebra (*bunte sandstein*), entre ce grès et le zechstein. Des observations postérieures ont prouvé que le nom de calcaire du Jura avoit été avec raison appliqué à des roches qui sont très-éloignées des montagnes de la Suisse occidentale; mais que la véritable place géognostique de cette formation (lorsqu'il n'y a pas *suppression* des formations inférieures) se trouve bien au-dessus du grès de Nebra, entre le muschelkalk (ou le quadersandstein?) et la craie. Un nom géographique, justement appliqué à plusieurs roches analogues, nous rend attentif à leur identité de gisement : mais la place que des roches homonymes doivent occuper dans la série totale, n'est bien déterminée que lorsque le nom géographique a été choisi après avoir acquis une certitude entière sur leur gisement. Les géognostes se trouvent encore dans une position semblable, en fixant l'âge relatif de la molasse d'Argovie (nagelfluhe) et du quadersandstein de Pirna (grès blanc de M. de Bonnard), deux roches très-récentes, qui ont été très-bien étudiées séparément, mais dont les rapports entre elles et avec la craie et le calcaire du Jura n'ont été que très-récemment éclaircis. On peut être assez sûr d'avoir rencontré dans le nouveau continent des roches identiques avec la molasse ou le quadersandstein, sans pouvoir prononcer pour cela sur leurs rapports avec toutes les autres roches secondaires ou tertiaires. Quand des formations ne se touchent pas immédiatement, et qu'elles ne sont pas recouvertes par des terrains d'un gisement connu, on ne peut juger de leur ancienneté relative que d'après de simples analogies.

Les *termes* de la série géognostique sont ou *simples* ou *complexes*. Aux termes simples appartiennent la plupart des formations primitives : les granites, les gneis, les micaschistes, les thonschiefer, etc. Les termes complexes se trouvent en plus grand nombre parmi les roches de transition : c'est là que chaque formation comprend un groupe entier de roches qui alternent périodiquement. Les termes de la série n'y sont pas des calcaires de transition ou des grauwackes, constituant des formations indépendantes : ce sont des associations de thonschiefer, grünstein et grauwacke ; de porphyre et grauwacke ; de calcaire grenu stéatiteux et de poudingues à roches primitives ; de thonschiefer et de calcaire noir. Lorsque ces associations sont formées de trois ou quatre roches qui alternent, il est difficile de leur donner des noms significatifs, des noms qui indiquent toute la composition du groupe, tous les membres particls du terme complexe de la série. On peut alors aider à fixer les groupes dans la mémoire, en rappelant les roches qui y dominent sans manquer absolument dans les groupes voisins. C'est ainsi que le calcaire grenu stéatiteux caractérise la formation de la Tarantaise ; le grauwacke, la grande formation de transition du Harz et des bords du Rhin ; les porphyres métallifères riches en amphibole et presque dépourvus de quarz, la formation du Mexique et de la Hongrie. Si les phénomènes d'alternance et d'agroupement atteignent leur *maximum* dans les terrains de transition, ils ne sont pas entièrement exclus pour cela des terrains primitifs et secondaires. Dans l'un et l'autre de ces terrains, des termes complexes sont mêlés aux termes simples de la série géognostique. Je citerai parmi les formations secondaires le grès placé au-dessus du calcaire alpin (le grès de Nebra, le bunte sandstein), qui est une association d'argile marneuse, de grès et d'oolithes ; le calcaire qui recouvre le grès rouge houiller (le zechstein ou alpenkalkstein), qui est une association moins constante de calcaire, de gypse (muriatifère), de stinkstein et de marne bitumineuse pulvérulente (asche des mineurs du Mansfeld). Dans les terrains primitifs nous trouvons les trois premiers termes de la série, les roches les plus anciennes, ou isolés ou alternant deux à deux, selon qu'ils sont géognostiquement plus rapprochés par leur âge relatif, ou bien alternant tous les trois. Le granite forme quelquefois avec le gneis, le gneis avec le micaschiste, des associations constantes. Ces alternances suivent des lois particulières : on voit (par exemple, au Brésil, et, quoique moins distinctement, dans la chaîne du littoral de Venezuela) le granite, le gneis et le micaschiste dans une triple association ; mais je ne connois pas de granite alternant seul avec du micaschiste, du gneis et du micaschiste alternant seuls avec le thonschiefer.

Il ne faut pas confondre, et j'ai souvent insisté sur ce point dans cet article, des roches passant insensiblement à celles qui sont en contact immédiat avec elles, par exemple, des micaschistes qui *oscillent* entre le gneis et le thonschiefer, avec des roches qui alternent les unes avec les autres, et qui conservent tous leurs caractères distinctifs de composition et de structure. M. d'Aubuisson a fait voir, il y a long-temps, combien l'analyse chimique rapproche le thonschiefer du mica. (*Journal de physique*, T. 63, pag. 128 ; *Traité de Géognosie*, T. II, pag. 97.) Le premier, il est vrai, n'a pas l'éclat métallique du micaschiste ; il renferme un peu moins de potasse et plus de carbone ; la silice ne s'y réunit pas en nœuds ou lames minces de quarz comme dans le micaschiste : mais on ne peut douter que des feuillets de mica ne constituent la base principale du thonschiefer. Ces feuillets sont tellement soudés ensemble, que l'œil ne peut les distinguer dans le tissu. C'est peut-être cette affinité même qui empêche l'alternance des thonschiefer et des micaschistes : car dans ces alternances la nature semble favoriser l'association de roches hétérogènes ; ou, pour me servir d'une expression figurée, elle se plaît dans les associations dont les roches alternantes offrent un grand contraste de cristallisation , de mélange et de couleur. Au Mexique j'ai vu des grünstein vert-noirâtre alterner des milliers de fois avec des syénites blanc-rougeâtre et qui abondent plus en quarz qu'en feldspath : il y a dans ce grünstein des filons de syénite, et dans la syénite des filons de grünstein ; mais aucune des deux roches ne passe à l'autre. (*Essai politique sur la Nouvelle Espagne*, T. II, p. 525.) Elles offrent sur la limite de leur contact mutuel des différences aussi tranchées que les porphyres qui alternent avec les grauwackes ou avec les syénites, que les calcaires noirs qui alternent avec les thonschiefer de transition , et tant d'autres roches de composition et d'aspect entièrement hétérogènes. Il y a plus encore : lorsque dans des terrains primitifs des roches plus rapprochées par la nature de leur composition que par leur structure ou par le mode de leur agrégation, par exemple, les granites et les gneis, ou les gneis et les micaschistes, alternent, ces roches ne montrent guère cette même tendance de passer les unes aux autres qu'elles présentent isolément dans des formations non complexes. Nous avons déjà fait observer plus haut que souvent une couche β, devenant plus fréquente dans la roche α, annonce au géognoste voyageur qu'à la formation simple α va succéder une formation complexe dans laquelle α et β alternent. Plus tard il arrive que β prend un plus grand développement : que α n'est plus une roche alternante : mais une simple couche subordonnée à β, et que cette roche β se montre seule jusqu'à ce que par la fréquente apparition de couchès γ elle prélude à une formation complexe de β alternant avec γ. On peut substituer à ces signes les mots de granite, gneis et micaschiste ; ceux de porphyre, grauwacke et syénite ; de gypse, marne et calcaire fétide (stinkstein). Le langage *pasigraphique* a l'avantage de généraliser les problèmes ; il est plus conforme aux besoins de la *philosophie géognostique*, dont j'essaie de donner ici les premiers élémens, en tant qu'ils ont rapport à l'étude de la superposition des roches. Or, si souvent entre des formations simples et très-rapprochées dans l'ordre de leur ancienneté relative, entre les formations α, β, γ, se trouvent placées des formations complexes, $\alpha\beta$ et $\beta\gamma$ (c'est-à-dire α alternant avec β, et β alternant avec γ); on observe aussi, quoique moins fréquemment, qu'une des formations (par exemple, α) prend un accroissement si extraordinaire qu'elle enveloppe la formation β, et que β, au lieu de se montrer comme une roche indépendante, placée entre α et γ, n'est plus qu'une couche dans α. C'est ainsi que dans la Silésie inférieure le grès rouge renferme la formation du zechstein ; car le calcaire de Kunzendorf, rempli d'empreintes de poissons, et analogue à la marne bitumineuse et abondante en poissons de Thuringe, est entièrement enveloppé dans le grès houiller. (Buch, *Beob.*, T. I, p. 104, 157 ; *Id.*, *Reise nach Norwegen*, T. I, p. 158 ; Raumer, *Gebirge von Nieder-Schlesien*, p. 79.) M. Beudant (*Voy. min.*, T. III, p. 185) a observé un phénomène semblable en Hongrie. Dans d'autres régions, par exemple, en Suisse et à l'extrémité méridionale de la Saxe, le grès rouge disparoît entièrement, parce qu'il est remplacé et pour ainsi dire vaincu par un prodigieux développement de la grauwacke ou du calcaire alpin. (Freiesleben, *Kupfersch.*, B. IV, 109.) Ces effets de l'alternance et du développement inégal des roches sont d'autant plus dignes d'attention, que leur étude peut jeter du jour sur quelques déviations apparentes d'un type de superposition généralement reconnu, et qu'elle peut servir à ramener à un type commun des séries de gisement observées dans des pays très-éloignés.

Pour désigner les formations composées de deux roches qui alternent les unes avec les autres, j'ai généralement préféré les mots *granite et gneis*, *syénite et grünstein*, aux expressions plus usitées de *granite-gneis*, *syénite-grünstein*. J'ai craint que cette dernière méthode de désigner des formations composées de roches alternantes, ne fît plutôt naître l'idée d'un passage du granite au gneis, de la syénite au grünstein. En effet, un géognoste dont les travaux sur les trachytes de l'Allemagne n'ont pas été assez appréciés, M. Nose, s'étoit déjà servi des mots *granite-porphyres* et *porphyre-granites*, pour indiquer des variétés de structure et d'aspect, pour séparer les granites porphyroïdes des porphyres qui, par la fréquence des cristaux empâtés dans la masse, présentent une structure d'agrégation, une véritable structure granitique. En adoptant les dénominations de granite et gneis, de syénite et porphyre, de grauwacke et porphyre, de calcaire et thonschiefer, on ne laisse aucun doute sur la nature des termes complexes de la série géognostique.

Parmi les différentes preuves de l'identité des formations dans les régions les plus éloignées du globe, une des plus frappantes et que l'on doit aux secours de la zoologie, est l'identité des corps organisés enfouis dans des couches d'un gisement analogue. Les recherches qui conduisent à ce genre de preuves ont singulièrement exercé la sagacité des savans, depuis que MM. de Lamarck et Defrance ont commencé à déterminer les coquilles fossiles des environs de Paris, et que MM. Cuvier et Brongniart ont publié leurs mémorables travaux sur les ossemens fossiles et les terrains tertiaires. Comme la plus grande masse des formations qui composent la croûte de notre planète ne renferme pas des dépouilles de corps organisés ; que ces dépouilles sont très-rares dans les terrains de transition, souvent brisés et difficiles à séparer de la roche dans les terrains secondaires très-anciens, l'étude approfondie des corps fossiles n'embrasse qu'une petite partie de la géognosie, mais une partie bien digne de l'attention du philosophe. Les problèmes qui se présentent sont nombreux : ils ont rapport à la géographie des animaux dont les races sont éteintes, et qui par cette raison appartiennent déjà à l'histoire de notre planète : ils nécessitent la discus-

sion des caractères zoologiques par lesquels on voudroit distinguer les différentes formations superposées. Pour rester
fidèle au but que je me suis proposé, de ne considérer, dans
cette *Introduction au Tableau des roches*, les objets que dans
leur plus grande généralité, je vais citer les questions de
zoologie géognostique qui paroissent les plus importantes dans
l'état actuel de la science, et dont la solution a été tentée
avec plus ou moins de succès : Quels sont les genres et (si
l'état de conservation et le peu d'adhérence à la masse
rocheuse permettent une détermination plus complète)
quelles sont les espèces auxquelles on peut rapporter les dépouilles fossiles ? Une détermination exacte des espèces en
fait-elle reconnoitre avec certitude qui sont identiques
avec les plantes et les animaux du monde actuel ? Quels sont
les classes, les ordres et les familles d'êtres organisés qui
offrent le plus de ces analogies ? Dans quel rapport le nombre des genres et des espèces identiques augmente-t-il avec
la nouveauté des roches ou des dépôts terreux ? L'ordre observé dans la superposition des terrains intermédiaires,
secondaires, tertiaires et d'alluvion, est-il partout en harmonie avec l'analogie croissante qu'offrent les types d'organisation ? Ces types se succèdent-ils de bas en haut (en passant
des grauwackes et des calcaires noirs de transition, par le
grès houiller, le calcaire alpin, le calcaire du Jura et la
craie, au gypse tertiaire, aux terrains d'eau douce et aux
alluvions modernes) dans le même ordre que nous adoptons
dans nos systèmes d'histoire naturelle, en disposant les
êtres selon que leur structure devient plus compliquée, et
qu'aux organes de la nutrition d'autres systèmes d'organes
se trouvent ajoutés ? La distribution des corps organisés
fossiles indique-t-elle un développement progressif de la vie
végétale et animale sur le globe; une apparition successive
de plantes acotylédones et monocotylédones, de zoophytes,
de crustacés, de mollusques (céphalopodes, acéphales,
gastéropodes), de poissons, de sauriens (quadrupèdes ovipares), de plantes dicotylédones, de mammifères marins et
de mammifères terrestres ? En considérant les corps fossiles,
non dans leur rapport avec telle ou telle roche dans laquelle
on les a découverts, mais simplement sous le point de vue

de leur distribution climatérique, remarque-t-on une différence appréciable entre les espèces qui dominent dans l'ancien et le nouveau continent, dans les climats tempérés et sous
la zone torride, dans l'hémisphère boréal et dans l'hémisphère
austral? Y a-t-il un certain nombre d'espèces tropicales que
l'on trouve partout, et qui semblent annoncer qu'indépendantes d'une distribution de climats semblables aux climats
actuels, elles ont éprouvé, au premier âge du monde, la
haute température que la croûte crevassée du globe fortement échauffé dans son intérieur a donnée à l'atmosphère
ambiante ? Est-on sûr de distinguer par des caractères précis
les coquilles d'eau douce et les coquilles marines ? La détermination du genre suffit-elle ? ou n'y a-t-il pas (comme parmi
les poissons) quelques genres dont les espèces vivent à la
fois dans les fleuves et les mers ? Quoique dans quelques-
unes des roches tertiaires les coquilles fluviatiles se trouvent mélangées (par exemple à l'embouchure de nos rivières) avec les coquilles pélagiques, n'observe-t-on pas en
général que les premières forment des dépôts particuliers,
caractérisant des terrains dont l'étude avoit été négligée
jusqu'ici, et qui sont d'une origine très-récente ? A-t-on
jamais découvert sous le calcaire du Jura, près des poissons réputés fluviatiles, dans le schiste bitumineux du calcaire alpin, des coquilles d'eau douce? Des espèces identiques de fossiles se trouvent-elles dans les mêmes formations
sur différens points du globe ? Peuvent-elles fournir des caractères zoologiques pour reconnoître les diverses formations
superposées ? ou ne doit-on pas plutôt admettre que des espèces
que le zoologiste est en droit de regarder comme identiques,
d'après les méthodes adoptées, pénètrent à travers plusieurs
formations; qu'elles se montrent même dans celles qui ne
sont pas en contact immédiat ? Les caractères zoologiques
ne doivent-ils pas être tirés et de l'absence totale de certaines
espèces, et de leur fréquence relative ou *prédominance*, enfin
de leur association constante avec un certain nombre d'autres espèces ? Est-on en droit de diviser une formation dont
l'unité a été reconnue d'après des rapports de gisement et
d'après l'identité des couches qui sont également intercalées
aux strates supérieurs et inférieurs, par la seule raison que les

premiers de ces strates renferment des coquilles d'eau douce, et les derniers des coquilles marines ? L'absence totale de corps organisés dans certaines masses de terrains secondaire et tertiaire, est-elle un motif suffisant pour considérer ces masses comme des formations particulières, si d'autres rapports géognostiques ne justifient pas cette séparation ?

Une partie de ces problèmes s'étoit présentée depuis long-temps aux naturalistes. Déjà Lister avoit avancé, il y a plus de cent cinquante ans, que chaque roche étoit caractérisée par des coquilles fossiles différentes. (*Phil. Trans.*, *n.*° 76, *p.* 2285.) Pour prouver que les coquilles de nos mers et de nos lacs sont spécifiquement différentes des coquilles fossiles (*lapides sui generis*), il affirme « que les der-« nières, par exemple, celles des carrières de Northamp-« tonshire, portent tous les caractères de nos *Murex*, de nos « *Tellines* et de nos *Trochus;* mais que des naturalistes qui « ne sont pas accoutumés à s'arrêter à un aperçu vague et « général des choses, trouveront les coquilles fossiles *spécifi-* « *quement* différentes de toutes les coquilles du monde actuel. » Presque à la même époque, Nicolas Stenon (*De solido intra solidum contento*, 1669, *p.* 2, 17, 28, 65, 69, *fig.* 20—25) distingua le premier « les roches (primitives) antérieures « à l'existence des plantes et des animaux sur le globe et « ne renfermant par conséquent jamais des débris organi-« ques, et les roches (secondaires) superposées aux premières « et remplies de ces débris (*turbidi maris sedimenta sibi invi-* « *cem imposita*). » Il considéra chaque banc de roche secondaire « comme un sédiment déposé par un fluide aqueux; » et exposant un système entièrement semblable à celui de Deluc « sur la formation des vallées par des affaissemens « longitudinaux, et sur l'inclinaison de couches d'abord toutes « horizontales, » il admet pour le sol de la Toscane, à la manière de nos géologues modernes, « six grandes époques de « la nature (*sex distinctæ Etruriæ facies*, *ex præsenti facie* « *Etruriæ collectæ*), selon que la mer inonda périodiquement « le continent, ou qu'elle se retira dans ses anciennes limites. » Dans ces temps où l'observation de la nature fit naître en Italie les premières idées sur l'âge relatif et la succession des couches primitives et secondaires, la zoologie et la géognosie ne pouvoient encore se prêter un secours mutuel, parce que les zoologistes ne connoissoient pas les roches. et que les géognostes étoient entièrement étrangers à l'histoire naturelle des animaux. On se bornoit à des aperçus vagues, on regardoit comme spécifiquement identique tout ce qui offroit quelque analogie de forme ; mais en même temps, et ceci étoit un pas fait dans la bonne route, on étoit attentif aux fossiles qui prédominoient dans telle ou telle roche. C'est ainsi que les dénominations de *calcaire à gryphites*, de *calcaire à trochites*, de *schistes à fougères*, *schistes à trilobites* (Gryphiten- und Trochiten-Kalk ; Kräuter- und Trilobiten-Schiefer), furent très-anciennement employées par les minéralogistes d'Allemagne. La détermination des genres caractérisés par les dents, par les fossettes, par les lames saillantes et crénelées de la charnière, par les plis et les bourrelets de l'ouverture de la coquille, est bien plus difficile dans les roches secondaires très-anciennes que dans les formations tertiaires. les premières étant généralement moins friables et plus adhérentes au test du corps fossile. Cette difficulté augmente lorsqu'on veut distinguer les espèces; elle devient presque insurmontable dans quelques roches calcaires de transition et dans le muschelkalk, qui renferme des coquilles brisées. Si les caractères zoologiques d'un certain nombre de formations pouvoient être tirés de genres bien distincts, si les trilobites et les orthocératites appartenoient exclusivement aux terrains intermédiaires. les gryphites au calcaire alpin (zechstein). les pectinites au bunte sandstein (grès de Nebra), les trochites et mytulites au muschelkalk, les tellines au quadersandstein, les ammonites et turritelles au calcaire du Jura et à ses marnes, les oursins ananchytes et les spatanges à la craie les cérites au calcaire grossier; la connoissance de ces genres seroit d'un secours aisé pour la détermination des roches : on n'auroit plus besoin d'examiner sur les lieux la superposition des formations ; on reconnoîtroit ces dernières sans sortir de son cabinet, en ne consultant que les collections. Mais il s'en faut de beaucoup que la nature ait rendu si facile à l'homme l'étude des masses coquillères qui constituent la croûte de notre planète. Les mêmes types d'organisation se sont répétés à des époques très-différentes : les mêmes genres se retrouvent dans les formations les plus distinctes. Il y a des orthocératites dans les calcaires de transition, les calcaires alpins et le grès bigarré ; des térébratulites dans le calcaire du Jura et dans le muschelkalk ; des trilobites dans les thonschiefer de transition , dans le schiste bitumineux du zechstein, et, selon un excellent géognoste , M. de Schlottheim, même dans le calcaire du Jura; il y a des pentacrinites dans le thonschiefer de transition et dans le muschelkalk le plus moderne. Les ammonites pénétrent à travers beaucoup de formations calcaires et marneuses, depuis les grauwackes (Raumer, *Versuche*, p. 22 ; Schlottheim, *Petrefactenkunde*, p. 58) jusque dans les couches inférieures de la craie. Il y a des troncs de monocotylédones et dans le grès rouge, et dans les marnes du gypse d'eau douce, formées à une époque où le monde étoit déjà rempli de plantes dicotylédones.

Mais, à une époque où les naturalistes ne s'arrêtent plus à des notions vagues et incertaines, on a reconnu avec sagacité que le plus grand nombre de ces fossiles (gryphites, térébratulites, ammonites, trilobites, etc.), enfouis dans différentes formations , ne sont pas spécifiquement les mêmes; qu'un grand nombre d'espèces qu'on a pu examiner avec précision, varient avec les roches superposées. Les poissons que l'on observe dans les schistes de transition (Glaris), dans les schistes bitumineux du zechstein, dans le calcaire du Jura, dans le calcaire tertiaire à cérite de Paris et de Monte Bolca, et dans le gypse de Montmartre, sont des espèces distinctes, en partie pélagiques, en partie fluviatiles. Est-on en droit de conclure de la réunion de ces faits, que toutes les formations sont caractérisées par des espèces particulières; que les coquilles fossiles de la craie, du muschelkalk, du calcaire du Jura et du calcaire alpin, diffèrent toutes entre elles ? Je pense que ce seroit pousser l'induction beaucoup trop loin, et M. Brongniart même, qui connoît si bien la valeur des caractères zoologiques, restreint leur application absolue au cas « où la superposition (les « circonstances de gisement) ne s'y opposent pas. » Je pourrois citer les cérites du calcaire grossier, qui se trouvent (près de Caen) au-dessous de la craie, et qui semblent indiquer, comme la répétition des argiles avec lignites en-dessus et au-dessous de la craie, une certaine connexité entre des terrains qu'au premier coup d'œil on croiroit entièrement distincts. Je pourrois m'arrêter à d'autres espèces de coquilles qui appartiennent à la fois à plusieurs formations tertiaires, et rappeler que si un jour, par des caractères peu sensibles et par de foibles nuances, on parvenoit à séparer des espèces que l'on croit identiques aujourd'hui, la finesse même de ces distinctions ne rassureroit pas trop sur l'universalité, d'ailleurs si désirable, des caractères zoologiques en géognosie. Une autre objection, tirée de l'influence que les climats exercent même sur les animaux pélagiques, me paroît plus importante encore. Quoique les mers, par des causes physiques très-connues, offrent, à de grandes profondeurs, la même température sous l'équateur et sous la zone tempérée, nous voyons pourtant, dans l'état actuel de notre planète, les coquilles des tropiques (parmi lesquelles les univalves dominent, comme parmi les testacés fossiles) différer beaucoup des coquilles des climats septentrionaux. Le plus grand nombre de ces animaux aiment les récifs et les bas-fonds : d'où il suit que les différences spécifiques sont souvent très-sensibles, sous un même parallèle, sur des côtes opposées. Or, si les mêmes formations se répètent et s'étendent, pour ainsi dire, à de prodigieuses distances, de l'est à l'ouest et du nord au sud, d'un hémisphère dans l'autre, n'est-il pas probable, quelles que soient les causes compliquées de l'ancienne température de notre globe, que des variations de climats ont modifié, jadis comme de nos jours, les types d'organisation, et qu'une même formation (c'est-à-dire une même roche placée, dans les deux hémisphères, entre deux formations homonymes) a pu envelopper des espèces distinctes ? Il arrive souvent sans doute que des couches superposées présentent un contraste de corps fossiles très-frappant. Mais peut-on conclure de là qu'après qu'un dépôt s'étoit formé, les êtres qui habitoient alors la surface du globe, aient tous été détruits ? Il est incontestable que des générations de types différens se sont succédé les unes aux autres. Les ammonites, que l'on trouve à peine parmi les roches de transition, atteignent leur *maximum* dans les couches qui représentent sur différens points du globe le muschelkalk et le calcaire du Jura ; ils disparoissent dans les couches supérieures de la craie et au-dessus de cette formation. Les échinites, très-rares dans le calcaire alpin et même dans le muschelkalk, deviennent au contraire très-communs dans le calcaire du Jura, dans la craie et les terrains tertiaires. Mais rien ne nous prouve que cette succession de différens types organiques, cette destruction graduelle des genres et des espèces, coïncide nécessairement avec les époques où chaque terrain s'est formé. « La considération de similitude ou de différence « entre les débris organiques n'est pas d'une grande impor- « tance, dit M. Beudant (*Voyage min.*, T. III, p. 278), « lorsque l'on compare des dépôts qui se sont formés dans « des contrées très-éloignées les unes des autres : elle est de « beaucoup d'importance, si l'on compare des dépôts très- « rapprochés. »

Tout en combattant les conclusions trop absolues qu'on pourroit être tenté de tirer de la valeur des caractères zoologiques, je suis loin de nier les services importans que l'étude des corps fossiles rend à la géognosie, si l'on considère cette science sous un point de vue philosophique. La géognosie ne se borne pas à chercher des caractères diagnostiques ; elle embrasse l'ensemble des rapports sous lesquels on peut considérer chaque formation : 1.° son gisement ; 2.° sa constitution oryctognostique (c'est-à-dire, sa composition chimique, et le mode particulier d'agrégation plus ou moins cristalline de ses molécules) ; 5.° l'association des différens corps organisés que l'on y trouve enfouis. Si la superposition des masses rocheuses hétérogènes nous révèle l'ordre successif de leur formation, comment ne pas nous intéresser aussi à connoître l'état de la nature organique aux différentes époques où les dépôts se sont formés ? On ne peut révoquer en doute que, sur une surface de plusieurs milliers de lieues carrées (en Thuringe et dans toute la partie septentrionale de l'Allemagne), neuf formations superposées, celles de calcaire de transition, de grauwacke, de grès rouge, de zechstein avec schiste bitumineux (de gypse muriatifère), de grès à oolithes (de gypse argileux), de muschelkalk et de grès blanc (quadersandstein), ont pu être reconnues comme distinctes, sans re-

courir aucunement à l'emploi de caractéres zoologiques;
mais il ne suit pas de là que la recherche la plus minu-
tieuse de ces caractères, ou, pour mieux dire, que la connoissance la plus intime des fossiles contenus dans chacune des
formations ne soit indispensable pour offrir un tableau
complet et vraiment géognostique. Il en est de l'étude des
terrains comme de celle des êtres organisés. La botanique et
la zoologie, considérées de nos temps sous un point de vue
plus élevé, ne se bornent plus à la recherche de quelques
caractères extérieurs et distinctifs des espéces ; ces sciences
approfondissent l'ensemble de l'organisation végétale et animale. Les caractères tirés des formes de la coquille suffisent
pour distinguer les diverses espéces d'acéphales testacés. Re-
garderoit-on pour cela comme superflue la connoissance des
animaux qui habitent ces mêmes coquilles? Telle est la connexité des phénomènes et de leurs rapports naturels (de ceux
de la vie, comme de ceux qu'offrent les dépôts pierreux
formés à différentes époques), que, si l'on en néglige quelques-
uns, on se forme non-seulement une image incomplète, mais
le plus souvent une image infidèle.

Dans le cas de la conformité de gisement, il peut y avoir
identité de masse (c'est-à-dire de composition minéralogique)
et diversité de fossiles, ou diversité de masse et identité de
fossiles. Les roches β et β' placées à de grandes distances
horizontales entre deux formations identiques α et γ, ou
appartiennent à une même formation, ou sont des formations parallèles. Dans le premier cas, leur composition minérale est semblable ; mais, à cause de la distance des lieux et
des effets climatériques, les débris organiques qu'elles renferment, peuvent différer considérablement. Dans le second
cas, la composition minéralogique est différente, mais les
débris organiques peuvent être analogues. Je pense que les
mots, *formations identiques*, *formations parallèles*, indiquent la
conformité ou non-conformité de composition minéralogique,
mais qu'ils ne font rien préjuger sur l'identité des fossiles.
S'il est assez probable que des dépôts β et β', placés à de
grandes distances horizontales entre les mêmes roches α et γ,
sont formés à *la même époque*, parce qu'ils renferment les
mêmes fossiles et une masse analogue, il n'est pas également

probable que les *époques de formation* sont très-éloignées les unes des autres, lorsque les fossiles sont distincts. On peut concevoir que sous une même zone, dans un pays de peu d'étendue, des générations d'animaux se sont succédé, et ont caractérisé, comme par des types particuliers, les *époques des formations* ; mais à de grands éloignemens horizontaux des êtres de formes très-diverses peuvent, sous différens climats, avoir occupé simultanément la surface du globe ou le bassin des mèrs. Il y a plus encore : le gisement de β entre α et γ prouve que la formation de β est antérieure à celle de γ, postérieure à celle de α ; mais rien ne nous donne la mesure absolue de l'intervalle entre les *époques-limites*, et différens dépôts (isolés) de β peuvent ne pas être simultanés.

Il semble résulter des faits que le zèle et la sagacité des naturalistes ont réunis depuis un petit nombre d'années, que, si l'on ne doit pas toujours s'attendre à trouver, comme le prétendoit Lister, dans chaque formation différente d'autres dépouilles de corps organisés, le plus souvent des formations reconnues pour identiques par leur gisement et leur composition renferment, dans les contrées les plus éloignées du globe, des associations d'espèces entièrement semblables. M. Brongniart, dont les travaux, joints à ceux de MM. Lamarck, Defrance, Beudant, Desmarest, Prevost, Férussac, Schlottheim, Wahlenberg, Buckland, Webster, Phillips, Greenough, Warburton, Sowerby, Brocchi, Soldani, Cortesi, et d'autres minéralogistes célèbres, ont tant avancé l'étude de la *conchyliologie souterraine*, a fait voir récemment les analogies frappantes qu'offrent, sous le rapport des corps fossiles, certains terrains d'Europe et de l'Amérique septentrionale. Il a essayé de prouver qu'une formation est parfois tellement déguisée, que ce n'est que par des caractères zoologiques que l'on peut la reconnoître (Brongniart, *Hist. nat. des crustacés fossiles*, p. 57, 62). Dans l'étude des formations, comme dans toutes les sciences physiques descriptives, ce n'est que l'ensemble de plusieurs caractères qui doit nous guider dans la recherche de la vérité. La description spécifique des débris de plantes et d'animaux renfermés dans les divers terrains, nous en offre pour ainsi dire la *Flore* ou la *Faune*. Or, dans le monde primordial,

comme dans celui d'aujourd'hui, la végétation et les productions animales des diverses portions du globe paroissent
avoir été moins caractérisées par quelques formes isolées d'un
aspect extraordinaire, que par l'association de beaucoup de
formes spécifiquement différentes, mais analogues entre elles,
malgré la distance des lieux. En découvrant une nouvelle
terre près du détroit de Torres, il ne seroit pas aisé de déterminer, d'après un petit nombre de productions, si cette
terre est contigue à la Nouvelle-Hollande, ou a l'une des iles
Moluques ou à la Nouvelle-Guinée. Comparer des formations sous le rapport des fossiles, c'est comparer des *Flores*
et des *Faunes* de divers pays et de diverses époques; c'est
résoudre un problème d'autant plus compliqué qu'il est modifié à la fois par l'espace et le temps.

Parmi les caractères zoologiques appliqués à la géognosie,
l'absence de certains fossiles caractérise souvent mieux les formations que leur présence. C'est le cas des roches de transition : on n'y trouve généralement que des madrépores, des encrinites, des trilobites, des orthocératites et des coquilles de
la famille des térébratules, c'est-à-dire des fossiles dont quelques espèces, non identiques, mais analogues, se rencontrent
dans des couches secondaires très-modernes; mais ces roches
de transition sont privées de bien d'autres dépouilles de corps
organisés, qui paroissent en abondance au-dessus du grès rouge.
Le jugement que l'on porte sur l'absence de certaines espèces, ou sur l'absence totale des corps fossiles, peut cependant être fondé sur une erreur qu'il sera utile de signaler
ici. En examinant en grand les formations coquillières, on
observe que les corps organisés ne sont pas toujours également
ment distribués dans la masse; mais 1.°, que des strates entièrement dépourvus de fossiles alternent avec d'autres strates
qui en fourmillent; 2.° que, dans une même formation, des
associations particulières de fossiles caractérisent certains
strates qui alternent avec d'autres strates à fossiles distincts.
Ce phénomène, observé depuis long-temps, se retrouve dans
le muschelkalk et dans le calcaire alpin (zechstein), qu'une
couche de trochites sépare souvent du grès houiller (Buch,
Brol., T. I, p. 155, 146, 171); il est propre aussi au calcaire
du Jura et à plusieurs formations tertiaires. En n'étudiant que

la craie des environs de Paris, on pourroit presque croire que les coquilles univalves manquent entièrement à cette formation : cependant les univalves polythalames, les ammonites, comme nous l'avons rappelé déjà, sont très-communs en Angleterre, dans les couches les plus anciennes de la craie. Même en France (côte de Sainte-Catherine près de Caen) la craie tuffeau et la craie chloritée contiennent beaucoup de fossiles que l'on ne trouve pas dans la craie blanche (Brongniart, *Caractères zool.*, p. 12). Comme dans différens pays les terrains ne se sont pas développés également, et que l'on peut prendre des lambeaux de formations pour des formations entières et complètes, celles qui sont dépourvues de coquilles dans une région, peuvent en offrir dans une autre. Cette considération est importante pour obvier à la tendance assez générale de trop multiplier les formations ; car, lorsque sur un même point du globe un terrain (par exemple de grès) abonde dans sa partie inférieure en corps fossiles, et que sa partie supérieure en manque entièrement, cette seule absence des fossiles ne justifie pas la scission du même terrain en deux formations distinctes. Dans la description géologique des environs de Paris, M. Brongniart a très-bien réuni les meulières sans coquilles avec celles qui sont comme pétries de coquilles d'eau douce.

Nous venons de voir qu'une formation peut renfermer dans différens strates des pétrifications spécifiquement différentes, mais que le plus souvent quelques espèces du strate inférieur se mêlent à la grande masse d'espèces hétérogènes qui se trouvent réunies dans le strate superposé. Lorsque cette différence porte sur des genres dont les uns sont des coquilles pélagiques, les autres des coquilles d'eau douce, le problème de l'unité ou de l'indivisibilité d'une formation devient plus embarrassant. Il faut d'abord distinguer deux cas : celui où quelques coquilles fluviatiles se trouvent mêlées à une grande masse de coquilles marines, et celui où des coquilles marines et fluviatiles pourroient alterner couche par couche. MM. Gilet de Laumont et Beudant ont fait des observations intéressantes sur ce mélange de productions marines et d'eau douce dans une même couche. M. Beudant a prouvé, par des expériences ingénieuses, com-

ment beaucoup de mollusques fluviatiles s'habituent graduellement à vivre dans une eau qui a toute la salure de
l'océan. Le même savant a examiné, conjointement avec M.
Marcel de Serres, certaines espèces de paludines qui, préférant les eaux saumâtres, se trouvent près de nos côtes,
tantôt avec des coquilles pélagiques, tantôt avec des coquilles fluviatiles. (*Journ. de phys.*, T. LXXXIII, p. 137,
T. LXXXVIII, p. 211 ; Brongniart, *Géogr. min.*, p. 27, 54,
89.) A ces faits curieux se joignent d'autres faits, que
j'ai publiés dans la Relation de mon *Voyage aux régions équinoxiales* (T. I, p. 555 et T. II, p. 606), et qui semblent
expliquer ce qui s'est passé jadis sur le globe, d'après ce que
nous observons encore aujourd'hui. Sur les côtes de la
Terre-ferme, entre Cumana et Nueva-Barcelona, j'ai vu des
crocodiles s'avancer loin dans la mer. Pigafetta a fait la
même observation sur les crocodiles de Bornéo. Au sud
de l'île de Cuba, dans le golfe de Xagua, il y a des lamantins dans la mer, sur un point où, au milieu de l'eau salée,
jaillissent des sources d'eau douce. Lorsqu'on réfléchit sur
l'ensemble de ces faits, on est moins étonné du mélange de
quelques productions terrestres avec beaucoup de productions incontestablement marines. Le second cas que nous
avons indiqué, celui de l'alternance, ne s'est jamais présenté, je crois, d'une manière aussi prononcée que l'alternance du thonschiefer et du calcaire noir dans un même
terrain de transition, ou (pour rappeler un fait qui a rapport à la distribution des corps organisés) que l'alternance
de deux grandes formations marines (calcaire à cérites et grès
de Romainville) avec deux grandes formations d'eau douce
(gypse et meulières du plateau de Montmorency). Ce que
l'observation attentive des superpositions a offert jusqu'ici, se
réduit à des couches alternantes de gypse et de marne, placées
entre deux formations marines, et renfermant au centre
(dans leur plus grande masse) des productions terrestres et
d'eau douce, et vers les limites supérieure et inférieure, tant
dans le gypse que dans les marnes, des productions marines :
telle est la constitution géologique du gypse de Montmartre.
La variation spécifique dans les pétrifications, le mélange
observé à Pierrelaie, et le phénomène d'alternance que pré-

sente Montmartre, ne suffisent pas pour motiver le morcellement d'une même formation. Les marnes et le gypse, qui renferment des coquilles marines (n.° 26 de la troisième masse), ne peuvent être géognostiquement séparés des marnes et des gypses qui renferment des productions d'eau douce. Aussi MM. Cuvier et Brongniart n'ont pas hésité de considérer l'ensemble de ces marnes et de ces gypses marins et d'eau douce comme un même terrain. Ces savans ont même cité cette réunion de couches alternantes comme un des exemples les plus clairs de ce que l'on doit entendre par le mot *formation*. (*Géogr. minér.*, p. 31, 59, 189.) En effet, dans un même terrain peuvent être renfermés différens systèmes de couches : ce sont des groupes, des sous-divisions, ou, comme disent les géognostes de l'école de Freiberg, des membres plus ou moins développés d'une même formation (Freiesleben, *Kupf.*, T. I, p. 17, T. III, p. 1).

Malgré le mélange de coquilles pélagiques et fluviatiles que l'on observe quelquefois au contact de deux formations d'origine différente, on peut donner à l'une de ces formations le nom de *calcaire* ou de *grès marin*, lorsqu'on ne veut tirer la dénomination des roches que des espèces qui constituent la plus grande masse et le centre des couches. Cette terminologie rappelle un fait qui a rapport, pour ainsi dire, à la géogonie, à l'ancienne histoire de notre planète : elle précise (et peut-être un peu trop) l'alternance des eaux douces et des eaux salées. Je ne conteste pas l'utilité des dénominations *grès* ou *calcaire marin* pour des descriptions locales; mais, d'après les principes que je me suis proposé de suivre dans le tableau général des formations caractérisées d'après la place qu'elles occupent comme termes d'une série, j'ai cru devoir l'éviter avec soin. Tous les terrains au-dessous de la craie et même au-dessous du calcaire à cérites (calcaire grossier du bassin de Paris) sont-ils, sans exception, des *calcaires* et des *grès marins*? Ou les monitors et les poissons des schistes cuivreux dans le calcaire alpin de Thuringe; les ichthyosaures de M. Home, placés au-dessous des oolithes d'Oxford et de Bath, dans le lyas de l'Angleterre (qui sur le continent est représenté par une partie du calcaire du Jura); les crocodiles de Honfleur, enfouis dans des argiles

avec bancs calcaires au-dessus des oolithes de Dive et du calcaire d'Isigny, par conséquent supérieurs au calcaire du Jura,
prouvent-ils qu'il y a déjà au-dessous de la craie, entre ce
terrain et le grès rouge, de petites formations d'eau douce,
intercalées aux grandes *formations marines ?* Les houilles à
fougères sous le grès rouge et sous le porphyre secondaire ne
nous offrent-elles pas un exemple évident d'une très-ancienne
formation non marine ? Ces circonstances prescrivent, dans
l'état actuel de la science, beaucoup de réserve, lorsqu'on
se hasarde, d'après des caractéres purement zoologiques, de
morceler des terrains dont l'unité a paru constatée par
l'alternance des mêmes couches et par d'autres phénomènes
de gisement. (Engelhard et Raumer, *Geogn. Vers.*, p. 125 —
133.) Cette réserve est d'autant plus nécessaire que, d'après
le témoignage d'un minéralogiste qui a long-temps approfondi
cette matière, M. Brongniart, « il existe une espèce de
transition entre la formation du calcaire marin et du gypse
d'eau douce qui suit ce calcaire, et que ces deux terrains
n'offrent pas cette séparation brusque qui se montre, sur les
mêmes lieux, entre la craie et le calcaire grossier, c'est-à-dire
entre deux formations marines. On ne peut douter, ajoute
le même observateur, que les premières couches de gypse
n'aient été déposées dans un liquide analogue à la mer, tandis que les suivantes ont été déposées dans un liquide analogue à l'eau douce. » (*Géogr. min.*, p. 168 et 193.)

En énonçant les motifs qui m'empêchent de généraliser
une terminologie fondée sur le contraste entre des productions d'eau douce et des productions marines, je suis loin
de contester l'existence d'une formation d'eau douce supérieure à toutes les autres formations tertiaires, et qui ne
renferme que des bulimes, des limnées, des cyclostomes et
des potamides. Des observations récentes ont démontré combien cette formation est plus répandue qu'on ne l'avoit
cru d'abord. C'est un nouveau et dernier terme à ajouter à
la série géognostique. Nous devons la connoissance plus intime de ce calcaire d'eau douce aux utiles travaux de M.
Brongniart. Les phénomènes qu'offrent les formations d'eau
douce, dont l'existence n'étoit anciennement connue que
par les tuffs de la Thuringe et par le Travertin toujours re-

naissant des plaines de Rome (Reuss , *Geogn.* , *T. II, p.* 642 ;
Buch , *Geogn. Beob.* , *T. II, p.* 21 — 30), se lient de la manière la plus satisfaisante aux lois admirables que M. Cuvier
a reconnues dans le gisement des os des quadrupèdes vivi-
pares. (Brongniart , *Annales du Muséum* , T. XV, p. 357 , 581 ;
Cuvier , *Rech. sur les ossem. fossiles* , T. I , p. LIV.)

La distinction entre les coquilles fossiles fluviatiles et marines est l'objet de recherches très-délicates : car il peut arriver,
lorsque les dépouilles des corps organisés se détachent difficilement de la masse du calcaire siliceux qui les renferme, qu'on
confonde des ampullaires avec des natices , des potamides
avec des cérites. Dans la famille des conques on ne sépare
avec certitude les cyclades et les cyrènes , des vénus et des lucines, que par l'examen des dents de la charnière. Le travail
que M. de Férussac a entrepris sur les coquilles terrestres et
fluviatiles , jettera beaucoup de jour sur cet objet important.
D'ailleurs , lorsqu'on croit voir un genre de coquilles pélagiques au milieu d'un genre de coquilles d'eau douce, on
peut agiter la question , si effectivement les mêmes types génériques ne peuvent se retrouver dans les lacs et dans les mers.
On connoît déjà l'exemple d'un véritable mytilus fluviatile.
Peut-être les ampullaires et les corbules offriront-ils des mélanges analogues de formes marines et de formes d'eau douce.
(Voyez un mémoire de M. *Valenciennes* , inséré dans mon
Recueil d'obs. de zoologie et d'anatomie comparée , *T. II , p.* 218.)

Il résulte de ces considérations générales sur les caractères
zoologiques et sur l'étude des corps fossiles , que , malgré les
beaux et anciens travaux de Camper , de Blumenbach et de
Sömmering , l'exacte détermination spécifique des espèces ,
et l'examen de leurs rapports avec des couches très-récentes
et voisines de la craie, ne datent que de vingt - cinq ans. Je
pense que cette étude des corps fossiles , appliquée à toutes
les autres couches secondaires et intermédiaires par des
géognostes qui consultent en même temps le gisement et la
composition minérale des roches, loin de renverser tout le
système des formations déjà établies, servira plutôt à étayer
ce système , à le perfectionner, à en compléter le vaste tableau. On peut envisager sans doute la science géognostique
des formations sous des points de vue très - différens, selon

que l'on s'attache de préférence à la superposition des masses
minérales, à leur composition (c'est-à-dire, à leur analyse
chimique et mécanique), ou aux fossiles qui se trouvent renfermés dans plusieurs de ces masses; cependant la science
géognostique est une. Les dénominations, *géognosie de gisement* ou *de superposition*, *géognosie oryctognostique* (analysant
le tissu des masses), *géognosie des fossiles*, désignent, je ne
dirai pas, des embranchemens d'une même science, mais
diverses classes de rapports que l'on tâche d'isoler pour les
étudier plus particulièrement. Cette unité de la science, et
le vaste champ qu'elle embrasse, avoient été très-bien reconnus
par Werner, le créateur de la géognosie positive. Quoiqu'il ne
possédât pas les moyens nécessaires pour se livrer à une détermination rigoureuse des espèces fossiles, il n'a cessé, dans ses
cours, de fixer l'attention de ses élèves sur les rapports qui
existent entre certains fossiles et les formations de différens
âges. J'ai été témoin de la vive satisfaction qu'il éprouva, lorsqu'en 1792 M. de Schlottheim, géognoste des plus distingués
de l'école de Freiberg, commença à faire de ces rapports l'objet
principal de ses études. La géognosie positive s'enrichit de toutes
les découvertes qui ont été faites sur la constitution minérale du
globe; elle fournit à une autre science, improprement appelée
théorie de la terre, et qui embrasse l'histoire première des
catastrophes de notre planète, les matériaux les plus précieux.
Elle réfléchit plus de lumières sur cette science qu'elle n'en
reçoit d'elle à son tour; et, sans révoquer en doute l'ancienne
fluidité ou le ramollissement de toutes les couches pierreuses
(phénomène qui se manifeste par les corps fossiles, par l'aspect cristallin des masses, par les cailloux roulés ou les fragmens empâtés dans les roches de transition et les roches
secondaires), la géognosie positive ne prononce point sur la
nature de ces liquides dans lesquels, dit-on, les dépôts se
sont formés, sur ces *eaux de granite, de porphyre et de gypse*,
que la géologie hypothétique fait arriver, marée par marée,
sur un même point du globe.

Dans le tableau des formations je n'ai point indiqué l'inclinaison des strates comme caractère géognostique. Nul doute que
la *discordance* de deux roches (Ungleichförmigkeit der Lagerung), c'est-à-dire, le manque de parallélisme dans leur direc-

tion et leur inclinaison , ne soit le plus souvent une preuve évidente de l'indépendance des formations; nul doute que la
grande inclinaison du terrain houiller (coal-measures), du
grès rouge et des roches de transition , si justement opposée en
Angleterre par M. Buckland à l'horizontalité du calcaire magnésien , du red-marl , du lyas et de toutes les couches plus
modernes encore , ne soit un phénomène très-digne d'attention : mais, dans d'autres régions de la terre, sur le continent
de l'Europe et dans l'Amérique équinoxiale, le calcaire alpin
et le calcaire du Jura , qui représentent ces formations horizontales de l'Angleterre, sont très-inclinés aussi. En embrassant
sous un même point de vue de vastes étendues du globe, les
Alpes , les montagnes métallifères de la Saxe, les Apennins,
les Andes de la Nouvelle-Grenade et les Cordillères du Mexique , on observe que l'inclinaison des strates n'augmente pas
du tout (comme on le répète encore souvent dans des ouvrages
très-estimés) selon l'âge des formations. Il y a quelquefois, et
sur des étendues de terrain très-considérables, des couches
presque horizontales parmi les roches très-anciennes; et, qui
plus est, ces phénomènes s'observent plutôt parmi les roches
primitives que parmi les roches de transition , et dans les
premières plutôt parmi les gneis et les granites stratifiés que
parmi les thonschiefer et les micaschistes. Il m'a paru , en général, que les roches les plus inclinées se trouvent (si l'on fait
abstraction de couches très-rapprochées des hautes chaînes de
montagnes) entre le micaschiste primitif et le grès rouge.
L'horizontalité des strates n'est bien générale et bien prononcée
qu'au-dessus de la craie , dans les terrains tertiaires , par
conséquent dans des masses d'une épaisseur comparativement
peu considérable.

Ce n'est point ici le lieu d'approfondir la question de savoir
si toutes les couches inclinées sont des couches relevées ,
comme le prétendoit Stenon dès l'année 1667, et comme le
semble prouver le phénomène local de galets ou fragmens
aplatis placés parallèlement aux surfaces des couches inclinées
dans des conglomérats de transition (grauwacke) et dans le
nagelfluhe, ou s'il est possible que des attractions que l'on
suppose avoir agi à la fois sur une grande partie de la surface
du globe, ont produit dans nos plaines des strates inclinés dès

leur origine, semblables à ces lames superposées, et sans contredit primitivement inclinées, qui forment le clivage d'un cristal. Certains grès (Nebra) offrent un parallélisme très-régulier dans leurs feuillets les plus minces, coupant sous un angle de 20° à 35° les fissures de stratification horizontales ou inclinées. Sans vouloir tenter de résoudre ces problèmes, il me sera permis de réunir à la fin de cette introduction quelques faits qui se lient à l'étude des gisemens. Lorsqu'au milieu de pays non montagneux, ou sur des plateaux non interrompus par des vallées, où la roche reste constamment visible, on voyage pendant huit à dix lieues dans une direction qui coupe celle des couches à angle droit, et que l'on trouve ces couches (de thonschiefer de transition) parallèles entre elles, presque également inclinées de 5o à 6o degrés, vers le nord-ouest par exemple, on a de la peine à se former une idée d'un relèvement ou d'un abaissement si uniformes, et des dimensions de la montagne ou du creux, qu'on doit admettre pour expliquer par une impulsion violente et simultanée cette inclinaison des strates. En raisonnant sur l'origine des couches inclinées, il faut distinguer deux circonstances très-différentes : leur position dans la proximité d'une haute chaîne de montagnes qui est traversée par des vallées longitudinales ou transversales, et leur position loin de toute chaîne de montagnes, au milieu des plaines ou de plateaux peu élevés. Dans le premier cas, les effets du relèvement paroissent souvent incontestables, et les couches inclinent assez généralement vers la chaîne, c'est-à-dire sur la pente septentrionale des Alpes au sud, sur la pente méridionale, mais beaucoup moins régulièrement, au nord (Buch, *in Schr. Nat. Freunde*, 1809. p. 103, 109, 179, 181 ; Bernouilli, *Schweiz. Miner.*, p. 25): mais, à de grandes distances de la chaîne, celle-ci paroît influer sur la seule direction des couches, et non sur leur inclinaison.

J'ai été, dès l'année 1792, très-attentif à ce parallélisme ou plutôt à ce *loxodromisme* des couches. Habitant des montagnes de roches stratifiées où ce phénomène est très-constant, examinant la direction et l'inclinaison des couches primitives et de transition, depuis la côte de Gênes, à travers la chaîne de la Bochetta, les plaines de la Lombardie, les Alpes du Saint-

Gothard, le plateau de la Souabe, les montagnes de Baireuth et les plaines de l'Allemagne septentrionale, j'avois été frappé, sinon de la constance, du moins de l'extrême fréquence des directions *hor.* 3—4 de la boussole de Freiberg (du sud-ouest au nord-est). Cette recherche, que je croyois devoir conduire les physiciens à la découverte d'une grande loi de la nature, avoit alors tant d'attraits pour moi, qu'elle est devenue un des motifs les plus puissans de mon voyage à l'équateur. Lorsque j'arrivai sur les côtes de Venezuela, et que je parcourus la haute chaine du littoral, et les montagnes de granite-gneis qui se prolongent du Bas-Orénoque au bassin du Rio Negro et de l'Amazone, je reconnus de nouveau, dans la direction des couches, le parallélisme le plus surprenant. Cette direction étoit encore *hor.* 3—4 (ou N. 45° E.), peut-être parce que la chaine du littoral de Venezuela ne s'éloigne pas considérablement de l'angle que fait avec le méridien la chaine centrale de l'Europe. J'ai énoncé les premiers résultats que m'offroient les roches primitives et de transition de l'Amérique méridionale, dans un mémoire publié par M. de Lamétherie, dans son *Journal de Physique,* T. 54, p. 46. J'y ai mêlé (comme cela arrive souvent aux voyageurs, lorsqu'ils publient le résultat de leurs travaux pendant le cours même du voyage), à des observations très-précises sur la grande uniformité dans la direction des couches (à l'isthme d'Araya, à la Silla de Caracas, au Cambury près Portocabello, sur les rives du Cassiquiare : voyez ma *Relat. hist.,* T. I, p. 595, 542, 564, 578, *T. II,* p. 81, 99, 125, 141), des aperçus généraux que j'ai regardés depuis comme vagues et moins exacts. Quatre années de courses dans les Cordillères ont rectifié mes idées sur un phénomène qui est beaucoup plus important qu'on ne l'avoit cru autrefois; et, de retour en Europe, je me suis empressé de consigner le résultat général de mes observations dans la *Géographie des plantes,* p. 116, et dans l'*Essai politique sur la Nouvelle-Espagne,* T. II, p. 520. L'indication de ce résultat étoit sans doute restée inconnue au savant auteur du *Critical examination of Geology* (p. 276), lorsqu'il a combattu les assertions publiées pendant mon absence, en 1799, par M. de Lamétherie.

Il n'existe dans aucun hémisphère, parmi les roches, une uniformité générale et absolue de direction; mais, dans des régions d'une étendue très-considérable, quelquefois sur plusieurs milliers de lieues carrées, on reconnoît que la direction, plus rarement l'inclinaison, ont été déterminées par un système de forces particulier. On y découvre, à des distances très-grandes, un *parallélisme de couches*, une direction dont le type se manifeste au milieu des perturbations partielles, et qui reste souvent le même dans les terrains primitifs et de transition. Cette identité de direction s'observe plus fréquemment loin des hautes chaînes alpines très-élevées, que dans ces chaînes mêmes, où les strates se trouvent contournés, redressés et brisés. Assez généralement, et ce fait avoit déjà frappé M. Palassou (*Essai sur la Min. des Pyrénées*, 1781) et même M. de Saussure (*Voyages dans les Alpes*, §. 2302), la direction de couches très-éloignées des chaînes principales suit la direction de ces chaînes de montagnes. Cette uniformité de parallélisme des couches (du nord-est au sud-ouest) a été observée dans une grande partie de l'Allemagne septentrionale, au Fichtelgebirge, en Franconie et sur les bords du Rhin; en Belgique; aux Ardennes; dans les Vosges; dans le Cotentin; dans la Tarantaise; dans la majeure partie des Alpes de la Suisse et en Écosse. Je ne citerai que des géognostes modernes, très-exercés à ce genre d'observations, et d'autant plus attentifs à la direction et à l'inclinaison des strates, que les assertions que j'avois émises sur un *parallélisme* ou *loxodromisme à de grandes distances* avoient excité de vives contestations. « Qu'on vienne, dit M. Boué, examiner en « Écosse, la boussole à la main, la position des masses mi- « nérales, et qu'on sache s'arrêter aux faits généraux; l'on « s'apercevra que la direction des couches est *constante* et « correspond à celle des chaînes du sud-ouest au nord-est, « mais que l'inclinaison varie d'après des circonstances lo- « cales. » (Raumer, *Geogn. Versuche*, p. 41, 44, 48; *Id.*, *Fragmente*, p. 58, 64. Goldfuss et Bischof, *Fichtelg.*, *T. I*, p. 189. Omalius d'Halloy, dans le *Journal des mines*, 1808, p. 465. Brochant, *Observ. géol. sur les terrains de transition*, p. 14. Escher, dans l'*Alpina*, *T. IV*, p. 337; Gruner, dans l'*Isis*, 1805, Oct., p. 181. Bernoulli, *Schweiz. Min.*, p. 19—24. Ebel, *Alpen*,

T. I, p. 220; *T. II*, p. 201, 215, 557. Boué, *Géol. d'Écosse*, p. 13.) Dans les Pyrénées la direction générale des strates est, d'après les belles observations de MM. Palassou, Ramond, Charpentier et d'Aubuisson, comme la direction générale de la chaîne, N. 68° O., ou de l'est-sud-est à l'ouest-nord-ouest. (Ramond, *Pyrén.*, *T. I*, p. 57, *T. II*, p. 354; d'Aubuisson, *Géologie*, *T. I*, p. 342.) Cette même régularité règne dans le Caucase. Aux États-unis de l'Amérique septentrionale, les roches primitives et intermédiaires sont dirigées, d'après M. Maclure, comme la chaîne des Alleghanys, du nord-est au sud-ouest. Les directions du nord au sud ou du nord-nord-est au sud-sud-ouest prédominent en Suède et en Finlande. (Haussmann, dans les *Mémoires de l'Académie de Munic*, 1808, *P. I*, p. 147. Buch, *Lappland*, *T. I*, p. 277, 298. Hisinger, *Min. Geogr. von Schweden*, p. 465. Engelhardt, *Felsgebilde Russlands*, p. 18.) Dans les Cordillères du Mexique on observe un type de direction très-général : les couches qui forment le plateau se dirigent du sud-est au nord-ouest, parallèlement à la direction de la chaîne d'Anahuac, tandis que *l'axe volcanique* (la ligne qui passe, entre les 18° 59′ et 19° 12′ de latitude, par le Pic d'Orizaba, les deux volcans de la Puebla, le Nevado de Toluca, le Pic de Tancitaro et le volcan de Colima, ligne qui est en même temps le *parallèle des plus grandes élévations*) se prolonge de l'est à l'ouest, comme une crevasse qui traverse l'isthme mexicain d'une mer à l'autre. (*Essai politique*, *T. II*, p. 253.)

Comme nous ignorons les causes primordiales des phénomènes, la philosophie naturelle, dont la géognosie sera un jour une des parties les plus intéressantes, doit s'arrêter à la connoissance des lois; et, dans le phénomène qui nous occupe, ces lois peuvent être soumises à des mesures exactes. Il ne faut point oublier que les lignes de direction des couches (*Streichungslinien*) rencontrent les méridiens, lorsqu'à de grandes distances ces couches sont, par exemple, uniformément dirigées N. 45° E., comme les élémens d'une ligne loxodromique, sans être parallèles dans l'espace. La direction des couches anciennes (primitives et de transition) n'est pas un petit phénomène de localité : c'est au contraire un phé-

nomène indépendant de la direction des chaînes secondaires,
de leurs embranchemens et de la sinuosité de leurs vallées;
un phénomène dont la cause a agi, d'une manière uniforme, à de prodigieuses distances, par exemple, dans l'ancien continent, entre les 45° et 57° de latitude, depuis
l'Écosse jusqu'aux confins de l'Asie. Quelle est cette influence
apparente des hautes chaînes alpines sur des couches qui,
quelquefois, en sont éloignées de plus de cent lieues? J'ai
de la peine à croire que la même catastrophe ait soulevé
les montagnes et incliné les strates dans les plaines, de sorte
que la tranche de ces strates, jadis tous horizontaux, aujourd'hui tous inclinés de 50° à 60°, et formant la surface du
globe, se seroit trouvée à de grandes profondeurs. Les chaînes
des montagnes alpines ont-elles été soulevées? Sont-elles
sorties (semblables à cette rangée de cimes volcaniques dans
les plaines de Jorullo, entre la ville de Mexico et les côtes
de la mer du Sud), sur des crevasses formées parallèlement
à la direction de couches inclinées déjà préexistantes?

En traçant le tableau géognostique des formations, j'ai dû
m'abstenir de citer à chaque observation la source à laquelle
je l'ai puisée. La géognosie positive est une science qui ne
date que de la fin du dernier siècle, et il n'est pas facile,
je pourrois ajouter, il n'est pas sans danger, de faire l'histoire
d'une science si moderne. Quoique dans le cours d'une vie
laborieuse j'aie eu le bonheur de voir une plus grande étendue de montagnes qu'aucun autre géognoste, le peu que j'ai
observé se perd dans la grande masse des faits que j'en-
treprends d'exposer ici. Ce que ce Traité des formations
renferme d'important, est dû aux efforts réunis de mes contemporains. J'ai voulu présenter aux lecteurs, d'une manière concise, l'enchaînement des découvertes qui ont été
faites; j'ai cru pouvoir ajouter ce qui est seulement probable à ce qui me paroît entièrement constaté. Si j'avois
atteint le but que je me suis proposé, les hommes supérieurs
qui en Allemagne, en France, en Angleterre, en Suède et
en Italie, ont contribué à agrandir l'édifice de la science
géognostique, devroient reconnoître à chaque page les résultats de leurs travaux. J'ai rejeté dans des notes, à la fin du
tableau, les citations des faits moins généralement connus, et je

n'ai nommé dans le tableau même que les savans qui ont bien voulu me communiquer des observations et des aperçus qu'ils n'ont point encore publiés. Les communications les plus nombreuses et les plus intéressantes de ce genre sont celles que je dois, depuis quinze ans, à M. Léopold de Buch, avec lequel j'ai eu l'avantage de faire mes premières études minéralogiques sous un grand maitre, et qui, sur une vaste étendue de terrains (entre les 28° et les 71° de latitude), a recueilli des matériaux précieux pour la géognosie, l'histoire de l'atmosphère et la géographie des végétaux. J'ai fait usage, dans le cours de mon travail, de plusieurs notes inédites que ce savant a bien voulu me donner sur le tissu cristallin des trachytes que j'ai rapportés des Cordillères, et sur l'ordre des formations en Suisse, en Angleterre, en Écosse, en Toscane et dans les environs de Rome. J'ai aussi eu l'avantage de le consulter, pendant les différens séjours qu'il a faits à Paris, sur ce qui me paroissoit douteux dans le gisement des formations. Toutes les observations relatives à la Hongrie sont tirées du *Voyage minéralogique* de M. Beudant, qui est sur le point de paroître, et dans lequel la plupart des questions de gisement sont traitées avec une grande supériorité. Mon compatriote, M. de Charpentier, directeur des salines de Suisse, a bien voulu me communiquer son excellente description des Pyrénées, travail le plus complet que l'on possède sur une grande chaîne de montagnes. Plusieurs renseignemens sur les porphyres d'Europe sont tirés d'une notice que j'ai écrite, pour ainsi dire, sous la dictée de M. Werner, lorsque cet homme célèbre est venu, pour quelques jours, de Carlsbad à Vienne (en 1811), pour s'entretenir avec moi sur la constitution géognostique de la Cordillère des Andes et du Mexique. C'est un devoir bien doux à remplir que de donner un témoignage public de reconnoissance à ceux dont la mémoire nous est chère. Je n'ai pas tiré tout le parti que j'aurois voulu des travaux importans de MM. Maculloch, Jameson, Weawer, Berger, et d'autres membres des *Sociétés géologique* et *wernérienne*, en Angleterre, parce que j'ai craint de prononcer sur l'identité des formations d'un pays que je ne connois pas, au nord des montagnes du Derbyshire, et qui, dans ce moment, est exploré avec tant de zèle et de succès.

En indiquant pour chaque formation les noms de quelques-
uns des lieux où elles se trouvent (ce que les botanistes appellent les *habitations*), je n'ai eu aucunement la prétention
d'étendre le domaine de la géographie minéralogique : je n'ai
voulu que présenter des exemples de gisement bien observés.
Les exemples ne sont pas toujours choisis parmi des contrées
qui, par les descriptions de géognostes célèbres, sont devenues,
pour ainsi dire, *classiques*. Il a fallu nommer quelquefois, dans
l'autre hémisphère, des lieux qu'on ne trouve sur aucune
de nos cartes. Allemont, Dudley, cap de Gates, Mansfield et
Œningue sont plus connus des minéralogistes que les grandes
provinces métallifères d'Antioquia, des Guamalies et de Zacatecas. Pour faciliter ce genre de recherches, j'ai souvent
ajouté, entre deux parenthèses, des renseignemens géographiques, par exemple. Quindiu (Nouvelle-Grenade), Ticsan
(Andes de Quito), Tomependa (plaines de l'Amazone). A
côté de l'indication des lieux où prédomine telle ou telle
formation, j'ai tâché de faire connoître l'ordre entier de
superposition qui a été observé avec quelque certitude sur
des points très-éloignés, par exemple, dans les Cordillères des
Andes, en Norwége, en Allemagne, en Angleterre, en Hongrie et au Caucase. Ces descriptions de coupes, qui présentent
des matériaux pour la construction, si long-temps désirée,
d'un *Atlas géognostique*, sont, pour ainsi dire, les pièces
justificatives d'un tableau général des roches ; car la géognosie, lorsqu'elle s'occupe de la série des formations, est
à la géographie minéralogique ce que l'*hydrographie comparée* est à la topographie des grands fleuves, tracée isolément. C'est de la connoissance intime des influences qu'exercent les inégalités du terrain, la fonte des neiges, les pluies
périodiques et les marées, sur la vitesse, sur les sinuosités, sur
les étranglemens, sur les bifurcations et sur la forme des
embouchures du Danube, du Nil, du Gange, de l'Amazone,
que résulte une théorie générale des fleuves, ou, pour mieux
dire, un *système de lois empiriques* qui embrassent ce que l'on
a trouvé de commun et d'analogue dans les phénomènes lo-
caux et particiels. (Voyez quelques élémens de cette hydrographie comparée, dans ma *Relat. histor.*, T. II, p. 517 — 526 et
657 — 664.) La *géognosie des formations* offre aussi des lois

empiriques, qui ont été abstraites d'un grand nombre de cas particuliers. Fondée sur la géographie minéralogique, elle en diffère essentiellement, et cette différence entre l'abstraction et l'observation individuelle peut devenir, chez des géognostes qui ne connoissent qu'un seul pays, la cause de quelques jugemens erronés sur la précision d'un tableau général des terrains.

Les sciences physiques reposent en grande partie sur des inductions; et plus ces inductions deviennent complètes, plus aussi les circonstances locales qui accompagnent chaque phénomène, se trouvent exclues de l'énoncé des lois générales. L'histoire même de la géognosie justifie cette assertion. Werner, en créant la science géognostique, a reconnu, avec une perspicacité digne d'admiration, tous les rapports sous lesquels il faut envisager l'indépendance des formations primitives, de transition et secondaires. Il a indiqué ce qu'il falloit observer, ce qu'il importoit de savoir : il a préparé, pressenti, pour ainsi dire, une partie des découvertes dont la géognosie s'est enrichie après lui, dans des pays qu'il n'a pu visiter. Comme les formations ne suivent pas les variations de latitude et de climats, et que des phénomènes, observés peut-être pour la première fois dans l'Himalaya ou dans les Andes, se retrouvent, et souvent avec l'association de circonstances que l'on croiroit entièrement accidentelles, en Allemagne, en Écosse ou dans les Pyrénées; une très-petite portion du globe, un terrain de quelques lieues carrées dans lequel la nature a réuni beaucoup de formations, peut (comme un vrai *microcosme* des philosophes anciens) faire naître, dans l'esprit d'un excellent observateur, des idées très-précises sur les vérités fondamentales de la géognosie. En effet, la plupart des premiers aperçus de Werner, même ceux que cet homme illustre s'étoit formés avant l'année 1790, étoient d'une justesse qui nous frappe encore aujourd'hui. Les savans de tous les pays, même ceux qui ne montrent aucune prédilection pour l'école de Freiberg, les ont conservés comme bases des classifications géognostiques. Cependant, ce que l'on savoit en 1790 des terrains primitifs, de transition et secondaires, se fondoit presque entièrement sur la Thuringe, sur les montagnes métallifères de la Saxe et sur celles du Harz, sur une étendue de pays qui n'a pas 75 lieues de longueur. Les mémorables travaux de Dolomieu, les descriptions des Alpes de Saussure, furent consultés ; mais ils ne purent exercer une grande influence sur les travaux de Werner. Sans doute, Saussure a donné des modèles inimitables d'exactitude dans la topographie de chaque cime, de chaque vallon ; mais cet intrépide voyageur, frappé et de la complication que présentent les phénomènes de superposition et du désordre apparent qui règne toujours dans l'intérieur des hautes chaînes alpines, sembloit peu tenté de se livrer à des idées générales sur la constitution géognostique d'un pays. Dans ce premier âge de la science, le *type des formations* étoit fondé sur un petit nombre d'observations ; il ressembloit trop à la description des lieux où il avoit pris naissance. On prenoit pour des formations indépendantes les masses minérales qui, dans d'autres pays, ne sont que des couches subordonnées ou accidentelles : on ignoroit l'existence des formations qui jouent un rôle important dans l'Amérique équatoriale, dans le nord et dans l'ouest de l'Europe ; on méconnoissoit l'ancienneté relative des porphyres, des syénites et des euphotides ; on ne complétoit pas l'histoire des couches plus récentes par une détermination rigoureuse des corps organiques fossiles qu'elles renferment : on observoit avec une grande précision le gisement des basaltes, des phonolithes (phorphyrschiefer) et des dolérites, qu'on avoit long-temps confondus avec les grünstein trappéens ; mais on combattoit jusqu'à la possibilité de leur origine ignée, parce que, dans le pays où la géognosie moderne s'est formée, on n'étoit entouré que de quelques lambeaux de terrains volcaniques, et que l'on ne pouvoit examiner les rapports qui existent entre les trachytes (trapporphyr), les basaltes, les laves plus modernes, les scories et les ponces. Si le tableau des formations de Werner, malgré les livres qu'il consultoit, malgré la surprenante perspicacité avec laquelle il savoit démêler la vérité dans les récits souvent confus des voyageurs, étoit resté incomplet, ce savant ne s'affligeoit pas de voir ses travaux perfectionnés par d'autres mains. Il avoit enseigné le premier l'art de reconnoître et d'observer des *formations*. C'est par l'application de cet art que la géognosie est devenue une science positive. Reconnoissant que sa véritable gloire se fondoit plutôt sur la découverte des principes de la science, sur l'instrument qu'il falloit employer, que sur les résultats obtenus à telle ou telle époque, Werner ne chérissoit pas moins ceux de ses élèves qui ne partageoient pas son opinion sur l'âge relatif et sur l'origine de plusieurs terrains. Ce n'est qu'en soumettant à l'observation une plus grande partie du globe, que le type des formations a pu être à la fois agrandi et simplifié. On l'a rendu plus conforme à la constitution géognostique des continens considérés sous un point de vue général.

Nous connoissons aujourd'hui d'une manière assez exacte le gisement relatif de beaucoup de formations. 1.º Dans l'*ancien continent* : dans les îles de la Grande-Bretagne, dans le nord de la France, et en Belgique, en Norwége, en Suède et en Finlande, en Allemagne, en Hongrie, en Suisse, dans les Pyrénées, en Lombardie, en Toscane et dans les environs de Rome ; en Crimée et au Caucase (lat. 41° — 71° bor. ; long. 40° or. — 12° oc.). 2.º Dans le *nouveau continent* : aux États-unis de l'Amérique septentrionale, entre la Virginie et le lac Ontario (lat. 56° — 45° bor. ; long. oc. 78° — 86°) ; au Mexique, entre Veracruz, Acapulco et Guanaxuato (lat. 16° 50′ — 21° 1′ bor. ; long. oc. 98° 29′ — 103°22′) ; dans l'île de Cuba (lat. 23° 9′ bor.) ; dans les Provinces-unies de Venezuela, entre la côte de Paria, Portocabello, le Haut-Orénoque et San Carlos del Rio Negro ; dans les Andes de la Nouvelle-Grenade, de Popayan, de Pasto, de Quito et du Pérou ; dans la vallée de la Rivière des Amazones et sur les côtes de la mer du Sud (lat. 10° 27′ bor. à 12° 2′ austr. ; long. oc. 66° 15′ — 82° 16′) ; au Brésil, entre Rio Janeiro et la limite occidentale de la province de Minas Geraes (lat. 18° — 23° austr. ; long. oc. 45° — 49°). A mesure que l'on s'élève à des idées plus générales, le tableau des formations, tout en devenant plus vaste et (nous osons le croire) plus vrai, satisfait moins ceux qui voudroient y trouver fortement prononcés les traits individuels, la physionomie locale de leur canton. Mais ces traits individuels, cette physionomie locale, ne peuvent y être conservés que comme de simples variations d'un type général,

comme des modifications particulières des grandes lois de
gisement. Quelque incomplète que soit encore la connoissance de ces lois, c'est déjà un grand pas fait dans ce genre
de recherches que d'avoir acquis, par les travaux réunis de
nos contemporains, la certitude qu'il en existe de constantes
et d'immuables au milieu du conflit des perturbations locales,

---

TERRAINS PRIMITIFS.

Les plus anciennes formations de roches primitives que
l'on a pu soumettre aux observations, sont, dans quelques
régions du globe, le *granite* (une formation dans laquelle le
granite n'alterne avec aucune autre roche); dans d'autres
régions, le *granite-gneis* (une formation granitique dans laquelle des couches de granite alternent avec des couches de
gneis). On auroit de la peine à nommer un granite que les
géognostes regardassent unanimement comme antérieur à
toutes les autres roches ; mais cette incertitude tient à la
nature même des choses, à l'idée que nous nous formons de
l'âge relatif et de la superposition des roches. On peut constater par l'observation, que le granite du Saint-Gothard repose sur du micaschiste ; que celui de Kielwig, en Norwége,
repose sur du thonschiefer. Mais comment démontrer un
fait négatif ? comment prouver que, sous un granite que l'on
appelle de première formation, il ne se trouve pas de nouveau du gneis, ou quelque autre roche primitive ? En traçant le tableau des connoissances que nous avons acquises
sur la superposition des roches, nous devons nous abstenir
de prononcer avec assurance sur la première assise de l'édifice
géognostique. C'est ainsi (car il en est du temps comme de
l'espace) qu'à travers de longues migrations des peuples l'histoire ne reconnoît pas avec certitude quels ont été les premiers habitans d'une contrée.

I. GRANITE PRIMITIF.

§. 1. Granite qui n'alterne pas avec le gneis. Comme on
a récemment élevé des doutes très-fondés sur l'ancienneté

de beaucoup de formations de granite, on ne peut désigner la première des roches primitives que par des caractères négatifs. Il m'a paru que dans les deux hémisphères, surtout dans le nouveau monde, le granite est d'autant plus ancien, qu'il n'est pas stratifié, qu'il est plus riche en quarz et moins abondant en mica. Dans les hautes chaînes des montagnes (dans les Alpes de la Suisse et dans la Cordillère des Andes, entre Loxa et Zaulaca), le granite, par l'abondance et la direction uniforme des feuillets de mica, tend à devenir lamelleux; tandis que les granites qui percent la terre végétale dans les plaines, présentent généralement, par leur texture plus uniformément grenue, un contraste plus marqué avec le gneis. La grosseur du grain, la régularité de la cristallisation des parties constituantes, et la couleur rouge ou blanche du feldspath, sont des phénomènes très-dignes d'attention, si l'on considère de grandes masses d'une roche, et si l'on fait abstraction des bancs subordonnés de granite à petits grains que l'on rencontre au milieu d'un granite à gros grains, et *vice versa*. Ces phénomènes désignent l'âge relatif d'une formation dans une étendue de terrain plus ou moins circonscrite; mais on ne sauroit en déduire des caractères généraux, applicables à un continent entier. Dans les Cordillères, le granite à petits grains et à feldspath blanc et blanc jaunâtre m'a paru le plus ancien. L'absence, je ne dis pas de la tourmaline et du titane-rutile, mais de l'amphibole disséminé, de la stéatite, des grenats, de l'épidote, de l'actinote, de l'étain, du fer oligiste, remplaçant le mica (Gottesgabe dans le Haut-Palatinat); le manque de bancs subordonnés hétérogènes (grünstein, calcaire grenu) et de rognons à très-petits grains et fortement micacés, qui sont de formation contemporaine et semblent comme enchâssés dans la masse principale; enfin, le manque de stratification dans les couches inférieures, et la structure non porphyroïde, paroissent caractériser les granites de première formation (côtes occidentales de l'Amérique équinoxiale, Cascas, Santa et Guarmay dans le Bas-Pérou; rives du Cumbeima près Ibagué; Quilichao et Caloto dans les Andes de la Nouvelle-Grenade). Les granites des cataractes de l'Orénoque et des montagnes de la Parime renferment, comme ceux des Pyrénées et de la Haute-Égypte,

quelques couches dans lesquelles on reconnoît des cristaux isolés d'amphibole : ces roches appartiennent probablement à une
époque un peu plus récente que le granite du Bas-Pérou.
Quoique les granites les plus anciens n'offrent généralement
pas de bancs subordonnés de calcaire primitif, la chaux
commence cependant déjà à se montrer, au sein des montagnes primitives (je n'ose dire au premier âge du monde) ,
dans le feldspath et peut-être dans les tourmalines. Plus tard
cette quantité de chaux augmente par l'addition de l'amphibole dans les couches syénitiques qui caractérisent les granites les plus modernes.

GRANITE ET GNEIS PRIMITIFS.

§. 2. Cette formation, si bien caractérisée par M. de Raumer, offre des couches de granite et de gneis très-distinctes,
à peu près contemporaines et alternant les unes avec les autres.
Elle repose quelquefois (Riesengebirge) immédiatement sur
la formation précédente ; d'autres fois (au sud-est de Riobamba, dans le royaume de Quito) elle est la plus ancienne
des roches visibles. Ce retour périodique de couches hétérogènes se retrouve surtout dans les formations de transition ,
par exemple, dans celles de porphyre et syénite, de syénite
et grünstein. Je pense qu'il faut distinguer de la formation
de granite et gneis, et les granites dont les couches passent
souvent et insensiblement au gneis, comme le granite du
littoral de Venezuela, et les gneis qui passent au granite
(pente méridionale de la Jungfrau et du Titlis). Les bancs
subordonnés au granite et gneis sont : les micaschistes, qui, à
leur tour, renferment du calcaire grenu ; les schistes amphiboliques et chloriteux ; le weisstein.

GRANITE STANNIFÈRE.

§. 5. Généralement à parties constituantes très-désagrégées,
le feldspath passant au caolin (Carlsbad, chemin d'Eiben-
stock à Johann-Georgenstadt ; et, d'après M. de Bonnard,
probablement aussi les granites du département de la Haute-
Vienne). On reconnoîtra peut-être dans la suite que plusieurs
de ces roches stannifères sont d'un âge plus récent encore,
et qu'il faudroit les placer parmi les granites postérieurs au

gneis et antérieurs au micaschiste. Des caractères de nouveauté semblent se retrouver même dans les granites du Fichtelgebirge, en Franconie, qui non-seulement sont très-régulièrement stratifiés, mais qui contiennent aussi des bancs d'urgrünstein (diabase primitive, paterlestein). Je ne connois point la formation alpine de granite stannifère dans les Andes : le granite qui constitue les sommets des Cordillères, est presque toujours recouvert de formations de porphyre de transition et de trachyte.

Weisstein avec Serpentine.

§. 4. Le weisstein (eurite), dans lequel domine le feldspath compacte (partie nord-ouest de l'Erzgebirge), repose sur le granite ancien. Il est recouvert de gneis, quelquefois de micaschiste (Hartha), ou d'un schiste primitif auquel (Hermsdorf, Döbeln) le weisstein paroît passer insensiblement. Bancs subordonnés : granite tantôt à grains très-gros (Penig), tantôt à petits grains, passant souvent au weisstein, et renfermant de la lépidolithe et de la parenthine lamelleuse ; serpentine (Waldheim). Le weisstein qui enchâsse quelquefois des grenats et de la cyanite, est en Saxe, d'après les observations de MM. Pusch, Raumer et Mohs, une formation indépendante, antérieure au gneis, et non un banc subordonné; en Silésie (Engelsberg près Zobten, et Weiseritz près Schweidnitz), il ne forme que des couches dans le granite et le gneis primitifs. Ce phénomène n'a rien qui puisse étonner le géognoste. Les micaschistes, les gneis et les porphyres se trouvent à la fois comme roches indépendantes et comme bancs subordonnés. La serpentine de Buenavista dans les montagnes de l'Higuerote, à l'ouest de Caracas, appartient proprement au gneis talqueux : mais il paroît que, dans le même groupe de montagnes, il y a aussi de la serpentine liée à un weisstein qui est superposé à la formation de granite et gneis. La serpentine du weisstein est la plus ancienne des roches d'euphotides à très-petits grains, roches qui passent, pour ainsi dire, à travers toutes les formations suivantes jusqu'à la limite supérieure des terrains de transition.

II. Gneis primitif.

§. 5. Nous distinguons cette formation de gneis (Freiberg ; Lyon , plateau entre Autun et la montagne d'Aussi ; Arnsberg dans le Riesengebirge , Lödingen en Norwége , Grampians en Écosse), qui renferme des bancs subordonnés de micaschiste , de la formation, également importante, de gneis et micaschiste , dans laquelle des couches de gneis alternent avec des couches de micaschiste. Le gneis est, d'après MM. de Buch et Haussmann , la roche dominante en Scandinavie , où le granite ancien (antérieur au gneis) n'est presque nulle part visible. Les bancs subordonnés du gneis sont très-variés et fréquens ; ils le sont cependant beaucoup moins lorsque le gneis ne passe pas au micachiste. Nous ne nommerons ici que les bancs les plus remarquables : quarz souvent grenatifère ; feldspath plus ou moins décomposé et dépourvu de potasse ; porphyre, généralement rougeàtre, à base pétro-siliceuse , renfermant du feldspath, du quarz et du mica (lager-porphyr de la Halsbrücke, d'Ober-Frauendorf, de Liebstadt); calcaire grenu assez rarement (route du Simplom, mine du Kurprinz près de Freiberg) ; grenat commun , mêlé de calcaire grenu, de blende et de fer oxidulé (Schwarzenberg) ; micaschiste (Bergen en Norwége) ; syénite (Burkersdorf en Silésie) ; granite à feldspath décomposé , mais non stannifère ; serpentine (ophyolithe) formant , d'après M. Cordier, une couche d'une étendue immense dans les départemens de la Haute-Vienne, du Lot et de l'Aveyron ; amphibolite schistoïde ou hornblend-schiefer ; grünstein , mêlé de fer magnétique (Taberg près Jonköping), de zircon , de zoïsite et de menakan (Priockter-halt , en Carinthie) ; fer magnétique en couches de 20 à 50 toises d'épaisseur, souvent mêlé de calcaire grenu, d'ichthyophtalme , de spodumène , de trémolite , d'amianthe , d'actinote et de bitume (Danemora , Geliivara et Kinsivara , en Suéde et en Laponie) ; pegmatite (Loch-Läggan en Écosse) ; gneis renfermant des masses anguleuses de gneis d'une texture différente de celle de la roche principale (Rostenberg , en Norwége). Ce dernier phénomène (effet d'une cristallisation contemporaine ?) est beaucoup plus analogue aux granites du Greiffenstein en Saxe, et du Pic Quairat dans les Pyrénées, qu'au gneis de transition renfermant les poudingues de la Valorsine. La grande formation de gneis primitif, très-riche en minérais d'argent et d'or, en Allemagne, dans quelques parties de la France, en Grèce et dans l'Asie mineure, a été désignée long-temps comme la roche la plus argentifère du globe. On sait aujourd'hui, d'après des recherches faites dans les deux Amériques et en Hongrie, que la grande masse des métaux précieux qui circulent dans les deux continens, est due à des formations de beaucoup postérieures au gneis et à toutes les autres formations primitives ; qu'elle provient de roches de transition, de porphyres syénitiques et même de trachytes. Le gneis peu métallifère de la partie équinoxiale du nouveau monde se montre sur une plus grande étendue de terrain dans les montagnes qui courent de l'est à l'ouest (chaine du littoral de Caracas, cap Codera, et îles du lac de Tacarigua ; Orénoque, Sierra de la Parime) et dans les régions basses éloignées de la chaîne des Andes (à l'est des montagnes du Brésil), que dans la crête élevée de cette chaîne même. Je n'ai pas vu le gneis (à la Silla de Caracas et au passage des Andes de Quindiu) à plus de 1300 et 1400 toises de hauteur au-dessus du niveau de l'océan. Sur le dos des Cordillères, entre Ibague et Carthago (Nouvelle-Grenade ou Cundinamarca), comme au Paramo de Chulucanas, en descendant vers l'Amazone, un granite de nouvelle formation recouvre le gneis à 1800 toises de hauteur. Si dans les montagnes de l'Europe le gneis, le mica-schiste et un granite de seconde formation constituent les plus hautes cimes ; dans les Andes, au contraire, les sommets les plus élevés ne présentent que d'énormes accumulations de roches trachytiques. En suivant une même chaîne, un même alignement de montagnes, on voit les basses régions de granite-gneis et de gneis-micaschiste (province d'Oaxaca dans la Nouvelle-Espagne, où le gneis est aurifère ; groupes primitifs de Quindiu ; Almaguer, Guamote, au sud du Chimborazo ; Saraguru et Loxa, dans les Andes du Pérou) alterner avec les régions élevées (2000 à 3300 toises) de trachytes. Ces derniers terrains, produits ou modifiés par le feu, recouvrent sans doute et quelquefois immédiatement, sans que des formations porphyriques de transition soient interposées, le granite et le gneis; cependant, là où j'ai pu voir les trachytes du royaume de Quito (volcan de Tunguragua, ravin du Rio-Puela près de Penipe) reposer sur un schiste micacé verdâtre rempli de grenats et recouvrant à son tour un granite un peu syénitique avec quarz et mica (noir!), cette superposition n'a aussi lieu qu'à la hauteur peu considérable de 1240 toises. Il résulte en général de mon nivellement barométrique des Cordillères, que dans toute cette région des tropiques les granites et les gneis anciens, qu'il ne faut pas confondre avec des roches syénitiques et granitiques de transition, ne s'élèvent guère au-dessus de la hauteur qu'atteignent les sommets des Pyrénées. Tous les massifs superposés aux roches primitives, qui dépassent la limite des neiges perpétuelles (2300 — 2460 toises), et qui donnent aux Cordillères leur caractère de grandeur et de majesté, ne sont généralement dus ni à des formations primitives ni à des roches calcaires (il n'y a que le calcaire alpin des plateaux de Gualgayoc et de Guancavelica qui se trouve à 2100 et 2500 toises), mais à des porphyres trachytiques, à des dolérites et des phonolithes. (Nous ignorons encore de quelles roches sont composés les sommets de l'Himalaya, les extrémités de ces pics récemment mesurés par M. Webb.) Le gneis des Cordillères abonde bien plus que le micaschiste en couches subordonnées de calcaire grenu (micacé et rempli de pyrites). Aussi, dans l'Amérique équinoxiale, comme à l'extrémité là plus boréale de l'Europe et dans les Pyrénées, le grenat est le plus commun dans le gneis, et cette dernière roche ne cesse généralement de contenir des grenats que lorsqu'elle se rapproche du schiste micacé (montagne d'Avila, près de Caracas). Un véritable gneis, dépourvu de grenats, se montre cependant à l'ouest de Mariquita, entre Rio Quamo et les mines de S. Ana (Nouvelle-Grenade). Au Brésil, d'après l'observation de M. d'Eschwege, l'étain (zinnstein) est disséminé, non dans le granite, mais dans le gneis (bords du Rio-Paraopeba près de Villa-Ricca).

Entre les deux grandes formations de gneis et de micaschiste primitifs, nous placerons plusieurs formations parallèles :

GNEIS ET MICASCHISTE ;	SYÉNITE PRIMITIVE ?
GRANITE POSTÉRIEUR AU GNEIS	SERPENTINE PRIMITIVE ?
ET ANTÉRIEUR AU MICASCHISTE ;	CALCAIRE GRENU.

Deux de ces formations sont peut-être aussi douteuses que l'est le porphyre primitif, considéré comme formation indépendante.

GNEIS ET MICASCHISTE.

§. 6. Des couches de gneis alternent avec des couches de micaschiste, de même que le gneis, dans la formation §. 2, alterne avec le granite. Ce ne sont pas des roches qui passent l'une à l'autre, mais des couches alternantes, très-nettement tranchées (Neisbach et Jauersberg en Silésie ; Waltersdorf près Scheibenberg en Saxe). Dans les Cordillères de l'Amérique, et peut-être dans la plupart des grandes chaînes de montagnes de l'ancien continent, comme l'illustre Dolomieu me l'avoit fait observer en Suisse dès l'année 1795, les formations *mixtes* ou *d'alternance périodique*, de gneis et granite, et de gneis et micaschiste, sont beaucoup plus fréquentes que les formations *simples*, de granite, de gneis et de micaschiste. La formation indépendante de gneis-micaschiste repose tantôt sur la formation de gneiss (§. 5), tantôt immédiatement sur le granite le plus ancien (§. 1). Dans ce dernier cas elle doit être considérée comme une formation parallèle au gneis. Bancs subordonnés : calcaire grenu, schistes amphiboliques, grünstein, serpentine, et thonschiefer avec actinote. Ces bancs subordonnés se répètent plusieurs fois ; car, dans toutes les *formations d'alternance périodique*, soit primitives, soit de transition (les granites et gneis, les gneis et micaschistes, les syénites et grünstein, les porphyres et syénites, les porphyres et grauwacke, les calcaires noirs et schistes de transition), le retour périodique des masses s'étend jusqu'aux bancs subordonnés. Cette grande loi géologique se manifeste dans toute la Cordillère des Andes, surtout dans les montagnes situées au sud et au sud-est du volcan de Tunguragua, au Condorasto, au Cuvillan et au Paramo del Hatillo, où (ce qui est très-rare dans cette région) le gneis-micaschiste s'élève à plus de 2000 toises de hauteur, et renferme des filons d'argent jadis très-célèbres (weissgültigerz et spröd-

glaserz, argent blanc et argent vitreux aigre). Ces gneis-
micaschistes métallifères du Condorasto et de Pomallacta se
cachent vers le sud sous les formations de porphyres trachytiques des Andes de l'Assuay ; ils reparoissent (à 1700 toises
de hauteur) entre les ruines du palais de l'Inca (Ingapilca)
et la ferme de Turche, et ils se cachent de nouveau sous les
grès de Cuença. Les forêts de Quinquina, à l'ouest de Loxa,
couvrent aussi des montagnes de gneis alternant avec du micaschiste. Dans le passage des Andes de Quindiu, entre les
bassins du Rio Cauca et du Rio Magdalena, la formation de
gneis-micaschiste repose (au-dessus de la station de la Pal-
milla) immédiatement sur le granite ancien. Elle atteint une
énorme épaisseur, en s'élevant vers le Paramo de San-Juan.
Les couches de micaschistes alternant avec le gneis y sont
toujours dépourvues de grenats ; elles offrent, au Valle del
Moral (à 1065 toises de hauteur), des filons remplis de soufre,
exhalant des vapeurs sulfureuses dont la température s'élève
à 48° cent., l'air atmosphérique étant à 20°. Ce phénomène
est d'autant plus remarquable qu'au sud de l'équateur, dans la
célèbre *montagne de soufre* de Ticsan, j'ai trouvé le soufre dans
du quarz, subordonné comme couche au micaschiste primitif.
Les couches de gneis de Quindiu contiennent des grenats
disséminés et des bancs de caolin décomposé. Dans la chaîne
côtière de Caracas, entre Turiamo et Villa de Cura, les formations de granite-gneis et de gneis-micaschiste occupent,
dans une direction perpendiculaire à l'axe de la chaîne, un
terrain de dix lieues de largeur ; le gneis-micaschiste se cache
vers les Llanos de Venezuela sous des schistes verts de transition.
Près de la Guayra, au cap Blanc, cette formation renferme
des bancs subordonnés de chlorite schisteuse (avec grenats
et sable magnétique), de hornblendschiefer et de grünstein
mêlé de quarz et de pyrites. Sur les côtes du Brésil, où plusieurs chaînes primitives se dirigent parallèlement aux Andes
du Pérou et du Chili dans le sens d'un méridien, des couches
de granite, de gneis et de micaschiste constituent une seule
formation et alternent en séries périodiques (Ilha Grande,
au sud de Rio-Janeiro, près Villa d'Angra dos Reis, selon
M. d'Eschwege). Les trois roches y sont contemporaines,
comme les syénites qui alternent périodiquement, soit avec
les thonschiefer, soit avec les grünstein de transition.

Granites postérieurs au Gneis, antérieurs au Micaschiste primitif.

§. 7. Je réunis ici plusieurs formations de granite à peu près parallèles, placées entre le gneis et le micaschiste, telles que le granite stannifère (hyalomicte, graisen) de Zinnwald et d'Altenberg, en Saxe, qui paroît reposer sur le gneis et qui abonde en tourmalines noires ; la plupart des pegmatites ou granites graphiques (schriftgranite), qui renferment de la lépidolite (Rozena, en Moravie) ; les granites avec épidote ; les granites à bancs subordonnés de weisstein ou eurite (Reichenstein en Silésie) ; les granites avec stéatite et chlorite, contenant souvent de l'amphibole disséminée, et prenant l'aspect d'une syénite ou d'un schiste chloriteux (protogynes du Mont-Blanc et de presque toute la chaîne des Alpes entre le Mont-Cenis et le Saint-Gothard ; probablement aussi la roche du Rehberg au Harz) ; les granites des Pyrénées, si bien étudiés par M. de Charpentier, et renfermant de nombreux bancs de gneis, de micaschiste et de calcaire grenu. Peut-être les granites d'Altenberg appartiennent-ils (c'est l'opinion de M. Beudant) aux assises inférieures des porphyres de transition ; peut-être les granites des Pyrénées, qui enchâssent des amas d'urgrünstein (diabase primitive) sont-ils même postérieurs à la grande formation de micaschiste (§. 11), comme aussi les granites stannifères du Fichtelberg, qui renferment du grünstein (Ochsenkopf, Schnéeberg, en Franconie), et que nous avons indiqués provisoirement au §. 3. Le même doute me reste sur beaucoup de granites qui abondent en filons argentifères, sur tous les granites avec grenats, et sur les granites porphyroïdes (à très-grands cristaux de feldspath rouge et blanc), qui sont souvent aussi régulièrement stratifiés que l'est le calcaire secondaire. Je n'ai point voulu citer ici les amas d'étain de Geyer et de Schlackenwald, parce que les granites qui les renferment, ne sont que des couches dans le gneis et le micaschiste : ce ne sont pas de véritables roches, des formations indépendantes, comme les granites de Carlsbad et du Fichtelgebirge. Dans l'Amérique équinoxiale on peut rapporter avec quelque vraisemblance à la formation de granite postérieure au gneis et antérieure au micaschiste, les granites de la pente occidentale des Cordillères du Mexique (plateau du Papagallo et de la Moxonera), qui sont ou porphyroïdes, ou divisés en boules à couches concentriques. Ils enchàssent des bancs syénitiques liés à des filons de basanite (urgrünstein compacte). Je les ai vus régulièrement stratifiés en couches de 7 à 8 pouces d'épaisseur, et affectant, non une même inclinaison, mais une même direction avec les couches du porphyre de transition et du calcaire alpin superposées. On ne connoît point, il est vrai, les roches que recouvre cette formation mexicaine de granite : c'est celle sur laquelle toutes les autres roches du Mexique sont placées; mais les caractères de composition et de structure qu'elle offre en grand, et son analogie avec d'autres granites stratifiés des hautes Andes du Pérou, me font croire qu'elle est d'un âge plus récent que la formation §. 1. Au granite antérieur au micaschiste, mais postérieur au gneis, appartient plus positivement celui de la Garita del Paramo, au pied du volcan éteint de Tolima (Andes de Quindiu); celui de la Silla de Caracas ; les granites très-régulièrement stratifiés (sans passer au gneiss) de Las Trincheras dans la chaîne côtière de Venezuela; les granites du groupe étendu des montagnes de la Parime, qui sont ou régulièrement stratifiés (détroit du Baraguan, vallée du Bas-Orénoque), ou passant à la pegmatite (Esmeralda et confluent de l'Ucamu, Haut-Orénoque), ou amphiboliques (cataractes d'Atures). Dans ce vaste groupe granitifère de la Sierra Parime, qui sépare le bassin du Bas-Orénoque de celui de l'Amazone, se répètent quelques phénomènes de la Finlande et de la Norwége : aucune autre masse minérale n'y paroît au jour que la roche granitique. Là où j'ai côtoyé la Sierra Parime au nord, à l'ouest et au sud, j'ai observé, à quelques petites masses de grès près, une absence totale de formations secondaires, même de roches postérieures à un granite de nouvelle formation. Ce granite, et le gneis qui le supporte, forment, là où de petites plaines séparent les montagnes entre elles, au milieu des forêts et d'une végétation vigoureuse, des bancs de rochers nus, dépourvus de terreau, ayant plus de 250.000 toises carrées, et s'élevant à peine de trois à quatre pouces au-dessus du sol environnant. Dans l'hémisphère méridional je peux citer comme granites de nouvelle formation, la roche du Pareton (pente orientale des Andes du Pérou, entre Guancabamba et la rivière des Amazones), où le granite stéatiteux passe à la protogyne; le granite du Paramo de Pata grande et de Nunaguacu, stratifié et dépourvu d'amphibole; la roche de Yanta, stratifiée comme le granite de l'Ochsenkopf en Franconie, se cachant sous le micaschiste de Gualtaquillo et d'Aipata, et renfermant des cristaux disséminés d'amphibole, sans passer à la vraie syénite (Cordillères de Gueringa, à l'ouest de Guancabamba). On voit par ces exemples que, dans les Andes comme dans les Alpes, surtout à des hauteurs considérables, une roche granitique couvre le gneis primitif. On se demande si les grünstein primitifs, qui forment des couches dans les formations §§. 3, 5, 6, 7, renferment quelquefois, comme le prétendent plusieurs géognostes, non-seulement de l'amphibole mêlé au feldspath compacte, mais aussi du pyroxène. M. de Charpentier a vu cette dernière substance en grandes masses dans le calcaire primitif des Pyrénées. Il y a aussi du pyroxène-coccolithe dans l'urgrünstein du lac Champlain; je n'ai vu de véritables pyroxènes identiques avec ceux des trachytes et de quelques porphyres de transition de Quito que dans les grünstein et mandelstein de transition de Parapara (montagnes de Venezuela).

SYÉNITE PRIMITIVE ?

§. 8. La plupart des syénites de l'ancien et du nouveau continent, que l'on considéroit autrefois comme des roches indépendantes et de formation primitive, sont ou des granites avec amphibole, c'est-à-dire des couches subordonnées aux granites §§. 7 et 11 (Syène, non Philæ, ou les premières cataractes mêmes de la Haute-Égypte, qui sont dans le gneis; Aturès ou cataractes de l'Orénoque; vallée de Macara et Gualtaquillo, à la pente orientale des Andes du Pérou), ou des formations de transition (Mont Sinaï, d'après les intéressantes observations de M. Rozière; vallée de Plauen, près de Dresde; Guanaxuato, au Mexique), intimement liées aux porphyres, au grünstein et au thonschiefer de transition. Quelques véritables syénites ne me paroissent cependant offrir aucune trace de cette liaison ; elles constituent peut-être des formations primitives indépendantes : telles sont la syénite (beaucoup de feldspath lamellaire rougeâtre, peu d'amphibole, presque pas de quarz, pas de mica, pas de fer titané) du Cerro Munchique (Cordillère centrale des Andes du Popayan, à l'est de la métairie du Cascabel), superposée au gneis, et en partie (?) recouverte de micaschiste primitif : la syénite du Paramo de Yamoca (pente orientale des Andes du Pérou, près des villages indiens de Colascy et de Chontaly), placée sur le granite de Zaulaca et recouverte par le schiste du lac de Hacatacumba. Comme ce schiste, à son tour, supporte un porphyre vert de transition, et que ce porphyre supporte un calcaire gris-noirâtre, mais coquillier (San-Felipe, province de Jaen de Bracamoros), il reste très-douteux si la syénite de Yamoca et le schiste de Hacatacumba ne sont pas aussi des roches de transition, et par conséquent plus neuves que les syénites du Cerro Munchique dans les Andes de Popayan. Les syénites composées de feldspath blanc et d'amphibole vert du pied du Mont-Blanc (Cormayeux), et les syénites de Biela, liées à des euphotides, sont-elles primitives ?

SERPENTINE PRIMITIVE ?

§. 9. Les grandes formations d'euphotide (gabbro ou roches serpentineuses) sont postérieures au thonschiefer primitif, et appartiennent en partie déjà aux roches de transition. La petite formation que nous désignons ici, est analogue à celle de Zœblitz en Saxe : elle repose sur du gneis et n'est recouverte par aucune autre roche. Dans l'Amérique méridionale la serpentine (sans diallage métalloïde, mais avec grenats) des montagnes de l'Higuerote (près San-Pédro, entre la ville de Caracas et les vallées d'Aragua) paroit analogue à celle de Saxe. Elle repose sur le gneis talqueux de Buenavista, qui passe, ce qui est assez rare dans ces contrées, à un micaschiste grenatifère. Cependant, comme on ne voit aucune roche superposée à ces serpentines, leur âge reste un peu douteux. Ce qui me paroit prouver l'ancienneté des serpentines de l'Higuerote, c'est qu'avant de paroître comme formation particulière et indépendante, elles se montrent comme des couches subordonnées au gneis-micaschiste, à peu près comme les serpentines de la vallée d'Aoste.

CALCAIRE PRIMITIF.

§. 10. Existe-t-il une formation indépendante de calcaire grenu parmi les roches primitives ? Ou tous ces calcaires grenus, comme on l'a admis assez généralement jusqu'ici, ne sont-ils que des bancs subordonnés au gneis, au micaschiste, aux granites de nouvelle formation, et au thonschiefer ? Dans les Pyrénées (vallée de Vicdessos) M. de Charpentier regarde le calcaire grenu, quelquefois noirâtre et mêlé de graphite, et renfermant de grandes masses de pyroxène (lherzolite, augitfels) et des couches de grünstein, comme une formation étendue et indépendante. Cette autorité est sans doute de beaucoup de poids. Au sud de l'équateur, sur le plateau de Quito (au Cebollar et aux bords du Rio Machangara, près Cuença; Portete, dans le Llano de Tarqui), on trouve placé sur le micaschiste (de Guasunto et du Cañar) un calcaire blanc, à gros grain, ressemblant au plus beau marbre de Carare, et alternant avec des couches calcaires presque compactes, rubanées et tellement translucides qu'on s'en sert dans les couvens et les chapelles en guise de glaces pour les fenêtres. J'ai regardé long-temps ce calcaire grenu de Cuença, dépourvu de pétrifications, comme une formation primitive et indépendante ; mais il n'est couvert que de grès rouge de Nabon, et une formation très-analogue (Tolonta près de Chillo), placée au milieu d'un terrain de trachytes et de porphyres de transition, rend très-douteux l'âge de la formation de Cuença. Les bancs de calcaires primitifs, subordonnés aux roches de granite-gneis, sont beaucoup plus rares dans l'Amérique équinoxiale que dans les Pyrénées et les Alpes. En examinant avec soin les granites-gneis de la Parime, entre les 2.ᵉ et 8.ᵉ degrés de latitude boréale, je n'ai pas vu un seul de ces bancs.

III. MICASCHISTE PRIMITIF.

§. 11. Le micaschiste (schiste micacé, glimmerschiefer) repose le plus souvent sur le gneis, d'autres fois immédiatement sur le granite (§. 1), avec lequel il commence d'abord à alterner (Schnéeberg, en Saxe; Minas Geraes, au Brésil) avant de se montrer comme une formation indépendante. Il se distingue du gneis, lorsque les deux roches sont nettement tranchées (ce qui est bien plus rare dans la haute chaîne des Alpes et des Cordillères du Pérou que dans les plaines), par l'agrégation du mica, qui, dans le micaschiste, offre une surface continue. De toutes les formations primitives c'est celle qui, dans l'Europe centrale, est la plus développée, et qui présente la plus grande variété de bancs subordonnés; l'hétérogénéité des couches augmente à mesure que l'on s'éloigne du granite. Les micaschistes des Pyrénées, que l'on considère comme bien décidément primitifs, renferment souvent de la chiastolithe, et cette substance pénètre quelquefois jusque dans les bancs de thonschiefer et de calcaire grenu intercalés. Couches subordonnées au micaschiste : schiste chloritique (chloritschiefer avec grenats); mélange entrelacé de micaschiste et de calcaire grenu (Splügen, entre Glaris et Chiavenna; pic de Midi de Tarbes, dans les Pyrénées); thonschiefer; calcaire grenu et dolomie avec trémolite (grammatite), épidote, talc, tourmaline, lépidolithe, amphibole, fer magnétique et corindon; calcaire grenu renfermant du quarz (Pyrénées); dolomie mêlée de gypse primitif (passage du Splügen dans les Alpes); quarz schistoïde et micacé, gestellstein; grünstein et grünsteinschiefer, diabase grenue et schisteuse (Montaña de Avila, Cabo blanco près Caracas); feldspath compacte vert-noirâtre (dichter grünstein); pierre ollaire, topfstein (Ursern); schiste talqueux (talkschiefer) avec grenats, cyanite, tourmaline et actinote; serpentine pure (Sillthal dans le Tyrol); serpentine mêlée de calcaire grenu, verde antico (montagnes de Caramanie; Reichenstein, Rörsdorf et Rothzeche, en Silésie); schiste amphibolique (Saint-Pierre, au sud du grand Saint-Bernard); amphibole commune en grandes masses (Schönberg, en Tyrol); syénite (Mittelwald, dans le Tyrol); couches de grenat avec fer oxidulé (Braunsberg près Freiberg, Frauenberg près Ehrenfriedrichsdorf, en Saxe); grenat avec pyroxène-omphacite et amphibole (Gefrees et Schwarzenbach, pays de Bareuth; Saualpe en Carinthie); grenat actinote et cyanite; fluate de chaux (Meffersdorf); bancs de micaschiste renfermant des masses de gneis, peut-être d'une formation contemporaine (Toffle, en Norwége); bancs de plusieurs pieds d'épaisseur, composés d'un mélange intime de

feldspath compacte, de quarz et de mica (Kühlstad près
Drontheim, en Norwége); micaschiste avec mica noir et
carburé (Sneehättan, en Norwége; Huffiner, dans le Valais). Je ne cite pas le gypse du Val Canaria près d'Airolo,
que nous avons cru, M. Freiesleben et moi, en 1795, être
de formation primitive intercalée au micaschiste, mais que
MM. Brochant et Beudant (qui les ont étudiés tous deux séparément avec soin) ont reconnu pour un gypse de transition superposé au micaschiste. Le micaschiste renferme souvent de
l'amphibole disséminé dans toute sa masse (Salzbourg; Saint-
Gothard; Oberwiesenthal en Saxe; Sommerleiten près
Bareuth). Les émeraudes de Sabara, dans la Haute-Égypte,
retrouvées par l'intrépide voyageur M. Cailliaud, et celles
de Salzbourg, sont enchâssées dans la masse du micaschiste
même, comme le sont, dans les deux continens, le grenat,
la staurotide (Saint-Gothard; Sierra Nevada de Merida) et
la cyanite (îles Shetland; Maniquarez, au nord de Cumana).
Les émeraudes de Muzo, dans la Nouvelle-Grenade, m'ont
paru former une couche dans un hornblendschiefer qui est
subordonné au micaschiste. Si l'on ne considère les formations que sous le rapport de leur volume et de leur masse, on
doit admettre que le micaschiste, dans les chaines des montagnes de l'Europe, joue un rôle presque aussi important que le
font, au Mexique et dans les Andes de Quito et du Pérou, les
porphyres de transition et les trachytes. Les masses continues
de micaschiste les plus considérables que j'aie vues dans l'Amérique équinoxiale, sont celles de la Cordillère du littoral de
Vénézuela, où le granite-gneis domine depuis le cap Codera
jusqu'à la Punta-Tucacas (à l'ouest de Portocabello), tandis
que la même Cordillère est composée de micaschiste et même
d'un micaschiste grenatifère vers l'est, dans les montagnes du
Macanao de l'île de la Marguerite et dans toute la péninsule
d'Araya. A l'ouest de Chuparipari, cette dernière roche
offre de petites couches de quarz avec cyanite et titane rutile.
Près de Caracas le calcaire grenu forme des couches, non
dans le micaschiste, mais dans le gneis; au contraire, dans
les montagnes du Tuy, c'est un micaschiste passant (comme
dans la vallée de Capaya) au schiste talqueux, qui renferme
des bancs de calcaire primitif et de petites couches de

zeichenschiefer (ampélite graphique). Au sud de l'Orénoque, dans le groupe des montagnes de la Parime, sur 180
lieues de longueur, je n'ai pas vu de véritable micaschiste
superposé au granite-gneis. Cette dernière formation semble
seule couvrir cette vaste contrée; mais le gneis y passe quelquefois au micaschiste · il rend resplendissans, au lever et
au coucher du soleil, les flancs de plusieurs montagnes élevées (pic Calitamini, Cerro Ucucuamo, entre les sources
de l'Essequebo et du Rio-Branco), et a contribué par là au
mythe du Dorado et des richesses de la Guyane espagnole.
Dans les Cordillères des Andes, la formation indépendante
de micaschiste m'a paru moins rare au nord qu'au sud de
l'équateur. Au Nevado de Quindiu (Nouvelle-Grenade)
elle atteint une épaisseur de plus de 600 toises. En avançant
de là par Quito et Loxa vers les Andes du Pérou, on voit sortir
le micaschiste sous les trachytes et porphyres de transition de
Popayan (au sud des volcans de Sotara et de Puracé); plus
loin cette roche reste visible sur différens points, depuis l'Alto
del Roble (arête qui partage les eaux entre l'océan Pacifique et la mer des Antilles) jusqu'à la vallée de Quilquasé;
elle se cache de nouveau par intervalles sous des porphyres
trachytiques, à base de phonolithe, et reparoît plusieurs fois,
par exemple, entre Almaguer et le Rio Yacanacatu, entre
Voisaco et le volcan de Pasto, entre Gansce et le volcan de
Tunguragua, entre Guamote et Ticsan près d'Alausi (où le
micaschiste offre une immense couche de quarz renfermant
du soufre, et une autre couche (?) de gypse primitif), entre
Guasunto et Popallacta ; entre le Cañar et Burgay, à la partie
méridionale du groupe trachytique de l'Assuay ; enfin, entre
Loxa et Gonzanama. C'est près de ce dernier lieu que, dans
le ravin de Vinayacu, on trouve une couche de graphite lamellaire dans un micaschiste qui est certainement primitif.
En descendant de Loxa par le Paramo de Yamoca, vers
l'Amazone, entre les 4° et les 5° de latitude australe
un granite de seconde formation est recouvert de micaschiste
dans la vallée de Pomahuaca ; mais, en général, dans cette
partie des Cordillères ce n'est pas le micaschiste, mais la syénite et le thonschiefer primitifs qui ont pris un grand développement, partout où le sol n'est pas couvert de porphyres

et de trachytes. Dans la Nouvelle-Espagne, le micaschiste abonde (mines d'or de Rio San-Antonio) dans la province d'Oaxaca : mais plus au nord (16 — 18° lat. bor.), sur la pente orientale des Cordillères entre Acapulco et Sumpango, le granite n'est pas même recouvert de gneis ; il l'est immédiatement de calcaire alpin (Alto del Peregrino) et de porphyres de transition (la Moxonera, Acaguisotla). Cependant un micaschiste, dépourvu de grenats et passant quelquefois au thonschiefer, se montre dans les riches mines de Tehuilotepec et de Tasco (entre Chilpansingo et Mexico) sous le calcaire alpin. Des filons d'argent rouge pénètrent de l'une de ces roches dans l'autre, malgré la grande distance qu'on doit admettre entre l'âge de leur formation. Je ne connois dans les Andes aucun exemple d'une couche de porphyre dans le micaschiste, ou d'un passage de cette dernière roche à une roche porphyroïde ; passage qui, selon l'importante observation de M. de Buch, a lieu dans les Alpes du Splügen, entre le village de ce nom et la vallée de Schams. Les terrains primitifs dans lesquels abonde le micaschiste, sont ceux qui offrent aux oryctognostes la plus grande variété de substances cristallisées. Ces roches, si abondantes en potasse, rivalisent sous ce rapport avec les mandelstein (amygdaloïdes) de transition et plusieurs roches volcaniques. Il est très-rare que l'on observe dans la nature un développement à peu près égal des trois formations de gneis, de micaschiste et de thonschiefer, et lorsque ce développement a eu lieu, c'est plutôt dans des montagnes de peu d'élévation et là où elles se perdent vers les plaines, que dans les hautes chaines des Andes, des Alpes, des Pyrénées et de la Norwége. Nulle part, peut-être, la suppression totale des formations micacées ou schisteuses n'est plus fréquente que dans les Cordillères du Mexique et de l'Amérique méridionale. On y voit la série des roches primitives s'arrêter brusquement, soit au granitegneis et à une syénite que je crois primitive, soit au gneismicaschiste. Ce phénomène a même lieu là où il y a (Cordillère de la Parime) absence de trachytes et de tout phénomène volcanique.

GRANITE POSTÉRIEUR AU MICASCHISTE, ANTÉRIEUR AU THONSCHIEFER.

§. 12. Un granite de nouvelle formation reposant sur le micaschiste, auquel il appartient géognostiquement (Saint-Gothard, dans les Alpes; Reichenstein, en Silésie). Souvent il est stratifié (Högholm, en Norwége, selon M. de Buch; Maifriedersdorf et Striegau en Silésie, selon M. Schulze), renferme des grenats et de l'amphibole, et passe à une roche syénitique à très-gros grains. Le quarz y est remarquable par sa grande transparence, le feldspath par la grandeur de ses cristaux. Ce granite est parfois stéatiteux; il indique le retour des roches schisteuses aux roches grenues et cristallisées. Le granite de Mittelwald, au nord de Brixen (passage des Alpes du Brenner), repose sur une syénite primitive qui alterne plusieurs fois avec le micaschiste. Le granite à topazes du Schneckenstein, en Saxe, que l'on a considéré long-temps comme une roche ou terrain particulier (topasfels), n'est probablement qu'un amas transversal dans le micaschiste. Je suppose l'existence d'une formation de granite analogue à celle du Saint-Gothard (c'est-à-dire postérieure aux micaschistes) dans les Andes du Baraguan, de Quindiu et d'Hervéo, où plusieurs granites modernes viennent au jour sur la crête des Cordillères, supportant des pics de trachytes. Est-ce à cette même formation qu'appartiennent le granite de Krieglach en Styrie, dans lequel la lasulithe (blauspath) remplace le feldspath commun, et la roche intéressante du Carnatic, dont nous devons la connoissance à M. le comte de Bournon? Cette dernière est composée d'indianite, de feldspath et de corindon (avec grenats, épidote et fibrolite).

GNEIS POSTÉRIEUR AU MICASCHISTE.

§. 13. Une petite formation de gneis grenatifère, observée par M. de Buch. Elle couvre le micaschiste (Bergen, Classness et Klöwen, en Norwége), et renferme des bancs subordonnés de calcaire grenu et même de micaschiste. Cette formation se retrouve dans les Pyrénées.

GRÜNSTEIN-SCHIEFER?

§. 14. La diabase schistoïde (grünstein-schiefer) est placée entre le gneis et le thonschiefer primitif (Siebenlehn,

Rosenthal), ou entre le micaschiste et le thonschiefer primitif (Gersdorf et Rosswein, en Saxe); elle renferme des filons argentifères très-anciens. On trouve aussi le grünstein-schiefer comme banc subordonné au micaschiste. C'est une formation de feldspath compacte, dont l'indépendance me paroît assez douteuse.

IV. Thonschiefer primitif.

§. 15. Schiste primitif (schiste argileux, phyllade, urthon-schiefer), moins carburé et généralement à couleurs moins foncées que le thonschiefer de transition. Lorsqu'il passe au micaschiste, le mica est fendu en grandes lames, tandis que le mica, en petites paillettes isolées, caractérise le thonschiefer de transition. Bancs subordonnés : calcaire grenu bleuâtre; porphyre; chlorite schisteuse avec grenats et sphène dissé-minés; micaschiste (Klein-Kielvig, en Norwége); grünstein, mais beaucoup plus rare que dans le thonschiefer de transi-tion; grünstein-schiefer; quarz avec épidote; un mélange de diallage et de feldspath. Les bancs subordonnés au thonschiefer primitif sont moins fréquens que ceux du micaschiste, roche dans laquelle l'hétérogénéité des couches, l'abondance et la variété des substances cristallisées ont atteint leur *maximum*, en passant du granite primitif aux roches de transition. Lorsqu'on considère en grand la différence des thonschiefer primitifs et des thonschiefer de transition, on peut indi-quer pour les premiers plusieurs caractères négatifs très-importans, tels que l'absence des nœuds ou bancs subor-donnés de calcaire compacte, l'absence de chiastolithe dissé-minée dans la masse, de feuillets de thonschiefer luisans et fortement chargés de carbone; enfin, l'absence de couches fréquentes de grünstein (en boules), d'ampélite alumineuse et graphique (alaun- und zeichenschiefer), de pierre ly-dienne et de kieselschiefer : mais il ne faut point oublier que ces caractères généraux souffrent des exceptions par-tielles, dont le géognoste expérimenté est d'autant moins surpris, que le thonschiefer de transition succède souvent immédiatement, selon l'âge relatif des formations, au thon-schiefer primitif. On trouve, dans le dernier, de la chiasto-lithe, aux sommets des Pyrénées et près de Kielvig en Norwége. M. de Raumer y a vu, en Silésie (Rohrsdorf, Nieder-Kunzendorf), à la fois des bancs subordonnés de porphyre à base feldspathique, de gneis-micaschiste, de calcaire grenu, d'ampélite et de pierre lydienne. Dans l'Amérique équinoxiale (chaîne du littoral de Vénézuela, isthme d'Araya, Cerro de Chupariparu), j'ai observé, dans un thonschiefer qui passe au micaschiste primitif et cyanitifère sur lequel il repose, à la fois des couches de titane-rutile et d'ampélite luisante, traversées par de petits filons d'alun natif. Il est quelquefois très-difficile d'indiquer avec précision, où cessent les thonschiefer primitifs, où commencent ceux de transition. Les schistes bleu-noirâtre de Piedras Azules (entre Villa de Cura et Parapara), à l'ancien rivage boréal des Llanos ou steppes de Venezuela), ceux de Guanaxuato, au Mexique, dont les strates inférieurs passent au schiste talqueux et chloriteux (talk- et chloritschiefer), tandis que les strates supérieurs sont chargés de carbone et enchâssent des bancs de syénite serpentineuse, se trouvent sur cette limite de deux terrains contigus. Il n'est guères douteux que dans les deux continens la plus grande masse de schistes ne soient des schistes de transition; mais en Amérique, surtout dans la région équinoxiale, on est moins frappé de cette différence que de la rareté absolue de tous les thonschiefer, en les comparant aux gneis-micaschistes. Le thonschiefer paroît manquer entièrement dans la Cordillère de la Parime, à travers laquelle l'Orénoque s'est frayé un chemin : dans les Andes, comme dans les Pyrénées, il n'occupe que des terrains de peu d'étendue. Je l'ai trouvé au nord de l'équateur, supportant les formations secondaires du plateau de Santa-Fé de Bogota, entre Villeta et Mave ; au sud de l'équateur, placé sur les micaschistes du Condorasto, et servant de base aux porphyres de transition de l'Alto de Pilches, entre San-Luis et Pomallacta (Andes de Quito) : sous la pierre calcaire alpine de Hualgayoc, venant au jour à 2000 toises de hauteur, dans le Paramo de Yanaguanga (crête des Andes du Pérou) : superposé immédiatement à du granite ancien, entre les villages indiens de San-Diego et de Cascas (pente occidentale des Andes du Pérou). J'ignore si le thonschiefer recouvrant une syénite qui appartient au granite, aux bords du lac de Hacatacumba et au Paramo de Yamoca (pente orientale des Andes du Pérou, province de Jaen de Bracamoros), est véritablement de formation primitive. Les passages insensibles que l'on observe quelquefois entre les granites, les gneis, les micaschistes et les thonschiefer, et qui trouvent leurs analogues dans les passages des syénites et des serpentines aux grünstein de transition, ont fait croire à plusieurs géognostes que ces quatre formations n'en sont qu'une seule. On voit en effet de vastes étendues de pays dans lesquelles le gneis oscille perpétuellement entre le granite et le micaschiste, le micaschiste entre le gneis et le thonschiefer ; mais ce phénomène n'est aucunement général. Il faut distinguer dans les deux hémisphères, 1.° des terrains où ces passages insensibles, ces oscillations entre des roches voisines, ont lieu fréquemment et d'une manière irrégulière ; 2.° des terrains où des strates distincts de granite et de gneis, de gneis et de micaschiste, alternent et constituent des formations complexes de granite et gneis, de gneis et micaschiste ; 3.° des terrains où les formations simples de granite, gneis, micaschiste et thonschiefer sont superposées sans alternance (avec ou sans passage au point du contact mutuel). Ce dernier cas n'exclut point, dans le gneis, par exemple, les couches de granite qui rappellent les roches de dessous, ni les couches de micaschiste, qui annoncent, pour ainsi dire, d'avance les roches qui se trouveront superposées.

Nous ferons suivre au thonschiefer quatre formations parallèles :

Roche de Quarz.	Porphyre primitif ?
Granite-Gneis postérieur au	Euphotide primitive.
Thonschiefer.	

La première de ces formations est très-peu connue en Europe ; la troisième paroit douteuse comme formation indépendante.

Roche de quarz (avec masses de fer oligiste métalloïde).

§. 16. C'est la grande formation qui embrasse l'Itacolumite, ou quarz élastique chloriteux (gelenkquarz, biegsamer sandstein, chloritquarz) de M. d'Eschwege, et des couches de fer oligiste micacé et spéculaire. Au sud de l'équateur, dans les montagnes du Brésil et dans les Cordillères des Andes, on trouve des masses de quarz, tantôt entièrement pur, tantôt mêlé de talc et de chlorite, qui, par l'énorme épaisseur de leurs couches et par l'étendue qu'elles occupent, méritent l'attention des géognostes. Ces roches de quarz m'ont paru offrir plusieurs formations d'une ancienneté relative très-différente. Dans l'Amérique méridionale, les unes sont liées à un thonschiefer qui est décidément primitif ; les autres, bien plus difficiles à saisir dans leurs rapports de superposition, sont placées entre les porphyres de transition et le calcaire alpin ; elles remplacent quelquefois le grès rouge. Nous ne parlerons ici que des premières, en séparant les formations dont le gisement est exactement connu, de celles qui offrent plus d'incertitude. Sur le plateau de Minas-Geraes près de Villa-Rica (selon les belles observations de M. d'Eschwege, directeur général des mines du Brésil), un micaschiste qui renferme des bancs de calcaire grenu, est recouvert d'un thonschiefer primitif. Sur cette dernière roche repose, en stratification concordante, le quarz chloriteux (chloritquarz) qui constitue la masse du Pic d'Itacolumi, à 1000 toises de hauteur au-dessus du niveau de la mer. Cette formation quarzeuse renferme des couches alternantes, 1.° de quarz aurifère blanc, ou verdâtre, ou rubané, mêlé de talc-chlorite et offrant des strates de quarz flexible, que l'on a faussement attribuées jusqu'ici à l'hyalomicte (greisen). ou à des couches de quarz dans le micaschiste ; 2.° de chlorite schisteuse ; 3.° de quarz aurifère, mêlé de tourmaline (schörlschiefer de Freiesleben) ; 4.° de fer oligiste métalloïde, mêlé de quarz aurifère (goldhaltiger eisenglimmerschiefer). Les couches de quarz chloriteux ont jusqu'à 1000 pieds d'épaisseur. Toute cette formation est couverte d'une brèche ferrugineuse extrêmement aurifère. C'est à la destruction des couches que nous venons de nommer, et qui sont liées géognostiquement les unes aux autres, que M. d'Eschwege croit pouvoir attribuer les terrains de lavage qui renferment à la fois l'or. le platine, le palladium et les diamans (Corrego das Lagens), l'or et les diamans (Tejuco), le platine et les diamans (Rio Abaete). Le chloritschiefer décomposé, dont on tire les topazes et les euclases du Brésil, appartient à cette même formation. Quelquefois, dans les montagnes de Minas-Geraes, la roche de quarz est d'une structure plus simple. Sans être composée de couches alternantes, elle n'offre qu'une seule masse de quarz entrelacé avec du fer spéculaire granulaire ou dense (dichter eisenglanz; fer oligiste non lamellaire, non micacé). Cette masse a jusqu'à 1800 pieds d'épaisseur, et ne contient pas d'or disséminé. Elle est placée sur le thonschiefer primitif qui recouvre immédiatement le gneis. On peut dire que c'est cette formation peu connue de quarz-Itacolumite qui a fourni, par sa décomposition (par les terrains meubles auxquels il a donné naissance), dans les années 1756 — 1764, annuellement près de trente millions de francs en or. Elle succède immédiatement au thonschiefer; mais, d'après les observations faites jusqu'ici, il seroit difficile de la considérer avec les schistes novaculaires (cos. wezschiefer), qui sont gris-verdâtre, gris de fumée, mêlés de beaucoup d'alumine, comme des couches subordonnées au thonschiefer. Le quarz-Itacolumite, par une affinité oryctognostique qui existe entre le talc et la chlorite, se rapproche du schiste talqueux (talkschiefer), qui abonde, dans tous les pays, en minéraux bien cristallisés, et qui, par la suppression des lames de talc, n'est quelquefois que du quarz pur : aussi le schiste talqueux forme-t-il, dans les deux continens, des couches subordonnées au thonschiefer et au micaschiste primitifs. J'ai trouvé une formation analogue à celle de Minas-Geraes, mais dépourvue de fer spéculaire, à 1600 toises de hauteur au-dessus du niveau de la mer, dans les savanes de Tiocaxas (au sud du Chimborazo, entre Guamote et San-Luis) et à l'est du Paramo de Yamoca près de Hacatacumba (Andes de Quito). D'énormes masses de quarz y sont mêlées à quelques feuillets de mica, et superposées au thonschiefer primitif. L'indépendance des formations quarzeuses primitives, que nous indiquons ici, sera mieux établie lorsqu'on les trouvera immédiatement superposées, non toujours à la même roche (au thonschiefer), mais à différentes roches plus anciennes, par exemple, au micaschiste, au gneis et au granite. C'est dans cette indépendance de gisement que s'observe la roche de quarz de

Contumaza, que je crois secondaire : elle recouvre d'abord le porphyre, puis (près de Cascas) le même granite qui forme les côtes de la Mer du Sud dans le Bas-Pérou. Une observation très-importante, que M. de Buch a faite dans le nord de la péninsule Scandinave, paroit justifier la place que nous assignons, parmi les roches primitives, à la roche de quarz de l'hémisphère austral. Cet infatigable voyageur a reconnu que, dans la région boréale de l'ancien monde, le thonschiefer primitif est remplacé quelquefois par une roche de quarz que colore le fer. Cette roche de quarz et le thonschiefer sont par conséquent, en Norwége, des roches parallèles, des équivalens géognostiques. Il est bien remarquable de voir le soufre, l'or, le mercure et le fer oligiste métalloïde, liés dans l'Amérique méridionale à ces énormes amas de silice. Quel que soit l'intérét qu'inspirent les métaux précieux, on ne sauroit nier que l'abondance du soufre dans des terrains primitifs est, sous le rapport de l'étude des volcans et des roches à travers lesquelles le feu souterrain s'est frayé son chemin, un phénomène bien plus important que l'abondance de l'or. Un peu au sud des hautes savanes de Tiocaxas et de Guamote (Cordillères de Quito), où nous venons de désigner la formation, peut-être indépendante, de quarz superposé au thonschiefer, j'ai examiné la célèbre montagne de soufre de Tiesan, qui est une couche de quarz (direction N. 18° E.; inclinaison 70 — 80° au NO.; épaisseur de la couche, 200 toises; hauteur au-dessus du niveau de la mer, 1250 toises) dans le micaschiste. Au Brésil, la formation de quarz chloriteux (Itacolumite), superposée au thonschiefer primitif, renferme nonseulement de l'or, mais aussi du soufre. Des plaques de cette roche, fortement chauffées, brûlent avec une flamme bleue. Un thonschiefer du même âge que celui sur lequel est superposé le quarz chloriteux, renferme (Serra do Frio, près de S. Antonio Pereira) un banc de calcaire primitif mêlé de masses de soufre natif. L'or et le soufre se trouvent aussi (Andes de Caxamarca, au Pérou, entre Curimayo et Alto del Tual), sur la limite des porphyres de transition et des calcaires alpins, dans des masses puissantes de quarz qui sont parallèles au grès rouge. C'est à ces mêmes roches de quarz, ou plutôt à des formations plus neuves encore, qu'appartient le grand dépôt (quarzflötz) de mercure sulfuré de Guancavelica, tandis que le mercure de Cuença (partie méridionale du royaume de Quito), de même que celui du duché de Deuxponts, appartient au grès rouge. Ces notions suffisent pour répandre quelque jour sur les couches puissantes de quarz que nous avons observées, M. d'Eschwege et moi, dans l'hémisphère austral, et qu'on ne peut guère appeler des grès quarzeux. Ces roches semblent passer, comme les formations calcaires, à travers les différens terrains primitifs, intermédiaires et secondaires. Plusieurs géognostes célèbres ont déjà tenté d'introduire des roches de quarz, comme formations indépendantes, dans le type général des terrains. Le *quarzgebirge* de Werner est primitif et repose sur du gneis (Frauenstein, Oberschönau, en Saxe), dont peut-être il a été jadis recouvert. Des couches qui appartiennent essentiellement à une formation, se trouvent quelquefois à la limite supérieure et inférieure de cette formation (exemples : schiste bitumineux sous le zechstein ou calcaire alpin ; gypse au-dessus du zechstein ; kieselschiefer, pierre lydienne ou ampélite, au-dessus du thonschiefer de transition et dans cette roche). Les petites masses de quarz primitif observées sur la crête des montagnes de l'Europe ne peuvent être comparées, pour leur puissance et leur étendue, aux roches de quarz primitives des Andes et du Brésil. Le *granular-quarzrock* (avec feldspath) des Hébrides de M. Jameson, les *roches quarzeuses et chloriteuses* antérieures au grauwacke et liées au grès rouge (*primary red sandstone*) de M. Maculloch, offrent quelques traits d'analogie géognostique avec les masses quarzeuses de l'Amérique équinoxiale ; mais elles sont beaucoup plus mélangées (moins simples de structure), et pourroient bien, d'après les discussions intéressantes de M. Boué, appartenir à d'anciennes roches de transition. Le *trappsandstein* ou quarzfels secondaire de quelques géognostes allemands entoure les basaltes, et est, à n'en pas douter, d'un âge beaucoup plus récent que la formation de quarz en masse (extrêmement pur, non mélangé et non agrégé) qui, placé entre le porphyre de transition et le calcaire alpin, atteint, d'après mes observations à la pente occidentale des Andes du Pérou (Contumaza, Namas), l'énorme épaisseur de 6000 pieds.

Granite et Gneis postérieur au Thonschiefer.

§. 17. Une formation de granite à petits grains, passant
quelquefois à un gneis grenatifère et alternant avec lui.
Cette formation intéressante (Kielvig, à l'extrémité septentrionale de la Norwége, et îles Shetland) repose, selon M.
de Buch, sur le thonschiefer primitif. Elle renferme de
l'amphibole et du diallage : elle manifeste par là son affinité
avec une des formations suivantes. On pourroit désigner les
formations de granite (§§. 4, 7, 12 et 17) par les noms de
granite du weisstein, du gneis, du micaschiste et du thonschiefer : mais ces dénominations feroient croire que ces
petites formations sont nécessairement dans le weisstein,
dans le gneis, dans le micaschiste et dans le thonschiefer :
elles se trouvent simplement superposées aux roches dont
elles paroissent dépendre. La présence de l'étain, du fer
magnétique (?), de l'amphibole, de la diallage, du grenat,
du talc et de la chlorite remplaçant le mica, comme la tendance de passer à la pegmatite (schriftgranit), caractérisent
les granites de nouvelle formation.

Porphyre primitif ?

§. 18. Existe-t-il une formation primitive et indépendante
de porphyre ? Il ne peut être question ici, ni des porphyres
qui se trouvent comme des bancs subordonnés dans d'autres
roches primitives (§§. 5 et 15). ni de ces gneis et micaschistes
des hautes Alpes qui deviennent grenus et prennent, par
l'isolement des cristaux de feldspath, un aspect porphyroïde.
J'hésite de placer parmi les roches primitives les porphyres
de Saxe et de Silésie (duché de Schweidnitz), quoique les
premiers recouvrent immédiatement le gneis (entre Freiberg et Tharandt). Ils sont quelquefois traversés par des
filons d'étain (Altenberg) et des minérais d'argent (Grund).
Les porphyres de Silésie renferment de l'amphibole disséminé (Friedland) : on les a crus jusqu'ici plus anciens
que le thonschiefer primitif. Il est certain que les porphyres
de Saxe sont en partie des porphyres de transition, en
partie des porphyres de grès rouge. Dans les Cordillères des
Andes du Pérou, de Quito, de la Nouvelle-Grenade et

du Mexique, parmi cette innombrable variété de roches porphyriques dont les masses atteignent 2500 à 5000 toises d'épaisseur, je n'ai pas vu un seul porphyre qui me parût décidément primitif. La formation la plus ancienne que j'aie observée, se trouve dans la vallée profonde de la Magdalena (entre Guambos et Truxillo, au Pérou) : c'est un porphyre à base argileuse, un peu décomposée, avec feldspath commun, non vitreux, sans amphibole, mais aussi sans quarz. Cette formation, qui paroît distincte de tous les porphyres de transition et trachytiques de Quito et de la crête des Andes du Pérou, vient au jour à 600 toises de hauteur au-dessus du niveau de la mer; elle est placée immédiatement sur le granite, et recouverte, à la pente occidentale des Andes, d'une roche de quarz secondaire, à la pente orientale (vraisemblablement) de grès rouge.

V. Euphotide primitive postérieure au Thonschiefer.

§. 19. Une formation placée à la limite des formations primitives et de transition. C'est le Gabbro de M. de Buch; l'Euphotide de M. Haüy; le Schillerfels de M. de Raumer; l'Ophiolithe de M. Brongniart. Cette roche a été désignée jadis sous les noms de serpentinite, granite serpentineux, granite de diallage, granitone, granito di gabbro, granito dell' Impruneta, serpentinartiger urgrünstein. Nous la caractérisons ici telle que M. de Buch l'a circonscrite le premier. Elle se trouve superposée (cap Nord de l'île Mageroe, en Norwége) à un schiste primitif, qui passe vers le haut à l'euphotide, vers le bas au micaschiste. L'euphotide du Val Sesia recouvre aussi, selon M. Beudant, immédiatement le micaschiste primitif. On peut dire qu'en général l'euphotide ou gabbro est un mélange de diallage (smaragdite), de jade (saussurite, feldspath tenace) et de feldspath lamelleux. Quelquefois (Bergen, en Norwége) le jade manque entièrement; mais dans le verde di Corsica (Stazzona, au nord de Corte et S. Pietro di Rostino dans l'île de Corse) l'euphotide n'est qu'un mélange de jade voisin du feldspath compacte, et de diallage verte sans feldspath lamelleux. Quoique, d'après les intéressantes observations rapportées par M. Haüy dans son *Tableau comparatif*, les diallages métalloïdes (schillerspath) vertes, à reflets satinés, et les diallages grises passent progressivement (roches du Musinet près de Turin) les unes aux autres, on peut pourtant distinguer ces substances par les caractères géognostiques qu'elles offrent le plus fréquemment en grand. L'euphotide à diallage grise est beaucoup plus fréquente (un peu plus ancienne ?) que l'euphotide à diallage verte. La serpentine est presque toujours dans une liaison de gisement intime avec l'euphotide, dont elle ne semble être qu'une variété à très-petits grains, d'apparence homogène. Cette liaison se manifeste aussi en Hongrie (Dobschau), où M. Beudant a trouvé l'euphotide grenue et schisteuse immédiatement superposée au micaschiste primitif. La soude, d'après les travaux de Théodore de Saussure et de Klaproth, s'observe parmi les roches primitives dans le feldspath compacte du weisstein et du grünsteinschiefer, dans le jade des euphotides, et dans la lazulite (outre-mer) du Baldakschan. Cette dernière substance paroit appartenir à une couche de calcaire primitif intercalée au granite-gneis. Bancs subordonnés à l'euphotide : serpentine avec asbeste et diallage métalloïde ; serpentine accompagnée de chrysoprase, opale et calcédoine (Kosemitz, en Silésie) ; calcaire grisâtre compacte, passant au calcaire à petits grains (Alten, en Norwége). Ce calcaire rapproche l'euphotide de la Scandinavie, qui est le dernier membre des formations primitives, du terrain des roches intermédiaires très-anciennes. Comme l'euphotide n'est souvent pas recouverte, et que la superposition d'une roche sur une autre très-ancienne ne nous éclaire pas sur l'époque de sa formation, il reste des doutes sur l'âge relatif de beaucoup d'euphotides. M. de Buch a vu celle du Haut-Valais (Saas, Mont-More) placée au-dessus du micaschiste ; celle de Sestri, au nord du golfe de la Spezzia, sous le thonschiefer (de transition ?) de Lavagna. M. de Raumer, dans son excellent ouvrage sur la Silésie inférieure, place le schillerfels du Zobtenberg parmi les formations primitives ; M. Keferstein y range l'euphotide du Harz (entre Neustadt et Oderkrug), qui renferme du titane ferrifère (nigrine) disséminé. Je pense aussi que les serpentines du Heideberg près de Zell, et celles que l'on trouve entre Wurlitz et Kotzau, où elles renferment du pyroxène-diopside, sont très-anciennes. Toutes ces serpentines des montagnes de Bareuth m'ont paru intimement liées au schiste amphibolique (hornblendschiefer) et au schiste chloriteux (chloritschiefer). Elles offrent des propriétés magnétiques très-remarquables, que j'ai fait connoître en 1796, et qui depuis ont été l'objet des recherches plus exactes de MM. Goldfuss, Bischof et Schneider. En jetant un coup d'œil général sur les euphotides des deux continens, on ne sauroit se refuser d'admettre plusieurs formations, d'un âge relatif assez distinct. Les euphotides que j'ai observées à l'ile de Cuba, à Guanaxuato, au Mexique, et à l'entrée des Llanos de Venezuela, sont liées soit à la syénite soit au calcaire noir, et me semblent bien décidément des euphotides de transition, de même que l'euphotide (serpentine stratifiée en couches assez minces : direct. N. 52° E. ; incl. 70° au NO. ; épaisseur 10 toises) de la cime de la Bochetta de Gênes, que j'ai observée en 1795 et 1805, et qui est intercalée à un thonschiefer de transition qui alterne avec du calcaire noir. Les euphotides de la Spezzia, de Prato et de tout le Siennois, que MM. de Buch et Brocchi considèrent comme de formation primitive ou de formation de transition très-ancienne, paroissent à M. Brongniart, qui les a récemment examinées avec beaucoup de soin, appartenir aux formations secondaires, ou tout au plus aux formations de transition les plus récentes. Les géognostes célèbres que je viens de nommer, sont assez d'accord sur le gisement immédiat de ces euphotides de l'Italie, c'est-à-dire sur la détermination oryctognostique des roches qui se trouvent au-dessous et au-dessus de l'euphotide ; mais ils diffèrent sur l'âge de formation que l'on doit assigner géognostiquement à ces roches en contact avec l'euphotide. C'est ainsi qu'en géographie on connoît quelquefois avec précision le gisement d'un îlot, par rapport aux îles voisines ; tandis que la longitude absolue de tout l'archipel, sa plus grande proximité de l'ancien ou du nouveau continent, restent encore incertaines.

Terrains de transition.

Le terrain de transition réunit, d'après M. Werner, des roches qui offrent dans leur composition beaucoup d'analogie avec celles des terrains primitifs, mais qui alternent avec des roches fragmentaires ou arénacées (clastiques, agrégées; roches de transport). Quelques débris de corps organiques (des empreintes de roseaux, de palmiers et de fougères arborescentes; des madrépores, pentacrinites, orthocératites, trilobites, hystérolithes, etc.) y paroissent de préférence, je ne dirai pas dans les roches supérieures, ou les moins anciennes de cet ordre, mais en général dans les roches non feldspathiques et dont la masse ne présente pas un aspect très-cristallin. Ce sont surtout les belles observations de MM. de Buch et Brochant qui ont étendu les limites des terrains de transition. Ces limites sont plus faciles à fixer vers le haut, où commencent les terrains secondaires, que vers le bas, où finissent les terrains primitifs. J'ai rappelé ailleurs comment, par les micaschistes anthraciteux et les thonschiefer verts, les roches de transition se lient aux roches primitives; comment, par les porphyres à feldspath vitreux, elles se lient aux terrains volcaniques, et par les grauwackes à petits grains et les porphyres abondant en cristaux de quarz, au grès rouge et aux porphyres des terrains secondaires. Dans les régions les plus éloignées les unes des autres, des roches analogues, des thonschiefer talqueux, à feuillets fortement contournés, chargés de carbone, renfermant de l'ampélite (alaunschiefer) et de la pierre lydienne; des calcaires noirs alternant avec le thonschiefer, des grauwackes, des porphyres et des syénites mélangés de fer titané, se trouvent placés entre des roches primitives, c'est-à-dire entièrement dépourvues de traces d'organisation et de masses arénacées, et la grande formation de houilles; mais la succession des roches homonymes de transition varie même là où elles semblent toutes également développées. Le plus grand nombre des formations de ce terrain sont composées de deux ou trois roches alternantes (calcaire noir compacte, grünstein et thonschiefer; grauwacke et porphyre; calcaire grenu, grauwacke et micaschiste anthraciteux), et comme des membres partiels des groupes ou formations d'une structure si compliquée passent d'un groupe à l'autre, d'excellens observateurs, MM. de Raumer, d'Engelhardt et Bonnard, ont été tellement frappés de ce phénomène de connexité et d'alternance, qu'ils ne reconnoissent dans la classe entière qu'une seule grande famille de roches. Si l'on examine les formations de transition d'après leur structure et leur composition oryctognostique, on y distingue cinq associations très-marquées : les roches schisteuses; les roches porphyritiques (feldspathiques ou syénitiques); les roches calcaires grenues et compactes, avec gypse anhydre et sel gemme; les roches d'euphotide, et les roches agrégées (grauwacke et bréches calcaires). Sur quelques points du globe un seul de ces groupes ou de ces associations de roches cristallisées et non cristallisées a pris un développement si extraordinaire, que les autres groupes paroissent presque entièrement supprimés. C'est ainsi que dominent dans les Cordillères du Mexique et de Quito, comme en Hongrie et dans plusieurs parties de la Norwége, les porphyres et les syénites de transition; dans la Tarantaise, les calcaires grenus et talqueux; dans quelques régions des Alpes et de la Bochetta, les calcaires noirs presque compacts ou à très-petits grains; enfin, au Harz et sur les bords du Rhin, les grauwackes et thonschiefer de transition : mais cette épaisseur et cette étendue qu'acquièrent les masses minérales, ne doivent pas guider le géognoste lorsqu'il discute l'âge relatif des formations partielles. Une extrême variété de gisement ne s'observe pas seulement dans les petites formations; aussi les grandes formations homonymes très-développées ne peuvent guère être envisagées comme contemporaines, c'est-à-dire qu'elles n'offrent pas le même gisement par rapport aux autres termes de la série des roches intermédiaires. Les porphyres de Guanaxuato, par exemple, sont superposés à un thonschiefer stéatiteux et chargé de carbone; ceux de la Hongrie, à un micaschiste talqueux de transition renfermant des bancs de calcaire gris-noirâtre. Les porphyres des Andes de Quito (et des îles Britanniques?) recouvrent immédiatement des roches primitives, et sont par conséquent antérieurs à toute roche calcaire qui renferme des vestiges de corps organisés : au contraire, les porphyres et syénites zirconiennes de Norwége, comme probablement aussi les porphyres du Caucase, si bien observés par MM. d'Engelhardt et Parrot, succèdent, selon l'âge de leur formation, au calcaire rempli d'orthocératites. Les plus grandes masses de grauwacke (alternant avec le grauwackenschiefer)

se sont développées sans doute au milieu des schistes de transition les plus anciens; mais on trouve aussi des bancs de
grauwacke très-puissans, d'une origine beaucoup plus récente.
En général, les cinq groupes de roches que nous venons de
distinguer d'après des rapports de composition ou des caractères oryctognostiques, ne conservent pas partout la
même place dans la série des formations intermédiaires; ils
ne se trouvent guère séparés dans la nature comme dans une
classification oryctognostique des roches. On observe que
les thonschiefer et les calcaires noirs, les thonschiefer et les
porphyres, les thonschiefer et les grauwackes, les porphyres
et les syénites, les calcaires grenus et les micaschistes anthraciteux, forment des associations géognostiques dans les
contrées les plus éloignées les unes des autres. C'est la constance de ces associations binaires ou ternaires qui caractérise
les terrains de transition, bien plus que l'analogie qu'offre
dans chaque groupe la succession des roches homonymes.

En discutant les terrains primitifs où les formations sont
plus simples, plus tranchées, sujettes à des alternances moins
fréquentes, j'ai pu essayer d'énumérer séparément les granites qui succèdent aux gneis, les gneis qui succèdent aux
micaschistes. Il y a des granites et des gneis primitifs de différens âges, comme dans les terrains de transition il y a des
grauwackes ou des calcaires noirs, semblables de composition, mais très-éloignés les uns des autres, selon leur ancienneté relative. Si dans ces derniers terrains le géognoste
ne tente pas de nommer séparément les différentes couches
de grauwacke ou de calcaire, c'est parce que ces couches,
isolément, n'ont pas de valeur comme termes de la série des
roches intermédiaires; elles n'en ont qu'autant qu'elles font
partie de certains groupes. Or, ce sont ces groupes mêmes,
ces associations constantes de thonschiefer, grünstein et
grauwacke, de calcaire stéatiteux et grauwacke, de porphyre et grauwacke, etc., qui sont les véritables termes de
la série. Il en résulte que, d'après les principes que nous
suivons dans l'arrangement des formations, on doit énumérer
séparément non des masses isolées de calcaire, de grauwacke
et de porphyre, qui se mêlent entre elles ou à d'autres
roches, mais des groupes entiers et bien caractérisés, ceux,

par exemple, dans lesquels dominent les grauwackes et les thonschiefer, ou les porphyres et les syénites. Parmi ces derniers les uns sont postérieurs, les autres antérieurs à des roches qui renferment des débris d'êtres organisés. Dans les terrains primitifs les termes de la série sont généralement simples; dans les terrains de transition ils sont tous complexes, et c'est de cette complexité même que naît la difficulté d'étudier, par assises, un édifice dont on saisit avec peine l'ordonnance au milieu de l'entassement de tant de matériaux semblables. Pour justifier l'ordre que j'assigne aux différens terrains de transition, je commencerai par présenter dans le tableau suivant la succession des formations (en commençant par les plus anciennes) qui ont été observées dans plusieurs contrées et examinées avec soin. Je n'emploîrai que la description oréographique des géognostes habitués à suivre les mêmes principes dans la dénomination des roches.

1. ANDES DE QUITO ET DU PÉROU.

Porphyres de transition, non métallifères, recouvrant immédiatement les roches primitives (granite, thonschiefer).

Grünstein en boules (kugelgestein).

Calcaire noir, superposé au porphyre.

Je n'y ai pas vu de grauwacke; il est remplacé, dans les Andes de Quito et du Pérou, au sud de l'équateur, par la grande formation de porphyre.

3. MONTAGNES DU MEXIQUE.

Thonschiefer de transition, chargé de carbone, renfermant des couches de syénite et de serpentine. Les couches inférieures passent au schiste talqueux et reposent sur des roches primitives.

Syénite alternant avec du grünstein.

2. MONTAGNES DE VENEZUELA.

Schistes verts stéatiteux de transition, couvrant du gneis-micaschiste primitif.

Calcaire noir.

Serpentine et grünstein (recouverts d'amygdaloïde avec pyroxène).

C'est la suite de roches que j'ai observée au bord septentrional des Llanos de Calabozo.

4. HONGRIE.

Micaschiste de transition avec des bancs de calcaire noir superposé à des roches primitives.

Porphyres et syénites de transition. Couches subordonnées : micaschiste de transition; calcaire grenu blanc avec serpentine ; masses de grünstein. Ces porphyres sont, comme la plupart de ceux des Andes, immédiatement recouverts par des trachytes syénitiques blancs et noirs. (Observations de M. Beudant.)

Porphyre de transition, métallifère, placé immédiatement sur le
thonschiefer de transition. Les couches supérieures passent à la phonolithe.

Telle est la série de roches de
Guanaxuato. Dans le chemin de
Mexico à Acapulco j'ai vu les porphyres de transition reposer immédiatement sur le granite primitif.
Près de Totonilco ces porphyres sont
couverts de roches secondaires, tels
que le calcaire alpin, le grès et le
gypse argileux. Je n'ose prononcer
sur les rapports d'âge entre les calcaires de transition des mines du
Doctor et de Zimapan, et les porphyres de Guanaxuato et de Pachuca ; mais, d'après MM. Sonneschmidt
et Valencia, on voit suivre dans les
riches mines de Zacatecas, presque
comme à Guanaxuato, de bas en
haut, syénite et thonschiefer de
transition (avec grünstein et pierre
lydienne), grauwacke, porphyre
non métallifère.

5. Tarantaise.

Une même formation, reposant
immédiatement sur le terrain primitif, renferme du calcaire grenu
stéatiteux, du micaschiste avec gneis
et du grauwacke anthraciteux. Ces
différentes roches alternent plusieurs fois et offrent des bancs subordonnés de serpentine, de grünstein,
de quarz compacte et de gypse de
transition. (Observations de M.
Brochant de Villiers.)

6. Suisse.

Dans le passage des Alpes, de
Chiavenna à Glaris, d'après M. de
Buch :

Thonschiefer de transition, avec
des couches de calcaire gris, reposant sur du thonschiefer et du micaschiste primitifs.

Serpentine avec grenats.

Calcaire noir.

Grauwacke.

Thonschiefer alternant avec du
calcaire noir.

Thonschiefer avec empreintes de
poissons (presque secondaire).

Dans les environs de Bex, d'après
M. de Charpentier :

Grauwacke superposé au gneis
(primitif ?).

Calcaire noir, renfermant des bélemnites, et alternant avec du thonschiefer de transition.

Calcaire argileux de transition,
avec ammonites, offrant des couches
subordonnées de grauwacke, de
gypse anhydre et de sel gemme.

M. de Buch, d'après des observations géognostiques faites avant l'année 1804, assignoit aux formations
de transition de la Suisse occidentale, considérées sous un point de
vue général, et en passant des roches inférieures aux roches supérieures, l'ordre suivant :

Thonschiefer de transition. —
Calcaire noir. — Muriacite salifère
et gypse. — Grauwacke. — Calcaire
noir. — Thonschiefer, avec empreintes de poissons.

7. Allemagne.

Système de gisement en Saxe, entre Freiberg, Maxen et Meissen, d'après MM. de Raumer et Bonnard :

Thonschiefer avec ampélite et pierre lydienne, alternant à la fois avec du grauwacke, du grünstein, du porphyre et du calcaire. Ce terrain repose sur le gneis primitif.

Syénite et porphyre. Dans cette formation, qui abonde aussi au Thüringerwald, selon l'excellente description de M. Heim, se trouvent intercalés du granite et du gneis de transition.

Le Harz et l'Allemagne occidentale (entre le Rhin et la Lahn) sont recouverts d'une grande formation de thonschiefer, dans laquelle, comme par développement intérieur, se montrent des masses de grauwacke et grauwackenschiefer, de calcaire (souvent d'une couleur peu foncée), de grünstein, de quarz et de porphyre. Cette dernière roche y est cependant plus rare que dans la formation indépendante de syénite et porphyre, que supporte dans d'autres contrées le thonschiefer de transition.

11. Caucase.

Thonschiefer, peut-être déjà de transition.

Calcaire noir avec ampélite.

Porphyre de transition, alternant avec le thonschiefer. Ce porphyre, souvent colonnaire, avec feldspath vitreux, peu de quarz et peu de mica, ressemble dans les montagnes du

8. Presqu'île du Cotentin et Bretagne.

Thonschiefer vert, luisant, stéatiteux (de transition), alternant quelquefois avec du grauwacke, avec du calcaire noir et avec la roche de quarz.

Syénite et granite.

Thonschiefer de transition, recouvrant quelquefois de nouveau la syénite. (Observations de MM. Brongniart et d'Omalius d'Halloy.)

9. Isles Britanniques.

Syénite et porphyre de transition reposant sur des roches primitives. (Chaîne du Snowdon, Grampians, Ben-Nevis.)

Thonschiefer de transition, avec trilobites, renfermant dans les couches inférieures un aglomérat de roches primitives, semblable à celui de la Valorsine (Llandrindod, Killarney, cime du Snowdon).

Grauwacke (May-hill et North-Wales).

Calcaire de transition (Longhope, Dudley).

Grauwacke, old red sandstone (Mitchel Dean de Herefordshire).

Calcaire de transition, mountain-limestone (Derbyshire), recouvert par la grande formation de houille. (Observations de M. Buckland, qui semble cependant regarder la syénite et une partie des porphyres comme primitifs.)

10. Norwége.

Gisement des roches près de Christiania, d'après les observations de M. de Buch :

Kasbek (comme font souvent les porphyres des sommets mexicains) à du trachyte poreux.

Gneis, syénite et granite de transition en couches alternantes.

Thonschiefer de transition, couvert d'un calcaire fétide, qui paroît secondaire. (Observations de MM. d'Engelhardt et Parrot.)

Thonschiefer de transition, alternant avec du calcaire noir, rempli d'orthocératites et reposant sur du gneis primitif.

Grauwacke et kieselschiefer.

Porphyre à cristaux de quarz, renfermant une couche de grünstein poreux avec pyroxène.

Syénite à zircons, et granite de transition, avec couches de porphyre.

On reconnoît, dans ces différens types de superposition, recueillis en Europe, en Amérique et en Asie, au nord et au sud de l'équateur, que parmi les plus anciennes roches de transition trois grandes formations, celle de calcaire grenu et talqueux, grauwacke avec anthracite et micaschiste, celle de syénite et porphyre (à cristaux d'amphibole et très-peu de quarz), et celle de thonschiefer, grauwacke et calcaire noir, occupent à peu près le même rang sur différens points du globe. Les calcaires micacés et poudingues à fragmens de roches primitives de la Tarantaise; les porphyres et syénites du Pérou; le thonschiefer de transition avec grauwacke (Harz, Friedrichswalde en Saxe, Aggerselv en Norwége, et Guanaxuato au Mexique), sont peut-être d'une origine contemporaine. En rangeant les roches comme termes d'une seule série, il auroit fallu peut-être rappeler leur parallélisme de la manière suivante : II (I ou III). Je distingue, comme termes de la série des roches de transition, six groupes qui me paroissent bien caractérisés par les roches qui y dominent, par leur gisement et par l'étendue de leur masse. Ces groupes ou grandes formations sont : I. Calcaire grenu stéatiteux, micaschiste de transition et grauwacke à fragmens primitifs. II. Porphyre (non métallifère) antérieur au calcaire à orthocératites, au thonschiefer et au micaschiste de transition. III. Thonschiefer renfermant des grauwackes, des calcaires, des porphyres et des grünstein. IV. Porphyres et syénites (métallifères) postérieurs au thonschiefer de transition, antérieurs à un calcaire qui renferme des débris organiques. V. Porphyres, syénites et granites zirconiens (non métallifères), postérieurs au thonschiefer et au calcaire avec orthocératites. VI. Euphotide de transition avec jaspe et serpentine. Presque chaque groupe est composé de roches alternantes, et plusieurs de ces roches, qu'on peut considérer comme de petites formations partielles, sont communes à tous les groupes. C'est cette communauté, cette alternance, ce retour périodique des mêmes masses, qui constituent l'unité apparente de la grande famille des terrains de transition. Cependant chaque groupe a des roches qui prédominent et qui lui donnent un aspect particulier. Tels sont les calcaires grenus et talqueux dans le premier groupe; les porphyres non métallifères, abondant en amphibole et presque dépourvus de quarz, dans le second; les grauwacke dans le troisième; les roches serpentineuses dans le sixième. Le quatrième et le cinquième groupes sont caractérisés, l'un par des porphyres et syénites métallifères; l'autre, par des granites zirconiens. Mais ce sont là des caractères en partie oryctognostiques; la véritable base de la division que nous proposons provisoirement aux géognostes, sont la superposition et l'âge relatif, observés dans différentes parties du globe. Une partie des porphyres mexicains et péruviens du deuxième et même du quatrième groupe, semble avoir des rapports intimes avec les trachytes, qui sont les plus anciennes parmi les roches volcaniques.

Avant de décrire en détail les six grandes formations intermédiaires, je développerai quelques considérations générales sur le terrain de transition, superposé le plus souvent en gisement concordant au terrain primitif. La magnésie; le fer oxidulé (magnétique), qui offre des rapports géognostiques si frappans avec toutes les substances dans lesquelles domine la magnésie; le fer titané; le carbone et la chaux carbonatée, pénètrent à travers la plupart des formations de transition. M. Beudant a fait l'observation importante, que les syénites et porphyres de Schemnitz, de Plauen et de Guanaxuato font effervescence avec les acides, tandis que les trachytes (porphyres trachytiques) de la Hongrie n'offrent pas le même phénomène. Saussure et M. Brochant ont trouvé effervescens des micaschistes de transition (à la Tête-Noire) et des quarz compactes (dans la Tarantaise), là même où ces roches sont très-éloignées de bancs intercalés de calcaire grenu stéatiteux.

J'ai vu dans les Cordillères du Pérou (Paramo de Yamoca),
comme dans le Thüringerwald-Gebirge (entre Lauenstein et
Gräfenthal), un thonschiefer qui offroit d'abord tous les
caractères d'une roche primitive, mais qui peu à peu devenoit
effervescent, et dont les dernières couches présentoient des
nœuds épars de calcaire compacte gris.-noirâtre. La chaux
carbonatée, d'abord disséminée dans la masse entière, se
concentre progressivement pour donner à la roche une structure glanduleuse, pour former des strates minces alternans,
des bancs intercalés, et à la fin des roches calcaires grenues
ou compactes, qui remplacent le thonschiefer. le micaschiste
ou l'euphotide, au sein desquels elles se sont développées.
M. Steffens, dans son Traité d'Oryctognosie, a consigné des
remarques ingénieuses sur le rôle important que le feldspath
et l'amphibole jouent dans les terrains primitifs, dans les terrains intermédiaires ou de transition, et dans le grès rouge. Au
milieu du second de ces terrains le feldspath se montre
jusque dans le calcaire compacte. On peut croire qu'en
passant du granite au thonschiefer, par les gneis et les micaschistes, cette substance reste cachée dans la pâte qui
n'est qu'homogène en apparence ; car nous voyons le thonschiefer de transition devenir quelquefois du porphyre,
comme, par d'autres développemens intérieurs, par des accumulations de silice et de carbone, et par l'agrégation des élémens de l'amphibole, il devient du kieselschiefer, de l'anthracite, du grünstein et de la syénite. Dans les porphyres
de transition on distingue souvent deux sortes de feldspath,
le commun. et le vitreux à cristaux très-effilés (Andes du
Pérou, vallée de Mexico). Ce dernier, qui est moins une
espèce minéralogique qu'un état particulier du feldspath
commun. appartient à la fois aux terrains de transition et
aux véritables trachytes. La présence fréquente de l'amphibole et le manque de quarz cristallisé distinguent oryctognostiquement beaucoup de porphyres de transition de ceux
des terrains primitifs. Ces derniers ne sont peut-être que des
couches subordonnées à d'autres roches. L'amphibole, qui est
presque restreint aux bancs intercalés dans le terrain primitif,
n'est nulle part plus abondant que dans les terrains de transition et dans les terrains trachytiques. Parmi les premiers, les

grünstein et les syénites offrent, par des changemens de proportions dans les élémens du tissu cristallin, une espèce de lutte entre le feldspath et l'amphibole. Le pyroxène, que l'on croit trop exclusivement caractériser les trachytes, les basaltes et les dolérites, est propre à plusieurs porphyres de transition des Andes et de la Hongrie. On le trouve aussi dans les couches bulleuses, noires et basaltiques, de la syénite zirconienne de Norwége. J'ai cru avoir reconnu dans quelques porphyres de transition de l'Amérique équinoxiale des traces d'olivine ; mais ce n'étoient sans doute que des variétés moins foncées et verdâtres du pyroxène, dont on distinguoit à peine les sommets dièdres, et dont je n'ai pu essayer la fusibilité au chalumeau. L'olivine appartient proprement aux formations basaltiques, et il est même encore douteux si elle se montre dans les trachytes. La tendance fréquente à la cristallisation, que l'on observe dans les terrains de transition au milieu de roches à sédiment et de roches agrégées, est un phénomène si extraordinaire, que des géognostes célèbres ont été tenté d'admettre que beaucoup de ces roches qui paroissent agrégées (sous forme de brèches ou poudingues; de roches clastiques et arénacées ; de grès de transition ou d'agglomérats), bien loin de contenir des débris de roches préexistantes, ne sont que l'effet d'une cristallisation confuse, mais contemporaine. Des masses que dans quelques strates on a prises pour des fragmens anguleux et nettement circonscrits, se fondent à peu de distance de là dans la pâte même de la roche; d'autres masses, qui ressemblent à des cailloux roulés, deviennent des nœuds fortement adhérens aux lames contournées d'un schiste, s'alongent et s'évanouissent peu à peu. Lorsque l'on compare certains granites et porphyres, des brèches calcaires, des grauwackes et des grès rouges, on croit reconnoître dans des roches d'âge si différent, à de certains indices de structure, le passage insensible d'une formation contemporaine, d'une cristallisation simultanée, mais troublée par des attractions particulières, à une véritable agrégation (agglutination) de débris de roches préexistantes. Sous toutes les zones il y a des granites à gros grains, dans lesquels des masses à petits grains très-micacés se trouvent concentrées çà et là, et qui paroissent, au premier coup d'œil, renfermer

des fragmens d'un granite plus ancien. Cette apparence est aussi
trompeuse que celles de tant de porphyres, d'euphotides et
de calcaires de transition, que les antiquaires et les marbriers désignent sous le nom de brèches ou de roches régénérées. Les prétendus fragmens, souvent striés ou rubanés
(dans le verde antico et les calcaires les plus recherchés
comme ornemens intérieurs des édifices), ne sont vraisemblablement que des masses qui se sont consolidées les premières dans un fluide fortement agité. L'eau congelée de nos
fleuves, et divers mélanges de sels, dans nos laboratoires,
présentent des phénomènes analogues. La manière dont les
fragmens réunis ou anguleux du grauwacke, ceux des poudingues calcaires à pâte grenue et à fragmens compactes, ceux
de certains grès rouges, paroissent quelquefois s'évanouir et
se fondre dans la masse entière, est bien plus difficile à
expliquer dans l'état actuel de nos connoissances. On ne peut
révoquer en doute que l'alternance fréquente de strates visiblement agrégés et de strates presque homogènes ou légèrement noduleux, de même que le passage de ces masses les
unes dans les autres, ont été constatés par des observations
très-précises ; et M. de Bonnard, dans son *Traité des terrains,*
a eu raison de dire « que ce phénomène est un des plus in-
« compréhensibles de tous ceux qui peuvent nous frapper
« dans l'étude de la géognosie. » Doit-on admettre, lorsque
les contours des fragmens enchâssés disparoissent presque en
entier, qu'il n'y a eu qu'un très-petit intervalle de temps
entre la *solidification* des fragmens et celle de la pâte ? Nous
verrons plus tard que, dans le grès rouge, des cristaux de feldspath naissent dans cette pâte même et la rapprochent du
porphyre du grès rouge. (Steffens, *Geognostisch-geolog. Aufs.,*
p. 15, 16, 23, 31. Freiesleben, *Kupfersch.,* T. *IV,* p. 115.)

I. Calcaire grenu talqueux, Micaschiste de transition,
et Grauwacke avec anthracite.

§. 20. C'est un même terrain, une même formation, qui embrasse différentes roches calcaires, schisteuses et fragmentaires, alternant les unes avec les autres. Cette formation
n'est pas composée de trois roches isolées (comme l'est la
formation de porphyre, de syénite et de grünstein), mais

de trois formations partielles, de trois séries ou systèmes de roches. Le type le plus compliqué de cet agroupement de roches presque contemporaines s'est développé au sud-est des Alpes, dans la vallée de l'Isère, où il a été l'objet des recherches approfondies de M. Brochant. Si presque tous les termes de la série des roches intermédiaires sont complexes, ces termes ou grandes formations n'en varient pas moins, selon le degré de cette complexité, selon le nombre et la nature des masses alternantes. Le *terrain de la Tarantaise* (c'est le nom sous lequel nous désignerons le terrain §. 20) offre dans sa structure et sa composition (dans ses calcaires grenus et talqueux, dans ses gneis et ses micaschistes) tellement l'apparence d'un terrain primitif, qu'on ne reconnoît son âge relatif que par quelques débris de corps organiques et par l'intercalation fréquente de couches arénacées (poudingues, brèches, grauwackes). Aussi, pendant long-temps les géognostes, négligeant l'observation de l'alternance et de l'unité de cette formation complexe, ont placé les poudingues de la Valorsine parmi les roches primitives, et les ont considérées comme un phénomène purement local. Des recherches qui embrassent une plus grande partie du globe, nous ont révélé beaucoup de faits analogues. Ces poudingues à fragmens primitifs sont des grauwackes qui alternent avec des calcaires micacés, ou avec les thonschiefer verts, ou avec des gneis de transition. On les observe dans les Alpes (Trient au Valais), dans la Tarantaise, en Irlande, dans les montagnes de Killarney et Saint-David ; enfin, sur les côtes orientales de l'Égypte, dans la vallée de Cosseir (Qozir). Les calcaires de la Tarantaise et du petit Saint-Bernard, qui renferment des cristaux de feldspath disséminés, et qui constituent une espèce de roche porphyroïde à base calcaire, se retrouvent dans des formations analogues des Alpes de Carinthie. Ce phénomène d'association de la chaux et du feldspath est d'autant plus remarquable que le feldspath lamelleux et les calcaires grenus et compactes paroissent manifester partout ailleurs, dans leurs rapports géognostiques, une espèce de répulsion beaucoup plus prononcée que celle qu'on remarque dans quelques pays entre l'amphibole et le calcaire. Des micaschistes et des gneis de transition ont été regardés long-temps comme exclusivement propres à la région sud-ouest des Alpes; mais ils se retrouvent dans les terrains de thonschiefer et porphyre du Caucase, et dans le terrain de porphyre et syénite de Saxe et de Hongrie. Cependant, en général, la formation qui fait l'objet de cet article, et qui est caractérisée à la fois par l'absence des porphyres et par la fréquence des calcaires grenus et talqueux, des quarz micacés et des anthracites, paroît avoir plus favorisé le développement des micaschistes et des gneis de transition que les grandes formations de porphyres et syénites, ou de thonschiefer et grauwacke. C'est au contraire dans ces deux dernières que se trouvent plus abondamment les granites de transition, roches cristallines, grenues, non feuilletées, presque dépourvues de mica, et appartenant géognostiquement (lors même qu'elles ne renferment aucune trace d'amphibole) à la syénite, comme les micaschistes et les gneis de transition appartiennent au quarz micacé. Les syénites, soit qu'elles forment de simples couches dans les thonschiefer verts, soit qu'elles constituent avec les porphyres une formation indépendante, préludent pour ainsi dire aux granites de transition ; les quarz compactes, schisteux et mélangés de feuillets de mica (quarz du terrain calcaire anthraciteux, quarz du terrain de thonschiefer et porphyre), préludent aux micaschistes et à ces gneis de transition que l'on a très-justement désignés comme des micaschistes porphyroïdes à cristaux (et nœuds) de feldspath. Ce sont ces modes divers de développement des granites au sein des roches syénitiques, des gneis et des micaschistes au sein des roches quarzeuses, qui nous font concevoir pourquoi les gneis et micaschistes se trouvent associés (environs de Meissen en Saxe, et pente septentrionale du Caucase) bien plus rarement au granite des terrains de transition, que des terrains primitifs. On pourroit dire que les granites du premier de ces terrains ne sont que des bancs de syénite avec suppression d'amphibole, et que la plupart des micaschistes de transition ne présentent que des modifications (de certains états) d'un quarz micacé, dans lequel le mica devient plus abondant. Cependant ces changemens par développement intérieur ne se font pas toujours de la même manière. Quelquefois aussi (vallée de Müglitz en Saxe) le granite de transition naît immédiatement du thonschiefer, et les syénites de Meissen et de Præsitz passent à la fois au granite et au gneis intermédiaires.

Voici les séries de roches calcaires, schisteuses et arénacées alternantes, qui constituent la formation que nous plaçons à la tête des terrains de transition.

Calcaires grenus talqueux, souvent veinés, schisteux, fétides (comme le marbre grenu et blanc de l'île de Thasos), mêlés de grains ou nœuds de quarz, et renfermant (Sainte-Foix) des couches d'une serpentine de transition. *Calcaire compacte* jaunâtre, quelquefois gris et renfermant des cristaux de feldspath (Bonhomme, Petit Saint-Bernard et vallée de la Tarantaise). *Poudingues* ou *conglomérats calcaires* à pâte grenue et à fragmens compactes (brèche tarentaise de Villette). Ces trois roches, qui forment une sous-division du groupe §. 20, alternent entre elles et avec les schistes de la série suivante. Les calcaires compactes de transition ressemblent quelquefois au calcaire du Jura, d'autres fois ils passent au calcaire à petits grains. Le calcaire saccharoïde talqueux, souvent blanc et veiné, prend l'aspect des beaux marbres primitifs du Pentelique (Cipolino), de l'Hymette et du Caryste dans l'Eubée. Les débris de corps organisés manquent généralement dans la série calcaire ; mais, comme nous le verrons bientôt, les roches de cette série alternent avec des schistes remplis d'empreintes de plantes monocotylédones. M. Brochant a même découvert une pétrification de nautile ou d'ammonite dans les poudingues calcaires de la Villette, entre Moutiers et Saint-Maurice.

Thonschiefer de transition, ou rubanés, et offrant des lames de calcaire interposées, ou onctueux, mélangés de talc fibreux (mine de Pesey), sans parties calcaires visibles, mais faisant effervescence avec les acides. Ce thonschiefer renferme (Bonneval) des couches subordonnées de grünstein.

Quarz compactes, ou quarzites, sans mélange, ou micacés, et appartenant aussi bien aux calcaires grenus qu'au thonschiefer de transition. C'est de l'accumulation du mica dans ces quarz compactes que naissent les *micaschistes* de cette formation, et même les *gneis*; car souvent les quarz renferment un peu de feldspath disséminé dans la masse. Les micaschistes, passant à des schistes noirs bitumineux, remplis d'empreintes végétales (Montagny, Petit Saint-Bernard, Landry), sont associés à des anthracites, et alternent (Moutiers) avec les calcaires stéatiteux et des *grauwackes* ou poudingues à fragmens primitifs. La pâte de ces conglomérats, qui enchâssent du quarz, du granite et du gneis, n'est pas toujours de la nature du thonschiefer, comme dans les grauwackes du Harz (de la grande formation §. 22) : le plus souvent elle ressemble au schiste micacé. Lorsque les fragmens deviennent très-rares dans la masse, on confond ces roches avec de vrais micaschistes de transition.

Dans ce terrain, composé de tant de couches périodiquement alternantes, la série schisteuse avec anthracite paroît un peu plus neuve, lorsqu'on a égard aux grandes masses, que la série calcaire. Si, d'un côté, les gypses de la Tarantaise et de l'Allée-blanche, renfermant du muriate de soude, du soufre et de la chaux anhydrosulfatée, reposent simplement sur les terrains de transition, sans en être bien visiblement recouverts, il n'en paroit pas moins certain, d'après les discussions intéressantes de M. Brochant, que les gypses de Cogne, de Brigg et de Saint-Léonard, en Valais, sont intercalés dans le calcaire de transition même. Les grandes formations §§. 20 et 25 sont les seules des roches intermédiaires dans lesquelles les porphyres et les syénites ne paroissent pas s'être développés : ce sont celles aussi dans lesquelles abondent le plus les calcaires saccharoïdes blancs et les masses de talc. Le feldspath lamelleux qui pénètre dans les roches calcaires (calciphyres feldspathiques de M. Brongniart), semble n'appartenir qu'au terrain §. 20. Les anthracites sont communs à ce terrain et à la grande formation de thonschiefer et grauwacke, §. 22 ; mais ils sont moins fréquens dans cette dernière formation, où le carbone est plutôt disséminé dans la masse entière des thonschiefer, des lydiennes et des calcaires, qu'il colore en noir, que concentré dans des couches particulières. L'anthracite, comme l'observe très-bien M. Breithaupt, est d'une formation plus ancienne que la houille, et d'une formation plus récente que le graphite ou fer carburé. Le carbone devient plus hydrogéné à mesure qu'il s'approche des roches secondaires. Ces roches sont dans

les mêmes rapports géognostiques avec la houille, que le
sont l'anthracite avec les roches de transition, et le graphite
avec les roches primitives. Je ne connois dans les Andes
aucune formation calcaire qui se rapproche de celles contenues dans le groupe §. 20. Seulement à Contreras, au pied
oriental de la Cordillère de Quindiù (Nouvelle-Grenade) j'ai
vu un calcaire de transition non compacte, mais très-grenu,
gris-bleuàtre, mêlé de grains de quarz, et enchâssant des
masses siliceuses qui ressemblent au pechstein. Ces masses
sont traversées par des filons de calcédoine. Le gisement de
ce calcaire de Contreras, au milieu d'un terrain de grès et
de gypse secondaires, est difficile à déterminer.

II. Porphyres et Syénites de transition recouvrant immédiatement les roches primitives, Calcaire noir et Grünstein.

§. 21. C'est la grande formation, dépourvue de grauwacke, de l'Amérique méridionale. Elle offre des problèmes
assez difficiles à résoudre, et embrasse les porphyres de
transition des Andes de Popayan et de cette partie du Pérou
que j'ai traversée en revenant de la rivière des Amazones
aux côtes de la Mer du Sud. Avant de donner la description
détaillée de cette formation, je jetterai un coup d'œil général sur les roches porphyroïdes de l'Amérique équinoxiale,
roches qui ont été l'objet principal de mes recherches géognostiques. Si en Allemagne et dans une grande partie de
l'Europe, comme l'observe très-bien M. Mohs, le grauwacke
caractérise de préférence les terrains intermédiaires, on
peut, dans la région équinoxiale du nouveau continent, regarder les porphyres comme le type principal de ces terrains.
Aucune autre chaîne de montagnes ne renferme une plus
grande masse de porphyres que les Cordillères, qui s'étendent presque dans le sens d'un méridien, sur une longueur
de 2500 lieues de l'un à l'autre hémisphère. Ces porphyres,
en partie riches en minérais d'or et d'argent (§. 23), sont
le plus souvent associés aux trachytes qui les surmontent et
à travers lesquels agissent encore les forces volcaniques.
Cette association de roches métallifères aux roches produites
ou altérées par le feu étonneroit moins les géognostes d'Europe,
si elle ne s'étendoit pas à l'or et à l'argent, mais seulement

au fer oligiste, au fer oxidulé, au fer titané et au cuivre
muriaté. C'est un des phénomènes les plus frappans et les
plus contraires aux opinions qui ont été partagées long-temps
par les hommes les plus célèbres. Cependant, et il est nécessaire de bien préciser ce fait, il y a proximité dans le gisement, quelquefois analogie dans la composition, et non-identité
de formation. La méthode, que nous avons adoptée, de circonscrire les différens terrains d'après leur superposition et la
nature des roches qui les recouvrent, servira, je m'en flatte,
à jeter quelque lumière sur les rapports qu'on observe entre
les porphyres de transition, les trachytes et les porphyres
(secondaires) du grès rouge. J'indiquerai en même temps
les lieux où l'on n'a point encore découvert dans la nature
des limites aussi tranchées que semble l'exiger l'état actuel
de nos divisions systématiques.

Les porphyres de l'Amérique méridionale peuvent être considérés de deux manières : selon leur position géographique,
et selon la différence que présente l'âge de leur formation.
En Europe, nous trouvons les porphyres et syénites de transition (Saxe, Vosges, Norwége), généralement éloignés des
trachytes (Siebengebirge près de Bonn, Auvergne): il arrive
cependant aussi que les porphyres et les trachytes se trouvent réunis (Hongrie), et alors les premiers sont quelquefois métallifères. Dans l'Amérique méridionale les porphyres et les trachytes sont tous accumulés sur une bande
étroite dans la partie la plus occidentale et la plus élevée
du continent, au bord de cet immense bassin de l'océan
Pacifique, qui est limité, du côté de l'Asie, par les volcans et
les roches trachytiques des îles Kuriles, Japonoises, Philippines et Moluques. A l'est des Andes, dans toute la partie
orientale de l'Amérique du Sud, sur une étendue de terrain
de plus de 500,000 lieues carrées, soit dans les plaines,
soit dans des groupes de montagnes isolées, on ne connoît
encore ni du porphyre de transition, ni du véritable basalte
avec olivine, ni du trachyte, ni un volcan actif. Les phénomènes du terrain trachytique paroissent restreints à la
crête et à la lisière des Andes du Chili, du Pérou, de la
Nouvelle-Grenade, de Sainte-Marthe et de Merida. J'énonce
ce fait d'une manière absolue, pour exciter les voyageurs à

l'éclaircir davantage ou à le réfuter. Dans cette même région, qui s'étend de la pente orientale des Andes vers les côtes de la Guiane et du Brésil, on a trouvé de l'or, du platine, du palladium, de l'étain et d'immenses amas de fer spéculaire et magnétique; mais, au milieu de beaucoup d'indices d'argent sulfuré ou muriaté, on n'y a pas découvert un gîte de minérais que l'on puisse comparer pour la richesse aux gîtes du Pérou et du Mexique. Je n'ai même pas vu de porphyres de transition ni de porphyres de grès rouge dans la chaine côtière de Venezuela, dans la Sierra de la Parime, ni dans les plaines entre l'Orénoque, le Rio Negro et la rivière des Amazones. Je ne connois à l'est des Andes qu'un petit lambeau de terrain trachytique, près de Parapara (bord septentrional des Llanos de Caracas), où, dans un lieu infiniment intéressant pour la géognosie, de la phonolithe et du mandelstein avec pyroxène sont superposés à des serpentines et des thonschiefer de transition : mais ces phonolithes se trouvent sur la lisière de la Cordillère de Caracas, qui se lie par Nirgua, Tocuyo et le Paramo de Niquitao aux Andes de Merida. M. d'Eschwege a trouvé au Brésil quelques porphyres intercalés par couches dans des formations primitives de granite-gneis; mais il pense que ce vaste pays est également dépourvu de formations indépendantes de porphyre de transition, de trachyte, de basalte ou de dolérite. En Amérique, la prodigieuse longueur du cours des fleuves et le nombre de leurs affluens facilitent, par l'examen des pierres roulées, la connoissance des contrées qu'on n'a pu parcourir. Entre Carare et Honda j'ai ramassé, au milieu d'un terrain de grès, des fragmens de trachytes que la rivière de la Magdeleine reçoit des Andes d'Antioquia et de Herveo (Nouvelle-Grenade).

Quant à la nature des formations de porphyre accumulées dans la bande occidentale et montagneuse de l'Amérique du Sud et du Mexique, qui n'est qu'une prolongation de cette même bande, nous y ferons connoître deux groupes bien distincts. Le premier (§. 21), non métallifère, repose immédiatement sur des roches primitives; le second (§. 23), souvent métallifère, repose sur un thonschiefer ou sur des schistes talqueux avec calcaire de transition : l'un et l'autre, par leur gisement et leur composition, se rapprochent quelquefois des porphyres trachytiques, comme les porphyres du groupe §. 22 se rapprochent de ceux du grès rouge. En effet, les porphyres de transition des Andes du Pérou et du Mexique se trouvent souvent recouverts de trachytes, tandis que les porphyres de quelques parties de l'Allemagne sont recouverts de la formation secondaire du grès rouge, qui renferme à son tour des porphyres et du mandelstein. Dans l'Amérique équinoxiale les limites entre les porphyres de transition et les véritables trachytes, reconnus pour être des roches volcaniques, ne sont pas faciles à fixer. En s'élevant des porphyres qui renferment les riches mines d'argent de Pachuca, de Real del Monte et de Moran (porphyres dépourvus de quarz, souvent abondans en amphibole et en feldspath commun), vers les trachytes blancs avec perlite et obsidienne de l'Oyamel et du Cerro de las Navajas (montagne des Couteaux, à l'est de Mexico); en passant, dans les Andes de Popayan, des porphyres de transition recouverts sur quelques points de calcaire noir à petits grains, aux trachytes ponceux qui entourent le volcan de Puracé, on trouve des roches porphyriques intermédiaires que l'on est tenté de regarder tantôt comme des porphyres de transition, tantôt comme des trachytes. Il y a plus encore: au milieu de ces porphyres du Mexique, si riches en minérais d'or et d'argent, on observe des couches (Villalpando près de Guanaxuato) dépourvues d'amphibole, mais riches en cristaux effilés de feldspath vitreux. On ne sauroit les distinguer des phonolithes (porphyrschiefer) du Biliner-Stein en Bohême. Généralement, comme le savant professeur de minéralogie à Mexico, M. Andrés del Rio, un des élèves les plus distingués de l'école de Werner, l'avoit observé avant moi; généralement, les porphyres de transition de la Nouvelle-Espagne contiennent à la fois deux espèces de feldspath, le commun et le vitreux. Il m'a paru que le dernier devient plus abondant dans les couches supérieures, à mesure que l'on approche des porphyres trachytiques.

Dans la partie équinoxiale du nouveau continent on est tout aussi embarrassé de la liaison des porphyres souvent argentifères avec les trachytes qui renferment des obsidiennes, qu'on l'est en Europe de la liaison intime des dernières roches de transition avec les plus anciennes roches secondaires, ou

de l'alternance des micaschistes de transition, qui ont toute l'apparence de roches primitives, avec les grauwackes et les conglomérats très-anciens. La source de cet embarras n'est cependant pas la même. Il n'y a rien de bien étonnant de voir qu'à des roches fragmentaires ou remplies d'orthocératites, de madrépores et d'encrinites, puissent succéder de nouveau des roches dépourvues de débris organiques, et ressemblant à des gneis et à des micaschistes primitifs. Cette alternance, cette absence locale et périodique de la vie, se manifeste jusque dans les terrains secondaires et tertiaires : elle y paroît indiquer différens états de la surface du globe ou du fond des bassins dans lesquels les dépôts pierreux se sont formés. Au contraire, l'association des porphyres de transition et des trachytes, l'apparence fréquente du passage de ces roches les unes aux autres, est un phénomène qui semble attaquer la base des idées géogoniques les plus généralement reçues. Faut-il considérer les trachytes, les perlstein et les obsidiennes, comme étant de même origine que les thonschiefer à trilobites et que les calcaires noirs à orthocératites? ou ne doit-on pas plutôt admettre que l'on a trop restreint le domaine des forces volcaniques, et que ces porphyres, en partie métallifères, dépourvus de quarz, mêlés d'amphibole, de feldspath vitreux et même de pyroxène, sont, sous le rapport de l'âge relatif et de l'origine, liés aux trachytes, comme ces trachytes, confondus jadis avec les porphyres de transition sous le nom de porphyres trappéens, sont liés aux basaltes et aux véritables coulées de laves que vomissent les volcans actuels ? La première de ces hypothèses me paroît répugner à tout ce que l'on a observé en Europe, à tout ce que j'ai pu recueillir sur les obsidiennes et les perlstein au Pic de Ténériffe, aux volcans de Popayan et de Quito. La seconde hypothèse paroîtra moins hardie, moins dénuée de vraisemblance peut-être, lorsqu'on ne restreindra plus l'idée d'une action volcanique aux effets produits par les cratères de nos volcans enflammés, et que l'on envisagera cette action comme due à la haute température qui règne partout, à de grandes profondeurs, dans l'intérieur de notre planète. On a vu dans les temps historiques, même dans ceux qui sont le plus rapprochés de nous, sans flammes, sans éjection de scories, des roches de tra-

chyées s'élever du sein de la mer (archipel de la Grèce, îles
Açores et Aleutiennes); on a vu des boules de basalte, à
couches concentriques, sortir de la terre toutes formées, et
s'amonceler en petits cônes (Playas de Jorullo au Mexique).
Ces phénomènes ne font-ils pas deviner, jusqu'à un certain
point, ce qui, sur une échelle beaucoup plus grande, a pu
avoir lieu jadis dans la croûte crevassée du globe, partout
où cette chaleur intérieure, qui est indépendante de l'inclinaison de l'axe de la terre et des petites influences climatériques, a soulevé, par l'intermède de fluides élastiques, des
masses rocheuses plus ou moins ramollies et liquéfiées?

Lorsqu'on parle de ces terrains de transition qui, dans les
Andes du Mexique, de la Nouvelle - Grenade et du Pérou,
semblent liés aux trachytes dont ils sont recouverts, on ne
peut éviter de se livrer à des considérations sur l'origine des
roches. C'est l'imperfection de notre classification des terrains
qui conduit à cette digression. Le mot *roche volcanique* annonce, comme je l'ai rappelé plus haut, un principe de division tout différent de celui que l'on suit en séparant les
roches primitives des roches secondaires. Dans le dernier
cas on indique un fait susceptible d'une observation directe.
Sans remonter plus haut, en n'examinant que l'état actuel
des choses, on peut décider si une association de roches est
entièrement dépourvue de débris organiques, si aucun banc
arénacé ou fragmentaire ne s'y trouve intercalé, ou si ces
débris et ces bancs y paroissent. Au contraire, en opposant les
terrains volcaniques aux terrains primitifs et secondaires, on
agite une *question entièrement historique*; on engage le géognoste, malgré lui, à prononcer, comme par exclusion, sur
l'origine des granites, des syénites et des porphyres. Ce
n'est plus l'observation directe de ce qui est, la présence
ou le manque d'empreintes de corps organisés; c'est un raisonnement fondé sur des inductions et des analogies plus ou
moins contestées, qui doit décider sur la *volcanicité* ou la
non-volcanicité d'une formation. Entre les produits que le
plus grand nombre des géognostes, je pourrois dire tous ceux
qui ont vu l'Italie, l'Auvergne, les Canaries et les Andes,
considèrent comme décidément ignés (porphyres à base
d'obsidienne, porphyres semi-vitreux, porphyres trachyti-

ques), et les porphyres qui, par leur composition, par la présence du quarz, par l'absence du feldspath vitreux, de l'amphibole et du pyroxène, se rapprochent des porphyres du grauwacke, se trouvent placées dans la Cordillère des Andes des couches dont la base passe à la phonolithe (à la base du porphyrschiefer), et dans lesquelles le feldspath vitreux, l'amphibole et quelquefois même le pyroxène remplacent progressivement le feldspath commun. On ne sait alors où finissent les porphyres qu'on est convenu d'appeler de transition, et où commencent les trachytes.

Je ne doute pas que de nouveaux voyages, et l'examen approfondi des roches feldspathiques intermédiaires et de celles que renferme le grès rouge, ne répandent plus de jour sur ce problème intéressant; dans l'état actuel de nos connoissances, je me laisserai guider dans la séparation des porphyres et des trachytes des Andes, moins par des idées de composition, que par des idées de gisement. Il est extrêmement rare de rencontrer dans les véritables trachytes de l'Amérique équinoxiale du feldspath commun; mais le feldspath vitreux, l'amphibole et le pyroxène s'observent à la fois dans ces roches et dans les porphyres §§. 21 et 23, qui sont en partie recouverts d'un calcaire noir de transition et de grès rouge secondaire. On rencontre également peu de quarz dans les porphyres de l'Amérique équinoxiale et dans les trachytes; cette substance caractérise, au contraire, la plupart des porphyres de l'Europe, §§. 22 et 24. Son absence totale est cependant si peu un indice certain d'une formation trachytique, qu'il se trouve, quoiqu'en petites masses, dans quelques trachytes des Dardanelles, de la Hongrie et du Chimborazo. M. de Buch a observé près des basaltes d'Antrim un porphyre très-analogue à ceux du grès rouge et renfermant à la fois, et du quarz et du feldspath commun disséminés, et des couches intercalées de perlstein et d'obsidienne. Ce phénomène se répète aussi dans les trachytes des Monts Euganéens. Le mica et surtout les grenats paroissent, quoique très-rarement, dans les porphyres de transition des deux continens; mais ils se montrent également dans les trachytes de l'ancien volcan de Yanaurcu, au pied du Chimborazo et dans les conglomérats trachytiques de l'Europe. Les porphyres, aussi

bien que les trachytes des Andes, offrent de superbes colonnes : la masse des trachytes colonnaires est quelquefois
tellement compacte, qu'on a de la peine à y découvrir des
pores et des gerçures.

Il résulte de ces données, que les caractères de composition (caractères absolus et isolés, par lesquels on voudroit
distinguer les porphyres de transition et les trachytes des
Cordillères) sont très-incertains : c'est l'ensemble de tous
les caractères oryctognostiques, c'est le passage d'une roche
à l'état vitreux, ce sont l'obsidienne, le perlstein et les
masses scorifiées qu'elle enchâsse, ce sont des rapports de
gisement, qui la font reconnoître comme trachyte. On se décide d'ailleurs plus facilement à nommer certaines formations des trachytes, qu'à prononcer sur l'origine prétendue
neptunienne de quelques autres. Les trachytes et les porphyres de transition peuvent être également superposés aux
roches primitives ; ce ne sont pas les roches qui les supportent, mais celles dont elles sont recouvertes, qui doivent
guider le géognoste. Le plus souvent les trachytes et les porphyres des Cordillères ne sont pas recouverts par d'autres
formations ; mais, partout où ce recouvrement a lieu et où
la roche superposée est indubitablement de transition, cette
superposition seule décide, selon moi, le problème de classification que l'on veut résoudre. Les trachytes ne servent de
base qu'à d'autres produits ignés ; très-rarement (Hongrie) à
des formations tertiaires identiques avec le *terrain de Paris ;*
plus rarement encore (archipel des Canaries, Andes de Quito)
à de minces formations de gypse et d'oolithes intercalées ou
superposées aux tufs ponceux. Quelquefois les porphyres de
transition de l'Amérique (et non les trachytes) sont recouverts
de calcaire noir à petits grains, de grès rouge ou de calcaire
alpin ; et c'est lorsque ce recouvrement ne s'observe pas, qu'on
est obligé d'avoir recours à la méthode peu sûre de l'induction et des analogies. On risqueroit peut-être moins de séparer ce que la nature a réuni par des liens assez étroits, si l'on
décrivoit provisoirement sous la dénomination vague de *porphyres amphiboliques* (hornblendiges porphyrgebilde) l'ensemble de ces roches des Cordillères à structure porphyroïde
(porphyres de transition et porphyres trappéens ou trachytes).

qui sont presque dépourvus de quarz, et qui abondent à la fois en amphibole et en feldspath lamelleux ou vitreux.

Après avoir donné cet aperçu général des porphyres de transition des Andes, et de leur affinité géognostique avec les trachytes, je vais caractériser le groupe de porphyres qui sont antérieurs au calcaire à entroques et à orthocératites, au thonschiefer et au micaschiste de transition. On peut distinguer dans ce groupe équatorial, là où je l'ai observé avec soin dans l'hémisphère boréal (Cordillères de Popayan et d'Almaguer) et dans l'hémisphère austral (montagnes d'Ayavaca sur les limites des Andes de Quito et du Pérou), plusieurs formations partielles ; savoir :

    Porphyres ;

    Grünstein et argiles ferrugineuses ;

    Syénites ;

    (Granites de transition ?) ;

    Calcaires chargés de carbone ;

    (Gypses de transition ?).

Des *porphyres* dont l'aspect est souvent trachytique dominent dans ce groupe. Je n'y ai vu alterner ni les porphyres avec la syénite ou avec le calcaire de transition, ni la syénite avec le grünstein, comme c'est le cas (§§. 23 et 24) au Mexique et dans plusieurs parties de l'Europe. La *syénite* des Andes de Baraguan, de Chinche et de Huile (à l'est du Rio Cauca entre Quindiù et Guanacas, lat. bor. 2° 45′ à 4° 10′), est superposée à des roches primitives, à du granite-gneis, peut-être même à du micaschiste. C'est une formation partielle qui est parallèle aux porphyres de Popayan, recouverts de calcaire fortement chargé de carbone. Cette syénite est composée de beaucoup d'amphibole et de feldspath commun blanc-rougeâtre, contenant très-peu de mica noir et de quarz. Le feldspath domine dans la masse ; le quarz (ce qui est assez remarquable dans une syénite) est translucide, gris-blanchâtre et constamment cristallisé, comme l'est le quarz des porphyres d'Europe du groupe §. 24. L'agrégation des parties est presque en plaques, de sorte que la syénite de transition des Cordillères n'a pas la texture entièrement grenue, comme la syénite de Plauen près de Dresde : la texture (flasrige Structur) de cette roche se rapproche au contraire de celle du gneis. Ce qui éloigne la syénite du Nevado de Baraguan, des granites avec amphibole (§. 7), ou d'une syénite que l'on pourroit croire primitive (§. 8), est son passage au trachyte et sa liaison avec les *grünstein* de transition qui lui sont superposés, entre le Paramo d'Iraca et le Rio Paez (province de Popayan). Le quarz disparoît peu à peu dans cette syénite de transition, l'amphibole devient plus abondant, et la roche prend la structure porphyroïde. On trouve alors dans une pâte pétrosiliceuse (euritique), de couleur rougeâtre ou gris-jaunâtre, très-peu de mica noir, beaucoup d'amphibole, et des cristaux épars, très-alongés, de feldspath, dont l'éclat est plutôt vitreux que nacré, et dont les lames peu prononcées ont des gerçures longitudinales. Ce n'est plus une syénite, mais un trachyte dont des masses énormes et diversement groupées s'élèvent, comme des châteaux forts, sur la crête des Andes. Ces passages me paroissent très-remarquables et semblent fortifier les doutes qu'on peut avoir sur l'origine de toutes les roches primitives grenues. Il est très-difficile, dans les contrées équatoriales, d'appliquer des noms à un grand nombre de formations mêlées de feldspath et d'amphibole, parce que ces formations se trouvent sur la limite entre les syénites de transition et les trachytes. Tantôt grenues, tantôt porphyroïdes, elles ressemblent ou aux syénites du groupe §. 25 de Hongrie, ou aux trachytes du Drachenfels, près de Bonn, et du grand plateau de Quito. Comme on observe que les porphyres de transition de Popayan passent aussi aux trachytes, le parallélisme de formation entre les syénites et les porphyres du même groupe §. 21 se trouve confirmé par les rapports géognostiques de deux roches avec une troisième. Quelquefois (pied du volcan de Puracé, près de Santa-Barbara) un *granite de transition*, très-abondant en mica, semble séparer les syénites qui enchâssent du quarz et du feldspath commun à éclat nacré, des vrais trachytes, dont la pâte, vers le sommet des montagnes (à 2200 toises de hauteur), devient vitreuse et passe à l'obsidienne.

Dans tout le groupe des syénites et des porphyres que j'ai examinés dans la Cordillère des Andes (entre le Nevado de Tolima et les villes de Popayan, d'Almaguer et de Pasto), le porphyre qui porte le plus décidément le caractère d'une roche de transition, est celui qui entoure les basaltes de la Tetilla de Julumito (rive gauche du Rio Cauca à l'ouest de Popayan), et qui est recouvert (à Los Serillos) d'un *calcaire noirâtre*, passant du compacte au calcaire à petits grains, traversé de filons de spath calcaire blanc, et tellement surchargé de carbone, que dans quelques parties il tache fortement les doigts et que le carbone s'y trouve accumulé en poudre sur les fissures de stratification. Cette accumulation de carbone, que l'on observe également dans les schistes anthraciteux et alumineux, et dans les lydiennes et le kieselschiefer, ne laisse aucun doute sur la question de savoir si le calcaire noirâtre de Los Serillos (près de Julumito), dans lequel je n'ai pu trouver aucune trace de débris organiques, est un vrai calcaire de transition. La lydienne que l'on observe dans les thonschiefer de transition de Naila et de Steben (montagnes de Bareuth), offre aussi ce dépôt de poudre charbonneuse entre ses fissures; et des échantillons qui ne tachent pas les doigts m'ont servi à exciter les nerfs d'une grenouille, en les employant dans le cercle galvanique conjointement avec le zinc. Le calcaire noir de transition (*nero antico*), si célèbre parmi les anciens sous le nom de *marmor Luculleum*, contient aussi, d'après l'analyse de M. John, $\frac{3}{4}$ p. c. d'oxide de carbone, distribué comme principe colorant dans toute la masse de la roche. Un porphyre recouvert d'un calcaire fortement carburé, noir-grisâtre, à grains fins, et peut-être dépourvu de pétrifications, est pour le géognoste, qui met plus d'importance au gisement qu'à la composition des terrains, un porphyre de transition, quelle que soit la nature oryctognostique de ses parties constituantes. Les trachytes, comme nous l'avons exposé plus haut, n'ont été trouvés recouverts jusqu'ici que par d'autres roches volcaniques, par des tuffs ou par quelques formations tertiaires très-récentes. Le porphyre de transition de Popayan, auquel le calcaire noir est superposé, est assez régulièrement stratifié; il renferme peu d'amphibole, très-peu de quarz en petits cristaux implantés dans la masse, et un feldspath qui passe du commun au feldspath vitreux. Je n'y ai point vu de pyroxène, pas plus que dans les porphyres de Pisojè, qui forment, à la pente occidentale du volcan de Puracè, sur la rive

droite du Rio Cauca, une magnifique colonnade. Ce porphyre
de l'isojè est divisé en prismes à 5 —7 pans et de 18 pieds de
long . prismes que j'ai pris de loin pour du basalte, et que l'on
retrouve en Europe dans beaucoup de porphyres de transition,
même dans ceux du grès rouge. Une rangée perpendiculaire
de ces colonnes est placée sur une rangée entièrement horizontale. Dans une pâte gris-verdâtre, vraisemblablement de feldspath compacte coloré par l'amphibole, l'on observe très-peu
de cristaux d'amphibole visibles à l'œil nu, du mica noir, et
beaucoup de feldspath laiteux, non vitreux. Le quarz manque
dans ces porphyres colonnaires, comme dans presque tous les
porphyres de transition et métallifères du Mexique. La roche
de l'isojè étant géographiquement assez éloignée des porphyres
de Julumito liés au calcaire de transition, il reste douteux
si elle n'appartient pas déjà à la formation de trachyte. Quant
aux porphyres de transition de Julumito, on ne sait pas sur
quel terrain ils reposent ; car, depuis Quilichao jusqu'à l'arête
de los Robles, qui est située à l'ouest du Paramo de Palitarà
et du volcan de Puracé, et qui partage les eaux entre la
mer du Sud et la mer des Antilles, on ne voit plus de
roches primitives au jour. L'Alto de los Robles même est
composé de schiste micacé (direction des couches N. 60° E.,
comme le gneis-micaschiste des Andes de Quindiù, incl.
50° au SO.). Cette roche primitive des Robles s'observe
également près de Timbio et près des sources du Rio de las
Piedras (hauteur 1004 toises), sortant au-dessous des trachytes
de Puracé et de Sotarà. Sur le schiste micacé reposent, comme
je l'ai vu très-clairement dans les ravins entre le Rio Quilquasé et le Rio Smita, les roches porphyriques du Cerro
Broncaso, et celles qui suivent vers le sud entre Los Robles
et le Paramillo d'Almaguer. Aussi de grands blocs de quarz
que l'on trouve épars au milieu de ces terrains de porphyre
et de trachyte, annoncent partout la proximité du micaschiste.

C'est ici que se présente la question importante de savoir
si les roches à structure porphyroïde, au sud de l'Alto de
los Robles, formant la pente occidentale du volcan de
Sotarà et des Paramos de las Papas et de Cujurcu (voyez
ma carte du *Rio Grande de la Magdalena*), sont de véritables
porphyres de transition ? Je vais exposer les faits tels que

je les ai observés. Les porphyres de Broncaso (lat. bor. 2° 17′, long. 79° 5′, en déduisant cette position des observations astronomiques que j'ai faites à Popayan et à Almaguer) renferment beaucoup et de très-grands cristaux de feldspath blanc-laiteux, des cristaux effilés d'amphibole qui se croisent, comme le feldspath dans le porphyre appelé vulgairement par les antiquaires *serpentino verde antico* ou *porfido verde* (grün-porphyr de Werner), et un peu de quarz translucide cristallisé. Souvent les cristaux d'amphibole et de feldspath partent d'un même point. Dans l'intérieur du feldspath on trouve d'autres cristaux très-petits et noirs, que j'ai cru être plutôt du pyroxène que de l'amphibole. Le point central autour duquel se groupent les lames cristallisées du leucite (amphigène) est également, d'après M. de Buch, un cristal microscopique de pyroxène, et dans les grünstein porphyriques de Hongrie M. Beudant a trouvé des grenats au milieu des cristaux d'amphibole. Des croisemens et des agroupemens bizarres de cristaux de feldspath commun et d'amphibole caractérisent tous les porphyres entre le Cerro Broncaso et les vallées de Quilquasè et de Rio Smita, porphyres qui sont irrégulièrement stratifiés en stratification non concordante (bancs de 2 — 5 pieds; direction N. 55° O., inclin. 40° au nord-est) avec les couches du micaschiste. Leur pàte diffère de celle des porphyres de Julumito : elle est d'un beau vert d'asperge, à cassure compacte ou écailleuse, quelquefois assez tendre, offrant une raclure grise et prenant au souffle une couleur très-foncée; d'autres fois elle est dure et ressemble au jade ou à la phonolithe (klingstein, base du porphyrschiefer), c'est-à-dire qu'elle appartient au feldspath compacte. Sur les bords du Rio Smita j'ai vu dans ces porphyres, qui passent au *porfido verde* des antiquaires, des couches presque dépourvues de cristaux disséminés : ce sont des masses de jade (saussurite) vert d'asperge et vert poireau, presque semblables à celles qu'on trouve dans les roches d'euphotide de transition ; elles sont traversées par une infinité de petits filons de quarz. Plus au sud, les porphyres verts à base de feldspath compacte conservent leurs cristaux épars de quarz, et ce caractère les éloigne du porphyrschiefer appartenant au terrain trachytique, dans

lequel le quarz est un phénomène isolé, d'une rareté extrême.
En même temps on commence à y trouver du mica noir
et une variété de pyroxène, à surface très-éclatante, à
cassure transversale conchoïde, et d'une couleur vert-olive
si peu foncée qu'on la prendroit presque pour l'olivine des
basaltes. Ce porphyre à mica noir remplit les vallées des
petites rivières de San-Pedro, Guachicon et Putes; il se
cache quelquefois (vallée de la Sequia) sous des amas de
grünstein en boules de 4—6 pouces de diamètre, et finit
par ne plus être stratifié, mais séparé, exactement comme le
grünstein superposé, en boules qui se divisent par décomposition en pièces séparées concentriques. Souvent les boules de
porphyre, d'une extrême dureté, sont d'une composition
identique avec le porphyre en masse. Leur noyau est solide
et ne renferme ni quarz ni calcédoine : elles forment des
couches particulières de six pieds d'épaisseur, et se trouvent
comme implantées et fondues dans la roche non altérée par
des influences atmosphériques ou galvaniques. Cette structure
n'est pas un effet de la décomposition, comme on l'a cru de
quelques basaltes colonnaires qui se séparent en boules. Elle
me paroît plutôt tenir à un arrangement primitif des molécules. Je crois que nulle part dans le monde on ne trouve
une plus grande accumulation de roches à *structure globuleuse*
que dans la Cordillère des Andes, surtout depuis Quilichao
(entre Caloto et Popayan) jusqu'à la petite ville d'Almaguer.

En descendant du Cerro Broncaso, et en traversant successivement (toujours dans la direction du nord au sud, et
dans le chemin de Popayan à Almaguer) les vallées de Smita,
de San Pedro et de Guachicon, on observe, au milieu d'un
porphyre qui n'est pas divisé en boules, et qui renferme
plus d'amphibole et plus de pyroxène vert d'olive que de
feldspath vitreux, un phénomène géognostique très-remarquable. Des fragmens anguleux de gneis de 3 à 4 pouces carrés
sont empâtés dans la masse. C'est un gneis abondant en mica :
c'est le phénomène que présentent les trachytes du Drachenfels
(Siebengebirge sur les bords du Rhin) et, dans ses couches
inférieures, la phonolithe (porphyrschiefer) du Biliner Stein
en Bohême. Non loin de là, dans la partie nord-est de
cette même vallée de Rio Guachicon (vallée de 400 toises de

profondeur, dans laquelle je me suis arrêté une journée entière), la roche porphyroïde a la structure la plus composée que j'aie jamais trouvée dans les porphyres de transition et dans les trachytes porphyriques. On y observe à la fois des cristaux de feldspath vitreux, d'amphibole, de mica noir, de quarz et de pyroxène, dont la couleur se rapproche de celle de l'olivine. Le quarz ne se présente qu'en de très-petites masses; mais il n'est certainement pas dû à des infiltrations postérieures. Après avoir passé, plus au sud encore, l'arête qui sépare le Rio Guachicon du Rio Putès, les cinq substances disséminées dans la masse disparoissent presque entièrement; la roche porphyroïde devient homogène, extrêmement dure, et de ce beau noir que l'on admire dans quelques lydiennes très-pures, ou dans la base du prétendu jaspe porphyrique de l'Altaï, ou dans de certaines statues égyptiennes faussement appelées *basaltes* ou *basanites*. Je doute que ce soit du pechstein : c'est plutôt un feldspath compacte, coloré en noir par l'amphibole ou par quelque autre substance. La cassure de cette pâte homogène est unie ou conchoïde, à grandes cavités aplaties; elle est sans éclat, presque entièrement matte. Je n'y ai reconnu que peu de cristaux très-effilés de feldspath vitreux et des prismes hexaèdres de pyroxène conchoïde (muschliger augit de Werner), qui ont la couleur noire du mélanite, et qui ressemblent, quant à l'éclat et à la cassure, au pyroxène du Heulenberg près de Schandau en Saxe.

Je viens de décrire successivement les porphyres de Julumito, recouverts de calcaire noir et carburé; ceux de Pisojè, à feldspath non vitreux, et divisés en prismes; les porphyres verts renfermant du quarz, et fréquemment des cristaux croisés d'amphibole du Cerro Broncaso et de la vallée de Smita; les roches porphyroïdes du Rio Guachicon, enchâssant des fragmens de gneis; enfin, celles du Rio Putès, dont la masse noire homogène et compacte n'offre que très-peu de cristaux disséminés. Toutes ces roches appartiennent-elles à une même formation, qui offre des caractères particuliers dans les diverses vallées de la Cordillère de Sotarà et de Cujurcù? On ne sauroit révoquer en doute que les fragmens de gneis empâtés dans les roches qui avoisinent le Rio

Guachicou, ne caractérisent de véritables trachytes. Ce sont, pour ainsi dire, les précurseurs de ces trachytes et de cet énorme amas de ponces que j'ai trouvés, vingt lieues plus au sud, sur les rives du Mayo. Mais faut-il étendre cette dénomination de trachyte sur tous les porphyres qui se prolongent par le Cerro Broncaso vers les micaschistes de l'Alto de los Robles, et qui sont en partie couverts, non de dolérites, mais de grünstein de structure globuleuse, ressemblant entièrement au grünstein du terrain de transition en Allemagne? D'après ce que j'ai exposé plus haut sur le passage insensible des porphyres métallifères du Mexique à des roches qui renferment de l'obsidienne et du perlstein, et dont la volcanicité n'est presque plus contestée aujourd'hui, je ne sais pas comment décider une question si importante. Elle présente moins un problème de gisement qu'un problème que j'appellerois *historique*, parce qu'il est l'objet de la géogonie, et qu'il tient aux idées que l'on se forme sur l'origine des divers dépôts rocheux qui couvrent la surface du globe. Le géognoste a rempli sa tâche lorsqu'il a examiné les rapports de gisement et de composition. Il n'est pas temps encore de prononcer sur des masses qui semblent osciller entre les porphyres de transition et ces trachytes exclusivement appelés porphyres volcaniques. Ce qui paroît difficile à débrouiller aujourd'hui, deviendra clair peut-être lorsque l'Amérique équinoxiale, libre, civilisée, plus accessible aux voyageurs, sera explorée par un grand nombre d'hommes instruits ; lorsque de nouvelles découvertes auront fait concevoir que des effets volcaniques, lents et progressifs, ou brusques et tumultueux, ont pu avoir lieu partout où des crevasses ont ouvert des communications avec l'intérieur du globe dans lequel règne encore aujourd'hui, d'après toutes les apparences, une température extrêmement élevée. Nous avons déjà des preuves certaines que des roches presque identiques avec celles qui appartiennent au terrain trachytique ou qui surmontent ce terrain, sont intercalées dans de véritables porphyres de transition et dans des porphyres du grès rouge. Tous les géognostes connoissent les observations importantes, faites par M. de Buch, près de Holmstrandt, dans le golfe de Christiania en Norwége. Un porphyre renfermant, outre le feldspath commun (non vitreux). très-peu d'amphibole et de quarz, se trouve placé entre un calcaire à orthocératites et une syénite à zircons. Personne ne s'est encore refusé à considérer ce porphyre comme une formation de transition: personne ne l'a appelé trachyte. Or, au milieu de ce porphyre on voit, non un filon (dyke), mais une couche de basalte avec pyroxène. « Le porphyre de Holmstrandt, dit « M. de Buch, devient basalte par ces mêmes passages et « ces nuances insensibles que l'on trouve si communément « en Auvergne. Ce basalte est très-noir, presque à petits « grains, dépourvu de feldspath, mais rempli de pyroxène. « Quelquefois il devient bulleux, et prend un aspect rouge « et scorifié, au contact avec le porphyre. » Il ne seroit peut-être pas plus étrange de découvrir des fragmens de gneis enveloppés dans ce basalte bulleux et scorifié, rempli de pyroxènes, que de les avoir observés dans les basaltes du Bärenstein (près d'Annaberg en Saxe) ou dans les trachytes de la vallée du Rio Guachicon (dans l'Amérique méridionale). Quelle est l'origine de cette couche basaltique, bulleuse, pyroxénique, de Holmstrandt? Est-elle, comme tout le porphyre, une coulée venue d'en-bas par des filons? La présence d'une masse que l'on croit d'origine ignée, offre-t-elle un motif suffisant pour admettre que tout le terrain auquel cette masse appartient doive être séparé des formations de transition et classé parmi les trachytes? J'en doute: les roches incontestablement volcaniques du Rio Guachicon, enchâssant des fragmens de gneis, sont géognostiquement liées aux porphyres de transition, comme, sur d'autres points du globe, ceux-ci sont géognostiquement liés aux porphyres du grès rouge.

Je sépare provisoirement toutes les roches porphyroïdes placées au sud d'une arête composée de micaschiste (Alto de los Robles), de celles qui se trouvent au nord-ouest de cette arête, et qui, près de Julumito, sont recouvertes d'un calcaire abondant en carbone. C'est à cette dernière classe, et par conséquent au terrain de transition (§. 21) qui fait l'objet spécial de cet article, que je rapporte, avec plus de confiance peut-être, les porphyres de Voisaco (Andes de Pasto, lat. 1° 24′ bor.) et ceux d'Ayavaca (Andes du Pérou, lat. 4° 38′ austr.). Voici les circonstances de gisement de ces deux roches. Les porphyres et trachytes de Popayan, du Cerro Broncaso, du Rio Guachicon et du Rio Putés sont séparés de ceux de la province de Pasto par un plateau de roches primitives, qui s'étend depuis Almaguer jusqu'au Tablon, au pied du Paramo de Puruguay. C'est au sud du Tablon que recommencent les porphyres : près du village indien de Voisaco ils se distinguent par une polarité que nous avons trouvée sensible jusque dans les plus petits fragmens. On voit trèsclairement que ces porphyres sont placés sur le micaschiste. Une masse gris-verdâtre enchâsse à la fois deux variétés de feldspath, le commun et le vitreux : phénomène que l'on rencontre souvent dans les porphyres de transition du Mexique (§. 25). Quelques cristaux aciculaires de pyroxène pénètrent entre les feuillets du feldspath vitreux. Un rocher placé à l'entrée du village nous a offert en petit, à M. Bonpland et moi, tous les phénomènes de la serpentine polarisante de Bareuth (§. 19) que j'avois découverte en 1796.

Dans l'hémisphère austral, en suivant les Andes de Quito par Loxa à Ayavaca, on voit paroître alternativement au jour les roches primitives et les porphyres, phénomène que nous avons déjà signalé plus haut (§§. 5 et 6). Presque chaque fois que la masse des montagnes s'élève, les porphyres se montrent, et cachent aux yeux du voyageur le gneis et le micaschiste. A ces porphyres, qui offrent d'abord plus de feldspath commun que de feldspath vitreux, succèdent des trachytes, et ces trachytes annoncent assez généralement deux phénomènes combinés, le voisinage de quelque volcan encore actif, et l'élévation rapidement croissante de la Cordillère, dont les sommets vont atteindre ou dépasser la limite des neiges perpétuelles (2460 toises sous l'équateur). J'ajouterai que les trachytes recouvrent immédiatement ou les roches primitives ou les porphyres de transition, et que dans ceux-ci le feldspath vitreux, l'amphibole et quelquefois le pyroxène deviennent plus fréquens à mesure qu'ils se trouvent plus près des roches volcaniques. Tel est le type que suivent les phénomènes de gisement dans la région équinoxiale du Mexique et de l'Amérique méridionale : type que j'ai reconnu surtout dans les coupes que j'ai dessinées sur les lieux en 1801 et 1803.

Les porphyres d'Ayavaca forment une partie de cet enchaînement général de roches feldspathiques. Sur les schistes micacés de Loxa, où végètent les plus beaux arbres de quinquina que l'on connoisse jusqu'ici (*Cinchona condaminea*), sont placés des porphyres qui remplissent tout le terrain compris entre les vallées du Catamayo et du Cutaco. Près de Lucarque et d'Ayavaca (hauteur 1407 toises), ces porphyres se trouvent divisés en boules à couches concentriques, et des amas de ces boules reposent (vallée du Rio Cutaco ; hauteur du fond de ce ravin, 756 toises) sur un porphyre qui renferme du feldspath commun et de l'amphibole, qui est régulièrement stratifié, et dont la masse, très-dense, est traversée par une infinité de petits filons de spath calcaire, tout comme le thonschiefer de transition en Europe est traversé par des veines de quarz. Les mesures barométriques que j'ai faites, assignent à ces porphyres d'Ayavaca, que je ne crois pas être des trachytes, 4800 pieds d'épaisseur. Je ne cite pas, comme appartenant au groupe §. 21, les roches porphyroïdes vertes, dépourvues de quarz, renfermant très-peu d'amphibole et beaucoup de feldspath commun laiteux, qui constituent les Andes de l'Assuay. Ils sont placés sur les micaschistes primitifs de Pomallacta, et j'ai eu occasion de les examiner dans leur énorme épaisseur depuis 1500 jusqu'à 2074 toises de hauteur au-dessus du niveau de l'océan. Ils sont généralement stratifiés ; mais cette stratification, souvent très-régulière (N. 45° O.), s'observe aussi dans beaucoup de vrais trachytes du Chimborazo et du volcan enflammé de Tunguragua. En examinant avec soin, dans les Cordillères des Andes, les différens états du feldspath dans les porphyres de transition et dans les trachytes, j'ai vu que des roches décidément trachytiques en renferment aussi qui n'est pas vitreux, mais feuilleté laiteux. J'incline à croire que le porphyre de l'Assuay, groupe de montagnes célèbre par le passage qu'il offre entre Quito et Cuença, est du trachyte.

J'ai discuté les roches qui constituent dans l'Amérique méridionale le groupe §. 21, la syénite du Baraguan, le granite de transition de Santa-Barbara, les porphyres de Julumito, les grünstein, et le calcaire noir et carburé : il me reste quelques observations à faire sur des membres moins importans de ce groupe. Des sources de muriate de soude que l'on trouve

entourées de syénite à une prodigieuse hauteur près de San-
Miguel, à l'est de Tulua, dans la Cordillère du Baraguan,
indiquent peut-être la liaison géognostique de quelque gypse
de transition avec la syénite ou avec un calcaire noir analogue à celui des Serillos de Popayan. Mais dans ces contrées
la hauteur seule n'est pas un motif pour exclure une formation gypseuse du domaine des terrains secondaires. J'ai vu
sur le plateau de Santa-Fé de Bogota, à 1400 toises de hauteur, la masse de sel gemme de Zipaquira reposer sur un
calcaire qui est décidément de formation secondaire. Il est
plutôt probable que le gypse fibreux, mêlé d'argile, de Ticsan
(Pueblo viejo dans le royaume de Quito, lat. 2° 15′ austr.),
placé vis-à-vis la fameuse montagne de soufre (§§. 11 et 16),
loin de toute roche secondaire, sur du micaschiste primitif,
est un gypse de transition, analogue à ceux de Bedillac
dans les Pyrénées et de Saint-Michel près Modane en Savoie.

Les grünstein du groupe §. 21, qui paroissent couvrir les
syénites du Baraguan et des porphyres analogues à ceux de
Julumito, abondent, au nord de Popayan, au pied des
Paramos d'Iraca et de Chinche, surtout dans la vallée orientale du bassin du Rio Cauca (Curato de Quina major et Quilichao). Dans ce dernier endroit de riches lavages d'or s'o-
pèrent entre des fragmens de grünstein (diabase de Brou-
gniart, diorite de Haüy). Cette roche n'est décidément pas
une dolérite : c'est un grünstein de transition semblable à
celui que l'on trouve intercalé au thonschiefer chargé de
carbone du Fichtelgebirge (§. 22) et au micaschiste de
Caracas (§. 11). Le grünstein de Quina major devient quelquefois très-noir, très-homogène, sonore, fissile et stratifié
comme le schiste amphibolique des terrains primitifs (hornblendschiefer). Il est rempli de pyrites, n'agit point sur
l'aimant, et prend à l'air une croûte jaunâtre, comme le
basalte. Près de Quilichao (entre les villes de Cali et de
Popayan) il présente de grands cristaux d'amphibole disséminés dans la masse, et des filons qui sont remplis de pyroxènes
d'une couleur vert d'olive très-peu foncée. J'ai pris, sur les
lieux, ces pyroxènes pour l'olivine lamelleuse de M. Freiesleben. Les cristaux ne se trouvent pas disséminés dans la
masse, mais seulement tapissant des fentes : c'est comme

23.   12

des filons de dolérite qui traversent le grünstein. Cette même roche, quoique dépourvue de filons, se montre, comme nous l'avons dit plus haut, en boules aplaties au sud de Popayan et de l'Alto de los Robles, dans la vallée de la Sequia (entre le Cerro Broncaso et le Rio Guachicon); elle y recouvre les porphyres verts du Rio Smita. La superposition du grünstein est ici plus manifeste que dans le Curato de Quina major et dans les lavages d'or de Quilichao. Comme les porphyres au nord de l'Alto de los Robles sont en partie (Julumito) couverts de calcaire noir de transition, et que ceux au contraire que l'on observe au sud de Los Robles paroissent liés aux trachytes du Rio Guachicon, cette superposition uniforme du grünstein sur l'un et l'autre de ces porphyres est un phénomène de gisement qui mérite beaucoup d'attention. D'après les observations faites jusqu'ici dans les deux continens, les trachytes et les basaltes se trouvent couverts de dolérite (mélange intime de feldspath et de pyroxène), mais non de grünstein (mélange intime de feldspath et d'amphibole). Ne faut-il pas conclure de là, que tout ce qui est au-dessous des grünstein en boules de la Sequia et de Quilichao, est un porphyre de transition, et non un trachyte? Ne doit-on pas, à cause de cette superposition uniforme du grünstein, séparer les roches porphyroïdes du Rio Smita et du Cerro Broncaso, des porphyres trachytiques et plus décidément pyrogènes de la vallée du Guachicon, c'est-à-dire de ceux qui enchâssent des fragmens de gneis? Il y a une certaine probabilité qu'une roche recouverte de grünstein est plutôt une formation de transition qu'une formation de trachyte : mais des terrains d'origine ignée peuvent être d'un âge très-ancien. Pourquoi n'y auroit-il pas des masses de trachytes et de dolérites intercalées aux roches de transition modernes?

De plus, et j'adresse cette question aux savans minéralogistes qui se sont livrés plus spécialement à l'étude des caractères oryctognostiques des roches, les grünstein sont-ils toujours minéralogiquement (par leur composition) aussi différens des dolérites qu'ils en sont le plus souvent éloignés géognostiquement (par leur gisement)? Les cristaux qui se séparent du tissu d'une pâte et qui deviennent visibles à

l'œil nu, existent, à n'en pas douter, mêlés à d'autres substances dans ce tissu même. Comme les basaltes renferment souvent à la fois (Saxe, Bohême, Rhönegebirge) de grands cristaux disséminés de pyroxène et d'amphibole (basaltische horn-
blende), on ne sauroit douter qu'outre le pyroxène, l'amphibole n'entre aussi dans la masse de quelques basaltes.
Pourquoi des mélanges analogues ne pourroient-ils avoir lieu
dans les pâtes des dolérites et des grünstein, dont on croit
(pour me servir de la nomenclature mythologique généralement reçue) les uns d'origine volcanique, les autres d'origine neptunienne? Le pyroxène en roche, qui, d'après M.
de Charpentier, se trouve en stratification parallèle dans le
calcaire primitif des Pyrénées, renferme de l'amphibole
disséminé. On assure avoir reconnu des pyroxènes dans les
grünstein qui forment de vraies couches au milieu des granites du Fichtelgebirge en Franconie (§. 7). M. Beudant a vu
des grünstein indubitablement pyroxéniques (par conséquent
des dolérites) dans les porphyres et syénites de transition de
Hongrie (Tepla près de Schemnitz), comme dans le grès
houiller (secondaire) de Fünfkirchen. Les grünstein stratifiés
et globulaires des environs de Popayan ne passent ni au mandelstein, ni au porphyre syénitique. C'est une formation très-
nettement tranchée, et qui est accompagnée ici, comme
presque partout dans la Cordillère des Andes (où elle se
tient assez éloignée de la crête des volcans actifs), de masses
énormes d'argile. Ces masses rappellent plus encore les accumulations d'argile dans les terrains basaltiques du Mittelgebirge en Bohême, que l'argile liée au gypse des grünstein
(ophites de Palassou) dans les Pyrénées et dans le département des Landes. Elles rendent le passage des Cordillères,
de Popayan à Quito, extrêmement pénible pendant la saison
des pluies.

Les analogies que nous avons indiquées entre quelques
porphyres du groupe §. 21 et les trachytes ou autres roches
volcaniques, se retrouvent dans le groupe mexicain §. 23 et
même dans les porphyres norwégiens du groupe §. 24; mais
généralement (à l'exception des porphyres du Caucase) on ne
les observe presque pas dans les porphyres subordonnés au
thonschiefer de transition et aux grauwackes §. 22. Il y a plus

encore : au milieu des porphyres secondaires du grès **rouge**, les mandelstein et d'autres couches intercalées (Allemagne, Écosse, Hongrie) prennent aussi quelquefois l'aspect de roches pyrogènes. D'après ces divers rapports de gisement et de composition, je pense qu'on n'est point en droit, dans l'état actuel de nos connoissances, de nier entièrement l'existence des porphyres de transition dans les Cordillères de l'Amérique méridionale, et de regarder toutes les roches de syénites, de porphyres et de grünstein, que je viens de décrire, comme des trachytes. Les porphyres des groupes §§. 21 et 23 sont caractérisés dans l'Amérique méridionale et au Mexique par leur tendance constante à une stratification régulière ; tendance très-rarement observée en Europe, sur une grande étendue de terrain, dans les groupes §§. 22 et 24. La régularité de stratification est cependant beaucoup plus grande dans les porphyres mexicains postérieurs au thonschiefer de transition que dans les porphyres des Andes de Popayan, de Pasto et du Pérou, qui reposent immédiatement sur les roches primitives. Cette dernière formation (§. 21) ne m'a pas offert une seule couche subordonnée de syénite, de grünstein, de calcaire et de mandelstein, comme on en trouve dans les groupes §§. 22 et 23.

Dans la Nouvelle-Espagne, entre Acapulco et Tehuilotepec, j'ai vu des porphyres de transition, qui ne sont pas métallifères, reposer immédiatement sur du granite primitif (Alto de los Caxones, Acaguisotla, et plusieurs points entre Sopilote et Sumpango) ; mais, comme plus au nord (près de Guanaxuato) des porphyres métallifères d'une composition semblable couvrent un thonschiefer de transition, il reste incertain, malgré la différence de gisement, si les uns et les autres n'appartiennent pas à un même terrain et à un terrain plus récent que le groupe §. 21. Un terme δ de la série géognostique peut suivre, immédiatement à β, là où γ ne s'est pas développé. C'est ainsi que le calcaire du Jura repose près de Laufenbourg immédiatement sur du gneis, parce que les termes intermédiaires de la série des formations, les roches situées ailleurs (par exemple dans la vallée du Necker) entre le calcaire du Jura et le terrain primitif, s'y trouvent supprimés. Dans les Isles Britanniques, d'après les observations du savant professeur Buckland et d'après celles de MM. de Buch et Boué, la formation de syénite, grünstein et porphyre de transition (Ben Nevis, Grampians) repose aussi immédiatement sur des roches primitives (micaschiste et urthonschiefer). Elle paroît par conséquent appartenir au premier groupe de porphyres dont je viens de tracer l'histoire (§. 21). Les porphyres du nord de l'Angleterre et ceux de l'Écosse sont recouverts tantôt de grauwacke, tantôt de la formation houillère ; ils offrent une base feldspathique, et se trouvent souvent dépourvus de quarz, comme les porphyres de l'Amérique équinoxiale. On y a observé des grenats : ce phénomène se retrouve dans les porphyres de transition de Zimapan (Mexique), et dans ceux qui couronnent la fameuse montagne du Potosi et qui appartiennent probablement aussi au groupe §. 23. Si le mandelstein d'Ilefeld fait partie, comme le croit M. de Raumer, du terrain de grès rouge, les porphyres grenatifères du Netzberg (au Harz) sont probablement de formation secondaire. En Hongrie, les grenats se rencontrent à la fois et dans les porphyres ou grünstein porphyriques du groupe §. 25, et dans les conglomérats du terrain trachytique. Il en résulte que les grenats pénètrent depuis les roches primitives (gneis, weisstein, serpentine), par les porphyres de transition, jusque dans les trachytes et basaltes volcaniques, et que, dans les zones les plus éloignées les unes des autres, certains porphyres offrent des rapports trèsmultipliés avec les trachytes. J'ignore si la syénite titanifère de Keilendorf en Silésie, qui repose immédiatement sur le gneis et qui passe à un granite de transition à petits grains dépourvu d'amphibole, appartient à l'ancienne formation du groupe §. 21, ou si c'est un lambeau de la formation §. 25, placé accidentellement sur des roches primitives. Rien n'est plus difficile que de reconnoître avec certitude s'il y a eu suppression de quelques membres intermédiaires de la série des roches, ou si le contact immédiat que l'on observe, est celui que l'on trouveroit partout ailleurs sur le globe, en comparant l'âge relatif ou le gisement des mêmes terrains.

III. Thonschiefer de transition renfermant des grauwackes, des grünstein, des calcaires noirs, des syénites et des porphyres.

§. 22. C'est la grande formation de thonschiefer qui traverse les Pyrénées occidentales, les Alpes de la Suisse entre Ilantz et Glaris, et le nord de l'Allemagne depuis le Harz jusqu'en Belgique et aux Ardennes, et dans laquelle dominent le grauwacke et les calcaires; ce sont les thonschiefer et gneis de transition du Cotentin, de la Bretagne et du Caucase; ce sont les roches schisteuses placées en Norwége au-dessous des porphyres et syénites zirconiennes, c'est-à-dire, entre ces porphyres et les roches primitives; ce sont les thonschiefer verts, avec calcaires noirs, serpentine et grünstein, de Malpasso dans la Cordillère de Venezuela, et les thonschiefer avec syé-nites de Guanaxnato au Mexique. Nous avons exposé plus haut le gisement de ces roches dans les différens pays que nous venons de nommer : il s'agit à présent de les considérer dans leur ensemble, et de séparer les résultats de la géognosie des notions purement locales qu'offre la géographie minéralogique. Le groupe §. 22 repose, comme les deux groupes précédens, immédiatement sur le terrain primitif: il se distingue du premier (§. 20) par l'absence presque totale des calcaires grenus stéatiteux; du second (§. 21), par la fréquence des thonschiefer et des grauwackes. Les formations suivantes, intimement liées entre elles, appartiennent à ce groupe (§. 22), qui est un des mieux connus et des plus anciennement étudiés :

Thonschiefer, avec des couches de quarz compacte, de grauwacke, de calcaire noir, de lydienne, d'ampélite carburée, de porphyre, de grünstein, de granite à petits grains, de syénite et de serpentine;

Grauwacke (et grés quarzeux);

Calcaire noir.

Ces roches, ou sont isolées, ou alternent les unes avec les autres, ou forment des couches subordonnées.

J'ai discuté plus haut (§. 15) les caractères qui distinguent assez généralement le thonschiefer primitif du thonschiefer de transition : j'ai fait observer que les caractères tirés de la composition minéralogique des roches n'ont pas la valeur absolue qu'on a voulu quelquefois leur assigner ; et que, pour les employer avec succès, il faut avoir recours en même temps au gisement, à l'intercalation ou à l'absence de couches fragmentaires (grauwackes, conglomérats), et aux débris de corps organisés, qui manquent totalement aux terrains primitifs et que l'on commence à trouver dans les terrains de transition. Les thonschiefer de ce dernier terrain se distinguent par leur *variabilité*, par une tendance continuelle à changer de composition et d'aspect ; par le nombre des bancs intercalés ; par des passages fréquens, tantôt brusques, tantôt insensibles et lents, à l'ampélite, au kieselschiefer, au grünstein, ou à des roches porphyroïdes et syénitiques. Sans doute que ces changemens, ces effets d'un développement intérieur, se font aussi remarquer dans quelques roches primitives. M. de Charpentier observe que les granites-gneis des Pyrénées, qui renferment presque toujours un peu d'amphibole disséminé dans la masse, sans être pour cela des syénites, et que l'on croit primitifs sans être des plus anciens, présentent un grand nombre de couches étrangères, par exemple, des couches de micaschiste, de grünstein et de calcaire grenu. Dans cette même chaine de montagnes, le micaschiste primitif contient de la chiastolithe disséminée, substance généralement plus commune dans le thonschiefer de transition. Les Alpes de la Suisse, surtout le passage du Splügen, si bien décrit par M. de Buch, offrent un micaschiste du terrain primitif qui passe insensiblement à un porphyre dont la pâte de feldspath compacte enchâsse des cristaux de feldspath lamelleux et de quarz. Cependant, en général, ces changemens sont moins fréquens parmi les formations primitives que parmi les formations de transition.

Quelque intime que soit la liaison que l'on observe entre les roches qui constituent un même groupe, ou entre les différens groupes de tout le terrain intermédiaire, on reconnoit pourtant, sur différens points du globe, un certain degré d'indépendance, non-seulement entre les six groupes ou termes de la série des roches de transition (par exemple, entre les thonschiefer avec grauwacke et les porphyres et syénites), mais aussi entre les membres partiels de chaque groupe ou association de roches intermédiaires. Il en résulte que, pour bien saisir les traits qui caractérisent la constitution géologique d'un pays, il faut étudier ces rapports isolément (par exemple, ceux des grauwackes, des thonschiefer et des calcaires que renferme le groupe §. 22), et fixer pour les divers terrains ou membres particls d'une même association les degrés de dépendance ou d'indépendance qu'ils conservent entre eux. Nous les voyons ou alterner périodiquement, ou s'envelopper et se réduire les uns les autres (par un accroissement inégal de volume) à l'état de simples couches subordonnées, ou enfin se couvrir mutuellement comme feroient des roches primitives de différente formation.

Il arrive en effet que les termes partiels d'un même groupe, α, β, γ, se succèdent quelquefois avec une certaine régularité en série périodique, α. β. γ. α. β. γ. α.... D'autres fois α prend un si grand développement que β et γ s'y trouvent renfermés comme de simples couches ; d'autres fois encore α, β, γ sont simplement superposés les uns aux autres sans retour périodique. Ce dernier cas n'exclut point la possibilité que β, avant de succéder à α, n'y paroisse d'abord comme une couche subordonnée. Il arrive dans un même groupe tout ce que l'on observe dans des termes non complexes de la série des terrains primitifs. On peut dire, comme nous l'avons fait observer plus haut, qu'une formation de calcaire noir, qui constitue de grandes masses de montagnes et qui est superposée à des masses également considérables de thonschiefer de transition, prélude par des couches de calcaire noir intercalées au thonschiefer. Lorsque β et γ forment des couches intercalées dans α, ces couches peuvent être si fréquemment répétées, qu'elles prennent, sur de grandes étendues de terrain, l'aspect de roches alternantes. C'est ainsi que le thonschiefer intermédiaire, qui d'abord enveloppoit le grauwacke et le calcaire noir, et puis alternoit avec eux (gorge d'Aston dans les Pyrénées, Maxen en Saxe), finit par recouvrir, et avec un grand accroissement de masse, ces roches alternantes ou ces couches fréquemment intercalées. Il en est d'ailleurs de la régularité du type dans les formations partielles de chaque groupe comme de la direction des strates ou de l'angle que font ces strates avec le méridien. Au premier abord tout paroît confus et contradictoire ; mais, dès que l'on examine avec soin une grande étendue de pays, on finit toujours par reconnoître certaines lois de gisement ou de stratification. Si le type que l'on découvre dans la suite des formations partielles, paroit varier selon les lieux, c'est que le développement de ces petites formations n'a pas été partout le même. Quelquefois (Caucase) le porphyre, le calcaire, la syénite et le granite de transition, se sont développés à la fois au sein des thonschiefer de transition ; d'autres fois on n'y trouve ni le porphyre (Cotentin. Alpes de la Suisse), ni le grauwacke (chaîne du littoral de Venezuela), ni le granite et la syénite de transition (Pyrénées). L'association du thonschiefer de transition et du calcaire noir compacte est presque aussi constante que celle du calcaire blanc et grenu avec le micaschiste dans le terrain primitif. On trouve cependant aussi des calcaires de transition qui, n'étant associés ni au thonschiefer ni au grauwacke, paroissent remplacer géognostiquement le thonschiefer; mais je ne connois pas un seul point des deux continens où l'on ait vu, sur une étendue un peu considérable, des thonschiefer de transition qui ne fussent pas liés au calcaire.

Nous venons de voir que dans quelques parties du globe (Caucase et presqu'ile du Cotentin) le thonschiefer intermédiaire *enveloppe* ou les porphyres ou les syénites et les granites; dans d'autres parties (Norwége et Saxe, entre Friedrichswalde. Maxen et Dohna), ces trois roches se trouvent, après avoir *préludé* comme couches subordonnées au thonschiefer, superposées à celui-ci, soit isolément et formant des masses considérables, soit alternant entre elles. C'est seulement dans ces cas d'isolement ou d'alternance qu'un *terrain indépendant de porphyre* (Mexique), ou un *terrain indépendant de porphyre et syénite* (Norwége). semble surmonter le terrain des thonschiefer intermédiaires. Ce même isolement (sinon cette même indépendance) s'observe quelquefois dans les calcaires de transition et, quoiqu'à un degré moins prononcé, dans les grauwackes.

La syénite et le granite sont liés dans le terrain de transition plutôt aux porphyres qu'au micaschiste et au gneis : dans ce même terrain on trouve des syénites sans granite; mais il est beaucoup plus rare de trouver des syénites et des granites sans porphyre. Lorsque les membres partiels d'un groupe, α, β, γ, alternent en série périodique, et que par conséquent ils ne sont ni intercalés les uns aux autres comme couches subordonnées, ni superposés comme des roches ou formations distinctes, il est difficile de déterminer si β et γ sont d'une formation plus récente que α : cependant, même dans le cas d'une origine que l'on appelle contemporaine, l'examen attentif des terrains fait reconnoître de certaines *prépondérances* de formation. Généralement le grauwacke et le thonschiefer de transition sont plus anciens que les calcaires noirs, ou, pour m'appuyer d'une observation très-juste de M. de Charpentier, « généralement on observe que, malgré l'alternance dans la « partie du terrain intermédiaire qui est la plus rapprochée « du terrain primitif, c'est le grauwacke et le thonschiefer qui « dominent en grandes masses, et le calcaire leur est subor- « donné ; tandis que, dans la partie plus moderne du terrain « de transition, c'est au contraire le calcaire qui est la roche « prépondérante, et le thonschiefer est seulement intercalé « au calcaire en couches plus ou moins épaisses. »

Après avoir exposé les rapports d'âge et de gisement des roches qui constituent un même groupe, nous allons caractériser plus spécialement chacune des formations partielles.

Thonschiefer, bleu noirâtre et carburé, ou verdâtre, onctueux et soyeux ; tantôt terreux ou à feuillets très-épais, tantôt fissile et parfaitement feuilleté. Dans ses couches très-anciennes, qui passent au micaschiste de transition, il est ondulé et n'offre que de grandes lames de mica fortement adhérentes. Dans les couches plus neuves, près du contact avec le grauwacke, il renferme de petites paillettes isolées de mica, souvent aussi de la chiastolithe, de l'épidote et des filets de quarz. Le thonschiefer de transition, caractérisé par son extrême *variabilité*, c'est-à-dire par sa tendance continuelle à changer de composition et d'aspect, contient un grand nombre de couches, dont quelques-unes, par leur répétition fréquente, semblent former des roches alternantes avec lui. Les effets les plus habituels de ce développement intérieur sont les bancs intercalés de *grauwacke* et de grauwacke schisteux ; de *calcaire* généralement compacte et noir, ou gris-

noirâtre, quelquefois rougeâtre (Braunsdorf), et même grenu
et blanc (Miltitz en Saxe), comme dans le groupe §. 20; de
grünstein; de *porphyre* (Caucase; Saxe, près Friedrichswalde
et Scidwitzgrund); de *schiste alumineux,* ou ampélite fortement carburée; de *quarz compacte* (quarzite; quarzfels de
Hausmann), quelquefois avec de petits cristaux de feldspath
(Kemielf en Finlande); de *lydienne* et kieselschiefer. Ces
deux dernières substances siliceuses se trouvent à la fois
dans le thonschiefer, le grauwacke, le calcaire, et sous la
forme de jaspe dans le porphyre : elles attestent par leur
présence l'affinité géognostique qui unit ces diverses roches
de transition. Le thonschiefer (§. 22) renferme moins habituellement : des bancs intercalés de *gneis* (Lokwitzgrund
et Neutanneberg); de *micaschiste* et *granite* (Krotte en Saxe;
Fürstenstein en Silésie; Honfleur en Normandie; Monthermé
dans les Ardennes); de *granite* et *syénite* (Caucase, Cotentin, Calixelf en Norwége); d'*argile schisteuse graphique*
(schwarze kreide : vallée de Castillon dans les Pyrénées;
Ludwigstadt en Franconie); de *schiste novaculaire* (wetz-
schiefer); de *serpentine* (Bochetta près de Gênes; Lovezara
et deux autres points, plus au nord, vers Voltaggio :
voyez §. 19); de *feldspath compacte* (vallée d'Arran dans les
Pyrénées, Poullaouen en Bretagne), tantôt pur, noirâtre,
gris-verdâtre ou vert d'olive, tantôt (Pyrénées, Harz, et
partie orientale de la Haute-Égypte) mêlé de cristaux disséminés de feldspath lamelleux, d'amphibole, de schörl et
de quarz. Lorsque le feldspath compacte est simplement
mêlé d'amphibole, il forme le *grünsteinschiefer* de Werner,
qui alterne avec le thonschiefer de transition (Ulleaborg en
Suède) et se retrouve dans les terrains primitifs. Quoique,
comme j'ai tâché de le prouver dans mon Mémoire sur le
βασανίτης et λίθος Ἡρακλεία, publié en 1790, la majeure
partie des basaltes des anciens soit due à des roches syénitiques de transition, ou à des bancs de grünstein intercalés
à des roches primitives, l'examen des statues égyptiennes
conservées à Rome, à Naples, à Londres et à Paris, m'a cependant fait naître l'idée que beaucoup de *basaltes noirs et verts* de
nos antiquaires ne sont que des masses de feldspath compacte
tirées de terrains intermédiaires, et colorées soit en noir soit en

vert par de l'amphibole, par de la chlorite, par du carbone ou des oxides métalliques. Il n'y a que l'analyse chimique de ces masses anciennes non mélangées qui pourra résoudre cette question d'archéologie minéralogique. M. Beudant a vu, dans le terrain de transition de la Hongrie, des grünstein porphyroïdes se transformer en une pâte verte ou noire d'apparence homogène. Cette pâte n'étoit plus qu'un feldspath compacte coloré par l'amphibole.

Nous avons déja fait observer plus haut que le thonschiefer de transition forme de beaucoup plus grandes masses dans le monde que le thonschiefer primitif. Ce dernier est généralement subordonné au micaschiste ; comme formation indépendante il est aussi rare dans les Pyrénées et les Alpes que dans les Cordillères. Je n'ai même vu dans l'Amérique méridionale, entre les parallèles de 10° nord et 7° sud . de thonschiefer de transition que sur la pente australe de la chaîne du littoral de Venezuela, à l'entrée des *Llanos* de Calabozo. Ce bassin des *Llanos*, fond d'un ancien lac couvert de formations secondaires (grès rouge, zechstein et gypse argileux), est bordé par une bande de terrain intermédiaire de thonschiefer, de calcaire noir et d'euphotide, liée à des grünstein de transition. Sur les gneis et micaschistes, qui ne constituent qu'une seule formation entre les vallées d'Aragua et la Villa de Cura, reposent en gisement concordant, dans les ravins de Malpasso et de Piedras azules, des thonschiefer (direction N. 52° E.; inclin. 70° vers le NO.), dont les couches inférieures sont vertes, stéatiteuses et mêlées d'amphibole ; les supérieures d'une couleur gris-perlée et bleu-noirâtre. Ces thonschiefer renferment (comme ceux de Steben en Franconie, du duché de Nassau et de la Peschels-Mühle en Saxe) des couches de grünstein, tantôt en masse, tantôt divisé en boules.

Dans la Nouvelle-Espagne, le fameux filon de Guanaxuato, qui, de 1786 à 1803, a produit, année commune, 556,000 marcs d'argent, traverse aussi un thonschiefer de transition. Cette roche, dans ses strates inférieurs, passe, dans la mine de Valenciana (à 932 toises de hauteur au-dessus du niveau de la mer), au schiste talqueux, et je l'ai décrite, dans mon *Essai politique*, comme placée sur la limite des terrains primitifs et intermédiaires. Un examen plus approfondi

des rapports de gisement que j'avois notés sur les lieux, la
comparaison des bancs de syénite et de serpentine que l'on a
percés en creusant le *tiro general*, avec les bancs qui sont intercalés dans les terrains de transition de Saxe, de la Bochetta
de Gênes et du Cotentin, me donnent aujourd'hui la certitude que le thonschiefer de Guanaxuato appartient aux plus
anciennes formations intermédiaires. Nous ignorons si sa stratification est *parallèle* et *concordante* avec celle des granites-
gneis de Zacatecas et du Peñon blanco, qui probablement le
supportent ; car le contact de ces formations n'a point été observé ; mais sur le grand plateau du Mexique presque toutes
les roches porphyriques suivent la direction générale de la
chaîne des montagnes (N. 40° — 50° O). Cette *concordance
parfaite* (Gleichförmigkeit der Lagerung) s'observe entre le
gneis primitif et les thonschiefer de transition de la Saxe
(Friedrichswalde ; vallées de la Müglitz, Seidewitz et Lock-
witz) : elle prouve que la formation du terrain intermédiaire
a succédé immédiatement à la formation des dernières couches du terrain primitif. Dans les Pyrénées, comme l'observe
M. de Charpentier, le premier de ces deux terrains se trouve
en gisement différent (non parallèle), quelquefois en gisement *transgressif* (übergreifende Lagerung) avec le second.
Je rappellerai à cette occasion que le parallélisme entre la
stratification de deux formations consécutives, ou l'absence de
ce parallélisme, ne décide pas seul la question de savoir si les
deux formations doivent être réunies ou non réunies dans un
même terrain primitif ou secondaire : c'est plutôt l'ensemble de
tous les rapports géognostiques qui décide le problème. Le
thonschiefer de Guanaxuato est très-régulièrement stratifié
(direct. N. 46° O.; incl. 45° au SO.), et la forme des vallées
n'a aucune influence sur la direction et l'inclinaison des
strates. On y distingue trois variétés, qu'on pourroit désigner
comme trois époques de formation : un thonschiefer argenté
et stéatiteux passant au schiste talqueux (talkschiefer); un
thonschiefer verdâtre, à éclat soyeux, ressemblant au schiste
chlorité; enfin, un thonschiefer noir, à feuillets très-minces,
surchargé de carbone, tachant les doigts comme l'ampélite
et le schiste marneux du zechstein, mais ne faisant point effervescence avec les acides. L'ordre dans lequel j'ai nommé ces

variétés, est celui dans lequel je les ai observées de bas en haut dans la mine de Valenciana, qui a 263 toises de profondeur perpendiculaire; mais, dans les mines de Mellado, d'Animas et de Rayas, le thonschiefer surcarburé (*hoja de libro*) se trouve sous la variété verte et stéatiteuse, et il est probable que des strates qui passent au schiste talqueux, à la chlorite et à l'ampélite, alternent plusieurs fois les uns avec les autres.

L'épaisseur de cette formation de thonschiefer de transition, que j'ai retrouvée à la montagne de Santa-Rosa près de Los Joares, où les Indiens ramassent de la glace dans de petits bassins creusés à mains d'hommes, est de plus de 3000 pieds. Elle renferme, en couches subordonnées, non-seulement de la syénite (comme les thonschiefer de transition du Cotentin), mais aussi, ce qui est très-remarquable, de la serpentine et un schiste amphibolique qui n'est pas du grünstein. On a trouvé, en creusant en plein roc, dans le toit du filon, le grand *puits de tirage de Valenciana* (puits qui a coûté près de sept millions de francs), de haut en bas, sur quatre-vingt-quatorze toises de profondeur, les strates suivans : conglomérat ancien, représentant le grès rouge; thonschiefer de transition noir, fortement carburé, à feuillets très-minces; thonschiefer gris-bleuâtre, magnésifère, talqueux; schiste amphibolique, noir-verdâtre, un peu mêlé de quarz et de pyrites, dépourvu de feldspath, ne passant pas au grünstein, et entièrement semblable au schiste amphibolique (hornblendschiefer) qui forme des couches dans le gneis et le micaschiste primitifs (§§. 5 et 11); serpentine vert de prase passant au vert d'olive, à cassure inégale et à grain fin, intérieurement matte, mais éclatante sur les fissures, remplie de pyrites, dépourvue de grenats et de diallage métalloïde (schillerspath), mélangée de talc et de stéatite; schiste amphibolique; syénite, ou mélange grenu de beaucoup d'amphibole vert-noirâtre, beaucoup de quarz jaunâtre et peu de feldspath lamelleux et blanc. Cette syénite se fend en strates très-minces; le quarz et le feldspath y sont si irrégulièrement répartis, qu'ils forment quelquefois de petits filons au milieu d'une pâte amphibolique. De ces huit couches intercalées, dont la direction et l'inclinaison sont exactement parallèles à celles de la roche entière, la syénite forme la couche la plus puissante.

Elle a plus de 3o toises d'épaisseur, et comme dans les travaux
les plus profonds de la mine (planes de San-Bernardo) j'ai vu,
à 170 toises au-dessous de la couche de syénite, reparoître un
thonschiefer carburé, identique avec celui à travers lequel
on a commencé à creuser le nouveau puits, il ne peut rester
douteux que l'amphibole schisteuse alternant deux fois avec la
serpentine, et que la serpentine alternant probablement avec
la syenite, ne forment des bancs subordonnés à la grande masse
de thonschiefer de Guanaxuato. La liaison que nous venons
de signaler entre des roches amphiboliques et la serpentine,
se retrouve sur d'autres points du globe, dans des formations d'euphotide de différens âges: par exemple, au Heideberg près Zelle en Franconie (§. 19); à Kielwig, à l'extrémité boréale de la Norwége; à Portsoy en Écosse, et à l'île de
Cuba, entre Regla et Guanavacoa.

Je n'ai rencontré ni des débris de corps organiques, ni
des couches de porphyres, de grauwacke et de lydienne,
dans le thonschiefer de transition de Guanaxuato, qui est la
roche la plus riche en minérai d'argent qu'on ait trouvée jusqu'ici : mais ce thonschiefer est recouvert en gisement concordant, dans quelques endroits, de porphyres de transition
très - régulièrement stratifiés (los Alamos de la Sierra); en
d'autres endroits, de grünstein et de syénites alternant des
milliers de fois les uns avec les autres (entre l'Esperanza et
Comangillas); en d'autres encore, ou d'un conglomérat calcaire et d'une roche calcaire de transition gris-bleuàtre, un
peu argileuse et à petits grains (ravin d'Acabuca), ou de
grès rouge (Marfil). Ces rapports du thonschiefer de Guanaxuato avec les roches qu'il supporte, et dont quelques-unes
(les syénites) *préludent* comme bancs subordonnés, suffisent
pour le placer parmi les formations de transition ; ils justifie-
ront surtout ce résultat aux yeux des géognostes qui connoissent les observations publiées récemment sur les terrains
intermédiaires de l'Europe. Quant à la pierre lydienne, il ne
peut y avoir aucun doute que le thonschiefer de Guanaxuato
ne la renferme sur quelques points non encore explorés; car
j'ai trouvé cette substance fréquemment enchâssée en gros
fragmens dans le conglomérat ancien (grès rouge) qui recouvre le thonschiefer entre Valenciana, Marfil et Cuevas.

A dix lieues au sud de Cuevas, entre Queretaro et la Cuesta de la Noria, au milieu du plateau mexicain, on voit sortir, sous le porphyre, un thonschiefer (de transition) gris-noirâtre, peu fissile et passant à la fois au schiste siliceux (jaspe schistoïde, kieselschiefer) et à la lydienne. Tout près de la Noria beaucoup de fragmens de lydienne se trouvent épars dans les champs. Les roches à filons argentifères de Zacatecas et une petite partie des filons de Catorce traversent aussi, d'après le rapport de deux minéralogistes instruits, MM. Sonneschmidt et Valencia, un thonschiefer de transition qui renferme de véritables couches de pierre lydienne et qui paroît reposer sur des syénites. Cette superposition prouveroit, d'après ce qui a été rapporté sur les couches percées dans le grand puits de Valenciana, que les thonschiefer mexicains constituent (comme au Caucase et dans le Cotentin) une seule formation avec les syénites et les euphotides de transition, et que peut-être ils alternent avec elles.

Grauwacke. Ce nom bizarre, usité parmi les géognostes allemands et anglois, a été conservé, comme celui de thonschiefer, pour éviter une confusion de nomenclature si nuisible à la science des formations. Il désigne, lorsqu'on le prend dans un sens plus général, tout conglomérat, tout grès, tout poudingue, toute roche fragmentaire ou arénacée du terrain de transition, c'est-à-dire, antérieure au grès rouge et au terrain houiller. Le *vieux grès rouge* (old red sandstone du Herefordshire) de M. Buckland, placé sous le calcaire de transition (mountain limestone) de Derbyshire, est un grès du terrain intermédiaire, comme cet excellent géognoste l'a très-bien indiqué lui-même dans son Mémoire sur la structure des Alpes. Le *nouveau conglomérat rouge* (new red conglomerate d'Exeter) est le grès rouge des minéralogistes françois, ou *todte liegende* des minéralogistes allemands; c'est le premier grès du terrain secondaire, c'est-à-dire le grès du terrain houiller, qui est intimement lié au porphyre secondaire, appelé pour cela porphyre du grès rouge. Lorsqu'on prend le mot *grauwacke* (traumates de M. d'Aubuisson, psammites anciens et mimophyres quarzeux de M. Brongniart) dans un sens plus étroit, on l'applique à des roches arénacées du terrain de transition, qui ne renferment que de

petits fragmens plus ou moins arrondis de substances simples, par exemple, de quarz, de lydienne, de feldspath et
de thonschiefer, non des fragmens de roches composées. On
exclut alors des grauwackes, et l'on décrit sous le nom de
brèches ou *conglomérats à gros fragmens primitifs* (§. 20), les
diverses agglutinations de morceaux de granite, de gneis et
de syénite : on sépare également les *poudingues calcaires* dans
lesquels des fragmens arrondis de chaux carbonatée sont
cimentés par une pâte de même nature. Toutes ces distinctions (si l'on en excepte certaines brèches calcaires dans
lesquelles le contenu et le contenant pourroient bien être
quelquefois d'une origine contemporaine) ne sont pas d'une
grande importance pour l'étude des formations. Le grauwacke grossier (grosskörnige grauwacke) passe peu à peu
au conglomérat à gros fragmens ; il alterne dans une même
contrée, non-seulement avec des couches de grauwacke à
petits grains, mais aussi avec d'autres dont la pâte est presque
homogène. Les poudingues et brèches à gros fragmens de roches
primitives et composées (urfels-conglomerate de la Valorsine
en Savoie, et de Salvan dans le Bas-Valais) sont de véritables grauwackes; ce sont les couches les plus anciennes de
cette formation, couches dans lesquelles les fragmens à
contours distincts ne sont pas fondus dans la masse, et dont
le ciment schisteux à feuillets courbes et ondulés ressemble
au micaschiste, tandis que le ciment des grauwackes plus
récens du Harz, du duché de Nassau et du Mexique, ressemble
au thonschiefer. En général, les conglomérats ou grauwackes
du groupe §. 20 offrent des fragmens de roches préexistantes
d'un volume plus considérable et plus inégal que les grauwackes du groupe §. 22.

Lorsqu'on compare ceux-ci au calcaire de transition, on
les trouve le plus souvent d'une origine antérieure; quelquefois ils remplacent même le thonschiefer de transition.
L'antériorité du grauwacke au calcaire se manifeste dans
les Pyrénées et en Hongrie. Il paroît que dans ce dernier
pays le thonschiefer intermédiaire n'a pu prendre un grand
développement ; car, loin d'y être une formation indépendante qui renferme le grauwacke, c'est au contraire le
grauwacke schisteux (grauwacken-schiefer), à paillettes de

mica agglutinées, qui y prend tous les caractères d'un vrai schiste de transition. En Angleterre aussi, la grande masse isolée des montagnes calcaires (comtés de Derby, de Glocester et de Sommerset) est d'un âge plus récent que la grande masse de grauwackes qui alternent avec quelques strates calcaires; mais, lorsqu'on examine en détail les points où les différens membres du groupe §. 22 ont pris un développement extraordinaire, on reconnoît deux grandes formations calcaires (transition-limestone de Longhope, et mountain-limestone du Derbyshire et de South-Wales), alternant avec deux formations de grauwacke (greywacke de May-Hill et old red sandstone de Mitchel-Dean en Herefordshire). Cet ordre de gisement, cette bisection des masses calcaires et arénacées se trouve répétée sur plusieurs points du globe. M. Beudant a reconnu, en Hongrie, le *vieux grès rouge* de l'Angleterre dans le grès quarzeux de transition de Neusohl, qui surmonte des grauwackes à gros grains après y avoir été intercalé : il croit reconnoître le mountain-limestone, placé entre le *vieux grès rouge* et le terrain houiller d'Angleterre, dans le calcaire intermédiaire du groupe de Tatra. Si l'Oldenhorn et les Diablerets, comme il est très-probable, appartiennent au terrain de transition, il y a aussi en Suisse, au-dessus et au-dessous du grauwacke de la Dent de Chamossaire, deux grandes formations de calcaires noirs, que M. de Buch, depuis long-temps, a distingués sous les noms de premier et second calcaire de transition. En Norwége (Christianiafiord) le grauwacke est décidément plus nouveau que le thouschiefer intermédiaire et le calcaire à orthocératites.

Dans le centre de l'Europe, le grauwacke à très-petits grains offre quelquefois des fragmens de cristaux de feldspath lamelleux qui lui donnent un aspect porphyroïde (Pont Pelissier près Servoz; Elm, dans le passage du Splügen; Neusohl, en Hongrie); mais il ne faut pas confondre ces variétés d'une roche arénacée avec des bancs de porphyre intercalés. Nous verrons bientôt que, dans les deux continens, ces cristaux brisés de feldspath se retrouvent dans le grès rouge, et dans un conglomérat feldspathique beaucoup plus récent. Dans l'hémisphère austral, le grauwacke forme, d'après M. d'Eschwege, la pente orientale des montagnes du Brésil. Aux États-unis j'ai trouvé cette même roche (chaîne des Aleghanys) renfermant des bancs de lydienne et de calcaires noirs, entièrement semblables à ceux du terrain de transition du Harz. M. Maclure a, le premier, déterminé les véritables limites des grauwackes depuis la Caroline jusqu'au lac Champlain. Dans le nord de l'Angleterre (Cumberland, Westmoreland) cette roche offre des couches de porphyres grenatifères.

Calcaire de transition. Cette roche commence, ou par former des couches dans le grauwacke et le thonschiefer intermédiaires, ou par alterner avec eux : plus tard, le thonschiefer et le grauwacke schisteux disparoissent, et le calcaire superposé devient une *formation simple*, que l'on seroit tenté de croire indépendante, quoiqu'elle appartienne toujours au groupe §. 22. Lorsqu'il y a alternance de schiste et de calcaire, cette alternance a lieu, ou par couches épaisses (cime de la Bochetta près de Gênes, et chemin entre Novi et Gavi), comme dans les *formations composées* de granite et gneis, de grauwacke et grauwacke schisteux, de syénite et grünstein, de thonschiefer et porphyre ; ou bien l'alternance s'étend aux feuillets les plus minces des roches (calschistes), de sorte que chaque lame de schiste est soudée sur une lame calcaire (vallées de Campan et d'Oueil, dans les Pyrénées ; montagnes de Poinik en Hongrie).

De même que dans les Pyrénées on trouve intercalés au granite-gneis et au micaschiste primitifs des calcaires que par leur seul aspect on croiroit intermédiaires, savoir, des calcaires noir-grisâtre (Col de la Trappe) colorés par du graphite, qui est la plus ancienne des substances carburées, des calcaires fétides, répandant l'odeur de l'hydrogène sulfuré, et des calcaires compactes remplis de chiastolithes : de même aussi les terrains de transition du groupe §. 22 présentent quelques exemples de calcaires blancs et grenus (Miltitz, en Saxe; vallées d'Ossan et de Soubie, dans les Pyrénées). En général, cependant, si l'on en excepte le groupe §. 20 (celui dont la Tarantaise offre le type), les calcaires de formation intermédiaire sont ou compactes, ou passent au grenu à très-petits grains. Leurs teintes sont plus obscures (gris cendré, gris noir) que celles des calcaires primitifs. Le plus grand nombre des belles variétés de marbres rouges

(vallée de Luchon des Pyrénées), verts et jaunes, célèbres parmi les antiquaires sous les noms de *marbre africain fleuri*, *noir de Lucullus*, *jaune et rouge antique*, *pavonazzo* et *brèche dorée*, me semblent appartenir à des calcaires et conglomérats calcaires de transition. Nous avons vu plus haut que la chiastolithe du thonschiefer de transition se montre par exception dans le thonschiefer primitif : c'est d'une manière analogue que la trémolithe, si commune dans la dolomie et le calcaire blanc primitif, se trouve par exception (entre Giellebeck et Drammen en Norwége) dans le calcaire noir de transition. Certaines espèces minérales appartiennent sans doute plus à tel âge qu'à tout autre ; mais leurs rapports avec les formations ne sont pas assez exclusifs pour en faire des caractères diagnostiques dans une science dans laquelle le gisement seul peut décider d'une manière absolue. Souvent des circonstances locales ont singulièrement influé sur les liaisons que l'on observe entre les espèces minérales et les terrains. Dans les Pyrénées et surtout dans l'Amérique méridionale, les grenats disséminés sont propres au gneis, tandis que partout ailleurs ils semblent plutôt appartenir au micaschiste.

Les calcaires de transition, là où ils forment de grandes masses isolées, abondent en silice ; et tantôt (chaîne des Pyrénées) cette silice se trouve réunie en cristaux de quarz ; tantôt (chaîne des Alpes) elle est mêlée à la masse entière, comme un sable très-fin. Dans la première de ces chaînes le calcaire intermédiaire renferme, comme le calcaire primitif, des couches de grünstein (vallée de Saleix) et même de feldspath compacte, deux roches qui généralement sont plus communes dans le thonschiefer intermédiaire. Les bancs de grünstein se trouvent aussi, d'après M. Mohs, dans le calcaire de transition de la Styrie, et les mandelstein du mountain-limestone du Derbyshire (entre Sheffield et Castelton) appartiennent à un système de couches intercalées géognostiquement analogues. Ces couches prennent souvent l'aspect de véritables filons.

Le prodigieux développement que le calcaire intermédiaire atteint dans la haute chaîne des Alpes, pourroit faire croire que le groupe §. 22 renferme deux formations distinctes, dont l'une, plus ancienne, embrasse les schistes et les grauwackes avec des porphyres et des calcaires intercalés, et l'autre, d'un âge plus récent, les calcaires considérés comme roches indépendantes ; mais cette séparation ne me paroîtroit pas suffisamment justifiée par la constitution géognostique des terrains. En Suisse, comme en Angleterre, de grandes masses calcaires alternent avec des roches fragmentaires de transition, et ces mêmes calcaires, qu'on voudroit élever au rang de formations indépendantes, manifestent par des bancs intercalés une liaison intime avec tous les autres membres du groupe §. 22. Dans le calcaire intermédiaire des Diablerets et de l'Oldenhorn, M. de Charpentier a observé des couches de grauwacke schisteux. D'après ce même géognoste expérimenté, le gypse muriatifère de Bex est subordonné à un calcaire de transition qui repose sur du grauwacke, et qui alterne à la fois avec cette dernière roche et avec du thonschiefer de transition. Les assises inférieures du calcaire de transition sont très-noires et remplies de bélemnites : les assises supérieures sont argileuses et renferment des ammonites. Le gypse anhydre, dans lequel le sel gemme est disséminé, appartient à ces assises supérieures ; il offre à son tour des bancs subordonnés de gypse commun ou hydraté, de calcaire compacte, de thonschiefer, de grauwacke et de brèches. C'est ainsi que chaque dépôt de sel, de houille et de minérai de fer, dans les terrains intermédiaire et secondaire, renferme de *petites formations locales*, qu'il ne faut pas confondre avec les véritables termes de la série géognostique. D'après les observations de M. de Charpentier et M. Lardy, le gypse du terrain secondaire, en ne considérant que de grandes masses, est toujours hydraté (Thuringe), tandis que le gypse de transition (Bex) est anhydre ou hydraté épigène. Les opinions des géognostes sont d'ailleurs encore partagées sur l'âge du dépôt salifère de la Suisse. M. de Buch, dans ses lettres à M. Escher, publiées en 1809, semble placer le gypse muriatifère de Bex entre le grauwacke de la Dent de Chamossaire et le conglomérat de Sepey : MM. de Bonnard et Beudant le regardent comme secondaire et appartenant soit au grès houiller soit au zechstein. Il nous avoit paru tel aussi, à M. Freiesleben et à moi, lorsque nous avons examiné ces contrées en 1795.

Dans la chaîne des Pyrénées, la limite entre les terrains
de transition (Pic long , 1668 toises; Pic d'Estals, 1550 toises)
et les terrains de grès rouge (montagnes de Larry, 1100
toises) et de calcaire alpin (Montperdu, 1747 toises) est
très-nettement tracée. Partout où il y a du grès rouge, on
peut distinguer deux calcaires, un qui recouvre le grès
rouge et un qui le supporte. Le premier de ces calcaires,
quelles que soient sa composition et sa couleur, est, pour
le géognoste qui nomme les formations d'après le gisement,
un calcaire alpin (zechstein); le second est un calcaire de
transition. Dans la haute chaîne des Alpes, et nous reviendrons plus tard sur cet objet intéressant, le grès rouge n'est
pas plus caractérisé qu'il ne l'est dans une grande partie de
la Cordillère des Andes ; on peut même révoquer en doute
s'il y existe. Il est donc assez naturel que la limite entre le
calcaire alpin ou zechstein et le calcaire de transition le
plus récent ne puisse pas y être reconnue avec certitude. Les
calcaires de la bande méridionale des Alpes, savoir, de la
Dent du Midi de Saint-Maurice, de la Dent de Morcle, des
Diablerets (si l'on en excepte la sommité très-coquillière
au nord-est de Bex), de l'Oldenhorn, du Gemmi, de la
Jungfrau, du Titlis et du Tödi, sont aussi évidemment de
transition, que les calcaires de Longhope, de Dudley ou de
Derbyshire, en Angleterre; que ceux des vallées de Campan
et de Luchon dans les Pyrénées; que ceux de Namur en
Belgique, de Blankenbourg, d'Elbingerode, de Scharzfeld et
du Schnéeberg près de Vienne, en Allemagne. Cette évidence
est beaucoup moins grande pour la bande calcaire septentrionale des Alpes, pour la roche du Môle, de la Dent d'Oche,
du Molesson, de la Tour d'Ay, de la Dent de Jament, du Stock-
horn, du Glarnisch et du Sentis, que quelques géognostes célèbres prennent pour du zechstein, d'autres pour la formation
la plus récente des calcaires de transition. Les roches de la
bande méridionale et septentrionale des Alpes ont été souvent confondues sous une dénomination commune, celle de
calcaire des hautes montagnes (*Hochgebirgskalkstein*); dénomination qui seroit plus vague encore que celle de calcaire
alpin, si l'on y attachoit une idée de *gisement géographique*
et si elle n'exprimoit que la position de certaines roches à

de très-grandes hauteurs. Le mot *calcaire alpin*, regardé
dans son origine comme synonyme de zechstein, indique un
gisement géognostique, une formation placée, que ce soit
dans les plaines ou dans des chaînes de montagnes très-élevées,
immédiatement au-dessus du grès rouge. C'est un fait assez
remarquable que le calcaire à encrinites (mountain-limestone),
et même le conglomérat de transition (old red sandstone)
qui supporte ce calcaire, contiennent, en Angleterre et en
Écosse, quelques traces de houille qui diffère de l'anthracite.

Les véritables *variolithes* (Durance, Mont-Rose), qui offrent
des nodules de feldspath compacte, disséminés dans un mélange intime presque homogène d'amphibole, de chlorithe (?)
et de feldspath, appartiennent soit au groupe que nous venons
de décrire, soit au groupe suivant. Peut-être ne sont-elles que
des bancs intercalés à un grünstein porphyroïde, bancs dans
lesquels une portion du feldspath s'est dégagée du tissu de la
masse. On n'a long-temps connu ces variolithes que comme
galets ou en gros fragmens détachés : il ne faut pas les confondre avec les variolithes à nœuds de spath calcaire (blat-
tersteinc), subordonnées au thonschiefer vert de transition,
ni avec les variolithes qui naissent par infiltration dans le
mandelstein du grès rouge.

Quoique nous soyons bien loin encore de pouvoir compléter
l'histoire de chaque terrain intermédiaire et secondaire par
l'énumération des *espèces* de corps fossiles qui s'y trouvent,
nous allons pourtant indiquer quelques-uns de ces débris organiques qui semblent caractériser le groupe §. 22. Dans le
thonschiefer et le *grauwacke*, surtout dans le grauwacke schisteux : plantes monocotylédones (arundinacées ou bambou-
sacées), antérieures peut-être aux animaux les plus anciens;
entroques, corallites, ammonites (vallées de Castillon dans
les Pyrénées; base de la montagne de Fis, en Savoie; duché
de Nassau et Harz, en Allemagne); hystérolithes, orthocératites, beaucoup plus rares que dans le calcaire intermédiaire; pectinites (Gerolstein, en Allemagne); trilobites
aveugles de M. Wahlenberg, dans lesquels on ne voit
aucune trace d'yeux (Olstorp, en Suède); ogygies de M.
Brongniart, dans lesquels les yeux ne sont pour ainsi dire
qu'indiqués par deux tubérosités sur le chaperon (Angers et

Amérique septentrionale); calyméne de Tristan et calyméne macrophtalme de Brongniart (Bretagne, Cotentin). Dans le calcaire, savoir, dans les couches plus anciennes : entroques, madrépores, bélemnites (Bex, en Suisse ; Pic de Bedillac, dans les Pyrénées); quelques ammonites, jamais par bancs, mais isolés; des orthocératites, Asaphus Buchii, A. Hausmanni (pays de Galles, Suède); très-peu de coquilles bivalves. Dans les couches plus récentes du calcaire : Calyméne Blumenbachii (Dudley en Angleterre, et Miami dans l'Amérique du nord), Asaphus caudatus de Brongniart; des ammonites, des térébratules, des orthocératites, quelques gryphites (Namur, Avesnes); des encrinites. En Allemagne, le calcaire de transition est quelquefois (Eiffel et duché de Bergen) tout pétri de coquilles. Le calcaire grenu de l'île de Paros (Link, *Urwelt, pag.* 2) doit, d'après un passage de Xénophane de Colophon, conservé dans Origène (*Philosophumena, c.* 14, *T. I, p.* 895, *B. edit. Delarue*), renfermer des débris organiques ; mais il reste bien douteux, selon qu'on lit δάφνη ou ἀφύη, si ces débris sont du règne végétal (du bois de laurier), ou du règne animal (l'empreinte d'un anchois). Nous n'insistons pas sur cette détermination ; car il seroit possible que le marbre de Paros fût aussi peu primitif que le marbre de Carare, sur lequel je partage les doutes de plusieurs géognostes célèbres. Le phénomène des grottes ne s'oppose cependant pas à la haute antiquité des calcaires de l'Archipel : il y en a dans quelques pays (Silésie, près Kaufungen ; Pyrénées, vallées de Naupounts et montagne de Meigut) qui paroissent appartenir au calcaire primitif.

IV et V. Porphyres, Syénites et Grünstein postérieurs au Thonschiefer de transition, quelquefois même au calcaire a orthocératites.

§. 23. Je réunis en deux groupes, qui peut-être n'en forment qu'un seul, les porphyres, les grünstein porphyriques et les syénites que, dans les deux hémisphères, j'ai vus recouvrir le thonschiefer de transition. Ces roches, par leur composition et leurs rapports avec les trachytes qui leur sont immédiatement superposés, offrent beaucoup d'analogie avec le groupe plus ancien §. 21. C'est dans ces porphyres et grünstein porphyriques que l'on a découvert, au nord de l'équateur, au Mexique et en Hongrie, d'immenses richesses de minérais d'or et d'argent; car, quoique la roche métallifère de Schemnitz (*saxum metalliferum* de Born) soit peut-être postérieure à des calcaires de transition renfermant quelques foibles débris organiques, ce gisement, d'après l'opinion d'un géognoste célèbre, M. Beudant, est trop incertain, pour séparer des formations aussi étroitement unies que celles de la Nouvelle-Espagne et de la Hongrie. Les syénites à zircons, les granites de transition et les porphyres de Norwége, que MM. de Buch et Hausmann nous ont fait connoître, sont non-seulement postérieurs (Stromsoë, Krogskoven) au grauwacke et à un thonschiefer qui alterne avec le calcaire à orthocératites, mais ces roches recouvrent aussi (Skeen) immédiatement un quarzite (quarzfels) qui représente le grauwacke et qui repose sur un calcaire noir dépourvu de couches alternantes de thonschiefer.

Il résulte de ces considérations qu'on auroit des motifs très-valables pour réunir les groupes §§. 23 et 24, en ne distinguant, parmi les porphyres de transition, que deux formations indépendantes, antérieures et postérieures au thonschiefer, et une troisième formation (§. 22) subordonnée à cette roche. La propriété qu'ont certains porphyres et syénites porphyriques d'être éminemment métallifères, ne doit pas s'opposer, je pense, à la réunion des roches du Mexique, de la Hongrie, de la Saxe et de la Norwége. Les minérais d'or et d'argent n'y forment pas des couches contemporaines, mais des filons qui atteignent une puissance extraordinaire. Des porphyres de transition, dont on seroit tenté de placer plusieurs parmi les trachytes, parce qu'ils renferment de véritables couches de phonolithe avec feldspath vitreux, participent à cette richesse minérale que parmi les terrains postérieurs aux terrains primitifs l'on a crue trop long-temps exclusivement propre aux thonschiefer carburé et micacé, au grauwacke et au calcaire de transition. Dans ces mêmes régions, il existe des groupes de porphyres et de syénites très-analogues, par leur composition minéralogique et leur gisement, aux roches des plus riches mines de Schemnitz ou de la Nouvelle-Espagne, et qui néanmoins se trouvent entièrement dépourvus de métaux. C'est presque le cas de tous les porphyres de transition (et des roches trachytiques) de l'Amérique méridionale. Les grandes exploitations du Pérou, celles de Hualgayoc ou Chota, et de Llauricocha ou Pasco, ne sont pas dans le porphyre, mais dans le calcaire alpin. Dans la république de Buénos-Ayres, le fameux Cerro del Potosi est composé de thonschiefer (de transition?) recouvert de porphyre qui contient des grenats disséminés.

Si les grands dépôts argentifères et aurifères qui font depuis des siècles la richesse de la Hongrie et de la Transylvanie, se trouvent uniquement au milieu des syénites et des grünstein porphyriques, il ne faut point en conclure qu'il en est de même dans la Nouvelle-Espagne. Sans doute les porphyres mexicains ont offert des exemples isolés d'une prodigieuse richesse. A Pachuca, le seul *puits de tirage* de l'Encino a fourni pendant long-temps annuellement plus de 5o,ooo marcs d'argent : en 1726 et 1727, les deux exploitations de la Biscaina et du Xacal ont donné ensemble 542,000 marcs, c'est-à-dire presque deux fois autant qu'en ont donné, dans le même intervalle, toute l'Europe et toute la Russie asiatique. Ces mêmes porphyres de Real del Monte, qui par leurs couches supérieures se lient aux trachytes porphyriques et aux perlites avec obsidiennes du Cerro de las Navajas, ont fourni par l'exploitation de la mine de la Biscaina au comte de Regla (de 1762 à 1781) plus de onze millions de piastres. Cependant ces richesses sont encore inférieures à celles que l'on retire, dans le même pays, de formations de transition non porphyriques. La Veta negra de Sombrerete, qui traverse un calcaire compacte rempli de rognons de pierre lydienne, a offert l'exemple de la plus grande abondance de minérais d'argent qu'on ait observée dans les deux mondes : la famille de Fagoaga ou du marquis del Apartado en a retiré en peu de mois un profit net de quatre millions de piastres. La mine de Valenciana, exploitée dans du schiste de transition, a été d'un produit si constant que, jusqu'à la fin du dernier siècle, elle n'a pas cessé de fournir annuellement, pendant quarante années consécutives, au-delà de 36o,ooo marcs d'argent. En général dans la partie centrale de la Nouvelle-Espagne, où les porphyres sont fréquens, ce n'est point cette roche qui fournit les métaux précieux aux trois grandes exploitations de Guanaxuato, de Zacatecas et de Catorce. Ces trois districts de mines, qui donnent la moitié de tout l'or et l'argent mexicain, sont situés entre les 18° et 23° de latitude boréale. Les mineurs y travaillent sur des gites de minérais contenus presque entièrement dans des terrains de thonschiefer intermédiaire, de grauwacke et de calcaire alpin : je dis, presque entièrement; car la fameuse *Veta madre* de Guanaxuato, plus riche que le Potosi, et fournissant jusqu'en 1804, année commune, un sixième de l'argent que l'Amérique verse dans la circulation du monde entier, traverse à la fois le thonschiefer et le porphyre. Les mines de Belgrado, de San-Bruno et de Marisanchez, ouvertes dans la partie porphyritique au sud-est de Valenciana, ne sont que de très-peu d'importance. D'autres exploitations, dirigées sur les porphyres du groupe §. 23 (Real del Monte, Moran, Pachuca et Bolaños), ne fournissent aujourd'hui pas au-delà de 100,000 marcs ou un vingt-cinquième de l'argent exporté (1803) du port de la Vera-Cruz. J'ai cru devoir consigner ici ces faits, parce que la dénomination de *porphyres métallifères*, dont je me suis souvent servi dans mes ouvrages, peut donner lieu à l'erreur de regarder les richesses métalliques du nouveau monde comme dues en très-grande partie aux porphyres de transition. Plus on avance dans l'étude de la constitution du globe sous les différens climats, plus on reconnoît qu'il existe à peine une roche antérieure au calcaire alpin, qui, dans de certaines contrées, n'ait été trouvée très-argentifère. Le phénomène de ces filons anciens dans lesquels se trouvent déposées nos richesses métalliques (peut-être comme le fer oligiste spéculaire et le muriate de cuivre sont déposés et remontent encore de nos jours dans les crevasses des laves), est un phénomène qui paroît pour ainsi dire indépendant de la nature spécifique des roches.

Pour donner une idée précise de la composition du terrain de porphyre, syénite et grünstein, postérieur au thonschiefer de transition, il est nécessaire, dans l'état actuel de la science, de distinguer quatre *formations partielles*, savoir, celles

de la région équinoxiale du nouveau continent,
de la Hongrie,
de la Saxe et
de la Norwége.

Malgré les rapports qui unissent ces formations partielles, chacune d'elles offre des différences assez remarquables. Nous les désignerons par des noms purement géographiques, selon les lieux qui en présentent les *types* les plus distincts, sans vouloir indiquer par là qu'on ne puisse trouver la formation de Hongrie dans le nouveau continent, ou celle de Guanaxuato, avec toutes les circonstances qui l'accompagnent, dans quelques parties de l'Europe.

A. *Groupes de la région équinoxiale du nouveau continent.*

a. Dans l'hémisphère boréal. Ce qui caractérise en général les porphyres, en partie très-métallifères, de l'Amérique équinoxiale (ceux du groupe §. 23, comme ceux du groupe §. 21), c'est l'absence presque totale du quarz, la présence de l'amphibole, du feldspath vitreux, et quelquefois du pyroxène. J'ai insisté sur ces caractères distinctifs dans tous les ouvrages que j'ai publiés depuis 1805; on les retrouve en grande partie dans les porphyres ou grünstein porphyriques, également métallifères, de la Hongrie et de la Transylvanie. Les porphyres mexicains, comme nous l'avons fait observer plus haut, présentent souvent à la fois deux variétés de feldspath, le commun et le vitreux; le premier résiste beaucoup moins à la décomposition que le second. La forme de leurs cristaux, larges ou effilés, les fait reconnoître presque autant que l'éclat et la structure lamelleuse plus ou moins nettement prononcée. Le quarz, si parfois il se montre, n'est point cristallisé, mais en petits grains informes : le pyroxène et le grenat, qui se trouvent également dans les grünstein porphyriques de la Hongrie, sont très-rares. Le groupe argentifère mexicain abonde moins en amphibole : le mica, que l'on retrouve dans quelques trachytes, manque toujours dans les porphyres de la Nouvelle-Espagne. La plupart de ces roches sont très-régulièrement stratifiées; et, qui plus est, la direction de leurs strates est souvent (entre la Moxonera et Sopilote au nord d'Acapulco; au Puerto de Santa Rosa près de Guanaxuato) concordante avec la direction des roches primitives et intermédiaires auxquelles elles sont superposées. Dans la Nouvelle-Espagne, comme en Hongrie, le terrain trachytique est placé immédiatement sur les porphyres métallifères : mais, dans le premier de ces pays, les porphyres sont recouverts sur quelques points (Zimapan, Xaschi et Xacala) de calcaire gris-noirâtre de transition ; sur d'autres points (Villalpando), de grès rouge ; sur d'autres encore (entre Masatlan et Chilpanzingo, entre Amajaque et la Magdalena ; entre San Francisco Ocotlan et la Puebla de los Angeles ; entre Cholula et Totomehuacan), de calcaire alpin.

Les porphyres de transition de la Hongrie, de la Saxe et de la Norwége ont une structure très-compliquée : ils alternent avec des syénites, des granites, des grünstein ; et lorsqu'il n'y a pas d'*alternance*, ces trois dernières roches, et même des micachistes ou des calcaires stéatiteux, se trouvent renfermés, comme couches subordonnées, dans les porphyres. La fréquence de ces bancs intercalés éloigne d'une manière très-prononcée les porphyres de la Hongrie ou de la Norwége des roches trachytiques ; elle les éloigne aussi des porphyres de la Nouvelle-Espagne, qui leur ressemblent par leur composition minéralogique (par la nature de leur pâte et des cristaux enchâssés). La structure des porphyres mexicains est d'une grande simplicité : ils forment un immense terrain non interrompu par des bancs intercalés. J'ai vu des syénites dans les thonschiefer de transition de Guanaxuato (§. 22) ; je les ai vues, au-dessus de ce thonschiefer, alterner avec des grünstein : mais je n'ai vu ni syénite, ni micaschiste, ni grünstein, ni calcaire dans les porphyres de la Moxonera, de Pachuca, de Moran et de Guanaxuato. Ce n'est qu'à Bolaños que l'on trouve du mandelstein dans le porphyre. Ce développement uniforme et non interrompu des porphyres métallifères et non métallifères de la Nouvelle-Espagne est un phénomène très-frappant : il rend plus difficile la séparation systématique des terrains de porphyre et de trachyte, là où ces terrains se supportent immédiatement. Lorsqu'on évalue l'épaisseur des deux terrains réunis, c'est-à-dire, lorsqu'on s'élève des couches les plus basses d'un porphyre que l'on peut croire de transition, parce qu'il est recouvert de grandes formations calcaires, analogues au zechstein (Guasintlan, à la pente occidentale, et Venta del Encero, à la pente orientale de la Cordillère), jusqu'au sommet trachytique du grand volcan de la Puebla (Popocatepetl), on trouve, d'après mes mesures barométriques et trigonométriques, une épaisseur, non interrompue par des roches intercalées, de plus de 13,000 pieds (2235 toises). L'épaisseur des seules couches de porphyre métallifère, en comptant depuis Guasintlan et Puente de Istla (où les porphyres se cachent sous les mandelstein poreux de Guchilaque et de la vallée de Mexico) jusqu'à l'affleurement des filons argentifères de Cabrera (Real de Moran), est de 5000 pieds (817 toises). Ces dimensions ont été déterminées en comparant les hauteurs absolues des stations ; car, d'après l'inclinaison variable des couches, et d'après le rapport entre la direction des coupes et la direction de la roche, il est probable que les *épaisseurs apparentes* (les différences entre le maximum et le minimum de hauteurs) s'éloignent très-peu des *épaisseurs véritables*, qui sont la somme des épaisseurs évaluées perpendiculairement aux fissures de stratification. Voici les circonstances locales, les plus intéressantes, du gisement des porphyres du Mexique entre les 17° et 21° de latitude boréale.

α. *Chemin d'Acapulco à Mexico.* Le porphyre, à la pente occidentale de la Cordillère d'Anahuac, ne descend que jusqu'à la vallée du Rio Papagallo, un peu au nord de la Venta de Tierra colorada, à 230 toises de hauteur au-dessus du niveau de l'océan Pacifique. Sur la pente orientale de la Cordillère d'Anahuac, entre la vallée de Mexico et le port de la Vera-Cruz, je n'ai vu aucune trace de cette roche au-dessous de l'Encero, à 476 toises de hauteur. Le porphyre s'y cache sous un grès argileux qui enchâsse des fragmens d'amygdaloïde trachytique. Les deux groupes principaux de porphyres, dans le chemin d'Acapulco à Mexico, sont ceux de la Moxonera et de Zumpango.

La vallée granitique du Papagallo est bordée au sud (Alto del Peregrino) par une formation de calcaire compacte (de 85 toises d'épaisseur), bleu-noirâtre, traversé par de petits filons blancs de spath calcaire. Elle est remplie de grandes cavernes, mais analogues plutôt au calcaire alpin

qu'au calcaire de transition. Au nord la vallée est bordée
par une masse de porphyre (Alto de la Moxonera et de
Los Caxones) qui a 355 toises d'épaisseur. Ce porphyre est
assez régulièrement stratifié (dir. N. 55° E., inclin. 40° au
N. O.); quelquefois il est divisé en boules à couches concentriques. Sa base est verdâtre et argileuse, enchâssant du
feldspath vitreux et des pyroxènes décomposés, qui ont
presque la couleur de l'olivine : point de quarz, point de mica,
point de feldspath lamelleux. De grandes masses d'argile
blanc-rougeâtre sont intercalées dans ce porphyre terreux;
il repose immédiatement, comme le calcaire du Peregrino
(dont les strates ont dir. N. 45° E.; incl. 60° au N. O.),
sur le granite primitif. Ce dernier, qui a été décrit plus haut
(§. 7), renferme, au pied de la colline porphyritique de Los
Caxones, dans la vallée même du Papagallo, des filons d'amphibolite noir et des boules de granite à couches concentriques,
semblables à celles que j'ai observées au Fichtelgebirge près
de Seissen. La plus grande masse de ce granite à gros grains
est très-régulièrement stratifiée (dir. N. 40° E.) et inclinée
par groupes d'une vaste étendue, le plus souvent au N. O.,
quelquefois au S. E. Les cimes (porphyriques?) voisines
(Cerros de las Caxas et del Toro) ont des formes bizarres;
et si, à cause de la composition minéralogique du porphyre
de la Moxonera et de l'Alto de los Caxones, et à cause de
son isolement, on étoit tenté de le prendre pour du trachyte,
le parallélisme de direction de ses strates avec ceux du calcaire et du granite, et le recouvrement d'un porphyre très-
semblable et très-voisin (Masatlan) par de puissantes formations de calcaire secondaire. s'opposeroient à cette hypothèse. En descendant de la montagne porphyrique de Los
Caxones, vers le sud. c'est-à-dire vers les côtes de l'océan
Pacifique, j'ai vu venir au jour alternativement : le granite primitif de la vallée du Papagallo. le calcaire alpin de l'Alto del
Peregrino, le granite primitif de la vallée du Camaron, la
syénite de l'Alto del Camaron, enfin le granite primitif de
l'Exido et des côtes d'Acapulco. La syénite du Camaron,
renfermant des cristaux d'amphibole de huit lignes de long,
ne me paroît pas liée aux porphyres mexicains. Ce n'est
qu'un changement de composition dans la masse du granite.

qui, dans cette région, se mêle à l'amphibole, et devient porphyroïde sur tous les sommets des collines.

Le second groupe de porphyre intermédiaire dont j'ai pu examiner la superposition avec soin, est celui de Zumpango. Ce groupe commence quelques lieues au nord de l'Alto de los Caxones, et supporte, en s'étendant vers Mescala, un vaste plateau composé de calcaire, de grès et de gypse (entre Masatlan et Chilpanzingo). C'est dans ce plateau, dont la hauteur absolue (c'est-à-dire, au-dessus du niveau de la mer) est de 700 toises, qu'un porphyre semblable par sa composition à celui de la Moxonera supporte des terrains secondaires d'une structure très-compliquée. En descendant de l'Alto de los Caxones (haut. 585 toises) vers le nord, on voit d'abord de nouveau reparoître au jour le granite primitif de la vallée du Papagallo ; puis l'on découvre un lambeau de calcaire alpin, semblable à celui du Peregrino (lambeau de 200 toises de large, qui se trouve superposé immédiatement au granite) ; puis paroît encore le granite, et enfin l'on atteint le groupe porphyrique de Zumpango, dans lequel se conserve très-régulièrement la direction des strates, N. 30° à 45° E., avec une inclinaison très-frequente au N. O.

Ce porphyre, rempli de feldspath vitreux, dépourvu d'amphibole, et recouvrant le granite primitif, sert d'abord de base (Acaguisotla) à une formation d'amygdaloïde brun-rougeàtre, semi-vitreuse, presque sans cavités, renfermant des amandes de calcédoine décomposée, des lames de mica noir et du mélanite. Bientôt le mandelstein disparoît, et le porphyre se montre de nouveau sur un espace de terrain considérable, jusqu'à ce qu'il se cache sous le calcaire de Masatlan et de Chilpansingo, c'est-à-dire, sous deux formations poreuses très-distinctes, dont la supérieure est blanchâtre, argileuse et friable, l'inférieure bleu-grisàtre, intimement mêlée de spath calcaire grenu et en masse. Ces deux calcaires semblent, au premier abord, moins anciens que le calcaire alpin du Peregrino ; mais ils n'appartiennent certainement pas à des terrains tertiaires qui en Hongrie reposent sur des trachytes. Je n'y ai trouvé aucune trace de pétrifications : ils sont dirigés N. 55° E., et généralement inclinés de 40°, non au N. O., mais au S. E. Cette uniformité de direction (non d'inclinaison), observée parmi des roches qui paroissent d'un âge si différent, est un phénomène très-rare. Il ajoute peut-être aux motifs que l'on a de ne pas considérer comme des trachytes les porphyres dont nous venons de faire connoître le gisement. Les calcaires de Chilpansingo ont des cavités qui varient de quatre lignes jusqu'à huit pouces de diamètre. La formation inférieure, qui est bleu-grisâtre, recouvre immédiatement le porphyre ; elle perce quelquefois la formation blanchâtre, et forme à la surface du sol de petits rochers cylindriques ou coralliformes de trois ou quatre pieds de haut, qui présentent l'aspect le plus bizarre. Ces circonstances de composition et de structure indiquent beaucoup d'analogie entre le calcaire caverneux trouvé depuis Masatlan et Petaquillas jusqu'à Chilpansingo, et les couches inférieures du calcaire du Jura (höhlenkalk ; schlackiger, blasiger kalkstein) qui, également caverneuses dans le Haut-Palatinat (entre Laber et Ettershausen) et en Franconie (entre Pegnitz et Muggendorf), donnent, par leurs aspérités, à la surface du sol une physionomie particulière. Non loin de Zumpango le porphyre sort de nouveau au-dessous des calcaires caverneux de Chilpansingo, ou plutôt sous un conglomérat calcaire qui, renfermant à la fois de gros fragmens de la formation bleue et de la formation blanche, recouvre cette dernière sur plusieurs points. Comme dans les groupes de Los Caxones et de Zumpango les porphyres s'élèvent à peu près au même niveau (560 et 585 toises), on peut supposer, avec quelque probabilité, que les calcaires caverneux qu'ils supportent dans le plateau de Chilpansingo, ont 800 pieds d'épaisseur.

En avançant au nord vers Sopilote, Mescala et Tasco, on perd de nouveau de vue le porphyre. Le granite primitif reparoît ; mais bientôt il se trouve caché par un porphyre dont la composition minéralogique offre des caractères très-remarquables : il est gris-bleuâtre, un peu argileux par décomposition, et enchasse de grands cristaux de feldspath jaune-blanchâtre (plutôt lamelleux que vitreux), du pyroxène presque vert-poireau et un peu de quarz non cristallisé. Ce porphyre stratifié est recouvert, vers le sud, du même conglomérat calcaire qui abonde sur le plateau de

14

Chilpansingo ; vers le nord (Sopilote , Estola, Mescala), d'un calcaire compacte , grisâtre et traversé de filons de carbonate de chaux. Le calcaire d'Estola n'est pas spongieux ou bulleux dans sa masse entière , comme la formation de Masatlan , mais il renferme de grandes cavernes isolées, comme le calcaire du Peregrino que nous avons décrit plus haut. Il ne m'est resté aucun doute, en voyageant dans ces montagnes, que les roches de la Cañada de Sopilote et de l'Alto del Peregrino sont identiques avec notre calcaire alpin (zechstein) de l'Europe, avec celui qui succède, selon l'âge de sa formation, au grès rouge, ou, lorsque celui-ci manque , aux roches de transition. Près de Mescala, un peu au nord de Sopilote, de riches filons argentifères, analogues aux filons de Tasco et de Tehuilotepec, traversent le calcaire alpin. Dans la vallée de Sopilote, la roche qui recouvre le porphyre du groupe de Zumpango , présente ces mêmes couches sinueuses et contournées que l'on voit à l'Achsenberg, au bord du lac de Lucerne, et dans d'autres montagnes de calcaire alpin en Suisse. J'ai observé que les couches supérieures de la formation de Sopilote et de Mescala passent progressivement au gris-blanchâtre, et que, dépourvues de filons de spath calcaire, elles offrent une cassure matte, compacte ou conchoïde. Elles se divisent, presque comme le calcaire de Pappenheim , en plaques très-minces. On diroit d'un passage du calcaire alpin au calcaire du Jura, deux formations qui se recouvrent immédiatement en Suisse, dans les Apennins et dans plusieurs parties de l'Amérique équinoxiale, mais qui, dans le Sud de l'Allemagne, sont séparées l'une de l'autre par plusieurs formations intercalées (par le grès de Nebra ou bunte sandstein , par le muschelkalk et le grès blanc ou quadersandstein).

Près du village de Sochipala, le calcaire alpin est couvert de gypse, et entre Estola et Tepecuacuilco, on voit sortir sous le calcaire alpin (dirigé tantôt N. 10° E. avec incl. 40° à l'est, tantôt N. 48° E. avec incl. 50° au sud-est) un porphyre vert d'asperge à base de feldspath compacte, divisé en strates très-minces, comme celui d'Achichintla, et presque dépourvu de cristaux disséminés. Cette roche ressemble au porphyre phonolitique (porphyrschiefer) du terrain de trachyte. Si l'on avance vers les mines de Tehuilotepec et de

Tasco, on trouve cette même roche recouverte d'un grès quarzeux à ciment argilo-calcaire, et analogue au *weiss liegende* (couche inférieure arénacée du zechstein) de la Thuringe. Ce grès quarzeux annonce de nouveau la proximité du calcaire alpin : aussi, sur ce grès et peut-être immédiatement sur le porphyre (comme c'est le cas à Zumpango et à l'Alto de los Caxones), on voit reposer, près du lac salé de Tuspa, une masse immense de calcaire alpin souvent caverneux, renfermant quelques pétrifications de trochus et d'autres coquilles univalves. Ce calcaire de Tuspa, indubitablement postérieur à tous les porphyres que je viens de décrire, renferme des couches de gypse spéculaire et des strates d'argile schisteuse et carburée qu'il ne faut pas confondre avec du grauwackeschiefer. Il est généralement gris-bleuâtre, compacte, et traversé par des filons de carbonate de chaux. Sur beaucoup de points, loin d'être caverneux, il fait passage à une formation blanche, très-compacte, analogue au calcaire de Pappenheim. J'ai été très-frappé de ces variations de texture, que nous avons observées également, M. de Buch et moi, dans les Apennins (entre Fosombrono, Furli et Fuligno), et qui semblent prouver que, là où les membres intermédiaires de la série n'ont pu se développer, les formations de calcaire alpin et de calcaire du Jura sont plus intimement liées qu'on ne l'admet généralement. Les riches filons d'argent de Tasco, qui ont donné jadis 160,000 marcs d'argent par an, traversent à la fois le calcaire et un thonschiefer qui passe au micaschiste; car, malgré l'identité des formations calcaires, également argentifères, de Tasco et de Mescala, la première de ces formations, partout où elle a été percée dans les travaux des mines (Cerro de S. Ignacio), n'a pas été trouvée superposée au porphyre comme le calcaire de Mescala, mais recouvrant une roche plus ancienne que le porphyre, un micaschiste (dir. N. 50° E.; incl. 40° — 60°, le plus souvent au N. O., quelquefois au S. E.) dépourvu de grenats et passant au thonschiefer primitif. J'ai dû entrer dans ces détails sur les terrains qui succèdent aux porphyres, parce que ce n'est qu'en faisant connoître la nature des *roches superposées* qu'on peut mettre les géognostes en état de prononcer sur la place que doivent occuper les porphyres mexicains dans l'ordre des formations. L'esquisse d'un tableau géognostique n'a de valeur qu'autant qu'on rattache la roche qu'on veut faire connoître, à celles qui lui succèdent immédiatement au-dessus et au-dessous. Les seuls faits oryctognostiques peuvent être présentés isolément : la géognosie positive est une science d'enchaînemens et de rapports, et l'on ne peut, en décrivant une portion quelconque du globe, borner son horizon et s'arrêter à telle ou telle couche qu'on veut étudier de préférence.

β. *Plateau central. Vallée de Mexico; terrain entre Pachuca, Moran et La Puebla.* Une énorme masse de porphyre de transition s'élève à la hauteur moyenne de 1200 à 1400 toises au-dessus du niveau de la mer. Elle est recouverte, dans la vallée de Mexico et au sud vers Cuernavaca et Guchilaque, de mandelstein basaltique et celluleux (en mexicain *tetzontli*); vers l'est et le nord-est (entre Tlascala et Totonilco), de formations secondaires. Il est probable que le porphyre, qui se cache d'abord sous le calcaire alpin de Mescala, puis dans les Llanos de San-Gabriel (près du pont d'Istla), sous des conglomérats trachytiques et sous un mandelstein poreux, est identique avec celui qui reparoît, 15 lieues plus au nord et 800 toises plus haut, sur les bords du lac de Tezcuco. C'est dans la belle vallée de Mexico que la roche porphyrique perce l'amygdaloïde celluleuse dans les collines de Chapoltepec, de Notre-Dame de la Guadeloupe et du Peñol de los Baños. Elle présente plusieurs variétés très-remarquables : 1.º grisrougeâtres, un peu argileuses, sans stratification distincte, renfermant en parties égales des cristaux d'amphibole et de feldspath commun (galerie creusée dans le rocher de Chapoltepec) ; 2.º noires ou gris-noirâtre (quelquefois fendillées et bulleuses), stratifiées par couches de 3 — 4 pouces d'épaisseur, à base de feldspath compacte, à cassure matte, unie ou imparfaitement conchoïde (ressemblant plus à la cassure de la lydienne qu'à celle du pechstein), renfermant de petits cristaux de feldspath vitreux et de pyroxène vert d'olive, presque dépourvues d'amphibole, souvent recouvertes à leur surface de superbes masses de hyalithe mamelonné ou verre de Müller (Peñol de los Baños, dir. N. 60° O., incl. 60° N. E.); 3.º rouges, terreuses, avec beaucoup de grands cristaux de feldspath commun décomposé (salines du lac de Tezcuco, là où d'anciennes sculptures aztèques couvrent le Peñol). Le porphyre de la vallée de Mexico offre non-seulement des sources d'eau potable qui sont amenées à la ville par de longs et somptueux aqueducs, mais aussi des eaux thermales acidulées, les unes chaudes et les autres froides. On y trouve, et ce fait est bien remarquable, comme dans le micaschiste primitif des environs d'Araya et de Cumana, du naphte et du pétrole (promontoire du Sanctuaire de Guadeloupe). Quoique ce porphyre sorte au-dessous de l'amygdaloïde poreuse, et qu'il se montre au jour (Cerro de las Cruces et Tiangillo, Cuesta de Varientos et Capulalpan, Cerro Ventoso et Rio Frio) dans tout le pourtour circulaire du bassin de Tenochtitlan, fond d'un ancien lac en partie desséché, ce n'est que vers le nord-nord-est seulement (Pachuca, Real del Monte et Moran) qu'il a été trouvé argentifère.

De riches filons traversent, depuis la mine de San-Pedro à la cime du Cerro Ventoso (1461 toises) jusqu'au fond de l'ancien puits de l'Encino (1170 toises) dans le Real de Pachuca, une masse de porphyre qui a plus de 1700 pieds d'épaisseur. Cette roche, que jadis on auroit appelée pétrosiliceuse ou hornsteinporphyr, est généralement gris-verdâtre, quelquefois vert de prase, à cassure écailleuse, offrant des fragmens à bords aigus. Sa pâte est probablement un feldspath compacte, chargé de silice : elle renferme, non du quarz et du mica, mais des cristaux de feldspath commun et d'amphibole. La dernière substance n'est généralement pas très-abondante, et lorsque le porphyre est argileux ou plutôt terreux, on ne reconnoit l'amphibole que par des taches à surface striée et d'un vert très-foncé. Les couches presque argileuses et plus tendres (thonporphyr de Moran) paroissent inférieures aux couches plus dures et plus tenaces. On trouve intercalés aux unes et aux autres des strates de phonolithe (klingstein) gris de fumée ou vert-poireau, divisés en tables ou feuillets très-sonores. Ce n'est cependant pas entièrement un porphyrschiefer du terrain trachytique; car la masse phonolithique n'offre pas des cristaux effilés de feldspath vitreux, mais des cristaux de feldspath commun blanc grisâtre, constamment accom-

piqués d'un peu d'amphibole. Tous ces porphyres argentifères de Moran et de Real del Monte sont très-régulièrement stratifiés (direction générale, comme dans la vallée
de Mexico, N. 60° O., incl. 50°—60° au N. E.) : ils n'offrent
des divisions en colonnes informes que dans les Organos
de Actopan (Cerro de Mamanchota, sommet 1527 toises)
et les Monjas de Totonilco el Chico. si toutefois la roche
des Organos, dont la masse a 5000 pieds d'épaisseur, en ne
comptant que les porphyres visibles au-dessus des plaines voisines. est identique avec la roche de Moran. La dernière
renferme un peu moins de cristaux d'amphibole; l'une et
l'autre de ces roches ne sont ni fendillées ni poreuses, et
c'est au pied des pics grotesques des Monjas que se trouvent
les riches filons de Totonilco el Chico.

Jusque-là tous les porphyres argentifères de Pachuca et de
Moran, que je viens de décrire, ne nous ont rien offert qui
les éloigne du terrain de transition : ils sont même recouverts,
entre les bains de Totonilco el Grande et la caverne de la
Madre de Dios ou Roche percée, d'énormes masses de formations calcaires, de grès et de gypse. La formation calcaire,
de 1000 pieds d'épaisseur, est gris-bleuâtre, compacte, non
poreuse, renfermant des filons de galène et des couches de
calcaire blanc presque saccharin à gros grains. C'est pour le
moins la formation alpine (alpenkalkstein), si ce n'est pas un
calcaire de transition, et les rapports de gisement qu'on observe entre cette roche calcaire et les porphyres de Moran et
de la Magdalena semblent caractériser ceux-ci comme décidément non trachytiques. En avançant à quatre ou cinq lieues
de distance des mines de Moran, par Omitlan, par les savanes
de Timxas, et par une vaste forêt de chênes vers le Jacal,
dont l'Oyamel ou la *Montagne des Couteaux* (Cerro de los Navajas) forme la pente occidentale, on entre dans un pays qui
offre, dans sa composition géognostique, la trace très-récente
des feux souterrains. On trouve d'abord au pied de l'Oyamel
un porphyre terreux blanc-grisâtre, renfermant des cristaux
de feldspath vitreux, et présentant presque la même direction (le même angle avec le méridien, N. 30° O.) que
les porphyres argentifères, mais une inclinaison (75° au
S. O.) diamétralement opposée. L'état de la végétation ne

permet pas de fixer les rapports de gisement entre les roches
de l'Oyamel et les porphyres de transition des mines d'argent de Moran. Les premières, qui sont encore dépourvues
d'obsidienne, servent de base à une roche blanc-rougeâtre,
à éclat émaillé, à cassure unie, quelquefois grenue, renfermant un peu de feldspath vitreux, et divisée en une infinité
de petites couches parallèles, souvent ondulées. Cette roche
est une perlite porphyrique lithoïde, ou plutôt un porphyre
trachytique non spongieux, non fendillé, dont la base passe
au perlstein. Un tel passage de la pâte pierreuse à une masse
composée de globules agglutinés, se manifeste même dans des
couches qu'à leur seul aspect on croiroit d'abord composées de
feldspath compacte ou d'un kieselschiefer terne et grisâtre. Aux
cristaux effilés de feldspath vitreux, disséminés dans la pâte, ne
se trouvent mêlés ni le mica noir, ni le quarz, mélange que
l'on observe dans la perlite de Tokai et de Schemnitz en
Hongrie.

L'abondance d'obsidienne que renferment les porphyres de
la montagne des Couteaux, et qui les rapproche des perlstein de Cinapecuaro, ne laisse pas de doute sur leur nature volcanique. Ils constituent des montagnes isolées, souvent jumelles, à couches perpendiculaires, rappelant, par
leur aspect, les collines de basalte et de trachyte des Monts
Euganéens. Ces masses volcaniques sont-elles sorties du sein
des porphyres de transition de Moran, ou existe-t-il un passage
des unes aux autres? Les roches de l'Oyamel sont-elles seulement superposées aux porphyres métallifères, comme le
sont les basaltes colonnaires de Regla? On se demande de
même si les porphyres noirs, souvent bulleux, de la vallée
de Mexico (Peñol de los Baños), recouverts d'amygdaloïde,
basaltiques et cellulaires, sont d'une origine différente
des porphyres qui se cachent (Totonilco el Grande) sous
le calcaire alpin? Dans cette même vallée de Mexico (en
avançant du lac de Tezcuco au nord vers Queretaro), on
voit sortir, à la Cuesta de Varientos, sous le mandelstein
volcanique, un porphyre terreux, rouge-brunâtre, sans
amphibole, mais abondant en cristaux effilés de feldspath
vitreux. C'est sur la prolongation des strates de cette roche
d'un aspect trachytique que reposent les formations secon-

daires et tertiaires (calcaire du Jura, gypse et marnes avec ossemens d'éléphans, à 1170 toises de hauteur), qui remplissent les bassins de l'Hacienda del Salto, de Batas et du Puerto de los Reyes. Dix lieues plus loin, à Lira, on trouve des roches porphyriques à base semi-vitreuse et vert-olive, recouvertes d'hyalithe mamelonnée et dépourvues de pyroxène. Ces roches enchâssent, outre un peu de feldspath, des grains de quarz : elles offrent en même temps de petites couches d'obsidienne intercalées. C'est, à n'en pas douter, un trachyte (roche à laquelle en Hongrie le quarz n'est pas non plus entièrement étranger). Or, comment distinguer les couches de porphyre trachytique des porphyres de transition qui les supportent immédiatement, lorsque les uns et les autres, au mélange près d'obsidienne et de perlite, ont une composition minéralogique si analogue ?

Cette difficulté embarrasse encore plus le voyageur géognoste, lorsqu'il sort de la vallée de Mexico, vers l'est, pour traverser l'arête de montagnes sur laquelle s'élèvent les deux volcans de la Puebla, l'Iztaccihuatl (*Femme-blanche*, 2456 toises) et le Popocatepetl (*Montagne fumante*, 2770 toises), Les roches porphyriques qu'on voit au jour près de la Venta de Cordova et de Rio frio, sont intimement liées aux trachytes du Grand-Volcan encore enflammé. Elles sont recouvertes de brèches ponceuses et de perlites avec obsidienne (entre Ojo del Agua et le fort de Perote), et servent de base (entre San Francisco Ocotlan, la Puebla de los Angeles, Totomehuacan, Tecali et Cholula ; entre Venta de Soto, El Pizarro et Portachuelo) à une puissante formation calcaire, tantôt compacte et bleu-grisâtre, tantôt à petits grains et blanche ou à couleur mélangée. Ce calcaire (de transition ou alpin ?) n'est certainement pas tertiaire, comme le sont les formations très-récentes de calcaire coquillier, de marnes et de gypse, que dans différentes parties du globe on voit placées, par lambeaux, sur le terrain trachytique. M. Sonneschmidt a vu, près de Zimapan, Xaschi et Xacala, un véritable calcaire de transition, gris-noirâtre et fortement carburé, reposer sur des porphyres entièrement semblables à ceux que nous venons de décrire dans le plateau central de la Nouvelle-Espagne. Quelques strates de ces porphyres de

Zimapan, de Xaschi et d'Ismiquilpan, renferment, comme
les grünstein porphyriques et les perlites de la Hongrie, et
comme le porphyre superposé au thonschiefer (de transition?)
de la fameuse montagne de Potosi, des grenats disséminés
dans la masse. Ils sont traversés de filons qui présentent cette
magnifique variété d'opale jaune-orangé que nous avons fait
connoître, M. Sonneschmidt et moi, sous le nom d'opale de
feu (feueropal), et qui a été retrouvée par M. Beudant
parmi les trachytes de Telkebánya. J'ai vu enchâssés dans
la pâte porphyrique de Zimapan, des globules rayonnés de
perlite gris-bleuâtre, ressemblant par leur couleur à de la
thermantide jaspoïde (porzellan-jaspis). On n'a point encore
éclairci les rapports de gisement entre ces porphyres, qu'on
croiroit trachytiques, et ceux qui supportent les grandes formations calcaires. Il est plus aisé de séparer les porphyres
métallifères des trachytes dans nos classifications artificielles
qu'à la vue même des montagnes.

7. *Groupe de porphyres de Guanaxuato.* C'est ce groupe qui
détermine le plus clairement l'âge relatif, ou, pour m'exprimer avec plus de précision, le *maximum* de l'ancienneté
des porphyres mexicains, si toutefois ceux dont nous venons
d'indiquer les gisemens sont d'une même formation que les
porphyres de Guanaxuato. La superposition de ces porphyres
sur des roches appartenant au terrain intermédiaire est manifeste. Près de la ferme de la Noria et dans la Cañada de
Queretaro, un porphyre vert d'olive schisteux, rempli de
feldspath vitreux en cristaux microscopiques, est superposé
à un thonschiefer de transition qui renferme de la lydienne.
Près de Guanaxuato, et surtout près de Santa Rosa de la
Sierra, cette superposition est également certaine. Les porphyres de ce district ont en général un gisement concordant
(une direction et une inclinaison parallèles) avec les strates
du thonschiefer. Ils sont éminemment métallifères, et le
fameux filon de Guanaxuato (Veta madre), faisant le même
angle avec le méridien que les filons de Zacatecas, de Tasco
et de Moran (N. 5o" O.), a été exploité successivement sur
une longueur de 12,000 toises et une largeur (*puissance*)
de 20 à 25 toises. Il a fourni en 250 ans plus de 180 millions
de piastres, et il traverse à la fois le porphyre et le schiste

de transition. La première de ces roches forme, à l'est de Guanaxuato, des masses gigantesques qui se présentent de loin sous l'aspect le plus étrange, comme des murs et des bastions. Ces crêtes, taillées à pic et élevées de plus de 200 toises au-dessus des plaines environnantes, portent le nom de *buffas*; elles sont dépourvues de métaux, paroissent soulevées par des fluides élastiques, et sont regardées par les mineurs mexicains, qui à Zacatecas les voient aussi placées sur un thonschiefer de transition éminemment métallifère, comme un indice naturel de la richesse de ces contrées. Lorsqu'on embrasse sous un même point de vue les porphyres de la Buffa de Guanaxuato, et ceux des mines jadis célèbres de Belgrado de San Bruno, de la Sierra de Santa Rosa et de Villalpando, on croit reconnoître dans leurs strates les plus récens des passages à des roches que l'on est généralement convenu en Europe de placer parmi les trachytes.

Dans les environs de Guanaxuato dominent les porphyres à pâte de feldspath compacte, vert de gris et vert d'olive, enchâssant du feldspath lamelleux (non vitreux), soit en cristaux presque microscopiques (Buffa), soit en cristaux très-grands (Mines de San Bruno et du Tesoro). L'amphibole décomposé, qui teint probablement en vert la masse entière de ces roches, ne se distingue que par des taches informes. En s'élevant vers la Sierra (Puerto de Santa Rosa, Puerto de Varientos), le porphyre est souvent divisé en boules à couches concentriques : sa pâte devient vert-noirâtre, semi-vitreuse (pechsteinporphyr), et renferme à la fois un peu de mica cristallisé et des grains de quarz. Près de Villalpando les filons aurifères traversent un porphyre vert de prase, à base de phonolithe, dans lequel on ne reconnoit que quelques petits cristaux effilés de feldspath vitreux. C'est une roche qu'on a de la peine à distinguer du porphyrschiefer trachytique : je l'ai vue couverte et d'un porphyre terreux blanc-jaunâtre (mine de Santa-Cruz), et d'un conglomérat ancien (boca de la mina de Villalpando), qui représente évidemment le grès rouge et dont les couches inférieures passent au grauwacke.

Les porphyres de la région équinoxiale du Mexique renferment, quoique bien rarement, outre quelques grenats

disséminés (Izmiquilpan et Xaschi), du mercure sulfuré (San-
Juan de la Chica ; Cerro del Fraile près de la Villa de San-
Felipe ; Gasave, à l'extrémité septentrionale de la vallée de
Mexico) ; de l'étain (El Robedal, et la Mesa de los Hernandez) ;
de l'alunite (Real del Monte, d'après M. Sonneschmidt).
Cette dernière substance semble rapprocher encore davantage
ces roches porphyriques des véritables trachytes ; quoique,
dans l'Amérique méridionale (péninsule d'Araya, Cerro del
Distiladero et de Chupariparu), j'aie vu un thonschiefer, qui
appartient plutôt au terrain primitif qu'au terrain intermédiaire, traversé par des filons, je ne dirai pas, d'alunite
(alaunstein), mais d'alun natif dont les Indiens vendent au
marché de Cumana des morceaux de plus d'un pouce de
grosseur. Le cinabre des porphyres de San-Juan de la Chica,
les couches argileuses du Durasno, mêlées à la fois de houille
et de cinabre, et placées sur un porphyre très-amphibolique,
sont des phénomènes bien dignes d'attention. Ceux des géognostes qui mettent (comme moi) plus d'importance au gisement qu'à la composition oryctognostique des roches, rap-
procheront sans doute les porphyres et argiles du Durasno des
dépôts de mercure que présente dans les deux mondes la formation de grès rouge et de porphyre (duché de Deux-ponts,
et Cuença, entre Quito et Loxa). Les dernières couches du
terrain de transition se trouvent partout dans une liaison intime avec les couches les plus anciennes du terrain secondaire.

Le célèbre filon argentifère de Bolaños a offert sa plus
grande richesse dans une amygdaloïde intercalée au porphyre. En Hongrie, en Angleterre, en Écosse et même en
Allemagne, des roches d'amygdaloïde et de porphyres appartiennent à la fois aux grauwackes, aux thonschiefer et calcaires de transition et au grès rouge ou grès houiller. Le
porphyre métallifère de Guanaxuato recouvre simplement
le thonschiefer : il n'y forme pas en même temps des couches
intercalées (comme dans le groupe §. 22); mais une syénite
analogue à celle que l'on voit dans la mine de Valenciana,
au milieu du thonschiefer intermédiaire, alterne des milliers
de fois, sur une surface de plus de vingt lieues carrées, avec
du grünstein de transition, entre la mine de l'Esperanza et le
village de Comangillas. Dans cette région, la roche syénitique

est dépourvue de métaux ; mais à Comanja elle est argentifère, comme elle l'est aussi en Saxe et en Hongrie.

b. Dans l'hémisphère austral. Entre les 5° et 8° de latitude j'ai
vu des roches porphyritiques, intimement liées entre elles,
couvrir les pentes orientales et occidentales des Andes du
Pérou. Ces roches reposent, soit sur un thonschiefer (de
transition?) traversé par des filons argentifères (Mandor, El
Pareton), soit, quand le thonschiefer manque, sur du granite. Les unes sont ou divisées en colonnes gigantesques
(Paramo de Chulucanas), ou très-régulièrement stratifiées
(Sondorillo). Leur base noire est presque basaltique ; elles
renferment plus de pyroxène que de feldspath, et alternent
(Quebrada de Tacorpo) avec des couches de jaspe et de
feldspath compacte. Ce dernier, dépourvu de cristaux disséminés, est noir comme de la pierre lydienne, et rappelle,
par sa couleur et son homogénéité, certains basanites des
monumens anciens. D'autres porphyres (N.tra S.ra del Carmen, au nord du village indien de San Felipe) ont une
apparence moins trachytique ; ils offrent de riches filons argentifères, et sont recouverts tantôt de couches de quarz de
trois ou quatre toises de large, tantôt d'un calcaire (alpin?)
compacte, bleu-noirâtre, traversé par de petits filons de
spath calcaire et rempli de coquilles pétrifiées (hystérolithes,
anomies, cardium, et fragmens de grandes coquilles polythalames, qui sont plutôt des nautilites que des ammonites). En
descendant (toujours sur la pente orientale des Andes) vers
Tomependa, aux bords de la rivière des Amazones, j'ai vu
entre Sonanga et Chamaya, le grès ancien (todtes liegende)
superposé à un porphyre terreux grisâtre, renfermant (comme
celui de Pucara) beaucoup d'amphibole et un peu de feldspath commun. Sur la pente occidentale des Andes, en approchant des côtes de la mer du Sud, on trouve (entre
Namas et Magdalena) des porphyres entièrement dépourvus
d'amphibole, et supportant cette grande formation de quarz
qui remplace dans cette région le grès rouge. J'ai indiqué
plus haut (§. 18) que ce porphyre, loin d'être primitif, m'a
paru le plus ancien des porphyres de transition. Ce résultat
n'a pu être énoncé qu'avec doute ; car, entre Ayavaca,
Zaulaca, Yamoca (§. 8) et Namas (province de Jaen de Bra-

camoros et intendance de Truxillo), il est bien difficile de déterminer avec certitude l'âge des granites, des syénites et des thonschiefer sur lesquels reposent les porphyres intermédiaires et les trachytes porphyriques. Lorsque les rapports de superposition ne sont pas entièrement connus, l'on ne doit prononcer qu'avec réserve sur un terrain d'une constitution géognostique si compliquée.

B. *Groupe de la Hongrie.*

C'est le terrain de syénite et de grünstein porphyrique qui renferme la principale richesse minérale de la Hongrie et de la Transylvanie (Schemnitz, Kremnitz, Hochwiesen et Kœnigsberg ; le Bannat, Kapnak et Nagyag). Nous faisons connoître ce terrain d'après les belles observations, encore inédites, de M. Beudant. La formation de Hongrie est beaucoup moins simple que celle du Mexique, avec laquelle on lui trouve d'ailleurs de grandes analogies. Les roches qui constituent sa masse principale, sont des roches porphyriques à base de feldspath compacte, colorée en vert : elles renferment, comme les porphyres de l'Amérique équinoxiale que j'ai fait connoître plus haut, de l'amphibole, et sont presque dépourvues de quarz. Cette dernière substance ne se montre que dans les couches subordonnées de syénite, de granite, de gneis et de grünstein compacte, auxquelles passe la roche porphyrique. Dans la Nouvelle - Espagne, les porphyres à filons aurifères et argentifères ont une pâte en apparence homogène, le plus souvent foiblement colorée ; en Hongrie, ce ne sont pas les vrais porphyres qui dominent, mais les grünstein porphyriques. D'après de simples considérations oryctognostiques, c'est-à-dire de composition, le terrain aurifère de Hongrie ressemble bien plus à la formation mexicaine d'Ovexeras, dans laquelle alternent des syénites et des grünstein plus ou moins porphyriques, qu'à ces grandes masses de porphyres que traversent les célèbres filons de Pachuca, Real del Monte, Moran et Guanaxuato (au sudest de la mine de Belgrado); mais, considérées géognostiquement, toutes ces roches de porphyre et de syénite, celles du Mexique et de la Hongrie, ne constituent qu'une seule formation, tantôt simple, tantôt composée (avec alternance).

Les roches porphyriques et syénitiques de Hongrie, les plus compactes comme les plus mélangées, renferment du carbonate de chaux, et font effervescence avec les acides. Ce caractère se retrouve dans les roches d'un gisement analogue du Mexique, mais non dans les trachytes qui leur sont superposés. Le feldspath vitreux est beaucoup plus rare dans les porphyres à base de grünstein de la Hongrie que dans les porphyres mexicains : il ne se rencontre (Hochwiesen, Bleihütte) que dans les strates supérieurs et terreux, surtout là où commence le terrain trachytique. Le fer oxidulé abonde lorsque l'amphibole se montre en cristaux très-distincts ; le grenat (que nous avons déjà indiqué plus haut dans les porphyres mexicains de Zimapan et dans ceux de Potosi, sur le revers oriental des Andes du Pérou) pénètre jusqu'au milieu des prismes d'amphibole. Quoique dans la grande formation de syénites et de grünstein porphyriques de la Hongrie les diverses variétés de roches passent fréquemment les unes aux autres, on remarque pourtant en général le type suivant d'association et de superposition : la partie inférieure de tout le système est formée par des syénites à gros et à petits grains, passant à un granite talqueux (Hodritz) et au gneis; la partie moyenne est composée tantôt de grünstein compacte, à pâte noire presque dépourvue de cristaux disséminés, tantôt de roches porphyriques, à base de feldspath pur, ou à base mélangée de feldspath et d'amphibole, enchâssant des cristaux de feldspath commun (lamelleux), de l'amphibole, un peu de mica et des grenats, très-rarement du quarz ; la partie supérieure offre des grünstein porphyriques terreux et particulièrement aurifères. C'est seulement cette dernière assise qui renferme quelquefois du feldspath vitreux, de la laumonite, du mica et (comme dans l'Amérique équinoxiale) des filons de jaspe rouge. Dans les grünstein terreux qui sont d'une structure plus simple, parce qu'ils n'alternent pas avec des syénites, des granites ou gneis de transition, on trouve (vallée de Glashütte) des masses compactes basaltiformes (divisées en prismes) et un grünstein porphyrique noir à base de feldspath amphiboleux. Ce grünstein enchâsse des aiguilles très-petites d'amphibole, des lamelles nombreuses de mica noir et des druses de quarz blanc et rouge.

Les couches subordonnées à la grande formation de syénite et grünstein porphyrique de Hongrie sont : des micaschistes (vallée d'Eisenbach), du quarz compacte, tantôt feuilleté et micacé, tantôt grenu, passant partiellement à un silex terne à cassure unie (bassin occidental de Schemnitz); du calcaire stéatiteux, jaune de soufre, verdâtre ou rougeâtre, avec grenats disséminés dans la masse, et accompagné de serpentine (Hodritz). Tout ce système de roches syénitiques et porphyriques est très-distinctement stratifié en Hongrie comme au Mexique; mais, dans le premier de ces deux pays, la direction et l'inclinaison des strates ne sont uniformes que dans un même groupe de montagnes. La nature du terrain sur lequel reposent les syénites et grünstein porphyriques de la Hongrie, n'est pas facile à déterminer avec certitude. M. Beudant les croit d'une formation plus récente que les grauwackes, qui ne se sont pas développés en Hongrie là où dominent les grünstein porphyriques. Des schistes talqueux, alternant avec des calcaires cristallins grisâtres, et appartenant probablement au terrain de transition le plus ancien, ont paru à ce savant géognoste, de même qu'à M. Becker, servir de base à la formation syénitique et porphyrique. Ce seroit une analogie de plus qu'offriroit cette formation avec le terrain homonyme du Mexique. En Hongrie, comme dans le nouveau continent, les porphyres, les syénites et les grünstein sont immédiatement recouverts de trachytes et de conglomérats trachytiques avec obsidiennes et perlites. En Auvergne (Mont-d'or, Cantal); dans les iles de la Grèce (Argentiera, Milo, Santorino), visitées par un excellent observateur, M. Hawkins; à Unalaska, exploré récemment par M. de Chamisso et par l'expédition du capitaine Kotzebue, ces mêmes rapports de gisement s'observent entre les trachytes et les porphyres de transition. A la montagne du Kasbek, dans la chaîne Caucasique, un porphyre intermédiaire, qui alterne avec de la syénite, du granite, du gneis et du thonschiefer de transition, renferme aussi du feldspath vitreux : il offre même dans quelques strates toutes les apparences d'un trachyte poreux. C'est ainsi que sur les points les plus éloignés du globe, en Amérique, en Europe et en Asie, nous voyons osciller les porphyres entre des roches de transition et des roches volcaniques très-anciennes.

C. *Groupe de la Saxe.*

Nous ne parlons point ici du porphyre qui forme avec le grünstein et le calcaire gris-noirâtre des couches subordonnées (Friedrichswalde, Seidwitzgrund) dans le schiste de transition (§. 22), mais de la grande formation de syénite et porphyre que Werner désignoit par le nom de *formation principale* (*Hauptniederlage*). Ce savant illustre distinguoit quatre terrains de porphyres : le premier formant des couches (ou plutôt des filons?) dans le gneis et le micaschiste primitifs ; le second alternant avec la syénite ; le troisième appartenant au grès houiller, et renfermant des grünstein, des rétinites et des amygdaloïdes agathifères ; le quatrième intercalé à des roches trappéennes (volcaniques). Ces quatre terrains, dont le premier ne constitue vraisemblablement pas une formation *indépendante*, sont, comme je l'ai exposé ailleurs (*Voyage aux régions équinoxiales*, T. I, p. 155), les porphyres intercalés aux roches primitives, les porphyres de transition, les porphyres secondaires et les trachytes (trapporphyre). La *formation principale* de porphyre et de syénite de Saxe repose sur des schistes de transition (avec grauwacke), et par conséquent, là où les thonschiefer ne se sont pas développés, sur des roches plus anciennes. La syénite qui alterne avec le porphyre (Meissen, Leuben et Prasitz ; Suhl) passe au granite et au gneis. Ce granite de transition est généralement à gros grains, composé de feldspath rougeàtre, de quarz gris de fumée, et de mica noir bien cristallisé (Dohna, Posewitz et Wesenstein). Le gneis de transition (Meissen) est plus rare que le granite, et forme des couches dans la syénite, comme en forment aussi le calcaire grenu et blanc (Naundorf) et un grünstein qui passe au basalte (Wehnitz). La présence de la formation de syénite qui renferme, dans la vallée de Plauen (comme en Norwége), quelques cristaux disséminés de zircon, ne se manifeste souvent que par des bancs de granite ; car la substitution, fréquente et locale, du mica à l'amphibole et de l'amphibole au mica, caractérise la formation syénitique, abondante en sphène brun (braunmenakanerz), qui est un silicate de titane et de chaux. Le porphyre non stratifié de Saxe a généralement une base rouge, grisâtre et argileuse (thonporphyr, résultat d'une décomposition du feldspath compacte); d'après M. Boué, quelquefois (vallée de Tharandt) cette base prend l'aspect du klingstein. Ce porphyre ne renferme presque pas d'amphibole, et n'est point dépourvu de quarz comme ceux du Mexique et de la Hongrie. On y trouve du feldspath commun, du quarz cristallisé en doubles pyramides hexaèdres, et quelquefois un peu de mica. Le groupe de porphyres et syénites de Saxe est un peu métallifère; la syénite stratifiée à bancs épais de Scharfenberg offre des filons d'argent, et le porphyre d'Altenberg contient quelquefois de l'étain.

C'est dans la vallée de Plauen, près de Dresde, que se trouve la roche à laquelle Werner a donné, le premier, le nom de *syénite*, croyant par erreur que les obélisques égyptiens conservés à Rome contenoient tous de l'amphibole. M. Wad (*Foss. ægypt. Musei Borgiani*, 1794. p. 6 et 48; Zoega, *de Obeliscis*, p. 648) a prouvé que ces obélisques, dont le plus beau, minéralogiquement parlant, est celui de Piazza Navona, sont un véritable granite avec mica noir aggloméré, sans amphibole. En effet, il n'existe point à Syène de formation indépendante de syénite et de porphyre intermédiaires; mais le granite primitif, peut-être d'une formation pas très-ancienne, y renferme de l'amphibole (comme à l'Orénoque; au Spitzberg près Krummhübel en Silésie; près Wiborg en Finlande) disséminé dans des couches subordonnées, non étendues et d'un prolongement peu régulier. Pour le géognoste classificateur la roche de Syène est un granite qui contient de l'amphibole: ce n'est point de la syénite. Quelques fragmens de cette roche, que l'on trouve isolés parmi les monumens égyptiens, ont trompé Werner par l'analogie oryctognostique qu'ils présentent avec la syénite de la vallée de Plauen.

Des formations de porphyre et de syénite entièrement semblables à celle de Saxe, et placées sur le schiste de transition et le grauwacke, sont communes au Thüringerwald: d'après M. Boué, en Moravie (entre Blansko, Brünn et Znaim); d'après M. Rozière, dans la péninsule du Mont Sinaï. Ces dernières méritent une attention particulière. Des roches intermédiaires schisteuses et arénacées couvrent une partie de l'Arabie pétrée. Au milieu de ces roches, qui renferment des conglomérats avec fragmens de granite et de porphyre (*brèche universelle d'Égypte*, dans le langage des antiquaires), sortent des syénites, et des porphyres à base de feldspath compacte silicifère, enchâssant des cristaux de feldspath lamelleux, un peu d'amphibole et, d'après M. Burckhardt, du quarz. Les porphyres sont généralement inférieurs à la syénite, et cette dernière, dont se composent probablement les *tables de la loi* que l'on croit enterrées à Djebel Mousa, est accompagnée de grünstein compacte noirâtre (golfe d'Akaba) et de grünstein porphyrique. Tout ce terrain de l'Arabie pétrée, dont j'ai pu examiner de nombreux échantillons, ressemble de la manière la plus frappante au terrain porphyrique et syénitique d'Ovexeras et de Guanaxuato, au Mexique. En substituant avec M. Rozière le mot *sinaïte* à celui de syénite, on auroit donné à la roche de transition qui est composée d'amphibole et de feldspath, et mêlée quelquefois d'un peu de quarz et de mica, un *nom géographique* plus exact, un nom qui (comme celui de calcaire du Jura) auroit rappelé non-seulement des rapports de composition, mais aussi des rapports de gisement.

D. *Groupe de la Norwége.*

§. 24. C'est le terrain décrit par deux géognostes célèbres, le professeur Haussmann et M. Léopold de Buch; c'est celui dans lequel la formation de granite postérieure à des roches calcaires, remplies de débris de corps organisés, s'est le mieux développée, et qui par conséquent a répandu le plus de jour sur la véritable nature des roches de transition. On n'avoit d'abord regardé cette classe de roches que comme une association de grauwacke, de schistes carburés et de calcaires noirs : peu à peu l'on reconnut que la grande masse de porphyres appelés long-temps porphyres primitifs appartenoit, soit au terrain de transition, soit même au grès rouge. On réunissoit aux porphyres intermédiaires les syénites de Meissen; mais, quoique ces dernières perdent l'amphibole et passent insensiblement au granite de transition (Dohna), la généra-

lité de ce phénomène, l'apparition nouvelle de roches granitoïdes, entièrement analogues aux roches primitives, et
recouvrant à la fois des porphyres noirs avec pyroxène et
des calcaires à orthocératites, ne commença à bien fixer l'attention des géognostes que lorsque les rives du golfe de Christiania furent décrites dans tous leurs merveilleux rapports
de superposition.

Les zircons, qui ont donné tant de célébrité à la syénite de
Holmstrand et de Stromsoë, se retrouvent abondamment dans
les syénites du Groënland méridional (d'après M. Giesecke,
près cap Comfort, à Kittiksut et à Holsteensberg) : ils sont aussi
disséminés en très-petites masses dans les syénites de Meissen
et de la vallée de Plauen. Cette substance, dans d'autres localités, appartient plutôt aux roches primitives (par exemple,
au gneis); car, quoique le zircon, le fer titané, le sphène,
l'épidote, le feldspath vitreux, le chiastolithe, la pierre lydienne, la diallage, l'amphibole et le pyroxène accompagnent
de préférence certaines formations, il ne faut point considérer
ces associations comme des caractères d'une valeur absolue.
L'accumulation des zircons dans les syénites de Christianiafiord
est, sous le rapport des questions géogoniques, beaucoup
moins remarquable que la multiplicité de vacuoles, la structure caverneuse et gercée de ces mêmes syénites de transition,
qui sont liées à des porphyres basaltiques et pyroxéniques.
Depuis que, par les analogies fréquentes que l'on a observées entre le terrain de porphyre et de syénite de Christiania
et les terrains de transition du Caucase, de la Hongrie, de
l'Allemagne, de la France occidentale, du Groënland et du
Mexique, les géognostes ne sont plus étonnés de la succession de roches feldspathiques et cristallisées aux grauwackes
et aux calcaires pétris d'entroques et d'orthocératites, l'apparition de ces mêmes roches cristallines dans le plus ancien
membre de la série des roches secondaires commence à fixer
leur attention. On a reconnu que, dans les deux mondes,
des masses cristallines, composées de feldspath et d'amphibole, ou de feldspath et de pyroxène, *oscillent* entre le
terrain volcanique, le terrain intermédiaire et le grès rouge.
Ces *oscillations*, ces intercalations de roches problématiques,
que l'on est tenté de regarder comme des effets d'une péné

tration successive de bas en haut, prouvent la liaison intime qui existe entre les couches les plus récentes du terrain de transition et les plus anciennes couches des terrains secondaires et volcaniques. Dans la partie méridionale du Tyrol, des masses de granite et de porphyre syénitique semblent même déborder du grès rouge dans le calcaire alpin ; et ces phénomènes curieux d'*alternance*, liés à tant d'autres plus anciennement connus, semblent condamner à la fois et la séparation du grès houiller des porphyres du terrain intermédiaire, et la *dénomination historique* et trop exclusive de terrains pyrogènes.

La grande formation des porphyres, des syénites et des granites de la Norwége, repose sur un terrain de schiste de transition qui renferme des couches alternantes de calcaire noir, de pierre lydienne et peut-être même (car le gisement dans ce point est moins évident) de granite. Le calcaire noir (Aggerselv, Saasen) est pétri d'orthocératites de plusieurs pieds de longueur, d'entroques, de madrépores, de pectinites et (quoique très-rarement) d'ammonites. Des filons de porphyre et de grünstein porphyriques de 2 à 15 toises d'épaisseur traversent le thonschiefer et le calcaire (Skiallebjerg) et préludent pour ainsi dire aux masses analogues de porphyres qui reposent, non immédiatement sur le thonschiefer, mais sur une roche arénacée (grauwacke) dont le thonschiefer est recouvert. Entre Stromsoë, Maridal et Krogskovn, le grauwacke, au lieu de se trouver en couches dans le thonschiefer auquel il appartient (§. 22), en forme comme une assise supérieure, de sorte que l'on y voit suivre de bas en haut : gneis primitif; thonschiefer de transition, alternant avec du calcaire à orthocératites ; grauwacke; porphyre avec des couches subordonnées de grünstein ; granite; syénite à zircons, alternant avec quelques couches de porphyres. Près de Skeen et de Holmstrand le calcaire à orthocératites a pris un tel développement, que le thonschiefer y manque entièrement; le grauwacke y est remplacé par une roche de quarz micacé. On y voit de bas en haut : du gneis primitif; du calcaire de transition ; la roche de quarz; le porphyre dont l'assise inférieure est du mandelstein ; la syénite à zircons. Les *porphyres* de Christianiafiord, mélangés par infiltration de carbonate de chaux, sont généralement brun-rougeâtre : ils offrent des cristaux quelquefois très-effilés de feldspath lamelleux, et sont presque dépourvus de quarz et d'amphibole. Le quarz cristallisé ne se montre qu'entre Angersklif et Revo. La pâte du porphyre devient parfois noire et boursouflée (Viig, Holmstrand). Dans cet état, la roche ressemble à du basalte, comme la syénite de la péninsule du mont Sinaï, et renferme des cristaux de pyroxène. M. de Buch, auquel j'emprunte tous ces faits importans, observe que les cristaux de feldspath disparoissent à mesure que la masse prend une teinte plus noire, phénomène que m'ont offert aussi plusieurs porphyres de transition du Mexique. Le mandelstein, dont les cavités alongées sont remplies de carbonate de chaux, et qui forme l'assise inférieure des porphyres norwégiens de Skeen et de Klaveness, rappelle le mandelstein du porphyre de Bolaños (province mexicaine de la Nouvelle-Galice), qui est traversé par un des plus riches filons argentifères. Les *syénites* de Christianiafiord, toujours placés au-dessus des porphyres, quoique alternant d'abord avec eux, sont composés (Waringskullen, Hackedalen) de beaucoup de grands cristaux de feldspath rouge, et de peu d'amphibole en très-petits cristaux. Le mica et le quarz n'y sont qu'accidentels. Quelques vacuoles anguleuses de la syénite offrent des cristaux de zircons et d'épidote. Le titane ferrifère, commun dans les deux mondes aux roches d'euphotide primitive et aux trachytes, se trouve parfois disséminé dans la masse des syénites à zircons.

VI. Euphotide de transition.

§. 25. Il faut distinguer, comme parmi les syénites, entre les bancs intercalés et les formations indépendantes. Des couches de serpentine se trouvent intercalées dans le weisstein (§. 4), dans le micaschiste primitif (§. 11) et dans le thonschiefer de transition (§. 22). Quant aux terrains indépendans d'euphotide (gabbro), qui souvent sont d'une structure très-compliquée, on peut en compter pour le moins deux, même en rejetant la formation non recouverte et assez douteuse de Zöblitz en Saxe. La première de ces formations indépendantes se trouve ($. 19) sur la limite des terrains primitifs et intermédiaires : c'est celle que M. de Buch a fait connoître en Norwége (Maggeroe, Alten), et M. Beudant en Hongrie (Dobschau). La seconde formation appartient aux terrains de transition les plus nouveaux ; elle se trouve sur la limite des roches intermédiaires et secondaires. On a regardé comme plus récente encore la serpentine liée à la formation d'*ophite*, observée par M. Palassou dans les Pyrénées (vallée de Baigorry, Riemont) et dans le département des Landes. Mais cet ophite est un grünstein, mélange intime de feldspath, d'épidote et d'amphibole, auquel sont intercalés des bancs de serpentine (Pousac); il passe, par le changement dans la proportion des élémens, tantôt à la syénite, tantôt au granite graphique. M. Boué, qui a récemment examiné cet ophite sur les lieux, le croit une formation de transition, recouverte de grès bigarré, d'argile et de gypse secondaire.

Dans l'Amérique équinoxiale, la grande formation d'euphotide de transition (celle qui constitue le dernier membre de la série des roches intermédiaires) semble presque constamment liée (comme dans le Piémont, entre le Mont Cervin et le Breuil) à des roches amphiboliques. Sur le bord septentrional des Llanos de Venezuela, recouvertes de grès rouge, entre Villa de Cura et Malpasso, on voit des masses considérables de serpentine reposer sur un thonschiefer vert et sur un calcaire de transition, quelquefois immédiatement sur le gneis primitif. Un grünstein à petits grains forme des couches à la fois dans le thonschiefer et dans la serpentine. Celle-ci est même quelquefois mêlée de feldspath et d'amphibole. Les schistes verts et bleus, le grünstein, le calcaire noir, et la serpentine traversée par des filons de cuivre, ne forment qu'un seul terrain, qui est recouvert et intimement lié à des amygdaloïdes pyroxéniques et à de la phonolithe. J'ai décrit ce gisement remarquable des roches serpentineuses de Venezuela dans le 16.e chapitre de mon *Voyage aux régions équinoxiales de l'Amérique.*

Dans l'île de Cuba la baie de la Havane sépare le calcaire du Jura d'une formation d'euphotide dont les couches les plus basses alternent, non avec du grünstein, mais avec une véritable syénite de transition composée de beaucoup de feldspath blanc , d'amphibole décomposé et d'un peu de quarz. Les strates alternans de la syénite et de la serpentine ont jusqu'à trois toises d'épaisseur ; l'assise supérieure de cette formation mixte est de la serpentine , formant des collines de 5o à 4o toises de hauteur , abondant en diallage métalloïde , et traversée de filons remplis de belles calcédoines, d'améthystes et de minérais de cuivre. Cette roche est confusément stratifiée (par groupes. N. 55° E. ; incl. de 6o° au S.O. ou N. 90 E. ; incl. de 5o° au N.) ; il en sort des sources de pétrole et d'eau chargée d'hydrogène sulfuré.

A ce même terrain d'euphotide de transition (§. 25) semblent appartenir et la formation d'Écosse (Girvan et Bellantraë). composée, d'après M. Boué, de serpentine , de roches hypersthéniques et de syénite, et la célèbre formation du Florentin (Prato, Monteferrato), décrite par MM. Viviani, Bardi, Brocchi et Brongniart. L'hypersthène remplace souvent (Écosse , et Gernerode en Allemagne) la diallage. Quant aux euphotides du Florentin , elles ont été récemment l'objet de discussions intéressantes. Elles renferment des lits de jaspe rougeâtre , quelquefois rubané , et paroissent superposées, d'après M. Brocchi, comme celles de Styrie , à des grauwackes et à des calcaires de transition. M. Brongniart pense que le terrain arénacé , ou, comme il le nomme, le terrain calcaréo-psammitique des Apennins, qui sert de base aux euphotides jaspifères, est ou une roche secondaire très-ancienne , ou une roche de transition très-moderne. Ce savant a fait connoître la liaison intime qui existe entre la serpentine d'Italie et le terrain jaspique. Ce dernier terrain constitue généralement l'assise inférieure des euphotides.

Ici se termine la série des formations intermédiaires. Nous avons donné plus d'étendue à leur description, parce que, tout en essayant de les présenter d'après une nouvelle classification par groupes, nous avons voulu fixer l'attention des géognostes sur divers phénomènes de gisement qu'offrent les montagnes peu connues du Mexique et de l'Amérique du Sud,

Terrains secondaires.

I. *Grand dépôt de houille, grès rouge et porphyre secondaire.* (Amygdaloïde, grünstein, rétinite.)

II. *Zechstein* (calcaire alpin, magnesian limestone), quelquefois intercalé au grès rouge. (Gypse hydraté, sel gemme.)

III. *Dépôts alternans, arénacés et calcaires* (marneux et oolithiques). placés *entre le zechstein et la craie.* Nous ne citerons ici que deux types très-analogues dans leurs rapports géognostiques, et en commençant chaque série par les roches les plus anciennes.

1.er Type.

Grès bigarré (à oolithes), et *argile* avec gypse fibreux et traces de sel gemme.

Muschelkalk (calcaire de **Gœttingue**).

Quadersandstein.

Calcaire du Jura en plusieurs assises: calcaire spongieux et caverneux; calcaire marneux avec ossemens d'ichthyosaures (lias); oolithes; calcaires à madrépores et à polypiers (coral rag); calcaire à poissons et crabes fossiles.

Argile avec lignites.

Grès et *sables verts* (craie chloritée ou plänerkalk).

2.e Type.

Red marl, terrain marneux avec gypse et sel gemme.

Terrain d'oolithes, dont l'assise inférieure est le lias.

Sables verts (green sand), qui représentent la craie chloritée.

IV. *Craie* blanche et grise, ou craie-tuffeau.

Terrains exclusivement volcaniques.

I. *Formations trachytiques.*

Trachytes granitoïdes et syénitiques.

Trachytes porphyriques (feldspathiques et pyroxéniques).

Phonolithes des trachytes.

Trachytes semi-vitreux.

Perlites avec obsidienne.

Meulières trachytiques celluleuses, avec nids siliceux.

(*Conglomérats trachytiques et ponceux,* avec alunites, soufre, opale et bois opalisé.)

II. *Formations basaltiques.*

Basaltes avec olivine, pyroxène et un peu d'amphibole.

Phonolithes des basaltes.

Dolérites.

Mandelstein celluleux.

Argile avec grenats-pyropes.

Cette dernière formation semble liée à l'argile avec lignites du terrain tertiaire sur lequel se sont souvent répandues des coulées de basalte.

TERRAINS TERTIAIRES.

Dépôts supérieurs à la craie. Leur ordre de succession diffère selon l'alternance des formations partielles qui se trouvent plus ou moins développées. Nous présentons le type le plus compliqué et le mieux connu :

Argiles plastiques avec lignites, succin et grès quarzeux. (Une formation à peu près parallèle, peut-être plus neuve encore, est la formation de molasse et nagelfluhe d'Argovie avec lignites et ossemens fossiles).

Calcaire (grossier) *de Paris.* Les couches supérieures et inférieures sont du grès.

Marnes et gypse à ossemens. Les assises inférieures sont du calcaire siliceux.

Grès et sables de Fontainebleau.

Terrain lacustre, ou d'eau douce, supérieur. (Meulières siliceuses. Calcaire d'OEningen, peut-être lié à la molasse. Travertin.)

Dépôts d'alluvion.

Suite des **TERRAINS EXCLUSIVEMENT VOLCANIQUES.**

(*Conglomérats et scories basaltiques.*)

III. *Laves* sorties d'un cratère volcanique. (Laves anciennes à larges nappes, généralement abondantes en feldspath. Laves modernes à courans distincts et de peu de largeur. Obsidiennes et ponces des obsidiennes.)

IV. *Tuffs des volcans* avec coquilles.

[Dépôts de calcaire compacte, de marne, de gypse et d'oolithes superposés aux tuffs volcaniques les plus modernes. Ces petites formations locales appartiennent peut-être aux terrains tertiaires. Plateau de Riobamba; Isles Fortaventura et Lanccrote.]

J'ai exposé plus haut les raisons pour lesquelles je fais succéder à la fois, comme par bisection, les terrains secondaires et volcaniques aux terrains de transition. Ces derniers se lient, par leurs grauwackes et leurs porphyres, comme par une grande accumulation de carbone, au grès rouge, aux porphyres secondaires et aux dépôts de houilles; ils se lient par leurs porphyres et syénites aux trachytes. Ces liaisons sont si intimes qu'on a souvent de la peine à séparer les porphyres, les amygdaloïdes bulleuses et les roches pyroxéniques appartenant au terrain de transition, soit des grès rouges avec bancs intercalés de porphyre et de grünstein, soit des formations exclusivement volcaniques. Je me sers de l'expression *terrain exclusivement volcanique,* pour rappeler que hors de ce terrain il peut y avoir des roches d'origine ignée, mais que nulle part ailleurs on n'en trouve une suite *moins interrompue* et moins contestée.

Terrains secondaires.

Ces terrains se sont très-inégalement développés sur le globe, et la cause de cette inégalité de développement est un des problèmes les plus intéressans de la géogonie ou *géologie historique*. Il est assez rare de trouver tous les membres de la série des formations secondaires et tertiaires réunis dans un même pays (Thuringe, Hanovre, Westphalie; Bavière; France septentrionale; centre et sud de l'Angleterre) : souvent de grandes formations, par exemple, le grès rouge ou le calcaire alpin, manquent entièrement; d'autres fois le second est contenu dans le premier comme une couche subordonnée; d'autres fois encore tous les termes de la série géognostique entre le calcaire alpin et le Jura, ou ceux qui sont postérieurs à la craie, se trouvent supprimés. Dans la péninsule Scandinave, sur les côtes de la Mer de Behring, et (si l'on excepte le grès des lignites que recouvrent les basaltes) même dans le Groënland, cette suppression s'étend sur tous les terrains secondaires et tertiaires. On a cru long-temps que ce phénomène bizarre étoit exclusivement propre à la zone la plus boréale, surtout à celle qui est contenue entre les 60° et 70° de latitude; mais, dans un immense espace de la Sierra Parime, près de l'équateur, entre le bassin de l'Amazone et celui du Bas-Orénoque (lat. 2° — 8°, long. 65° — 70°), j'ai aussi vu la formation primitive de granite-gneis non recouverte de terrains intermédiaires, secondaires et tertiaires. Lorsque l'absence des formations postérieures au développement des êtres organisés sur le globe n'est pas totale, ce sont plutôt les terrains calcaires que ceux de grès qui se trouvent supprimés; car chaque formation non schisteuse a des brèches et des conglomérats à fragmens ou grains plus ou moins gros, qui lui sont propres. Ces conglomérats sont de petits dépôts partiels qu'il ne faut pas confondre avec les grandes formations indépendantes de grauwacke, de grès rouge, de grès bigarré et de quadersandstein.

I. Houille, Grès rouge et Porphyre secondaire (*avec àmyg-daloïde, grünstein et calcaires intercalés*).

§. 26. Le grès houiller et le porphyre constituent une même formation (rothes todtes liegende), variable d'aspect, et d'une structure souvent très-compliquée. Des mandelstein celluleux, du grünstein, des roches grenues feldspathiques et pyroxéniques, des rétinites (pechstein) et quelques calcaires fétides appartiennent à cette formation comme bancs intercalés. Les minéralogistes anglois nomment *nouveau conglomérat rouge* (new red conglomerate d'Exeter et Teignmouth) notre formation de grès rouge et de porphyre, pour la distinguer de leur *grès rouge ancien* (old red sandstone de Mitchel Dean, dans le Herefordshire), qui est une roche arénacée (grauwacke) de transition, placée entre deux calcaires de transition, ceux du Derbyshire et de Longhope. Cette nomenclature, que le savant professeur d'Oxford, M. Buckland, a récemment éclaircie, a été la cause de beaucoup de méprises géologiques. Il seroit, je crois, très-utile pour les progrès de la science des gisemens, que l'on abandonnât peu à peu ces dénominations vagues de grès *anciens, intermédiaires* et *nouveaux*, de gypses et de grès *inférieurs* et *supérieurs*, de calcaires de *première, seconde* et *troisième* formation. Elles n'ont qu'une vérité relative dans tel ou tel lieu ; elles énumèrent ce qui est numériquement variable, selon les alternances et les suppressions des différens termes de la série.

Le terrain de transition n'offre pas seulement de l'anthracite ; il offre déjà de la véritable houille. On en trouve de petits dépôts en Angleterre dans l'old red sandstone (Bristol), dont les couches inférieures passent d'un conglomérat fin et marneux à un grauwacke très-compacte, et dans le mountain-limestone (Cumberland), qui est analogue au calcaire de transition de Namur en Belgique et de Prague en Bohême. Mais le grand dépôt de houille (coal measures) se trouve, comme nous l'avons dit plus haut, sur la limite des roches intermédiaires et secondaires. A cause de cette position même, la houille est quelquefois (Angleterre, Hongrie, Autriche au sud du Danube, Belgique) mêlée de couches arénacées liées à de véritables grauwackes ; d'autres fois (et c'est là le type le plus généralement reconnu sur le continent depuis les observations de Fuchs et de Lehman, faites vers l'an 1750), d'autres fois elle appartient à la grande formation de porphyre et de grès rouge. Dans le premier cas (Angleterre), les dépôts de houille suivent l'inclinaison des roches de transition auxquelles (comme l'ont judicieusement prouvé MM. Conybeare et Phillips) ils sont plus particulièrement liés; on les trouve tout aussi inclinés que les calcaires noirs et les grauwackes qu'ils surmontent. La série des formations horizontales et secondaires ne paroît alors commencer qu'avec le calcaire magnésien, qui représente le zechstein ou calcaire alpin. Dans le second cas (Allemagne; est de France), le dépôt houiller accompagne le grès rouge et le porphyre, quels que puissent être les terrains primitifs ou intermédiaires sur lesquels ces deux roches sont immédiatement placées. Cette union constante avec des roches superposées, et cette indifférence pour le terrain inférieur, sont les caractères géognostiques les plus sûrs de la dépendance ou de l'indépendance d'une formation. Souvent le grand dépôt de houille n'est ni recouvert de porphyre et de grès rouge, ni mêlé de couches arénacées appartenant au terrain intermédiaire. Souvent il est placé dans des bassins entourés de collines de grès rouge et de porphyre, et n'offre dans son toit que des couches alternantes d'argile schisteuse (schieferthon), tantôt gris-bleuâtre, tendres et remplies d'empreintes de fougères, tantôt compactes, carburées (brandschiefer) et pyriteuses. De minces strates de grès charbonneux (kohlenschiefer), de grès quarzeux passant au quarz grenu, de conglomérats à gros fragmens (steinkohlen-conglomerat) et de calcaire fétide, se rencontrent au milieu du schieferthon avant qu'on atteigne la houille. Ce sont de petites formations locales que présentent également, et dans des circonstances entièrement analogues, les dépôts d'argile muriatifère (salzthon), de sel gemme, de fer hydraté et de calamine, qui ne sont pas recouverts immédiatement par la grande formation de calcaire alpin. Malgré ces apparences d'isolement et d'indépendance, les houilles et le sel gemme n'en appartiennent pas moins, géognostiquement, les unes au grès rouge et l'autre au calcaire alpin ou zechstein. Les empreintes de fougères, comme l'ont observé très-bien MM. Voigt et Brongniart, caractérisent l'époque des véritables houilles, tandis que les argiles des lignites en sont dépourvues.

Dans la zone tempérée de l'ancien continent la houille descend jusque dans les lieux les plus bas du littoral. Près de New-castle-on-Tyne on trouve, au niveau et au-dessous du fond de la mer, cinquante-sept couches d'argile endurcie et de conglomérat, alternant avec vingt-cinq couches de houille. Au contraire, dans la région équinoxiale du nouveau continent, j'ai vu la houille intercalée au grès rouge s'élever, dans le plateau de Santa-Fé de Bogota (Chipo entre Canoas et le Salto de Tequendama; montagne de Suba; Cerro de los Tunjos), à 1360 toises de hauteur au-dessus du niveau de l'océan. L'hémisphère austral offre aussi des houilles dans les hautes Cordillères de Huarocheri et de Canta : on m'a même assuré que près de Huanuco elles se trouvent (intercalées au calcaire alpin?) très-près de la limite des neiges perpétuelles, à 2500 toises de hauteur, par conséquent au-dessus de toute végétation phanérogame. Les dépôts de houille abondent hors des tropiques dans le Nouveau-Mexique, au centre des plaines salifères du Moqui et de Nabajoa, et à l'est des montagnes rocheuses, comme aussi vers les sources du Rio Sabina, dans cet immense bassin couvert de formations secondaires que parcourent le Missoury et l'Arkansas. Des masses rhomboïdales fibreuses à éclat soyeux et colorant les doigts se trouvent enchâssées dans la houille compacte des deux continens; elles forment une espèce de brèche que les mineurs regardent comme renfermant des fragmens de bois charbonné. Quelquefois ces masses lustrées sont presque incombustibles, et deviennent une espèce d'anthracite à texture fibreuse (faserkohle d'Estner; mineralische holzkohle de Werner). On les trouve, selon les observations de MM. de Buch et Karsten, accumulées (Lagiewnick dans la haute Silésie) en bancs de 4 à 5 pouces d'épaisseur. Ce phénomène mérite une attention particulière; car les houilles qui enchâssent les fragmens à éclat soyeux, appartiennent au grès rouge le mieux caractérisé, et non aux lignites des argiles placées immédiatement au-dessous ou au-dessus de la craie. Dans la péninsule de la Crimée de vastes terrains présentent des alter-

nances sans nombre de couches d'argile schisteuse dépourvues de houilles, de conglomérats, de grünstein et de calcaires compactes. Est-ce là une formation de grès rouge,
renfermant des roches amphiboliques et alternant avec le
zechstein?

Il est difficile d'assigner un type général à l'ordre des
différentes assises qui constituent la grande formation §. 26.
La houille paroit le plus souvent au-dessous du grès rouge;
quelquefois elle est placée évidemment ou dans cette roche
ou dans le porphyre. Le porphyre pénètre et déborde de
différentes manières dans la formation du grès houiller: on
le voit parfois recouvrir immédiatement la houille; plus
généralement il surmonte le grès, et s'élève en dômes, en
cloches ou en rochers à pentes abruptes. Lorsque les terrains
de transition sont immédiatement recouverts de grès rouge
(Saxe), il est souvent assez difficile de décider si les porphyres que l'on rencontre dans la proximité des houilles sont
des porphyres de transition, ou s'ils appartiennent au grès
rouge. Il paroit d'ailleurs que les porphyres forment moins souvent de véritables couches, que des amas transversaux et entrelacés (stehende Stöcke et Stockwerke) dans le terrain houiller.
Ils varient beaucoup de couleur: ils sont violâtres, gris et
brun-rougeâtre ou tirant sur le blanc (Petersberg près de
Halle, Giebichenstein, Wettin), infiltrés de chaux fluatée, non
stratifiés, divisés quelquefois en tables minces, et accompagnés de *brèches porphyriques*. La pâte de ces porphyres, qui
enchâssent, outre le feldspath lamelleux, quelquefois stéatiteux, du quarz noirâtre, un peu de mica brun et d'amphibole, est généralement formée par du feldspath compacte.
Cette pâte passe au kaolin (Morl près Halle); d'autres fois
elle devient noire et presque basaltique (Lobegün en Saxe,
Schulzberg en Silésie), bulleuse et comme scorifiée (Pliz-
grund près Schmiedsdorf en Silésie), ou passant à la phonolithe (Zittau en Saxe). Dans les porphyres, les amygdaloïdes, les grünstein et les roches pyroxéniques du grès rouge,
on remarque quelquefois (Saxe, Silésie, Palatinat, Écosse)
ces mêmes analogies avec les roches exclusivement appelées
volcaniques, qu'on trouve dans les porphyres et syénites du
terrain intermédiaire (Hongrie, Norwége, Mexique, Pérou).

M. de Buch a vu en Silésie des porphyres du grès rouge abonder en cristaux d'amphibole (Reichmacher près Fried-land), ou enchâsser à la fois (Wildenberg près Jauer) du quarz et des cristaux effilés de feldspath vitreux. M. Boué observe que dans le grès rouge d'Écosse, qui, en général, est assez dépourvu de houille (à l'exception du comté de Dumfries), les roches trapéennes intercalées ont des vacuoles à enduit lustré, et alongées. Ces mandelstein bulleux du grès rouge prennent toute l'apparence de *coulées* volcaniques intercalées.

L'Allemagne offre, à son extrémité septentrionale (île de Rugen), de la craie et des terrains tertiaires; à son extrémité méridionale, dans le Tyrol (vallée de l'Eisack, Collmann, Botzen, Pergine, Neumarkt), les porphyres du grès rouge. La composition de ces porphyres du Tyrol est identique avec celle des porphyres du Mansfeld : ils renferment, outre le feldspath, le mica noir et le quarz brun de-girofle, un peu d'amphibole. La couleur rouge de leur pâte pénètre quelquefois jusque dans les cristaux de feldspath qu'ils enchâssent. Dans un voyage géognostique fait en 1795, j'ai trouvé ces porphyres assez régulièrement stratifiés, près de Botzen et de Brandsol (N. 25° O. incl. de 50° au S. E.). Ils offrent de petits dépôts de houille sur les bords de l'Adige, entre Saiss et S. Peter.

Dans toutes les parties de l'Europe, les porphyres secondaires offrent l'apparence d'un passage progressif au grès rouge. Quelques géognostes admettent que des cristaux isolés de feldspath se trouvent empâtés dans le ciment de la roche arénacée, ou qu'ils s'y sont développés; d'autres assurent (et avec plus de raison peut-être) que ces prétendus passages des porphyres aux brèches porphyriques et au grès rouge ne sont que l'effet d'une illusion produite par des *porphyres régénérés*, c'est-à-dire, par des agglomérats qui se sont formés à une époque où les fragmens empâtés étoient encore dans un état de ramollissement peu propre à conserver leurs contours au milieu du ciment interposé. Une brèche porphyrique (trümmerporphyr) près de Duchs en Bohème, que nous avons décrite, M. Freiesleben et moi, en 1792, et dans laquelle des grains informes de quarz sont mêlés à des cristaux brisés de quarz et de feldspath, peut répandre quelque jour sur un phénomène qui n'est point encore suffisamment éclairci. Il est bien remarquable, et cette observation a été faite depuis long-temps, que les porphyres manquent au nord des Alpes de la Suisse et du Tyrol, tandis qu'ils sont très-communs à la pente méridionale des Alpes, entre le lac Maggiore et la Carinthie.

Le *grès rouge* est généralement composé de fragmens de roches qui tirent leur origine des montagnes les plus voisines. Dans l'Allemagne septentrionale, ces fragmens sont plus souvent le quarz, la lydienne, le silex (hornstein), le porphyre, la syénite et le thonschiefer, que le gneis, le granite et le micaschiste. La couleur du grès rouge est très-variable : elle passe du brun-rougeàtre au gris (graue liegende); elle est même quelquefois mélangée par couches très-minces, comme dans le grès bigarré. La teinte rouge de cette formation est due, selon l'opinion de plusieurs géologues célèbres, aux parties ferrugineuses des porphyres voisins. Sans vouloir infirmer la justesse de cette observation pour ce qui regarde une partie de l'ancien continent, je dois pourtant énoncer quelques doutes relativement à l'influence des porphyres sur la formation du grès rouge dans les régions équinoxiales du nouveau continent. Le grès des vastes steppes de Venezuela est brun-rougeàtre, comme le *todte liegende* de Mansfeld ; il ne renferme pas de fragmens de porphyre, et à plusieurs centaines de lieues de distance on n'y connoît aucune couche de porphyre intermédiaire ou secondaire. Il en est de même des grès rouges de Fünfkirchen et de Vasas en Hongrie, décrits par M. Beudant.

Partout où, dans la formation §. 26, des conglomérats grossiers alternent avec des roches arénacées à petits grains, ces derniers passent au grès houiller schisteux et fortement micacé (sandsteinschiefer). Ces masses alternantes renferment de l'argile schisteuse grise, verdàtre ou brune. Lorsque cette argile est fortement carburée (kohlenschiefer) et bitumineuse, elle contient quelquefois (Suhl, Goldlauter) des minérais argentifères (du cuivre gris, de la galène et des pyrites cuivreuses). Elle offre des empreintes de poissons fossiles, et prend l'aspect du kupferschiefer appartenant au calcaire alpin.

D'un autre côté, la désagrégation de roches arénacées à petits grains forme des bancs de sable quarzeux et brunâtre (triebsand) au milieu des grès rouges les plus compactes (Walkenried et Bieber). Le ciment du grès houiller est quelquefois calcaire, et les parties de chaux carbonatée deviennent si fréquentes, qu'elles donnent à la roche une apparence de calcaire grenu et arénacé (montagnes houillères sur les limites de la Hongrie et de la Galicie). Ce sont là les *grès calcarifères* de M. Beudant, mêlés de grains verts chloriteux. Quant aux fragmens enchâssés dans les grès rouges, ils sont ou anguleux et fondus dans la masse, ou arrondis et aplatis comme les cailloux roulés de la nagelfluhe la plus récente. La formation de grès rouge qui constitue la majeure partie de l'Irlande, et qui est si commune dans l'Allemagne septentrionale, dans la Forêt-noire et dans les Vosges, manque (de même que la formation des porphyres) presque entièrement dans les hautes Alpes de la Suisse. Le Niesen appartient probablement déjà au grauwacke, et M. de Gruner croit que les environs de Mels, Bregentz et Sonthofen offrent les seuls conglomérats qui, par leur structure et leur gisement, se rapprochent du grès rouge. Dans les hautes Alpes, comme dans plusieurs parties de la Silésie (Schweidnitz) et de la Hongrie (Dunajitz), le grès rouge enchâsse pour ainsi dire le calcaire alpin et alterne avec lui : dans le cercle de Neustadt, en Saxe, le grès rouge manque entièrement.

Les couches subordonnées au grès rouge ou alternant avec lui sont les suivantes : calcaires fétides et schistes fortement carburés et bitumineux (kohlenschiefer de Freiesleben), qui annoncent la liaison intime du grès rouge avec le zechstein et avec les schistes marno-bitumineux (kupferschiefer) : grünstein, mélange de feldspath et d'amphibole (Noyant et Figeac en France), quelquefois même pyroxénique (Écosse) : mandelstein celluleux, quelquefois comme boursouflé, renfermant (Ihlefeld au Harz; rives de la Nahe, Oberstein et Kirn; Exeter, Heavitree) des agathes, de la calcédoine, de la prehnite et de la chabasie, et pénétrant comme par des crevasses dans la masse du grès rouge (Planitz en Saxe) : houilles alternant avec des argiles schisteuses à fougères : anthracites Schönfeld entre Altenberg et Zinnwald) appartenant plus particutièrement, d'après M. Beudant, au porphyre intercalé au grès rouge qu'à cette dernière roche : porphyres alternant d'abord avec le grès rouge et puis le surmontant en grandes masses rocheuses : pechstein (quarz résinite ou rétinite). Le vrai gisement du pechstein en Saxe a été reconnu par MM. Jameson, Raumer, Przystanowsky et Schenk. Cette substance forme un porphyre à base semi-vitreuse, renfermant du feldspath souvent fendillé, et très-peu de mica, d'amphibole et de quarz cristallisé (vallée de Triebitch). Le pechstein enchâsse des fragmens de gneis (Mohorn et Braunsdorf); il est traversé par de petits filons d'anthracite fibreuse (Planiz près Zwickau), et il alterne avec le porphyre commun du grès rouge. Ces porphyres et ces rétinites reposent (Nieder-Garsebach) sur la syénite de transition. M. Beudant, qui a récemment donné une description détaillée de ce gisement, a reconnu que le pechstein de Herzogswalde est enclavé dans un dépôt arénacé à pâte d'argilolithe (thonstein), dépôt qui enchâsse des fragmens anguleux de gneis et de micaschiste, et qui appartient au grès rouge. Le pechstein de Grantola au lac Maggiore offre le même gisement : celui d'Écosse contient du naphte. Au Pérou il y a des pechstein (gris de fumée, presque dépourvus de feldspath, renfermant du mica cristallisé), dans le chemin de Couzco à Guamanga. Ils y forment des montagnes entières; mais ce terrain, d'après les observations de M. de Nordenflycht, est subordonné, comme en Europe, au terrain porphyrique.

Toute la formation §. 26, que nous décrivons, est généralement caractérisée par l'absence des coquilles fossiles. Si l'on en trouve quelques-unes, elles appartiennent aux couches calcaires et aux schistes carburés (kohlenschiefer) qui sont intercalés au grès rouge, et non à la masse de celui-ci, qui n'abonde dans les deux hémisphères (plaines de la Thuringe, Kiffhäuser, Tilleda; plaines de Venezuela entre Calabozo et Chaguaramas; plateau de Cuença, au sud de Quito) qu'en troncs de bois fossile et autres débris de monocotylédonées. M. Brongniart fils croit cependant que les impressions de vrais palmiers manquent dans les houilles.

Dans la région équinoxiale du nouveau continent j'ai eu l'occasion d'observer le terrain de grès rouge au nord et au sud de l'équateur sur six points différens ; savoir : dans la Nouvelle-Espagne (de 1100 à 1500 toises de hauteur), dans les steppes ou Llanos de Venezuela (30 — 50 toises), dans la Nouvelle-Grenade (50 — 1800 toises), sur le plateau méridional de la province de Quito (1530 — 1600 toises), dans le bassin de Caxamarca au Pérou (1470 toises), et dans la vallée occidentale de l'Amazone (200 toises).

1.° *Nouvelle-Espagne*. Les schistes et les porphyres de transition de Guanaxuato (plateau d'Anahuac), dont nous avons donné plus haut (§§. 22, 23) une description détaillée, sont couverts d'une formation de grès rouge. Cette formation remplit les plaines de Celaya, de Salamanca et de Burras (900 toises): elle y supporte un calcaire assez analogue à celui du Jura et un gypse feuilleté. Elle remonte par la Cañada de Marfil aux montagnes qui entourent la ville de Guanaxuato, et se montre par lambeaux dans la Sierra de Santa Rosa près de Villalpando (1530 toises). Ce grès mexicain offre la ressemblance la plus frappante avec le *rothe todte liegende* du Mansfeld en Saxe: il enchâsse des fragmens constamment anguleux de lydienne, de syénite, de porphyre, de quarz et de silex (*splittriger hornstein*). Le ciment qui lie ces fragmens, est argilo-ferrugineux, très-tenace, brun-jaunâtre, souvent (près de la mine de Serena) rouge de brique. Des couches de conglomérat grossier, renfermant des fragmens de deux à trois pouces de diamètre, alternent avec un conglomérat très-fin, quelquefois même (Cuevas) avec un grès à grains de quarz uniformément arrondis. Les conglomérats grossiers abondent plus dans les plaines et dans les ravins que sur les hauteurs. Dans les couches les plus anciennes (mine de Rayas) j'ai cru voir un passage du grès rouge au grauwacke : les morceaux de syénite et de porphyre enchâssés deviennent très-petits ; leurs contours sont peu distincts, et ils paroissent comme fondus dans la masse. Il ne faut pas confondre ce conglomérat (frijolillo de Rayas) avec celui de la mine d'Animas, qui est gris-blanchâtre et renferme des fragmens de calcaire compacte. Souvent dans le grès rouge de Guanaxuato, comme dans celui d'Eisleben en Saxe, le ciment est si abondant (chemin de Guanaxuato à Rayas et à Salgado), que l'on n'y distingue plus de fragmens empâtés. Des couches argileuses de 3 à 4 toises d'épaisseur alternent alors avec le conglomérat grossier. Généralement, la grande formation de grès rouge, superposée au thonschiefer métallifère, ne paroît (Belgrado, Buffa de Guanaxuato) qu'adossée au porphyre de transition ; mais à Villalpando on la voit clairement reposer sur cette dernière roche. Je n'ai point trouvé de coquilles pétrifiées, ni de traces de houille et de bois fossile, dans les grès rouges de Guanaxuato. Ces substances combustibles se trouvent fréquemment en d'autres parties de la Nouvelle-Espagne, surtout dans celles qui sont moins élevées au-dessus du niveau de la mer. On connoît la houille dans l'intérieur du Nouveau-Mexique, non loin des rives du Rio del Norte. D'autres dépôts sont probablement cachés dans les plaines du Nuevo-Sant-Ander et du Texas. Au nord de Natchitoches, près de la houillère de Chicha, une colline isolée fait entendre de temps en temps, peut-être par l'inflammation du gaz hydrogène mêlé à l'air atmosphérique, des détonations souterraines. Le bois fossile est commun dans les grès rouges qui s'étendent vers le nord-est de la ville de Mexico. On le trouve également dans les immenses plaines de l'intendance de San-Luis Potosi, et près de la Villa de Altamira. La houille du Durasno (entre Tierra-Nueva et San-Luis de la Paz) est placée sous une couche d'argile renfermant du bois fossile, et sur une couche de mercure sulfuré qui recouvre le porphyre. Appartient-elle à des lignites très-récens ? ou ne doit-on pas plutôt admettre que ces substances combustibles du Durasno, ces argiles et ces porphyres semi-vitreux (pechstein-porphyre), globuleux et couverts d'hyalithe mamelonnée, porphyres qui, dans d'autres parties du Mexique (San-Juan de la Chica ; Cerro del Fraile près de la Villa de San-Felipe) renferment des dépôts de mercure sulfuré, sont liés à la grande formation du grès rouge ? Il n'est pas douteux que cette formation ne soit tout aussi riche en mercure dans le nouveau continent, que dans l'Allemagne occidentale ; elle l'est même là où manquent les porphyres (Cuença, plateau de Quito) ; et, si la réunion de filons d'étain à des filons de cinabre, dans les porphyres de San-Felipe, paroît éloigner au premier abord les roches porphyriques qui abondent en mercure, de ceux du grès rouge, il faut se rappeler que les thonschiefer et porphyres de transition (Hollgrund près Steben, Hartenstein) sont aussi en Europe quelquefois stanniféres.

Je place à la suite du grès houiller de Guanaxuato une formation un peu problématique, que j'ai déjà décrite, dans mon *Essai politique sur la Nouvelle-Espagne*, sous le nom de *lozero* ou d'agglomérat feldspathique : c'est une roche arénacée, blanc-rougeâtre, quelquefois vert de pomme, qui se divise, semblable au grès à dalles (*Leuben-* ou *Waldplattenstein* de Suhl), en plaques très-minces (*lozas*) : elle renferme des grains de quarz, de petits fragmens de thonschiefer, et beaucoup de cristaux de feldspath en partie brisés, en partie restés intacts. Ces diverses substances sont liées ensemble dans le *lozero* du Mexique, comme dans la roche à aspect porphyrique de Suhl, par un ciment argilo-ferrugineux (Cañada de Serena et presque toute la montagne de ce nom). Il est probable que la destruction du porphyre a eu la plus grande influence sur la formation du grès feldspathique de Guanaxuato. Le minéralogiste le plus exercé seroit tenté de le prendre au premier abord pour un porphyre à base argileuse ou pour une brèche porphyrique. Autour de Valenciana le *lozero* forme des masses de 200 toises d'épaisseur : elles excèdent en élévation les montagnes formées par le porphyre intermédiaire. Près de Villalpando, un agglomérat feldspathique à très-petits grains alterne par couches d'un à deux pieds d'épaisseur, vingt-huit fois, avec de l'argile schisteuse brun-noirâtre. Partout j'ai vu reposer cet agglomérat ou *lozero* sur le grès rouge, et à la pente sud-ouest du Cerro de Serena, en descendant vers la mine de Rayas, il m'a paru même assez évident que le *lozero* forme une couche dans le conglomérat grossier de Marfil. Je doute par conséquent que cette formation remarquable puisse appartenir à des *conglomérats trachytiques ponceux*, comme M. Beudant semble l'admettre d'après l'analogie de quelques roches de Hongrie. Souvent le ciment argileux devient si abondant que les parties enchâssées sont à peine visibles, et que la masse passe à l'argilolithe (thonstein) compacte. Dans cet état le *lozero* offre la belle pierre de taille de Queretaro (carrières de Caretas et de Guimilpa), qui est si recherchée pour les constructions. J'en ai vu des colonnes de quatorze pieds de haut et de deux pieds et demi de diamètre, rouge de chair, de brique ou de fleurs de pêcher. Ces belles couleurs, en contact avec l'atmosphère, passent au gris, probablement par l'action de l'atmosphère sur le manganèse dendritiforme que renferme la roche dans ses fissures. La cassure des colonnes de Queretaro est unie, comme celle de la pierre lithographique du Jura. Ce n'est qu'avec peine que l'on découvre dans ces argilolithes quelques fragmens extrêmement petits de thonschiefer, de quarz, de feldspath et de mica. Je ne déciderai pas si les cristaux non brisés du *lozero* ou grès feldspathique se sont développés dans la masse même, ou s'ils s'y trouvent accidentellement. Je me borne à rappeler ici qu'en Europe le grès rouge et ses porphyres sont aussi quelquefois caractérisés par une *suppression locale* de cristaux et de fragmens enchâssés. Le *lozero* me paroit une formation de grès superposée, peut-être même subordonnée au grès rouge ; et si l'ancien continent ne nous offre pas une roche entièrement semblable, nous voyons du moins les premiers germes de ce genre de structure pseudo-porphyrique dans les bancs de grès à cristaux de feldspath, brisés ou intacts, qu'enchâsse quelquefois la grande formation de grès rouge du Mansfeld et du Thuringerwald. (Freiesleben, *Kupf.*, *B. IV*, p. 82, 85, 95, 194.)

2.° *Venezuela*. Dans l'Amérique méridionale, les immenses plaines de Venezuela (Llanos du Bas-Orénoque) sont en grande partie recouvertes de grès rouge et de terrains calcaires et gypseux. Le grès rouge y est disposé en *gisement concave* (muldenförmige Lagerung) entre les montagnes du littoral de Caracas et celles de la Parime ou du Haut-Orénoque. Il s'adosse au nord à des schistes de transition ; au sud il repose immédiatement sur le granite primitif. C'est un conglomérat à fragmens arrondis de quarz, de pierre lydienne et de kieselschiefer, réunis par un ciment argilo-ferrugineux, brun-olivâtre et extrêmement tenace. Ce ciment est quelquefois (près de Calabozo) d'un rouge si vif, que les gens du pays l'ont cru mêlé de cinabre. Le conglomérat à gros grains y alterne avec un grès quarzeux à grains très-fins (Mesa de Paja). L'un et l'autre enchâssent de petites masses de fer brun et du bois pétrifié de monocotylédonées. Cette formation arénacée est recouverte (Tisnao) par un calcaire compacte gris-blanchâtre, analogue au calcaire du Jura. Au-dessus de ce calcaire on trouve (Mesa de San-Diego et Ortiz) du gypse lamelleux alternant avec des couches de marne. Je n'ai vu de coquilles fossiles dans aucune de ces couches arénacées, calcaires, gypseuses et marneuses. Le ciment du conglomérat ne fait nulle part effervescence avec les acides ; et par son gisement et sa composition le grès des steppes de Venezuela m'a paru très-éloigné du *nagelfluhe* (grès à lignites) du terrain tertiaire, avec lequel il a une certaine analogie d'aspect par la forme arrondie des fragmens enchâssés. Ces formations arénacées et calcaires ne s'élèvent pas au-dessus de 30 à 50 toises de hauteur absolue. Dans la partie orientale du Llano de Venezuela (près Curataquiche) on trouve dispersés, à la surface du sol, de beaux morceaux de jaspe rubané ou *cailloux d'Égypte*. Appartiennent-ils au grès rouge, ou sont-ils dus, comme près de Suez, à un terrain plus moderne ?

3.° *Nouvelle-Grenade*. Une formation de grès d'une étendue prodigieuse couvre, presque sans interruption, non-seulement les plaines septentrionales de la Nouvelle-Grenade, entre Mompox, le canal de Mahates et les montagnes de Tolu et de Maria, mais aussi le bassin du Rio de la Magdalena (entre Teneriffe et Melgar) et celui du Rio Cauca (entre Carthago et Cali). Quelques fragmens épars de grès schisteux et charbonneux (*kohlenschiefer*) que j'ai trouvés à l'embouchure du Rio Sinu (à l'est du golfe de Darien), rendent probable que cette formation s'étend même vers le Rio Atrato et vers l'isthme de Panama. Elle s'élève à de grandes hauteurs, non sur le rameau intermédiaire ou central de la Cordillère (Nevados de Tolima et de Quindiù), mais sur les rameaux oriental (Paramos de Chingasa et de Suma Paz) et occidental (montagnes entre le bassin du Rio Cauca et le terrain platinifère du Choco). J'ai pu suivre ce grès de la Nouvelle-Grenade, sans le perdre de vue un seul instant, depuis la vallée du Rio Magdalena (Honda, Melgar, 130 — 188 t.), par Pandi, jusqu'au plateau de Santa-Fé de Bogota (1365 t.), et même jusqu'au-dessus du lac de Guatavita et de la chapelle de Notre-Dame de Montserrate. Il s'adosse à la Cordillère orientale (celle qui sépare les affluens du Rio Magdalena des affluens du Meta et de l'Orénoque) jusqu'à plus de 1800 toises de hauteur au-dessus du niveau de l'océan. J'insiste sur ces notions de géographie minéralogique, parce qu'elles fournissent de nouvelles preuves de l'énorme épaisseur qu'atteignent les roches dans les régions équinoxiales de l'Amérique. Plusieurs terrains secondaires (grès avec couches de houille, gypse avec sel gemme, calcaire presque dépourvu de pétrifications), que dans le plateau de Santa-Fé de Bogota on seroit tenté de prendre pour un groupe de formations locales remplissant un bassin, descendent jusque dans des vallées dont le niveau est de 7000 pieds plus bas que ce plateau. En allant de Honda à Santa-Fé de Bogota, le grès est interrompu, près de Villeta, par des thonschiefer de transition; mais la position des sources salées de Pinccima et de Pizara près de Muzo me porte à croire qu'aussi de ce côté-là, sur les rives du Rio Negro (entre les schistes amphiboliques et carburés de Muzo, renfermant des émérandes, et les schistes de transition avec filons de cuivre de Villeta), le grès houiller et le gypse muriatifère du plateau de Bogota et de Zipaquira se lient aux terrains homonymes qui remplissent le bassin du Rio Magdalena entre Honda et le détroit de Carare.

Ce grès de la Nouvelle-Grenade (là où j'ai pu l'examiner entre les 4° et 9½° de lat. bor.) est composé de couches alternantes de grès quarzeux et schisteux à petits grains, et de conglomérats qui enchâssent des fragmens anguleux (ayant 2 à 3 pouces de largeur) de pierre lydienne, de thonschiefer, de gneis et de quarz (Honda, Espinal). Le ciment est argileux et ferrugineux, quelquefois siliceux. Les couleurs de la roche varient du gris-jaunâtre au rouge-brunâtre. Cette dernière couleur est due au fer : aussi trouve-t-on partout de la mine de fer brun, très-compacte, enchâssée en nids, en petites couches et en filons irréguliers. Le grès est stratifié en bancs plus ou moins horizontaux. Quelquefois ces bancs inclinent par groupes et d'une manière assez constante. Près de Zambrano, sur la rive occidentale du Rio Magdalena, au sud de Teneriffe, la roche prend une structure globuleuse. J'y ai vu des boules de grès à très-petits grains de deux à trois pieds de diamètre : elles se séparent en douze ou quinze couches concentriques. La pierre lydienne du plus beau noir, rare-

ment traversée de filets de quarz, est beaucoup plus abondante dans les conglomérats grossiers que ne le sont les fragmens
de roches primitives. Partout le grès schisteux à petits grains
l'emporte, pour sa masse, sur les conglomérats à gros fragmens.
Sur les hauteurs (au-dessus de 800 à 1000 toises) les derniers
disparoissent presque en entier. Le grès du plateau de Bogota
et celui que l'on observe en montant aux deux chapelles
placées au-dessus de la ville de Santa-Fé, à 1650 et 1687 toises
d'élévation, sont uniformément composés de très-petits grains
quarzeux. On n'y remarque presque plus de fragmens de
lydienne ; les grains de quarz se rapprochent tellement que
la roche prend quelquefois l'aspect d'un quarz grenu. C'est ce
même grès quarzeux qui forme le pont naturel d'Icononzo.
Nulle part ces roches arénacées ne font effervescence avec
les acides. Outre la mine de fer brun et (ce qui est assez
curieux) outre quelques nids de graphite très-pur, cette
formation renferme aussi, et à toutes les hauteurs, des couches d'argile brune, grasse au toucher et non micacée. Cette
argile (Gachansipa, Chaleche, Montagne de Suba) devient
quelquefois fortement carburée et passe au brandschiefer.
Le sel purgatif d'Honda (sulfate de magnésie), si célèbre
dans ces contrées, se montre en efflorescence sur ces couches
argileuses (Mesa de Palacios près Honda). Nulle part le grès
ne présente différentes couleurs mélangées par zones, ni ces
masses d'argile non continues et à forme lenticulaire qui caractérisent le *grès bigarré* (bunte sandstein), c'est-à-dire, le grès
qui couvre le calcaire alpin ou zechstein. J'ai vu reposer
immédiatement la formation de grès que nous venons de
décrire, sur un granite rempli de tourmalines (Peñon de
Rosa au nord de Banco, vallée de la Magdalena ; cascade
de la Peña près Mariquita), sur le gneis (Rio Lumbi, près
des mines abandonnées de Sainte-Anne), sur le thonschiefer
de transition (entre Alto de Gascas et Alto del Roble au
nord-ouest de Santa-Fé de Bogota). On ne connoit aucune
autre roche secondaire sous le grès de la Nouvelle-Grenade.
Il renferme des cavernes (Facatativa, Pandi) et offre des
couches puissantes, non de lignite, mais de houille feuilletée
et compacte, mêlée de jayet (pechkohle), entre la Palma et
Guaduas (600 toises), près de Velez et la Villa de Leiva,

comme aussi dans le plateau de Bogota (Chipo près Canoas ; Suba ; Cerro de los Tunjos), à la grande hauteur de 1370 toises. Les restes de corps organisés du règne animal sont extrêmement rares dans ce grès. Je n'y ai trouvé qu'une seule fois des trochilites (?) presque microscopiques dans une couche d'argile intercalée (Cerro del Portachuelo, au sud d'Icononzo). Il se pourroit que ces houilles de Guaduas et de Canoas fussent un terrain plus récent, superposé au grès rouge ; mais rien ne m'a paru annoncer cette superposition. La houille piciforme (jayet, pechkohle) appartient sans doute de préférence aux lignites du grès tertiaire et des basaltes; mais elle forme aussi incontestablement de petites couches dans la houille schisteuse (schieferkohle) du terrain de porphyre et grès rouge.

Les formations qui recouvrent le grès de la Nouvelle-Grenade, et qui le caractérisent, je crois, plus particulièrement comme grès rouge dans la série des roches secondaires, sont le calcaire fétide (confluent du Caño Morocoy et du Rio Magdalena), et le gypse feuilleté (bassins du Rio Cauca près de Cali, et du Rio Bogota près de Santa-Fé). Dans ces deux bassins du Cauca et du Bogota, dont la hauteur diffère de près de 900 toises, on voit se succéder de bas en haut, très-régulièrement, les trois formations de grès houiller, de gypse et de calcaire compacte. Les deux dernières ne semblent constituer qu'un même terrain qui représente le calcaire alpin ou zechstein, et qui, généralement dépourvu de pétrifications, renferme quelques ammonites à Tocayma (vallée du Rio Magdalena). Le gypse manque souvent; mais à la grande élévation de 1400 toises (Zipaquira, Enemocon et Sesquiler) il est muriatifère, offrant dans l'argile (salzthon) des dépôts de sel gemme qui, depuis des siècles, sont l'objet de grandes exploitations.

D'après l'ensemble des observations que je viens de présenter sur le gisement du grès de la Nouvelle-Grenade, je n'hésite pas de regarder cette roche, qui a pris un développement de cinq ou six mille pieds d'épaisseur, et qui va bientôt être examinée de nouveau par deux voyageurs très-instruits, MM. Boussingault et Rivero, comme un grès rouge (todtes liegende) et non comme un grès bigarré (grès de

Nebra). Je n'ignore pas que des couches fréquentes d'argile
et de mine de fer brun appartiennent plus particuliérement
au grès bigarré, et que les oolithes manquent souvent aussi
dans ce grès. Je n'ignore pas qu'en Europe le grès bigarré
(placé au-dessus du zechstein) présente quelques traces de
houille, de petites couches de grès extrémement quarzeux
(quarz grenu) et du sel gemme, et que cette dernière substance lui appartient même exclusivement en Angleterre.
Toutes ces analogies me paroîtroient très-importantes, si
des couches de conglomérat grossier alternant (dans les
basses régions) avec des couches de grès à petits grains, si
des fragmens anguleux de pierre lydienne, et même de
gneis et de micaschiste, enchâssés dans des conglomérats
grossiers, ne caractérisoient pas le grès de la Nouvelle-Grenade comme parallèle au grès rouge ou grès houiller, c'est-
à-dire comme parallèle à celui qui supporte immédiatement
le calcaire alpin (zechstein), renfermant le gypse et le sel
gemme. Lorsque le grès bigarré (nord de l'Angleterre et
Wimmelburg en Saxe) présente quelquefois des fragmens de
granite et de syénite, ces fragmens sont arrondis et simplement enveloppés d'argile; ils ne forment pas un conglomérat
compacte et tenace à fragmens angulaires comme le grès rouge.
Cette dernière roche abonde, dans le Mansfeld comme dans
la Nouvelle-Grenade, en masses intercalées d'argile (Cresfeld, Eisleben, Rothenberg), et en petites couches de mine
de fer brun et rouge (Burgörner. Hettstedt). La structure
globuleuse qu'offre le grès de la vallée du Rio Magdalena se
retrouve dans le grès houiller de la Hongrie (Klausenburg),
dans le conglomérat blanchâtre de Saxe (weiss-liegendes de
Helbra) qui lie le grès houiller au zechstein, et, selon des
observations que nous avons faites, M. Freiesleben et moi,
en 1795, même près de Lausanne, dans la molasse d'Argovie
(grès tertiaire à lignites). C'est l'ensemble des rapports de
gisement qui détermine l'âge d'une formation, ce n'est pas
sa composition et sa structure seules. Les géognostes qui
connoissent les différens terrains de grès, non d'après des
échantillons de cabinet, mais par de fréquentes excursions
dans les montagnes, savent très-bien que, si (par la suppression du calcaire alpin, du muschelkalk, du calcaire du

Jura et de la craie) le grès rouge, le grès bigarré mélé d'argile, le quadersandstein qui n'est pas toujours blanc et très-quarzeux, et la molasse alternant avec des poudingues grossiers (nagelfluhe) étoient immédiatement superposés les uns aux autres, on auroit de la peine à prononcer sur les limites de ces quatre terrains arénacés, d'un âge si différent.

Le grès rouge de la Nouvelle-Grenade semble plonger, dans la partie septentrionale du bassin du Rio Magdalena (entre Mahates, Turbaco et la côte de la mer des Antilles), sous un calcaire tertiaire rempli de madrépores et de coquilles marines, et constituant, près du port de Carthagène des Indes, le Cerro de la Popa. Mais, lorsqu'on s'élève à la hauteur de 1400 toises, la formation de calcaire et de gypse que supporte le grès rouge, est couverte (Campo de Gigantes, à l'ouest de Suacha dans le bassin de Bogota) de dépôts d'alluvion dans lesquels j'ai trouvé d'énormes ossemens de mastodontes. D'après la tendance, peut-être trop générale, de la géognosie moderne à étendre le domaine des terrains intermédiaire et tertiaire aux dépens du terrain secondaire, on pourroit être tenté de regarder le grès de Honda, le gypse avec sel gemme de Zipaquira, et le calcaire de Tocayma et de Bogota, comme des formations postérieures à la craie. Dans cette hypothèse, les houilles de Guaduas et de Canoas deviendroient des lignites, et le sel gemme de Zipaquira, d'Enemocon, de Sesquiler et de Chamesa, entièrement dépourvu de débris végétaux, seroit une formation parallèle aux dépôts salifères (avec lignites) de la Galicie et de la Hongrie, que M. Beudant croit appartenir au terrain tertiaire. Mais l'aspect du pays; le manque presque total de corps organisés fossiles, observé jusqu'à 10,000 pieds de hauteur perpendiculaire; la puissance de ces couches arénacées et calcaires, uniformément répandues, dépourvues de rognons de silex et d'infiltrations siliceuses, très-compactes, et nullement mélangées de sables et d'autres matières incohérentes, s'opposent à ces idées, j'aurois presque dit, à ces empiètemens du terrain tertiaire sur le terrain secondaire. L'ensemble des phénomènes que j'ai exposés me fait croire que le grès de la Nouvelle-Grenade, enchàssant des fragmens de lydienne et des roches primitives, est le véritable grès rouge de l'an-

tien continent. On ignore si ce grés, que j'ai vu monter jusqu'à 1700 toises de hauteur à la pente occidentale de la Cordillère de Chingasa (Cordillère qui sépare la ville de Santa-Fé de Bogota des plaines du Meta), dépasse le sommet de cette grande chaine de montagnes, en se prolongeant vers les plaines de Casanare. On pourroit le soupçonner; car les dépôts de sel gemme et les sources de muriate de soude se suivent, en traversant la Cordillère orientale de la Nouvelle-Grenade, depuis Pinceima jusqu'aux Llanos du Meta (par Zipaquira, Enemocon, Tausa, Sesquiler, Gachita, Medina, Chita, Chamesa et El Receptor), du sud-ouest au nord-est, dans une même direction, sur une distance de plus de cinquante lieues. Dans toutes les régions du globe on observe cette disposition des sources salées par bandes (ou crevasses?) plus ou moins prolongées. Lorsque des plaines salifères de Casanare on avance vers l'Orénoque, les formations secondaires disparoissent peu à peu, et dans la Sierra Parime le granite-gneis se montre partout à découvert. Seulement sur les bords de l'Orénoque, près des grandes cataractes d'Atures et de Maypures, on retrouve de petits lambeaux de conglomérat ancien superposés à la roche primitive. Ce conglomérat enchâsse des grains de quarz et même (Isla del Guachaco) des fragmens de feldspath réunis par un ciment brun-olivâtre argileux et très-compacte. Le ciment, là où il abonde, offre une cassure conchoïde et passe au jaspe. Cette roche arénacée, que je crois appartenir au grès rouge des steppes de Venezuela, renferme des masses très-aplaties de mine de fer brun. Elle rappelle ces grès qui, dans la Haute-Égypte et en Nubie, reposent aussi immédiatement sur le granite-gneis des cataractes du Nil.

4.° *Plateau de Quito.* Dans l'hémisphère austral, les Cordillères de Quito m'ont offert la formation de grès rouge la plus étendue de celles que j'ai observées jusqu'ici. Cette roche couvre, à 1300 et 1500 toises de hauteur au-dessus du niveau de la mer, sur une longueur de vingt-cinq lieues, tout le plateau de Tarqui et de Cuença, devenu célèbre par les opérations des astronomes françois. Elle s'élève dans le Paramo de Sarar jusqu'à 1900 toises, et l'épaisseur de sa masse entière excède plus de 800 toises. Elle repose au nord

(Cañar, pente méridionale de l'Assuay) et au sud (Alto de Pulla près Loxa) sur du schiste micacé primitif. La formation de grès rouge de la province de Quito est colorée par de la mine de fer brun et jaune, dont elle renferme de nombreux filons. Le grès est généralement très-argileux, à petits grains de quarz peu arrondis; mais quelquefois aussi il est schisteux, et alterne, comme dans la Thuringe, avec un conglomérat qui enchâsse des fragmens de porphyre de trois, de cinq et même de neuf pouces de diamètre. On trouve dans cette formation : des couches d'argile, tantôt brune (Tambo de Burgay et rives de Vinayacu), tantôt blanche et stéatiteuse, passant à l'argilolithe (thonstein) des porphyres du grès rouge (Rio Uduchapa et Cerro de Coxitambo), et se couvrant, au contact avec l'air atmosphérique, de nitrate de potasse (Cumbe); des troncs de bois pétrifié de monocotylédones (ravin de Silcayacu, où j'en ai vu des morceaux de 4 pieds de long et de 14 pouces d'épaisseur); du goudron minéral fluide et endurci en asphalte à cassure conchoïde (Parche et Coxitambo); des silex (splittriger hornstein) passant au silex pyromaque ou à l'agathe (Delay); des filons de mercure sulfuré (Cerros de Guazun, et Upar au nord-est du village d'Azogues); des couches de manganèse oxidé noirâtre et pulvérulent (à l'ouest de la ville de Cuença); du calcaire grenu et lamelleux (Portete, au bord occidental du Llano de Tarqui). Cette formation calcaire, que dans ce pays on appelle très-improprement jaspe rubané, présente des couches alternantes de calcaire opaque et saccharoïde, semblable au marbre de Carare, et de calcaire fibreux et ondulé, en stries laiteuses. La masse entière est diaphane comme le plus bel albâtre oriental (le marbre memphitique ou phengites des anciens). J'aurois été tenté de prendre cette roche de Tarqui, qui est recherchée par les marbriers comme l'albâtre de Florence et le marbre de Tolonta (entre Chillo et Quito), pour une variété de travertin ou formation d'eau douce, si au sud de Cuença, au bord du Rio Machangara, elle ne m'avoit paru (d'après l'inclinaison de ses couches) intercalée au grès rouge que je viens de décrire. Il faut toutefois distinguer de ce marbre translucide et rubané de Tarqui, le calcaire grenu et opaque du Cebollar, qui vient au jour un peu au nord de Cuença, et qui, recouvert du grès rouge, est vraisemblablement (§. 10) superposé au micaschiste du Cañar. Dans les parties volcaniques des Andes, des plateaux ou bassins élevés sont remplis, les uns, de formations secondaires, couvrant des porphyres de transition ; les autres, de formations tertiaires et d'eau douce, superposées à des tuffs trachytiques. Ce n'est que lorsque des géognostes instruits se seront établis dans les grandes villes placées sur le dos des Cordillères, villes qui deviendront les centres de la civilisation américaine, que l'on pourra prononcer avec certitude sur ces lambeaux de terrains calcaires, gypseux et arénacés, que l'on trouve entre 1200 et 1600 toises de hauteur.

5." *Pérou.* La formation de grès rouge de Cuença, qui est recouverte sur plusieurs points de couches de gypse feuilleté (Muney, Juncay et Chalcay, à l'ouest de Nabon), se trouve répétée dans le Haut-Pérou, à 1460 toises de hauteur, dans le grand plateau de Caxamarca. Ce grès de Caxamarca est également argileux, dépourvu de coquilles et rempli de minérai de fer brun. Il m'a paru appuyé sur des porphyres d'un aspect trachytique (Cerros de Aroma et de Cundurcaga). Il supporte le calcaire alpin de Montan et de Micuipampa, qui est célèbre par ses richesses métalliques. Les eaux thermales hydrosulfureuses qui sortent des grès de Cuença (lat. austr. 2° 55′) et de Tollacpoma près Caxamarca (lat. austr. 7" 8′), ont presque la même température, 72° et 69° cent.

L'analogie qu'offrent les grès rouges de la Nouvelle-Grenade, du Pérou et de Quito, avec les grès rouges du pays où Füchsel (*Historia terræ et maris ex historia Thuringiæ eruta*) a donné la première description de la grande formation houillère, doit frapper tous les géognostes expérimentés. Je n'insisterai pas sur les phénomènes si connus de l'alternance des conglomérats grossiers et des grès à grains très-fins ; ni sur l'absence de tout fragment calcaire, fragmens dont on ne trouve qu'un exemple très-rare dans des poudingues du grès rouge des Pyrénées (vallée de Barillos) ; ni sur les couches intercalées de houille, d'argile, de fer brun et de calcaire : je me bornerai à rappeler dans les grès rouges de l'Allemagne les mines de mercure (Mörsfeld et Moschellandsberg dans le duché de Deux-ponts, comme Dombrava en

Hongrie) ; les bois pétrifiés de plantes monocotylédonées (Siebigkerode, Kelbra et Rothenburg, en Thuringe); les agathes, les silex communs et les silex pyromaques (horn- et feuerstein) passant à la calcédoine (Kiffhäuser, Wiederstädt, Goldlauter et Grossreina, en Saxe, dans le conglomérat grossier du grès rouge ; Oberkirchen et Tholey dans le duché de Deux-ponts ; Netzberg près Ilefeld, au Harz, dans le mandelstein du grès rouge); du bitume minéral (Naundorf et Gnölzig dans le comté de Mansfeld). Tous ces phénomènes se retrouvent dans la partie de l'Amérique équinoxiale que j'ai parcourue.

6.° *Rives de l'Amazone*. Le grand bassin de la rivière des Amazones offre, du moins dans sa partie occidentale, les mêmes phénomènes que nous avons indiqués en traçant le tableau géognostique des Llanos de Venezuela ou du bassin de l'Orénoque. Lorsqu'on descend du sommet des Andes granitiques de Loxa par Guancabamba aux rives du Chamaya, on trouve superposé aux porphyres de transition de Sonanga un grès à ciment argileux, couvert (entre Sonanga et Guanca) d'un calcaire qui renferme du gypse et du sel gemme. Ce grès de Chamaya remplit, à 190 et 260 toises de hauteur au-dessus du niveau de l'océan, les plaines de Jaen de Bracamoros. Il forme des collines à pentes abruptes, ressemblant à des fortifications en ruines. On y distingue des couches à petits grains arrondis de quarz, et des conglomérats grossiers, composés de galets de porphyre, de pierre lydienne et de quarz, de deux à trois pouces de diamètre. Les conglomérats grossiers sont assez rares : ils forment cependant le *pongo* de Rentema, et d'autres digues rocheuses qui traversent le Haut-Maragnon et entravent la navigation du fleuve. Parmi les fragmens enchâssés dans le grès de Chamaya, je n'en ai jamais pu découvrir un seul qui fût de roche calcaire. Cette circonstance, la présence des lydiennes empâtées dans la masse, l'alternance du grès à petits grains avec les conglomérats grossiers, partout si rares (Schochwitz en Saxe) dans le grès bigarré, enfin la superposition du zechstein et du gypse avec sel gemme au grès de l'Amazone, me font admettre l'identité de cette formation et de celles de Cuença et de Caxamarca, malgré la différence de hauteur absolue de plus de 1000 toises. Nous avons déjà vu ,·

dans la Nouvelle-Grenade , le grès houiller descendre du grand
plateau de Bogota aux plaines du Rio Magdalena. Une particularité bien remarquable, et qui paroît, au premier abord ,
éloigner le grès de l'Amazone et du Chamaya du grès rouge
de l'Europe, est l'intercalation de quelques couches de sable
à parties entièrement désagrégées. J'ai vu, entre Chamaya
et Tomependa, des bancs de grès quarzeux, de trois à quatre
pieds d'épaisseur, alterner avec des bancs de sable siliceux de
sept à huit pieds. Le parallélisme de ces couches peu inclinées se soutient à de grandes distances. Je n'ignore pas que
le mélange de sable et de grès solide caractérise plus particulièrement le grès bigarré, celui qui recouvre le zechstein
(Wimmelburg et Cresfeld en Saxe), et le grès tertiaire au-
dessus du gypse à ossemens (Fontainebleau près de Paris);
mais MM. Voigt et Jordan ont aussi trouvé des bancs de
sable (triebsand) dans le grès rouge ou houiller (Röhrig près
de Bieber, et le Kupferberg près Walkenried). On pourroit
croire que l'analogie que nous venons d'indiquer avec les
grès et sables marins du terrain tertiaire, se trouve fortifiée
jusqu'à un certain point par la fréquence des oursins pétrifiés que nous avons vus épars à la surface du sol, à la fois sur
les plages de l'Amazone, à 195 toises, et près de Micuipampa,
à plus de 1800 toises de hauteur; mais il se peut que, dans ces
régions si peu examinées jusqu'ici, des formations calcaires
très-neuves reposent sur le zechstein, et rien ne semble annoncer que le grès de Chamaya, alternant à la fois avec des
bancs de sable et des conglomérats à fragmens de porphyre
et de pierre lydienne, soit un grès tertiaire semblable à celui
du terrain parisien.

Je devrois peut-être placer immédiatement après le grès
houiller le zechstein ou calcaire alpin, parce que ces deux
roches ne constituent quelquefois qu'une seule formation ;
mais j'aime mieux décrire d'abord le terrain de quarz de Guan-
gamarca (flözquarz), parce qu'il est parallèle au grès houiller.
C'est un *équivalent géognostique* propre à l'hémisphère austral.

ROCHE DE QUARZ SECONDAIRE.

§. 27. Cette formation remarquable et entièrement inconnue aux géognostes de l'Europe domine, dans les Andes du
23.   17

Pérou, entre les 7° et 8° de latitude australe. Je l'ai vue reposer indifféremment sur des porphyres de transition (à la pente orientale des Cordillères, Cerro de N. S. del Carmen près S. Felipe, 982 toises; Paramo de Yanaguanga entre Micuipampa et Caxamarca, 1900 toises: à la pente occidentale des Cordillères, Namas et Magdalena, 690 toises), et sur du granite primitif (Chala, près des côtes de l'océan Pacifique, 212 toises). Cette superposition sur des roches d'un âge très-différent prouve l'*indépendance* de la formation que nous faisons connoître. Elle est beaucoup moins développée à la pente orientale qu'à la pente occidentale des Andes. A la seconde, elle atteint une épaisseur de plusieurs milliers de pieds, comptée perpendiculairement aux fentes de stratification : elle y remplace le grès rouge, supportant immédiatement (villages indiens de la Magdalena et de Contumaza) le zechstein ou calcaire alpin. C'est, ou la plus récente des formations de transition, ou la plus ancienne des formations secondaires : c'est un véritable quarz compacte ou grenu, non carié ou celluleux, le plus souvent blanc-grisâtre ou jaunâtre et opaque; il n'est mélangé ni de talc ni de mica. Cette formation est tantôt compacte et à cassure écailleuse, comme le quarz en bancs (lagerquarz du granite-gneis primitif); tantôt à grains très-fins, semblable au quarz du terrain calcaire de transition de la Tarantaise. Ce n'est par conséquent ni une roche arénacée, ni une variété de ces grès quarzeux à ciment silicifère, dans lesquels le ciment disparoît peu à peu, et qui appartiennent à la fois au grès bigarré (Detmold), au quadersandstein, au grès vert (green sand), à l'argile plastique (trappsandstein) et au terrain tertiaire (forêt de Fontainebleau). Les ravins profonds dont la pente des Cordillères est sillonnée, et le nombre immense de blocs arrachés de leur gîte naturel, facilitent l'observation de cette formation de quarz, qui est très-homogène et dépourvue de coquilles, comme aussi de couches subordonnées. Je l'ai examinée pendant plusieurs jours, croyant trouver dans une roche recouverte de zechstein et remplaçant le grès rouge, des traces de ciment, de grains ou de fragmens aglutinés : toutes mes recherches ont été inutiles; nulle part je n'ai pu me convaincre que ce quarz compacte ou grenu fût une roche arénacée ou fragmentaire. Elle est quelquefois très-régulièrement séparée en bancs de huit pouces à deux pieds d'épaisseur, dirigés (Aroma , Magdalena et Cascas) N. 55° — 68° O, et inclinés de 70° à 80° au S. E. A la pente orientale des Andes, aux rives du Chamaya, une couche de quarz semblable à celle que je viens de décrire, paroît intercalée à une formation de calcaire compacte, bleu-grisâtre. Ce calcaire n'est pas une roche de transition (comme on pourroit le croire à cause de la position du quarz compacte de Pesay et de Tines en Tarantaise, §. 20); le nombre et la nature de ses coquilles, comme la sinuosité de ses couches, semblent le rapprocher au contraire du zechstein ou calcaire alpin. Il n'est pas extraordinaire de voir une roche siliceuse, qui supporte un calcaire, pénétrer dans celui-ci et y former une couche intercalée. Cette pénétration s'observe aussi quelquefois, mais en filons (Cerro de N. S. del Carmen près San-Felipe), dans la formation sur laquelle repose la roche de quarz. Le calcaire alpin de San-Felipe recouvre cette roche, et celle-ci est placée sur un porphyre vert de transition, qui est traversé de filons de quarz de trois pieds d'épaisseur.

Il sera utile de rappeler, à la fin de cet article, qu'il ne faut pas confondre neuf formations de quarz et de grès quarzeux des terrains primitif, intermédiaire, secondaire et tertiaire, dont seulement la seconde et la quatrième sont *indépendantes*, tandis que les autres ne forment que des bancs subordonnés : 1.º quarz (lagerquarz) des granites-gneis, des micaschistes et des thonschiefer primitifs ; 2.º quarz chloriteux ou talqueux de Minas-Geraes du Brésil et de Tiocaxas dans les Andes de Quito : formation indépendante primitive, succédant au thonschiefer (§. 16), ou le remplaçant, comme en Norwége ; 5.º quarz compacte de transition, décrit par MM. Brochant, Haussmann et Léopold de Buch, et subordonné (§. 20) aux roches calcaires et schisteuses de la Tarantaise, de Kemi-Elf en Suède, et de Skeen en Norwége (§. 25) ; 4.º quarz secondaire (§. 27), parallèle au grès rouge, et pénétrant dans le calcaire alpin des Andes de Contumaza et de Huancavelica. A ces formations de quarz pur on peut joindre les masses entièrement quarzeuses, 5.º du grès bigarré ; 6.º du quadersandstein ; 7.º du grès vert ou grès secondaire à lignites, placé entre le calcaire jurassique et la craie ; 8.° du grès appartenant au grès tertiaire à lignites (argile plastique) au-dessus de la craie; 9.° du grès de Fontainebleau. On détermine une roche avec d'autant plus de sûreté, que l'on a sous les yeux le tableau des formations qui sont analogues par leur composition, mais très-différentes par leur gisement.

II. Zechstein ou calcaire alpin (magnesian limestone) ; Gypse hydraté; Sel gemme.

§. 28. Le mot de *zechstein* n'est ordinairement appliqué par les mineurs et les géognostes d'Allemagne qu'à une seule assise de la formation que nous allons décrire : on distingue alors le calcaire compacte (zechstein) du schiste cuivreux qu'il recouvre immédiatement, et des gypses et des calcaires fétides qui lui sont superposés. J'appelle zechstein tout le groupe dont cette roche est le représentant géognostique. C'est une grande formation calcaire qui succède immédiatement au grès rouge ou grès houiller, et qui est quelquefois si intimement liée avec ce grès qu'elle s'y trouve intercalée. La limite supérieure du zechstein est plus difficile à fixer : en Allemagne et dans plusieurs parties de la France orientale, cette roche se termine là où commence le grès bigarré ou grès à oolithes (bunte sandstein). En Angleterre, le magnesian limestone, représentant par sa position le zechstein, est recouvert d'une formation marneuse et muriatifère (red marl), qui offre beaucoup d'analogie avec le grès bigarré d'Allemagne ; car dans ce dernier on rencontre aussi plus de couches d'argile et de marne que de véritable grès. Comme, d'un autre côté, le sel gemme d'Angleterre appartient au red marl, tandis que le sel gemme de la majeure partie du continent appartient au zechstein, on peut admettre que, des deux formations, à p u près parallèles, de red marl et de grès bigarré, renfermant des marnes, des argiles et des oolithes, la première est plus intimement liée au zechstein, tandis que la seconde l'est plus au muschelkalk, et, quand celui-ci et le quadersandstein ne se sont pas développés, au calcaire également marneux et oolithique du Jura. C'est peut-être d'après des inductions analogues que, dans son excellent Tableau des formations d'Angleterre, publié en 1816, M. Buckland avoit réuni, dans un même terrain, le magnesian limestone et le red marl ou new red sandstone. Quelque grande que soit l'importance que nous attachons à ces affinités géognostiques, comme aux phénomènes d'alternance et de pénétration observés dans des roches qui se succèdent immédiatement, nous ne nous en croyons pas moins en droit de séparer les diverses formations de grès rouge, de zechstein et de grès bigarré, là où, dans les deux hémisphères, nous les avons vues prendre un développement extraordinaire.

Dans le cours de ce travail je me suis souvent servi, à l'exemple de beaucoup de géognostes célèbres, pour désigner le zechstein, du mot plus sonore de calcaire alpin, quoique je sache très-bien que, d'après les belles recherches de MM. de Buch et Escher, la majeure partie des calcaires qui constituent les hautes Alpes de la Suisse, sont des calcaires de transition (§. 22). A une époque où l'on a tant embrouillé la géognosie par la création de dénominations vagues et qui ne sont adoptées que par un très-petit nombre de savans, je n'ai rien voulu changer à la nomenclature reçue, quelque vicieuse ou barbare qu'elle me parût. Les imperfections du langage des géognostes ne sont dangereuses pour la science, que lorsqu'on ne définit pas avec clarté la position de chaque formation et les limites entre lesquelles ces formations se trouvent circonscrites. Dans la Bavière méridionale, dans le Tyrol, dans la Styrie et le pays de Salzbourg, les hautes Alpes de Benedictbaiern, de Chiemsée, de Hall, d'Ischel, de Gmünden et de l'Untersberg, sont très-probablement du zechstein. Au Montperdu, dans la chaine des Pyrénées, cette roche, mêlée de calcaire fétide, s'élève à plus de 1750 toises de hauteur. Dans les Andes du Pérou, le zechstein, très-distinct du calcaire de transition, renferme des coquilles pétrifiées sur la crête des montagnes entre Guambos et Montan, et près Micuipampa (1400—2000 toises); entre Yauricocha et Pasco (2100 toises); près de Huancavelica, Acoria et Acobamba (2100—2207 toises). On voit par ces exemples que le zechstein atteint au nord et au sud de l'équateur de très-grandes élévations. On le trouve bien certainement dans la *région alpine* des Pyrénées, du Tyrol et des Andes; mais le mot *calcaire alpin* n'indique pas plus que toutes les Alpes calcaires dans les deux mondes sont composées de zechstein, que le mot *grès houiller* n'annonce que les houilles appartiennent uniquement au grès rouge. La question de savoir quelles cimes alpines de la Suisse et du Tyrol sont de zechstein, quelles cimes sont de calcaire de transition, est plutôt une question de géographie minéralogique, qu'un problème de géognosie générale. La *science des formations* se borne à décrire une roche placée dans la série des terrains secondaires, entre le grès houiller et le grès bigarré alternant avec des argiles: elle ne prononce pas sur ce grand nombre de roches dont le gisement n'offre aucun caractère diagnostique certain, par exemple, sur des roches calcaires non recouvertes et placées immédiatement sur du micaschiste ou des grauwackes. Partout où le grès houiller manque, on ne peut juger de l'âge des roches calcaires que d'après des analogies de composition et de couches intercalées : on les rapproche de tel ou tel groupe, comme le botaniste rapproche préalablement de telle famille ou de tel genre connus, une plante dont il n'a pu examiner le fruit. Ces hésitations et ces doutes, loin de prouver l'incertitude des classifications, parlent plutôt en faveur de la marche méthodique que doit suivre la géognosie positive.

Le zechstein, en le considérant dans sa plus grande généralité, est tantôt (dans les montagnes les plus élevées) un terrain d'une grande simplicité, tantôt (dans les plaines) il est composé de plusieurs petites formations partielles, qui alternent les unes avec les autres (Thuringe; Figeac, Autun, Villefranche). Sa couleur est le plus souvent grisâtre et bleuâtre, quelquefois rougeâtre : il passe, et surtout dans les hautes régions, du compacte au grenu à très-petits grains, et dans ce cas il est traversé par de petits filons de spath calcaire. Ces caractères de couleur et de cassure ne sont cependant pas d'une grande importance ; car, selon que la matière colorante (carbure d'hydrogène et fer) se trouve diversement répartie, le zechstein et le calcaire de transition prennent quelquefois des teintes semblables : le premier devient noirâtre, et le second blanc-grisâtre. C'est ainsi que la couleur noire se trouve (duché d'Anhalt-Dessau ; Hettstädt ; Osnabrück) jusque dans le muschelkalk.

M. Freiesleben observe très-bien que le zechstein n'est généralement pas mat, mais un peu brillant (schimmernd), à cause d'un mélange intime de petites lames de spath calcaire. Cet éclat, bien moindre sans doute que dans les calcaires de transition, se remarque non-seulement dans les montagnes très-élevées, mais jusque dans les zechstein des plaines. C'est là aussi que cette roche devient parfois grenue à petits grains (au Deister et près de Hameln; entre Bolkenhayn et Waldenbourg, et près de Tarnowiz en Silésie). J'ai trouvé cette même tendance à la structure cristalline dans le zechstein du Mexique et dans celui des Llanos de Venezuela : elle n'est pas causée, comme dans le calcaire du Jura, par un entassement de débris organiques, et ce seroit à tort qu'on attribueroit cette tendance exclusivement au calcaire de transition. De petits filets de spath calcaire blanc traversant un calcaire bleuàtre, passant du compacte au grenu, caractérisent sans doute plutôt le terrain de transition que le zechstein des plaines; mais dans les deux continens ces petits filons se retrouvent aussi dans les calcaires des hautes montagnes calcaires que, par leur gisement et par leurs bancs intercalés de sel gemme et d'argile bitumineuse, je crois appartenir au zechstein. D'ailleurs, dans toutes les formations supérieures au grès rouge, on observe que (par une action probablement galvanique) les calcaires gris-noirâtre perdent leur principe colorant dans le voisinage des fentes de stratification. Cette décoloration a lieu dans les roches restées en place. L'accumulation du carbone ne se conserve que dans le centre des couches, et l'on diroit que la pierre ait été exposée au contact de la lumière et de l'oxigène de l'atmosphère.

De toutes les formations secondaires le zechstein est celle dont les diverses assises ont été le plus minutieusement étudiées : c'est aussi celle qui a le plus contribué à faire naître dans le Nord de l'Allemagne, dans cette terre classique de la géognosie, les premières idées précises sur l'âge relatif des terrains et sur la régularité avec laquelle ils se succèdent. Comme les schistes bitumineux et cuivreux du zechstein sont un objet très-important d'exploitation, il a fallu percer cinq formations, le muschelkalk, le gypse fibreux et argileux, le grès bigarré ou oolithique, le gypse feuilleté et salifère, et le zechstein, pour parvenir à la couche argentifère placée entre le zechstein et le grès rouge. On peut dire que les travaux des mineurs sur les schistes bitumineux du Mansfeld, en Allemagne, et sur les roches de houille en Angleterre, ont singulièrement favorisé les progrès de la *géognosie de gisemens*, dont Stenon a eu la gloire d'avoir indiqué, le premier, les véritables principes.

Le zechstein ou calcaire alpin, la plus ancienne des formations secondaires. renferme, comme couches subordonnées : des argiles schisteuses, carburées et bitumineuses; de la houille : du sel gemme ; du gypse ; du calcaire fétide, compacte ou en parties désagrégées (asche) ; du calcaire magnésifère ; du calcaire à gryphites; du calcaire ferrifère (eisenkalk); du calcaire celluleux à grains cristallins (rauchwacke); du grès; de la calamine, du plomb, du fer hydraté et du mercure. Nous joindrons à ces indications les substances qui se trouvent quelquefois disséminées dans le zechstein, sans y former des couches continues, telles que le soufre, le silex (hornstein) et le cristal de roche. On distingue facilement dans l'ensemble de ces masses trois séries bitumineuses ou carburées, muriatifères et métalliques. Le schiste cuivreux, rempli de poissons pétrifiés ; le calcaire fétide, le sel gemme et le gypse, la calamine et le plomb sulfuré sont les types les plus importans de ces trois séries : ils servent jusqu'à un certain point, par leur *concomitance géognostique*, à reconnoître la formation que nous décrivons, lorsque les rapports de gisement sont douteux.

Argiles ou marnes schisteuses, carburées ou bitumineuses. L'accumulation de carbone qui caractérise les terrains de transition, surtout ceux qui sont les plus modernes, atteint son maximum dans le grès rouge : le carbone ne s'y montre plus comme graphite ou comme anthracite, mais comme houille bitumineuse. La formation de calcaire alpin, si intimement liée a celle du grès rouge ou grès houiller, participe jusqu'à un certain point à cette abondance de carbone hydrogéné : tantôt c'est toute la masse de la roche (Bavière méridionale, et Merlingen sur le lac de Thun ; dans l'Amérique méridionale, montagnes de la Nouvelle-Andalousie) qui rst pénétrée de parties bitumineuses ; tantôt ce ne sont que des couches d'argile et de marnes intercalées qui contiennent le bitume. La plus célèbre de ces couches est le schiste cuivreux (kupferschiefer) du Mansfeld, que l'on retrouve dans le nouveau monde, renfermant des poissons fossiles, près de Ceara (plaines du Brésil), près de Pasco (à 2000 toises de hauteur ; Andes du Pérou), près de Mondragon (plateau du Potosi), et près du Pongo de Lomasiacu (rives de l'Amazone, province de Jaen). Le plus souvent il n'y a qu'une seule couche de schiste cuivreux, et cette couche se trouve comme repoussée vers la limite inférieure du zechstein. C'est cette position qui l'a fait prendre long-temps pour une formation indépendante placée entre le zechstein et le grès rouge. D'autres fois (Con.adswalde, Prausnitz et Hasel, en Silésie) il y a plusieurs bancs qui alternent avec les couches du zechstein et qui méritent également d'être exploitées. Le cuivre et le plomb argentifères ne se trouvent qu'accidentellement accumulés dans cette formation partielle, et j'ai vu dans les deux continens (Chiemsée et Wallersée dans la Bavière méridionale ; mines de Tehuilotepec au Mexique, montagne du Cuchivano, près Cumanacoa) ces marnes cuivreuses du Mansfeld représentées par de petites couches d'argile schisteuse carburée, brun-noirâtre, foiblement chargée de bitume et remplie de pyrites. Ce phénomène paroît lier le zechstein des plaines à celui des hautes montagnes, dont la superposition au grès houiller est moins évidente. Dans les Andes de Montan (à 1600 toises de hauteur : Pérou septentrional) des argiles noires de cinq à dix-huit pouces d'épaisseur alternent avec le zechstein. Les argiles schisteuses et marneuses oscillent, du zechstein ou calcaire alpin, d'un côté vers le grès rouge et le calcaire de transition, de l'autre vers le calcaire du Jura. Dans le grès rouge se trouve répété le schiste cuivreux et argentifère, mais avec une grande accumulation de carbone (Suhl et Goldlauter en Saxe). Dans le calcaire de transition (Schwatz en Tyrol) les argiles deviennent plus micacées et passent au thonschiefer de transition, renfermant (Glaris), comme les schistes du zechstein (Eisleben) et comme ceux du grès rouge (mine de Saint-Jacques près Goldlauter), des poissons pétrifiés. Dans le calcaire du Jura les marnes sont plus calcarifères, d'une teinte plus claire, blanchâtres ou gris-bleuâtre. Malgré les analogies que présentent quelquefois les argiles schisteuses fortement carburées du zechstein avec celles du grès houiller, ce n'est pourtant que dans ces derniers, qui recouvrent immédiatement les houilles, qu'on trouve des empreintes de véritables fougères du groupe des polypodiacées. Les schistes cuivreux ne présentent que des lycopodiacées, famille que Swartz, depuis long-temps, a séparée des fougères.

Houille. Quoique, comme nous venons de l'indiquer, l'accumulation du carbone caractérise particulièrement la formation du grès rouge, de même le bitume caractérise la formation du calcaire alpin : cette dernière offre cependant aussi des traces de véritable houille, soit en couches (entre Nalzon et Pereilles dans les Pyrénées; à Huanuco dans les Andes du Pérou, à 2000 et 2200 toises de hauteur), soit comme parties disséminées dans le schiste cuivreux (Eisleben, Thalitter, en Saxe). C'est un fait bien remarquable et anciennement observé, que la houille piciforme (jayet) se montre de préférence sur les empreintes du corps des poissons pétrifiés : elle remplace dans ces empreintes organiques le sulfure de fer, et (entre Mörsfeld et Münsterappel, dans le duché de Deux-ponts) le mercure natif et le cinabre. Les couches de houille mêlées de coquilles marines et d'ambre (Hering et Miesbach en Tyrol; Entrevernes sur le lac d'Annecy en Savoie) ne se trouvent pas dans le zechstein : ce sont des lignites qui appartiennent à des formations beaucoup plus récentes. Ils sont superposés au zechstein dans des bassins isolés, et ont, comme toutes les formations locales, leurs grès et leurs argiles.

Sel gemme et argile muriatifère. Les masses de sel gemme dans le calcaire alpin ou zechstein sont moins subordonnées à des couches de gypse lamelleux, qu'à une formation particulière d'argile, qui a été long-temps négligée par les géognostes et que j'ai fait connoître sous le nom de *salzthon* (argile muriatifère). Elle caractérise, dans les deux continens, les dépôts de sel gemme, de même que l'argile schisteuse (schieferthon) ou *argile à fougères* caractérise les dépôts de houilles. Cette formation muriatifère, dans laquelle le gypse ne se trouve pour ainsi dire qu'accidentellement, a été l'objet principal de mes recherches dans les voyages que j'ai entrepris par ordre du Gouvernement prussien , pendant les années 1792 et 1793, dans les mines de sel gemme de la Suisse, de l'Allemagne méridionale et de la Pologne. Je l'ai retrouvée , avec toutes ses nuances d'analogie les plus petites, dans les Cordillères de l'Amérique équatoriale, et l'on ne sauroit douter que sa connoissance physionomique ne soit du plus grand intérêt pour ceux qui travaillent à découvrir des dépôts de sel dans les pays que l'on en a cru dépourvus jusqu'à ce jour.

Les couleurs de l'argile muriatifère sont généralement (Hall, Ischel, Aussee) le gris de fumée, le gris blanchâtre et le gris bleuâtre (Berchtolsgaden et Wieliczka) ; quelquefois cette argile est brun-noirâtre , brun-rougeâtre (leberstein des mineurs du Tyrol et de la Styrie), et même rouge de brique. On la trouve ou en masses très-puissantes, ou disséminée en petites parties rhomboïdes, soit dans le sel gemme (Zipaquira, dans la Nouvelle-Grenade), soit dans un gypse (Neustadt an der Aisch, en Franconie; Reichenhall en Bavière) qui est subordonné au calcaire alpin. Les couleurs de l'argile muriatifère sont beaucoup plus variées et plus mélangées que celles de l'argile schisteuse qui couvre les houilles. La première fait un peu d'effervescence avec les acides ; ses couleurs sont dues à la fois au carbone et à l'oxide de fer. Sur le plateau de Bogota je l'ai vue mêlée d'asphalte et tachant les doigts en noir. Elle absorbe rapidement l'oxigène de l'atmosphère , tant sous des cloches que dans ces grandes excavations circulaires (Sinkwerke, Wöhre), qui sont destinées à être remplies d'eau douce pour lessiver la roche salifère. Sa consistance est extrêmement variable ; elle s'élève du tendre à la dureté du schiste cuivreux. Souvent des masses tenaces (schlief) paroissent mêlées de silice et donnent feu avec l'acier ; leurs *pièces séparées* sont alors testacées et courbes (krummschalig abgesonderte Stücke). Empâtées dans une argile friable, elles forment une espèce de brèche porphyroïde. L'argile muriatifère n'offre ni les paillettes de mica , ni les empreintes de fougères de l'argile schisteuse des houilles : on y trouve cependant quelquefois (Hallstadt, Wieliczka) des coquilles pélagiques.

Le sel gemme se présente de deux manières, ou disséminé en parcelles plus ou moins visibles dans le salzthon, ou formant des couches épaisses alternant avec des couches argileuses. Cette disposition différente détermine le *maximum* (Wieliczka) ou le *minimum* (Ischel) de richesse dans les mines ; elle décide si le sel doit être exploité en grandes masses (*lapidicinorum modo*, dit Pline, *cæditur sal nativum*), ou en lessivant la roche par l'introduction des eaux douces dans des chambres souterraines. Lorsque le muriate de soude gris de fumée est disséminé en grains arrondis ou en petites lames, ou d'une manière insensible à l'œil, il n'en forme pas moins des croûtes continues autour des *pièces séparées* du salzthon. Il remplit toutes les fentes qui divisent les masses en fragmens polyédriques. Il en résulte des brèches argileuses (Haselgebirge) cimentées par du sel gemme. Quelquefois de grandes masses d'argile (Hall en Tyrol) sont absolument dépourvues de muriate de soude ; on les croit lessivées par l'action des eaux qui circulent dans la terre, et ce phénomène curieux semble favoriser l'hypothèse la plus anciennement adoptée sur l'origine des sources salées.

Le gypse grenu, blanc-grisâtre, rarement anhydre (muriacite), se trouve par couches plus ou moins épaisses dans le *salzthon*; il y abonde plus que dans le sel gemme; toujours son volume est de beaucoup inférieur à celui de l'argile. Quelquefois le gypse est mêlé de calcaire fétide et de cristaux de chaux carbonatée magnésifère (rauten- ou bitterspath). Lorsque le sel ne forme pas de véritables bancs ou des masses cristallines continues, il se trouve dans l'argile comme *amas entrelacé* (Stockwerk), c'est-à-dire, en petits filons qui se *croisent*, se *renflent* et se *trainent* dans tous les sens. Ses fibres sont perpendiculaires au mur et au toit des filons (Berchtolsgaden). D'autres fois le sel est réparti par couches très-minces, parallèles entre elles, variées de couleur, sinueuses, généralement verticales (Hallstadt et Hallein), rarement inclinées de moins de 50° (Aussee). Partout où le gypse grenu manque entièrement dans le *salzthon*, on le trouve remplacé par des cristaux épars de gypse spéculaire. Toute cette formation salifère renferme quelquefois disséminées des pyrites, de la blende brune et de la galène. A Zipaquira, dans l'Amérique méridionale (mine de Rute), les pyrites et la chaux carbonatée ferrifère forment des concrétions particulières en sphéroïdes aplatis, de 18 à 20 pouces de diamètre : ces sphéroïdes sont empâtés dans le *salzthon*, et ont au centre des creux de 3 à 4 pouces, remplis de fer spathique cristallisé. Je n'ai point observé ce phénomène singulier dans les mines de sel gemme d'Allemagne, de Pologne et d'Espagne, que j'ai visitées ; mais la fréquence des pyrites dans l'argile muriatifère jette quelque jour sur l'odeur d'hydrogène sulfuré qu'exhalent si souvent les sources salées. La galène ne se montre qu'en parcelles dans le dépôt salifère de Hall en Tyrol ; mais elle s'est développée en grandes masses dans les montagnes de sel gemme (rouge-blanc et gris-noirâtre) à travers lesquelles se sont frayé un chemin, sur une distance de deux lieues, le Rio Guallaga et le Rio Pilluana (province péruvienne de Chachapoyas, sur la pente orientale des Andes).

Les dépôts de sel dans les deux continens se trouvent généralement à découvert, comme les formations d'euphotide et de serpentine. Quelquefois ils supportent de petites couches de gypse et de calcaire fétide qui leur appartiennent exclusivement. Il n'est par conséquent pas facile de prononcer sur l'âge relatif des dépôts muriatifères. La formation principale (Hauptsalzniederlage) me paroît évidemment appartenir au zechstein ou calcaire alpin ; mais cette assertion n'exclut pas la probabilité que d'autres formations partielles se trouvent intercalées aux terrains de transition, peut-être même aux terrains tertiaires. Les houilles, les oolithes et les lignites se sont aussi développés à des époques très-différentes les uns des autres ; et cependant les gîtes principaux de ces trois substances sont le grès rouge, le calcaire du Jura et l'argile plastique. Pour traiter cet objet dans sa plus grande généralité, je vais indiquer successivement, d'après l'état actuel de nos connoissances, les diverses formations de sel gemme dans le calcaire de transition, dans le zechstein et le grès bigarré avec argile.

Le gypse anhydre de Bex, qui renferme du sel gemme disséminé et de petites couches subordonnées de grauwacke, appartient, selon les observations de MM. de Buch et Charpentier, au calcaire de transition, mais probablement aux dernières couches des terrains intermédiaires. De ce même âge paroissent être aussi le gypse salifère de Colancolan (à l'est d'Ayavaca, Andes du Pérou), mêlé, comme le calcaire de transition de Drammen (Norwége), de trémolithe asbestoïde; les petits dépôts de S. Maurice (Arbonne en Savoie), et, d'après M. Cordier, la montagne de sel de Cardona en Espagne. Le gypse anhydre caractérise particulièrement ces dépôts salifères du terrain de transition. Dans l'Allemagne méridionale, sur les bords du Necker (Sulz au-dessus de Heilbronn; Friedrichshall, entre Kochendorf et Jaxtfeld; Wimpfen, au-dessous de Heilbronn), on a découvert par des sondes de 245 et de 760 pieds de profondeur, du sel gemme dans le zechstein. Les beaux travaux de MM. Glenk et Langsdorf ne laissent pas de doute à ce sujet. A Sulz on a percé successivement le muschelkalk, la formation d'argile et de grès bigarré, un zechstein poreux, mais de très-peu d'épaisseur, et le grès rouge, reposant sur le granite de la Bergstrasse et du Schwarzwald. A Friedrichshall et à Wimpfen, d'après les observations judicieuses de M. de Schmitz, les couches supérieures au zechstein manquent entièrement, et l'on a trouvé dans celui-ci, qui est gris-bleuâtre et que, par cette raison, on a souvent confondu avec le calcaire de transition, des couches alternantes de sel gemme, d'argile salifère, et de gypse blanc et grisâtre. Dans le grand-duché de Bade, le dépôt salifère paroît recouvert (Heinsheim près Wimpfen, sur le Necker; Stein, Mühlbach et Beyerthal, dans la vallée du Rhin; Kandern, dans le Schwarzwald) des mêmes roches dont on a reconnu la série à la saline de Sulz.

Je crois pouvoir citer encore comme une preuve bien évidente du gisement de la grande formation de sel gemme dans le zechstein ou calcaire alpin, la partie septentrionale du plateau de Santa-Fé de Bogota, où la mine de Zipaquira (Rute, Chilco et Guasal) se trouve à 1380 toises d'élévation au-dessus du niveau de la mer. Ce dépôt salifère, de plus de 130 toises d'épaisseur, est recouvert de grandes masses de gypse grenu, gypse que l'on voit intercalé, sur plusieurs points très-voisins de la mine, au zechstein supporté par le grès rouge ou houiller. Il n'y a que sept lieues de distance depuis la mine de charbon de terre de Canoas et la mine de sel gemme de Zipaquira. D'autres dépôts de houilles (Suba, Cerro de Tunjos) sont plus rapprochés encore, et l'on voit le grès rouge, qui est très-quarzeux, sortir immédiatement sous l'argile salifère de Zipaquira.

Dans le Salzbourg, en Tyrol et en Styrie, il ne m'est resté jamais aucun doute, depuis les premiers temps que j'ai visité ces contrées, sur la liaison intime du sel gemme avec le zechstein. Beaucoup de géognostes célèbres (MM. de Buch et Buckland) partagent cette opinion : mais il faut convenir que, partout où l'âge du calcaire n'est pas suffisamment caractérisé par la présence du grès houiller, et partout où le *recouvrement* du dépôt salifère par des couches d'un âge connu n'est pas évident, le résultat des observations ne peut offrir une entière conviction. Dans la mine de Hall près d'Inspruck, on voit (galerie de Mitterberg) le dépôt de sel gemme immédiatement recouvert par la formation calcaire qui constitue la chaîne septentrionale des Alpes du Tyrol. Ce calcaire passe du blanc grisâtre au gris bleuâtre ; les nuances plus obscures sont souvent fétides. Il est généralement compacte, quelquefois un peu grenu à petits grains, et traversé par des veines de spath calcaire blanc. Ces veines sont considérées par quelques géognostes, et peut-être d'une manière trop absolue, comme caractérisant le calcaire de transition. La roche n'alterne nulle part ni avec le thonschiefer intermédiaire, ni avec le grauwacke : elle forme (Wallersée) des couches sinueuses et arquées, comme le calcaire du lac de Lucerne. M. de Buch y a trouvé fréquemment des pétrifications de turbinites très-petites. C'est le seul endroit en Europe où j'ai vu une grande formation calcaire recouvrir immédiatement le sel gemme. Je la crois du zechstein, d'après des analogies de position et de structure ; je l'ai vue passer quelquefois (Schlossberg près Séefeld ; Scharnitz) à un calcaire compacte ayant la cassure matte, égale ou conchoïde, à cavités très-aplaties, semblable au calcaire lithographique de la formation du Jura (lias). Les poissons pétrifiés qu'on rencontre entre Séefeld et Schönitz dans une marne bitumineuse, éloignent encore plus le calcaire de Hall des calcaires de transition ; cependant, pour le caractériser indubitablement comme zechstein, il faudroit le voir reposer sur le grès rouge (todtliegende), qui, d'après les observations de MM. Uttinger et Keferstein, paroît superposé aux roches intermédiaires entre le Ratenberg et Hering, comme près des anciennes mines de Schwatz. A Hallstadt (Törringer Berg) et à Ischel, nous avons vu, M. de Buch et moi, le calcaire alpin analogue à celui de Hall, mais avec des teintes plus claires, souvent rougeâtres, et plus abondant en pétrifications, superposé au gypse qui couvre les dépôts de sel gemme. Cette superposition est moins évidente à Hallein (mine du Durrenberg) et à Berchtesgaden : le gypse qui couvre l'argile salifère, se cache sous une poudingue calcaire (nagelfluhe) du terrain tertiaire. Les dépôts de Hallein et de Berchtesgaden m'ont paru, comme celui de Wieliczka en Pologne, non intercalés au zechstein, mais superposés à cette formation. Je les crois postérieurs à la grande formation de houille; mais le grès rouge manque dans leur voisinage, et le calcaire du pays de Salzbourg est immédiatement superposé (vallée de Ramsau) au grauwacke. M. Buckland regarde les calcaires qui couvrent l'argile salifère a Hallstadt, et même à Bex, comme appartenant au lias, qui est l'assise inférieure du Jura.

Après le sel gemme des gypses anhydres de transition et après celui du zechstein vient, selon l'âge des formations, le sel du grès bigarré, ou, comme on dit plus exactement, du *terrain d'argile et de grès bigarré*. Ce terrain arénacé, appelé par les géognostes anglois nouveau grès rouge et marne rouge (*new red sandstone and red marl*), renferme les dépôts de sel (Northwich) de l'Angleterre : il en renferme aussi en Allemagne, soit près de Tiede (entre Wolfenbüttel et Brunswick), où MM. Haussmann et Schulze ont trouvé de petites masses de sel disséminées dans l'argile rouge du grès bigarré oolithique; soit à Sulz (royaume de Wurtemberg), où, avant d'avoir atteint les sources salées dans le zechstein, on a rencontré immédiatement sous le muschelkalk, à 460 pieds de profondeur, des rognons ou nids de sel dans une argile marneuse (red marl). Cette argile recouvre, dans une épaisseur de 210 pieds, le grès bigarré auquel elle appartient. Comme tout près de Sulz (à Friedrichshall et Wimpfen) le sel gemme alterne avec des marnes et du gypse intercalés au zechstein, on ne peut douter de l'affinité géo-

gnostique qui existe entre les deux formations du zechstein
et du grès bigarré. Les marnes et argiles salifères avec gypse
grenu se trouvent placées tantôt entre le zechstein et le grès,
tantôt dans l'une et l'autre de ces formations. C'est aussi au
terrain d'argile et de grès bigarrés qu'appartiennent et le sel
gemme de Pampelune en Espagne, examiné par M. Dufour,
et le riche dépôt découvert, en 1819, en Lorraine près de
Vic. Ce terrain d'argile bigarrée de Vic renferme de petites
couches de muschelkalk, et est recouvert à son tour de calcaire jurassique. L'influence qu'une connoissance plus approfondie du gisement des roches a eue dans ces derniers temps
sur les découvertes du sel en Souabe, en France et en Suisse
(Églisau, canton de Zuric), est un phénomène bien digne de
remarque.

Je doute qu'on ait jusqu'ici des preuves bien certaines de
la présence du sel gemme dans le muschelkalk; car il ne faut
pas, comme nous le verrons bientôt, dédaire ce gisement de
la seule présence des sources salées. Le muschelkalk, dans
ses couches inférieures, alterne avec la formation d'*argile et
de grès bigarré* : comme il renferme aussi quelquefois (Sulzbourg près Naumbourg) des marnes avec gypse fibreux, il
ne seroit pas bien surprenant que l'on y découvrît quelques
dépôts salifères. Des traces de ces dépôts ont été observés,
près de Kandern, dans le calcaire jurassique.

Existe-t-il des couches de sel dans les terrains tertiaires
au-dessus de la craie? Plusieurs phénomènes géognostiques
peuvent le faire supposer; et l'on devroit presque être surpris
que les dernières irruptions de l'océan dans les continens
n'aient pas produit sinon des couches de sel gemme, du moins
de l'argile salifère. Cependant, dans l'état actuel de nos connoissances, le problème que nous agitons n'est pas suffisamment éclairci. M. Steffens regarde les gypses à boracites de
Lunebourg et de Seegeberg (Holstein) comme supérieurs
à la craie. Le second de ces gypses contient de petites masses
de sel gemme disséminées; le premier donne naissance à des
sources salées très-riches et très-abondantes. D'autres géognostes croient la formation gypseuse à boracites beaucoup
plus ancienne que le gypse à ossemens du terrain tertiaire,
et presque identique avec les gypses du zechstein et du grès

bigarré. Les immenses dépôts salifères de Wieliczka et de Bochnia, ceux qui s'étendent depuis la Galicie jusqu'à la Bukowine et en Moldavie, paroissent reposer immédiatement sur le grès houiller, renfermant à la fois (et ce fait est assez extraordinaire) du gypse anhydre, des tellines, des coquilles univalves cloisonnées, des fruits à l'état charbonneux, des feuilles et des lignites; ces dépôts ne sont recouverts que de sables et de grès micacés. M. Beudant, dans son important ouvrage sur la Hongrie, semble pencher vers l'opinion que ces sables et ces grès sont analogues à la molasse d'Argovie, et que toutes les formations salifères avec lignites de la Galicie pourroient bien être contemporaines avec l'argile plastique (grès à lignites) du terrain tertiaire, placée entre la craie et le calcaire grossier de Paris (calcaire à cérites). Ces bois bitumineux de Wieliczka, exhalant l'odeur de truffes, méritent sans doute beaucoup d'attention; et si l'on veut admettre qu'ils ne se sont mêlés qu'accidentellement au sel gemme et qu'ils sont venus des couches sablonneuses superposées, il faut encore en conclure que le sel gemme et les sables sont d'une origine très-rapprochée. Mais la présence des lignites est-elle une preuve bien convaincante de la grande nouveauté d'une couche? J'en doute. Nous savons que des lignites et des empreintes de feuilles dicotylédones se trouvent bien *au-dessous* de la craie, et dans les couches inférieures du calcaire du Jura (calcaire à gryphées arquées; Le Vay, Issigny, près de Caen), et dans le quadersandstein, et dans les petites couches charbonneuses et marneuses (lettenkohle) du muschelkalk, et dans le grès bigarré de l'Allemagne, auquel appartiennent aussi les schistes argentifères du Frankenberg (Hesse). Il faut distinguer avec soin les bois siliceux et pétrifiés des vrais lignites ou bois bitumineux (braunkohle); et si l'on ne reconnoit que bien rarement ceux-ci dans les argiles du grès bigarré, on les trouve bien moins encore dans le zechstein, dont les marnes cuivreuses renferment seulement des fruits pétrifiés. Dans la Toscane on voit les sources salées du Volterrannois sourdre, d'après M. Brongniart, de couches marneuses qui alternent avec du gypse grenu (albâtre) et qui sont immédiatement recouvertes d'un terrain tertiaire. Quoiqu'il paroisse presque impossible de prononcer sur l'âge des *formations non recouvertes*, plusieurs rapports de gisemens que j'ai eu occasion d'observer dans le nouveau continent, me rendent probable l'existence des dépôts de sel dans le terrain tertiaire. Je ne citerai pas les montagnes de sel gemme dans les vastes plaines au nord-est du Nouveau-Mexique, que M. Jefferson a fait connoître le premier, et qui paroissent liées au grès houiller; mais d'autres dépôts très-problématiques. savoir, les argiles salifères superposées à des conglomérats trachytiques de la Villa d'Ibarra (plateau de Quito, à 1190 toises de hauteur), les énormes masses de sel exploitées à la surface de la terre (déserts du Bas-Pérou et du Chili) dans les steppes de Buenos-Ayres et dans les plaines arides de l'Afrique, de la Perse et de la Transoxane. Près de Huaura (entre Lima et Santa, sur les côtes de la mer du Sud) j'ai vu le porphyre trachytique percer les couches du sel gemme le plus pur. L'argile muriatifère d'Araya (golfe de Cariaco), mêlée de gypse lenticulaire, paroît placée entre le calcaire alpin de Cumanacoa, et le calcaire tertiaire du Barigon et de Cumana. Sur tous ces points le sel est accompagné de pétrole et d'asphalte endurci.

En comparant les dépôts de sel gemme d'Angleterre (à 30 toises), de Wieliczka (160 t.), de Bex (220 t.), de Berchtolsgaden (330 t.), d'Aussee (450 t.), d'Ischel (496 t.), de Hallein (620 t.), de Hallstadt (660 t.), d'Arbonne en Savoie (750 t.?) et de Hall en Tyrol (800 t.), M. de Buch a judicieusement observé que la richesse des dépôts diminue en Europe avec la hauteur au-dessus du niveau de l'océan. Dans les Cordillères de la Nouvelle-Grenade, à Zipaquira, d'immenses couches de sel gemme, non interrompues par de l'argile, se trouvent jusqu'à 1400 toises d'élévation. Il n'y a que la mine de Huaura, sur les côtes du Pérou, qui m'ait paru encore plus riche : j'y ai vu exploiter le sel en dalles, comme dans une carrière de marbre.

En Thuringe, un des pays dans lesquels on a reconnu, le premier. la succession et l'âge relatif des roches, on a cru long-temps que les sources salées sont plus fréquentes dans le gypse grenu du zechstein que dans le gypse fibreux et argileux du grès bigarré, et on a regardé le premier comme exclusivement salifère. Les cavernes naturelles du gypse infé-rieur (salzgyps et schlottengyps) ont même été considérées comme des cavités jadis remplies de sel gemme. En hasar-dant ces hypothèses, fondées sur un trop petit nombre d'ob-servations, l'on a oublié que les dépôts de sel sont beaucoup moins caractérisés par le gypse grenu que par une argile (salzthon) très-analogue à l'argile du gypse supérieur ou fibreux. Les sources salées, ou jaillissent réunies par groupes, ou se succèdent par bandes (trainées) sinueuses et diverse-ment alignées. La direction de ces fleuves souterrains paroit indépendante des inégalités de la surface du sol. Telle est la circulation des eaux dans l'intérieur du globe, que les plus salées peuvent souvent être les plus éloignées du lieu où elles dissolvent le sel gemme. Un haut degré de salure ne prouve pas plus la proximité de cette cause, que la violence des tremblemens de terre ne prouve la proximité du feu volcanique. Les sources s'engoufrent tantôt dans des couches inférieures ; tantôt, par des pressions hydrostati-ques, elles remontent vers les couches supérieures. Ce n'est pas leur position seule qui peut nous éclairer sur le gisement des dépôts salifères. Nous connoissons des sources salées, en Allemagne, dans le grauwacke schisteux du terrain de tran-sition (Werdohl en Westphalie); dans le porphyre du grès rouge (Creuznach); dans le grès rouge même (Neusalz-brunnen près Waldenburg) ; dans le gypse du zechstein (Friedrichshall près Heilbronn ; Wimpfen sur le Necker; Durrenberg ? en Thuringe); dans la formation d'argile et de grès bigarré (Dax, en France ; Schönebeck, Stasfurth, Salz der Helden, en Allemagne), et dans le muschelkalk (Halle ? en Saxe; Süldorf, Harzburg). On peut ajouter à cette énu-mération le calcaire du Jura (Butz, dans le Frickthal), et peut-être la molasse (grès tertiaire à lignites) de Suisse (Eglisau; essais de sonde de M. Glenck). Dans la recherche du sel gemme il ne faut pas confondre de véritables dépôts avec ces petites masses que des sources très-salées peuvent avoir déposées accidentellement, par évaporation, sur les fentes des rochers.

Gypse et calcaire fétide. Des formations de gypse postérieur au gypse de transition (§. 20) se montrent dans toutes les formations calcaires au-dessus du grès rouge, dans le zechstein, dans le grès rouge même, dans le muschelkalk (très-rarement), dans le calcaire du Jura et dans le terrain tertiaire. Le gypse (unterer gyps, schlottengyps de Werner) qui appartient au zechstein, se trouve moins en couches très-étendues qu'en amas irréguliers; souvent (Thuringe) il est superposé au zechstein et recouvert par le grès bigarré. Il est compacte ou grenu, et alterne avec le calcaire fétide (stinkstein), tandis que le gypse du grès bigarré (oberer gyps, thongyps de Werner) est plutôt fibreux et mêlé d'argile. Ces caractères de structure et de mélange ne sont cependant pas généraux. Nous avons rappelé plus haut que, dans les gypses salifères du zechstein, l'argile (salzthon) prend un développement extraordinaire. D'un autre côté, le gypse fibreux et argileux du grès bigarré offre aussi quelquefois des masses grenues (albâtre de Reinbeck, en Saxe), des brèches de calcaire fétide, et des cavités spacieuses (gypsschlotten): trois phénomènes qui caractérisent plus généralement le gypse du zechstein.

Tous ces phénomènes prouvent l'intimité des rapports qui lient les deux grandes formations salifères, le calcaire alpin et le grès bigarré avec argile. Sous la zone équinoxiale du nouveau continent j'ai vu de fréquens exemples de couches de gypse intercalées ou superposées au zechstein: dans les Llanos de Venezuela (Ortiz, Mesa de Paja, Cachipo); dans la province de Quito (plateau de Cuença près Money et entre Chulcay et Nabon); dans le plateau de Bogota (Tunjuellos, Checua, et à plus de 1600 toises de hauteur au-dessus du niveau de la mer, à Cucunuva); dans les plaines de l'Amazone (Quebrada turbia près Tomependa); au Mexique, entre Chilpansingo et Cuernavaca (près de Sochipala), et dans les montagnes métallifères de Tasco et de Tehuilotepec.

Les couches de calcaire fétide sont ou subordonnées au gypse et à l'argile muriatifère que renferme le zechstein, ou elles se présentent comme le résultat d'une accumulation accidentelle de bitume dans la roche du zechstein même. Cette accumulation donne lieu à des sources de goudron minéral, et peut-être aussi à ces feux d'hydrogène qui sortent du calcaire alpin, en Europe, dans les Apennins (Pietra Mala, Barigazzo); en Amérique, dans les montagnes de Cumanacoa (Cuchivano, lat. 10° 6′). Le calcaire fétide se trouve aussi, mais beaucoup plus rarement, dans le grès bigarré et dans le muschelkalk (couches à bélemnites de Gœttingue?). La cendre (*asche*) et le *rauhkalk* des mineurs de Thuringe ne sont que des variétés pulvérulentes ou cristallines et poreuses du calcaire fétide appartenant au zechstein. Comme le calcaire fétide est en Europe constamment dépourvu de pétrifications, je rappellerai ici que dans les plaines de la Nouvelle-Grenade (vallée du Rio Magdalena, entre Morales et l'embouchure du Caño Morocoyo), M. Bonpland a trouvé, dans une variété de cette même roche, qui étoit noir-grisâtre, un peu brillante à l'extérieur, fortement bitumineuse et traversée de veines de spath calcaire blanc, des térébratulites et des pectinites.

Calcaire magnésifère. Il faut distinguer, en géognosie, entre les couches intercalées au zechstein (gypse, sel gemme, sulfure de plomb), dont la composition chimique diffère entièrement de celle de la roche principale, et les modifications partielles de cette même roche. Les modifications qui affectent la structure (le grain plus ou moins cristallin, la forme oolithique, la porosité) et le mélange (calcaire magnésifère, calcaire ferrifère), sont moins importantes qu'on ne pourroit le supposer au premier abord. On en trouve des analogies dans des formations d'un âge très-différent : elles caractérisent certains terrains dans des cantons de peu d'étendue; mais, lorsqu'on compare des régions très-éloignées, on voit qu'elles ne les caractérisent pas même autant que les couches intercalées qui sont chimiquement hétérogènes. En Angleterre, la grande masse de calcaire magnésifère (magnesian limestone, red-land-limestone de M. Smith), souvent pétrie de madrépores (Mendiphills près Bristol) et liée à une brèche calcaire ou à des couches celluleuses (Yorkshire) semblables au rauchwacke, est sans doute parallèle au zechstein; elle est placée entre les formations de houille et de sel gemme : cependant, en Angleterre, comme dans quelques parties du continent, d'après les recherches de MM. Buckland, Brongniart, Beudant, Conybeare, Greenough et Philipps, le mélange de magnésie et de chaux carbonatée, dont Arduin a reconnu l'existence dans le Vicentin dés l'année 1730, se rencontre également dans le grès bigarré avec argile (red-marl), dans le calcaire oolithique du Jura, dans la craie et dans le calcaire grossier (parisien) du terrain tertiaire. Peut-être même qu'en Hongrie et dans une partie de l'Allemagne les calcaires magnésifères appartiennent plutôt au grès bigarré et aux formations oolithiques du Jura qu'aux zechstein. Ces roches sont en général jaune de paille (de Sunderland à Nottingham) ou blanc-rougeâtre, tantôt compactes, tantôt un peu grenues, nacrées et brillantes dans la cassure : quelquefois on les trouve celluleuses et traversées par des veines de spath calcaire. Elles font une effervescence lente avec les acides, et, comme la véritable dolomie des terrains primitifs, elles ne forment souvent que de minces couches dans un calcaire non magnésifère. Si, dans le magnesian limestone et dans le red-marl avec sel gemme, deux formations placées entre le dépôt houiller et le dépôt oolithique, on reconnoit en Angleterre le zechstein et le grès bigarré du continent, il ne faut pas oublier qu'en Allemagne et en Hongrie le zechstein est lié au grès rouge ou grès houiller, tandis qu'en Angleterre le dépôt de houille se trouve généralement en gisement discordant avec le magnesian limestone, et qu'il y appartient presque encore au terrain de transition. Les *trois grands dépôts de houille, de sel* et d'*oolithes*, qui servent, pour ainsi dire, de repaires au géognoste, lorsqu'il essaie de s'orienter dans un pays inconnu, sont partout placés de même : mais l'enchainement mutuel des formations et le degré de leur développement varient selon les localités. Lorsqu'en Angleterre, par la suppression du *nouveau conglomérat rouge* (todtes liegende), le calcaire magnésifère (zechstein) repose immédiatement sur le dépôt de houilles (Durham, Northumberland), la houille est regardée comme d'une qualité inférieure.

Calcaire ferrifère, rauchwacke et *calcaire à gryphites.* Le calcaire ferrifère (eisenkalk, zuchtwand) est une roche brunâtre ou jaune-isabelle, tantôt compacte, tantôt grenue et caverneuse, pénétrée de fer spathique, formant des couches dans l'assise supérieure du zechstein (Cammsdorf, Schmalkalden, Henneberg). Elle est quelquefois traversée par les schistes cuivreux, et prend un tel développement qu'elle remplace toutes les assises inférieures du zechstein. Lorsqu'elle devient gris-noirâtre, chargée de bitume et caverneuse, on lui donne en Allemagne le nom de *rauchwacke*. Les cavités du rauchwacke sont anguleuses, longues et étroites, tapissées de cristaux de carbonate de chaux. Cette petite formation partielle, que M. Karsten, dans sa *Classification des Roches*, avoit confondue avec la partie caverneuse et spongieuse du calcaire du Jura, est quelquefois magnésifère, imparfaitement oolithique (Cresfeld), et mêlée de quarz grenu. La pierre fétide, le calcaire ferrifère et le rauchwacke sont intimement liés entre eux. C'est au rauchwacke aussi qu'appartient en grande partie cet amas de gryphites (*G. aculeatus*) que l'on appelle *calcaire à gryphées épineuses* (gryphitenkalk), qui caractérise le zechstein et qui (comme nous le verrons plus bas) forme une couche plus ancienne que le *calcaire à gryphées arquées*, qui est une des assises inférieures du calcaire du Jura.

Grès. Partout où le zechstein ou calcaire alpin s'est développé seul en grandes masses, et n'est par conséquent pas intercalé au grès rouge, les couches de grès sont très-rares. J'en ai reconnu cependant quelques-unes dans les montagnes de Cumana (Impossible, Tumiriquiri). Ce grès intercalé au zechstein est extrêmement quarzeux, dépourvu de pétrifications, et alterne avec des argiles brun-noirâtre. M. de Buch a observé un phénomène entièrement analogue en Suisse, dans le calcaire alpin du Molesson et dans celui du Jaunthal près de Fribourg. Dans les Cordillères du Pérou, près de Huancavelica, à plus de 2000 toises d'élévation au-dessus du niveau de l'océan (mine de Santa-Barbara), une immense couche de grès aussi quarzeux que le grès de Fontainebleau, et renfermant un dépôt de mercure, forme une couche dans le calcaire alpin. Même le zechstein de Thuringe offre quelquefois de petites couches de grès, extrêmement quarzeuses, qui traversent le schiste cuivreux. Une marne arénacée (weissliegende) se trouve sur les limites du zechstein et du grès rouge. Elle varie beaucoup dans sa composition, et rappelle les bancs de grès du Tumiriquiri dans l'Amérique méridionale. Le weissliegende de Thuringe est généralement calcarifère, et renferme des grès et des conglomérats siliceux. M. Freiesleben y a trouvé (Helbra) des concrétions globuleuses semblables à celles que j'ai recueillies dans l'argile salifère du zechstein de Zipaquira. Nous rappellerons, à cette occasion, que le calcaire alpin des Pyrénées n'est pas seulement mêlé de sable et de mica, mais qu'il renferme aussi des bancs de grès argileux.

Plomb sulfuré, *fer hydraté*, *calamine*, *mercure*. Ces quatre petites formations métalliques caractérisent le zechstein dans les deux hémisphères. La galène argentifère commence déjà à se montrer en petites masses dans le schiste cuivreux de la Thuringe : mais, en Silésie et en Pologne, elle forme (Tarnowitz, Bobrownik, Sacrau, Olkusz, Slawkow) des couches très-étendues dans le zechstein, par conséquent au-dessus du riche dépôt de houille de Ratibor et de Beuthen. Dans ces mêmes contrées les couches de fer hydraté (Radzionkau) et de calamine (Piekary), parallèles entre elles, sont d'une origine plus récente que la couche de fer sulfuré argentifère de Tarnowitz. Déjà dans le calcaire grenu et dépourvu de coquilles, qui couvre cette dernière couche, on trouve disséminé dans des cavités alongées de petites masses de fer brun et de zinc oxidé concrétionné. Près d'Ilefeld au Harz tout le zechstein est imprégné de cette dernière substance. Quant aux couches de galène et de calamine du Sauerland, de Brilon, d'Aix-la-chapelle et de Limbourg, elles semblent, d'après les discussions judicieuses de MM. de Raumer et Noeggerath, malgré leur analogie apparente avec les formations de la Haute-Silésie, appartenir aux terrains de transition les plus récens. On diroit que dans les deux continens il existe une *affinité géognostique* (ou de gisement) bien remarquable entre les roches calcaires et le plomb sulfuré plus ou moins argentifère : nous voyons ce dernier en Europe dans le calcaire intermédiaire (filons de Schwatz en Tyrol, et du mountain-limestone de Northumberland, de Yorck et du Derbyshire), et dans le calcaire alpin (couches de la Haute-Silésie et de la Pologne ; magnesian limestone de Durham). Sur le plateau de la Nouvelle-Espagne les minérais de plomb du district de Zimapan (Real del Cardonal, Lomo del Toro), de même que celles de Liñarés et du

Nouveau-Saint-Ander, appartiennent aussi à des calcaires qui sont mêlés de pierre fétide et qui succèdent immédiatement à la formation houillère.

La calamine se rencontre dans le calcaire magnésifère de l'Angleterre (Mendiphills) comme dans le zechstein de la Haute-Silésie. Quant aux couches argileuses de fer hydraté, elles offrent, dans le calcaire alpin des Andes du Pérou, un caractère particulier; elles sont intimement mêlées d'argent natif filiforme et de muriate d'argent. Ce mélange de fer oxidé et d'argent, que nous avons fait connoître, M. Klaproth et moi, est connu sous le nom de *pacos* : il se trouve dans la partie équinoxiale des deux Amériques, remplissant la partie supérieure des filons, et présente dans cette position une analogie bien remarquable avec les masses terreuses et ochracées (non argentifères) que les mineurs de l'Europe désignent vulgairement par le nom de *chapeau de fer* des filons (eiserne Hut). Le plus riche exemple que je connoisse d'une *couche de pacos* dans le calcaire alpin, est le dépôt de la montagne de Yauricocha (Cerro de Bombon, Cordillère péruvienne de Pasco), situé à plus de 1800 toises de hauteur absolue. Quoique les exploitations de ce gîte de fer oxidé, qui abonde en argent, n'aient généralement atteint jusqu'ici que la profondeur de 15 à 20 toises, elles ont fourni, dans les dernières vingt années du dix-huitième siècle, plus de cinq millions de marcs d'argent. Aux yeux du géognoste expérimenté ce gîte remarquable n'est qu'un développement particulier des couches de fer hydraté que présente le zechstein de la Haute-Silésie, et qui passent quelquefois (Pilatus et Wallensée en Suisse) au fer lenticulaire.

La présence simultanée du mercure dans le grès houiller et dans le calcaire alpin ajoute aux rapports que nous avons indiqués entre ces deux formations. En Carniole (Idria), le minérai de mercure se trouve, d'après MM. Héron de Villefosse et Bonnard, dans un schiste marneux semblable aux marnes cuivreuses du Mansfeld. Au Pérou, près de Huancavelica, le cinabre est en partie disséminé dans le grès extrêmement quarzeux qui forme une couche (Pertinencias del Brocal, de Comedio et de Cochapata, mine de Santa-Barbara) dans le calcaire alpin ; en partie il remplit des filons (montagne de Sillacasa) qui se réunissent en *amas* et traversent immédiatement le calcaire alpin.

Après avoir nommé cette grande variété de véritables couches que renferme la formation dont nous tâchons de faire connoître les rapports de gisement, de structure et de composition, il me reste à indiquer les substances qui s'y trouvent simplement disséminées. Je me bornerai à nommer le silex, le cristal de roche et le soufre.

Le silex commun (hornstein), très-rare dans le zechstein des plaines (Thuringe), caractérise ce même terrain dans la région alpine des Pyrénées, de la Suisse (Mont Bovon, la Rossinière), du Salzbourg et de la Styrie (au-dessus de Hallstadt: Potschenberg; Geisern); il passe souvent au jaspe et au silex pyromaque (feuerstein). En Europe, le silex du calcaire alpin ne se trouve que par rognons ou par nodules souvent disposés sur une même ligne; mais, dans les Cordillères du Pérou, au milieu des riches mines d'argent de Chota (près de Micuipampa, lat. austr. 6° 45′ 58″), le silex forme une couche d'une épaisseur prodigieuse. La montagne de Gualgayoc, qui s'élève comme un château fort sur un plateau de 1800 toises de hauteur, en est entièrement composée. Le sommet de cette montagne est terminé par une innombrable quantité de petits rochers pointus, ayant chacun de larges ouvertures que le peuple appelle *fenêtres* (ventanillas). Le silex (*panizo*) de Gualgayoc est un hornstein écailleux, blanc-grisâtre, à cassure matte, souvent unie, intimement mêlé de fer sulfuré. Il passe tantôt au quarz, tantôt à la pierre à fusil. Dans le premier cas il est celluleux, à cavités irrégulières, tapissées de cristaux de quarz. De grandes masses de ce *panizo*, dans lequel des filons d'argent gris et rouge et des filons de fer magnétique forment des amas entrelacés d'une richesse extraordinaire, ressemblent au calcaire siliceux du terrain tertiaire de Paris; mais on voit clairement, dans plusieurs de ces mines (Cheropampa, à l'est du Purgatorio près du ravin de Chiquera), que ce hornstein métallifère est une couche de forme irrégulière, intercalée au zechstein ou calcaire alpin. Il enchâsse de grandes masses calcaires, et alterne quelquefois (Socabon de Espinachi) avec cette même argile brun-noirâtre et schisteuse que l'on trouve dans le calcaire alpin de Montan, et qui rend les filons entièrement stériles. Le hornstein est dépourvu des coquilles qui abondent dans la roche principale et qui remplissent même quelquefois les filons. Une énorme masse de matière siliceuse, qu'on trouve comme fondue au milieu d'un calcaire secondaire, à couches arquées et renfermant des ammonites de 8 — 10 pouces de diamètre, est sans doute un phénomène géognostique bien remarquable. Existe-t-il (environs de Florence) des rognons de silex corné dans les calcaires de transition ? De quel âge sont les calcédoines et les jaspes disséminés dans les Monti Madoni de Sicile ?

Le calcaire alpin de Cumanacoa (Amérique méridionale) renferme, comme celui de Grosörner (Thuringe), des cristaux de roche disséminés. Ces cristaux ne se trouvent pas dans des cavités, mais enchâssés dans la roche, comme le feldspath l'est dans le porphyre, et comme le cristal de roche ou le boracite le sont dans des gypses modernes.

Le soufre natif, que nous avons déjà vu dans le quarz grenu du terrain primitif et dans le gypse de transition (Sublin près de Bex), reparoit dans le calcaire alpin (Pyrénées, près d'Orthès et près de la forge de Bielsa ; Sicile, Val de Noto et Mazzara), et dans le gypse feuilleté (Nouvelle-Espagne, Pateje près Tecosautla) qui appartient à cette dernière formation. Cependant la majeure partie du soufre dont abondent les régions équinoxiales de l'Amérique, se rencontre dans les trachytes porphyriques et dans les argiles du terrain pyrogène.

Les opérations de Bouguer et de La Condamine ayant été faites dans une portion des Andes où dominent les formations de trachytes, il s'est répandu en Europe, parmi beaucoup de fausses idées sur la structure des Cordillères, celle de l'absence des coquilles et des formations calcaires dans la région équinoxiale. Encore vers la fin du dix-huitième siècle, l'Académie des sciences invita M. de La Peyrouse (*Voyage*, T. I, p. 169) de rechercher, « s'il est vrai que « près de la ligne, ou plus que l'on s'en approche, les montagnes calcaires s'abaissent jusqu'à n'être plus qu'au niveau « de la mer. » Dans des ouvrages plus récens (Greenough, *Crit. examination of Geology*, p. 288) en révoque en doute l'existence des ammonites et des bélemnites dans l'Amérique du Sud. En faisant connoître la superposition des roches en différentes parties du nouveau continent, j'ai indiqué à quelle hauteur prodigieuse s'élèvent les couches coquillières de zechstein dans les Cordillères du Pérou et de la Nouvelle-Grenade. Il ne faut pas croire que les grandes révolutions qui ont enseveli les animaux pélagiques, se soient bornées à tel ou tel climat.

Dans les régions les plus éloignées les unes des autres nous trouvons, dans la formation du zechstein ou calcaire alpin, des gryphites (*G. aculeata*), des entroques (formant d'après l'observation curieuse de M. de Buch, dans beaucoup de parties de l'Allemagne, une couche distincte sur la limite du calcaire alpin et du grès houiller); des térébratulites (*T. alatus*, *T. lacunosus*, *T. trigonellus*); des pentacrinites d'une grande longueur; un trilobite du schiste cuivreux, qui, génériquement, n'est peut-être point encore suffisamment examiné (*T. bituminosus*); des ammonites (plus rares que dans le muschelkalk et dans les marnes du calcaire du Jura); quelques orthocératites; des poissons qui avoient déjà fixé l'attention des anciens (*Aristot.*, *Mirab. auscultat.*, ed. *Beckmanniana*, c. 75; Livius, *lib.* 42, c. 1); des ossemens de monitor, peut-être même (Tocayma et Cumanacoa dans l'Amérique méridionale) de crocodiles; des empreintes de lycopodiacées et de bambusacées: point de vraies fougères, mais, ce qui est très-remarquable (marnes bitumineuses de Mansfeld), des feuilles de plantes dicotylédones analogues aux feuilles du saule. On observe que les coquilles du calcaire alpin (*Ammonites ammonius*, *A. amaltheus*, *A. hircinus*, *Nautilites ovatus*, *Pectinites textorius*, *Pectinites salinarius*, *Gryphites gigas*, *G. aculeatus*, *G. arcuatus*, *Mytulites rostratus*) sont moins disséminées dans la masse entière de la roche, comme c'est le cas dans les deux formations du muschelkalk et du calcaire du Jura, qu'accumulées sur certains points, et souvent à de grandes hauteurs. Sur des étendues de pays très-considérables, le calcaire alpin paroît quelquefois dépourvu de débris organiques.

Nous avons indiqué dans les pages précédentes les formations de l'Amérique équinoxiale qui appartiennent au zechstein. Ce sont, dans la chaîne du littoral de Caracas, les calcaires de Punta Delgrada, de Cumanacoa et du Cocollar, renfermant, non du grauwacke, mais du grès quarzeux et des marnes carburées; dans la Nouvelle-Grenade, le calcaire de Tocayma et du plateau de Bogota, supportant le sel gemme de Zipaquira; dans les Andes de Quito et du Pérou, les calcaires de la province de Jaen de Bracomoros, de Montan et de Micuipampa, placés sur le grès houiller et enchâssant d'énormes masses de silex; dans la Nouvelle-Espagne, les calcaires du Peregrino, de Sopilote et de Tasco, entre Mexico et Acapulco. Plusieurs de ces masses calcaires d'une énorme épaisseur, et supportant des formations de gypse et de grès, sont superposées, non au grès houiller, mais à des porphyres de transition très-métallifères et liés, du moins en apparence, sur quelques points, à un terrain décidément trachytique. On observe, dans le nouveau continent comme dans l'ancien, que, là où le calcaire alpin a pris un grand développement, le grès houiller manque presque entièrement, et *vice versa*. Cet antagonisme dans le développement de deux formations voisines m'a frappé surtout à Guaxanuato (plateau central du Mexique) et à Cuença (plateau central de Quito), où abondent les grès houillers : il m'a frappé dans les Cordillères de Montan (Pérou) et à Tasco (Nouvelle-Espagne), où abonde le calcaire alpin. Quand le grès houiller, nous le répétons ici, n'est point visible ou qu'il ne s'est pas développé, les limites entre le calcaire alpin et le calcaire de transition sont très-difficiles à tracer. En excluant du terrain secondaire tous les calcaires bleu-grisâtre traversés par des veines de spath calcaire blanc et par des couches d'argile et de marnes, les formations de Cumanacoa, de Tasco et de Montan (Venezuela, Pérou et Mexique), comme celles des Alpes les plus septentrionales du Tyrol et du Salzbourg, deviendroient des formations de transition. J'incline à croire que les formations que nous venons de nommer, de même que celles du Mole, du Haacken et du Pilatus, sont les plus anciennes couches du zechstein, qui se lient au calcaire de transition de la Dent de Midi, de l'Oldenhorn et de l'Orteler. Beaucoup de roches se succèdent par un développement progressif, et il paroît tout naturel que les dernières assises d'une formation plus ancienne offrent une grande analogie de structure avec les premiéres assises de la formation superposée.

On a récemment voulu placer parmi les couches intercalées au zechstein ou calcaire alpin des grünstein et des dolérites, que nous connoissons déjà comme subordonnées au grès houiller dans plusieurs parties de l'Europe ; on a même indiqué, comme superposé aux calcaires alpin et jurassique, des syénites, des porphyres et des *granites secondaires*. Ce sont là les roches de la partie sud-est du Tyrol (vallées de Lavis et de Fassa ; Recoaro) sur lesquelles le comte Marzari-Pencati a publié de si curieuses observations. Le gisement de ces substances étant encore un point de géologie très-contesté, je dois me borner ici à présenter les données du problème et l'état d'une question si digne de l'attention des géognostes.

Déjà M. de Buch avoit remarqué, en 1798, qu'entre Pergine et Trento (Lago di Colombo. Monte-Corno) le porphyre de transition (ou plutôt celui du grès rouge ?) alterne avec le calcaire alpin du terrain secondaire. Ce calcaire est rempli d'ammonites et de térébratulites. L'alternance est évidente, et les porphyres, si communs partout ailleurs dans le grès houiller, débordent ici dans le calcaire alpin, de même que sur le revers oriental des Andes du Pérou (Chamaya) j'ai vu déborder dans cette même formation la roche de quarz compacte qui représente le grès houiller. C'est une *pénétration* du terrain inférieur dans un terrain superposé : phénomène qui peut d'autant moins nous surprendre, qu'en Silésie, en Hongrie et dans plusieurs parties de l'Amérique équinoxiale le grès rouge ou grès houiller est intimement lié au zechstein. Les porphyres du Tyrol méridional s'élèvent (montagne de Forna) jusqu'à 1500 toises de hauteur. (Buch. *Geogn. Beob.*, T. I. p. 305, 309, 315, 516.) M. de Marzari, dont les recherches ont commencé en 1806, croit avoir vu se succéder de bas en haut, dans les environs de Recoaro, du micaschiste, de la dolérite (remplissant en même temps les filons qui traversent le micaschiste, et renfermant du pyroxène et du fer titané); du grès rouge avec houille et marnes bitumineuses ; du zech-stein, dont les couches inférieures sont un calcaire à gryphites; une formation de porphyres syénitiques avec des amygdaloïdes intercalées. Dans la vallée de Lavis (Avisio), M. de Marzari indique, toujours de bas en haut, du grauwacke, du porphyre, du grès rouge, du calcaire alpin, du calcaire du Jura, du granite et des masses noires pyroxéniques dépourvues d'olivines. D'après l'intéressant mémoire publié par M. Breislak, le granite secondaire placé sur le calcaire alpin est entièrement semblable au plus beau granite d'Égypte: il renferme (Canzacoli delle coste, Pedrazzo) de grandes *masses de quarz avec tourmaline*; il rend grenu à son contact (à plusieurs toises de profondeur) le calcaire qui le supporte, et passe tantôt à une *roche pyroxénique*, tantôt à un porphyre à base feldspathique noire, tantôt à la *serpentine*. (Marzari, *Cenni geologici*, 1819, p. 45; Id., *Nuevo osservatore Veneziano*, 1820, n.° 113 et 127; Breislak, *Sulla giacitura delle rocce porfiritiche e granitose del Tirolo*, 1821, p. 22, 25, 52; Marzari, *Lettera al signor Cordier*, 1822, p. 3; Maraschini, *Obs. géogn. sur le Vicentin*, 1822, p. 17.) Entre la Piave et l'Adige un mandelstein agathifère, qui rappelle ceux du grès rouge, surmonte le calcaire alpin : c'est, dit-on, une formation parallèle aux couches du granite secondaire. Un excellent géognoste, M. Brocchi, qui a publié dès l'année 1811 un mémoire sur la vallée de Fassa, n'a pas seulement vu des grünstein en partie pyroxéniques couvrir des calcaires qu'il croit de transition, mais qui passent dans leurs couches supérieures au calcaire alpin avec silex; il a reconnu aussi ces grünstein pyroxéniques comme alternant avec les calcaires (Melignon, Fedaja). Récemment M. de Marzari a annoncé avoir vu (Grigno de la Piave, Cimadasta) le granite et le mandelstein agathifère surmonter le terrain de craie, et se ranger parmi les *roches tertiaires*.

Je consigne ici des faits de gisement bien extraordinaires, et sur lesquels sans doute M. de Buch, qui a visité récemment la vallée de Fassa, va répandre un nouveau jour. Les rapports de gisement de ces contrées paroissent très-compliqués. La roche dans laquelle les grünstein et les dolérites se trouvent intercalés, est-elle bien certainement du zechstein, ou appartient-elle au terrain de transition? Ces grünstein et ces dolérites se trouvent-ils en couches ou en filons? Les roches feld-

spathiques grenues (appelées syénites et granites à trois élémens) sont - elles oryctognostiquement analogues aux roches
homonymes de Christiania, ou sont-elles des trachytes? En
admettant que la superposition des roches ait été observée avec
précision, et que les divers terrains aient été bien nommés, on
verroit se répéter ici, dans des formations secondaires, les phénomènes que MM. de Buch et Haussmann ont fait connoître les
premiers dans la série des formations intermédiaires. L'alternance de roches sédimentaires, arénacées et cristallines,
continueroit, comme par séries périodiques, jusque vers les
terrains les plus modernes. Nous savions déjà, par les belles
observations de MM. Mac-Culloch et Boué, qu'en Écosse et
dans plusieurs parties du continent des roches grenues, porphyriques, syénitiques et pyroxéniques, pénètrent du terrain
de transition dans le grès houiller. Le calcaire alpin est immédiatement superposé à la formation de porphyre et de
grès rouge; il est géognostiquement lié avec cette formation.
D'après ces données il ne seroit pas très-surprenant, ce
me semble, de voir intercalé au calcaire alpin ces mêmes
couches cristallines (amphiboliques et feldspathiques) que
l'on a déjà reconnues dans le grès houiller. La géognosie positive doit offrir un enchaînement de faits bien observés et
judicieusement comparés entre eux. Elle n'enseigne pas que
la répétition de certains types cristallins s'arrête nécessairement au grès houiller. Les observations de M. de Marzari ne
renverseront par conséquent aucune loi géognostique. Si
elles sont confirmées par des recherches ultérieures, elles
agrandiront plutôt nos vues sur ce phénomène curieux d'*alternance* dans des formations les plus éloignées les unes des
autres. Comme des filons remplis de grünstein, de syénites
et de masses pyroxéniques, traversent, dans plusieurs parties des deux continens, les granites primitifs, les thonschiefer,
les porphyres de transition, les calcaires secondaires et même
les formations supérieures à la craie, plusieurs géognostes
célèbres ont soupçonné que les roches problématiques des
rives de l'Avisio (Lavis) pourroient bien être des masses
volcaniques, des coulées de laves venues d'en-bas (de l'intérieur de la terre) par des crevasses. Ce soupçon paroît
fortifié par l'analogie des roches cristallines, que l'on assure

être indifféremment superposées à des formations d'un âge
très - différent (au calcaire alpin, au calcaire du Jura et à la
craie); mais les grandes masses de quarz qui entrent dans la
composition des roches appelées par MM. de Marzari et
Breislak *granites secondaires*, semblent éloigner ces roches
problématiques des productions modernes des volcans. Il faut
espérer que des observations souvent répétées sur les lieux
vont bientôt lever tous ces doutes. L'incrédulité dédaigneuse
est aussi funeste aux sciences qu'une trop grande facilité à
adopter des faits incomplétement observés. Il faudra surtout
distinguer entre des masses (trachytiques?) qui se sont répandues sur des formations secondaires et qui seulement leur
sont superposées, et des masses (amphiboliques, pyroxéniques, syénitiques) qui pourroient leur être intercalées. Cette
différence de gisement seule peut être l'objet d'une observation directe; le problème de l'origine des couches cristallines superposées ou intercalées appartient à la géogonie.
Beaucoup de roches très-anciennes ne sont peut-être aussi
que des nappes de matières fondues; et les questions géogoniques auxquelles donnent lieu les roches de Fassa, peuvent
en partie s'appliquer aux porphyres et aux grünstein pyroxéniques intercalés au grès houiller. Il faut décrire dans chaque
formation ce qu'elle renferme et ce qui la caractérise. La
géognosie positive s'arrête à la connoissance des gisemens.

III. Dépôts arénacés et calcaires (marneux et oolithiques)
placés entre le zechstein et la craie, et liés a ces deux
terrains.

En remontant depuis le terrain de transition par les roches
secondaires au terrain tertiaire, le phénomène de *l'alternance* entre des couches calcaires et arénacées devient de
plus en plus frappant. On voit alterner d'abord des calcaires
intermédiaires blancs et cristallins (Tarantaise), ou compactes
et carburés, avec des grauwackes; puis se succèdent le grès
rouge, le calcaire alpin ou zechstein, le grès bigarré (red
marl), le muschelkalk (calcaire de Gœttingue), le quadersandstein (grès de Königstein), le calcaire du Jura (formation
oolithique), le grès vert ou grès secondaire à lignites (green
sand), la craie, le grès tertiaire à lignites (argile plastique).

le calcaire parisien, etc. Je rappelle ici six *alternances* de
douze formations intermédiaires, secondaires et tertiaires
(arénacées et calcaires), d'après leur ancienneté relative,
comme si, dans un seul point de la terre, ces roches s'étoient
toutes simultanément développées. Par la suppression fréquente de quelques-unes d'elles, surtout du grès bigarré, du
muschelkalk et du quadersandstein, le calcaire (oolithique)
du Jura repose parfois immédiatement sur le calcaire alpin
(Andes du Mexique et du Pérou, Pyrénées, Apennins).

Les dépôts que nous réunissons dans cette troisième grande
division (§§. 29 — 53), forment à peu près tout le *terrain de
sédiment moyen* de M. Brongniart. J'ai craint d'employer les
dénominations qui ont rapport à des limites si différemment
tracées par les géognostes modernes. M. Conybeare, dans l'excellent ouvrage qu'il a récemment publié avec M. Philipps
sur la Géologie de l'Angleterre, distingue les terrains en sur-
moyens, moyens et sousmoyens (*supermedial, medial et sub-
medial*). Tant de divisions systématiques ajoutent peut-être
à la difficulté qu'offre déjà la synonymie des roches.

Argile et Grès bigarré (Grès a oolithes ; Grès de Nebra ;
New red sandstone et Red marl) avec gypse et sel gemme.

§. 29. Le *grès de Nebra* ou *grès bigarré* (Thuringe) et le
red marl de l'Angleterre (depuis les rives du Tees en Durham jusqu'aux côtes méridionales du Devonshire) ne sont
pas seulement des formations parallèles, c'est-à-dire, du même
âge et occupant la même place dans la série des roches : ce
sont des formations identiques. Le premier, assez pauvre en
pétrifications (*Strombites speciosus, Pectinites fragilis, Mytulites recens, Gryphites spiratus*, Schl.), est un terrain composé
de trois séries de couches alternantes ; savoir : 1.° d'argiles ;
2.° de grès micacés et schisteux, avec masses de glaise à formes
aplaties et lenticulaires (thongallen) ; 5.° d'oolithes généralement brun-rougeâtres. On trouve dans le grès bigarré du
continent, en bancs subordonnés, du gypse (thongyps), quelquefois lamelleux, le plus souvent fibreux, et dépourvu de
calcaire fétide. Nous avons vu plus haut qu'en Allemagne
et en France un grand nombre de sources salées coulent sur
ces bancs d'argile et de gypse, et qu'à Thiede, entre Wolfen-

büttel et Brunswic, comme à Sulz près Heilbronn, de petites masses de sel gemme sont disséminées dans cette formation, qui, à Sulz, a été atteinte par la sonde après le muschelkalk et avant le zechstein. Le *red marl* (red ground, red rock, red ford), si bien examiné par MM. Winch et Greenough, dépourvu de pétrifications et de bancs d'oolithes, et coupé par des fissures en masses rhomboïdales, est en Angleterre le véritable gîte du sel gemme : il se compose dans ses assises supérieures d'argiles marneuses, de gypse (albâtre) et de sel (Witton près Northwich ; Droitwich); dans ses assises inférieures, soit de conglomérats avec galets de roches primitives et de transition, soit de grès à petits grains (entre Exeter et Exminster). Le sel gemme d'Angleterre, de Lorraine et du Wurtemberg, lie la formation de grès et d'argiles bigarrés, vers le bas, au zechstein et au calcaire alpin ; vers le haut, dans le nord de l'Allemagne, cette formation passe au muschelkalk, dont les couches les plus anciennes sont un peu arénacées. On pourroit dire aussi que les oolithes du grès bigarré (Eisleben, Endeborn, Bründel) et ses marnes *préludent* à la formation du Jura : mais ces oolithes brun-rougeâtres se perdent insensiblement en une roche arénacée; elles diffèrent essentiellement des oolithes blanches et blanc-jaunâtres du calcaire du Jura. Sur le continent, le grès bigarré est très-distinct du zechstein, malgré les traces de sel qui le lient à cette dernière formation : en Angleterre, le red marl, le calcaire magnésien et les conglomérats d'Exeter et de Teignmouth (Devonshire), qui, sous le nom de *nouveau conglomérat rouge*, représentent le grès houiller du Mansfeld, sont aussi intimement liés entre eux que le sont les dépôts de houille avec les roches de transition (mountain limestone et old red sandstone).

En décrivant plus haut le grès rouge de la Nouvelle-Grenade, j'ai discuté les nuances de composition et de structure qui distinguent cette formation houillère du grès bigarré (bunte sandstein), par rapport aux couches intercalées de sables, d'argiles schisteuses et de conglomérats à gros grains. Ces conglomérats, qui caractérisent les assises inférieures du red marl, se retrouvent dans la chaîne des Vosges. Les strates supérieurs du grès bigarré sont verts : on les croit colorés par le nickel et le chróme. Ils sont quelquefois mêlés de petites lames de baryte sulfatée (Mariaspring prés Gœttingue).

Couches subordonnées : 1.° Gypse argileux un peu chloriteux, avec des aragonites (Bastène prés de Dax), avec des cristaux de roche incolores (Langensalze, Wimmelburg), ou rouges (Dax), et avec du soufre, disséminés (entre Gnölbzig et Naundorf); ce gypse a été regardé jadis comme une formation particulière placée entre le grès bigarré et le muschelkalk (Cresfeld et Helbra en Saxe, Dölau en Franconie, Neuland prés Löwenberg en Silésie; Amajaque au Mexique): 2.° calcaires en lits minces, tantôt marneux, tantôt magnésifères: 5.° argile imprégnée de goudron minéral (Kleinscheppenstedt prés Brunswic): 4.° sables (triebsand) avec de grands chamites et du bois pétrifié (Burgörner): 5.° grès extrêmement quarzeux, presque sans ciment visible, très-caractéristique tant pour le grès bigarré que pour l'argile plastique qui environne les coulées de basaltes : 6.° mine de fer brune souvent en géodes : 7.° traces de houilles, peut-être même de lignites, qu'il ne faut point confondre avec les dépôts analogues du quadersandstein et des grès secondaires et tertiaires à lignites (au-dessous et au-dessus de la craie). On assure avoir trouvé des branches d'arbre charbonisées dans les argiles avec gypse d'Oberwiederstedt en Thuringe; aussi les schistes argentifères de Frankenberg (Hesse), qui ne sont que des phytolithes charbonisés, enduits et pénétrés de métaux, paroissent à plusieurs géognostes appartenir au grès bigarré. M. Boué, dont les obligeantes communications ont si souvent enrichi mes travaux, observe que le grès bigarré existe par lambeaux dans le sud-ouest de la France : il y est représenté par des marnes et des gypses fibreux ou compactes (Cognac, S. Froult prés Rochefort), et quelquefois immédiatement recouvert de calcaire jurassique et de craie grossière. Au pied des Pyrénées, entre S. Giron et Rimont, le grès bigarré a pris un développement considérable. Comme dans la partie des Andes que j'ai parcourue, les formations du terrain secondaire, c'est-à-dire, celles qui sont supérieures au calcaire alpin, ne se sont presque pas développées, je ne crois avoir bien reconnu le grès bigarré que dans les points suivans.

Au *Mexique*, en descendant des montagnes composées de porphyres intermédiaires et éminemment métallifères (Real del Monte et de Moran) vers les bains chauds de Totonilco el Grande, on trouve une formation puissante de calcaire gris-bleuâtre, presque dépourvue de coquilles, généralement compacte, mais enchâssant des couches très-blanches et grenues à gros grains. Ce calcaire, célèbre par ses cavernes (Dantö ou la Montagne percée), et rempli de filons de plomb sulfuré, me paroît un terrain de transition. Il est couvert d'une autre formation, gris-blanchâtre et entièrement compacte, qui ressemble au zechstein. Sur cette dernière repose le grès argileux (bunte sandstein), dont les assises supérieures sont (près d'Amajaque) des argiles avec gypse feuilleté. Je pense que le grès enchâssant des masses aplaties d'argile (thongallen), près de La Veracruz, et renfermant (Acazonica) un beau gypse feuilleté, appartient aussi, comme le gypse d'Amajaque, au grès bigarré. Peut-être cette formation de Veracruz fait-elle le tour des côtes orientales, et se lie-t-elle aux dépôts calcaires de Nuevo-Léon, riche en galènes foiblement argentifères.

Dans les Llanos ou steppes de *Venezuela*, les gypses argileux (Cachipo, Ortiz) sont certainement postérieurs au grès houiller; mais, si le calcaire qui les sépare (entre Tisnao et Calabozo), loin d'être du zechstein, est, comme sa cassure unie et son aspect de calcaire lithographique sembleroient l'indiquer, de formation jurassique, ces gypses des Llanos seroient plus modernes encore que ceux du grès bigarré. A Guire (côtes orientales de Cumana), un gypse blanc et grenu (jurassique?) contient de grandes masses de soufre. Les argiles salifères mêlées de gypses et de pétrole de la péninsule d'Araya, vis-à-vis l'île de la Marguerite, sont placées entre le zechstein et un terrain tertiaire. Comme des gypses sont renfermés dans ce dernier terrain (colline du château S. Antoine, à Cumana; plaines entre Turbaco et Carthagène des Indes), on pourroit croire que les argiles salifères d'Araya sont aussi beaucoup plus récentes que le red marl ou grès bigarré. Mais je n'ose prononcer avec certitude sur l'âge de ces formations, dans l'absence de tant de roches que l'on trouve placées ailleurs entre le zechstein et les terrains tertiaires.

Les gypses que j'ai examinés dans l'intérieur de la *Nouvelle-Grenade* (plateau de Bogota ; Chaparal, à l'ouest de Contreras) m'ont tous paru de la formation du calcaire alpin.

Lorsqu'on examine le terrain §. 29 dans des contrées si éloignées les unes des autres, on trouve la dénomination de *grès bigarré* tout aussi bizarre que la dénomination de grès rouge. On peut substituer à la dernière celle de grès houiller, en rappelant un des résultats les plus généraux et les plus positifs de la géognosie moderne. Il seroit à désirer qu'un géognoste d'une grande autorité substituât un nom géographique à celui de grès bigarré ou grès à oolithes brunes. Je continuerai jusque-là à me servir de la dénomination de *grès de Nebra*.

Muschelkalk (Calcaire coquillier ; Calcaire de Gœttingue).

§. 30. Formation peu variable, et que la dénomination beaucoup trop vague de *calcaire coquillier* a fait confondre, hors de l'Allemagne, avec les assises inférieures ou supérieures du calcaire jurassique (avec le lias ou le forest marbre et portlandstone). Elle est bien caractérisée par sa structure plus simple, par la prodigieuse quantité de coquilles en partie brisées qu'elle renferme, et par sa position au-dessus du grès de Nebra (bunte sandstein) et au-dessous du quadersandstein qui la sépare du calcaire jurassique. Elle remplit une vaste partie de l'Allemagne septentrionale (Hanovre, Heinberg près de Gœttingue; Eichsfeld, Cobourg ; Westphalie, Pyrmont et Bielfeld), où elle est plus puissante que le zechstein ou calcaire alpin. Dans l'Allemagne méridionale elle s'étend sur tout le plateau entre Hanau et Stutgard. En France, où, malgré les grands et utiles travaux de M. Omalius d'Halloy, les formations secondaires qui sont inférieures à la craie, ont été si long-temps négligées, MM. de Beaumont et Boué l'ont reconnue tout autour de la chaîne des Vosges. Le muschelkalk a généralement des teintes pâles, blanchâtres, grisâtres ou jaunâtres; sa cassure est compacte et matte; mais le mélange de petites lames de spath calcaire, provenant peut-être de débris de pétrifications, le rend quelquefois un peu grenu et brillant. Plusieurs couches sont marneuses, aréuacées, ou passant à la structure oolithique (Séeberg près de Gotha ; Weper près Gœttingue; Preussisch-Minden; Hildesheim). Des hornstein, passant au silex pyromaque et au jaspe (Dransfeld, Kandern, Saarbrück), sont ou disséminés par nodules dans le muschelkalk, ou y forment de petites couches peu continues. Les assises inférieures de cette formation alternent avec le grès bigarré (entre Bennstedt et Kelme), ou se lient insensiblement au grès, en se chargeant de sable, d'argile et même (à l'est de Cobourg) de magnésie (bancs magnésifères du muschelkalk).

Couches subordonnées. Les marnes et argiles, si fréquentes dans le calcaire jurassique, le grès bigarré et le zechstein, sont assez rares dans le muschelkalk. En Allemagne, cette roche renferme du fer hydraté, un peu de gypse fibreux (Sulzbourg près Naumbourg), et de la houille (lettenkohle de Voigt; à Mattstedt et Eckardsberg près Weimar) mêlée de schiste alumineux et de fruits (de conifères?) charbonnés. Plus les houilles avancent vers le terrain tertiaire, plus elles se rapprochent, du moins dans quelques-uns de leurs strates, de l'état de lignite et de terre alumineuse.

Pétrifications. D'après les recherches de M. de Schlottheim, et en rejetant les couches qui n'appartiennent pas au muschelkalk : *Chamites striatus*, *Belemnites paxillosus*, *Ammonites amalteus*, *A. nodosus*, *A. angulatus*, *A. papyraceus*, *Nautilites binodatus*, *Buccinites gregarius*, *Trochilites lœvis*, *Turbinites cerithius*, *Myacites ventricosus*, *Pectinites reticulatus*, *Ostracites spondyloides*, *Terebratulites fragilis*, *T. vulgaris*, *Gryphites cymbium*, *G. suillus*, *Mytulites socialis*, *Pentacrinites vulgaris*, *Encrinites liliiformis*, etc. Quelques couches isolées du calcaire jurassique renferment peut-être plus de pétrifications encore que le muschelkalk; mais dans aucune formation secondaire les débris de corps organisés n'abondent si uniformément que dans celle que nous venons de décrire. Une immense quantité de coquilles, en partie brisées, en partie bien conservées, mais adhérant fortement à la matière pierreuse (entroques, turbinites, strombites, mytulites), est accumulée en plusieurs strates de 20 à 25 millimètres d'épaisseur, qui traversent le muschelkalk. Beaucoup d'espèces se trouvent réunies par familles (bélemnites, térébratulites, chamites). Entre ces strates éminemment coquilliers sont disséminés des ammonites, des turbinites, quelques térébratulites avec leur test nacré, le *Gryphœa cymbium*, et de superbes pentacrinites. Les coraux, les échinites et les pectinites sont rares. L'abondance des entroques dans le muschelkalk a fait donner à cette formation, dans quelques parties de l'Allemagne, le nom de *calcaire à entroques* (trochitenkalk). Comme une couche d'entroque caractérise souvent aussi le zechstein et le sépare du grès houiller, cette dénomination peut faire confondre deux formations très-distinctes. La dénomination de *calcaire à gryphées* (graphytenkalk du zechstein et du calcaire du Jura), et toutes celles qui font allusion à des corps fossiles, sans indication d'espèces, exposent à ce même danger. On assure que le muschelkalk renferme des ossemens de grands animaux (quadrupèdes ovipares? Freiesleben, T. I. p. 74; T. IV, p. 24, 505) et d'oiseaux (ornitholithes du Heimberg : Blumenbach, *Naturgesch.*, *3te Aufl.*, p. 663); mais ces ossemens pourroient bien appartenir, de même que les dents de poisson, à des brèches ou à des marnes superposées au muschelkalk.

De célèbres géognostes anglois, MM. Buckland et Conybeare, ont cru reconnoître, dans leur voyage en Allemagne, le muschelkalk de Werner comme identique avec le lias, qui est l'assise inférieure du calcaire jurassique. J'incline à croire, malgré les oolithes gris-bleuâtres observées dans le muschelkalk sur les bords du Weser, qu'il y a plutôt parallélisme qu'identité de formation. Le muschelkalk occupe la même place que le lias : il abonde également en ammonites, térébratulites et encrinites; mais les espèces fossiles diffèrent, et sa structure est beaucoup plus simple et plus uniforme. Les strates du muschelkalk ne sont pas séparés par ces argiles bleues qui abondent dans les assises supérieures et inférieures de la formation du lias. Les assises mitoyennes de cette dernière formation ont une cassure matte et unie, et ressemblent bien plus aux variétés lithographiques du calcaire du Jura qu'au muschelkalk de Gœttingue, de Jena et de l'Eichsfeld. M. d'Aubuisson croit que cette dernière formation est représentée en Angleterre par le portlandstone, le cornbrash et le forestmarble : mais, quelque analogie que puissent offrir tous ces lits de calcaire marneux pétris de coquilles en partie brisées (forestmarble), il faut se rappeler qu'ils alternent avec des formations entièrement oolithiques, et qu'ils sont séparés du red marl par le lias, tout comme le calcaire oolithique du Jura est séparé par le muschelkalk du grès bigarré. En France, M. Boué a reconnu le muschelkalk dans le plateau de Bourgogne, près de Viteaux et de Coussy-les-Forges, près de Dax dans la commune de S. Pan de Lon, etc. Je ne l'ai point reconnu dans la partie équinoxiale de l'Amérique. Les couches très-arénacées, remplies de madrépores et de coquilles bivalves des côtes de Cumana et de Carthagène des Indes, que j'ai voulu jadis y rapporter, sont probablement des terrains tertiaires.

QUADERSANDSTEIN (GRÈS DE KÖNIGSTEIN).

§. 51. Formation très-distincte (rives de l'Elbe, au-dessus de Dresde entre Pirna, Schandau et Königstein; entre Nuremberg et Weissenburg; Staffelstein en Franconie; Heuscheune, Adersbach; Teufelsmauer au pied du Harz; vallée de la Moselle et près de Luxembourg; Vic en Lorraine; Nalzen, dans le pays de Foy, et Navarreins, au pied des Pyrénées), caractérisée par M. Hausmann, et confondue long-temps, soit avec les variétés quarzeuses du grès bigarré et du grès de l'argile plastique (trappsandstein), soit avec le grès de Fontainebleau, supérieur au calcaire grossier de Paris : c'est le grès blanc de M. de Bonnard, le grès de troisième formation de M. d'Aubuisson. Préférant les dénominations géographiques, je nomme souvent cette formation *grès de Königstein*, le grès bigarré *grès de Nebra*, le muschelkalk *calcaire de Gættingue*.

Le quadersandstein a une couleur blanchâtre, jaunâtre ou grisâtre, à grains très-fins, agglutinés par un ciment argileux ou quarzeux presque invisible. Le mica y est peu abondant, toujours argentin et disséminé en paillettes isolées. Il est dépourvu, et de bancs intercalés d'oolithes, et de ces masses aplaties ou lenticulaires d'argile (thongallen) qui caractérisent le grès bigarré. Il n'est jamais schisteux ; mais divisé en bancs peu inclinés, très-épais, qui sont coupés à angle droit par des fissures, et dont quelques-uns se décomposent très-facilement en un sable très-fin. Il renferme du fer hydraté (Metz) disposé par nodules. Les débris organiques disséminés dans cette formation offrent, d'après MM. de Schlottheim, Haussmann et Raumer, un mélange extraordinaire de coquilles pélagiques très-analogues à celles du muschelkalk, et de phytolithes dicotylédones. On y a trouvé des mytulites, des tellinites, des pectinites, des turritelles, des huîtres (pas d'ammonites, mais des cérites ; Habelschwerd, Alt-Lomnitz en Silésie), et en même temps des bois de palmier, des empreintes de feuilles appartenant à la classe des dicotylédones et de petits dépôts de houille (Deister, Wefersleben près Quedlinbourg), très-bien décrits par MM. Rettberg et Schulze, et passant au lignite. Ces débris de bois, d'un aspect bitumineux, ont sans doute de quoi nous surprendre dans une formation si éloignée de la grande formation de lignites qui est placée entre la craie et le calcaire grossier parisien ; mais des observations récentes nous montrent des traces de véritables lignites jusque dans les calcaires à gryphées arquées au-dessous du lias (Le Vay, côtes de Caen) et jusque dans le grès bigarré. Les mauvaises houilles du muschelkalk, par conséquent d'une formation plus ancienne que le quadersandstein, passent aussi au lignite.

Déjà M. de Raumer avoit reconnu que le quadersandstein est séparé du grès bigarré par le muschelkalk (calcaire de Gœttingue) ; il est placé entre ce calcaire et le calcaire du Jura, et par conséquent inférieur aux grandes formations oolithiques de l'Angleterre et du continent. Dans cette position nous ne pouvons guères le considérer, avec M. Keferstein (voyez son intéressant Essai sur la géographie minéralogique de l'Allemagne, T. I, p. 12 et 48), comme parallèle à la molasse d'Argovie (mergelsandstein), qui représente l'argile plastique (grès tertiaire à lignites) au-dessus de la craie. La nature des débris végétaux que renferme le quadersandstein, et ses rapports avec le plänerkalk qui appartient aux assises chloritées et arénacées de la craie, le font regarder par plusieurs géognostes célèbres comme d'une formation postérieure au calcaire jurassique : c'est ainsi que MM. Buckland, Conybeare et Philipps le placent entre la craie et les dernières couches oolithiques. Mais, d'après les observations de M. Boué et de plusieurs autres géognostes célèbres d'Allemagne, le quadersandstein (grès de Königstein), alternant quelquefois avec des couches marneuses et des conglomérats, repose immédiatement sur le gneis près de Freiberg, sur le grès houiller en Silésie et en Bohème; sur le grès bigarré (grès de Nebra), près de Nuremberg, en Franconie; sur le muschelkalk (calcaire de Gœttingue), entre Hildesheim et Dickholzen près de Helmstädt, et près de Schweinfurt sur le Mein. Il est recouvert de calcaire du Jura, et alterne avec les couches marneuses de ce calcaire, en Westphalie, entre Osnabrück, Bielfeld et Bückebourg.

Calcaire du Jura (Lias, Marnes et grands dépôts oolithiques).

§. 3²². Formation très-complexe, composée de couches alternantes de calcaires, marneuses et oolithiques, renfermant du gypse et un peu de grès. Le mode d'alternances partielles, très-constant dans chaque localité, varie dans des pays d'une étendue considérable; cependant sur les points les plus éloignés de l'Europe on reconnoit une analogie frappante entre les grandes divisions ou assises principales. Dans la série des formations les plus neuves du terrain secondaire le calcaire du Jura (*Jurassus*) est placé entre le quadersandstein et la craie. Cette dernière y passe même insensiblement, et peut souvent être regardée, par l'analogie de ses fossiles, comme une continuation du calcaire jurassique. La superposition de ce calcaire au quadersandstein, si long-temps contestée, se montre en Allemagne, d'après M. de Schmitz, près de Wilsbourg; d'après M. Boué, près Blumenroth, Staffelstein, et entre Osnabrück et Bückebourg. Lorsque les trois formations de quadersandstein, de muschelkalk et de grès bigarré ne se sont pas développées simultanément, le calcaire jurassique, par la suppression des membres intermédiaires de la série géognostique, recouvre immédiatement le zechstein ou calcaire alpin. Dans ce cas (pente septentrionale des Pyrénées; Apennins, entre Fossombrono, Furli et Nocera; Cordillères du Mexique, entre Zumpango et Tepecuacuilco), on voit ce dernier passer insensiblement à un calcaire blanchâtre, à cassure matte égale (ou conchoïde à cavités très-aplaties), qu'on ne sauroit distinguer des couches compactes du calcaire du Jura dépourvues d'oolithes. Ce passage, dont M. de Charpentier a aussi été frappé dans le Midi de la France , mérite un examen très-attentif. Malgré la grande différence qui existe entre les débris fossiles du muschelkalk et du calcaire jurassique , les dernières formations du terrain secondaire sont étroitement liées entre elles, et il ne faut pas être surpris que dans une série α, β, γ. δ, ε.... le terrain α (zechstein) fasse passage à ε (calcaire du Jura), à cause de la suppression fréquente des termes β , γ et δ (c'est-à-dire, du grès bigarré , du muschelkalk et du quadersandstein). Les formations arénacées β et δ alternent avec des argiles et des marnes plus ou moins abondantes, de sorte que, par un grand développement de leurs couches désagrégées , celles-ci réduisent à l'état de simples bancs intercalés les assises pierreuses, et finissent, comme c'est le cas dans l'Ouest de la France , par remplir tout l'intervalle entre α et ε.

Le calcaire jurassique couvre , sans interruption, une grande étendue de pays, depuis la chaîne des Alpes jusque dans le centre de l'Allemagne, depuis Genève jusqu'à Streitberg et Muggendorf, en Franconie. Comme, vers le nord, il renferme des cavernes à ossemens fossiles, cette formation a singulièrement fixé l'attention des géognostes allemands. M. Werner la croyoit identique avec le muschelkalk : j'ai reconnu , dès l'année 1795 , qu'elle en différoit essentiellement, et j'ai proposé de la désigner par le nom de calcaire du Jura , à cause de l'analogie parfaite que présentent les montagnes occidentales de la Suisse avec celles de la Franconie. Cette dénomination est aujourd'hui généralement reçue; mais il a été constaté que le calcaire du Jura, au lieu d'être placé sous le grès bigarré (comme je l'avois cru, par erreur, avec le plus grand nombre des géognostes. en confondant ce grès avec la molasse d'Argovie et le grès de Dondorf et de Misselgau près Bareuth), est plus récent que le grès bigarré, que le muschelkalk (Bindloch) et le quadersandstein (Schwandorf; l'hantaisie (?) ; Nuremberg). Cette intercalation entre le quadersandstein et la craie, qui se fonde sur des observations directes, explique très-bien le passage graduel (Montagne de S. Pierre près de Maestricht), de la craie tuffeau à la formation jurassique. Le nom de calcaire caverneux (höhlenkalk), donné souvent à cette dernière, peut donner lieu à des rapprochemens erronés. Il faudroit distinguer entre des formations dont la masse entière est spongieuse, caverneuse ou criblée de trous, et des roches à cavernes. Plusieurs, sans être poreuses ou celluleuses, en renferment de très-vastes. Le calcaire de transition (mountain limestone de Derbyshire) mériteroit, en Angleterre et au Harz, presque autant que celui du Jura, le nom de *calcaire à cavernes*. Au contraire, le rauchkalk et le rauchwacke, qui forment les assises moyennes du zechstein en Thuringe, et que l'on a crus à tort parallèles au calcaire du Jura, sont, comme ce dernier, et dans des étendues de couches très-considérables, remplis de petites cavités de 2 — 10 lignes de diamètre, sans offrir pour cela de véritables grottes. Le phénomène des grottes et celui de la porosité (cavernosité générale) de la masse ne se trouvent pas nécessairement réunis; ce sont des modifications qui, loin de caractériser telle ou telle formation, se rencontrent dans des formations très-différentes.

Quoique sur le continent les couches partielles qui composent le calcaire du Jura se soient très-inégalement développées, et que l'ordre de leur succession varie souvent, on remarque toujours un certain nombre d'assises distinctes et répandues sur des étendues de terrain très-considérables. Nous les nommerons en commençant par les plus anciennes : calcaire marneux (et marnes calcaires très-dures), bleu-grisâtre, analogue (d'après MM. Boué et Buckland, *Essai géogn. sur l'Écosse, pag.* 201, et *Struct. of the Alps, pag.* 17) au lias de l'Angleterre, quelquefois traversé par des veines de spath calcaire, rempli de gryphées arquées ; oolithes gris-jaunâtres, alternant avec des marnes en partie bitumineuses et avec du gypse ; calcaire compacte à cassure unie et matte, et oolithes blanches ; couches remplies de madrépores analogues au calcaire à polypier de Normandie et au coral-rag de l'Angleterre ; calcaire schisteux avec poissons et crustacés (Pappenheim et Solenhoffen). L'assise inférieure de cette formation si complexe est particulièrement désignée, en France (Bourgogne) et dans l'Allemagne méridionale (Wurtemberg), sous le nom de *calcaire à gryphites ;* mais quelques géognostes penchent même pour l'idée de séparer cette assise du calcaire du Jura, en la regardant, avec MM. de Buch et

Brongniart, comme appartenant au zechstein, ou avec M. Keferstein, comme parallèle au muschelkalk. Ici se présente la question importante de savoir dans quel rapport de gisement et de composition se trouve le calcaire à gryphites du Jura avec celui qui porte le même nom dans le Nord de l'Allemagne, et que M. Voigt a fait connoître dès l'année 1792 ? Une grande analogie entre les couches les plus voisines de deux formations qui quelquefois se trouvent immédiatement superposées l'une à l'autre, n'a sans doute rien de bien surprenant : les mêmes espèces de gryphées pourroient se rencontrer dans des formations très-distinctes et plus éloignées encore entre elles ; mais la liaison géognostique observée entre le calcaire à gryphées arquées, alternant avec les marnes, et les autres couches inférieures du Jura, me fait pencher pour l'opinion que ce calcaire, et le calcaire à gryphées épineuses (gryphitenkalk de Voigt), placé sous le grès bigarré, ne sont pas d'une même formation. M. Mérian, dans son excellente Monographie des environs de Bâle, énonce aussi cette opinion, et regarde avec M. Haussmann le grès argileux de Rheinfelden, sur lequel repose le calcaire jurassique, comme grès bigarré, tandis que M. de Buch (Mérian, Umgeb. von Basel, p. 110) le prend pour le grès houiller, et suppose que, par le non-développement du grès bigarré, les couches oolithiques et lithographiques du Jura reposent, dans cette localité, immédiatement sur les couches à gryphites qui appartiennent au zechstein. J'ai cru de mon devoir d'exposer dans ce travail les opinions des plus célèbres géognostes, lors même qu'elles sont opposées à celles auxquelles je me suis arrêté.

Ce qui est indubitable et ce que nous croyons utile de rappeler de nouveau, c'est que le calcaire jurassique qui repose près de Laufenbourg sur du granite, au Schwarzwald sur le grès rouge ou houiller, et près de Genève sur le calcaire alpin, est placé, dans le centre et le nord de l'Allemagne, sur le quadersandstein. La superposition d'une roche sur la formation la plus jeune détermine sa place comme terme de la série géognostique. En Franconie et dans le Haut-Palatinat on ne voit généralement au jour que les assises supérieures du calcaire jurassique, qui sont en même temps les

plus compactes. Les marnes et les oolithes y sont beaucoup
plus rares que dans la Suisse occidentale et en France (Caen,
Lons-le-Saulnier). Entre Eichstädt et Ratisbonne on trouve,
de bas en haut, d'après M. de Schmitz, du calcaire entièrement spongieux et bulleux ; des couches grenues renfermant
des druses remplies de sable; du calcaire compacte et conchoïde avec des nodules de silex ; du calcaire schisteux
et fissile, analogue à celui de Sohlenhofen et aux dales
lithographiques du Heuberg près de Kolbingen. Ces assises
spongieuses, remplies de vacuoles (vallée du Laber près
Berodhausen; Pegnitz, Creussen, Tumbach), que j'ai retrouvées en Italie (vallée de la Brenta, entre Carpane et Primo-
lano), à l'île de Cuba (entre le Potrero de Jaruco et le port
du Batabano), au Mexique (plateau de Chilpansingo), donnent à la surface du sol, qui est hérissé de petits rochers
pointus, un aspect très-particulier.

Dans la France occidentale, une bande non interrompue
de calcaire jurassique s'étend, d'après M. Boué, du S. E.
au N. O., depuis Narbonne et Montpellier jusqu'à la Rochelle,
séparant vers le nord les terrains de transition de la Vendée
et le terrain primitif du Limousin. Sur les côtes de Normandie, les assises marneuses et oolithiques ont pris un développement beaucoup plus grand qu'en Allemagne. Nous
citerons, d'après les recherches intéressantes de M. Prévost,
les couches superposées entre Dieppe et le Cotentin, en
commençant, comme toujours, par les couches les plus anciennes : 1.º calcaire à gryphées arquées et calcaire lithographique (Le Vay, Issigny), renfermant quelques lignites et
superposé au terrain de transition : 2.º argiles inférieures et
oolithes (argile des Vaches-noires, alternant avec du lias à
débris d'ichthyosaures; oolithes grises de Dive, ferrugineuses,
mêlées d'argile avec lignites et avec pétrifications nombreuses
de madrépores, de modioles, de *Gryphæa cimbium* et d'ammonites; oolithes blanches) : 3.º calcaire de Caen; les couches
inférieures avec des nodules de silex, avec peu de coquilles
(ammonites, bélemnites), et avec quelques ossemens de
crocodiles; les couches supérieures à polypiers (coral-rag) et
à trigonies renfermant des cérites entièrement analogues à
celles trouvées au-dessus de la craie ; 4.º argiles supérieures

du cap la Hève, de couleur bleuâtre, avec lignites, débris
de crocodiles (Honfleur) et bancs calcaires moins développés
qu'à Caen. On voit que dans cette partie de l'Europe les
lignites percent à travers toutes les couches du calcaire jurassique, et que cette formation, en faisant abstraction des
argiles intercalées, se compose de trois grandes assises, savoir,
de calcaire à gryphées arquées, d'oolithes, et de calcaire à
polypiers et à trigonies.

En Angleterre, la formation du Jura, se prolongeant sans
interruption du Yorckshire au Dorsetshire, remplit tout
l'espace entre le red marl (grès bigarré) et la craie ; car on
n'y connoît entre le calcaire du Jura et le red marl aucune
formation qui soit analogue de composition au muschelkalk
et au quadersandstein, deux roches qui souvent manquent
également sur le continent. Les géognostes anglois et écossois,
qui, dans ces derniers temps, ont étudié la charpente de leur
pays avec un zèle infatigable, distinguent les assises du calcaire jurassique par des dénominations en partie très-caractéristiques, et dont plusieurs rappellent les subdivisions reconnues sur le continent: 1.° *Lias*, avec peu de silex, couvrant
le red marl salifère, analogue au calcaire à gryphées arquées
du continent; les deux tiers d'en-haut sont une masse argileuse bleue alternant avec des lits calcaires ; vers le bas ces
lits augmentent d'épaisseur, deviennent blancs et passent à
des couches lithographiques (ossemens d'ichthyosaures, près
de vingt espèces d'ammonites, bélemnites). 2.° *Système inférieur d'oolithes*, savoir : oolithes mêlées de sable, terre à
foulon, grand banc oolithique (great oolithe) avec débris de
coquilles, schiste oolithique de Stonesfield, forestmarble,
cornbrash et kelloway-rock, calcaires coquilliers et arénacés.
3.° *Système moyen d'oolithes*, savoir : argile d'Oxford (clunch-
clay de M. Smith), sables et conglomérats calcaires (calcareous grit), coral rag ou calcaire à polypiers, avec madrépores et échinites. 4.° *Système supérieur des oolithes*, savoir :
argile bleue de Kimmeridge, un peu bitumineuse, analogue
aux argiles bleues du cap la Hève en Normandie, qui sont
aussi supérieures au calcaire à polypier et aux oolithes ; portlandstone, avec ammonites ; purbeckstone, calcaire argileux
pétri de coquilles, alternant avec des marnes et des gypses.

23.   20

J'ai suivi les divisions de MM. Smith, Philipps et Conybeare, qui diffèrent un peu de celles qu'a adoptées M. Buckland. Les trois systèmes d'oolithes d'Angleterre sont séparés par des formations argileuses. Quant à la structure oolithique même, nous avons déjà fait observer plus haut qu'on en trouve des traces dans les formations les plus différentes : il y a quelques bancs d'oolithes, d'après MM. de Gruner et Escher (*Alpina*, *T. IV*, p. 569), dans le calcaire de transition de la Suisse, dans le grès houiller (Freiesleben, *Kupfersch.*, *B. IV*, p. 123), dans le calcaire alpin ou zechstein (Hartlepool dans le Northumberland), dans le grès bigarré (Thuringe; Vic en Lorraine), et dans le muschelkalk.

Couches subordonnées : hornstein (silex) en petits bancs continus; calcaire magnésifère (Nice); calcaire fétide et gypse avec des traces de sel gemme (Kandern; voyez Mérian, *Umgeb. von Basel*, p. 56); grès argileux et micacé, quelquefois siliceux, intercalé dans les assises à gryphites (Hemmiken, Waldburgstuhl; Lons-le-Saulnier); fer oxidé globuliforme (bohnenerz), à la fois dans le calcaire du Jura (Neufchâtel; Frickthal; Wartenberg en Souabe), et entre ce calcaire et la molasse ou grès tertiaire à lignite (Arau, Baden); houille avec impressions de fougères (?) et mêlée de pyrites (Neue Welt, Bretzweil).

Pétrifications : après les formations supérieures à la craie, le calcaire du Jura est celle dont les débris fossiles ont été le mieux déterminés en Angleterre, en France et dans la Suisse occidentale. Elle renferme, de même que des terrains plus anciens encore (le quadersandstein et le zechstein avec schiste cuivreux), des coquilles pélagiques mêlées à du bois, à des ossemens de grands sauriens d'eau douce, et, si l'on ne s'est pas trompé dans la détermination zoologique, à des ossemens de didelphes (marnes de Stonesfield). J'ignore si le mélange de coquilles marines et fluviatiles, si évident dans la plupart des formations tertiaires, a été observé avec certitude dans les terrains au-dessous de la craie. Là où la formation jurassique est presque dépourvue de marnes et d'oolithes (Franconie, Haut-Palatinat; Carniole, entre S. Sesanne et Triest), des couches très-puissantes sont entièrement dépourvues de pétrifications. Les débris de qua-

drupèdes ovipares, de poissons et de tortues, se trouvent
presque dans toutes les assises, dans les plus récentes (purbeckstone), comme dans les plus anciennes (lias) : cependant les dernières en offrent le plus: et il paroît qu'elles ne
renferment que l'ichthyosaurus (proteosaurus de sir Everard
Home) et le plesiosaurus, qui est un animal analogue, et
non les véritables crocodiles. Cette différence dans la distribution des reptiles a été également observée par M. Prévost
sur les côtes occidentales de la France. Les ossemens de l'ichthyosaurus s'y trouvent (principalement?) dans les couches
calcaires (lias) des argiles inférieures aux oolithes, tandis
que les crocodiles ne se rencontrent qu'au-dessus des oolithes.
En Angleterre on distingue, d'après MM. Smith, Philipps et
Conybeare, parmi le nombre prodigieux de coquilles pétrifiées dont on n'a encore pu reconnoître que le genre,
les espèces suivantes : *Ammonites giganteus*, *A. excavatus*,
A. Duncani, *A. Banksii*, *A. angulatus*, *A. Grenoughi*, *Nautilus striatus*, *N. truncatus*, *Trochus dimidiatus*, *T. bicari-
natus*, *Trigonia costata*, *T. clavellata*, *Terebratula intermedia*,
T. spinosa, *T. digona*, *Ostrea gregaria*, *O. palmata*, *Modiola
lævis*, *M. depressa*, *M. minima*, *Pentacrinites caput Medusæ*,
P. basaltiformis, *etc*. Quoique les espèces d'ammonites (au
nombre de vingt), de bélemnites et de pentacrinites, décrites dans le lias, ne soient pas identiques avec celles du
muschelkalk, il me paroit toujours bien remarquable de voir
accumuler ces trois familles dans des roches d'un âge si rapproché, entre les dernières assises du zechstein (calcaire
alpin) et les premières ou plus anciennes du calcaire jurassique. MM. Prevost, Lamouroux et Brongniart vont enrichir
la géognosie zoologique des recherches profondes qu'ils ont
faites sur les coquilles et les zoophytes trouvées sur les côtes
de France, entre Dieppe et le Cotentin, en Franche-Comté et
en Suisse. Nous nous contenterons, en attendant, de consigner ici les corps fossiles qu'offre le calcaire jurassique du
continent, depuis Genève jusqu'en Franconie, d'après un travail que j'ai fait sur les catalogues de M. de Schlottheim :
Chamites jurensis, *Belemnites giganteus*, *Ammonites planulatus*,
A. natrix, *A. comprimatus*, *A. discus*, *A. Bucklandi*, *Myacites
radiatus*, *Tellinites solenoides*, *Donacites hemicardius*, *Pectinites*

articulatus, P. œquivalvis, P. lens, Ostracites gryphœatus, O. crista-galli, Terebratulites lacunosus, T. radiatus, Gryphites arcuàtus, Mytulites modiolatus, Echinites orificiatus, E. miliaris, Asteriacites pannulatus, des Turritelles, des Hippurites (le *Cornucopiæ* au cap Passaro en Sicile), *Gryphites arcuatus, etc.* Il est bien digne d'attention que cette gryphée arquée que M. Sowerby nomme *Gryphites incurvus*, et qui caractérise les assises inférieures de la formation jurassique en Suisse et sur les côtes occidentales de la France, est aussi, après l'*Ammonites Bucklandi* et le *Plagiostoma gigantea*, la coquille qui caractérise le plus le lias en Angleterre. Les couches de calcaire blanc et grenu que l'on trouve fréquemment dans cette formation (Neufchâtel, Monte Baldo), sont dues à des pétrifications de madrépores.

Nous avons déjà vu des poissons plus ou moins accumulés, mais appartenant à des genres très-distincts, dans le thonschiefer de transition (Glaris), dans les schistes carburés du grès rouge (Goldlauter et Allthal près de Kleinschmalkalden), dans le calcaire alpin et ses marnes cuivreuses, et même dans le muschelkalk (très-rarement, Esperstedt, Obhaussen) : ces ichthyolithes deviennent plus fréquens dans le calcaire jurassique, surtout dans ses couches supérieures. De là elles pénètrent, au-dessus de la craie, dans le grès tertiaire à lignites (argile plastique), dans le calcaire grossier (Monte Bolca), le gypse à ossemens (Montmartre) et le calcaire d'eau douce (Œningen). J'indique dans l'ordre de leur âge relatif les formations qui offrent des phénomènes analogues, pour prévenir les erreurs qui naissent de l'ignorance de ces analogies.

Un géognoste justement estimé, M. Buckland, incline à regarder les calcaires fissiles de Pappenheim et de Sohlenhofen, célèbres par leurs empreintes de poissons et de crustacés, comme superposés au calcaire du Jura, et comme appartenant au calcaire grossier du terrain tertiaire : ces calcaires fissiles me paroissent au contraire entièrement analogues au purbeckstone d'Angleterre, qui abonde aussi en pétrifications de poissons, et qui forme, comme le calcaire de Pappenheim, la couche la plus récente du terrain jurassique. J'ai eu occasion d'examiner, en 1796, les belles carrières de Sohlenhofen, conjointement avec M. Schöpf, et nous avons

reconnu, en allant de Muggendorf par Ansbach à Pappenheim, une liaison intime entre les diverses assises d'une
même formation. MM. de Buch, Boué et Beudant partagent
cette opinion sur les ichthyolithes de Franconie.

Dans le Vicentin le calcaire jurassique et le calcaire grossier
parisien existent à la fois. L'un et l'autre y renferment des
polypiers; cependant, dans un premier voyage fait en Italie
(1795), j'ai cru que les longues bandes de coraux rameux
qui traversent, en formant des filons (entre l'hôtellerie du
Monte di Diavolo et le lac Fimon à l'ouest de Lungara),
le sommet du Monte di Pietra nera, appartiennent plutôt au
calcaire du Jura, peut-être à l'assise appelée en Angleterre
coral-rag. Ces bandes de polypiers qui sont restés en place,
ont deux pieds de largeur : elles offrent un aspect très-extraor-
dinaire, et parcourent des masses calcaires presque dépourvues de pétrifications, en se dirigeant très-régulièrement N.
80° E., et en s'élevant comme un mur au-dessus de la surface du sol. M. Boué a aussi observé ces *polypiers en place*
dans le calcaire jurassique (coral-rag) qui entoure le bassin
de Vienne, et dont les assises inférieures renferment des
nagelfluhe analogues au *calcareous grit* de la grande formation
oolithique d'Angleterre (Filey dans le Yorkshire).

Sous la zone équinoxiale de l'Amérique j'ai cru reconnoître
la formation du Jura dans beaucoup de calcaires blanchâtres,
en partie lithographiques, qui ont la cassure unie et matte,
ou conchoïde à concavités très-aplaties. Ces calcaires sont
ceux de la caverne de Caripe (au sud-est de Cumana), du
littoral de Nueva Barcelona (Venezuela), de l'ile de Cuba
(entre la Havane et le Batabano ; entre la Trinidad et la
boca del Rio Guaurabo) et des montagnes centrales du
Mexique (plaines de Salamanca et défilé de Batas). Le calcaire blanc de Caripe, qui ressemble entièrement à celui
des cavernes de Gailenreuth en Franconie, est superposé au
calcaire alpin gris-bleuâtre de Cumanacoa. Le terrain jurassique du littoral de Nueva Barcelona renferme de petites
couches de hornstein passant à un kieselschiefer noir (phénomène qui se répète près de Zacatecas au Mexique); il est
recouvert (Aguas calientes del Bergantin), comme le calcaire
alpin au sommet de l'Impossible, d'un grès très-quarzeux. On

pourroit croire que ce grès du Bergantin appartient aux assises
quarzeuses du grès vert ou grès secondaire à lignites ; mais,
comme il forme également des couches dans le calcaire alpin
(Tumiriquiri), il reste bien douteux si les grès du Bergantin
et du Tumiriquiri sont des formations différentes, ou si
des couches toutes semblables pénètrent du calcaire alpin
dans le terrain jurassique. Ce terrain abonde moins que
toute autre formation secondaire en roches arénacées. Nous
avons cependant cité plus haut des couches de grès dans les
montagnes occidentales de la Suisse, à Waldburgstuhl, Ep-
tigen, et Hemmiken près de Bâle. Dans les vastes steppes
de Venezuela, près de Tisnao, le grès rouge supporte, à ce
qu'il m'a paru, immédiatement (comme au Schwarzwald en
Souabe) un calcaire lithographique très-analogue au calcaire du Jura. Ce gisement se trouve répété au Mexique,
dans les plaines de Temascatio, au sud-ouest de Guanaxuato.
A l'extrémité septentrionale de la vallée de Mexico (entre
l'Hacienda del Salto, Batas et Puerto de Reyes), une formation calcaire bleu-grisâtre, à cassure unie, renfermant du
gypse et supportant une brèche calcaire, m'a paru appartenir
au terrain jurassique, malgré la proximité des marnes tertiaires (Desague de Huehuetoque), dans lesquelles sont enfouis des ossemens d'éléphans fossiles. Je pourrois citer aussi
le passage que l'on observe du calcaire alpin à un calcaire
entièrement semblable à celui d'Arau et de l'appenheim, à
la pente occidentale des Cordillères du Mexique, entre Sopilote, Mescala et les riches mines de Tehuilotepec ; mais
dans cette région le terrain du Jura est moins prononcé qu'à
l'île de Cuba, qu'aux îlots du Cayman et dans les montagnes
de Caripe près de Cumana. Nulle part, dans la partie du
nouveau monde que j'ai parcourue, je n'ai vu le grès bigarré, le muschelkalk ni le quadersandstein séparer le calcaire alpin des formations que je viens de décrire. Dépourvues
d'oolithes, elles abondent aussi très-peu en pétrifications de
coquilles et en couches marneuses. Leur cassure matte et unie
leur donne tout l'aspect du calcaire jurassique de l'Allemagne
et de la Suisse. Ces formations calcaires de l'Amérique, des
Pyrénées et des Apennins, qui paroissent si étroitement liées
au calcaire alpin (zechstein), ne sont-elles que les assises

les plus récentes de ce dernier, et doit-on les séparer du
véritable calcaire jurassique, riche en coquilles, en oolithes
et en marnes? Cette question importante ne peut être résolue qu'en multipliant les observations de gisement, qui
sont bien plus décisives que celles de composition et d'aspect extérieur.

GRÈS ET SABLES FERRUGINEUX, ET GRÈS ET SABLES VERTS, GRÈS
SECONDAIRE A LIGNITES (IRON SAND ET GREEN SAND).

§. 55. Ce sont des grès et des sables avec lignites, placés
au-dessous de la craie : ce sont deux formations arénacées,
colorées par le fer, séparées par une couche d'argile (weald-
clay) et superposées au calcaire du Jura (terrain d'oolithes).
Elles atteignent en Angleterre jusqu'à mille pieds d'épaisseur, et se retrouvent dans toute la France occidentale, où
MM. Prevost et Boué en ont fait l'objet d'une étude approfondie.

Les *sables ferrugineux* brun-jaunâtre alternent avec des grès
siliceux et de petits amas de mines de fer souvent exploitées
avec avantage : ils renferment des bois fossiles et des lignites
(Bedfordshire, Dorsetshire).

Les *sables verts*, colorés par un protoxide de fer, alternent avec
des grès calcaires et siliceux, avec des agglomérats, des marnes
jaunâtres à cristaux de gypse, et même avec de petits bancs
de calcaire compacte, qui ont été quelquefois confondus avec
le portlandstone. On y trouve des nodules de hornstein et de
calcédoine (Sarlat dans le Périgord), de petits dépôts de fer
hydraté, une résine qui passe au succin (île d'Aix près de La
Rochelle; Obora et Alstadt en Moravie), et un grand nombre
de débris fossiles, dont plusieurs (*cidaris, spatangus*) ressemblent à ceux de la craie. Les grès siliceux de cette formation
renferment des empreintes de feuilles dicotylédones. Vers le
haut le sable vert passe à une marne crayeuse (chalk marle de
Surrey. La terre verte ou chloritée, qui caractérise la couche
de sable la plus rapprochée de la craie, se retrouve dans des
formations d'un âge très-différent, dans le grès houiller de la
Hongrie (sur les frontières de la Galicie), dans le grès bigarré et dans les gypses qui lui appartiennent, dans le quadersandstein et dans les couches inférieures du calcaire gros-

sier de Paris. D'après les belles recherches de M. Berthier sur les grains verts de la craie et du calcaire grossier, ces grains sont un silicate de fer; mais il est probable que les quantités de magnésie et de potasse varient dans les différens terrains, comme elles varient, d'après les analyses de Klaproth et de Vauquelin, dans la terre verte de Vérone (talc chlorite zoographique de Haüy) et dans la chlorite terreuse. L'analogie qu'offrent quelquefois avec le quadersandstein de l'Allemagne les bancs siliceux du grès vert (iron sand), soit à l'état solide, soit dans un état de désagrégation, a porté plusieurs géognostes à confondre ces deux terrains. M. Boué, qui a exploré avec tant de fruit les gisemens de l'Écosse, de l'Angleterre et de l'Allemagne, a reconnu le grès vert (tout semblable à celui des environs d'Oxford) en France, le long de la Mayenne et du Loir, depuis la Ferté-Bernard jusqu'au-delà de la Flèche, dans le département de la Charente, dans le Mans, la Saintonge et le Périgord.

C'est à cette même formation du §. 33 qu'appartiennent aussi les lignites de l'île d'Aix, sur lesquels M. Fleuriau de Bellevue a fait de si intéressantes recherches. D'après ce savant géologue, la forêt sous-marine des côtes de La Rochelle consiste en bois de dicotylédones aplatis, en partie pétrifiés, en partie bitumineux ou fragiles, quelquefois à l'état de jaïet. Ces bois sont pénétrés de pyrites, et percés par une multitude de tarets et de vers marins. Les trous résultant de cette perforation sont remplis de quarz-agathe et de sulfure de fer. On trouve les troncs ou en couches horizontales, tantôt dirigées parallèlement, tantôt accumulés en désordre. Les bois qui sont pétrifiés en entier ou seulement en partie, reposent sur un sable verdâtre : ceux qui sont à l'état fibreux et bitumineux, reposent sur des bancs d'argile plastique d'un bleu foncé. Ils sont entourés d'algues marines et de petites branches de lignites. Parmi ces masses d'algues on trouve une résine qui passe au succin; elle est friable et offre diverses couleurs. Les troncs d'arbres entassés forment une bande d'une lieue et demie de largeur, depuis l'extrémité nord-ouest de l'île d'Oléron jusqu'à quatorze lieues dans l'intérieur du continent, sur la rive droite de la Charente. Cette bande a plus de sept pieds d'épaisseur; elle est dirigée de O. N. O. à E. S. E., et se trouve à un mètre au-dessus du niveau des basses mers. Là où les lignites sont couverts par l'océan, ils sont incorporés (ainsi que des masses de succin-asphalte et de grands ossemens d'animaux marins) à un grès grossier qui repose sur l'argile plastique. Le gisement de ces dépôts est, de bas en haut (d'après un mémoire inédit de M. Fleuriau de Bellevue) : 1.° calcaire compacte (lithographique) à cassure unie (La Rochelle, S. Jean d'Angely); 2.° couches d'oolithes (pointe de Chatelaillon et Matha); 3.° lumachelle et bancs de polypiers avec empreintes de *Gryphæa angustata* (ces trois couches constituent la formation jurassique, dont le banc à polypiers représente le coral-rag) : 4.° grande couche de lignite avec tourbes marines, succin-asphalte et argile plas-tique ; 5.° sables ferrugineux et chloriteux ; argile schisteuse ; couches arénacées et calcaires avec trigonies et cérites ; des fragmens de lignites. Au sud-ouest de la Charente, où man-quent les couches n.°s 4 et 5, des bancs horizontaux d'un cal-caire très-blanc avec débris de coquilles (Saintonge) repo-sent immédiatement sur les oolithes de la formation jurassique, et représentent les assises inférieures de la craie. M. Boué a vu se prolonger les traces des lignites depuis Rochefort par Périgueux jusqu'à Sarlat.

Ces sables et argiles avec lignites du grès vert sont liées vers le bas aux argiles bleues avec lignites du cap la Hève (près du Havre); vers le haut ils préludent pour ainsi dire au grand dépôt de lignites du terrain tertiaire, c'est-à-dire aux lignites de l'argile plastique et de la molasse, qui sont supé-rieures à la craie. Comme la craie dans ces assises inférieures (craie chloritée entre Fécamp et Dives) renferme elle-même des lignites, et que, sous de certains rapports, elle peut être regardée comme une continuation de la formation jurassique, les phénomènes que nous venons d'exposer sont bien dignes de l'attention des géognostes. Le *plänerkalk* de l'Allemagne, souvent mêlé de mica et de grains de quarz, forme une des assises supérieures du grès vert, représentant à la fois la craie chloritée et une partie de la craie grossière ou craie tuffeau.

IV. Craie.

§. 34. A mesure que nous nous sommes éloignés du calcaire alpin, nous avons vu les formations devenir plus complexes. Il est vrai que le muschelkalk et le quadersandstein ont une structure assez simple ; mais le calcaire du Jura et le grès vert, là où ils se sont bien développés, offrent une grande complication de couches et de fréquentes alternances. Cette tendance à une composition variée, à un agroupement de masses hétérogènes (tendance qui atteint son maximum dans le terrain tertiaire), se ralentit pour ainsi dire au terrain de craie. Placée entre le grès vert et l'argile plastique ou grès à lignites tertiaire, la craie, par une plus grande simplicité de structure, contraste avec les formations complexes que nous venons de nommer. Des couches argileuses (*dief*), calcaires et arénacées (*tourtia*), qui séparent la formation jurassique (oolithique) de celle de la craie, ne doivent pas se confondre avec cette dernière formation, quoique souvent aussi il ne soit pas facile de fixer les limites entre les marnes avec lits d'oolithes du terrain jurassique, les strates du grès vert, et ces marnes crayeuses ou calcaires jaunâtres, presque compactes, qui semblent appartenir aux assises inférieures de la craie.

Ce dernier terrain se compose, d'après les recherches de MM. Omalius et Brongniart, de trois assises assez distinctes. L'inférieure est la *craie chloritée* ou *glauconie crayeuse*, friable et parsemée de grains verts ; la moyenne est la *craie tuffeau* ou *craie grossière*, grisâtre, sableuse, renfermant des marnes et, au lieu de silex pyromaques, des silex cornés, d'une couleur peu foncée. L'assise supérieure est la *craie blanche*. Quelquefois les assises les plus anciennes prennent des couleurs gris-noirâtre, et deviennent ou très-compactes (environs de Rochefort), ou grenues et friables (montagne de Saint-Pierre près de Maestricht). La craie chloritée passe souvent insensiblement au sable vert (*green sand*). La craie blanche est la plus pure des couches calcaires de différens âges : elle ne contient que quelques centièmes de magnésie ; mais elle est mêlée d'une quantité de sable plus ou moins grande. La liaison du terrain de craie de Paris avec les autres terrains secondaires (entre Gueret et Hirson) a été indiquée dans une coupe par M. Omalius (Bull. phil., 1814). Dans un nivellement barométrique, fait en 1805, de Paris à Naples, nous avons vu, M. Gay-Lussac et moi, *sortir au jour*, successivement sous la craie, le calcaire du Jura, le calcaire alpin, le grès rouge, le gneis et le granite (entre Lucy-le-Bois, Avallon, Autun et montagne d'Aussy). La formation de craie, trop long-temps négligée, est beaucoup plus répandue qu'on ne le pense généralement. On l'a reconnue dans plusieurs parties de l'Allemagne, par exemple, dans le Holstein, en Westphalie (d'Unna à Paderborn), dans le pays d'Hanovre, au pied du Harz près Goslar, dans le Brandebourg près Prentzlow, et à l'île de Rugen. Souvent elle n'est reconnoissable que par les corps fossiles que présentent les lambeaux de terrains marneux et arénacés. Elle ne renferme que peu de couches hétérogènes, par exemple, des lits d'argile (Isle de Wight : Anzin); des silex, soit en plaques ou en rognons bien alignés, soit en petits filons (Isle de Thanet; Brighton), et caractérisant les assises supérieures de la craie. On y rencontre aussi des pyrites globuleuses et de la strontiane sulfatée (Meudon).

Pétrifications. Dans le bassin de la Seine on trouve, d'après les observations de MM. Defrance et Brongniart, dans les couches supérieures de la craie : beaucoup de bélemnites (*Belemnites mucronatus*) et d'oursins (*Ananchites ovata, A. pustulosa, Galerites vulgaris, Spatangus cor anguinum, S. bufo*); des huitres (*Ostrea vesicularis, O. serrata*); des térébratules (*Terebratula Defrancii, T. plicatilis, T. alata*); des peignes (*Pecten cretosus, P. quinque-costatus*); le *Catillus Cuvieri*, des *Alcyonium*, des astéries, des millepores, etc. La craie tuffeau et glauconeuse renferme (environs du Havre, de Rouen et de Honfleur; Perte du Rhône près Bellegarde) *Gryphea columba, G. auricularis, G. aquila, Podopsis truncata, P. striata, Terebratula semiglobosa, T. gallina, Pecten intextus, P. asper, Ostrea carinata, O. pectinata, Cerithium excavatum*, des trigonies, des crassatelles, des encrinites et des pentacrinites (Angleterre), et, ce qui est très-remarquable, des nautilites et plusieurs ammonites (*Nautilus simplex, Ammonites varians, A. Beudanti, A. Coupei, A. inflatus, A. Gentoni, A. rhotomagensis*) tandis que les couches supérieures de la craie, près de Paris, ne renferment (à l'exception du *Trochus Basteroti*) pas une seule coquille univalve à spire simple et régulière. D'après les recherches de MM. Buckland, Webster, Greenough, Philipps et Mantell, comparées à celles de M. Brongniart, il existe la plus grande analogie entre les débris organiques trouvés, en France et en Angleterre, dans les assises de la craie du même âge. Ce sont partout les assises les plus anciennes qui renferment des ossemens de grands sauriens (monitor) et de tortues de mer, des dents et des vertèbres de poissons (squales). Malgré les analogies que présentent les grès à lignites (sables verts et argiles plastiques) au-dessous et au-dessus de la craie, cette formation pourtant appartient plutôt au terrain secondaire qu'au terrain tertiaire, auquel plusieurs géognostes célèbres le rapportent. Aussi, selon M. Brongniart, les coquilles de la formation crayeuse se rapprochent beaucoup plus de celles de la formation jurassique que des coquilles du calcaire grossier, dont la craie est séparée géognostiquement de la manière la plus tranchée.

Terrains tertiaires.

Les considérations que j'ai exposées plus haut sur la liaison intime entre les dernières assises du terrain de transition et les premières du terrain secondaire, peuvent s'appliquer en grande partie à la liaison que l'on observe entre les terrains secondaires et tertiaires. Les roches de transition sont cependant plus étroitement liées au terrain houiller que ne l'est la craie aux formations qui lui succèdent. Ce qu'il y a de plus important en géognosie, c'est de bien distinguer les formations partielles; c'est de ne pas confondre ce que la nature a nettement limité; c'est d'assigner à chaque terme de la série géognostique sa véritable position relative. Quant aux tentatives qui ont été faites récemment pour réunir plusieurs de ces formations par groupes et par sections, elles ont eu le sort de toutes les *généralisations* diversement graduées. Les opinions des géognostes sont restées plus partagées à l'égard des grandes que des petites divisions. Presque partout les mêmes *formations* ont été admises; mais on varie dans la

nomenclature des *groupes* qui doivent les réunir. C'est ainsi
que les botanistes s'accordent plus facilement sur la fixation
des genres que sur la répartition de ces mêmes genres entre
des familles voisines. J'ai préféré de conserver dans le tableau
des formations les anciennes classifications les plus généralement reçues. Dans cette longue série de roches, dans cet
assemblage de monumens de diverses époques, on distingue
surtout trois phénomènes bien marquans : la première lueur
de la vie organique sur le globe, l'apparition de roches fragmentaires, et la débâcle qui a enseveli l'ancienne végétation
monocotylédone. Ces phénomènes marquent l'époque des
roches intermédiaires et celle du grès houiller, premier
chaînon des roches secondaires. Malgré l'importance des phénomènes que nous venons de signaler, les roches d'une époque
ont toujours quelque prototype dans les roches de l'époque
précédente, et tout annonce l'effet d'un développement
continu.

Comme les noms, *terrains de sédiment moyen, calcaire alpin
nouveau, etc.,* sont employés dans beaucoup d'ouvrages géognostiques modernes, sans que l'on désigne chaque fois indi-
viduellement les roches que renferment ces terrains, il sera
utile de rappeler ici la synonymie de cette nomenclature des
gisemens. M. Brongniart, distinguant entre *primitif* et *primordial,* comprend avec M. Omalius d'Halloy, sous la dénomination de *terrains primordiaux,* toutes les roches *primitives* et *intermédiaires* cristallines de l'école de Freiberg : il divise les
terrains secondaires (Flötzgebirge) en trois classes. Dans la
première, celle de *sédiment inférieur* (*Descr. géol. des environs
de Paris,* p. 8 ; *Sur le gisement des ophiolithes,* p. 36), sont
compris le mountain-limestone ou calcaire de transition, le
grès rouge ou houiller, le calcaire alpin ou zechstein et le
lias; dans la seconde, celle de *sédiment moyen,* le calcaire
du Jura et la craie ; dans la troisième, celle de *sédiment
supérieur,* toutes les couches qui sont plus neuves que la
craie. Le *terrain de sédiment supérieur* remplace par conséquent
le *terrain tertiaire,* dénomination tout aussi impropre pour
désigner un *quatrième* terrain, succédant aux terrains primitif,
intermédiaire et secondaire, que l'étoient les anciens noms de
terrains à couches (roches secondaires) et de *terrains à filons*

(roches primitives et de transition). M. de Bonnard, dans son intéressant *Aperçu géognostique des formations*, exclut des *terrains primordiaux* les porphyres, les syénites de transition et toutes les roches cristallines postérieures à celles qui renferment quelques débris de corps organisés; il regarde, et nous préférons sa manière de voir, le mot *primordial* comme synonyme de *primitif*. Les *terrains secondaires supérieurs* de M. de Bonnard diffèrent beaucoup du *terrain de sédiment supérieur* de M. Brongniart : ce sont plutôt ceux que ce savant estimable appelle *terrain de sédiment moyen*. Toutes les formations, depuis la craie jusqu'au grès rouge, à l'exception des houilles, sont comprises dans l'*ordre surmoyen* de M. Conybeare, tandis que la liaison intime que l'on observe en Angleterre entre les dépôts de houilles et les roches qui les supportent, ont engagé M. Buckland (*Structure of the Alps*, 1821, *p.* 8 et 17) à étendre les formations secondaires depuis la craie jusqu'au *mountain limestone* et à la grauwacke (old red sandstone). Il nomme notre zechstein avec dépôts salifères, *calcaire alpin ancien* (elder alpine limestone); le lias, les oolithes. le sable vert et la craie, *calcaire alpin nouveau* (younger alpine limestone). Ces indications suffiront, je pense, pour l'intelligence de la synonymie des grandes divisions géognostiques.

Le mélange fréquent de couches pierreuses et de terrains meubles ou masses désagrégées a fait confondre long-temps les formations tertiaires, c'est-à-dire, celles qui sont postérieures à la craie, avec les *terrains d'alluvion et de transport*, que Guettard (1746) avoit appelés la *zone des sables*. On a faussement considéré les formations tertiaires comme peu importantes, comme irrégulières dans leur stratification et restreintes à de petites étendues de pays. L'école de Freiberg ne plaçoit d'abord (1805) au-dessus du muschelkalk et de la craie que quatre formations, savoir : les sables et argiles avec lignites, déjà reconnues par Hollmann en 1760 (*Phil. Trans.*, *vol.* LI, *p.* 505); le nagelfluhe calcaire, le travertin, et le tuff d'eau douce (Reuss, *Geogn.*, T. II, p. 473, 630, 644). Bruguières avoit déjà observé que les meulières de Montmorency ne renfermoient que des coquilles d'eau douce. Le gypse à ossemens de Montmartre, que Karsten croyoit encore analogue au gypse salifère du zechstein, avoit été considéré par Lamanon et par M. Voigt (1799) comme un dépôt d'eau douce. Werner le regarda (1806) comme entièrement différent des formations de gypse d'Allemagne, et comme d'une époque beaucoup plus récente (Freiesleben, *Kupfersch.*, T. I, p. 174). Les observations recueillies par la *Société géologique* de Londres et la *Société Wernérienne* à Édimbourg, les utiles voyages de M. Omalius d'Halloy (1808) et de quelques géognostes italiens, avoient fourni une masse assez considérable de matériaux pour l'étude des terrains tertiaires : mais la connoissance plus approfondie des différentes formations qui constituent ce terrain et qui offrent les mêmes caractères dans les pays les plus éloignés, ne date que de l'époque où a paru la *Description géologique des environs de Paris, par MM. Brongniart et Cuvier* (1.re édit., 1810 ; 2.e édition, 1822). C'est dans le bassin qui entoure cette capitale, que toutes les formations tertiaires (à l'exception peut-être du grès à lignites, qui ne s'y montre que comme argile plastique) se trouvent le plus développées. Toutes celles qui manquent dans d'autres parties de l'Europe, ou qui ne s'y rencontrent que par lambeaux, sont réunies sur les bords de la Seine.

En caractérisant succinctement les termes de la *série tertiaire*, je profiterai à la fois du grand ouvrage de M. Brongniart, de celui que MM. Conybeare et Philipps viennent de faire paroître sur le sol de l'Angleterre, du Voyage géologique de M. Beudant en Hongrie, et des observations récentes de MM. Boué et Prévost, qui, en remplissant la lacune entre les formations tertiaires et oolithiques, ont rendu de grands services à la géognosie positive. C'est par la comparaison de terrains très-éloignés les uns des autres, qu'on peut éviter, jusqu'à un certain point, de confondre le tableau général des gisemens avec la description géographique d'un bassin isolé. Il est assez remarquable de voir que la dernière assise du grand édifice géognostique, celle dont l'époque de formation est le plus rapprochée de nos temps, ait été examinée si tard. Comme les couches meubles du terrain tertiaire renferment des coquilles fossiles dans un haut degré de conservation, c'est ce terrain aussi qui a donné lieu au perfectionnement de la conchyliologie souterraine. La prédilection que dans divers pays on a donnée

à cette science, deviendra également utile à l'étude des formations secondaires et intermédiaires, si on ne néglige pas
de combiner les caractères zoologiques avec ceux qu'offrent
le gisement et l'âge relatif des roches.

J'ai exposé plus haut les motifs pour lesquels j'ai cru devoir
éviter les dénominations de *premier*, de *deuxième* et de *troisième terrain marin*, ou *d'eau douce*. J'ai substitué le plus souvent des noms géographiques à ces dénominations numéri-
ques, très-susceptibles de faire naître des idées erronées. Les
formations les plus récentes sont celles dont les gisemens
paroissent avoir été le plus modifiés par des circonstances
locales. Une alternance périodique des matières calcaires et
siliceuses (l'argile même renferme près de 70 pour cent de
silice) se manifeste jusque dans les strates qui appartiennent
à une même formation. Les couches hétérogènes et les subdivisions des terrains calcaires ou gypseux prennent, dans quelques pays, un accroissement si considérable qu'on les prend
pour des terrains particuliers ou indépendans. Il en résulte
que la *succession* et le *parallélisme* des roches tertiaires, si récentes et d'une structure si complexe, peut différer quelquefois du type que nous leur assignons dans le tableau des
formations.

Argiles et Grès tertiaire a lignites (Argile plastique,
Molasse et Nagelfluhe d'Argovie).

§. 35. A l'entrée du terrain tertiaire, comme aussi au-
dessous de la craie, entre cette roche et le calcaire jurassique, nous trouvons des *dépôts de lignites* : c'est ainsi que
sur la limite des terrains intermédiaires et secondaires nous
avons vu placé un grand dépôt de *houilles* (coal-mesures).
Les deux terrains secondaire et tertiaire commencent par
des amas de végétaux enfouis. A mesure que l'on avance du
grès houiller vers les formations plus récentes, on voit les
plantes monocotylédones peu à peu remplacées par des plantes
dicotylédones ; il y en a encore des premières (endogénites
de M. Adolphe Brongniart, mais non des fougères) au-dessus
de la craie jusque dans le gypse à ossemens : cependant,
en général, les dicotylédones (exogénites) dominent dans les
dépôts de lignites. Je suis moins surpris de ce mélange que de

l'uniformité de la végétation monocotylédone de l'ancien
monde, dont nous voyons les débris dans les terrains intermédiaires et dans le grès houiller. Au milieu des forêts de l'Orénoque, qui sont extrêmement riches en monocotylédones,
la proportion de celles-ci aux dicotylédones est, quant à la
masse, c'est-à-dire au nombre des individus, comme 1 à 40.
La proportion que présentent les terrains houilliers n'est donc
pas *tropicale*. Auroit-elle été modifiée par la résistance inégale
qu'opposent à la destruction les monocotylédones et les dicotylédones ?

Nous réunirons dans le *grès à lignites supérieur à la craie*,
les formations parallèles d'argiles plastiques, de marnes et
sables avec lignites, de molasse et de nagelfluhe.

Dans les environs de Londres et de Paris il n'y a qu'un
lambeau de ce terrain, que l'on trouve beaucoup plus développé dans la France méridionale, en Suisse et en Hongrie.
La craie, en France et en Angleterre, est recouverte d'une
couche d'*argile plastique*, sans coquilles et sans débris organiques, entièrement dépourvue de chaux, renfermant quelques
silex et de la sélénite. Une couche de sable sépare l'argile
plastique des *fausses glaises*, qui sont plus siliceuses et noirâtres. Ces dernières renferment du lignite ou bois fossile bitumineux, provenant de plantes monocotylédones et dicotylédones; du vrai succin (d'après la découverte de M. Bequerel);
du bitume. et (Soissonnois, Montrouge, Bagneux) un mélange de coquilles pélagiques et fluviatiles (cyrènes, cérites
d'eau douce ou potamides, mélanies, limnées, paludines).
Ce mélange ne s'observe ordinairement qu'à la limite supérieure de l'argile plastique et des lignites. Les coquilles marines ressemblent, d'après M. Prevost, à celles du calcaire
grossier. Couches intercalées : sables et grès avec coquilles,
masses de calcaire concrétionné avec cristaux de strontiane
sulfaté. Fossiles, d'après MM. d'Audebard de Férussac et
Brongniart : *Planorbis rotundatus, Paludina virgula, P. unico-
lor, Melanopsis buccinoidea, Nerita globulosa, Melania triticea.*
— *Cerilium funatum, Ampullaria depressa, Ostrea bellovaca, etc.*

En Angleterre, l'argile plastique, qu'il ne faut pas confondre avec le *London clay* (représentant le calcaire grossier
de Paris) ni avec l'*Oxford* ou *Clunch clay* (de la formation

jurassique), abonde plus en sables qu'en argile : elle renferme des lignites (Isle de Wight, Newhaven), et, ce qui est remarquable à cause de l'analogie de cette formation avec les molasses d'Argovie et de Hongrie, un grès friable (Stutland en Dorsetshire). On y a trouvé, d'après MM. Webster et Buckland, des impressions de feuilles, des fruits de palmier, des cyclades (*Cyclas cuneiformis, C. deperdita*), des turritelles, des cérites (*Ceritium melanoides, C. intermedium*) et des huîtres (*Ostrea pulchra, O. tenuis*). .

Le *terrain à succin* de la Poméranie et de la Prusse, vraisemblablement superposé à la craie, est composé d'argile, de lignites et de nodules de succin. Les corps organisés qu'il renferme, ont été récemment examinés par M. Schweigger. Par son gisement, comme l'observe judicieusement M. Brongniart, il appartient à la formation §. 35,

Les grès à lignites (molasse et macigno) sont répandus dans les plaines de la Hongrie, comme dans le grand bassin de la Suisse, entre les Alpes et le Jura, ou plutôt entre le lac d'Annecy et celui de Constance. La formation de Hongrie, que M. Beudant a fait connoître, est géognostiquement la plus importante, parce qu'on la voit superposée au calcaire jurassique (Sari Sap aux environs de Gran, et bords du lac Balaton). Elle est immédiatement recouverte (près de Bude) de calcaires coquilliers analogues au calcaire grossier de Paris. Elle est composée de poudingues (nagelfluhe) et de brèches calcaires qui alternent avec des grès micacés, friables, schisteux, à petits grains anguleux de quarz, avec des sables et avec des lits d'argile. Elle renferme de grands dépôts de lignites (Csolnok, au sud de Gran, Wandorf près de Œdenbourg), des sources de bitume, des minérais granuleux de fer hydraté, des coquilles d'eau douce et, au contact avec le calcaire grossier superposé, des coquilles marines. Le *terrain arénacé* de la Suisse, qui comprend la molasse et le nagelfluhe, se compose, d'après les nouvelles recherches de MM. de Charpentier et Lardy (en commençant par les couches inférieures), 1.° de *calcaires* sableux, un peu ferrugineux, passant souvent à un véritable grès à ciment calcaire ; 2.° de poudingue (*nagelfluhe*) enchâssant des fragmens calcaires et siliceux, toujours arrondis et agglutinés par un ciment calcaire ; 3.° de *molasse* ou grès a petits grains de quarz et à ciment argileux ou marneux. Des filons de spath calcaire traversent souvent le nagelfluhe, et la molasse (grès fin et friable) alterne avec des lits de marnes. Le nagelfluhe qui empàte à la fois des galets de porphyre et de calcaire compacte (Rigi, Fribourg, Entlibuch), n'est pas toujours recouvert par la molasse ; et M. de Buch a remarqué depuis long-temps qu'entre Habkern et le petit Emmethal la molasse alterne plusieurs fois avec le nagelfluhe. Tout ce terrain, dont la surface est généralement à nu, git immédiatement, vers le nord (Arau, Porentruy, Boudry), sur le calcaire jurassique ; vers le sud, sur le calcaire alpin (environs de Genève et Teufenbachtobel, au sud-ouest du Rigi). D'après l'inclinaison des couches quelques géognostes célèbres ont regardé long-temps le nagelfluhe comme antérieur au calcaire alpin. M. Keferstein croit encore la molasse (mergelsandstein) inférieure à la craie, et même au calcaire jurassique. Un calcaire fétide et bitumineux, un gypse fibreux et argileux, alternant avec des marnes qui renferment des *ammonites*, un calcaire compacte brun-jaunàtre, et des lignites, forment des couches subordonnées à la molasse de la Suisse. Le dépôt de lignites qu'on exploite près de S. Saphorin, entre Vevay et Lausanne, est recouvert de nagelfluhe ; celui de Paudex est intercalé à la molasse. Tout ce terrain renferme, en Suisse, à la fois des coquilles marines (ammonites, cythérées, donax), des coquilles d'eau douce (lymnées, planorbes), des palmacites à feuilles flabelliformes (Montrepos), et des ossemens de quadrupèdes (Aarberg, Estavayer, Kæpfnach sur les bords du lac de Zuric), ossemens qui, selon les recherches de M. Meisner, appartiennent à l'*Anaplotherium*, au *Mastodon angustidens* et au *Castor*. Dans la molasse de Cremin et Combremont une brèche coquillière marine repose sur un calcaire brun, rempli de planorbes. M. Brongniart, dès l'année 1817. a insisté sur l'analogie qu'offre l'argile plastique de Paris avec une partie de la formation de nagelfluhe et de molasse de Suisse, si long-temps confondue avec le grès bigarré d'Allemagne. Ce savant pense aussi que les molasses qui renferment des ossemens de mastodontes et d'*anthracoterium* (Cadibona près de Savone) sont plus récentes encore que l'argile plastique ; qu'elles sont peut-être ou liées au calcaire grossier qui est souvent arénacé, ou parallèles au gypse de Montmartre. Les ossemens d'animaux vertébrés, trouvés rarement dans l'argile plastique de Paris et de Londres (près d'Auteuil et de Margate), n'ont point encore été déterminés zoologiquement, et jusqu'ici M. Cuvier, dans la suite de ses importantes recherches sur le gisement des fossiles, n'a reconnu des débris de *mammifères terrestres* que dans les terrains postérieurs au calcaire grossier. Il se pourroit, d'après ces considérations, que les molasses ou grès à lignites de Hongrie fussent antérieurs à ceux de la Suisse; mais, comme dans ce dernier pays les formations de calcaire grossier (parisien) et de gypse à ossemens ne se sont presque pas développées, et qu'en général l'alternance fréquente des roches tertiaires rend leur *parallélisme* un peu incertain, il se pourroit aussi que la longue époque de la formation de molasse et de nagelfluhe en Suisse (celle des couches inférieures et supérieures, arénacées, marneuses, calcaires et gypseuses) eût été contemporaine aux trois formations d'argile plastique, de calcaire grossier et de gypse des environs de Paris.

Le terrain qui nous occupe est, selon les observations récentes de M. Boué, extrêmement développé dans le sud-ouest de la France, de Libourne à Agen, surtout au nord de la Dordogne et de la Gironde, où il repose sur la craie. Il y est composé (en commençant par les couches supérieures) de grès calcaires remplis de débris de coquilles et d'ossemens d'animaux vertébrés, de petites couches de fer globulaire, de marnes grises et verdâtres, de calcaires jaunâtres avec cérites. Des dépôts de lignites y ont été reconnus par M. Brongniart (*Descr. géol.*, art. II, §. 1); mais ils n'y sont pas nombreux, et la position de cette formation arénacée entre la craie et le calcaire grossier de Bordeaux la caractérise suffisamment comme molasse. Le grès à lignites peut localement être dépourvu de lignites, de même que le grès rouge ou houiller est souvent dépourvu de houilles. Comme presque toutes les formations secondaires ont *leurs grès* et *leurs conglomérats*, il ne faut pas regarder comme appartenant à la même formation §. 35 tous les nagelfluhe de l'Europe (poudingues polygéniques de la classification de M. Brongniart): il y en a qui ne paroissent que des formations locales et peu étendues: d'autres (Salzbourg et S. Gall?), selon l'observation judicieuse de M. Boué, sont peut-être plus anciens que la craie et le calcaire du Jura. D'ailleurs l'analogie qu'offrent certaines couches placées entre le quadersandstein et la craie avec celles qui sont placées entre la craie et le gypse à ossemens, est un phénomène bien digne de l'attention des géognostes.

D'immenses dépôts de sables, d'argile et de lignites avec mellite (Artern) et avec succin (bernstein de Muskau et bernerde de Zittau), couvrent une partie de l'Allemagne. On y trouve des lits de grès extrêmement quarzeux (Carlsbad, Habichtswald, Meissner, Wilhelmshöhe près Cassel, Wolfseck), surtout là où des coulées de basaltes sont superposées à l'argile avec lignites. A cause de cette proximité on a donné anciennement à ces grès, qu'on pourroit minéralogiquement confondre avec les grès également quarzeux du grès bigarré et avec ceux de Fontainebleau, la dénomination impropre de grès trappéens (*trapp-sandstein*). Les *sables à grenats* (granatensand), c'est-à-dire les argiles et marnes de Meronitz et de Podsedlitz en Bohême, qui renferment des pyropes disséminés, appartiennent-ils à cette même formation §. 55, ou, comme plusieurs phénomènes observés dans la Cordillère du Mexique et à l'ile de la Graciosa (archipel des Canaries) me le feroient supposer, appartiennent-ils à des argiles basaltiques du terrain igné ?

CALCAIRE DE PARIS (CALCAIRE GROSSIER OU CALCAIRE A CÉRITES), FORMATION PARALLÈLE A L'ARGILE DE LONDRES ET AU CALCAIRE ARÉNACÉ DE BOGNOR.

§. 56. Cette formation très-compliquée, retrouvée en Hongrie, en Italie et dans le nouveau continent, a été entièrement méconnue avant la publication de la *Géographie minéralogique des environs de Paris*. Le calcaire grossier, séparé par une couche de sable de l'argile plastique, consiste, d'après M. Brongniart, dans le bassin de la Seine, de bancs minces et très-régulièrement alternans, de calcaires plus ou moins durs, et de marnes argileuses ou calcaires. Sur des étendues de terrains très-considérables, les coquilles fossiles sont généralement les mêmes dans les couches correspondantes, et présentent, d'un système de couches à un autre système, des différences d'espèces assez notables. Ce phénomène d'uniformité dans la distribution des animaux caractérise surtout le terrain tertiaire ; on commence déjà à le reconnoître dans les différens bancs qui composent, en Suisse et en Angleterre, la formation jurassique. Les couches inférieures du calcaire grossier de Paris sont chloriteuses (glauconeuses), arénacées, remplies de madrépores et de nummulites. Dans les couches moyennes on trouve beaucoup d'empreintes de feuilles et de tiges de végétaux (*Endogenites echinatus, Flabellites parisiensis, Pinus Defrancii,* d'après le travail de M. Adolphe Brongniart sur la Végétation fossile), des milliolites, des ovulites, des cythérées, mais presque point de cérithes. Les couches supérieures offrent des lucines, des ampullaires, des corbules striées, et une grande variété (près de soixante espèces) de cérithes ; mais, en général, cette dernière assise est moins abondante en corps fossiles que les assises moyenne et inférieure, dans lesquelles MM. Defrance et Brongniart ont recueilli près de 600 espèces de coquilles. Le fameux banc coquillier de *Grignon* et les fossiles du *Falun de Tourraine* appartiennent principalement aux assises moyennes. Dans celles-ci et dans le système des couches supérieures les bancs calcaires sont quelquefois entièrement remplacés par des grès ou des masses de silex corné (hornstein). Ce sont ces grès qui ont offert (entre Pierrelaie et Franconville près Beauchamp), à MM. Gillet de Laumont et Beudant, un mélange de coquilles marines avec des coquilles d'eau douce (limnées et paludines). Les fossiles du calcaire parisien, parmi lesquels on ne trouve jamais de bélemnites, d'orthocératites, de baculites ou d'ammonites, diffèrent entièrement de ceux de la craie.

Les dépôts coquilliers qui représentent dans les différentes parties de l'Europe la formation que nous décrivons, sont les uns identiques de composition et d'aspect (plaines de Vienne décrites par M. Prevost ; collines de Pest et de Teteny en Hongrie, décrites par M. Beudant), tantôt seulement analogues par leur position géognostique et par les débris fossiles qu'ils renferment (Angleterre). Les calcaires grossiers de la Hongrie, pétris de cérithes, de turritelles, d'ampul-

laires, de vénus et de crassatelles, peu reconnoissables, parce qu'il n'en est resté que le moule, offrent jusqu'aux caractères empyriques les plus minutieux auxquels on reconnoît le calcaire parisien. Ils sont liés à des sables coquilliers (Czerhat, Raab), qui sont en partie mêlés de grains verts et qui ont beaucoup d'analogie avec les dépôts coquilliers des plaines de la Lombardie.

Les calcaires grossiers de la Dordogne et de la Gironde, géographiquement plus rapprochés du bassin de la Seine, ne montrent pas toujours cette ressemblance de composition que nous venons de signaler dans ceux de la Hongrie. Ils sont, d'après les observations récentes de M. Boué, composés de deux assises bien distinctes. L'inférieure est peu coquillière ou à corps fossiles brisés; elle renferme du calcaire compacte blanc-jaunâtre, quelquefois tachant comme la craie, des marnes et des bancs de galets quarzeux. L'assise supérieure est un calcaire sableux, extrêmement coquillier, et ressemblant presque quelquefois à une molasse brunâtre.

En Angleterre, d'après les recherches de MM. Buckland, Webster et Sowerby, *l'argile de Londres* (London clay) est non-seulement, par sa superposition à l'argile plastique, une *formation parallèle* au calcaire de Paris ; elle renferme aussi presque toutes les espèces de coquilles qui semblent appartenir plus particulièrement aux couches inférieures de ce calcaire. Dans le bassin de la Tamise, la formation que les géognostes anglois désignent communément sous le nom de *London clay*, n'est qu'un dépôt d'argile et de marnes brunâtres, renfermant du fer sulfuré et quelques lames de sélénite ; mais, sur d'autres points de l'Angleterre, cette couche se rapproche beaucoup plus, par sa composition minéralogique, du calcaire grossier. Elle présente, d'après MM. Conybeare et Philipps, sur les côtes de Sussex, à Bognor et près de Harwich (Essex), des lits de calcaire compacte et sableux. On y a trouvé, outre les corps fossiles propres à la formation qui lui est analogue dans le bassin de Paris, des empreintes de poissons, des ossemens de tortues et de crocodiles (Islington), une espèce d'ammonites (*Ammonites acutus*, à Minstercliff) et des lignites. Le *Cerithium giganteum*, assez commun dans l'argile de Londres, n'appartient en France qu'à l'assise inférieure du calcaire grossier, qui est d'ailleurs dépourvue de toute autre espèce de cérithes. Le *London clay*, dans lequel on assure avoir trouvé du succin (Holderness dans le Yorckshire), paroît avoir des rapports plus intimes avec l'argile plastique (grès tertiaire à lignites) que le calcaire grossier de Paris.

M. Brongniart rapporte à cette formation (§. 36) la majeure partie des terrains calcaréo-trappéens du Vicentin (Val Ronca, Montecchio maggiore, Monte Bolca), la colline de la Supergue de Turin. le cap S. Hospice près de Nice, la Grande-Terre de la Guadeloupe, etc. Les célèbres impressions de poissons de Monte Bolca, sur lesquelles M. de Blainville a entrepris un travail intéressant, ne se trouvent, d'après les recherches de M. Maraschini. pas proprement dans le calcaire grossier, mais (comme on le reconnoît surtout à Novale et à Lugo près de Salceo) dans un calcaire fétide et schisteux, séparé du calcaire grossier par une couche d'argile avec lignites. Cette position me semble lier les marnes bitumineuses (de Monte Bolca) avec empreintes de poissons et de feuilles aux marnes du gypse à ossemens de Montmartre.

Dans l'Amérique équinoxiale, où je n'ai point reconnu les formations de craie et de grès à lignites, les collines qui bordent sur quelques points la Cordillère de Venezuela, du côté de la mer (Castillo de San Antonio de Cumana, Cerro del Barigon dans la péninsule d'Araya, Vigia de la Popa près du port de Carthagène des Indes), me paroissent appartenir au calcaire grossier. Ces collines sont composées, 1.° d'un *calcaire compacte et arénacé* gris-blanchâtre, dont les couches, tantôt horizontales, tantôt irrégulièrement inclinées, ont cinq à six pouces d'épaisseur (quelques bancs sont presque dépourvus de pétrifications, d'autres sont pétris de madrépores, de cardites, d'ostracites et de turbinites, et mêlés de gros grains de quarz); 2.° d'un *grès calcaire*, dans lequel les grains de sable sont plus fréquens que les coquilles (plusieurs bancs de ce grès enchâssent, non des paillettes de mica, mais des rognons de mine de fer brun, et deviennent si siliceux qu'ils ne font presque plus d'effervescence avec les acides, et que les corps fossiles y disparoissent entièrement); 3.° de *bancs d'argile* endurcie avec sélénite. L'assise

calcaire, dont j'ai déposé de grands échantillons dans le cabinet d'histoire naturelle de Madrid, offre (entre Punta Gorda
et les ruines du château de Santiago d'Araya) une innombrable quantité de solens, d'ampullaires, d'huîtres et de polypiers lithophytes, en partie disposés par familles. Cette formation tertiaire, composée de calcaires coquilliers, avec
grains de quarz, de marnes argileuses et de grès calcaire, se
trouve géographiquement liée aux terrains tertiaires des îles
opposées aux côtes de Cumana, par exemple, de celles de
la Guadeloupe et de la Martinique. Elle repose tantôt immédiatement sur le calcaire alpin (Punta Delgada), tantôt sur
les argiles salifères d'Araya, dont j'ai parlé plus haut (§. 28,
p. 275).

CALCAIRE SILICEUX ET GYPSE A OSSEMENS, ALTERNANT AVEC DES
MARNES (GYPSE DE MONTMARTRE).

§. 57. D'après les principes de classification que j'ai suivis
dans ce travail, j'aurois pu séparer le calcaire siliceux
(Champigny) du gypse alternant avec des marnes appelées
marines et d'eau douce ; mais, n'ayant pu, dans le cours de
mes voyages, faire des terrains supérieurs à la craie un objet
particulier de mes études, je n'ai rien voulu changer aux
coupes générales indiquées dans l'ouvrage de MM. Brongniart
et Cuvier.

Le *calcaire siliceux* du bassin de Paris, qui est tantôt tendre
et blanc, tantôt grisâtre, à grains très-fins et caverneux, est
comme pénétré dans toute sa masse de silex ou matière quarzeuse. Il est intimement lié, vers le haut, au gypse, par les
marnes argileuses et gypseuses qui alternent également avec
le calcaire siliceux et le gypse à ossemens (butte de la Briffe
de S. Denys; Crecy; Coulommiers); vers le bas, au calcaire
grossier, dont les dernières couches offrent aussi quelquefois
des infiltrations siliceuses : mais les silex cornés du calcaire
grossier renferment des coquilles marines, tandis que les
calcaires siliceux du terrain gypseux qui servent de meulières, présentent dans leurs bancs supérieurs des coquilles
fluviatiles. J'ai déjà fait observer plus haut (§. 28, p. 283)
que sur le dos des Cordillères du Pérou, à 1800 toises de
hauteur, une formation calcaire très-ancienne (le calcaire

alpin) offre ce même phénomène curieux d'infiltrations siliceuses. Des modifications analogues dans la composition des
roches et dans le mélange chimique des matières ont eu lieu
à des époques très-différentes. Les marnes calcaires qui alternent avec le calcaire siliceux de Paris, renferment une
magnésite remarquable, que MM. Brongniart et Berthier ont
fait connoître, et qui est un silicate de magnésie hydraté
presque pur. Les infiltrations siliceuses de cette formation
passent quelquefois à une calcédoine divisée par plaques, et
à un hornstein mamelonné coloré en rouge, en violet et en
brun.

Le *terrain gypseux* est composé, dans le bassin de Paris,
de couches alternantes de marnes schisteuses et de gypse
saccharoïde compacte ou feuilleté. Il renferme au centre
et dans sa plus grande masse des productions terrestres et
d'eau douce, mais vers ses limites supérieures et inférieures,
tant dans le gypse que dans les marnes, il offre des productions
marines. L'assise inférieure de la formation gypseuse est caractérisée par des silex ménilites et de gros cristaux de sélénite
lenticulaires et jaunâtres. Les bancs de marnes deviennent
plus rares vers le milieu, où l'on trouve plus particulièrement la strontiane sulfatée et des squelettes de poissons.
L'assise supérieure est caractérisée par la multitude d'ossemens de mammifères terrestres qui sont aujourd'hui inconnus
sur le globe (*Palæotherium crassum* , **P.** *medium* , **P.** *magnum* ,
P. *latum* , **P.** *curtum* , *Anaplotherium commune* , *A. secundarium* ,
A. marinum , le *Chaeropotame* et l'*Adapis* de M. Cuvier) ;
par des os d'oiseaux, de crocodiles, de tryonix, de poissons
d'eau douce : elle est recouverte de bancs de marnes calcaires
et argileuses, renfermant, les uns du bois de palmier, des
planorbes, des limnées et des cythérées (*Cytherea elegans*) ;
les autres, des cérites (*Cerithium plicatum* , *C. cinctum*), des
vénus et de grandes huîtres très-épaisses (*Ostrea hippopus* , *O.*
pseudochama , *O. longirostris* , *O. cyatula*). Une couche de
marne verte sépare, vers la limite supérieure de la formation
gypseuse, les coquilles d'eau douce des coquilles pélagiques.
Vers le bas le gypse même (n.° 26 de la troisième masse de
Montmartre) offre des fossiles marins. Quelquefois cette formation ne s'est pas développée en entier ; les gypses man-

quent, et l'on ne reconnoît sa place que par des marnes vertes accompagnées de strontiane. Comme le gypse à ossemens n'a encore été étudié qu'en très-peu d'endroits (bassin de Paris, Puy-en-Vélay, Aix en Provence), les caractères que nous attribuons à cette formation si importante pour la géogonie ou pour l'histoire des anciennes révolutions de notre planète, ne sont vraisemblablement pas assez généraux.

Grès et Sables supérieurs au gypse a ossemens (Grès de Fontainebleau).

§. 38. Ce terrain est formé de deux assises : l'une, inférieure, sans coquilles ; l'autre, supérieure, renfermant des coquilles marines. Des sables siliceux et des grès forment des bancs très-épais, très-étendus, mais dont les surfaces ne sont pas parallèles. Dans l'assise dépourvue de coquilles *en place* (celles de Villers-Cotterets et de Thury paroissent à M. Brongniart usées, comme si elles avoient été roulées), on trouve sur quelques points beaucoup de paillettes de mica, des rognons de fer brun disposés par lits, un peu de gypse, beaucoup de marnes argileuses et des infiltrations de chaux carbonatée (forêt de Fontainebleau). Les assises supérieures, qui renferment des coquilles marines (*Oliva mitreola*, *Cerithium cristatum*, *C. lamellosum*, *Corbula rugosa*, *Ostrea flabellula*), passent quelquefois à un calcaire arénacé (Romainville, Montmartre). L'immense terrain tertiaire de l'Italie, celui des *collines subapennines*, avec ossemens de cétacés et *Ostrea hippopus*, qui s'étend depuis Asti en Piémont jusqu'à Montcleone en Calabre, et que M. Brocchi a si bien décrit, appartient en grande partie, d'après les discussions de MM. Prevost et Brongniart, aux grès et sables qui reposent sur le gypse de Montmartre.

Terrain lacustre avec Meulières poreuses, supérieur au Grès de Fontainebleau (Calcaire a lymnées).

§. 39. C'est le grand terrain d'eau douce supérieur, composé sur quelques points de sables argilo-ferrugineux, de marnes et de meulières siliceuses, criblées de cavités (avec coquilles, plateau de Montmorency ; sans coquilles. La Fertésous-Jouarre); sur d'autres, de silex, de marnes et de calcaires compactes (Château-Landon). Ces calcaires renferment des potamides, des lymnées, des planorbes, des bulimes, des hélix, et beaucoup d'empreintes de végétaux (*Culmites anomalus, Lycopodites squammatus, Chara medicaginula, Nymphæa Arethusæ* de M. Brongniart fils). Nous renvoyons pour l'histoire du grand terrain lacustre, qui a déjà été retrouvé dans presque toutes les parties de l'Europe, à la 2.ᵉ édition de la *Description géologique des environs de Paris* (art. *VIII*).

Une contrée du globe où la plupart des formations tertiaires ont acquis un grand développement, et où, pour cette même cause, ces formations sont restées assez distinctes, nous a servi de type dans le tableau géognostique des formations tertiaires; mais il ne faut point oublier que dans d'autres contrées ce développement s'arrête à l'argile plastique ou au calcaire grossier : alors le gypse de Montmartre et le grès de Fontainebleau ne paroissent indiqués que par les places qu'occupent les marnes et les sables. Le terrain tertiaire réunit des formations qui se confondent partout où elles n'ont pas pris un égal accroissement, et où la fréquente alternance des marnes tend à masquer les limites des différentes assises. Il me resteroit à parler des *dépôts d'alluvion*, qui présentent d'importans problèmes sur l'origine des sables dans les déserts et les steppes (provenant du grès rouge, du grès bigarré, du quadersandstein, du terrain tertiaire ?); mais ces dépôts si variés dans leur alternance, ne peuvent être l'objet d'un travail sur la superposition des roches.

TERRAINS VOLCANIQUES.

J'ai fait succéder, par des motifs que j'ai exposés plus haut, au terrain intermédiaire (Uebergangsgebirge), comme par mode de bisection, les formations secondaires et volcaniques. Cet arrangement offre l'avantage de rapprocher les porphyres et les syénites de transition, avec leurs couches bulleuses et pyroxéniques intercalées (§§. 23 et 24, Holmstrand en Norwége; Andes de Popayan; Cordillères du Mexique), des porphyres, des amygdaloïdes et des dolérites du grès rouge (§. 26, Noyant et Figeac en France; Écosse), des tra-

chytes, des phonolithes et des basaltes du terrain exclusivement pyrogène. Dans un tableau de gisement, c'est déjà
gagner beaucoup que de ne pas séparer ce qui se trouve lié
dans la nature par des affinités vraiment géognostiques.

On peut considérer le groupe de roches que l'on réunit
généralement dans le terrain volcanique, sous un double
point de vue, ou d'après une certaine conformité observée
dans leur gisement et leur superposition, ou d'après les rapports de leur composition et de leur origine communes.
Dans le premier cas, sans opposer le mode de formation des
trachytes et des basaltes à celui des terrains primitifs et intermédiaires, on examine la place que doivent occuper,
comme termes de la série géognostique, les grands systèmes
de roches composées de feldspath, de pyroxène, d'amphibole, d'olivine et de fer titané, que l'on trouve, au nord et
au sud de l'équateur, non recouvertes et comme surajoutées
à d'autres terrains plus anciens, dans des circonstances entièrement analogues. Cette manière d'envisager et de classer
les roches volcaniques est la plus conforme aux besoins de
la géognosie positive. On réunit les roches trachytiques et
basaltiques, non d'après leur composition minéralogique et
la conformité apparente de leur origine, mais d'après leur
agroupement et leur position; on les distribue parmi les
autres roches d'après leur âge relatif, comme on a fait,
dans les terrains primitifs et intermédiaires, avec les différentes formations de calcaires grenus (§§. 10 et 20), d'euphotides (§§. 19 et 25) et de porphyres (§§. 18, 22, 23 et 26).
Dans le second cas, on isole, sous la dénomination de terrain
volcanique, tout ce que l'on croit être incontestablement
d'une origine ignée; on oppose les termes de la série pyrogène à d'autres séries de roches que l'on dit être d'une *origine
aqueuse*. Par là on sépare d'une manière absolue ce qui offre
dans la nature des passages graduels; au lieu d'explorer le
gisement, ou de placer les roches dans l'ordre de leur succession, on s'attache de préférence aux questions historiques
sur le mode de leur formation.

J'avoue, et l'on ne sauroit se prononcer avec assez de fran-
chise sur les premiers fondemens d'une science; j'avoue que
ces classifications, d'après les diverses hypothèses que l'on

se forme sur *l'origine des choses*, ne me paroissent pas seulement vagues et arbitraires, mais aussi très-nuisibles aux progrès de la *géognosie de gisement*; elles préjugent, d'une manière arbitraire et surtout trop absolue, ce qui est pour le moins encore extrêmement douteux. En divisant, d'après un usage suranné, les formations en *primitives*, *intermédiaires*, *secondaires*, *tertiaires* et *volcaniques*, on admet, pour ainsi dire, un double principe de division, celui de l'âge relatif ou de la succession des formations, et celui de leur origine. Si l'on distingue entre des *nappes de laves* et des *roches*, ou bien entre des *roches volcaniques*, des roches d'une *origine neptunienne*, et des matières formées par une prétendue *liquéfaction aquoso-ignée*, on attribue tacitement aux granites, aux porphyres et aux syénites intermédiaires, aux dolérites et aux amygdaloïdes du grès rouge, un mode de formation diamétralement opposé à celui d'une fusion ignée. D'après cette manière de procéder, qui appartient plutôt à la *géogonie* qu'à la *géognosie positive*, on considère tout ce qui n'est pas compris dans le *terrain volcanique*, dans les roches de trachyte et de basalte qui surmontent les autres terrains, comme formé par la *voie humide*, ou comme précipité d'une *solution aqueuse*. Il est presque inutile, dans l'état actuel des sciences physiques, de rappeler combien l'hypothèse d'une solution aqueuse est peu applicable aux granites et aux gneis, aux porphyres et aux syénites, aux euphotides et aux jaspes. Je ne hasarderai pas de prononcer ici sur les circonstances qui peuvent avoir accompagné la première formation de la croûte oxidée de notre planète; mais je n'hésite pas à me ranger du côté des géognostes qui conçoivent plutôt la formation des roches cristallines siliceuses par le feu que par une solution aqueuse, à la manière des travertins et d'autres calcaires lacustres. Les mots *laves* et *roches volcaniques* sont d'ailleurs aussi vagues que l'est le mot *volcan*, qui désigne tantôt une montagne terminée par une bouche ignivome, tantôt la cause souterraine de tout *phénomène volcanique*. Les trachytes qui surmontent le dos des Cordillères, appartiennent indubitablement aux roches pyrogènes, et cependant le mode de leur formation n'est pas celui des courans de laves postérieurs au creusement des vallées. L'action du feu volcanique par un

cône isolé, par le cratère d'un volcan moderne, diffère nécessairement de l'action de ce feu à travers l'ancienne croûte
crevassée de notre planète.

En considérant les phénomènes volcaniques dans leur plus
grande généralité, en réunissant ce qui a été observé dans les
différentes parties du globe, on voit différer ces phénomènes
entre eux, même de nos jours, de la manière la plus frappante. Ce ne sont pas les volcans de la Méditerranée, les
seuls que l'on a étudiés avec soin, qui peuvent servir de type
au géognoste et lui présenter la solution des grands problèmes
géogoniques. L'élévation absolue des bouches ignivomes,
variant depuis cent à deux mille neuf cent cinquante toises
(Stromboli et Cotopaxi), influe non-seulement sur la fréquence des éruptions, elle modifie aussi la nature des masses
rejetées. Quelques volcans n'agissent plus que par leurs
flancs, quoiqu'ils offrent encore un cratère à leur sommet
(Pic de Ténériffe); d'autres ont des éruptions latérales (j'en
ai trouvé à Antisana dans les Andes de Quito, à 2140
toises de hauteur), sans que leur cime ait jamais été percée;
d'autres encore, également creux dans leur intérieur, comme
l'indiquent beaucoup de phénomènes (dôme trachytique du
Chimborazo, 3350 toises), n'offrent aucune ouverture per-
manente au sommet et sur leur flanc (le Yana-Urcu,
petit cône d'éruption, est placé dans le plateau de Calpi
même), et n'agissent pour ainsi dire que dynamiquement,
en ébranlant les terrains d'alentour, en fracturant les couches et en changeant la surface du sol. Rucu-Pichincha
(2490 toises), qui a été l'objet particulier de mes recherches,
n'a jamais jeté un courant de laves postérieur au creusement
des vallées actuelles, pas plus que Capac-Urcu (près Riobamba nuevo), qui, avant l'écroulement de sa cime, a été
plus élevé que le Chimborazo. Le grand volcan mexicain de
Popocatepetl (2771 toises), au contraire, a eu des épanche-
mens de laves sous la forme de bandes étroites, tout comme
les petits volcans de l'Auvergne et de l'Italie méridionale.
Les îles qui sortent (dans quelques parages presque périodiquement) du fond des mers, ne sont pas, comme on le dit
souvent par erreur, des amas de scories semblables au Monte
novo de Pouzzole ; ce sont des masses rocheuses soulevées, et

dans lesquelles le cratère ne s'ouvre que postérieurement à leur soulèvement. (*Relat. histor. de mon Voyage aux régions équin.*, T. I, p. 171, et *Essai politique*, T. I, p. 254.) Au Mexique, dans l'intérieur des terres, sur un plateau trachytique à plus de trente-six lieues de distance de la mer, et loin de tout volcan brûlant, des montagnes de 1600 pieds de hauteur sont sorties (29 Septembre 1759) sur une crevasse, et ont jeté des laves qui enchâssent des fragmens granitiques. Tout à l'entour, un terrain de quatre milles carrés s'est soulevé en forme de vessie, et des milliers de petits cônes (hornitos de Jorullo), composés d'argile et de boules de basaltes à couches concentriques, ont hérissé cette surface bombée. Tous les volcans brûlans et toutes les cimes de la Nouvelle-Espagne qui s'élèvent au-dessus de la limite des neiges perpétuelles, se trouvent sur une zone étroite (*Parallèle des grandes hauteurs*, entre les 18° 59′ et 19° 12′ de latitude), qui est perpendiculaire à la grande chaîne des montagnes. C'est comme une crevasse de 137 lieues de long, qui s'étend depuis les côtes de l'océan Atlantique jusqu'à celles de la Mer du Sud, et qui semble se prolonger encore 120 lieues plus loin, vers l'archipel de Revillagigedo, couvert de tuffs ponceux.

Ces alignemens des volcans, ces soulèvemens à travers des fentes continues, ces bruits souterrains (*bramidos y truenos subteraneos de Guanaxuato*, en 1784) qui se sont fait entendre au milieu d'un terrain de schistes et de porphyres de transition, rappellent, dans les forces encore actives du nouveau monde, les forces qui, dans les temps les plus reculés, ont soulevé les chaînes de montagnes, crevassé le sol, et fait jaillir des sources de terres liquéfiées (laves, roches volcaniques fluides) au milieu de strates plus anciennement consolidés. Même de nos jours ces terres liquéfiées ne sortent pas constamment des mêmes ouvertures de l'orifice d'une montagne (cratère au sommet d'un volcan) ou de son flanc déchiré ; quelquefois (Islande, plateau de Quito) la terre s'ouvre dans les plaines, et l'on en voit sortir ou des nappes de laves qui s'entrecroisent, se refoulent et se surmontent, ou de petits cônes d'une matière boueuse (*moya de Pelileo et de Riobamba viejo*, 4 Février 1797) qui semble

avoir été un trachyte ponceux, et qui, combustible et tachant
les doigts en noir, est mêlé de carbure d'hydrogène. (Humb.,
Essai politique sur la Nouv. Espagne, T. I, p. 47, 254. Id.,
Relat. historique, T. I, p. 129, 148, 154, 315; T. II, p. 16,
20, 25. Klaproth, *Chem. Unterr. der Min.*, T. IV, p. 289.)

Les roches que l'on a l'habitude de réunir sous le nom de
substances du terrain (exclusivement) volcanique, ont été
envisagées jusqu'ici beaucoup plus d'après les rapports oryctognostiques et chimiques de leur composition, ou d'après
ceux de leur origine, que d'après les rapports géognostiques de leur gisement et de leur âge relatif. Le feu des
volcans a agi à toutes les époques, lors de la première oxidation de la croûte du globe, à travers les roches de transition, les terrains secondaires et tertiaires. A l'exception
de quelques roches lacustres ou d'eau douce, les roches volcaniques sont les seules dont la formation continue, pour
ainsi dire, sous nos yeux. Si les laves des mêmes volcans
(sources intermittentes de terres liquéfiées) varient à diverses
époques de leurs éruptions, on conçoit combien des matières
volcaniques qui, pendant des milliers d'années, se sont progressivement élevées vers la surface de notre planète, dans
des circonstances de mélange, de pression, de refroidissement, si différentes, doivent offrir à la fois de contrastes et
d'analogies. Il y a des trachytes, des phonolithes, des basaltes, des obsidiennes et des perlites de différens âges,
comme il y a différentes formations de granites, de gneis,
de micaschistes, de calcaires, de grauwacke, de syénites et
de porphyres. Plus on approche des temps modernes, plus
les formations volcaniques paroissent isolées, surajoutées,
étrangères au sol sur lequel elles se sont répandues. Une
longue intermittence de la source semble produire, même
dans les volcans actuels, une grande variété dans les produits,
et s'opposer à l'agroupement de matières analogues. Dans les
formations de transition (Andes de la Nouvelle-Grenade et
du Pérou; Cordillères du Mexique) les différens termes de
la série géognostique se lient les uns aux autres; ils se montrent dans cette dépendance mutuelle que l'on observe entre
les porphyres et les syénites, entre les thonschiefer, les
grünstein et les calcaires de transition, entre les serpentines.

23.   22

les jaspes et les euphotides. Dans ce dédale de formations volcaniques de différens âges on n'a reconnu jusqu'à présent que quelques lois de gisement qui paroissent, sinon générales, du moins en harmonie avec des phénomènes observés dans les deux continens sur une grande étendue de terrain. Ce sont ces rapports de gisement seuls qui peuvent être discutés ici ; tout ce qui regarde la composition des roches volcaniques, l'analyse mécanique de leur tissu et leurs classifications oryctognostiques, objets importans traités dans deux mémoires célèbres de M. Fleurian de Bellevue et de M. Cordier (*Journ. de physique*, *T. LI, LX et LXXXIII*), n'est pas du domaine de la géognosie des formations. On peut sans doute indiquer certains caractères par lesquels des roches ressemblent d'une manière plus évidente aux productions des volcans modernes : mais la couleur noire ; la porosité à cellules alongées, couvertes d'un enduit lustré ; la propriété de faire des gelées avec les acides ; l'absence du quarz, du feldspath commun et des filons métalliques (aurifères et argentifères) ; la présence du pyroxène, du fer titané, du feldspath vitreux et fendillé, et des alcalis, ne peuvent plus, dans l'état actuel de nos connoissances, être considérées comme des caractères généraux des roches volcaniques. (Voyez plus haut, §§. 21, 23, 26.)

Les masses volcaniques, ou regardées comme telles (roches *empyrodoxes* de M. Mohs, *Charakter der Classen*, 1821, *p.* 177), se trouvent ou par filons (*dykes*, dans toutes les formations, depuis le granite primitif jusqu'à la craie et les formations tertiaires ; Écosse, Allemagne, Italie), ou en couches intercalées (calcaires et porphyres de transition ; grès rouge), ou superposées, *surajoutées* à des terrains d'âges très-différens. Le contraste entre les roches volcaniques ou empyrodoxes intercalées, et les roches qui les renferment, est d'autant plus frappant que les dernières sont indubitablement non volcaniques, calcaires (Derbyshire) ou fragmentaires (grauwacke, grès houiller). Lorsque des masses empyrodoxes se trouvent, ou comme couches subordonnées, entre les strates de roches intermédiaires cristallines (porphyres et syénites), ou comme filons traversant les strates de roches primitives (granite-gneis), ces roches primitives et intermé-

diaires feldspathiques peuvent avoir, selon l'opinion de quelques géognostes, la même origine ignée que la masse des
couches intercalées ou des filons (mandelstein, dolérites,
basaltes), sans que les époques de formation et les circonstances dans lesquelles les forces volcaniques ont agi, aient
été identiques. Les limites entre les filons et les bancs intercalés trappéens, pyroxéniques ou porphyriques, ne sont pas
toujours si tranchées qu'on pourroit le croire d'après les dé-
finitions que l'on a coutume de donner des gîtes particuliers
des minérais. Plusieurs de ces bancs ne sont que des amas
entrelacés et formés par la réunion d'un grand nombre de
filons. Lorsque ceux-ci suivent dans une grande épaisseur
(voyez mes coupes du célèbre filon de Guanaxuato) la direction et l'inclinaison des strates de la roche, ils prennent
tout l'aspect d'une couche. Nous insistons sur ces remarques,
parce que la nouvelle géogonie a une tendance à faire monter,
de bas en haut, des masses liquéfiées à travers des crevasses,
tandis que l'ancienne géogonie expliquoit tout par des pré-
cipitations, par des mouvemens dans un sens opposé. On
peut croire que ces directions doivent avoir été différentes
selon la nature des matières qui se sont consolidées, selon
qu'elles étoient cristallines et siliceuses, calcaires ou fragmentaires. La géognosie positive a profité de ces discussions
sur l'origine ignée ou neptunienne des roches : mais elle rend
les classifications indépendantes des résultats géogoniques ;
elle ne sépare pas les masses intercalées des terrains dans
lesquels on les trouve, et elle ne laisse réunies, dans la division des roches dont nous nous occupons ici sous le nom
de *terrain volcanique*, que des formations superposées, surajoutées à des formations primitives, intermédiaires, secondaires et tertiaires.

La place que doit occuper une roche δ dans la série géognostique, est déterminée par la roche *la plus récente*, γ,
qu'elle recouvre, et par la roche *la plus ancienne*, ε, *dont elle
est recouverte*. Si δ est superposé à ε, il est tout naturel qu'on
le trouve aussi placé sur les roches plus anciennes α, β, γ,
qui sont les termes précédens de la série. L'application de
ce principe très-simple de la géognosie de gisement exige
beaucoup de circonspection, lorsqu'il s'agit de roches tra-

chytiques, basaltiques et phonolithiques. Un même courant de laves, une même nappe de masses pyroxéniques répandues à la fois sur du granite, sur du micaschiste et sur un terrain d'eau douce, offrent sans doute des preuves incontestables d'une origine postérieure aux formations tertiaires les plus modernes : mais l'âge d'une formation volcanique est plus difficile à déterminer quand il n'y a pas continuité de masse, et quand on confond, sous une dénomination générale, des matières qui se sont épanchées latéralement, avec d'autres qui ont percé de bas en haut, par soulèvement, à travers des roches préexistantes. Là où des trachytes et des basaltes se trouvent réunis, la formation la plus récente sur laquelle sont appuyés les basaltes, ne fixe pas nécessairement l'âge des trachytes : l'une et l'autre de ces roches ont, sans doute, été produites d'une manière différente et non simultanée. Il se pourroit même que, dans une région de peu d'étendue, diverses masses trachytiques isolées, mais d'une composition analogue, ne fussent pas d'une même formation, les unes sortant d'une syénite de transition, les autres de roches primitives. Le plus souvent l'accumulation des conglomérats trachytiques masque à tel point le gisement des trachytes, que l'on ne peut deviner leur superposition. C'est ainsi que l'on croit les trachytes du Siebengebirge, près de Bonn, sortis du grauwacke, et ceux d'Auvergne sortis d'un plateau de granite qui pourroit bien déjà appartenir au terrain intermédiaire. De même qu'il faut distinguer entre les véritables coulées basaltiques avec olivine et les masses pyroxéniques noires, bulleuses, intercalées aux trachytes et à quelques porphyres de transition, de même aussi il ne faut pas confondre les véritables trachytes (Drachenfels, Chimborazo, Antisana) avec des laves feldspathiques (leucostiniques) qui ont coulé par bandes étroites (ancien cratère de la Solfatare près Naples) et qui peuvent se répandre sur des conglomérats tuffacés. (Dolomieu, dans le *Journ. des mines*, n.ᵒˢ 41, 42 et 69; Nose, *Niederrh. Reise*, T. II, p. 428; Spallanzani, *Voy. dans les deux Siciles*, T. III, p. 196; Ramond, *Nivell. géogn. de l'Auvergne*, p. 11, 91; Buch. *Geogn. Beob.*, T. II, p. 178, 205; Id., dans les *Mém. de l'Acad. de Berlin*, 1812, p. 129—154; Beudant, *Voy. en Hongrie*, T. III, p. 508—513, 521—527 et 530—544.)

En Hongrie, le terrain trachytique paroit s'être formé entre l'époque des terrains secondaires et celle des terrains tertiaires. M. Beudant. qui a donné sur les roches de trachyte le traité le plus complet que nous possédions, les a vues reposer sur des grünstein (Kremnitz. Dregely. Matra) et sur des calcaires de transition (Glashütte, Neusohl). Les conglomérats trachytiques recouvrent aussi en Hongrie des grauwackes schisteux, et même un calcaire magnésifère. qui paroit appartenir à la formation du Jura. Dans cette partie orientale de l'Europe, le grès à lignites. le calcaire grossier et d'autres roches tertiaires sont superposés à leur tour à ces conglomérats. Des superpositions semblables de grès, de gypse et de calcaires d'une origine très-récente, ont été observées par M. de Buch et par moi aux iles Canaries et dans les Cordillères des Andes. D'après un excellent observateur, M. Breislak (*Atlas géol.*, pl. 59), les trachytes des Monts Euganéens reposent (Schivanoja, près de Castelnuovo) sur le calcaire du Jura : mais dans la région du monde la plus abondante en roches trachytiques, dans la partie occidentale du nouveau continent. tant au nord qu'au sud de l'équateur, je n'ai vu nulle part les trachytes se faire jour à travers des formations si modernes.

Les résultats de gisement les plus importans qu'ont offerts mes voyages dans la zone volcanique des Andes (1801 — 1804), se réduisent aux faits suivans. Toutes les cimes les plus élevées des Cordillères sont des trachytes. Les volcans actuels agissent tous par des ouvertures formées dans le terrain trachytique. Ce terrain embrasse par zones une grande partie des Cordillères; mais il s'étend rarement vers les plaines, et les volcans encore enflammés. loin d'être solitaires ou associés par groupes de forme irrégulière plus ou moins circulaire. comme en Europe (Ramond. *Niv.*, p. 45 : Humb.. *Rel. hist.*, T. II, p. 16). se suivent. à la manière des volcans éteints de l'Auvergne et des cratères brûlans de l'ile de Java. par files, tantôt dans une série, tantôt sur deux lignes parallèles. Ces lignes sont dirigées généralement (montagnes de Guatimala. de Popayan, de los Pastos. de Quito. du Pérou et du Chili) dans le sens de l'axe des Cordillères, quelquefois (Mexique) elles font avec cet axe un angle de 70°. Là même où les trachytes, par leur accumulation, ne couvrent pas le sol entier, ils se trouvent comme éparpillés en petites masses sur le dos et la crête des Andes, s'élevant en forme de rochers pointus au sein des roches primitives et de transition. Les trachytes et les basaltes se montrent rarement réunis, et ces deux systèmes de roches semblent se repousser mutuellement. De véritables basaltes avec olivine ne forment pas des couches intercalées dans le trachyte ; mais lorsqu'ils se trouvent rapprochés des trachytes (entre Quito et la Villa de Ibarra ; Julumito à l'ouest de Popayan ; vallée de Santiago dans la Nouvelle-Espagne ; Cerros de las Cuevas et de Canoas près du volcan de Jorullo) , ce sont les basaltes et les mandelstein qui recouvrent ces derniers. Les roches trachytiques ont leur siége principal dans le terrain de transition , dans les grandes formations de syénites et de porphyres (§§. 21 et 23), antérieures et postérieures aux grauwackes et aux thonschiefer, surtout dans la première de ces formations, qui recouvre immédiatement les roches primitives. Lorsque, dans les Andes, les trachytes paroissent couvrir des granites avec amphibole, ou des gneis et des micaschistes verts et stéatiteux, il reste douteux si ces dernières roches, loin d'être primitives, n'appartiennent pas plutôt au terrain de transition. On peut regarder comme également problématique, si ces apparences de *recouvremens*, ces superpositions des roches trachytiques sur des formations préexistantes ne sont pas plutôt de simples *appositions*, et si le trachyte (*Extentam tumefecit humum, ceu spiritus oris Tendere vesicam solet, aut direpta bicornis Terga capri ; tumor ille loci permansit, et alti Collis habet speciem , longoque induruit œvo* , dit Ovide, *Metamorph., lib. IX*, du cône soulevé de Trécène dans l'Argolide), si le trachyte, dis-je, en soulevant et en brisant l'ancienne croûte du globe, n'est pas sorti perpendiculairement sous la forme de cloches (Chimborazo), ou bien sous celle de châteaux forts en ruines (sommet des Cordillères du Pérou, entre Loxa et Caxamarca). Les trachytes des Andes et du Mexique, qui renferment du perlite et de l'obsidienne, ne sont généralement recouverts que par d'autres roches volcaniques (phonolithes, basaltes, mandelstein, conglomérats et tuffs ponceux). Quelquefois de pe-

tites formations locales, calcaires et gypseuses, que l'on peut appeler tertiaires, parce qu'elles sont certainement postérieures à la craie, surmontent les trachytes; mais vers le bas ces mêmes trachytes des Cordillères, surtout lorsqu'ils ne sont pas *recouverts*, sont géognostiquement liés de la manière la plus intime avec les porphyres poreux et fendillés du terrain de transition : porphyres dépourvus de quarz et renfermant du pyroxène et du feldspath vitreux, quelquefois riches en filons argentifères et supportant sur d'autres points des formations secondaires, même du calcaire de transition, noir et carburé (voyez plus haut, p. 151, 158 — 181, 205 — 215). Cette liaison pourra motiver un jour, dans nos méthodes, la suppression du *terrain volcanique*, en tant qu'on le considère comme opposé, par le mode de sa formation et de son origine, aux roches de tous les autres terrains. Il y a des roches volcaniques dans le terrain de transition et dans le grès rouge, comme il y a des roches fragmentaires, agglomérées, remaniées par les eaux, dans le terrain volcanique. Ce dernier mot, pour lui donner un sens précis, seroit le mieux appliqué aux seules productions des volcans qui ont agi postérieurement à l'existence de nos vallées.

Quoique, d'après les observations faites dans les deux continens, les trachytes et d'autres roches analogues qui paroissent dus à la même action des forces volcaniques, et dans lesquels le feldspath compacte ou vitreux domine sur l'amphibole et le pyroxène, se trouvent *principalement* dans le terrain de transition et sur les limites de ce terrain et des roches secondaires les plus anciennes, on ne peut étendre cette conclusion aux basaltes, qui sont souvent enclavés dans le granite primitif (Schneckoppe en Silésie; Roche rouge, près de Serassac dans le Vélay), et qui sont peut-être antérieurs à certaines formations de trachytes? Dans une contrée très-circonscrite, dans un même agroupement de roches volcaniques, les trachytes grenus ou porphyres trachytiques, qu'il ne faut pas confondre avec des roches fragmentaires ou des conglomérats de trachytes beaucoup plus modernes, sont généralement d'une formation plus ancienne que les basaltes qui les recouvrent en coulées ou en larges nappes. Au contraire, les basaltes, postérieurs aux conglomérats trachytiques et ponceux, sont le plus souvent antérieurs aux conglomérats et tuffs basaltiques; mais, nous le répétons, dès que nous devons comparer des lambeaux épars d'un terrain de trachytes, de phonolithes ou de basaltes, lambeaux non recouverts et gisant dans des formations granitiques, intermédiaires ou secondaires, ces roches de trachytes, de basaltes et de phonolithes ne peuvent plus être rangées comme termes d'une même série géognostique. Ce qui sort du granite le plus ancien, peut être postérieur à une roche analogue qui s'est fait jour à la fois à travers des roches de transition. L'oryctognosie ou minéralogie descriptive, qui analyse le tissu des substances volcaniques, parviendra à les classer d'après les principes que M. Cordier a si bien établis dans son mémoire *sur la composition des roches pyrogènes de tous les âges;* mais la géognosie, qui ne considère que l'âge relatif et les gisemens, sera forcée de compter un grand nombre de roches *incertæ sedis,* même lorsqu'une plus vaste partie de la terre aura été examinée avec soin. Cette incertitude ne tient pas à l'imperfection des méthodes, mais à l'impossibilité de comparer, sous le rapport de leur succession ou de l'époque de leur origine, des masses rocheuses éparses et *non recouvertes.* L'historien de la nature, comme celui des révolutions du genre humain, recueille, compare et discute tous les faits; mais il ne peut coordonner par séries ceux qui ne présentent aucun caractère chronologique.

Dans cet état des choses, loin de mêler des considérations oryctognostiques aux classifications de la géognosie positive, il me paroît convenable de ranger les roches volcaniques d'après le *type de gisement* que l'on observe le plus généralement dans les deux hémisphères, là où le plus grand nombre de ces roches se trouve agroupé. La grande masse des substances dans lesquelles le feldspath prédomine (trachytes, leucostines), sera suivie, comme dans les tableaux oryctognostiques, de la grande masse des substances dans lesquelles prédomine le pyroxène (basaltes, dolérites); mais cette harmonie apparente entre des méthodes fondées sur deux principes différens, celui de la composition et celui de l'ordre des gisemens, disparoît dès que l'on examine les formations partielles ou intercalées. Le géognoste distingue alors entre les *phonolithes des trachytes* et les *phonolithes des basaltes ;* il place des leucostines compactes dans le terrain pyroxénique, comme il indique une formation de dolérites (mélange de feldspath et de pyroxène, dans lequel la dernière substance est la plus fréquente) au milieu des leucostines ou trachytes. C'est d'après ces principes que j'ai esquissé la distribution des roches volcaniques, dont le tableau a été placé à la fin des terrains de transition (p. 232). Cette distribution se fonde sur les observations vraiment géognostiques publiées par MM. Léopold de Buch, Breislak, Boué et Beudant, et sur celles que j'ai eu occasion de faire moi-même en Italie, au Pic de Ténériffe, dans les Cordillères de la Nouvelle-Grenade, de Quito et du Mexique. J'ajouterai à la nomenclature des terrains l'indication succincte des gisemens les plus intéressans de l'Amérique équinoxiale.

I. FORMATIONS TRACHYTIQUES, comprenant les *trachytes grenus* (granitoïdes et syénitiques); les *trachytes porphyriques* ou porphyres trachytiques, en partie pyroxéniques, en partie celluleux, avec nids siliceux (meulières trachytiques ou porphyres molaires de M. Beudant); les *trachytes semi-vitreux;* les *perlites avec obsidienne,* et les *phonolithes des trachytes.* On peut ajouter à cette série les *conglomérats trachytiques et ponceux,* avec alunite, soufre, opale et bois opalisé; car chaque terrain volcanique, comme chaque roche intermédiaire et secondaire, a ses conglomérats, c'est-à-dire, ses roches fragmentaires, dont elle a fourni les premiers élémens. Les trachytes (granites chauffés en place des anciens minéralogistes, porphyres trappéens, beaucoup de laves pétrosiliceuses de Dolomieu, domites de MM. de Buch et Ramond, nécrolithes de M. Brocchi, leucostine granulaire de M. Cordier) n'offrent généralement, dans l'ancien continent, que peu de traces de stratification; mais dans les Cordillères des Andes ils sont souvent très-régulièrement stratifiés (Chimborazo, N. 60° E.; Assuay, N. 15° E.), mais variant par groupe et de direction et d'inclinaison, comme font les phonolithes du terrain basaltique (Mittelgebirge en Bohème). La structure en colonnes (prismes de 4 à 7 pans) est très-commune dans les trachytes porphyriques des Cordillères, non-seulement dans les roches noires à base de rétinite (pechstein) avec

feldspath vitreux et pyroxène (Passuchoa , près de la ville de
Quito , au sud des collines de Poingasi ; Faldas de Pichincha ;
Paramos de Chulucanas , Aroma et Cunturcaga , dans les Andes
du Pérou , entre Loxa et Caxamarca) ; mais aussi dans les
trachytes gris-verdâtre du Chimborazo (prismes minces de
5o pieds de long ; hauteur du plateau , 2180 toises) , comme
dans les trachytes granitoïdes de Pisojé . au pied du volcan
de Puracé. Ces derniers sont gris-verdâtre , renferment du
mica noir , du feldspath commun et un peu d'amphibole ,
et leur ressemblance avec les *graniti colonnari* des Monts
Euganéens les éloigne beaucoup (p. 169) des porphyres du
terrain de transition. La structure globulaire (en sphéroïdes
à couches concentriques) paroît plutôt appartenir aux formations basaltiques qu'aux véritables trachytes. Les teintes
pâles dominent dans les trachytes des Cordillères , et les masses
noires de cette roche m'ont paru en général postérieures aux
masses blanches , grises et rouges. La même différence de
gisement paroît avoir lieu en Hongrie. Les trachytes noirs
prennent quelquefois (Rucu-Pichincha près de Quito , surtout à l'arête de Tablahuma , 2356 toises) tout l'aspect du
basalte ; mais l'olivine y manque toujours , et l'on n'y reconnoît que de petits cristaux de pyroxène qui pénètrent jusque
dans l'intérieur des cristaux du feldspath vitreux. Dans les
Andes , comme dans l'ancien continent , chaque cône ou
dôme trachytique (les premiers ne paroissent que des dômes
ou cloches percées à leur sommet et couvertes sur leurs
flancs d'éjections ponceuses et scorifiées) présente des roches
entièrement différentes dans leur composition , selon que l'un
des élémens prédomine dans le tissu cristallin. Le mica noir
est le plus commun dans les trachytes du Cotopaxi (entre le
Nevado de Quelendaña et le ravin de Suniguaicu , 2263 t.) ,
volcan qui abonde en même temps en masses vitreuses et en
obsidiennes ; l'amphibole domine dans les trachytes souvent
noirs de Pichincha et d'Antisana : le pyroxène dans la région
inférieure et moyenne du Chimborazo , dont les trachytes
renferment quelquefois des pyrites , du quarz , et deux variétés de feldspath , le vitreux et le commun. L'ancien volcan
de Yana-Urcu , adossé au Chimborazo (du côté du village de
Calpi) , est dépourvu de pyroxène et contient de grands

cristaux d'amphibole. Dans les trachytes du Nevado de Toluca (Mexique) et d'Antisana on observe souvent, comme
dans les trachytes du Puy-de-Dôme, des parties bulleuses et
scorifiées à cellules lustrées, enchâssées dans des masses compactes et terreuses. Les phonolithes des trachytes sont plus
caractérisés dans le volcan de Pichincha (Pic des Ladrillos et
Guagua-Pichincha), de même qu'à la pente orientale du Chimborazo, près de Yanacoche (hauteur, 2300 t.). A Antisana
(Machay de San-Simon) et au nord de la Villa de Ibarra
(Azufral de Cuesaca, plateau de Quito) les trachytes à base de
feldspath compacte, mêlé d'amphibole, renferment du soufre
natif, comme le trachyte du Puy-de-Dôme et des bords de
la Dordogne (Ramond, *Niv. géogn.*, p. 75, 86). Il ne faut
pas confondre cette formation de soufre natif avec celles
des solfatares ou cratères éteints, des mandelstein celluleux
(entre Pate et Tecosautla au Mexique) et des argiles du terrain basaltique (province de los Pastos). L'épaisseur des couches de trachytes est telle que sur le plateau de Quito elle
atteint indubitablement et en *masses continues* (Chimborazo,
Pichincha) 14.000 à 18,000 pieds. Comme très-peu de volcans des Andes ont donné de véritables coulées de laves
lithoïdes, les trachytes y sont presque partout à découvert.
Il n'y a que les conglomérats trachytiques, et des formations
problématiques argileuses (tepetate), dont nous parlerons
bientôt, qui les cachent quelquefois à l'examen des géognostes.

J'ai trouvé du feldspath commun et laiteux dans les trachytes poreux, légers et blancs, du Cerro de Santa Polonia
(1552 toises, près de Caxamarca, Andes du Pérou); à la cime
du Cofre de Perote au Mexique (le Peña del Nauhcampate-
petl, 2098 toises), dans un trachyte gris-rougeâtre, abondant
en cristaux aciculaires d'amphibole et très-régulièrement stratifié (N. 28° E. avec 50° au N. O.); au volcan encore actif de
Tunguragua, au sud de Quito (Cuchilla de Guandisava,
1658 t.), dans des trachytes rouge-de-brique et celluleux ;
enfin, à la base du Chimborazo, près du petit volcan éteint
de Yana-Urcu (1700 t.), dans des trachytes noirs et vitreux.
M. de Buch, qui a examiné avec soin ces dernières roches,
y a même reconnu à la fois des cristaux de feldspath vitreux

et de feldspath commun, phénomène que j'ai trouvé répété dans plusieurs porphyres de transition du Mexique.

Les petits cristaux aciculaires d'amphibole sont quelquefois placés comme par files sur plusieurs lignes parallèles, et affectent tous la même direction (vallée du Cer au Cantal; trachytes gris-blanchâtre de Riobamba viejo, avec rhombes de feldspath décomposé en une terre jaunâtre).

Le mica est beaucoup plus rare dans les trachytes du Mexique et des Andes que dans ceux du Siebengebirge, des Gleichen en Styrie, près de Radkersburg, et de Hongrie : j'en ai trouvé cependant de belles tables noires hexagones, tant à la base du volcan de Pichincha (près de Javirac ou du Panecillo de Quito, 1600 t.), que dans les trachytes semi-vitreux gris-bleuâtre de Cotopaxi, et dans les trachytes rouges et poreux du Nevado de Toluca (sommet du Fraile, 2372 toises).

Le titane ferrifère ne manque pas dans les trachytes de Quito et du Mexique; mais les lames de fer oligiste spéculaire, également communs dans les trachytes et les laves de l'Italie et de la France, sont assez rares dans les roches volcaniques fendillées de l'Amérique équinoxiale.

En considérant les trachytes des Cordillères sous un point de vue général, il n'y a pas de doute qu'on ne les trouve caractérisés par une absence de quarz en cristaux et en grains. Ce caractère, comme nous l'avons vu plus haut, s'étend même sur la plupart des porphyres métallifères de l'Amérique équinoxiale (§§. 23 et 24), qui semblent liés aux trachytes; mais l'une et l'autre de ces roches offrent des exceptions frappantes à une loi que l'on auroit pu croire générale. Ces exceptions prouvent de nouveau que le géognoste ne doit pas attacher une grande importance à la présence ou à l'absence de certaines substances disséminées dans les roches. La plus grande masse du Chimborazo est formée par un trachyte semi-vitreux, vert-brunâtre (à base cireuse, comme de résinite), dépourvu d'amphibole, abondant en pyroxène, très-compacte, tabulaire, ou divisé en colonnes minces, irrégulières et tétraèdres. Ce trachyte renferme, comme couche intercalée, un banc rouge pourpré, celluleux, à cristaux de feldspath à peine visibles, et parsemé de nodules alongés de quarz blanc. Plus haut (à 5016 toises de hauteur, où nous vîmes descendre le mercure dans le baromètre à 15 pouces 11½ lignes), le quarz disparoît, et l'arête de rocher sur laquelle nous marchâmes étoit couverte d'une trainée de masses rouges, bulleuses, désagrégées et assez semblables aux amygdaloïdes de la vallée de Mexico. Ces masses, les plus élevées de celles qu'on a recueillies jusqu'ici à la surface de la terre, étoient rangées en file, et pourroient faire croire à l'existence d'une petite bouche près du sommet du Chimborazo, bouche qui s'est vraisemblablement refermée, comme celles de l'Epomeo, à l'île d'Ischia, et de Guambalo et d'Igualata, entre Mocha et Penipe (province de Quito). Sur le plateau central du Mexique les trachytes de Lira enchâssent à la fois du quarz laiteux, de l'obsidienne et de l'hyalithe. M. Beudant a aussi reconnu récemment des cristaux de quarz dans les trachytes porphyriques (à globules vitro-lithoïdes), dans les trachytes meulières et les perlites de Hongrie (*Voy. en Hongrie, T. III,* p. 546, 565, 519, 575). Le même phénomène se trouve répété dans quelques trachytes de l'Auvergne (Puy Baladou; Cantal. Col de Caboe), des Dardanelles et du Kamtschatka. Lorsqu'on se rappelle qu'il y a, d'après l'analyse de M. Vauquelin, 92 pour cent de silice dans les trachytes du Sarcouy, que tous les basaltes et les laves en abondent, il faut plutôt être surpris que cette substance disséminée dans des silicates de fer et d'alumine n'ait pu se réunir plus souvent sans mélange en cristaux ou grains de quarz pur. Ce n'est que la difficulté opposée à la concentration de la silice autour d'un noyau qui caractérise une grande partie des roches volcaniques. (Voyez plus haut, p. 164.)

Le pyroxène a été regardé jusqu'ici comme extrêmement rare dans les trachytes d'Europe. La couche de pyroxène que M. Weiss a découverte entre Muret et Thiezac (au-dessus d'Aurillac en Auvergne; Bach, *über Trapp-Porphyr, p.* 155), semble plutôt appartenir à une formation basaltique superposée au trachyte. Mais en Hongrie (Beudant, T. III, p. 517, 519), comme dans la Cordillère des Andes, le pyroxène se trouve assez souvent dans les trachytes porphyroïdes : il y remplace l'amphibole (Chimborazo, Tunguragua, base du volcan de Pasto, région moyenne du volcan de Puracé, près de Popayan). L'espèce de répulsion qu'on croit observer entre le pyroxène et l'amphibole, est d'autant plus frappante que dans le terrain basaltique ces deux substances se trouvent assez souvent réunies (Rhönegebirge en Allemagne). Les trachytes du Mexique m'ont paru assez généralement dépourvus de pyroxène.

Le grenat, que nous avons déjà vu dans les porphyres de transition du Potosi et d'Izmiquilpan, reparoit, quoique très-rarement, dans les trachytes des Andes : j'en ai trouvé dans le volcan de Yana-Urcu (trachyte noir); M. Beudant en a recueilli dans les perlites lithoïdes d'Hongrie.

Je doute aujourd'hui de l'existence de l'olivine dans le terrain trachytique des Cordillères : ce que j'avois pris pour cette substance, étoient des grains de pyroxène d'une teinte très-peu foncée. L'olivine appartient peut-être exclusivement aux terrains basaltiques et à quelques laves lithoïdes. M. de Buch l'a reconnue parmi les éjections du volcan de Jorullo, qui forment un tissu à petit grain d'olivine, de feldspath vitreux et de mica jaune. Il n'y a aucune trace d'amphibole ni de pyroxène, quoique ce volcan se soit fait jour à travers un terrain de trachyte. M. Beudant doute aussi de la présence de l'olivine dans les trachytes de Hongrie, même dans ceux du groupe de Vihorlet. Lorsque des chimistes se seront occupés plus spécialement des trachytes des Cordillères, qui offrent une si grande variété de roches, on y découvrira probablement aussi de l'acide muriatique (comme au Sarcouy en Auvergne) et du mica commun mélangé de titane oxidé, comme au Vésuve. (Soret, *Sur les axes de double réfraction*, 1821, *p.* 59.)

Les observations que l'on peut faire sur le gisement des roches volcaniques, offrent plus d'intérêt encore que l'étude de leur composition. Les trachytes du volcan éteint de Tolima (§. 7) semblent sortir d'un granite postérieur au gneis primitif. J'ai vu paroître (Alto del Roble) le micaschiste (p. 129) sous les trachytes des volcans encore brûlans de Popayan. Les granites à travers lesquels les dômes trachytiques du Baraguan et de Herveo (Ervé) se sont fait jour, sont peut-être d'un âge plus récent que le micaschiste. L'observation de gisement la plus importante que j'aie faite dans l'immense plateau entièrement trachytique de Quito (espèce de volcan polystome), a rapport aux trachytes de Tunguragua. Après avoir cherché en vain, pendant plus de six mois, quelque trace de roches vulgairement appelées d'origine neptunienne, j'ai trouvé, près du pont de cordage de Penipe (Rio Puela, 1240 toises), sous les trachytes noirs semi-vitreux, souvent colonnaires, du cône encore enflammé de Tunguragua, un micaschiste verdâtre, à surface striée et soyeuse, renfermant des grenats et ressemblant aux micaschistes du terrain primitif (voyez plus haut, p. 119). Cette roche repose sur un granite syénitique, composé de beaucoup de feldspath verdâtre lamelleux et à gros grains, de peu de quarz blanc, de tables hexagones de mica noir, et de quelques cristaux effilés d'amphibole. La cassure du granite offre un aspect stéatiteux, et prend, au souffle, une teinte vert-d'asperge. Ces syénites et ces micaschistes avec grenats rappellent ceux que MM. de Buch et Escolar ont découverts dans l'archipel des Canaries, en blocs, au milieu des terrains trachytiques de Fortaventura et de Palma. (Humboldt, *Rel. hist.*, T. I. p. 640.) Il est très-certain que les roches de Penipe, qui n'appartiennent peut-être qu'au terrain de transition, sont en place; qu'elles viennent au jour sous un véritable trachyte grenu, et non sous une roche fragmentaire, sous un conglomérat trachytique, comme c'est le cas à Vic, à Aurillac et à S. Sigismond (Buch, *Trapp-Porphyr*, p. 141): mais, sans percer une galerie dans le flanc de Tunguragua, il est impossible de décider s'il y a superposition, si le trachyte recouvre le micaschiste sur une grande étendue, comme la craie recouvre le calcaire du Jura, ou si le trachyte, en brisant les roches plus anciennes et en s'élevant perpendiculairement, s'est simplement incliné vers les bords sur le micaschiste adjacent. Autour du cône trachytique de Cayambe on trouve aussi du micaschiste avec épidote, et un granite qui abonde en mica brun et jaune. Plus au nord, dans les Cordillères du Popayan, en montant au village de Puracé, j'ai vu, sous le grand volcan de ce nom, près de Santa-Barbara, le trachyte semi-vitreux appuyé sur une syénite porphyrique (avec feldspath commun) : cette syénite est bien visiblement superposée sur un granite de transition abondant en mica (p. 167). Au pied des volcans mexicains encore actifs (le Popocatepetl et le Jorullo), nous n'avons pas été assez heureux, M. Bonpland et moi, de découvrir des roches de granite, de micaschiste ou de syénite en place ; mais nous avons vu enchâssées, au milieu des laves lithoïdes noires et basaltiques de Jorullo, des fragmens anguleux blancs ou blanc-verdâtre de syénite, composés de peu d'amphibole et de beaucoup de feldspath lamelleux. Là où ces masses ont été crevassées par la chaleur, le feldspath est devenu filandreux, de sorte que les bords de la fente sont réunis dans quelques endroits par les fibres alongées de la masse. Dans l'Amérique du Sud, entre Almaguer et Popayan, au pied du Cerro Broncaso, j'ai trouvé de véritables fragmens de gneis compactes dans un trachyte abondant en pyroxène (p. 171). Ces phénomènes, auxquels je pourrois en ajouter beaucoup d'autres, prouvent que les formations trachytiques sont sorties au-dessous de la croûte granitique du globe.

Les obsidiennes dont nous avons rapporté, M. Sonneschmidt et moi, de si curieuses variétés en Europe, m'ont paru appartenir, dans les Cordillères, à deux sections bien distinctes du terrain trachytique, aux véritables trachytes noirs (Cerro del Quinche, au nord de Quito) et blancs (Cerro de las Novajas ou Oyamel, au nord-est de Mexico), et à la perlite (Cinapecuaro, entre Mexico et Valladolid). Il faut distinguer de ces deux formations les obsidiennes des courans de laves modernes (Pic de Ténériffe), formant la partie supérieure de ces courans. Les fragmens de roches vomis par le cratère de Cotopaxi, et remplis de rognons d'obsidienne, paroissent arrachés aux parois du cratère ; mais les morceaux d'obsidienne lancés par le volcan de Sotara, près de Popayan, à des distances de plusieurs lieues, méritent plus d'attention. Les champs de los Serillos, des Uvales et de Palacè, en sont couverts. On les trouve disséminés comme des fragmens de silex ; ils reposent sur des roches basaltiques, auxquelles cependant ils sont entièrement étrangers. Ces obsidiennes de Popayan ont souvent la forme de larmes ou même de boules à surface tuberculeuse : elles offrent, ce que je n'ai vu nulle part ailleurs, toutes les nuances de couleurs, depuis le noir foncé, jusqu'à celle d'un verre artificiel entièrement inco-

lore. Elles sont quelquefois mêlées de fragmens d'émaux
lancés par le même volcan de Sotara, et que l'on seroit
tenté de prendre pour de la *porcelaine de Réaumur*. La pâte
des trachytes semi-vitreux gris-bleuâtre et à cassure conchoïde (volcan de Puracé, près Popayan, dans la plaine
du Cascajal, à 2274 toises de hauteur), passe sans doute
quelquefois à l'obsidienne; mais les grandes masses de véritables obsidiennes, disposées par couches ou par rognons à
contours bien prononcés, se trouvent dans d'autres variétés
de trachytes. Nous avons déjà décrit plus haut les roches du
Cerro de las Navajas (§. 23). où se trouvent les obsidiennes
chatoyantes, striées et argentées (*plateadas*), généralement
disséminées par fragmens, mais formant quelquefois aussi des
couches dans un trachyte blanc. Des couches analogues, mais
d'une épaisseur de 14 à 16 pouces, sont intercalées aux trachytes noirs pyroxéniques du Cerro del Quinché (plateau de
Quito). Elles offrent des obsidiennes noir-verdâtre et veinées de bandes rouge-de-brique. Près de l'Hacienda de Lira,
au nord de Queretaro (plateau du Mexique, 995 toises),
j'ai trouvé dans des trachytes vert-d'olive et à base de rétinite (trachytes qui renferment à la fois du feldspath vitreux
et des grains de quarz disséminés), des couches d'obsidienne
noire de trois pouces d'épaisseur. Sur d'autres points du
plateau de la Nouvelle-Espagne, à Cinapecuaro, au pied
du Cerro Ucareo (dans le chemin de Valladolid de Mechoa-
can à Toluca, hauteur 968 toises), et entre Ojo del agua
et El Final (dans le chemin de la Puebla de los Angeles à
Perote, hauteur 1180 toises), les obsidiennes se trouvent par
rognons dans un perlite (perlstein) à éclat émaillé, composé de
petits globules semi-vitreux blanc-grisâtre. Je n'y ai pas vu
de mica, mais des infiltrations d'hyalithe et quelques petits
cristaux de feldspath filandreux, presque ponceux. A Cinapecuaro, le perlite forme de petites collines coniques, entourées de pics de basaltes et de dômes trachytiques. La
roche est très-régulièrement stratifiée (N. 22° E., incl. de
80° au Nord-ouest) : on la prendroit de loin pour un grès
schisteux. L'obsidienne noire, vert-noirâtre et vert-grisâtre,
s'y trouve par nids ou rognons de deux à cinq pouces d'é-
paisseur, de sorte que, par la juxtaposition de ces rognons,

le perlite paroît quelquefois enchâssé dans une véritable roche d'obsidienne. Dans les plaines orientales du Mexique, entre Acaxete, Ojo del agua et El Pinal, l'obsidienne est moins abondante, mais souvent rubanée comme du jaspe. Le perlite y renferme beaucoup de tables hexagones de mica noir ; il est souvent fibreux et passe à ce que M. Beudant appelle (T. III, p. 564, 589) *perlite ponceux.*

En général, les obsidiennes du Mexique et des Andes de Quito offrent, et souvent sur une plus grande échelle, les mêmes phénomènes de composition que l'on observe dans ceux de Lipari et de Volcano, et que quelques géognostes ont attribués jadis à une *dévitrification (glastinisation*). On y trouve enchâssés de petits cristaux de feldspath vitreux ; des masses polyèdres de perlstein remplissant entièrement les vacuoles dans lesquelles on les suppose formés ; des agrégations de grains cendrés, d'un aspect terreux et distribués par zones parallèles souvent interrompues ; enfin, des fragmens de trachyte brun-rougeâtre, à demi-fondus, placés tous d'un même côté, à l'extrémité de vacuoles très-alongées et parallèles entre elles. M. de Buch, qui a fait un examen particulier des substances volcaniques recueillies dans la région équinoxiale du nouveau monde, observe que les masses de perlites, tantôt sphéroïdales, tantôt octogones dans leur coupe, ont constamment au centre un cristal très-petit de feldspath vitreux ou d'amphibole, et que la position de ce cristal a déterminé la forme de tout le système. (Buch, dans les *Schriften Naturf. Freunde,* 1809, *p.* 301. Humboldt, *Rel. hist.*, *T. I,* p. 161.) M. Beudant a trouvé des grenats rouges dans les perlites rétinitiques de Hongrie (Vissegrad), qui ressemblent au *pechstein-porphyr* du terrain de transition : j'en ai vu d'également rouges au sommet du volcan de Puracè, dans un trachyte bleuâtre, semi-vitreux, à cassure conchoïde, dépourvu de mica et d'amphibole, mais enchâssant, outre le pyroxène et le feldspath vitreux, des points cendrés semblables à ceux que l'on remarque dans les obsidiennes de Lipari et du Cerro de las Navajas. La présence des grenats dans des roches généralement mêlées d'amphibole reçoit quelque importance par les observations ingénieuses de M. Berzelius (*Nouv. Système de minéralogie, p.* 301) sur les affinités chimiques du grenat et de l'amphibole renfermant des silicates d'alumine et d'oxidule de fer. C'est dans les obsidiennes que j'ai rapportées de la Nouvelle-Espagne, que M. Collet-Descotils a trouvé le premier exemple de la présence simultanée de deux alcalis dans une même substance minérale. Ce phénomène a été observé depuis dans quelques variétés de feldspath, de wernerite, de sodalite, de chabasie et d'éléolithe (pierre grasse de Haüy). J'ai observé que beaucoup d'obsidiennes noires et rouges du Quinché et du Cerro de las Navajas ont des pôles magnétiques, tout comme les porphyres (de transition?, p. 175), de Voisaco et comme un beau groupe de trachytes colonnaires du Chimborazo (hauteur 2100 toises). Ces trachytes étoient gris-verdâtre et enchâssoient quelques cristaux de feldspath lamelleux et laiteux.

La dernière assise du terrain trachytique est formée par des conglomérats ou débris agglutinés et remaniés par les eaux. Ces conglomérats couvrent d'immenses surfaces, non au pied des Cordillères, mais sur leurs flancs et sur des plateaux de 1200 à 1600 toises de hauteur. Dans une région où presque tous les volcans actifs s'élèvent au-dessus de la limite des neiges perpétuelles, et où les eaux, lentement infiltrées dans des cavernes, et les neiges qui se fondent au moment de l'éruption, causent d'affreux ravages, l'étendue et l'épaisseur des terrains de transport et des roches fragmentaires régénérées doit nécessairement être en rapport avec les forces qui amènent encore de nos jours ces masses désagrégées. Les conglomérats sont tantôt friables et tuffacés (base de Cotopaxi et de l'Altar), tantôt compactes et endurcies comme le grès (base de Pichincha). Les ponces en masses pulvérulentes et en blocs de 25 à 30 pieds de longueur forment la partie la plus intéressante de ces conglomérats du terrain trachytique. Nous ferons observer, à cette occasion, que le mot *pierre-ponce* est très-vague en minéralogie : il ne désigne pas un fossile simple, comme le font les dénominations de calcédoine ou de pyroxène; il indique plutôt un certain *état*, une forme capillaire ou filandreuse sous laquelle se présentent des substances diverses, rejetées par les volcans. La nature de ces substances est aussi différente que l'épaisseur, la ténacité, la flexibilité et le parallélisme ou la direction de leurs fibres (Humboldt, *Relat. hist.*, **T. I, p. 162**). Il existe des ponces noires d'une contexture bulleuse, à fibres croisées; on y reconnoît beaucoup de pyroxène, et elles paroissent dues à des laves basaltiques scorifiées (plaine qui entoure le cratère de Rucu-Pichincha : tuff du Pausilippe près de Naples). Quelques volcans rejettent des trachytes blancs, composés de feldspath compacte, de beaucoup d'amphibole, de très-peu de mica, et dont une partie est devenue fibreuse (Rucu-Pichincha et Cotopaxi, sur le plateau de Quito; volcan de Cumbal près Chilanquer, dans le plateau de los Pastos; Sotara près de Popayan; Popocatepetl à l'est de Mexico). Souvent, dans des trachytes assez compactes et d'un tissu non fibreux, les fragmens rhomboïdaux du feldspath deviennent creux et comme filandreux (plateau de Quito et du Mexique). Quelques variétés de perlstein offrent une texture fibreuse (plaine de la Nouvelle-Espagne, entre la Venta del Ojo del agua et la Venta de Soto; vallée de Gran et de Glashütte, en Hongrie). Enfin, des obsidiennes noirverdâtre ou gris de fumée alternent avec des couches de pierre ponce à fibres asbestoïdes blanc-verdâtre, rarement parallèles entre elles, quelquefois cependant perpendiculaires aux couches de l'obsidienne et semblables à une écume filamenteuse de verre (Plaine des Genêts, au Pic de Ténériffe). Ces dernières variétés ont fait naître chez quelques géologues l'idée que toutes les ponces étoient dues à la fusion et au gonflement des laves vitreuses; on confondoit les obsidiennes ponceuses (asclérines de M. Cordier) avec les véritables ponces à fibres parallèles (pumites légères de M. Cordier), caractérisées par de grandes tables hexagones de mica, et probablement dues à un mode d'action particulier que le feu des volcans exerce sur les trachytes blancs (granites des Isles Ponces de Dolomieu). Un savant qui a profondément étudié les roches trachytiques de l'Europe, a confirmé ces aperçus. « La ponce, dit M. Beudant, dans l'état actuel de « la science, ne peut pas même être regardée comme une « espèce distincte de roche : c'est un état celluleux et fila- « menteux, sous lequel plusieurs roches des terrains trachy- « tiques et volcaniques sont susceptibles de se présenter. » (*Voyage minéral.*, T. III, p. 389.)

Les immenses carrières souterraines de pierre-ponce exploitées au pied du Cotopaxi, entre la ville de Tacunga (Llactacunga) et le village indien de San-Felipe (plateau de Quito, hauteur 1482 toises), m'ont paru les plus instructives pour décider la question du gisement de cette substance dans un terrain de rapport. Elles avoient déjà fait naître chez Bouguer (*Figure de la terre, p. LXVIII*), dans un temps où la géognosie n'existoit presque pas, plusieurs questions intéressantes sur l'origine des ponces. Les petites collines de Guapulo et de Zumbalica, qui s'élèvent jusqu'à 80 toises de hauteur, paroissent au premier abord entièrement formées d'une roche blanche fibreuse, à couches horizontales et à fibres perpendiculaires : on pourroit en tirer des blocs dépourvus de fentes de plus de 60 pieds de longueur. En examinant ces prétendues couches de plus près, on voit que ce sont des masses de quatre pouces à trois pieds d'épaisseur, enchâssées dans une terre blanche argileuse. Elles ne forment pas, à proprement parler, un conglomérat ; les blocs ne sont que déposés dans l'argile, et recouverts de fragmens menus de ponces (de 8 à 9 toises d'épaisseur) qui sont divisés en bancs horizontaux. Ces blocs de ponces blanches, quelquefois bleuâtres, sont arrondis vers les bords ; ils renferment du mica jaune et noir, des cristaux effilés d'amphibole (non de pyroxène) et un peu de feldspath vitreux. J'incline à croire que les collines de Zumbalica, qui ressemblent beaucoup à celles de Sirok en Hongrie (Beudant, *Voy. minér.*, T. II, p. 22), ne sont pas les parois intérieures d'un ancien volcan écroulé : les grands blocs, qui ressemblent à des couches fracturées, sont géognostiquement liés aux petits fragmens des assises supérieures ; les uns et les autres ont sans doute été déposés par les eaux, quoique dans des circonstances bien différentes de celles qui accompagnent les éruptions actuelles de Cotopaxi. L'aspect de tout le pays d'alentour nous prouve l'ancienne sphère d'activité de ce volcan, qui a une hauteur de 2952 toises et un volume énorme. A l'ouest du volcan, depuis l'Alto de Chisinche jusqu'à Tacunga, sur plus de quarante lieues carrées, tout le sol est couvert de pierre-ponce et de trachytes scorifiés.

Il est bien remarquable que le mode d'action volcanique

propre à produire des ponces soit restreint, pour ainsi dire, à un certain nombre de montagnes ignivomes. L'Altar ou Capac-Urcu, anciennement plus élevé que le Chimborazo, est placé dans la plaine de Tapia, vis-à-vis du volcan encore actif de Tunguragua. Le premier a vomi une immense quantité de ponces, le second n'en produit pas du tout. Cette même différence existe entre les deux volcans voisins de la ville de l'Popayan, le Puracé et le Sotarà. Celui-ci a rejeté à la fois des obsidiennes et des ponces, tout comme le volcan de Cotopaxi. A Rucu-Pichincha, où je suis parvenu jusqu'à une des tours trachytiques (hauteur 2491 toises) qui dominent l'immense cratère du volcan, j'ai trouvé beaucoup de ponces, et pas d'obsidiennes : aussi les ponces de Sotarà et de Cotopaxi, qui renferment, outre le feldspath vitreux et un peu d'amphibole, de grandes tables hexagones de mica, ne sont certainement pas dues à l'obsidienne ; elles diffèrent entièrement de ces ponces vitreuses et capillaires que j'ai vues couvrir la pente du Pic de Ténériffe.

Les superbes opales de Zimapan, au Mexique, ne paroissent pas appartenir, comme celles de Hongrie, aux conglomérats trachytiques, mais à des trachytes porphyriques qui renferment des globules rayonnés de perlite gris-bleuâtre. (§. 25.)

II. Formations basaltiques, comprenant les *basaltes* avec olivine, pyroxène et un peu d'amphibole; les *phonolithes du basalte*, les *dolérites*, *l'amygdaloïde celluleuse*, *les argiles avec grenats-pyropes*, et les *roches fragmentaires basaltiques* (conglomérats et scories). Le terrain basaltique se lie d'un côté aux trachytes, dans lesquels le pyroxène devient progressivement plus abondant que le feldspath (Cordier, *sur les masses des Roches volcaniques, p.* 25), en partie et, je crois, d'une manière plus intime, aux laves des volcans qui ont coulé sous forme de *courans*. Les phonolithes appartiennent à la fois au terrain trachytique et au terrain basaltique. Je doute qu'un véritable basalte avec olivine se trouve intercalé comme couche subordonnée au trachyte. La phonolithe, qui forme de ces couches dans les trachytes des Cordillères et de l'Auvergne, n'est que superposée aux basaltes.

Lorsqu'elle ne s'élève pas en pics isolés dans les plaines, elle couronne généralement les collines basaltiques. L'amphibole et le pyroxène se trouvent disséminés dans les trachytes et les basaltes ; la première de ces substances appartient peut-être même plus particulièrement aux formations trachytiques. L'olivine caractérise les formations basaltiques, les laves très-anciennes de l'Europe et les laves très-modernes (courant de 1759) du volcan de Jorullo au Mexique.

Lorsqu'on ne considère que sous le rapport du volume les groupes de roches trachytiques et basaltiques répandues dans les deux continens. on observe que les grandes masses de ces groupes se trouvent très-éloignées les unes des autres. Les pays qui abondent le plus en basaltes (la Bohême, la Hesse) n'ont pas de trachytes, et les Cordillères des Andes, trachytiques sur d'immenses étendues, sont souvent entièrement dépourvues de basaltes. Ni le Chimborazo. ni le Cotopaxi, ni l'Antisana, ni le Pichincha, n'offrent de véritables roches basaltiques; tandis que ces roches, caractérisées par l'olivine, séparées en belles colonnes de trois pieds d'épaisseur, se rencontrent sur le même plateau de Quito, mais loin de ces volcans à l'est de Guallabamba, dans la vallée du Rio Pisque. Près de Popayan les basaltes ne recouvrent pas les dômes trachytiques de Sotarà et de l'Puracè: ils se trouvent isolés sur la rive occidentale du Cauca, dans les plaines de Julumito. Au Mexique. le grand terrain basaltique du Valle de Santiago (entre Valladolid et Guanaxuato), est très-éloigné des volcans trachitiques du Popocatepetl et de l'Orizava. Tous ces basaltes que nous venons de nommer (Guallabamba. Julumito et Santiago) reposent probablement aussi, à de grandes profondeurs. sur un sol trachytique: mais nous ne considérons ici que l'isolement. la séparation des *montagnes* de basaltes et de trachytes.

En général, dans les Cordillères du Mexique, de la Nouvelle-Grenade, de Quito et du Pérou. les formations trachytiques l'emportent, pour la masse. de beaucoup sur les formations basaltiques; ces dernières peuvent même être considérées comme très-rares, en les comparant à celles qui traversent l'Allemagne de l'est à l'ouest, entre les parallèles de 50° et de 51°. Cette même prépondérance du terrain trachy-

tique sur le terrain basaltique s'observe en Hongrie. « Partout,
« dit M. Beudant avec beaucoup de justesse, partout où les
« masses de trachyte se sont développées sur une grande
« échelle, on ne trouve que des lambeaux peu considérables
« de basalte, et réciproquement, dans les lieux où le ter-
« rain basaltique est extrêmement développé, il n'existe que
« peu ou même point du tout de trachyte. » (*Voyage minér.
en Hongrie*, t. III, p. 500, 587 — 589.) On diroit que ces
deux terrains se repoussent ; et comme les cratères des volcans encore actifs se sont constamment ouverts dans les trachytes, il ne faut pas être surpris que ces volcans et leurs
laves restent aussi éloignés des basaltes anciens. (Humboldt,
Rel. histor., t. I, p. 154.)

Malgré cet antagonisme, ou plutôt cette inégalité de développement, que nous avons déjà remarqué dans les granites et les gneis-micaschistes, dans les calcaires et les schistes de transition, dans le grès rouge et le zechstein ou calcaire alpin, les trachytes et les basaltes offrent sur d'autres
points du globe les affinités géognostiques les plus intimes.
Si les grandes masses basaltiques (Hesse ; Forez, Vélay et Vi-
varais ; Écosse ; Veszprim et lac Balaton) restent géographiquement éloignées des grandes masses de trachytes (Siebengebirge ; Auvergne ; montagnes de Matra, Vihorlet et To-
kay ; Cordillère occidentale des Andes de Quito), des lambeaux du terrain basaltique ne s'en trouvent pas moins pour
cela superposés à ces mêmes trachytes. (Buch, *Briefe aus Auvergne*, p. 289 ; Id., *Trapp-Porphyr*, p. 157 — 141. Ramond,
Niv. géologique, p. 18, 60 — 75.) Les Monts Euganéens (basaltes du Monte Venda près des cônes trachytiques de Monte
Pradio, Monte Ortone et Monte Rosso), les penchans des
montagnes qui constituent le groupe du Mont Dore, les
environs de Guchilaque au Mexique (Cerro del Marqués,
1557 toises) et de Xalapa (Cerro de Macultepec, 788 toises),
présentent des exemples frappans de cette réunion des deux
terrains feldspathiques et pyroxéniques. Tantôt ce sont des
buttes de basalte prismatique qui sortent du terrain de trachyte ; tantôt ce sont de larges coulées de basaltes, souvent
interrompues et formant des gradins et des plateaux, qui
sillonnent et recouvrent ce terrain.

Il résulte de ces observations, que les plus grandes masses de basaltes gisent immédiatement dans les formations primitives intermédiaires et secondaires, tandis que d'autres masses beaucoup moins considérables, d'un tissu entièrement identique, et présentant le plus souvent l'apparence d'anciennes coulées de laves lithoïdes, sont superposées au terrain trachytique. Les uns et les autres enveloppent quelquefois des fragmens de granite, de gneis ou d'une syénite très-abondante en feldspath. Ce même phénomène, comme nous l'avons vu tantôt, s'observe (volcan de Jorullo) dans des laves récentes et d'une époque connue; mais ces indices incontestables d'une fluidité ignée ne nous autorisent pas à admettre que les montagnes coniques de basaltes, dispersées dans des plaines ou couronnant la crête des montagnes primitives, se soient toutes formées comme les nappes de basalte qui couvrent les trachytes, ou comme les laves lithoïdes basaltiques (avec olivine) de quelques volcans très-modernes. Le mélange des matières qui constituent les roches volcaniques se fait dans l'intérieur du globe, et probablement à d'immenses profondeurs. Des matières analogues et composées des mêmes élémens peuvent venir au jour (paroître à la surface du globe) par des voies très-différentes, tantôt par soulèvement (en cloches, en dômes ou en buttes coniques), tantôt par des crevasses longitudinales, formées dans la croûte du globe, tantôt par des ouvertures circulaires au sommet d'une montagne. La géognosie des volcans distingue ces modes de formations, et si elle s'oppose à confondre sous le nom de *laves* toutes les roches des terrains trachytiques et basaltiques, c'est parce qu'elle se refuse à admettre que les dômes du Puy de Cliersou, du grand Sarcouy et du Chimborazo, de même que toutes les montagnes coniques de basaltes, soient des portions de courans de laves. Des volcans, en partie très-modernes, ont jeté des laves feldspathiques (Ischia, Solfatare de Pouzzole) et pyroxéniques avec olivine (Jorullo), qui ressemblent aux trachytes et aux basaltes les plus anciens. Souvent des masses volcaniques (laves feldspathiques et pyroxéniques; trachytes; basaltes en cônes isolés), considérées minéralogiquement, sont les mêmes; on peut supposer que les circonstances dans lesquelles elles ont été produites dans l'intérieur du globe, différoient très-peu ; mais, ce qui les éloigne géognostiquement les unes des autres, c'est la différence marquante dans le mode de leur apparition à la surface du sol.

Parmi le grand nombre d'observations curieuses que présentent les environs du nouveau volcan de Jorullo au Mexique, aucune ne me paroit plus importante et plus inattendue que celles qui concernent la double origine des masses basaltiques. On y voit à la fois de petits cônes de basaltes, composés de boules à couches concentriques, et un promontoire de laves basaltiques, lithoïdes et compactes dans l'intérieur, spongieuses à la surface. Ce courant de laves est une masse noire à très-petits grains, renfermant, non de l'amphibole ou du pyroxène, mais indubitablement de l'olivine (péridote granuliforme de Haüy) et de petits cristaux de feldspath vitreux. M. de Buch a reconnu, dans des fragmens que j'ai rapportés, outre l'olivine disséminée (vert d'olive clair, conchoïde et à pièces séparées grenues), quelques tables hexagones de mica jaune de laiton. C'est dans ces laves que sont empâtés les fragmens anguleux et crevassés de syénite granitique dont j'ai parlé plusieurs fois; elles tirent probablement leur origine d'un terrain de transition placé sous le trachyte. Des morceaux extrêmement petits de trachyte grisâtre, avec feldspath vitreux et cristaux effilés d'amphibole, que nous avons été assez heureux de trouver sur le bord du cratère au milieu des scories, prouvent même que l'éruption a agi à la fois à travers la syénite et le trachyte superposé. Les laves s'élèvent jusqu'à 678 pieds d'épaisseur; et comme elles se sont épanchées non latéralement, mais du cratère du volcan actuel, c'est en suivant leur courant vers le S. S. E. que nous avons pu, M. Bonpland et moi, pénétrer, non sans quelque danger, dans l'intérieur du cratère encore brûlant pour y recueillir de l'air. Il ne faut pas confondre avec ce courant de laves lithoïdes basaltiques, qui ne sont pas des scories entassées comme au Monte Novo de Pouzzole, les basaltes en boules (Kugelbasalt) qui composent les petits cônes appelés par les indigènes *fours* (hornitos), à cause de leur forme, et parce qu'ils dégagent par des crevasses des filets de vapeurs aqueuses, mêlées d'acides sulfureux. Il

ne peut rester aucun doute, même à l'observateur le moins
accoutumé à l'aspect de terrains bouleversés par le feu des
volcans, que tout le sol du *Mal-pais*, qui a pour le moins
1.800.000 toises carrées, n'ait été *soulevé*. Là où ce terrain
soulevé est contigu à la plaine des *Playas de Jorullo*, qui
n'a éprouvé aucun changement et dont il a fait partie jadis,
il y a (à l'est de San-Isidoro) un saut brusque de vingt-
cinq à trente pieds de hauteur perpendiculaire. Les couches
noirâtres et argileuses de *Mal-pais* y paroissent comme fracturées, et offrent, dans une coupe dirigée du N. E. au
S. O., des fentes de stratification horizontales et ondulées.
Après avoir passé ce saut ou gradin, on s'élève, sur un
terrain bombé en forme de vessie, vers la crevasse sur laquelle sont sortis les grands volcans, dont un seul, celui du
milieu (*El volcan grande de Jorullo*), est encore enflammé. La
convexité de ce terrain est, dans quelques endroits, de 78,
en d'autres de 90 toises; c'est-à-dire que le pied du grand
volcan, ou plutôt la portion centrale de la plaine du *Mal-
pais*, où s'élève brusquement (près de l'ancienne Hacienda
de San-Pedro de Jorullo) le Grand Volcan, est à peu près
de 510 pieds plus élevé que le bord du *Mal-pais* près du
premier saut ou gradin. Toute cette pente du sol bombé est si
douce, qu'elle peut échapper à l'attention de ceux qui ne sont
pas pourvus d'instrumens propres à la mesurer. C'est, comme
disent très-bien les indigènes, un *terrain creux*, une *tierra
hueca*. Cette opinion est confirmée par le bruit que fait un
cheval en marchant, par la fréquence des crevasses, par
des affaissemens partiels, et par l'engouffrement des rivières
de Cuitimba et de San-Pedro, qui se perdent à l'est du
volcan et reparoissent au jour, comme des eaux thermales
de 52° cent., au bord occidental du *Mal-pais*. Ce sont les
bancs d'argile noire ou brun-jaunâtre qui ont été soulevés
eux-mêmes : la surface du sol n'est couverte que de quelques cendres volcaniques, et aucun entassement de scories
ou de déjections sorties d'un cratère n'a causé la convexité
du *Mal-pais*. Sur ce terrain soulevé (Sept. 1759) sont sortis
plusieurs milliers de petits cônes ou buttes basaltiques à
sommets très-convexes (les *fours* ou *hornitos*). Ils sont tous
isolés et disséminés, de manière que, pour s'approcher du

pied du grand volcan, on passe par des *ruelles* tortueuses
(*los callejones del Mal-pais*). Leur élévation est de 6 à 9 pieds.
La fumée sort généralement un peu au-dessous de la pointe
du cône, et reste visible jusqu'à 5o pieds de hauteur. D'autres filets de fumée sortent des larges crevasses qui traversent
les *ruelles*; ils sont dus au sol même de la plaine soulevée.
En 1780. la chaleur des *hornitos* étoit encore si grande
qu'on pouvoit allumer un cigarre en l'attachant à une
perche et en le plongeant à deux ou trois pouces de profondeur dans une des ouvertures latérales. Les cônes (*hornitos*) sont uniformément composés de sphéroïdes de basaltes,
souvent aplatis de huit pouces à trois pieds de diamètre.
et enchâssés dans une masse d'argile à couches diversement
contournées. L'aspect de ces cônes est absolument le même
que celui des buttes coniques de basalte globuleux (*Kugel-
basalt-Kuppen*) que l'on voit si fréquemment en Saxe, sur
les frontières du Haut-Palatinat et de la Franconie, et surtout dans le Mittelgebirg de la Bohême : la différence ne
consiste que dans les dimensions des buttes. Cependant en
Bohême nous en avons aussi trouvé, M. Freiesleben et moi,
qui étoient parfaitement isolées et n'avoient que 15 à 20
pieds de hauteur. Le noyau des boules est dans les hornitos,
comme dans les basaltes globulaires anciens, un peu plus
frais et plus compacte que les couches concentriques qui
enveloppent le noyau, et dont j'ai pu compter souvent 25
à 28. La masse entière de ces basaltes, constamment traversée par des vapeurs acidules et chaudes, est extrêmement
décomposée. Elles n'offrent souvent qu'une argile noire et
ferrugineuse, à taches jaunes et peut-être trop grandes pour
être attribuées à la décomposition de l'olivine. En approchant
l'oreille d'un de ces cônes, on entend un bruit sourd qui
paroit celui d'une cascade souterraine ; il est peut-être causé
par les eaux du Rio Cuitamba qui s'engouffrent dans le
Mal-pais. Voila donc bien certainement des sphéroïdes
aplatis de basalte, agglomérés en buttes coniques, qui ont été
soulevés de terre de mémoire d'hommes, et qui ne sont
par conséquent ni des lambeaux d'anciens courans de laves,
ni le résultat d'une décomposition de prismes basaltiques
articulés, ni celui d'un entassement fortuit de déjections d'un

cratère éloigné. Il est probable que c'est la force élastique des vapeurs qui a couvert de ces *hornitos*, en forme d'ampoules, la plaine bombée du *Mal-pais*, tout comme la surface d'un fluide visqueux se couvre de bulles par l'action des gaz qui tendent à se dégager. La croûte qui forme les petits dômes des *hornitos* est si peu solide, qu'elle s'enfonce sous les pieds de devant d'un mulet que l'on force d'y monter.

Les faits que je viens d'exposer me paroissent d'autant plus importans pour la géognosie, qu'il existe dans les terrains basaltiques les plus anciens une grande analogie entre les buttes isolées de basaltes globuleux et les buttes de basaltes colonnaires. Depuis long-temps des géologues célèbres ont combattu l'hypothèse qui considère tant de montagnes basaltiques, d'une forme si régulière et d'un agroupement symétrique, comme des restes d'un courant, d'une coulée de laves, qui a avancé progressivement sur un terrain incliné. Il faut distinguer, dans les plaines de Jorullo, trois grands phénomènes : le soulèvement général du *Mal-pais*, hérissé de plusieurs milliers de petits cônes basaltiques; l'entassement des scories et d'autres matières incohérentes dans les collines les plus éloignées du grand volcan, et les laves lithoïdes que ce volcan a vomies sous la forme ordinaire d'un courant. L'intérieur du cratère du Vésuve offroit, au mois d'Août 1805, époque où je l'ai visité plusieurs fois, conjointement avec MM. de Buch et Gay-Lussac, cette même différence entre le fond du cratère soulevé, c'est-à-dire plus ou moins bombé, selon que l'on s'approchoit de l'époque de la grande éruption, et les cônes de scories désagrégées qui se forment autour de plusieurs soupiraux enflammés. Ce sont ces accumulations de matières incohérentes seules qui ressemblent au Monte Novo de Pouzzole. La croûte de laves qui constitue le fond des cratères, s'élève ou s'abaisse comme un plancher mobile. (Buch, *geogn. Beob.*, *T. II*, *p.* 124.) Au Vésuve, ce fond étoit tellement bombé (en 1805), que sa partie centrale dépassoit le niveau du bord méridional du volcan. L'*intumescence* que l'on observe périodiquement dans les cratères accessibles des volcans enflammés, au fond de la vallée circulaire ou alongée qui termine leurs sommets, présente une analogie frappante avec le *terrain soulevé du Mal-pais* de **Jorullo** : il en présente vraisemblablement aussi avec ces îlots volcaniques qui paroissent comme des *roches noires* au-dessus de la surface de l'Océan, avant de se crevasser et de lancer des flammes. Il paroît que M. d'Aubuisson n'a pas eu occasion de consulter les coupes que j'ai publiées du volcan de Jorullo (Humboldt, *Essai politique*, T. I, p. 255. Id., *Nivellement barom. des Andes*, n.° 370 — 374. Id., *Vues des Cordillères*, p. 242, *pl.* 45. Id., *Atlas géographique et physique du Voyage aux rég. équin.*, *pl.* 28 *et* 29), lorsque, dans son intéressant *Traité de géognosie*, T. I, p. 264, il suppose que j'ai confondu un terrain soulevé avec un entassement de déjections dont l'épaisseur augmente à mesure qu'on approche de la bouche volcanique.

La composition du basalte, ou plutôt la fréquence plus ou moins grande de certaines substances cristallisées, disséminées dans les basaltes, varie dans les différentes parties de l'Amérique équinoxiale, comme dans celles de l'Europe. L'olivine, si commune dans les basaltes d'Allemagne, de France et d'Italie, est très-rare, d'après MM. Macculloch et Boué, dans l'ouest de l'Écosse et le nord de l'Irlande. L'amphibole abonde en grands cristaux, en Saxe (Oberwiesenthal et Carlsfeld), en Bohême, dans le pays de Fulde et en Hongrie (Medwe), tandis qu'elle manque le plus souvent dans les basaltes d'Auvergne et des Canaries. Le feldspath vitreux et l'olivine se trouvent presque constamment associés dans le terrain basaltique du Mexique et de la Nouvelle-Grenade ; souvent (Valle de Santiago, Alberca de Palangeo) l'amphibole et le pyroxène manquent : d'autres fois (Cerro del Marquès, au-dessus de San-Augustin de las Cuevas ; Chichimequillo près Silao) le basalte renferme à la fois de l'olivine, du feldspath vitreux, de l'amphibole et du pyroxène. Dans la belle vallée de Santiago (Nouvelle-Espagne) l'hyalite est si commune que, par une prédilection bien difficile à expliquer, les fourmis en recueillent partout où le basalte se décompose, et la transportent dans leurs nids. Je n'ai jamais vu de très-grandes masses d'olivine dans la Cordillère des Andes : celles de l'Europe appartiennent plus particulièrement aux brèches basaltiques (Weissenstein près de Cassel ; Kapfenstein en Styrie).

Les formations d'argiles et de marnes que nous avons indiquées dans le tableau précédent comme appartenant au terrain volcanique, méritent beaucoup d'attention dans la Cordillère des Andes, dans l'archipel des îles Canaries et dans le Mittelgebirge de la Bohême (Trzeblitz, Hruvka). Dans ces trois régions, que j'ai visitées successivement, l'argile ne m'a point paru accidentellement englobée dans la masse liquide, comme c'est le cas quelquefois dans l'argile plastique (grès à lignites, §. 55) au-dessus de la craie, ou dans les calcaires secondaire et tertiaire (calcaire du Jura et calcaire grossier) du Vicentin, que j'ai trouvés enchâssés par fragmens anguleux dans le basalte, et qui pénètrent tellement dans les basaltes que ces derniers même font effervescence avec les acides. Les marnes argileuses des Cordillères (Cascade de Regla et chemin de Regla à Totomilco el grande; Guchilaque, au nord de Cuernavaca; Cubilete près Guanaxuato) et celles de l'île de la Graciosa (près Lancerote) alternent avec les couches de basaltes, et sont peut-être d'une formation contemporaine, comme les argiles schisteuses qui alternent avec le calcaire alpin (Humboldt, *Relat. hist.*, *T. 1, p. 88*). Leur position même semble prouver qu'ils ne sont pas dus à la décomposition des basaltes. On y trouve souvent des cristaux de pyroxène et des grenats-pyropes. Je ne déciderai pas si les masses d'argile qui entourent, dans les Andes de la Nouvelle-Grenade (entre l'Opayan, Quilichao et Almaguer), ces immenses amas de boules de dolérites et de grünstein à feldspath vitreux et fendillé, appartiennent aux formations de basaltes, ou aux syénites et porphyres du terrain de transition; mais, ce qui est indubitable, c'est que les bancs d'argile (*tepetate*), qui rendent stérile une partie de la belle province de Quito, sont sortis du flanc des volcans, non mêlés à des matières en fusion, mais suspendus dans l'eau. Les inondations qui accompagnent toujours les éruptions du Cotopaxi, de Tunguragua et d'autres volcans encore enflammés des Andes, ne sont pas dues, comme au Vésuve (*Mémoires de l'Académie*, 1754, p. 18), aux torrens d'eaux pluviales que répandent les nuages qui se forment pendant l'éruption (par le dégagement de la vapeur d'eau dans le cratère); elles sont principalement le résultat de la fonte des neiges et des lentes infiltrations qui ont lieu sur la pente des volcans, dont la hauteur dépasse 2460 toises (celle de la limite des neiges perpétuelles). Les secousses de violens tremblemens de terre, qui ne sont pas toujours suivies d'éruptions de flammes, ouvrent des cavernes remplies d'eau, et ces eaux entraînent des trachytes broyés, des argiles, des ponces et d'autres matières incohérentes. C'est là peut-être ce que l'on pourroit appeler des *éruptions boueuses*, si cette dénomination ne rapprochoit pas trop un phénomène d'inondation des phénomènes essentiellement volcaniques. Lorsque (le 19 Juin 1698) le Pic du Carguairazo s'affaissa, plus de quatre lieues carrées d'alentour furent couvertes de *boues argileuses*, que dans le pays l'on appelle *lodazales*. De petits poissons, connus sous le nom de *preñadillas* (*Pimelodes cyclopum*), et dont l'espèce habite les ruisseaux de la province de Quito, se trouvoient enveloppés dans les éjections liquides du Carguairazo. Ce sont là les poissons que l'on dit lancés par les volcans, parce qu'ils vivent par milliers dans des lacs souterrains, et parce que, au moment des grandes éruptions, ils sortent par des crevasses, entraînés par l'impulsion de l'eau boueuse qui descend sur la pente des montagnes. Le volcan presque éteint d'Imbaburu a vomi, en 1691, une si grande quantité de *preñadillas*, que les fièvres putrides, qui régnoient à cette époque, furent attribuées aux miasmes qu'exhaloient les poissons. (Humboldt, *Recueil d'obs. de zoologie et d'anatomie comparée*, T. I, p. 22, et T. II, p. 150.)

La dolérite du terrain basaltique (D'Aubuisson, *Journ. des mines*, T. XVIII, p. 197; Leonhard et Gmelin, *vom Dolerit*, p. 17—35) est très-rare dans les Cordillères, qui abondent plutôt en roches trachytiques dans lesquelles le feldspath prédomine sur le pyroxène. Je pense cependant qu'une dolérite que j'ai trouvée dans le chemin d'Ovexeras aux sources chaudes de Comangillo près de Guanaxuato, appartient aux basaltes de la Caldera et d'Aguas buenas, et non à de véritables trachytes. Il y a de même quelque incertitude sur le gisement des phonolithes, lorsqu'elles se trouvent isolées ou éloignées de montagnes basaltiques et trachytiques. Cet isolement caractérise les phonolithes du Peñon, qui forment un écueil dans le Rio Magdalena, et qui paroissent immédiatement superposées au granite de Banco; les phonolithes que j'ai vues percer la couche de sel gemme de Huaura (Bas-

Pérou, près des côtes de la mer du Sud); enfin celles qui
s'élèvent au bord septentrional des steppes de Calabozo
(Cerro de Flores). Les dernières sont géognostiquement liées
à de l'amygdaloïde pyroxénique, alternant avec un grünstein
de transition (Humboldt, *Rel. hist.*, T. I, p. 154). Les amygdaloïdes celluleuses (tezontli), renfermant du feldspath vitreux, des pyroxènes et de la lithomarge, sont le plus répandues sur le plateau central de la Nouvelle-Espagne. Elles
sont tantôt recouvertes par des basaltes, tantôt elles forment
(Cuesta de Capulalpan) des boules de deux à trois pieds
d'épaisseur, réunies en cônes ou buttes hémisphériques et
superposées à des porphyres de transition.

III. Laves sorties d'un cratère sous forme de courans. *Laves
lithoïdes feldspathiques, semblables aux trachytes. Laves basaltiques. Obsidiennes des laves. Ponces vitreuses des obsidiennes.*
Nous avons déjà rappelé plus haut combien les véritables
courans de laves sont rares dans les Cordillères. Celles que
j'ai vues sont dues à des éruptions latérales d'Antisana, du
Popocatepetl et du Jorullo. Beaucoup de courans (*Mal-pais*)
sont sortis de bouches volcaniques qui se sont refermées depuis
et qu'il est impossible de reconnoître aujourd'hui. D'autres
courans dirigés sur un même point, se confondent les uns avec
les autres : ils se présentent en larges nappes, semblables à des
roches pyroxéniques beaucoup plus anciennes. Dans les laves
de la vallée de Tenochtitlan (entre San Augustin de las Cuevas
et Coyoacan) l'amphibole est beaucoup moins rare que dans
les laves d'Europe. Un minéralogiste mexicain très-instruit,
M. Bustamante, les a soumises récemment avec succès à l'a-
nalyse mécanique, d'après la méthode ingénieuse exposée par
M. Cordier. (*Semanario de Mexico*, 1820, n.° XX, p. 80—90.)

IV. Tufs des volcans, souvent pétris de coquilles.

V. Formations locales calcaires et gypseuses superposées
aux tufs volcaniques, au terrain basaltique (mandelstein) ou
aux trachytes. Je compte parmi ces formations très-modernes,
dans le plateau de Quito, les gypses feuilletés de Pululagua,
le gypse argileux et fibreux de Yaruquies, les argiles schisteuses carburées et vitrioliques de San - Antonio, les argiles
salifères (?) de la Villa de Ibarra, les sables avec lignites du

Llano de Tapia (au pied du Cerro del Altar), et les tufs calcaires (*caleras*) de Agua santa. Dans les îles Canaries, des formations calcaires oolithiques et gypseuses sont aussi subordonnées aux tufs volcaniques (Lancerote et Fortaventura). On ne peut indiquer l'âge relatif de ces petits dépôts en les comparant à la craie ou aux formations tertiaires les plus modernes (§§. 37 — 39) : nous les avons placés ici selon l'ordre de leur gisement au-dessus des roches volcaniques. En Hongrie, d'après l'intéressante observation de M. Beudant, un grès à lignite (§. 55), superposé au conglomérat trachytique (Dregely), au conglomérat ponceux (Palojta) et même au trachyte (Tokai), est recouvert, à son tour, ou de calcaire grossier (§. 56) du terrain tertiaire, ou de calcaire d'eau douce, ou enfin de coulées basaltiques.

Telles sont les formations principales du terrain pyrogène, dues à des soulèvemens, ou à un épanchement latéral, ou à de simples éjections. Nous nous bornons à l'indication des faits, sans aborder des problèmes dont les données sont encore trop imparfaitement connues. Nous craindrions qu'on n'appliquât avec raison à la géognosie ce que Montaigne dit d'un certain genre de philosophie : « elle vient de ce que « nous avons l'esprit curieux et de mauvais yeux. »

TABLEAU

DES FORMATIONS OBSERVÉES DANS LES DEUX HÉMISPHÈRES (1822).

[Des chiffres romains précèdent les noms des formations qui, rarement supprimées et par conséquent le plus généralement répandues, peuvent servir d'horizon géognostique. On a indiqué en même temps les §§. et les pages où se trouvent les descriptions.]

INTRODUCTION renfermant quelques principes de philosophie géognostique, pag. 56 — 113.

TERRAINS PRIMITIFS.

Vues générales, p. 113.

I. GRANITE PRIMITIF, §. 1, pag. 113 — 115.

    GRANITE ET GNEIS PRIMITIFS, §. 2, p. 115.

    GRANITE STANNIFÈRE, §. 3, p. 115 — 116.

    WEISSTEIN AVEC SERPENTINE, §. 4, p. 116.

Pour s'élever à des idées plus générales, et pour mieux comprendre les *rapports de superposition* indiqués dans le tableau des roches, on peut se servir d'une *méthode pasigraphique,* dont il sera utile de rappeler ici les principes fondamentaux. Cette méthode est double : elle est ou *figurative*

(graphique, imitative), représentant les couches superposées par des parallélogrammes placés les uns sur les autres;
ou *algorithmique*, indiquant la superposition des roches et
l'âge de leur formation, comme des termes d'une série.

La première méthode est celle que j'ai suivie dans les
Tables de pasigrafia geognostica, que je traçai, en 1804,
pour l'usage de l'école des mines de Mexico ; c'est celle que
l'on désigne assez généralement sous le nom de *coupes des
terrains*. Elle offre l'avantage de parler plus vivement aux
yeux, et d'exprimer *simultanément dans l'espace* deux séries
ou systèmes de roches qui couvrent une même formation.
Elle offre des moyens faciles pour indiquer les *équivalens
géognostiques* ou *roches parallèles*, de même que le cas où,
par la suppression locale de la formation β, la formation α
supporte immédiatement γ. Deux roches parallèles , par
exemple, le thonschiefer et la roche de quarz (page 137),
superposées toutes les deux à du micaschiste primitif, sont
représentées dans la méthode figurative par deux parallélogrammes de même hauteur placés sur un troisième. Les
noms des roches sont inscrits dans les parallélogrammes, ou,
comme on le verra plus bas, on caractérise ceux-ci, en les
couvrant de hachures ou d'une espèce de réseau différemment
modifié, selon que les roches représentées graphiquement passent ou ne passent pas les unes aux autres. Par la suppression locale du grès de Nebra (grès bigarré) et du calcaire
de Gœttingue (muschelkalk), le calcaire du Jura peut reposer
d'une part immédiatement (pages 300 et 310) sur le calcaire
alpin (zechstein), tandis que d'un autre côté on voit suivre,
de bas en haut, le calcaire alpin, le muschelkalk, le grès
bigarré et le calcaire du Jura. Ces rapports de gisement seront exprimés dans une coupe idéale, en retranchant de la
partie inférieure du parallélogramme qui représente le calcaire jurassique, d'un seul côté, un quadrilatère représentant
les deux formations du muschelkalk et du grès bigarré.

La seconde méthode, qui procède par séries et qu'on
pourroit appeler *algorithmique*, indique les roches, non
d'une manière imitative, non par *l'étendue figurée*, mais
par une *notation* spéciale. Toute la géognosie de gisemens
étant un problème de *séries* ou de succession, simple ou pé-

riodique, de *certains termes*, les diverses formations superposées peuvent être exprimées par des caractères généraux,
par exemple, par les lettres de l'alphabet. Ces notations,
appliquées à différentes parties de la physique générale [1]
dans lesquelles on examine la *juxtaposition* des choses, ne
sont pas des jeux de l'esprit. Dans la géognosie positive,
elles ont le grand avantage de fixer l'attention sur les rapports les plus généraux de *position relative*, d'*alternance* et de
suppression de certains termes de la série. Plus on fera abstraction de la valeur des signes (de la composition et de la
structure des roches), mieux on saisira, par la concision d'un
langage pour ainsi dire algébrique, les rapports les plus compliqués du gisement et du retour périodique des formations.
Les signes α, β, γ, ne seront plus pour nous du granite,
du gneis et du micaschiste: du grès rouge, du zechstein et
du grès bigarré: de la craie, du grès tertiaire à lignites, et
du calcaire parisien : ce ne seront que des termes d'une
série, de simples abstractions de l'entendement. Nous sommes
loin de prétendre que le géognoste ne doive pas étudier,
jusque dans ses rapports les plus intimes, la composition
minéralogique et chimique des roches, la nature de leur
tissu cristallin ou de leurs masses: nous voulons seulement
qu'on fasse abstraction de ces phénomènes lorsqu'il ne s'agit
que de la *succession* et de l'*âge relatif*.

Si les lettres de l'alphabet représentent ces roches superposées, des deux séries,

$$\alpha, \beta, \gamma, \delta \ldots \ldots$$
$$\alpha, \alpha\beta, \beta, \beta\gamma, \gamma, \delta \ldots \ldots,$$

la première indique la succession des formations simples
et indépendantes : granite, gneis, micaschiste, thonschiefer

---

[1] Avant la grande découverte de la pile de Volta, j'avois, dans mon
ouvrage sur l'*Irritation de la fibre nerveuse*, indiqué par une notation
particulière quels étoient les cas où, dans une chaîne de métaux hétérogènes et de parties humides interposées, l'excitation musculaire avoit
lieu, quels étoient les cas où le courant galvanique étoit arrêté. La
simple inspection des séries et de la position respective des termes
(élémens de la pile) pouvoit faire juger du résultat de l'expérience.
Humboldt, *Versuche über die gereizte Muskel- und Nervenfaser*, T. 1,
p. 235.)

ou muschelkalk, grès de Königsstein (quadersandstein), calcaire jurassique et grès vert à lignites (sous la craie). La seconde indique l'alternance de formations *simples* avec des formations *complexes* : granite, granite-gneis, gneis, gneis-micaschiste, micaschiste, thonschiefer (pag. 113, 115); ou, pour donner un exemple tiré de terrains de transition (p. 120 et 145), calcaire à orthocératites, calcaire alternant avec du schiste, schiste de transition seul, schiste et grauwacke, grauwacke seul, porphyre de transition.....Dans les formations *complexes*, c'est-à-dire, dans celles qui offrent l'alternance périodique de plusieurs couches, on distingue quelquefois trois roches différentes, qui ne passent pas les unes aux autres dans le même groupe,

$$\text{ou} \quad \alpha, \beta, \alpha\beta\gamma, \gamma \ldots \ldots$$
$$\alpha\beta\gamma, \alpha\beta\delta, \beta\alpha\varepsilon \ldots \ldots,$$

selon que dans le terrain de transition des couches alternantes de granite, de gneis et de micaschiste; dans le terrain de transition, des couches alternantes de grauwacke, de schiste et de calcaire, ou de grauwacke, de schiste et de porphyre, ou de schiste, de grauwacke et de grünstein, constituent une même formation. Dans le terrain de transition, comme nous l'avons exposé plus haut, le thonschiefer ou le grauwacke seuls ne sont pas les termes de la série. Ces termes sont tous complexes; ce sont des groupes, et le grauwacke appartient à la fois à plusieurs de ces groupes. Il en résulte, que le terme *formation de grauwacke* n'a rapport qu'à la prédominance de cette roche dans son association avec d'autres roches.

Tous les terrains offrent l'exemple de formations indépendantes qui *préludent* comme couches subordonnés. Si $\alpha\beta\gamma$, ou $\alpha\beta$, $\beta\gamma$ indiquent des formations complexes de granite, gneis et micaschistes, ou de granite et gneis, de thonschiefer et porphyre, de porphyre et syénite, de marnes et de gypse, c'est-à-dire, des formations dans lesquelles des couches de deux et même de trois roches alternent indéfiniment; $\alpha + \beta$, $\beta + \gamma$, indiqueront que le gneis fait simplement une couche dans le granite, le porphyre dans le schiste, etc. Alors

$$\alpha, \alpha + \beta, \beta, \beta + \gamma, \gamma \ldots \ldots$$

exprime le phénomène curieux de formations qui *préludent*,

qui s'annoncent d'avance comme des bancs subordonnés. Ces bancs rappellent tantôt des termes qui précèdent (*roches de dessous*), tantôt les termes qui suivent (*roches de dessus*). Ainsi nous aurons :

$$\alpha, \beta, \beta+\alpha, \beta, \beta+\gamma, \gamma \ldots$$

Les porphyres et syénites grenues du terrain de transition pénètrent dans le grès rouge et y forment des couches subordonnées. Si le gisement des formations de la vallée de Fassa est tel qu'on l'a récemment annoncé (pag. 288), un terme précédent (la syénite) déborde jusque dans le calcaire alpin ou zechstein ; c'est le cas dans la série :

$$\alpha, \beta+\alpha, \gamma+\alpha, \delta \ldots$$

Lorsqu'on veut appliquer la notation pasigraphique jusqu'aux élémens des roches composées, cette notation peut indiquer aussi comment, par l'augmentation progressive d'un des élémens de la masse, surtout par l'isolement des cristaux, il se forme des couches par une espèce de *développement intérieur* :

$$abc, abc^2, abc^3 \ldots abc+b.$$

Nous avons préféré, dans ce cas particulier (bancs de feldspath dans le granite, bancs de quarz dans le micaschiste ou dans le gneis, bancs d'amphibole dans la syénite, bancs de pyroxène dans une dolérite de transition), les lettres de l'alphabet romain à celles de l'alphabet grec, pour ne pas confondre les élémens d'une roche (feldspath, quarz, mica, amphibole, pyroxène) avec les roches qui entrent dans la composition des formations complexes.

Jusqu'ici nous avons montré comment, en faisant entièrement abstraction de la composition et des propriétés physiques des roches, la *notation pasigraphique* peut réduire à une grande simplicité les problèmes de gisement les plus compliqués. Cette notation indique comment les mêmes couches subordonnées (le sel gemme dans le zechstein et dans le red marl, §§. 28 et 29; les houilles dans le grès rouge, le zechstein et le muschelkalk) passent à travers plusieurs formations superposées les unes aux autres :

$$\alpha+\mu, \beta+\mu, \gamma, \delta+\mu \ldots$$

Elle rappelle aussi le retour des formations feldspathiques et cristallines dans les terrains de transition et de grès rouge

(Norwége , Écosse); retour qui est analogue à celui du granite après le gneis et après le micaschiste primitif :

$$\alpha , \beta , a , \gamma , \delta \ldots \ldots \varkappa , \lambda , \alpha , \beta \ldots$$

Les premiers termes de la série reparoissent, même après un long intervalle, après le grauwacke et le calcaire à orthocératites, c'est-à-dire, après les roches *fragmentaires* et *coquillières*.

En terminant cet ouvrage, je vais montrer que, si l'on donne moins de généralité à la notation et si on la modifie d'après quelques considérations physiques (de structure et de composition), on peut, par le moyen de douze signes géognostiques, présenter les phénomènes de gisemens les plus importans des terrains primitifs, intermédiaires, secondaires et tertiaires. Ces douze signes embrassent sept séries de roches, savoir : les micaschistes (et leurs modifications d'un côté en granite et gneis, de l'autre en thonschiefer), les euphotides, les amphiboliques (grünstein , syénites), les porphyres, les calcaires et les roches fragmentaires. On y a ajouté des caractères pour les grands dépôts de houilles et de sel gemme, qui servent à *orienter* les géognostes, leur position indiquant celle du grès rouge et du calcaire alpin.

Tableau et valeur des signes.

α, Granite.

β, Gneis.

γ, Micaschiste.

δ, Thonschiefer. On a employé les quatre premières lettres de l'alphabet pour désigner les quatre formations primitives les plus anciennes. Comme ces formations passent graduellement les unes aux autres, on a choisi des lettres qui se succèdent immédiatement dans l'ordre alphabétique. Le granite passe au gneis, le gneis au micaschiste, celui-ci au thonschiefer. D'autres formations (porphyre, grünstein, euphotide) paroissent pour ainsi dire isolées, souvent comme *surajoutées* aux terrains plus anciens; aussi les a-t-on représentées par des lettres qui ne se succèdent pas immédiatement entre elles, et qui ne font pas suite aux lettres α, β, γ, δ. C'est par ce moyen que les formations qui se lient moins aux autres que quelquefois (euphotide et grünstein)

elles se lient entre elles, se distinguent dans l'écriture pasigraphique d'une manière aussi tranchée que dans la nature.

ο. Ophiolithes, euphotide, gabbro et serpentine; en général toutes les formations abondantes en diallage.

ς, syénite, grünstein; en général toutes les formations abondantes en amphibole.

π, Porphyre. On voit quelquefois π passer à ς, et ς passer
à ο.

τ, Formations calcaires et gypseuses ($\tau\iota\tau\alpha\nu o\varsigma$). Si l'on veut
individualiser davantage les formations calcaires, on peut
distinguer les primitives (τ), et celles qui renferment des
débris organiques (τ'); on peut même, par des exposans,
indiquer séparément le calcaire de transition (τ^t), le calcaire
alpin ou zechstein (τ^a), le calcaire de Gœttingue ou muschelkalk (τ^m), le calcaire du Jura ou la grande formation oolithique (τ^o), la craye (τ^c), le calcaire grossier parisien
(τ^p) etc.

κ, Roches fragmentaires, arénacées, agrégées, conglomérats,
grauwacke, grès, brèches, roches clastiques de M. Brongniart ($\varkappa\lambda\alpha\varsigma\mu\alpha$).

L'accentuation ($\varkappa'$) indique comme dans τ, que le grès est
coquillier. On peut distinguer les grauwackes ou roches fragmentaires de transition ($\varkappa^s$); le grès rouge ($\varkappa^a$), renfermant
le grand dépôt de houille (anthrax); le grès bigarré ou
grès de Nebra ($\varkappa^n$); le grès de Königstein ou quadersandstein ($\varkappa^q$); le grès vert ou grès tertiaire à lignites sous la
craie ($\varkappa^l$); le grès plus abondant en lignites au-dessus de
la craie ($\varkappa^{l'}$); le grès de Fontainebleau ($\varkappa^f$), etc. Une bonne
notation doit avoir l'avantage de pouvoir modifier la valeur
des signes selon que l'on s'arrête à des divisions diversement graduées. Les exposans font allusion aux noms des
roches.

ξ, Houille, dont le plus grand dépôt se trouve à l'entrée
du terrain secondaire; le même signe accentué (ξ') indique
les lignites, dont le grand dépôt est placé à l'entrée du terrain tertiaire et qui sont quelquefois des houilles coquillières. ($\xi\upsilon\lambda o\nu$).

ω, Sel gemme, dont la formation principale se trouve
tantôt dans le calcaire alpin, tantôt dans le red marl ou

grés bigarré. Ne pouvant employer la première lettre du mot grec ἄλς (elle indique déjà le granite), j'ai fait allusion à Θαλασσα.

||, La division des formations, anciennement reçue, en terrain primitif, intermédiaire, secondaire, etc., est indiquée par deux *barres* perpendiculaires. Lorsque les séries géognostiques ont des termes très-nombreux, ce signe offre comme des points de repos. Le géognoste expérimenté sait d'avance où est placée la première roche de transition, le grès houiller, ou la craie. L'accentuation d'un caractère (δ', τ', $\varkappa'$) rappelle en général qu'une roche renferme des débris de coquilles, qu'elle n'est pas primitive.

Voici quelques exemples de l'emploi de ces douze signes pasigraphiques des roches :

$$\alpha, \; \gamma + \pi, \; \delta\tau', \; \varkappa', \; \pi, \; \sigma, \; \alpha.$$

Le terrain de transition commence après $\gamma + \pi$ (le micaschiste avec des bancs de porphyre primitif). C'est presque la suite des formations de Norwége (page 148). On voit suivre une formation complexe de thonschiefer et de calcaire (noir) avec débris de coquilles, du grauwacke, un porphyre, de la syénite et du granite. Les termes $\delta\tau'$ et $\varkappa'$, qui précèdent π, ς, α, caractérisent ces trois roches comme des roches de transition. En Angleterre, où le terrain intermédiaire offre deux formations calcaires bien distinctes (celle de Dudley et du Derbyshire), on voit se succéder :

$$\beta, \; \sigma\pi, \; \delta', \; \varkappa^s, \; \tau', \; \varkappa^s, \; \tau', \; \xi, \; \varkappa^a, \; \tau^a, \; \varkappa^n + \vartheta, \; \tau^o, \; \varkappa^l. \; \tau^c, \; \varkappa^{2l}....$$

Le terrain de transition commence avec la formation de syénite et porphyre (Snowdon) placée sur un gneis qu'on croit primitif; puis se suivent : un thonschiefer avec trilobites, le grauwacke de May-Hill, le calcaire de transition de Longhope, le old red sandstone de Mitchel Dean, le mountain limestone du Derbyshire, la grande formation de houille, le new red conglomerate qui représente le grès rouge, le calcaire magnésifère, le red marl avec sel gemme, le calcaire oolithique, le grès secondaire à lignites (greensand), la craie, le grès tertiaire à lignites ou argile plastique, etc. Sur le continent, les formations secondaires, si elles s'étoient toutes développées, se succéderoient de la manière suivante :

$$\tau', \; \varkappa^s \; || \; \pi\varkappa^a + \xi, \; \tau^a + \vartheta, \; \varkappa^n, \; \tau^m, \; \varkappa^q, \; \tau^o, \; \varkappa^l, \; \tau^c \; || \; \varkappa^{2l}....$$

En comparant ce type avec celui de l'Angleterre,

$$\xi,\ \varkappa^{a},\ \tau^{a},\ \varkappa^{n}+\vartheta,\ \tau^{o},\ \varkappa^{l},\ \tau^{c}\dots$$

on voit qu'entre les oolithes (τ^{o}) et le red marl ou grés
de Nebra ($\varkappa^{n}$) il y a, en Angleterre, deux formations supprimées. savoir, le muschelkalk et le quadersandstein ; les houilles
(ξ), le sel gemme (ϑ) et les oolithes ($\varkappa^{o}$) servent de termes
de comparaison, d'horizon géognostique. Mais, sur le con-
tinent, ξ et ϑ sont liés au grés rouge et au calcaire alpin,
tandis qu'en Angleterre ces dépôts sont plutôt liés aux roches de transition et au red marl. Quelquefois τ^{a} est subordonné (pag. 259), intercalé à $\varkappa^{n}$: ces deux termes de la série
(le calcaire alpin et le grés rouge) n'en forment alors qu'un
seul. L'incertitude de savoir si un calcaire est alpin (zechstein) ou de transition, nait généralement de la suppression
du grés rouge et du dépôt de houille que renferme ce grès.
Des deux séries,

$$\tau,\ \varkappa+\xi,\ \tau\dots,$$
$$\tau,\ \varkappa,\ \tau\dots,$$

la première seule offre la certitude que le dernier τ est du
calcaire alpin. Dans la seconde série, les deux calcaires et
la roche fragmentaire qui les sépare pourroient être de
transition. La liaison intime de la craie avec le calcaire du
Jura est évidente, d'après l'alternance des couches (τ^{o}, $\varkappa^{l}$,
τ^{c}, $\varkappa^{2l}$.), et d'après l'analogie des grés à lignites au-dessous
et au-dessus de la craie.

Pour réunir les principaux phénomènes de gisement des
roches dans les terrains primitifs, intermédiaires, secondaires
et tertiaires. j'offre la série suivante :

$$\alpha,\ \alpha\beta,\ \beta+\pi,\ \beta\gamma,\ \gamma+\tau,\ \alpha,\ \gamma,\ \delta,\ \alpha,\ \beta,\ \delta,\ o\ ||\ \varkappa^{8},\ \tau',\ \delta\tau',$$
$$\delta',\ \delta'+\pi,\ \gamma,\ \tau',\ \sigma\pi,\ \tau+\alpha,\ \sigma\pi,\ o\ ||\ \pi\varkappa^{a}+\xi,\ \tau^{a}+\vartheta,\ \varkappa^{n},$$
$$\tau^{m},\ \varkappa^{q},\ \tau^{o},\ \varkappa^{l},\ \tau^{c}\ ||\ \varkappa^{2l},\ \tau^{p}\dots$$

Il seroit inutile de donner l'explication de ces caractéres;
elle résulte de leur comparaison avec le tableau de formation. Je me borne à fixer l'attention du lecteur sur l'accumulation des porphyres (π), sur les limites des terrains de
transition et secondaires, sur la position des formations d'euphotide (o), sur les grands dépôts de houille et des lignites
(ξ), et sur le retour (presque périodique) des formations

feldspathiques, des granites, gneis et micaschistes (α, β, γ) de transition. Comme la notation que je présente ici peut être diversement graduée, en accentuant les caractères, en les réunissant comme des coefficiens dans les formations complexes, ou en ajoutant des exposans, je doute que les noms des roches rangées par séries les unes à côté des autres puissent parler aussi vivement aux yeux que la notation algorithmique.

Dans la méthode figurative ou graphique, celle qui représente les formations par des parallélogrammes superposés les uns aux autres, on peut aussi indiquer les rapports de composition et de structure par des caractères qui couvrent, comme un réseau, toute la surface des parallélogrammes. En alongeant les parties grenues du granite et en divisant le parallélogramme en couches assez épaisses, on obtient le caractère du gneis. En rendant le tissu feuilleté onduleux et en l'interrompant par des nœuds (de quarz), le caractère du gneis se change en celui de micaschiste. De la même manière, la syénite sera représentée par le signe de granite auquel on ajoute des points noirs (l'amphibole). Ces caractères passent les uns aux autres, comme les roches qu'ils indiquent. En les réunissant dans des coupes, j'ai formé sur les lieux des dessins très-détaillés des vallées de Mexico et de Totonilco, des environs de Guanaxuato, et du chemin de Cuernavaca à la mer du Sud; dessins qui ont l'avantage de ne pas exiger l'emploi des couleurs. Je n'entrerai pas dans un plus grand détail sur les caractères que l'on peut employer. Ces caractères peuvent être diversement modifiés : il n'y a d'essentiel que la concision de la notation et l'esprit des méthodes pasigraphiques.

NOTES.

§. 1. Léopold de Buch, *Geogn. Beobacht.*, Tome I, page 16, 23; *Id.*, *Reise nach Norwegen*, II, p. 188; *Id.*, dans *Gilbert's Annalen*, 1820, Avril, p. 130. Leonhard, *Taschenbuch*, 1814, p. 17. Freiesleben, *Bemerkungen über den Harz*, I, p. 142. Leonhard, Kopp et Cærtner, *Propædeutik*, p. 159. Bonnard, *Essai géogn. sur l'Erzgebirge*, p. 18, 48; *Id.*, *Aperçu géogn. des terrains*, p. 32. D'Aubuisson, *Traité de géogn.*, II, 12. Jameson, *Syst. of Miner.*, III, 107. Goldfuss et Bischof, *Beschreibung des Fichtelgebirges*, I, 145 ; II, 38. Boué, *Géologie d'Écosse*, p. 16, 348; *Geol. Trans.*, II, 158. *Edinb. Phil. Trans.*,

VII, 350. Beudant, *Voyage minér. et géol. en Hongrie*, III, 19, 27. Humboldt. *Essai sur la géogr. des plantes*, p. 122; *Id.*, *Relat. histor. de voy. aux rég. équin.*, II, 100, 299, 507.

§. 2. Raumer, *Geb. von Nieder-Schlesien*, p. 10.

§. 3. Bonnard, *Erzgeb.*, p. 62, 118. Goldfuss, *Fichtelg.*, I, 145, 148, 172; II, 32.

§. 4. Pusch, dans Leonh., *Taschenb.*, 1812, p. 42. Raumer, *Fragm.*, p. 33, 36, 70. Bonnard, *Erzgeb.*, p. 104, 121. Maineke et Keferstein, dans Leonh., *Taschenb.*, 1820, p. 103.

§. 5. Buch, *Beob.*, I, 33, *Id.*, *Norw.*, I, 197, 358, II, 240; *Id.* dans *Mag. naturf. Freunde*, 1809, p. 46. D'Aubuisson, *Géogn.*, II, 60—66; II, 183, 187. Blöde, dans Leonh. *Taschenb.*, 1812, p. 17. Humboldt, *Nivell. géogn. des Andes*, dans son *Recueil d'observ. astron.*, I, 310.

§. 6. Bonnard, *Erzgeb.*, p. 72. Humboldt, *Rel. hist.*, I, 556, II, 139.

§. 7. Goldfuss, *Fichtelgeb.*, I, 172—174. Bonnard, *Terrains*, p. 34, 40, 82, 66; *Id. Roches*, p. 34. Humboldt, *Rel. hist.*, I, 610; II, 142, 233, 491, 569, 715.

§. 8. Burckhardt, *Travels in Syria*, p. 142. D'Aubuisson, *Géogn.*, II, 19.

§. 9. Steffens *Oryktognosie*, I, 270. Boué, *Écosse*, p. 55. Humboldt, *Rel. hist.*, II, 40.

§. 10. Beudant, *Hongrie*, II, 213. Bonnard, *Terrains*, p. 79.

§. 11. Buch, *Geogn. Beob.*, I, 45, 51, 124, 257; *Id.*, *Norwegen*, I, 191, 209, 210; *Id.*, dans *Nat. Mag.*, 1809, p. 115. Cordier, dans *Journ. des mines*, XVI, 254. Bonnard, *Terrains*, p. 46. D'Aubuisson, *Géogn.*, II, 78—93; *Id.* dans *Journal de physique*, 1807, p. 402. Eschwege, *Journal von Brasilien*, II, 14. Freiesleben, *Geogn. Beytrag zur Kenntniss des Kupfersch.*, V, 257. Goldfuss, *Fichtelg.*, p. 9.

§. 12. Buch, *Norwegen*, I, 272, 413.

§. 13. Buch, *Geogn. Beobacht.*, I, 30; *Id.*, *Norwegen*, II, 27, 31. Raumer, *Geogn. Versuche*, p. 50.

§. 14. Freiesleben, *Harz*, II, 66. Bonnard, *Erzgeb.*, p. 109—133.

§. 15. Beudant, *Hongrie*, II, 84, III, 30, 40. Buch, *Norwegen*, II, 83, 87; *Id.*, dans *Mag. naturf. Fr.*, 1810, p. 147. Boué, *Écosse*, p. 386.

§. 16. Eschwege, *Journ. von Brasilien*, I, 25, 34, 36, 38.

§. 17. Eschwege, *Bras.*, II, 241.

§. 18. Bonnard, *Terrains*, p. 56.

§. 19. Buch, dans *Mag. nat. Fr.*, 1810, p. 137; *Id. Geogn. Beob.*, I, 68, 71; *Id.*, *Norwegen*, I, 479, II, 29, 84, 87, 135. Esmark, dans Pfaff, *Nord. Arch.*, III, 199. Saussure, *Voyages dans les Alpes*, §. 1362. *Journ. de phys.*, XXXV, 293. Targieni Tozzetti, *Viaggi*, II. 433. Brocchi, *Bibl. ital.*, IX, 76, 356. Beudant, *Hongrie*, III, 49.

§. 20. Brochant, *Observ. géol. sur les terrains de transition de la Tarantaise*, p. 16, 19, 31, 33, 37, 39, 44, 50, 53; *Id.*, *Mémoire sur les gypses anciens*, p. 12—46. Buch, dans *Mag. nat. Fr.*, 1809, p. 161; *Id.* dans Leonhard's *Taschenb.*, 1811, p. 335. Raumer, *Fragmente*, p. 10, 24. D'Aubuisson, *Journ. des mines*, n.° 128, p. 161.

§. 21. Beudant, *Hongrie*, III, 96, 133, 199. Raumer, *Nieder-Schlesien*, p. 72.

§. 22. Charpentier, *Description géogn. des Pyrénées* (manuscrit)[']
§§. 35, 66, 89, 100, 105, 141 — 167; *Id.*, *Mém. sur le gisement des gypses de Bex*, dans *Naturw. Anzeiger der Schweiz. Gesellsch.*, 1819, n.° 9, p. 65. Raumer, *Fragmente*, p. 10, 32, 74; *Id.*, *Versuche*, p. 41. Buch, *Norwegen*, II, 281 ; *Id.* dans *Mag. nat. Fr.*, 1809, p. 175. Meinecke et Keferstein, *Taschenb.*, p. 63. Haussmann, *Nord. Beytr.*, II, 77, IV, 653 ; *Id.*, *Reise durch Scandinavien*, II, 239. Engelhardt, *Felsgebäude Russlands*, I, 37. Keferstein, *Teutschland geognostisch dargestellt*, I, 136. Eschwege, *Brasil.*, II, 258. Maclure, *Géol. des Etats-Unis*, p. 24. Brongniart, *Notice sur l'histoire géogn. du Cotentin*, p. 17; *Id. Crustacés fossiles*, p. 46 — 63. Beudant, *Hongrie*, III, 76, 578. Saussure, *Alpes*, §. 501. Wahlenberg, dans *Acta Soc. Upsal.*, VIII, p. 19. Link, *Urwelt*, p. 2. Castelazo, *de la riqueza de la Veta Biscaina* (Mexico, 1820), p. 9. Humboldt, *Essai polit. sur la Nouvelle-Espagne*, II, 534, 537, 519—526.

§§. 23 et 24. *Del Rio* dans *la Gazeta de Mexico*, XI, 416. Humboldt, *Essai polit.*, II, 494, 521, 581, 583. Beudant, *Hongrie*, II, 157, III, 67—124, 148. Boué, *Écosse*, p. 147. Burckhardt, *Travels in Syria*, 1822, p. 493, 567. Raumer, *Fragm.*, p. 24 — 26, 37, 48. Haussmann, dans Moll's *Neuem Jahrb.*, I, 34. Buch, *Norw.*, I, 96—144.

§. 25. Boué, *Écosse*, p. 94, 358. Palassou, *Supplément aux Mémoires pour servir à l'hist. nat. des Pyrénées*, p. 139—153. Brongniart, *sur les Ophiolithes*, p. 26, 46, 56, 59, 61.

§. 26. Beudant, *Hongrie*, II, 575 — 580, 584—594, III, 171, 184, 194, 204. *Geol. Trans.*, IV, p. 9. *Annales des mines*, III, p. 45 et 568. Steffens, *Geogn. Aufsätze*, p. 11. Buch, *Beob.*, I, p. 104, 157. Heim, *Geogn. Beytr. zur Kenntn. des Thüring. Waldes*, II, 5te Abth., 236. Conybeare and Philipps *Geol. of England*, I, 298, 312, 324—370.

§. 27. Humboldt, *Géogr. des plantes*, p. 128; *Id.*, *Essai politique*, II, 589.

§. 28. Escher, dans Leonh. *Taschenb.*, 1804, p. 347 ; *Id.* dans *Neue Zürcher Zeitung*, 1821, n.° 60, p. 237. Uttinger, dans Leonh. *Taschenb.*, 1819, p. 42. Keferstein, *Teutschland*, III, 259, 263, 273, 340, 372, 390, 407. Mohs, dans Moll's *Ephem.*, 1807, p. 161. Lupin, *ib.*, 1809, p. 359. Ramond, *Voy. au sommet du Mont-perdu*, p. 15, 26. Traill, dans *Geol. Trans.*, III, 138. *Bibl. univ.*, XIX, 38. Buckland, *On the structure of the Alps*, p. 9. Buch, *Geog. Beob.*, I, 153 — 171, 194, 216, 256. Freiesleben, *Kupfersch.*, IV, 284. Tondi, dans Lucas, *Tabl. méth. des esp. min.*, II, 243. Haussmann, *Nord. Beytr.*, IV, 88. *Jenaer litter. Zeit.*, 1813, p. 100. Steffens *Geogn. Aufs.*, p. 49. Beudant, *Hongrie*, III, 231—237. Conybeare and Philipps, *England*, I, 301. Marzari Pencati, *Cenni geologici*, p. 21. Breislak, *Sulla giacitura di alcune rocce porfiritiche e granitose*, p. 25 — 35.

§. 29. Conybeare and Philipps, *Engl.*, I, 61, 269. Freiesleben, *Kupfersch.*, I, 90 — 188, IV, 276 — 284.

§. 30. Freiesleben, *Kupfersch.*, I, 65, 89, IV, 295 — 317. Raumer, *Versuche*, p. 112 — 115.

§. 31. Haussmann, *Nord. Beytr.*, 1806, St. 1; p. 73, 98. Freiesleben, *Kupfersch.*, I, 102 — 107, IV, 283, 293. Conybeare and Philipps, *Engl.*, I, 122. Raumer, *Nieder-Schlesien*, p. 121, 123, 153.

§. 32. Humboldt, *über die unterird. Gasarten*, p. 39. Karsten, *Min. Tab.*, p. 63 — 65. Buch, *Landek.*, p. 7; *Id.*, dans *Helvet. Alm.*, 1818, p. 42. Gilb. *Annalen*, 1806, St. 5, p. 35. Escher, *Naturw. Anzeiger der Schweiz. Ges.*, *Jahrg.* IV, p. 29. Charbaut, *Mém. sur la géologie des environs de Lons-le-Saunier*, p. 7, 9, 24, 27. Mérian, *Beschaffenheit der Gebirgsbild. von Basel*, p. 25, 36, 46, 88.

§. 33. Conybeare and Philipps, *Engl.*, I, 127 — 164.

§. 34. Brongniart et Cuvier, *Descr. géol. des environs de Paris*, 1821, p. 10 — 17, 68 — 101. Steffens, *Geogn. Aufs.*, p. 121. Raumer, *Vers.*, p. 85, 116. Conybeare and Philipps, *Engl.*, I, 60 — 126.

§. 35. Bonnard, *Terrains*, p. 226. Brongniart, *Descr. géol.*, p. 17 — 28, 102 — 122. Conybeare and Philipps, *Engl.*, I, 37 — 57. Raumer, *Vers.*, p. 120 — 122. Beudant, *Hongrie*, III, 242 — 264. Lardy, dans la *Bibl. univ.*, Mars 1822, p. 180, 183. Keferstein, *Teutschland*, I, 46. Freiesleben, *Kupfersch.*, V, 255. Adolphe Brongniart, *Classific. des végétaux fossiles*, p. 54.

§. 36. Beudant, *Hongrie*, III, 264 — 282. Brongniart, *Descr. géol.*, p. 29 — 38, 123 — 203.

§. 37. Raumer, *Vers.*, p. 123 — 125. Brongniart, *Descr. géol.*, p. 38 — 50, 203 — 263.

§. 38. Raumer, *Vers.*, p. 125. D'Aubuisson, *Géognosie*, II, 414, 417. Brongniart, *Descr. géol.*, p. 50 — 56, 264 — 274. Bonnard, *Terrains*, p. 217.

§. 39. Brongniart, *Descr. géol.*, p. 57 — 60, 275 — 320. Beudant, *Hongrie*, III, 282 — 286.

§. 40. Buch, *Geogn. Beob.*, II, 172 — 190. *Id.*, dans *Mag. nat. Fr.*, 1809, p. 299 — 303; *Id.*, dans *Mém. de Berlin*, 1812, p. 129 — 154. Fleuriau de Bellevue, *Journ. de phys.*, LI et LX. Cordier, *Mém. sur les substances minérales, dites en masse, qui entrent dans la composition des roches volcaniques*, p. 17 — 69. Bustamente *sobre las lavas del Padregul de San Augustin de la Cuevas*, dans le *Seman. de Mexico*, 1820, p. 20. Leonhard, *Propædeutik*, p. 168 — 175. Ramond, *Nivellement barométrique et géognostique de l'Auvergne*, p. 32 — 45. Breislak, *Introd. à la géologie*, I, 234, 261, 316. Heim, *Thüringer-Wald*, p. 229. Singer, dans Karsten's *Archiv für Bergbaukunde*, III, 88. Robiquet, dans *Annales de physique et de chimie*, XI, 206. Nose, *Niederrheinische Reise*, II, p. 428. Boué, *Écosse*, p. 219 — 267. Beudant, *Hongrie*, III, 298 — 644. Humboldt, *Essai sur la géographie des plantes, et tableau physique des régions équinoxiales*, p. 129; *Id.*, *Essai polit.*, I, 249 — 254; *Id.*, *Nivellem. géogn. des Cordillères*, dans le *Recueil d'obs. astron.*, I, 309 — 311, 327, 332; *Id.*, *Recueil d'obs. de zool. et d'anat. comparée*, I, 21; *Id.*, *Relat. hist.*, I, 91, 116, 129, 133, 136, 146, 151, 153 — 155, 171, 176, 180, 308, 312, 394, 640; II, 4, 14, 16, 20, 25, 27, 39, 452, 515, 565, 719.

INDI, MAHA-INDI (*Bot.*) : noms donnés, dans l'île de Ceilan, au palmier dattier, *phœnix*. (J.)

INDIAMAS. (*Bot.*) Le grand Recueil des voyages, publié par Théodore Debry, fait mention de plusieurs espèces de

fruits que l'on porte dans les marchés de la Guinée , et nommément des *bananes* , des *bachoves* et des *indiamas;* mais il
n'ajoute rien qui puisse faire connoître la plante qui produit
ces derniers. (J.)

INDIANISK STOR (*Ichthyol.*) , nom suédois du guacari ,
hypostomus guacari. Voyez Hypostome. (H. C.)

INDIANITE. (*Min.*) C'est une des substances minérales
qui accompagnent assez ordinairement le corindon adamantin
de Carnate , et qui , comme on le dit , lui sert de gangue.
Quoique ce minéral ne se soit pas encore présenté cristallisé ,
et par conséquent doué de toutes les propriétés qui lui sont
particulières, M. le comte de Bournon, n'ayant pu le rapporter
à aucune espèce minérale connue , a cru devoir le distinguer
par la dénomination spécifique d'*indianite* et par les caractères suivans.

On n'a encore vu ce minéral que sous forme de masse
granuleuse à grains assez gros , ce qui lui donne l'aspect d'un
grès ; ils sont généralement très-adhérens. Chaque grain a une
structure laminaire ; les lames semblent , par leur incidence ,
indiquer un rhomboïde obtus.

L'indianite pure est incolore ou un peu grisâtre , et translucide. Lorsqu'elle est verte ou rougeâtre , elle doit ces couleurs soit à l'épidote , soit au grenat.

Sa pesanteur spécifique est , suivant M. de Bournon, de
2,742 , et par conséquent un peu plus forte que celle du
felspath.

Ce minéral raie le verre , mais il est rayé par le felspath.
Il ne paroît pas électrique par frottement. Il ne fait pas
effervescence avec l'acide nitrique , mais ses parties perdent
dans cet acide leur adhérence et y font même quelquefois
gelée. Il est absolument infusible au chalumeau. M. Chenevix ,
qui l'a analysé , y a trouvé :

Silice. 42,5
Alumine 37,5
Chaux 15
Fer. 3
Manganèse , une trace.

L'indianite, outre le corindon qu'elle enveloppe, est souvent associée avec l'amphibole noir, l'épidote, le grenat, du quarz, du talc.

Elle est très-susceptible de s'altérer par les météores atmosphériques. (B.)

INDICATEUR. (*Ornith.*) M. Vieillot a établi sous ce nom, en latin *indicator*, un genre qui, dans ce Dictionnaire (tom. XI, pag. 147), ne forme que la cinquième section des coucous. (CH. D.)

INDICOLITHE. (*Min.*) M. Dandrada a regardé ce minéral d'Uton, en Suède, d'une couleur bleu-foncé d'indigo, comme une espèce particulière; mais on le reconnoit généralement pour une TOURMALINE. Voyez ce mot. (B.)

INDICUM. (*Bot.*) Rumph nomme ainsi l'indigo, *indigofera tinctoria*. (J.)

INDIEN (*Ichthyol.*), nom spécifique d'un calliomore de M. de Lacépède. (Voyez CALLIOMORE.) C'est le *callionymus indus* de Linnæus. (H. C.)

INDIGÈNES [PLANTES], (*Bot.*), naturelles au sol sur lequel elles croissent, n'y ayant pas été apportées d'un autre pays. Le chêne-rouvre, par exemple, est indigène en Europe. La canne à sucre est indigène en Asie. Le baobab est indigène en Afrique. Le maïs est indigène en Amérique. La plupart des *metrosideros* et des *melaleuca* sont indigènes dans les Terres australes. (MASS.)

INDIGO. (*Chim.*) Substance colorante, provenant des végétaux; considérée par la plupart des chimistes comme un composé d'oxigène, d'azote, de carbone et d'hydrogène. Suivant M. Dœbereiner, le carbone est à l'azote dans le rapport des élémens du charbon animal.

Propriétés physiques.

L'indigo, à l'état de pureté où je l'ai obtenu, le premier, en 1807, est sous forme d'aiguilles pourpres avec des reflets dorés, ou en poussière d'un violet pourpre. Il est plus dense que l'eau. Il est susceptible de se volatiliser. Sa vapeur est d'un violet pourpre semblable à celle de l'iode. Pour observer cette propriété, il suffit de le projeter sur un fer presque rouge de feu, ou de présenter au-dessus d'un charbon ardent un papier sur lequel on a mis l'indigo.

Il est insipide et inodore.

Propriétés chimiques.

a) *Cas où l'indigo n'éprouve pas d'altération connue.*

Il est sans action sur les réactifs colorés.

Il est insoluble dans l'eau, dans l'éther hydratique, dans l'alcool froid ; dans tous les acides oxigénés, étendus d'eau ; dans l'acide hydrochlorique, dans tous les liquides alcalins.

Il est très-légèrement soluble dans l'alcool bouillant, qu'il colore en bleu.

Lorsqu'on jette de l'indigo dans l'acide sulfurique concentré, il se développe d'abord une couleur jaune, qui passe bientôt au vert, puis au bleu. Il n'est pas douteux que la couleur verte est produite par le mélange du jaune et du bleu. La liqueur bleue est considérée comme une dissolution d'indigo dans l'acide sulfurique, abstraction faite de l'altération que peut avoir subie une portion de la substance. Plusieurs personnes l'ont désignée par l'expression de *sulfate d'indigo.* Lorsqu'on sature l'acide sulfurique par une base salifiable, on obtient un léger précipité bleu, soluble dans un très-grand nombre de liquides qui sont sans action sur l'indigo pur. Ce précipité, jeté sur un fer chaud, ne produit plus la vapeur d'un violet pourpre que répand l'indigo qui n'a pas été dissous. Nous ignorons tout-à-fait le changement que peut subir l'indigo par son union avec l'acide sulfurique.

La liqueur bleue qui porte le nom de *bleu de Saxe*, de *bleu en liqueur*, dans le commerce et les ateliers de teinture, se prépare avec l'indigo du commerce. Bergman a prescrit le procédé suivant. On mêle intimement 1 partie d'indigo réduit en poudre subtile avec 7 à 8 parties d'acide sulfurique à 66^d. On fait digérer les matières pendant vingt-quatre heures à une température de 20 à 40 degrés ; après cela on les étend de 91 parties d'eau, et on emploie cette liqueur pour teindre la laine et la soie. Il y a des ateliers où l'on fait le *bleu de Saxe* avec 1 partie d'indigo, 6 d'acide et 4 de potasse. Pœrner et Bancroft assurent que 4 parties

d'acide sulfurique . au lieu des 7 à 8 parties prescrites par
Bergman , sont suffisantes pour cette préparation.

b) *Cas où l'indigo se décompose complétement.*

L'indigo . soumis à l'action de la chaleur dans une petite
cornue . donne de l'eau tenant du sous-carbonate d'ammoniaque, de l'hydrocyanate et de l'acétate; une huile épaisse
ammoniacale . de l'indigo sublimé en aiguilles, du gaz acide
carbonique , un gaz inflammable ; enfin, un charbon azoté
abondant.

L'acide nitrique très-concentré agit avec une telle force
sur l'indigo qu'il peut y avoir inflammation, ainsi que M.
Sage l'a observé. S'il est étendu d'eau, il convertit l'indigo
en produits extrêmement remarquables, que nous avons
étudiés avec beaucoup de soin. Voici comment on peut
opérer pour se les procurer.

On met dans une cornue tubulée 4 parties d'acide nitrique
à 52 ^{d} ar. de Baumé, étendu de 4 parties d'eau. On place le
vaisseau, auquel on a adapté une alonge et un récipient, sur
un bain de sable légèrement chaud; puis on jette peu à peu
dans l'acide 2 parties d'indigo. Le mélange s'échauffe; il se
dégage beaucoup de vapeur nitreuse, de l'acide carbonique,
etc. : alors il faut retirer la cornue du bain de sable et abandonner les matières à la température de l'atmosphère pendant vingt-quatre heures. Pendant ce temps on recueille
dans le récipient, de l'eau tenant de l'acide nitrique, de
l'acide hydrocyanique, et un peu de matière jaune amère.

On distingue dans la cornue trois substances différentes:
1.° une matière concrète rougeâtre résinoïde; 2.° une matière
concrète d'un jaune orangé: 3.° un liquide d'un jaune rougeâtre. Les deux premières se trouvent principalement dans
la partie supérieure du liquide.

On sépare les substances solides de la substance liquide;
on les fait égoutter, on les lave avec un peu d'eau froide : on
réunit le lavage avec le liquide jaune.

En faisant bouillir les deux matières concrètes dans l'eau,
la seconde se dissout, tandis que la matière résinoïde se
fond à la surface de l'eau; par le refroidissement, celle-ci se
fige; et l'autre se dépose pour la plus grande partie sous la

forme de cristaux. On enlève la *matière résinoïde* et on la purifie en la lavant avec de l'eau, la dissolvant dans l'alcool chaud, et précipitant la solution par l'eau. La *matière orangée* est un composé d'un corps que nous avons appelé *amer au minimum d'acide nitrique*, et d'un peu de *matière résinoïde*. L'eau d'où elle s'est séparée par le refroidissement, doit être ajoutée au liquide n.° 5. Celui-ci, étant un peu concentré, laisse déposer par le refroidissement des cristaux d'*amer au minimum*, retenant encore de la matière résinoïde, et des cristaux d'*amer de Welther*, que nous nommerons aussi *amer au maximum d'acide nitrique*. Comme celui-ci est plus soluble que le premier, il est facile de les séparer par la cristallisation. L'eau-mère des *deux amers*, concentrée, donne une matière qui a l'apparence d'une *huile rouge*. Enfin, le liquide, séparé de celle-ci et évaporé à siccité, laisse un résidu qui est *formé des mêmes principes* que cette huile, avec la différence des proportions : il contient en outre de l'acide oxalique. Cette huile est formée des deux amers de résine et peut-être d'acide nitrique. Nous renverrons l'examen de ces produits au mot Substances tannantes artificielles. Nous nous résumerons, en disant que l'acide nitrique change l'indigo en quatre substances concrètes : 1.° *en matière résinoïde*; 2.° *en amer au minimum d'acide nitrique*; 5.° *en amer au maximum d'acide nitrique*; 4.° *en acide oxalique.*

c) *Cas où l'indigo perd sa couleur bleue sans s'altérer essentiellement, puisqu'il est susceptible de reprendre sa couleur bleue par le contact de l'oxigène.*

L'indigo, mis en contact avec les alcalis les plus énergiques, n'en éprouve aucune action sensible, ainsi que nous l'avons dit plus haut. Le résultat est le même avec tous les combustibles simples et presque tous les combustibles composés qui ne sont pas alcalins. Mais les phénomènes sont absolument différens si l'on met, dans de l'eau privée d'air, de l'indigo en poudre avec un alcali énergique, tel que la potasse ou la soude, et un corps combustible, tel que des protoxides de fer, d'étain, du sulfure d'arsenic, du sulfure d'antimoine. Au bout d'un certain temps on trouve que la matière combustible s'est oxigénée; et, en second lieu, que l'indigo a perdu sa couleur bleue, et qu'il a formé avec la potasse ou la soude un composé soluble dans l'eau. On observe en outre, 1.° qu'en neutralisant l'alcali par un acide, on obtient un pré‑ cipité d'indigo d'un blanc jaunâtre; 2.° qu'en mettant le précipité en contact avec l'oxigène de l'air, il repasse sur-le-champ à l'état d'indigo bleu. Il n'est pas nécessaire, pour que cet effet soit produit, de saturer l'alcali par un acide.

Ces faits sont susceptibles d'être expliqués de deux ma‑ nières : 1.° *En admettant que l'indigo décoloré est de l'indigo désoxigéné.* Dans cette hypothèse, on dit que l'indigo bleu, qui est en contact avec la potasse et le protoxide de fer, par exemple, cède son oxigène au protoxide, et qu'ainsi désoxi‑ géné, il s'unit à l'alcali, qu'il sature à la manière d'un acide. On ajoute que, quand cette solution alcaline a le contact de l'air, l'oxigène est absorbé ; l'indigo reparoît avec sa cou‑ leur bleue, et perd en même temps son affinité pour la po‑ tasse. 2.° *En admettant que l'indigo décoloré est de l'indigo uni à de l'hydrogène,* ce qui revient à considérer l'indigo déco‑ loré comme un *hydracide dont le comburent est l'indigo bleu.* Dans cette hypothèse on dit que, quand l'indigo bleu est en contact avec l'eau, la potasse et le protoxide de fer, il y a une portion d'eau qui est décomposée ; pendant que son oxigène se porte sur le protoxide, son hydrogène s'unit à l'indigo, et donne naissance à un hydracide qui sature la po‑ tasse.

La première explication a été généralement admise jusqu'à la théorie du chlore; mais depuis cette époque elle a perdu beaucoup de ses partisans. Ainsi, en Allemagne, M. Dœ‑ bereiner l'a rejetée pour adopter la seconde : il a nommé l'indigo décoloré *acide isatinique.* M. Berthollet a eu le grand mérite de voir, plusieurs années avant la théorie du chlore, que tous les phénomènes attribués à la désoxigénation de l'indigo pouvoient s'expliquer en admettant la combinaison de ce corps avec l'hydrogène. Il a fait, pour la théorie de l'indigo qui est aujourd'hui la plus vraisemblable, ce que MM. Gay‑Lussac et Thenard avoient fait pour l'acide muria‑ tique oxigéné avant le travail de M. H. Davy.

J'ai reconnu, il y a long-temps, que l'indigo *hydrogéné* étoit précipité, à l'état d'une matière floconneuse d'un blanc jaunâtre, de ses solutions alcalines, lorsqu'on neutralisoit celles-ci par un acide. En outre j'ai observé l'indigo hydrogéné cristallisé en 1807. Voici les circonstances où je fis cette observation. Après avoir épuisé le pastel du commerce de tout ce qu'il contient de soluble dans l'eau bouillante, je l'avois traité à plusieurs reprises par l'alcool bouillant. Les seconds lavages que j'obtins, ayant été concentrés dans une cornue, déposèrent de l'indigo en petites paillettes pourpres. La liqueur filtrée, concentrée de nouveau dans une cornue, puis refroidie lentement, avoit déposé, au bout de huit heures, de petits grains qui paroissoient blancs, et qui, ayant été exposés à l'air, acquirent le pourpre métallique de l'indigo sublimé.

Le deutoxide de cuivre, mis en contact avec l'*indigo hydrogéné*, en sépare sur-le-champ l'hydrogène. J'ignore si le cuivre est complétement désoxidé, où s'il est seulement ramené à l'état de protoxide.

L'indigo, dissous dans l'acide sulfurique, est décoloré, suivant l'observation de M. Vauquelin, quand on sature sa dissolution, étendue d'eau, d'acide hydro-sulfurique; il suffit d'exposer la liqueur à l'oxigène pour faire reparoître la couleur bleue.

État de l'indigo dans les végétaux; extraction et purification de l'indigo du commerce.

D'après des expériences que j'ai faites en 1807 et en 1811, je me suis assuré que l'indigo existoit tout formé dans les végétaux, et qu'il n'étoit pas, comme on l'avoit généralement pensé jusqu'alors, le produit d'une fermentation de la plante. Je retirai l'indigo de l'*isatis tinctoria* et de l'*indigofera anil*, cultivés à Paris, sans que ces plantes eussent éprouvé la plus légère fermentation. Voici l'expérience qu'on peut faire pour s'assurer que l'indigo est à l'état incolore dans les feuilles de pastel. On remplit un ballon d'eau; on fait bouillir celle-ci pendant quelque temps; ensuite on renverse le vase qui la contient sur le mercure, et on la fait passer dans une cloche pleine de ce métal. Quand la température de l'eau est à 35° centig., on introduit dans la cloche des feuilles de pastel déchirées. On maintient la température du liquide à

55° pendant deux ou trois heures : l'eau devient jaune rougeâtre : elle dissout de l'indigo, des principes colorans jaune et rouge, etc. On la fait passer dans une cloche remplie de mercure : on y mêle de l'eau de chaux qui a bouilli, et qu'on a laissée refroidir sur le mercure : la couleur devient orangée; il se dépose peu à peu des flocons blancs qui tirent très-légèrement au verdâtre[1]. On agite la liqueur, on en fait passer la moitié dans une cloche contenant du gaz oxigène, et aussitôt il se manifeste une couleur bleue foncée, qui finit par se déposer en flocons, tandis que la liqueur qui n'a pas eu le contact de l'oxigène, ne se colore pas. Il ne faut que peu d'oxigène pour rendre l'indigo bleu; car, si l'on verse de l'eau de chaux non bouillie dans la liqueur jaune, on obtient un précipité qui paroît vert tant qu'il est suspendu dans la liqueur jaune où il s'est formé, mais qui est bleu quand il est déposé : il est certain que dans ce cas c'est l'oxigène atmosphérique contenu dans l'eau de chaux qui fait passer l'indigo au bleu. S'il en étoit autrement, pourquoi l'eau qui a digéré sur les feuilles de pastel, ne seroit-elle pas bleue ou verte, et pourquoi l'indigo qu'elle contient se décomposeroit-il avec tant de rapidité? car on ne retrouve plus d'indigo dans cette liqueur abandonnée à elle-même pendant vingt-quatre heures.

On peut voir, tome XVI, page 88, le résultat de l'analyse que j'ai faite, en 1811, des feuilles de pastel. J'exposerai maintenant celui de l'analyse de plusieurs indigos du commerce.

Analyse d'un indigo de commerce.

Extrait aqueux.

1. De l'indigo réduit en poudre fine a été traité par l'eau distillée à une température de 60 à 80 degrés centigrades;

---

[1] Ce précipité est principalement formé de matières terreuses : lorsqu'on a opéré sur une infusion riche en indigo, et lorsqu'on n'y a versé que très-peu d'eau de chaux, il peut contenir de l'indigo hydrogéné; mais, dans le cas où la chaux a été employée en excès, il n'en contient pas ou presque pas; la totalité ou la presque-totalité de ce principe reste en dissolution.

lorsque l'eau ne s'est plus colorée, on a fait concentrer les lavages qui contenoient de l'indigo en suspension, et on les a filtrés dans un papier double. L'eau filtrée étoit d'un jaune rougeâtre : le produit qu'elle a donné à la distillation étoit très-ammoniacal et aromatique; il ne paroissoit pas contenir de soufre, car il étoit sans action sur les papiers imprégnés de dissolutions métalliques. La liqueur concentrée par la distillation a déposé, lorsqu'on l'a fait évaporer dans une capsule, de l'indigo d'un beau bleu et des flocons verts, qui étoient formés d'une combinaison de matière animale, de principe colorant jaune et d'indigo. On a séparé ces flocons par le filtre : on a fait concentrer la liqueur, puis on l'a mêlée à l'alcool : on a renouvelé celui-ci jusqu'à ce qu'il ait cessé d'avoir de l'action sur le résidu.

A. *Résidu insoluble dans l'alcool.*

2. Il étoit jaunâtre, mais en se desséchant il est devenu brun; on l'a traité par l'eau : tout a été dissous, à l'exception de quelques flocons bruns, qui ont pris une couleur grise rougeâtre par la dessiccation. Ces flocons contenoient un peu de la *combinaison de matière animale et de principe colorant jaune*, beaucoup de *phosphate de chaux* et de *phosphate de magnésie*, et un peu d'*oxide de fer*. Ils ont donné du carbonate d'ammoniaque à la distillation, et un charbon très-abondant, dont la cendre ne faisoit qu'une très-légère effervescence avec l'acide hydrochlorique.

3. L'eau qui avoit été en contact avec le résidu insoluble dans l'alcool (2), a été concentrée; elle étoit d'un jaune-brun rougeâtre. Elle contenoit, 1.° *une combinaison de principe colorant jaune de matière animale et d'un acide végétal* dont je n'ai pu déterminer précisément la nature; cette combinaison donnoit à la distillation de l'acétate d'ammoniaque très-acide : 2.° du *sulfate de potasse* : 3.° du *phosphate de magnésie* : 4.° du *phosphate de chaux*. Ce qu'il y a de remarquable, c'est que l'ammoniaque versée dans la liqueur n'en précipitoit que du phosphate ammoniaco-magnésien; le phosphate de chaux restoit en dissolution, et pour le découvrir il falloit faire évaporer la liqueur et en incinérer le résidu.

B. *Matières solubles dans l'alcool de l'extrait aqueux* (1).

4. La solution alcoolique (1) a été évaporée : quand tout l'alcool a été chassé, il s'est fait un dépôt de *matière d'un rouge brun;* celle-ci a été traitée par l'alcool, et le lavage a été réuni au liquide d'où elle s'étoit séparée : après ce traitement, elle s'est comportée comme une combinaison *de matière animale de principes colorans jaune et rouge, et d'un acide végétal.* Elle a donné à la distillation du carbonate d'ammoniaque et un produit dont l'odeur approchoit de l'indigo qui brûle.

5. La partie soluble dans l'alcool (4) a été évaporée jusqu'à siccité : le résidu, mêlé à l'alcool, a laissé déposer une combinaison analogue à la précédente, si ce n'est qu'elle contenoit moins de matière animale. Lorsqu'elle eut perdu l'alcool qui la pénétroit, elle ressembloit à une résine ; mais elle en différoit par sa solubilité dans l'eau.

6. La solution alcoolique (5), concentrée et mêlée à l'eau, a précipité une matière qui étoit redissoute quand on chauffoit le liquide, et qui ne différoit de celle du n.° 5 que parce qu'elle contenoit plus de principes colorans : la liqueur filtrée précipitoit la gélatine à la manière d'un tannin ; les acides y faisoient des précipités de combinaison de matière animale, de principe colorant et d'acide ; l'acide sulfurique en dégageoit en même temps de l'acide acétique. Outre ces matières, la liqueur contenoit encore de la potasse et de l'ammoniaque unies à de l'acide acétique, du chlorure de potassium, des atomes de phosphate de magnésie et de sulfate de potasse.

6 bis. L'alcool avoit donc enlevé à l'extrait aqueux, outre un peu de *chlorure de potassium, de sulfate, d'acétate de potasse, d'acétate d'ammoniaque* et de *phosphate de magnésie,* une combinaison de *matière animale, de principes colorans* et d'un *acide végétal,* laquelle, traitée successivement par l'eau et l'alcool, s'est réduite en deux combinaisons, dont l'une étoit avec excès de matière animale, et l'autre avec excès de principes colorans et d'acide : celle-ci avoit la propriété astringente.

Extrait alcoolique.

7. On a fait digérer de l'alcool sur l'indigo qui avoit été traité par l'eau ; on a réuni les sept premiers lavages et on les a distillés : l'alcool qui a passé d'abord , ne contenoit pas de quantité notable de principes étrangers ; mais celui qui a passé ensuite, avoit une odeur un peu sulfurée. Cependant , l'ayant mêlé à du chlore et à du chlorure de barium , il n'a point donné de sulfate de baryte. Le résidu de la distillation , qui étoit encore très-alcoolique , a été mêlé à de l'eau , puis chauffé : quand tout l'alcool a été évaporé, on a filtré ; une matière rouge, qu'on a appelée *résine*, est restée sur le papier. La liqueur filtrée étoit d'un jaune rougeàtre ; elle a donné à la distillation un produit très-odorant, qui tenoit de l'ammoniaque en dissolution et un peu de matière colorée en suspension.

8. Le produit odorant a donné à la distillation un liquide limpide et incolore qui avoit l'odeur de l'indigo, c'est-à-dire, celle dont sont imprégnées les étoffes qui ont été teintes en bleu de cuve et qui n'ont pas été suffisamment lavées. Le résidu de la distillation étoit odorant : il ne contenoit pas sensiblement de matière huileuse ; car, l'ayant fait évaporer doucement et ayant repris le résidu par l'alcool, celui-ci ne s'est pas troublé lorsqu'on l'a mêlé à l'eau : cependant l'alcool contenoit une quantité sensible de principe odorant. Quoi qu'il en soit, cette expérience ne prouve pas absolument que le principe odorant ne soit pas d'une nature huileuse, parce qu'il est possible que la petite quantité de matière mise en expérience n'ait pas permis d'apercevoir le trouble qui auroit pu avoir lieu avec une solution plus chargée.

9. Le liquide jaune, qui avoit donné du principe odorant (8), a été évaporé dans une capsule, et a déposé une matière à demi fondue, un peu rougeàtre, et des flocons d'un jaune brun ; il est resté une liqueur d'un beau rouge orangé.

10. *Matière demi-fondue.* Elle étoit formée de matière animale, colorée par du principe jaune et un peu de principe rouge. Elle rougissoit le papier de tournesol. Les flocons d'un jaune brun n'en différoient que par la proportion de ces principes.

11. *Liqueur d'un beau rouge orangé.* Elle avoit une saveur assez amère et un peu astringente ; cependant elle ne précipitoit pas par la gélatine : elle déposoit, après avoir été concentrée, une matière jaunàtre qui devenoit rouge en se desséchant. et qui ressembloit alors à un extrait. Cette matière étoit acide : elle donnoit à la distillation beaucoup de carbonate d'ammoniaque et d'huile : elle contenoit donc de la matière animale. Le produit avoit l'odeur qu'exhale l'indigo du commerce qu'on projette sur un charbon , de sorte que je ne doute pas que la matière jaunàtre ne contribue à lui donner cette propriété. La matière jaunàtre étoit analogue à la matière demi-fondue (10) ; elle paroissoit seulement contenir une moindre quantité de matière animale. La liqueur d'où elle s'étoit déposée. étoit d'un rouge jaunàtre ; elle devoit cette couleur à un mélange de principe colorant jaune, et de principe colorant rouge, que je crois analogue à la résine. Lorsque cette liqueur a été étendue d'eau , puis évaporée , elle a déposé une poudre d'un très-beau rouge, qui étoit peu soluble dans l'alcool et insoluble dans l'eau. La liqueur, mêlée à l'acide sulfurique, laissoit précipiter un dépôt semblable à la matière jaune qui étoit formée de matière animale, d'acide et de principes colorans : il se dégageoit en même temps de l'acide acétique. La liqueur, d'un beau rouge orangé, étoit donc principalement formée de *matière animale*, de *principes colorans* et d'*acide acétique*. On y reconnut de plus des *acétates de chaux et de magnésie.*

Examen de la résine rouge (7).

12. On l'a purifiée par l'eau bouillante : ce liquide a dissous du principe colorant jaune, de la matière animale, du principe odorant, et, ce qu'il y a de remarquable, un peu de résine : ce résultat peut faire croire que la liqueur rougeàtre du premier lavage aqueux de l'indigo peut être due, au moins en partie, à cette résine. La résine a été dissoute par l'alcool, puis précipitée par l'eau ; enfin, traitée par ce liquide bouillant. jusqu'à ce qu'elle ne lui ait plus rien cédé. La résine. lavée et séchée. a été mise en digestion avec différentes quantités d'alcool. à la température de 50 degrés : le premier alcool avoit une couleur rouge, mêlée d'un peu

de jaune ; les autres lavages tiroient de plus en plus sur le violet, parce qu'ils avoient dissous avec la résine une certaine quantité d'indigo ; enfin, le résidu étoit formé d'indigo retenant un peu de matière animale et de résine rouge. La meilleure manière de séparer la résine de l'indigo qui s'est dissous avec elle, est de faire évaporer la solution à siccité, et de traiter le résidu par l'éther hydratique froid. L'indigo est séparé, et, en faisant évaporer l'éther, on obtient une résine rouge qui n'exhale pas de vapeur pourpre quand on l'expose à l'action de la chaleur.

13. La résine rouge est insoluble dans l'eau ; elle est plus soluble dans l'éther que dans l'alcool. Ces dissolutions sont d'un très-beau rouge tirant très-légèrement sur le pourpre ; quand elles ont une teinte écarlate, elles contiennent un principe colorant jaune. La solution alcoolique est troublée par l'eau ; plusieurs acides en précipitent des flocons rouges. La résine ne paroît pas se dissoudre dans les alcalis ; ces corps n'en changent pas la couleur.

14. L'indigo qui avoit subi sept lavages alcooliques, fut traité par l'alcool bouillant jusqu'à ce qu'il colorât ce liquide en bleu. Ces lavages contenoient proportionnellement plus de résine et d'indigo que les premiers, et cela devoit être, d'après les faits qui sont exposés (n.° 12).

Indigo et acide hydrochlorique.

15. L'indigo a été soumis à l'action de l'acide hydrochlorique. Celui-ci a dissous de l'*oxide de fer*, de l'*alumine*, des *phosphates de chaux*, *de magnésie*, et des *carbonates de ces bases*.

16. Enfin, on a achevé de purifier l'indigo en le traitant par l'alcool bouillant, jusqu'à ce que le liquide *se teignît* d'un bleu franc.

Tous les indigos du commerce ne se comportent pas absolument de la même manière que celui dont nous venons de parler. Par exemple, les indigos de Java, de Guatimala et de Chine donnent à l'eau une *matière* que j'ai appelée *verte*, et qui a quelques propriétés remarquables : on l'obtient en traitant par l'alcool froid et concentré l'extrait des lavages aqueux. La solution alcoolique est d'un beau rouge ; elle est

légèrement acide ; elle ne se trouble pas quand on la mêle avec
l'eau. La solution aqueuse de cette matière devient verte par
les acides : si ces corps sont concentrés, ils forment des flocons
verts qui sont une combinaison d'acide et de principe colorant. La combinaison d'acide sulfurique et de principe colorant se dissout dans l'alcool. La solution, vue en masse,
est rouge, tandis que la surface est verte. Quand on la
mêle à l'eau, elle ne précipite pas, mais elle devient verte.
Il paroît que, dans le cas où la combinaison est dissoute par
l'alcool, ce liquide affoiblit l'action de l'acide sur la couleur,
et que, quand on ajoute de l'eau, celle-ci diminue l'affinité
de l'alcool, et permet à l'acide de réagir avec sa première
énergie sur le principe colorant.

Quelques indigos m'ont présenté dans leurs lavages alcooliques une matière bleue qui n'étoit pas de l'indigo, et qui
m'a paru susceptible de passer au rouge dans plusieurs circonstances.

Les indigos du commerce perdent dans la purification de
55 à 65 pour cent de matières étrangères à l'indigo.

Usages.

L'indigo est une des substances organiques les plus pré-
cieuses pour la teinture. Il n'en est aucune qui lui soit com-
parable sous le rapport de la solidité, lorsque l'indigo a été
appliqué sur les étoffes à l'état d'indigo hydrogéné ; car les
étoffes teintes avec la dissolution sulfurique en *bleu* dit de
Saxe, sont loin d'avoir une couleur aussi solide que celles
qui l'ont été avec l'indigo hydrogéné.

Nous allons indiquer très-brièvement les procédés au
moyen desquels on applique l'indigo sur les étoffes de laine,
de soie, de coton et de fil.

Étoffes de laine.

On fait usage, 1.º *de la cuve de pastel*; 2.º *de la cuve d'Inde*;
3.º *de la cuve à l'urine*.

Cuve de pastel.

On la prépare en jetant sur du pastel que l'on a disposé
au fond d'une cuve de bois, une décoction de gaude, de garance et de son (la partie indissoute de la garance et du son

se trouvent en suspension dans la décoction). On couvre la cuve ; on la laisse en repos pendant six heures ; ensuite on la pallie pendant une demi-heure. On l'abandonne pendant trois heures : on la pallie ensuite, et cela jusqu'à ce qu'il se manifeste à la surface du liquide des veines bleues : alors on y introduit de la chaux vive et de l'indigo moulu avec de l'eau.

La cuve est en état de teindre, lorsqu'elle est recouverte d'une belle pellicule cuivrée.

Je vais exposer quelques propriétés que j'ai reconnues, en 1814, à une cuve de pastel qu'un des teinturiers de Reims les plus distingués, M. Oudin, me permit d'examiner dans ses ateliers.

La liqueur de cette cuve étoit d'un beau jaune ; elle exhaloit une odeur d'ammoniaque et d'hydrosulfate de cette base ; exposée au contact de l'air, elle se couvroit d'une pellicule bleue-violette.

Un courant de gaz acide carbonique qu'on y fit passer, en précipita de la chaux à l'état de carbonate et de l'indigo ; il se manifesta une odeur de bouillon, que j'attribue à un principe volatil que j'ai rencontré dans les feuilles de pastel, et que j'ai comparé à l'osmazome ; enfin il se dégagea de l'acide hydrosulfurique.

La liqueur donna à la distillation, 1.° de l'*ammoniaque pure* (l'acide hydrosulfurique fut retenu par la chaux) ; 2.° le *principe aromatique de l'indigo*. Enfin, la liqueur distillée avec l'acide sulfurique donna de l'*acide hydrosulfurique* et de l'*acide acétique* en quantité notable.

Je suis porté à croire que dans cette cuve l'indigo étoit dissous et par la chaux et par l'ammoniaque, et que celle-ci s'y trouvoit à l'état caustique : l'excès d'eau de chaux s'opposoit à ce qu'il y eût de l'acide carbonique dans la liqueur.

Cuve d'Inde.

On la prépare en faisant bouillir du son et de la garance dans une lessive de cendres gravelées, puis ajoutant à ces matières de l'indigo broyé à l'eau.

Cette cuve ne présente pas autant de difficultés dans son usage que la cuve de pastel ; elle est plus riche en couleur, mais elle est moins économique. Les draps qu'on y passe sont plus doux que ceux qui sont teints dans l'autre cuve.

Cuve à l'urine.

On la prépare avec de l'urine, de l'indigo, de la garance et une substance acide qui est ou du vinaigre ou un mélange de tartre et d'alun. Dans cette cuve l'indigo hydrogéné est uni à l'ammoniaque.

Étoffes de soie.

On les teint dans la cuve d'Inde ; mais celle-ci doit contenir une proportion d'indigo plus forte que celle qu'on emploie pour les étoffes de laine.

La soie a moins de tendance que la laine à prendre l'indigo : c'est pour cette raison que, dans la préparation des bleus foncés, tels que le *bleu de roi* et surtout le *bleu turc*, on plonge la soie dans un bain d'orseille, avant de la plonger dans le bain d'indigo.

Étoffes de coton et de lin.

On les teint dans des cuves où l'indigo hydrogéné est uni à la potasse ou à la chaux. Dans ce cas on ajoute à la matière alcaline du sulfate de protoxide de fer : il se produit alors du sulfate de potasse ou de chaux. Le protoxide qui est mis à nu, se combine avec l'oxigène de l'eau, tandis que l'hydrogène de ce même liquide forme avec l'indigo et l'alcali libre un composé soluble.

On peut encore teindre le coton et le fil dans une cuve où l'indigo, dissous par la potasse, s'est uni à l'hydrogène par l'intermède de l'orpiment ou sulfure d'arsenic.

Le *bleu d'application*, dont on fait un si grand usage pour les toiles peintes, ne diffère de la cuve précédente que par une proportion plus forte d'orpiment et d'indigo.

Bleu de Saxe.

Le *bleu de Saxe* ne peut servir à la teinture du fil et des étoffes de coton. Appliqué sur la soie, il la teint en bleu : la couleur résiste à l'eau ; mais elle est enlevée par l'eau de savon. La laine, préparée avec l'alun et le tartre, se teint mieux que la soie, surtout si on ajoute au bleu de Saxe une petite quantité de potasse : mais cette teinture n'est jamais très-solide : l'eau de savon l'altère sensiblement ; elle en affoiblit la nuance, en même temps qu'elle la fait tourner au jaune. (Ch.)

INDIGO BATARD DE CAYENNE. (*Bot.*) C'est, suivant M. Richard, le *cassia occidentalis*. On donne aussi le même nom et celui de faux indigo à l'*amorpha*. (J.)

INDIGO DE LA GUADELOUPE. (*Bot.*) Dans les colonies on désigne par ce nom le *crotolaria incana*. Voyez *Crotolaire blanchâtre*, à l'article Crotolaire. (Lem.)

INDIGOLITHE. (*Min.*) Voyez Indicolithe. (Lem.)

INDIGOTIER, *Indigofera*. (*Bot.*) Genre de plantes à fleurs complètes, papillonacées, de la famille des *légumineuses*, de la *diadelphie décandrie* de Linnæus ; offrant pour caractère essentiel : Un calice à cinq dents ; une corolle papillonacée ; la carène munie de chaque côté d'un éperon subulé, étalé ; un ovaire supérieur, surmonté d'un style court, ascendant, et d'un stigmate obtus. Le fruit est une gousse oblongue, linéaire, un peu cylindrique, droite ou courbée, renfermant plusieurs semences.

Ce genre est intéressant par les espèces qu'il renferme en très-grand nombre, parmi lesquelles plusieurs fournissent ce bel indigo si répandu dans le commerce. Il se rapproche beaucoup des galégas, distingué par ses gousses menues, rarement comprimées. Il comprend des herbes ou arbustes à feuilles ternées, rarement simples, plus souvent ailées avec une impaire ; quelquefois les folioles sont articulées et comme aristées à leur base : les fleurs petites, ordinairement disposées en grappes axillaires.

* *Indigotiers à feuilles ailées.*

Indigotier franc : *Indigofera anil*, Linn. ; Lamk., *Ill. gen.*, tab. 626, fig. 2 ; Rumph., *Amb.*, 5, tab. 80. Cette espèce, une des plus intéressantes de ce genre, est un petit arbuste de deux ou trois pieds de haut, dont la tige est droite, cylindrique, rameuse, blanchâtre, chargée de poils courts et couchés. Les feuilles sont alternes, pétiolées, ailées avec une impaire, composées de neuf à onze folioles ovales-obtuses, entières, un peu blanchâtres en-dessous, à peine longues

d'un pouce : des stipules petites, subulées. Les fleurs sont
petites, d'un vert rougeâtre ou pourpré, disposées en grappes
fort courtes, simples, coniques, moins longues que les feuilles : les calices couverts de petits poils couchés et blanchâtres ;
les bractées sétacées. Les fruits sont des gousses grêles,
longues de huit à dix lignes, courbées en faucille, presque
glabres, bordées par la saillie latérale de leurs sutures, renfermant cinq à six semences quadrangulaires. Cette plante
croît dans les Indes orientales. On la cultive dans les Antilles
et dans plusieurs autres contrées de l'Amérique méridionale,
pour en obtenir cette belle couleur bleue connue sous le
nom d'*indigo*.

L'indigo est une fécule précipitée, desséchée et réduite en
masses solides, légères, cassantes, d'un bleu d'azur très-foncé.
Les teinturiers l'emploient, avec le *pastel*, pour teindre en
bleu les étoffes de soie et de laine ; les peintres s'en servent,
en le mêlant avec d'autres couleurs, dans la peinture en
détrempe : les blanchisseuses l'emploient pour donner une
teinte bleuâtre à leur linge.

L'indigo est d'un usage si répandu, d'un prix si excessif
lorsque les relations commerciales sont interrompues, qu'on
s'est proposé, il y a quelques années, d'en essayer la culture
en France, surtout dans les départemens méridionaux : on a
trouvé peu de localités qui lui soient favorables, excepté
quelques endroits aux environs de Toulon, de Narbonne, etc.
Mais, la valeur territoriale de ces terrains étant fort élevée,
on n'auroit pu mettre l'indigo qu'ils auroient produit en
concurrence pour le prix avec celui des colonies ; ce qui a
déterminé à se rejeter sur le pastel, et à en perfectionner la
culture, pour en obtenir une couleur bleue d'une belle qualité.

Dans les colonies américaines, la culture de l'indigo riva-
lise presque avec celle du sucre et du café, quoiqu'elle soit
moins productive ; mais aussi elle n'exige pas d'aussi grandes
avances, et les résultats en sont plus prompts. Les terrains
nouvellement défrichés sont ceux où l'indigo réussit le mieux,
parce qu'ils conservent la portion d'humidité nécessaire à sa
croissance. Des abris naturels ou artificiels contre les grands
vents sont très-avantageux pour sa végétation : on doit en

conséquence préférer de le semer sur le bord des bois, dans les vallons, et, lorsqu'on ne le peut pas, l'entourer d'une lisière de roseau ou autres grandes plantes d'une rapide croissance.

Quoique l'indigo soit un arbuste, on est dans l'usage de le semer tous les ans, parce qu'on a remarqué que les jeunes pieds fournissent des feuilles plus grandes et plus nombreuses. On le sème à Saint-Domingue depuis Novembre jusqu'en Mai, immédiatement après les pluies; dans la partie septentrionale, on choisit Novembre ou Décembre, époque où il tombe des pluies amenées du nord; dans la partie sud, il faut attendre les pluies d'orage en Mars et Avril. Lorsqu'on peut faire des irrigations, on doit toujours semer de bonne heure.

Quoique les graines de deux ou trois ans lèvent assez bien, il faut toujours préférer les plus nouvelles; elles lèvent au bout de trois ou quatre jours : il faut peu après faire un sarclage, le répéter tous les quinze jours, jusqu'à ce que les pieds d'indigo soient assez forts pour empêcher les mauvaises herbes de repousser. Cette plante craint la sécheresse, les vents brûlans et impétueux, les pluies trop fortes ou trop prolongées, les chenilles et quelques autres insectes. On s'oppose à la sécheresse par des irrigations, aux vents par des abris; difficilement aux longues pluies, qui font prospérer la plante, mais empêchent la fécule de se former. Le moment où l'indigo doit être coupé, est celui où commencent à paroître ses premières fleurs, ce qui a lieu dans le cours du troisième mois après les semailles. La première coupe de l'indigo est suivie d'une seconde, six ou sept semaines après; d'une troisième et plus, selon la nature du terrain. En Égypte, la culture de l'indigo est moins sujette aux accidens qu'à Saint-Domingue, et semble mieux entendue. On choisit pour la faire des terrains élevés, et l'on a soin de les entourer d'une chaussée, pour empêcher l'inondation du Nil d'y pénétrer, parce qu'on ne renouvelle la plante que tous les trois ou quatre ans. Chaque année on fait quatre coupes, deux avant et deux après la crue du Nil.

Il y a quelques variétés dans les procédés employés pour retirer des feuilles et des tiges la fécule de l'indigo. A Saint-Domingue, un établissement destiné à la fabrication de l'indigo est composé de trois cuves d'une moyenne capacité, et d'un petit vase : elles sont, au moyen d'une bâtisse en pierres, élevées les unes au-dessus des autres, de manière que l'eau contenue dans la plus haute, qu'on nomme le *trempoir*, puisse se vider dans la seconde, qui s'appelle la *batterie*, et celle-ci dans la troisième, qu'on désigne sous le nom de *reposoir*. Le petit vase, nommé le *bassinot* ou le *diablotin*, est placé entre la seconde et la troisième cuve : il est destiné à recevoir la fécule qui en sort, et est terminé en cul-de-lampe, pour faciliter l'enlèvement de cette fécule. Quatre poteaux sont fixés aux coins du trempoir, et servent à maintenir les planches qu'on place sur l'indigo, pour l'empêcher d'être rejeté dehors par l'effet de la fermentation. On emploie, pour battre l'indigo, un instrument que l'on nomme *buquet*, qu'un nègre fait mouvoir en tout sens, afin d'introduire dans l'eau la plus grande quantité d'air possible. On emploie aussi, pour battre l'indigo, des machines mues par des hommes, par des chevaux ou par un courant d'eau : le mouvement est excité par des patelles fixées à un arbre horizontal. Toutes les eaux ne sont pas indifférentes à la préparation de l'indigo : celles qui sont crues, qui tiennent en dissolution de la craie ou de la sélénite, comme celles de la plupart des puits, ne valent rien.

On place dans le trempoir les tiges et les feuilles de l'indigo de manière à ce qu'elles ne soient ni trop ni trop peu pressées : on les recouvre de trois ou quatre pouces d'eau, et on fixe les planches qui doivent les empêcher de déborder. La fermentation s'établit dans la masse plus ou moins rapidement, selon la chaleur de l'atmosphère. On juge qu'il est temps de l'arrêter, en mettant un peu d'eau prise dans la cuve à diverses profondeurs, dans une tasse d'argent : si la fermentation est parvenue au degré convenable à la préparation de la fécule, celle-ci se précipite au fond de la tasse en grains bien caractérisés. Alors on fait écouler toute l'eau du trempoir dans la batterie, et on l'agite en tout sens avec les buquets. Il suffit de deux ou trois heures à une cuve convenablement battue pour que toute la fécule qu'elle contient soit précipitée ; alors l'eau est très-claire, d'une belle couleur ambrée. On ouvre d'abord le premier robinet, afin de faire écouler, sans troubler le fond de la cuve, l'eau qui lui est supérieure : ensuite on en fait autant au second ; le troisième est destiné à faire écouler dans le diablotin l'indigo, qui ressemble alors à une vase noire liquide.

La fécule retirée du diablotin est d'abord mise dans des sacs suspendus, afin de faire écouler l'eau surabondante : ensuite dans des caisses plates, qu'on expose en plein air sous des hangars, où elle prend encore plus de consistance : enfin, on divise la fécule en petits parallélogrammes, qu'on expose au soleil jusqu'à ce qu'ils soient secs, du moins en apparence ; placé ensuite en cet état dans une barrique, il y éprouve une nouvelle fermentation, s'échauffe, rend de grosses gouttes d'eau, exhale une odeur désagréable, et se couvre d'une poussière fine et blanchâtre. Au bout d'un mois, on l'ôte de cette barrique, et on le fait sécher de nouveau ; ce qui ne demande pas plus de cinq à six jours. En cet état il peut entrer dans le commerce, quoiqu'il faille encore six mois avant qu'il soit arrivé à son dernier point de perfection : alors il n'est plus dans le cas de subir de déchet ni d'altération, s'il est tenu dans un lieu bien sec.

On distingue dans le commerce plusieurs sortes d'indigo, qui offrent des caractères fort différens, et qui paroissent cependant provenir tous de la même plante. Celui de Guatimala passe pour le meilleur, ensuite celui de Saint-Domingue.

Dans plusieurs contrées de l'Inde on sépare les feuilles des tiges, et l'on ne met dans le trempoir que les premières. On prétend que par cette méthode on obtient une plus belle fécule : mais elle occasionne une grande perte de temps et de main-d'œuvre : elle fait perdre une grande portion de fécule, étant certain que l'écorce des tiges en contient comme les feuilles. Les Chinois font entrer de la chaux dans le trempoir, comme nos teinturiers dans leur cuve ; mais il est toujours possible de s'en dispenser, lorsqu'on sait conduire convenablement la fermentation et l'arrêter à propos. Sur la côte occidentale d'Afrique, on fabrique l'indigo comme nous fabriquons le pastel en France : on pile les feuilles et les tiges, et on en forme des boules, qu'on fait dessécher à l'ombre.

En Égypte on emploie pour la fabrication de l'indigo une

méthode peu connue, qui n'en est pas moins la plus simple, la plus sûre et la plus économique, à laquelle les chimistes françois ont donné leur approbation, en proposant de l'appliquer au pastel. Les Égyptiens ne coupent de chaque tige d'indigo que ce que peuvent en employer quatre ou cinq hommes. On jette ces tiges avec les feuilles dans de grandes chaudières remplies d'eau, qu'on fait bouillir pendant trois heures; après quoi, l'eau chargée de fécule est conduite dans d'autres vaisseaux, où on la bat avec de larges pelles, jusqu'à ce que la fécule se soit précipitée; puis on décante l'eau, et on fait sécher la pâte. L'ébullition fait ici en peu d'heures le même effet que la fermentation, c'est-à-dire qu'elle désorganise le parenchyme des feuilles et de l'écorce, et facilite la séparation de la fécule. Par ce moyen, on ne perd jamais le produit de la récolte, comme il arrive assez souvent en Amérique, quand l'opération de la fermentation est manquée, qu'elle n'est point conduite au point convenable.

INDIGOTIER DES INDES : *Indigofera indica*, Lamk.; *Indigofera tinctoria*, Linn.; Moris., §. 2, tab. 22; Pluken., tab. 165, fig. 5. Cette plante, très-rapprochée de la précédente, en diffère par ses fruits, qui ne sont point courbés en faucille, qui sont plus cylindriques, et ont leurs sutures moins saillantes : sa tige est glabre dans toute sa longueur; les folioles ovales-cunéiformes, verdâtres à leurs deux faces, chargées, dans leur jeunesse, de poils rares et couchés; les gousses glabres, menues, d'un rouge brun, pendantes, longues de quinze à dix-huit lignes, mucronées obliquement. Cette plante croit dans les Indes, à l'Isle-de-France, à Madagascar. Elle est, ainsi que la précédente, employée, dans les Indes et en Amérique, à faire de l'indigo : cependant, comme ses tiges sont plus ligneuses et ses feuilles moins succulentes, on lui préfère la première.

INDIGOTIER GLAUQUE : *Indigofera glauca*, Lamk., Encycl.; Zanon., *Hist.*, tab. 12; *Indigofera argentea*, Linn., l'Hérit., *Stirp. nov.*, tab. 79; *Indigofera articulata*, Goum., *Ill.*, 49; *Indigofera tinctoria*, Forsk., *Ægypt.*, pag. 138. Cette espèce est très-remarquable par sa belle couleur glauque, argentée. Ses tiges sont herbacées, couvertes d'un duvet court, très-blanc; les feuilles inférieures souvent ternées, les supérieures ailées, à cinq ou sept folioles ovales-obtuses, chargées en leurs deux faces d'un duvet très-court; les fleurs petites, purpurines, disposées en grappes lâches et courtes; le calice cotonneux. Cette espèce croît en Égypte, dans l'Arabie, en Barbarie : on la cultive dans les environs de Tunis pour la fabrication de l'indigo.

INDIGOTIER VELU : *Indigofera hirsuta*, Linn.; Lamk., *Ill. gen.*, tab. 626, fig. 5; Beauv., Fl. d'Oware, tab. 119; *Kattu-tagera*, Rheed., *Malab.*, 9, tab. 50; Burm., *Zeyl.*, tab. 14. Cette plante est velue sur presque toutes ses parties. Ses tiges sont herbacées, anguleuses, velues; les feuilles ailées, composées de cinq à sept folioles et plus, ovales-obtuses, velues à leurs deux faces; les stipules sétacées; les fleurs roussâtres, très-velues, disposées en épis axillaires; les divisions du calice sétacées, très-barbues; la corolle pourprée, à peine plus longue que le calice; les gousses droites, tétragones, laineuses, toutes pendantes, longues d'environ neuf lignes. Cette plante croît aux lieux sablonneux, dans les Indes orientales et sur la côte du Malabar.

INDIGOTIER A ONZE FOLIOLES : *Indigofera endecaphylla*, Willd.; Jacq., *Icon. rar.*, 3, tab. 569; Beauv., Fl. d'Oware, tab. 84. Cette espèce a des racines fusiformes, épaisses et charnues; des tiges couchées, herbacées, longues d'environ deux pieds. Ses feuilles sont ailées, composées d'environ onze folioles presque sessiles, glabres, oblongues, obtuses, très-entières, un peu rétrécies à leur base; les fleurs presque sessiles, d'un beau rouge, disposées en grappes axillaires, plus courtes que les feuilles; les gousses tétragones, brunes, réfléchies, un peu velues, longues d'un pouce, légèrement mucronées à leur sommet. Cette plante croît en Guinée et dans les royaumes d'Oware et de Benin. M. de Beauvois pense que les nègres se servent de la partie colorante de cette plante pour teindre en bleu le coton avec lequel ils font leurs pagnes.

INDIGOTIER A FEUILLES MENUES : *Indigofera tenuifolia*, Lamk., Encyclop. Espèce très-remarquable par la ténuité de ses folioles, par les longs pédoncules de ses épis. Ses tiges sont grêles, longues de six à sept pouces, un peu rameuses; ses feuilles ailées, composées de onze à treize folioles très-étroites, presque filiformes; les pédoncules axillaires, beaucoup plus longs que les feuilles, soutenant un épi de douze à quinze petites fleurs rougeâtres, un peu pédicellées; les calices noirâtres, à cinq dents aiguës, chargés de poils couchés et blanchâtres. Cette plante croit au cap de Bonne-Espérance.

**** *Indigotiers à feuilles digitées, ou ternées, ou géminées.***

INDIGOTIER ÉPINEUX : *Indigofera spinosa*, Forsk., *Ægypt.*, pag. 157. Arbrisseau à tige ligneuse, diffuse, garnie d'épines de la grosseur d'un fil. Les feuilles sont ternées; les stipules droites, petites; les fleurs rouges; leur calice ouvert; les gousses scabres, cylindriques, géminées, situées dans les aisselles des feuilles. Cette plante a été découverte par Forskal dans l'Arabie.

INDIGOTIER COUCHÉ : *Indigofera procumbens*, Linn., *Mant.* Plante à tige couchée, herbacée, longue d'un pied, un peu anguleuse, à peine pileuse, garnie de feuilles ternées, à folioles ovoïdes, égales, un peu mucronées à leur sommet, légèrement pubescentes en-dessus, pileuses en-dessous; les stipules subulées; les fleurs d'un pourpre noirâtre, dépourvues de bractées, réunies en un épi latéral, axillaire, pédonculé; le pédoncule plus long que les feuilles. Cette plante croît sur les montagnes, au cap de Bonne-Espérance.

INDIGOTIER PSORALOÏDE : *Indigofera psoraloides*, Linn.; Pluk., tab. 520, fig. 5; Rivini, *Tetr.*, 71, fig. 155; *Indigofera racemosa*, Linn., *Amœn.*, 6, pag. 55. Ses tiges sont grisâtres, un peu ligneuses, anguleuses; les feuilles ternées; les folioles linéaires-lancéolées, pileuses à leurs deux faces; les stipules linéaires-subulées; les pédoncules anguleux, plus longs que les feuilles, portant à leur sommet une vingtaine de fleurs petites, rougeâtres, disposées en épis; les calices pileux, leurs dents subulées. Cette plante croit au cap de Bonne-Espérance.

INDIGOTIER DIGITÉ : *Indigofera digitata*, Linn. fils. *Sup.*, 335. Sa tige est grêle, cylindrique et rameuse, velue vers son sommet; les feuilles assez semblables à celles du *lotus dorychnium*, presque sessiles, digitées, composées de cinq folioles oblongues, presque linéaires, chargées de petits poils couchés et blanchâtres ; les pédoncules plus longs que les feuilles , filiformes , chargés de petites fleurs en épi ; les calices blanchâtres et velus, à cinq dents sétacées. Cette espèce croît au cap de Bonne-Espérance.

INDIGOTIER A DEUX FOLIOLES ; *Indigofera diphylla*, Venten., Choix de pl., tab. 50. Cette plante a des tiges cylindriques, pubescentes. renversées, rameuses. d'un blanc cendré ; les feuilles alternes, pétiolées, à deux folioles, une latérale, l'autre terminale , disposition qui feroit soupçonner l'avortement d'une troisième foliole : elles sont ovales, pileuses, d'un vert cendré : la terminale longue d'environ un pouce, l'inférieure deux fois plus petite, pédicellée : les stipules lancéolées, pubescentes, roussàtres, aiguës, persistantes ; les grappes touffues, axillaires, de la longueur des feuilles ; les fleurs petites, couleur de rose ; les gousses ovales, arquées, comprimées. velues, renfermant deux ou trois semences brunes. Cette plante croît au Sénégal.

*** *Indigotiers à feuilles simples.*

INDIGOTIER A FEUILLES SIMPLES ; *Indigofera simplicifolia*, Lamk., Encycl. Ses tiges sont grêles, simples, un peu ligneuses ; ses feuilles alternes, très-simples, étroites, linéaires, presque sessiles, longues d'un pouce et demi, sur à peine deux lignes de largeur ; les pédoncules axillaires, beaucoup plus courts que les feuilles , chargés de trois ou quatre petites fleurs alternes, légèrement pédicellées ; les gousses linéaires, cylindriques, droites , mucronées, presque glabres, longues d'environ un pouce. Cette plante croit en Afrique, dans les environs de Sierra-Léone.

INDIGOTIER A LONGUES FEUILLES : *Indigofera oblongifolia*, Forsk., *Ægypt.*, pag. 137 ; Vahl, *Symb.*, 1, pag. 55. Plante de l'Arabie heureuse, dont les tiges sont ligneuses, divisées en rameaux tomenteux et soyeux. garnis de feuilles simples, presque sessiles, alternes, distantes, alongées, couvertes d'un duvet soyeux, longues de deux lignes ; les stipules petites, sétacées : les grappes axillaires , beaucoup plus longues que les feuilles : les fleurs nombreuses ; le calice soyeux et pubescent ; l'étendard de la corolle médiocrement velu.

L'*Indigofera sumatrana*, Lamk., *Ill. gen.*, tab. 626, fig. 1, n'est connu que par ses fruits, figurés par Gærtner, tab. 148. Ce sont des gousses pendantes, pédicellées. légèrement tétragones, un peu courbées en faucille, renfermant une douzaine de semences réniformes. (Poir.)

INDIOT (*Ornith.*). nom catalan du dindon, *meleagris gallopavo*. Linn., qu'on appelle en Pologne *indiyk*. (Ch. D.)

INDIVIA. (*Bot.*) Nom latin de l'endive, espèce de chicorée. (Lem.)

INDIVIDU. (*Bot.*) Une giroflée, un abricotier, un chêne, une mousse, qui sont provenus de graine, ou de bouture, ou de marcotte, et dont l'existence est indépendante de celle des végétaux qui les ont engendrés, sont autant d'individus du règne végétal. Voyez Théorie élémentaire. (Mass.)

INDIYCK (*Ornith.*), v. Indiot. (Ch. D.)

INDOU. (*Bot.*) Dans un herbier de Coromandel on trouve sous ce nom l'*acacia pennata*. (J.)

INDRI. (*Mamm.*) Nom d'une espèce de quadrumane. Voyez Maki. (F. C.)

INDURU. (*Bot.*) A Ceilan on nomme ainsi l'*olax*, suivant Gærtner. (J.)

INDUSIE. (*Bot.*) Dans la plupart des fougères la fructification est placée sur la face inférieure des feuilles, sous la forme de taches (sores) plus ou moins grandes, dont la distribution, la forme et la couleur varient suivant les espèces. Ces taches sont de petites masses de conceptacles dans lesquels sont contenus les corps réproducteurs. Elles commencent à se développer sous l'épiderme, qu'elles soulèvent et déchirent en grossissant. La partie de l'épiderme qui recouvre chaque groupe de conceptacles, est ce qu'on nomme indusie. (Mass.)

INDUSIE. (*Foss.*) On trouve auprès de Clermont en Auvergne, au sommet du Puy-de-Jussat. et dans d'autres endroits aux environs. un dépôt calcaire considérable qui n'offre aucune trace de corps marins : il est formé d'une très-grande quantité de tubes d'environ un pouce de longueur sur quatre à cinq lignes de diamètre. Ceux de ces tubes que nous avons pu voir. sont composés de petites paludines réunies par une incrustation calcaire ; mais il paroît qu'on en trouve aussi qui sont composés de petits grains de sable de diverse nature.

Ils sont ouverts à l'un des bouts, et l'autre est terminé par une calotte hémisphérique. Ils sont souvent agglutinés parallélement les uns aux autres : quelquefois ils se croisent dans tous les sens : d'autres fois ils sont divergens, et forment des espèces de bassins circulaires d'un pied et demi à deux pieds de diamètre.

M. Bosc, qui a le premier fait connoître ce singulier fossile, l'a trouvé à Saint-Gérard-le-Puy, près de Moulins. Il croit que ces tubes ont servi d'enveloppe à des animaux, tels que des larves de friganes, et il l'a nommé *indusia tubulata*. M. Ramond admet aussi cette origine, et il en a fait mention dans une Notice sur la constitution minéralogique des principaux points de l'Auvergne.

Dans un Mémoire sur les terrains qui paroissent avoir été formés sous l'eau douce, inséré dans le 15.ᵉ vol. des Ann. du Mus. d'hist. nat., et dont nous empruntons une partie des renseignemens sur ce fossile, M. Brongniart croit qu'une infiltration calcaire, postérieure à la formation de ces tubes, les a réunis dans beaucoup d'endroits plus solidement qu'ils ne l'eussent été sans cette circonstance, et a tapissé leurs parois, tant extérieures qu'intérieures, de manière à les déformer. Quelques personnes, au nombre desquelles nous nous sommes trouvés, avoient pensé que ces tubes n'avoient pu avoir été des demeures d'insectes, et ont cru qu'une concrétion calcaire dans laquelle se trouvoient de petites paludines, auroit enveloppé une multitude de brins de végétaux détruits par la suite. Mais le savant auteur du Mémoire n'admet point cette conjecture, et trouve qu'il y a une très-grande ressemblance entre certains de ces tubes et ceux que forment les larves de quelques espèces de friganes.

Le peu de longueur de ces tubes, l'uniformité de cette longueur et de leur diamètre, et surtout celle de leur extrémité qui se trouve bouchée, nous empêchent de croire que des roseaux auroient servi de moule à ces tubes, comme on le voit souvent dans des incrustations de ces derniers ; mais il est difficile d'expliquer leur véritable origine. (D. F.)

INDUVIE. (*Bot.*) On donne ce nom aux parties de la fleur qui persistent et recouvrent le fruit à sa maturité. Dans la baselle, le *salsola tragus*, etc., par exemple, c'est le périan-

the simple de la fleur qui forme l'induvie; dans la rose, les labiées, le *trifolium repens*, etc., c'est le calice; dans le riz, ce sont les glumelles; de là fruit *induvié*, calice *induvial*, etc. (Mass.)

INEKOU. (*Bot.*) Nom caraïbe, cité par Barrère, d'un *bignonia* grimpant, de la Guiane, que l'on ne peut rapporter, d'après son indication incomplète, à aucune espèce connue. Barrère ajoute seulement que la râpure de son bois, mêlée dans l'eau, enivre le poisson. Un autre *inecou*, cité dans l'herbier de Vaillant, est le bois d'acouma, *homalium racemosum*. (J.)

INEMBRYONNÉS. (*Bot.*) Ce nom convient bien aux plantes cryptogames, puisque leur mode de germination nous est inconnu, et qu'elles ne nous montrent pas de véritable embryon. Cette expression a été créée par M. Richard, que les sciences viennent de perdre. (Lem.)

INEPTI. (*Ornith.*) Illiger applique ce nom à une famille d'oiseaux qui paroit avoir été entièrement détruite, et qui ne renfermoit que le dronte, *didus ineptus*, Linn. Voyez INERTES. (Ch. D.)

INÉQUITELES. (*Entom.*) M. Latreille a désigné sous ce nom les araignées filandières ou fileuses. (C. D.)

INERME. (*Bot.*) Lorsque les végétaux sont munis de piquans, tels qu'épines, aiguillons, etc., on dit qu'ils sont armés; par opposition on les dit inermes (sans armes), lorsqu'ils sont dépourvus de piquans. (Mass.)

INERTES. (*Ornith.*) M. Temminck, dans l'Analyse du système général d'ornithologie qui précède la 2.ᵉ édition de son Manuel, substitue ce terme à celui d'*inepti*, et donne pour caractère à son 16.ᵉ ordre un bec de forme diverse; le corps probablement trapu, couvert de duvet et de plumes à barbes distinctes; les pieds retirés dans l'abdomen; le tarse court; trois doigts dirigés en avant, entièrement divisés jusqu'à la base; le doigt postérieur court, articulé intérieurement; les ongles gros et acérés; les ailes impropres au vol.

Le naturaliste hollandois dit que, sans égard à leurs doigts divisés, il n'a pas trouvé à placer plus convenablement que dans cet ordre, voisin des sphénisques et des apténodytes, les genres *Dronte* et *Apterix* : il faut avouer, toutefois, que c'est là un assez grand écart aux règles ordinaires. Quoi qu'il en soit. Shaw a établi, sur un individu qui seul existe dans les collections et qu'il nomme *apterix australis*, les caractères du dernier de ces genres, qui sont d'avoir un bec très-long, droit, subulé, mou, sillonné dans toute sa longueur, fléchi et renflé à la pointe ; la mandibule inférieure droite, évasée latéralement, subulée à l'extrémité ; de très-longues soies à la base du bec, jusqu'au bout duquel la fosse nasale est prolongée ; des narines paroissant s'ouvrir à la pointe de la mandibule en deux petits trous, dont les tubes sont cachés dans la masse du bec ; des pieds courts, emplumés jusqu'aux genoux ; les trois doigts de devant entièrement divisés ; celui du milieu de la longueur du tarse, et le postérieur court et garni d'un ongle gros et droit ; les ailes impropres au vol et terminées par une sorte d'ongle courbé ; la queue nulle.

A l'égard du *dronte*, dont les caractères génériques ont déjà été exposés dans ce Dictionnaire, tom. 13, pag. 522, ses principales différences consistent dans les sillons transversaux de la mandibule supérieure, le redressement de l'inférieure à sa pointe, et le placement des narines au milieu du bec. (Ch. D.)

INFACTI (*Bot.*), nom arabe du sureau, selon Daléchamps. (J.)

INFÈRE [Ovaire]. (*Bot.*) On nomme ainsi l'ovaire, lorsqu'il est adhérent au tube du calice et couronné par son limbe, de manière qu'il paroît inférieur à toutes les autres parties de la fleur : tel il est, par exemple, dans le poirier. (Mass.)

INFÉROBRANCHES, *Inferobranchia.* (*Malacoz.*) Dénomination employée pour la première fois par M. G. Cuvier, pour désigner une famille de mollusques gastéropodes, dont les branchies sont situées au-dessous du rebord libre du manteau : il y rangeoit d'abord les phyllidies, les patelles et les genres qu'on a démembrés du genre *Patella* de Linnæus, ainsi que les oscabrions.

Dans notre système de classification des mollusques, nous avions déjà retiré de ce groupe des inférobranches, dont nous formons un ordre, les différens genres démembrés des *patelles* de Linnæus, et dont les branchies sont sous le cou et véritablement pectinées, et surtout les oscabrions, quoique leurs branchies soient un peu comme dans les phyllidies, parce que nous les regardons comme des animaux subarticulés.

Dans son Règne animal, M. Cuvier ne conserve non plus dans ses inférobranches que les phyllidies et un nouveau genre qu'il nomme Diphyllidie. Nous y avons aussi établi un genre nouveau sous le nom de Linguelle. Voyez ce mot et Malacozoaires. (De B.)

INFLAMMATION. (*Chim.*) Voyez Ignition. (Ch.)

INFLAMMATION DES HUILES. (*Chim.*) Voyez Huiles végétales fixes, tome XXI. p. 516. (Ch.)

INFLAMMATION SPONTANÉE. (*Chim.*) C'est l'inflammation que présentent des substances qui ont été abandonnées à elles-mêmes à la température ordinaire : par ex., *le foin humide entassé dans un grenier; le coton filé, imprégné d'huile siccative.* (Ch.)

INFLÉCHI. (*Bot.*) Fléchi ou courbé en dedans. On applique cette épithète aux aiguillons, par exemple, lorsqu'étant courbés ils dirigent leur pointe vers la partie supérieure de la tige ou de la branche (*rosa muscosa,* etc.); aux feuilles dans le bouton. lorsqu'elles sont pliées de haut en bas (*cyclamen. aconit. tulipier. etc.*); à la lèvre supérieure d'une corolle. lorsqu'elle se renverse sur la lèvre inférieure (*brunelle. etc.*). et à la lèvre inférieure, lorsqu'elle se recourbe vers l'orifice du tube (*chelone barbata,* etc.); aux pétales, aux étamines, au style. lorsqu'ils se courbent vers le centre de la fleur : tels sont les pétales de l'*astrantia major,* les étamines de la fraxinelle. le style de l'*ervum tetraspermum.* (Mass.)

INFLORESCENCE. (*Bot.*) La manière dont les fleurs sont disposées sur le végétal, est ce qu'on appelle inflorescence. Les fleurs sont placées, ou sur la racine (colchique, pissenlit, etc.). ou sur la tige (*carica papaya, cactus peruvianus*), ou sur les rameaux (poirier. etc.), ou sur les feuilles (*xylophylla falcata,* etc.). ou sur les pétioles (*hibiscus moschatus,* etc.). dans l'aisselle des feuilles (pervenche). ou hors des aisselles des feuilles (*solanum nigrum. vigne,* etc.). Elles naissent une à une (*azarum,* etc.). ou deux à deux (*linnæa borealis, vicia sativa,* etc.). ou trois à trois (*teucrium chamæ-*

dris, etc.), ou en plus grand nombre ; et alors elles sont réunies en groupes. qui ont chacun un nom particulier : tels sont le Chaton, l'Épi, la Grappe, la Panicule, le Thyrse, le Corymbe, la Cime, le Faisceau, l'Ombelle, le Verticille, le Capitule, la Calathide. Voyez ces mots. (Mass.)

INFUNDIBULIFORME [Corolle]. (*Bot.*) On nomme ainsi celle dont le limbe, plan comme une soucoupe très-évasée, est terminé inférieurement par un tube droit. On en a des exemples dans la pulmonaire, le laurier-rose, etc. Le style du *hura crepitans*, le stigmate du *kœmpferia longa*, sont aussi infundibuliformes. (Mass.)

INFUNDIBULUM (*Conchyl.*), nom latin du genre *Entonnoir*, établi par M. Denys de Montfort. (De B.)

INFUSION. (*Chim.*) Opération par laquelle on met une substance organique, composée de plusieurs principes immédiats, dans un liquide que l'on expose ensuite à une chaleur insuffisante pour le faire bouillir. Cette opération a pour objet de séparer les principes qui sont solubles, de ceux qui ne le sont pas. On peut faire l'infusion avec de l'eau, de l'alcool, des huiles, etc.

Le mot *infusion* s'applique aussi au résultat de l'opération. (Ch.)

INFUSOIRES, *Infusoria*. (*Zoolog.*). C'est à Otton-Fréderic Muller que la zoologie doit l'introduction de cette dénomination, pour désigner une classe d'animaux qui se développent dans les infusions végétales ou animales, et qu'à cause de leur extrême petitesse on a quelquefois aussi nommés animaux microscopiques, parce qu'on ne peut que rarement les apercevoir sans microscope. Tous les auteurs systématiques, depuis Gmelin, qui l'a fait le premier, ont adopté cette coupe classique et ce nom, quoique quelques-uns, et entre autres M. de Lamarck, en aient un peu restreint l'application, ou ne l'aient admise qu'en faisant l'observation qu'elle étoit fort mal circonscrite. Le fait est que Muller n'a été guidé dans l'établissement de cette classe par aucun principe, et que par conséquent il est probable qu'elle contient un assemblage informe d'animaux de degrés d'organisation ou de types très-différens, à des degrés de développement sans doute également différens, qui n'ont pour caractères communs, si l'on peut appeler cela des caractères, que d'être d'une petitesse et d'une transparence extrêmes, et par conséquent de n'être appréciables qu'au microscope; de vivre toujours et forcément dans un fluide, ce qui est une suite de leur petitesse, et de ne se développer pour la plupart que dans des infusions de plantes ou d'animaux, ce qui est encore assez douteux. Leur forme générale et particulière, la seule chose qu'il soit permis à l'observateur de saisir, confirme les différences d'organisation : en effet, il y en a qui ont une forme bien paire, bien symétrique, non-seulement dans leur corps, mais aussi dans les appendices plus ou moins nombreux qui s'y joignent, et qui en outre sont revêtus d'une véritable enveloppe cornée, comme les brachions; quelques-uns ont le corps alongé, vermiforme ou déprimé, symétrique, sans trace d'appendices, comme les vibrions, les paramécies, etc.; d'autres ont, au contraire, une forme évidemment radiaire, avec une bouche ou cavité apparente, comme la plupart des vorticelles; enfin, il en est dont le corps est amorphe ou sans forme déterminée susceptible de définition, sans ouverture buccale et sans trace d'appendice, comme les protées, les volvoces et les monades. Que ceux de la première sorte soient de véritables animaux et même fort élevés dans l'échelle, cela est évident, puisqu'on leur trouve des appendices locomoteurs, bien distincts, qu'on a désignés sous le nom de roues, de filamens, etc.; une queue composée de plusieurs articles, et terminée souvent par des appendices variables en forme et en nombre; un véritable bouclier céphalothoracique, recouvrant un tronc plus ou moins distinct : on y a même remarqué un cœur, des yeux, des ovaires, et par conséquent on ne peut douter que ces animaux ne soient pourvus d'un canal intestinal complet, et n'aient beaucoup de rapports avec plusieurs des animaux que Muller lui-même a nommés des *entomostracés*. Il se pourroit même que quelques-uns des infusoires de cette première section ne fussent que des degrés de développement d'espéces d'entomostracés bien connues à l'état adulte, ces animaux étant susceptibles de métamorphoses très-distinctes, comme M. de Jurine l'a fait voir pour les nauplies et les amynomes. Quant à la seconde forme que l'on trouve parmi les infusoires, celle qui se voit dans les vibrions, on peut concevoir qu'elle doit appartenir à des animaux de la classe des apodes, puisque le corps est alongé, symétrique, sans articulations visibles et certainement sans appendices; mais c'est ce qu'il seroit trop hardi d'assurer, puisque les observateurs ne parlent pas de canal intestinal, ni par conséquent de bouche et d'anus. Cependant les mouvemens nombreux de ces corps organisés, et cela dans des sens que l'on regarde comme déterminés, ne permettent guères de douter de leur animalité. Il en est de même de la troisième forme que l'on trouve dans les animaux infusoires, c'est-à-dire, des véritables vorticelles: quoiqu'on n'ait pu y apercevoir qu'une sorte de cavité buccale, entourée de cils ou de tentacules courts à son entrée, il est encore indubitable que ce sont de véritables animaux ayant beaucoup d'analogie avec les hydres ou les polypes. Il reste donc les protées, les volvoces, que nous ne pouvons rapporter à aucun type connu; et, en effet, ce sont des corps organisés, sans forme déterminée, sans aucun organe, et qui ne sont autre chose qu'une petite masse de tissu cellulaire, dans les mailles duquel sont contenus des fluides, et qui est à peine condensé à la circonférence, pour former une enveloppe, en sorte que toutes les fonctions sont réduites dans ces corps à l'absorption immédiate de molécules toutes préparées d'avance et contenues dans le fluide ambiant, et à l'exhalation. C'est, pour ainsi dire, le terme ou la fin d'un animal très-élevé, le point où l'on ne peut plus distinguer dans le tissu de ses parties d'autres organes que du tissu cellulaire, ou les premiers momens de son origine. Aussi ne trouve-t-on plus dans ces êtres d'autres fonctions que celles qui existent à ce terme. Mais sont-ce réellement des animaux, c'est-à-dire, une certaine combinaison d'organes affectant une forme déterminée et agissant d'une manière également déterminée sur les corps extérieurs? C'est ce qui me paroît plus douteux. En effet, ils n'offrent aucune des trois conditions qui me semblent devoir entrer dans la définition d'un animal: on ne peut pas dire qu'ils soient une combinaison d'organes, ni *à priori*, ni *à posteriori*, s'ils n'ont pas de forme déterminée; et ils sont tellement dépendans des circonstances extérieures, qu'il paroît qu'ils ne peuvent absolument en modifier aucune. D'après cela, ne pourroit-on pas les considérer comme des molécules élémentaires des animaux, et peut-être même des végétaux ?

Quoi qu'il en soit, car ce n'est pas le lieu de développer et de soutenir cette idée, il résulte de ce que je viens de dire dans cet article, que la classe des infusoires ne peut être en aucune manière admise, parce qu'elle contient des animaux de types très-différens : ce que l'on ne pouvoit, il est vrai, reconnoître avant l'établissement du principe, que la forme générale du corps emporte un degré déterminé d'organisation ; car, dans de si petits animaux, ce n'est guère que la forme que l'on peut apercevoir. Aussi pensons-nous que les genres Brachion, Urcéolaire, Cercaire, Furculaire, Kérone, Trichocerque et Himantope appartiennent au type des entomozoaires ou aux animaux articulés, et spécialement à la classe des hétéropodes, ordre des entomostracés. Plusieurs espèces de Vibrions me paroissent pouvoir être regardées comme des apodes, ainsi que les genres Paramécie, Kolpode ; le reste des Vibrions, les Cyclides, et peut-être les Leucophes, doivent être très-probablement rangés près des planaires. Dans ce genre même il y a une espèce qui me paroît n'être autre chose qu'une ascidie. Les véritables Vorticelles sont des polypiaires. Enfin, les genres Gonium, Protée, Volvoce et Monade, si on peut les regarder bien certainement comme des animaux, me semblent devoir former un type distinct, que j'ai désigné sous les dénominations d'amorphes et d'agastraires, tirées de ce qu'ils n'ont pas de forme déterminée, et que l'enveloppe extérieure ne rentre pas pour former un estomac, comme il y en a dans tous les véritables animaux.

Les auteurs qui se sont le plus occupés des animaux dits infusoires, sont Leuwenhoeck, Hill, Baker, Joblot, Ledermuller, Pallas, Rœsel, et surtout Spallanzani et O. F. Muller, et, en général, les personnes qui ont fait des observations microscopiques. L'ouvrage de Muller a été presque entièrement traduit et ses figures ont été copiées dans l'Encyclopédie méthodique. Ce seroit une chose importante que ce travail fût repris avec des idées plus justes, et dans le but de s'assurer si la plupart de ces animaux sont véritablement adultes et s'ils jouissent réellement des singulières facultés qu'on leur attribue. On trouveroit sans doute beaucoup de choses à rectifier, et cela seroit non-seulement important pour la zoologie proprement dite, car je ne doute pas qu'il n'y ait beaucoup d'innovations à faire, mais encore pour la physiologie générale : en effet, beaucoup d'auteurs, admettant d'une manière trop étendue que ces animaux naissent pour ainsi dire dans les infusions végétales ou animales, se sont servis de cette observation pour soutenir la génération spontanée, et beaucoup d'autres idées plus ou moins erronées ; mais le fait est que ce ne peut être pour tous les animaux rangés parmi les infusoires que cela peut se supposer, mais seulement pour ceux que nous plaçons parmi les amorphes, et alors il s'agiroit auparavant de déterminer si ce sont de véritables animaux, ce qui n'est pas aussi aisé qu'il le paroît au premier coup d'œil. C'est aussi d'après ce qu'on a cru remarquer sur les dernières espèces d'infusoires, qu'on a admis une génération par scissure spontanée intérieure, ou par déchirement de la mère, dans le corps de laquelle se seroient formées des espèces de gemmules. Quoique l'on puisse réellement concevoir la chose *à priori* jusqu'à un certain point, il seroit cependant important de voir si elle a certainement lieu. C'est au contraire l'étude d'une des espèces les plus élevées qui a fait constater qu'un animal étoit pour ainsi dire une sorte de combinaison définie, au moins pour l'eau, en sorte qu'en lui rendant l'eau qui lui avoit été retirée par la dessiccation, l'animal, qui sembloit mort, reprend ses mouvemens habituels : c'est ce qui a été constaté pour le rotifère de Spallanzani (*vorticella convallaria* de Muller). Mais, dans la série d'observations qui restent à faire sur ces animaux, il faudroit surtout avoir le plus grand soin d'éviter les erreurs provenant de l'instrument qu'on est forcé d'employer ; ce qui paroît être difficile, à moins que l'observateur ne réunit la connoissance des principes de la science des animaux à celle du microscope. ce qui, jusqu'ici, ne s'est peut-être pas encore rencontré. (De B.)

INGA. (*Bot.*) Ce nom brésilien, cité primitivement par Marcgrave pour un arbrisseau de la famille des légumineuses, avoit été adopté par Plumier pour ce même végétal, dont il faisoit un genre, réuni ensuite au *mimosa* par Linnæus. Willdenow a rétabli le genre *Inga*, en lui réunissant plusieurs espèces. Aublet cite pour son genre *Galipea* le même nom donné par les sauvages de la Guiane. (J.)

INGA. (*Bot.*) Genre de plantes dicotylédones, à fleurs incomplètes, polygames, de la famille des légumineuses, de la *polygamie monoécie* de Linnæus, offrant pour caractère essentiel : Dans les fleurs hermaphrodites, un calice à cinq dents; une corolle tubuleuse, à cinq dents: des étamines nombreuses, monadelphes; un ovaire supérieur; un style. Le fruit est une gousse à une seule loge: les semences entourées de pulpe ou d'un arille. Le pistil manque dans les fleurs mâles.

Ce genre a d'abord fait partie des *mimosa* de Linnæus. Le très-grand nombre d'espèces qu'il renfermoit, et qui aujourd'hui monte à plus de deux cents: la différence qui, d'ailleurs, existoit entre les fleurs de beaucoup d'espèces, dans la forme de leur corolle, dans le nombre des étamines, dans la caractère des fruits et des semences, ont fourni le moyen de séparer en plusieurs autres genres celui des *Mimosa*: genre remarquable par ses formes élégantes et variées, très-curieux par les phénomènes singuliers qu'il présente et par les résines et les gommes que fournissent au commerce plusieurs de ses espèces; par les bois de construction qu'elles produisent en abondance (voy. ACACIE, tom. 1.ᵉʳ, et Supplément. *idem*); enfin, par la pulpe succulente, sucrée et musquée, contenue dans les gousses de beaucoup d'*inga*.

* *Feuilles deux fois géminées.*

INGA A BOIS ROUGE : *Inga bigemina*, Willd.; *Mimosa bigemina*, Linn.. *Spec.*; *Katou-conna*, Rheed., *Malab.*, 6, tab. 12. Grand et bel arbre des Indes orientales, dont le tronc est d'une telle grosseur qu'à peine deux hommes peuvent l'embrasser. Son bois est rouge, d'une odeur assez agréable; ses feuilles sont composées de deux paires de folioles ovales-lancéolées, acuminées, un peu rudes, d'un vert brun, luisantes en-dessus. Les fleurs sont blanches, réunies par bouquets sur un pédoncule commun, ramifié en panicule; les gousses sont contournées en spirale , médiocrement comprimées , renflées aux endroits des semences, et se crispent en s'ouvrant.

INGA LANCÉOLÉ : *Inga lanceolata* , Willd. , *Spec.* Grand arbre de l'Amérique méridionale , qui s'élève à la hauteur de quarante à cinquante pieds , et dont les rameaux sont glabres , flexueux , cylindriques , bruns , piquetés de blanc , armés d'épines droites , subulées , stipulaires , trèsfortes ; les feuilles deux fois géminées , coriaces , luisantes ; les folioles lancéolées , obtuses , longues d'un pouce et demi , calleuses et glanduleuses à leur base ; les pétioles munis d'une glande dans leur bifurcation ; les fleurs alternes , terminales , réunies en grappes paniculées ; les gousses contournées en spirale.

INGA A FEUILLES DE TROÈNE : *Inga ligustrina* , Willd. , *Spec.* ; Jacq. , Fragm. , tab. 52 , fig. 5. Arbrisseau d'environ quinze pieds , dont les rameaux sont cylindriques ; les plus vieux armés de deux épines courtes , subulées ; les feuilles deux fois géminées ; les folioles glabres , oblongues , obtuses à leurs deux extrémités , longues de deux pouces et plus ; les pétioles pubescens , glanduleux à leur base ; les fleurs disposées en grappes axillaires , alternes , simples ou composées ; les gousses oblongues , noueuses ; les semences noirâtres , à moitié recouvertes par une pulpe fongueuse. Cette plante croît dans l'Amérique méridionale , aux lieux sablonneux.

** *Feuilles trois fois géminées.*

INGA TRIGÉMINÉ : *Inga tergemina* , Willd. , *Spec.* ; Jacq. , *Amer.* , tab. 177 , fig. 81 ; *Acacia purpurea* , Lamk. , Encyc. Arbrisseau dont l'écorce est de couleur grisâtre. Les feuilles sont alternes ; les pétioles divisés à leur sommet en deux branches soutenant chacune six folioles , glabres , ovales - oblongues , obtuses , longues d'environ un pouce ; les fleurs rouges , disposées en bouquets courts sur des pédoncules longs d'environ un pouce : elles produisent des gousses longues de cinq à six pouces , étroites , comprimées , un peu courbées en sabre vers leur sommet. Cette plante croît dans l'Amérique méridionale.

INGA DES CARIPES ; *Inga caripensis* , Willd. , *Spec.* , 4 , pag. 1009. Arbrisseau de la Nouvelle-Andalousie , qui a de grands rapports avec l'espèce précédente , mais dont les folioles sont

plus grandes, aiguës à leurs deux extrémités, veinées, réticulées ; les rameaux cendrés, ponctués, verruqueux; les pédoncules solitaires, axillaires, supportant un paquet de dix
à douze fleurs sessiles ; les pétioles, dépourvus de glandes, de
la longueur des feuilles.

INGA A FEUILLES CORIACES : *Inga coriacea*, Willd., *Spec.*, *l. c.*
Ses tiges se divisent en rameaux bruns, cylindriques, garnis
de feuilles alternes, trois fois géminées, dépourvues de glandes à leur pétiole ; à folioles roides, oblongues, lancéolées,
coriaces ; deux ou trois pédoncules réunis dans l'aisselle des
feuilles, soutenant environ douze fleurs sessiles, fasciculées,
auxquelles succèdent des gousses planes, droites, linéaires,
longues de trois pouces. Cette espèce croit dans l'Amérique
méridionale.

❃❃❃ *Feuilles ailées; pétiole commun membraneux*
ou nu.

A. *Pétiole ailé ou membraneux.*

INGA A FRUITS SUCRÉS : *Inga vera*, Willd. ; *Mimosa inga*,
Linn. : Sloane, *Jam. hist.*, 2, tab. 185, fig. 1. Grand arbre
assez commun dans l'Amérique méridionale, dont le bois est
dur et blanc, et l'écorce grisâtre. Ses feuilles sont simplement
ailées, composées de trois à cinq paires de folioles fort grandes,
qui ont quelquefois plus de six pouces de long, sur trois de
large, lisses, ovales-lancéolées, un peu velues en-dessous, à
pétiole commun, ailé et articulé ; les fleurs sont grandes, blanchâtres, disposées en bouquets, munies d'un calice pileux,
tubulé, et d'une corolle velue, tubulée, à cinq dents ; les
gousses, pubescentes, renferment une matière spongieuse,
blanchâtre et sucrée, d'un goût assez agréable, d'où vient
que les créoles ont donné à ces fruits le nom de *pois sucrins*.
Les semences sont noires, de forme irrégulière, au nombre
de dix à quinze, placées dans autant de loges.

INGA FASTUEUX : *Inga fastuosa*, Willd. ; Jacq., *Fragm. bot.*,
tab. 10. Ses tiges se divisent en branches très-étalées; les rameaux sont velus, couleur de rouille ; les feuilles ailées, composées de quatre ou cinq paires de folioles ovales-oblongues,
luisantes en-dessus, chargées, principalement sur les nervures, de poils épars, couchés, hérissés en-dessous de poils

nombreux, couleur de rouille ; le pétiole est ailé, quelquefois muni de deux glandes pédicellées entre les folioles ; les fleurs sont disposées en épis axillaires, portées sur un pédoncule velu ; à la corolle velue succède une gousse linéaire, élargie, comprimée, tortueuse. Cette plante croît dans les environs de Caracas, dans l'Amérique méridionale.

INGA A FEUILLES DE HÊTRE : *Inga fagifolia*, Willd., *Spec.*, *l. c.*; *Mimosa fagifolia*, Linn.. *Spec.*; Pluk., *Almag.*, tab. 141, fig. 2 ; vulgairement le POIS DOUX D'AMÉRIQUE. Arbre d'un port agréable, qui s'élève à la hauteur de trente pieds, et supporte une cime ample, assez régulière ; son écorce est blanchâtre et unie ; ses feuilles, simplement ailées, sont munies de deux ou trois paires de folioles ovales, glabres, entières ; le pétiole commun est légèrement ailé ; les fleurs sont petites, blanchâtres, disposées en épis linéaires, un peu moins longs que les feuilles : les gousses oblongues, d'un blanc jaunâtre, coriaces, légèrement comprimées, renfermant une pulpe douce, que les habitans du pays où se trouvent ces arbres aiment à sucer. Cette espèce croît aux Antilles et à Cayenne.

B. *Pétiole nu.*

INGA NOUEUX : *Inga nodosa*, Willd., *Spec.*, *l. c.*; *Mimosa nodosa*, Linn., *Spec.*; Pluk., tab. 211, fig. 5. Arbre de l'île de Cayenne, dont les feuilles sont ailées, composées de deux paires de folioles au sommet d'un pétiole nu, très-menu ; les folioles inférieures munies, dans leur aisselle, d'une petite glande. Le fruit est une gousse longue de trois ou quatre pouces, un peu contournée et aplatie, d'un brun rougeâtre, noueuse aux endroits des semences. Cette plante croît également dans les deux Indes.

INGA ÉLÉGANT : *Inga spectabilis*, Willd. ; *Mimosa spectabilis*, Vahl, *Act. soc. hist. nat. Hafn.*, 2, tab. 10. Plante des contrées méridionales de l'Amérique, cultivée à l'île Sainte-Marthe. Ses rameaux sont glabres, légèrement flexueux, rendus anguleux par trois lignes saillantes partant de la base des pétioles, revêtus d'une écorce grisâtre, ferrugineuse et ponctuée. Les feuilles sont distantes, composées de deux paires de folioles opposées, presque sessiles, ovales-élargies, membraneuses, glabres, luisantes ; les supérieures longues de sept pouces ; les inférieures une fois plus petites ; les fleurs disposées en épis terminaux ; les corolles velues.

INGA A BAGUETTES : *Inga virgultosa*, Poir., Encycl., Suppl.; *Mimosa virgultosa*, Vahl, *Egl. dec.*, 2 , tab. 20. Ses rameaux sont grêles , cylindriques , alongés , pubescens , divisés en d'autres très-courts, sans épines, garnis de feuilles composées de trois à cinq paires de folioles glabres , sessiles , coriaces , luisantes , ovales , longues de cinq à six lignes ; les pétioles sont articulés, presque nus ; les fleurs disposées en ombelle simple , à peine plus longues que les feuilles; les pédoncules filiformes ; les calices petits , à cinq dents à peine sensibles; les corolles tubulées , à cinq dents droites , aiguës ; les filamens nombreux , réunis en un tube grêle , saillant , terminé par une troupe de filets capillaires. Cette plante croit à l'île de Cayenne.

**** *Feuilles conjuguées-ailées.*

INGA A LARGES FEUILLES : *Inga latifolia*, Willd.; *Mimosa latifolia*, Linn., *Spec.*; Plum., *Icon.*, tab. 9. Ses rameaux sont sans épines , garnis de feuilles en aile conjuguée; les pinnules partielles composées de cinq folioles glabres , ovales , luisantes , pédicellées , longues d'environ deux pouces et demi , alternes ; les deux terminales opposées; les fleurs purpurines, latérales , placées sur les vieux bois , presque sessiles , réunies par petits paquets presque en ombelle. Cette espéce croit dans l'Amérique méridionale.

INGA A FLEURS PURPURINES : *Inga purpurea*, Willd.; *Mimosa purpurea*, Linn.; Plum., *Icon.*, tab. 10 , fig. 1. Arbrisseau non épineux , dont l'écorce est grisâtre , garni de feuilles dont les pétioles se divisent en deux à leur sommet , et portent sur chaque bifurcation trois à quatre folioles glabres, ovales-oblongues , obtuses , longues d'environ un pouce ; les deux dernières opposées et plus grandes. Les fleurs sont rouges, disposées en bouquets pédonculés. Les gousses étroites , comprimées , longues d'un demi-pied , un peu courbées vers leur sommet. Cette plante croit dans l'Amérique méridionale.

***** *Feuilles deux fois ailées.*

INGA SAMAN : *Inga saman*, Willd.; *Mimosa saman*, Jacq., *Fragm. bot.*, 5, tab. 9. Grand arbre des environs de Caracas dans l'Amérique méridionale. Son tronc est épais et très-fort; ses feuilles sont deux fois ailées, composées de six paires de pinnules; les supérieures composées de sept à huit paires de folioles; les inférieures de deux ou trois : toutes les folioles glabres, ovales-obiongues, obtuses; les supérieures longues de trois pouces; les inférieures d'un demi-pouce : une glande comprimée en godet est entre toutes les folioles : les fleurs, réunies quatre à six en une petite tête globuleuse, pédonculée, produisent une gousse plane, linéaire, longue de sept à huit pouces, canaliculée sur ses deux sutures.

Inga a fruits ronds : *Inga cyclocarpa*, Willd.; *Mimosa cyclocarpa*, Jacq., Fragm. bot., 3o, tab. 34, fig. 1. Grand arbre de l'Amérique méridionale, des environs de Caracas. Son tronc est revêtu d'une écorce crevassée; les branches et les rameaux sont très-étalés: les feuilles deux fois ailées, formées de quatre à neuf paires de pinnules, composées chacune de vingt à trente paires de folioles tronquées à leur base, acuminées à leur sommet; les fleurs disposées en épis axillaires, pédonculés, rapprochés en tête; les corolles blanches; les gousses planes, orbiculaires, noueuses et sinuées à leur bord extérieur. Les semences sont enveloppées d'une pulpe grasse, visqueuse, savonneuse. Les naturels du pays s'en servent comme de savon. (Poir.)

INGHURU (*Bot.*), nom du gingembre, à Ceilan, suivant Hermann. (J.)

INGNAMOS. (*Bot.*) Voyez Inhame. (J.)

INGRAIN (*Bot.*), nom de l'épeautre dans quelques parties de la France. (Lem.)

INGUINALIS (*Bot.*), ancien nom du *buphthalmum spinosum*, cité dans la table d'Adanson. (H. Cass.)

Dioscoride donne ce nom à l'*aster atticus*, qu'il dit à fleurs rouges ou jaunes. Celui qui les a rouges paroît être l'*aster amellus*. Les fleurs jaunes semblent désigner un *buphthalmum* ou un *inula*. (J.)

INGUINARIA. (*Bot.*) Pline donne ce nom, au rapport de C. Bauhin, et celui d'*alysson*, suivant Césalpin, à la croisette velue, *valantia cruciata*. (J.)

INHAME. (*Bot.*) Nom donné en divers lieux à plusieurs espèces de *dioscorea*, au nombre desquelles est l'igname cultivé, qui donne son nom au genre, et dont on mange la racine sous la forme d'un pain nommé cassave, après lui avoir fait subir diverses préparations. Barrère, dans sa France équinoxiale, la nomme *inhyama*. Ailleurs on la retrouve sous les dénominations de *iniamos, ingnamos, ignamus*. (J.)

INHAMEHAVELLA. (*Bot.*) Voyez Hamehavella. (J.)

INHAZARAS. (*Mamm.*) Nom que Purchass donne à une espèce de fourmilier de la côte de Zanguebar, qu'il ne décrit qu'imparfaitement, et qu'il n'est pas possible de reconnoître à ce qu'il en rapporte. (F. C.)

INHYAMA. (*Bot.*) Voyez Inhame. (J.)

INIAMOS. (*Bot.*) Voyez Inhame. (J.)

INIMA. (*Min.*) Valmont de Bomare a introduit ce mot dans son Dictionnaire, et c'est le seul motif qui nous engage à en parler d'après lui. C'est, dit-on, le nom persan d'une ocre rouge. Voyez Imma. (B.)

INIMHIA (*Bot.*), nom brésilien du bonduc, *guilandina bonduc*, cité par Pison : Marcgrave le nomme *inimboy*. (J.)

INIPILAGALAN. (*Ornith.*) Nom kbriaque d'un oiseau de mer, qui est le stariki des Russes. *alca cristatella*, Gmel. et Lath. (Ch. D.)

INIQUIMI, TOULICHITI (*Bot.*) : noms caraïbes, cités dans l'herbier de Surian, pour une plante que Plumier prenoit pour un haricot, et qui paroît être le *glycine phaseoloides* de Swartz. (J.)

INLANKEN. (*Ichthyol.*) Voyez Illanken. (H. C.)

INNIL. (*Bot.*) Nom péruvien d'une espèce d'onagre, décrite et citée par Feuillée, mais non mentionnée par les auteurs modernes. Elle a de l'affinité avec l'*œnothera prostrata* de la Flore du Pérou. (J.)

INNUMMA (*Bot.*), nom sous lequel le coton est connu à Sierra-Leone en Afrique, suivant l'auteur du Recueil des voyages. (J.)

INNUUS (*Mamm.*), nom latin donné par Linnæus au magot. (F. C.)

INO (*Entom.*), nom d'un papillon. (C. D.)

INOCARPE, *Inocarpus*. (*Bot.*) Genre de plantes dicotylédones, à fleurs complètes, monopétalées, de la famille des sapotées, de la *décandrie monogynie* de Linnæus; offrant pour

caractère essentiel : Un calice bifide ; une corolle infundibuliforme, à cinq découpures linéaires ; dix étamines non
saillantes, insérées sur le tube de la corolle en deux rangées ;
les filamens très-courts : un ovaire supérieur, dépourvu de
style ; un stigmate concave. Le fruit consiste en un drupe
renfermant un noyau réticulé monosperme.

Inocarpe comestible : *Inocarpus edulis*, Forst., *Nov gen.*,
tab. 55 ; Lamk., *Ill. gen.*, tab. 562 ; Gærtn., *F. Carpol.*, tab.
199 et 200. Arbre découvert par Forster, dans les îles de la
mer du Sud, aux nouvelles Hébrides, à l'île d'Otahiti. Ses
rameaux sont garnis de feuilles alternes, oblongues, un peu
en cœur, très-entières, glabres et veinées, longues d'environ
neuf pouces, portées sur des pétioles très-courts. Les fleurs
sont petites, alternes, accompagnées de petites bractées,
disposées en épis solitaires, petits, velus, axillaires. Leur
calice est petit, partagé en deux découpures égales, oblongues, obtuses ; le tube de la corolle cylindrique plus long
que le calice ; le limbe divisé en cinq découpures linéaires,
plus longues que le tube ; les étamines ont leurs filamens
très-courts, disposés en deux rangées sur le tube de la corolle,
soutenant des anthères ovales. L'ovaire est oblong, velu,
dépourvu de style, à stigmate concave. Le fruit est un drupe
grand, ovale, comprimé, un peu courbé au sommet, renfermant un noyau fibreux, réticulé et monosperme. Il paroît qu'il est bon à manger. (Poir.)

INOCERAMUS. (*Foss.*) On trouve dans les couches de
craie, tant en France qu'en Angleterre, des débris de grandes
coquilles bivalves dont la contexture, analogue à celle des
pinnes marines, avoit fait croire à quelques naturalistes
qu'elles dépendoient de ce genre ; mais, ces débris ayant été
mieux observés, il a été reconnu que, comme beaucoup de
coquilles bivalves très-épaisses, elles n'avoient d'autres rapports avec les pinnes que leur contexture.

On trouve des morceaux cylindriques des charnières de
ces coquilles qui sont de la grosseur et de la longueur du
pouce. Ils portent un profond sillon garni au fond de crénelures serrées et diminuant de grandeur par l'un des bouts
de ces morceaux. Quelques-uns, qui sont plats et qui ont
plus de six lignes d'épaisseur, portent dans leur intérieur des

traces d'une très-grande impression musculaire. Les coquilles dont ils dépendent ont été brisées avant ou pendant le dépôt de la craie, car ils sont presque tous isolés et ils s'en trouvent entourés. Des personnes dignes de foi assurent qu'elles ont vu dans les falaises crayeuses de Dieppe de ces coquilles brisées qui pouvoient avoir quatre à cinq pieds de longueur.

M. Sowerby a rangé ces coquilles dans un genre auquel il a donné le nom d'*Inoceramus* ; mais M. Brongniart (Géogr. min. des env. de Paris), n'ayant pas trouvé qu'elles eussent assez de rapports avec les autres coquilles de ce genre, en a formé pour elles un particulier auquel il a donné le nom de *Catillus*. Les caractères de ces deux genres ne sont pas encore publiés, ou au moins ne nous sont point encore connus au moment où nous écrivons cet article, et quoique nous ayons une assez grande quantité de ces débris sous les yeux, nous ne pouvons saisir la véritable forme de ces grandes coquilles ; mais leur charnière linéaire, marginale et crénelée, paroit devoir les rapprocher des pernes et surtout des crénatules. Des débris de ces grandes coquilles, portant des stries circulaires régulières, prouveroient qu'elles présentoient des variétés ou des espèces particulières.

Je possède des coquilles de plusieurs espèces, trouvées dans des marnes crayeuses à Folkstone et à Hamsey en Angleterre, qui paroissent dépendre du genre Inoceramus : elles ont deux à trois pouces de longueur, et sont couvertes de fines stries circulaires : l'une d'elles porte sous les crochets une charnière linéaire et crénelée ; mais du reste son mauvais état de conservation ne permet pas d'en saisir tous les caractères.

On trouve dans le mont Salève près de Genève, et dans les couches du calcaire compacte des environs de Caen et de Carentan, des débris de coquilles bivalves qui ont quelquefois plus d'un pouce d'épaisseur, et dont la contexture ressemble à celle des inoceramus et des pinnes marines. Jusqu'à présent nous n'avons pu nous procurer des portions assez considérables de ces coquilles pour en connoître tous les caractères ; mais nous en avons vu assez pour croire qu'elles ne dépendent pas de ces deux genres. (D. F.)

INODERMA. (*Bot.*) Sous-genre établi dans le genre *Verrucaria* par Acharius. Il comprend des lichens à expansion arachnoïde et mince, ou presque spongieuse et molle comme de l'étoupe. Voyez Verrucaria. (Lem.)

INO-KADSITZ ou INO-KUSITZ, ou GOOSITZ (*Bot.*): noms japonois du *celosia argentea*, suivant M. Thunberg. L'*ino-matta* est une espéce de lichen, *cladonia subulata* de Hoffmann, *bœomyces subulata* d'Acharius. (J.)

INOLITHE. (*Min.*) Ferber dit que les Italiens nomment ainsi le gypse strié. Gallitzin applique ce nom à une variété de chaux carbonatée, concrétionnée, à structure fibreuse. (B.)

INONDÉ. (*Ornith.*) L'oiseau dont Sonnini a traduit le nom par l'*inondé*, est l'*anegadizos* de M. d'Azara. *Apuntamientos*. etc., tom. 2, n.° 253. espèce du genre des *Queues-aiguës*, qui a six pouces de longueur, dont les parties supérieures sont roussâtres, la gorge d'un jaune clair, et le dessous blanchâtre. Cet oiseau est remarquable par la circonstance qu'aux six intérieures des douze pennes caudales les barbes finissent tout à coup, comme si on les avoit coupées à deux lignes du bout : que les deux du milieu ont dix-huit lignes de plus que l'extérieure. laquelle en a six de moins que la suivante : les autres sont étagées. Leur habitude est de sautiller sur les buissons et les plantes aquatiques, où ils se tiennent toujours cachés. (Ch. **D.**)

INOPHYLLUM. (*Bot.*) Burmann avoit donné ce nom à une espèce de calaba, *calophyllum*. (J.)

INOPSIS. (*Bot.*) Genre de plantes monocotylédones, à fleurs incomplètes, de la famille des *orchidées*, de la *gynandrie monogynie* de Linnæus; offrant pour caractère essentiel : Une corolle à six pétales, dont cinq presque égaux, étalés; les deux extérieurs latéraux soudés à leur base, ayant la forme d'un éperon; le sixième pétale plan, très-grand, libre, non éperonné, tuberculé à sa base; la colonne des organes sexuels ailée à son sommet; une anthère operculée, terminale; le pollen réuni en deux paquets.

Ce genre se rapproche beaucoup des *oncidium*; il en diffère principalement par la forme des deux pétales extérieurs latéraux, soudés à leur base, ayant la forme d'un éperon. Son nom est composé de deux mots grecs, qui annoncent que ses fleurs ressemblent à celles de la violette par leur forme et leur couleur, ιον (*viola*), οφσις (*facies*).

Inopsis élégante; *Inopsis pulchella*, Kunth *in* Humb. et Boupl., *Nov. gen.*, 1, pag. 548, tab. 85. Plante parasite de la Nouvelle-Grenade, qui croît sur le tronc du *psidium pomiferum* et du *crescentia cujetes*. Ses racines sont blanches, filiformes; ses feuilles planes, glabres, linéaires-lancéolées, longues de deux ou trois pouces; les hampes droites, cylindriques, simples, quelquefois munies d'un ou de deux rameaux, terminées par un épi de fleurs pédicellées, accompagnées de petites bractées linéaires. La corolle est violette; les trois pétales extérieurs lancéolés, les latéraux plus étroits que le supérieur; les deux intérieurs une fois plus grands que les extérieurs; la lèvre ou le sixième pétale grand, à trois lobes; le lobe du milieu plus grand, échancré en cœur; les latéraux très-petits; la colonne terminée par un bec court; l'ovaire glabre. (Poir.)

INOTA-INODIEN (*Bot.*), espèce de coqueret ou alkekenge du Malabar, *physalis pubescens*. (J.)

INQUART, INQUARTATION. (*Chim.*) Opération par laquelle on ajoute à de l'or allié de cuivre, qu'on veut passer à la coupelle, une quantité d'argent, qui doit être environ trois fois plus grande que la quantité d'or pur contenue dans l'alliage. Voyez tome XV, p. 560 et 561. (Ch.)

INSALA. (*Bot.*) Burmann, dans son *Thes. Zeyl.*, cite sous ce nom une plante de Ceilan, qui est la même que le *kurka* des Malabares : c'est une catairc existant aussi à Madagascar, et que M. de Lamarck nomme *nepeta madagascariensis*. (J.)

INSCHI (*Bot.*), nom du gingembre chez les Malabares, suivant Rhéede. (J.)

INSECTA VAGINI PENNIA. (*Foss.*) Bromel a désigné ainsi les trilobites, auxquels on a donné depuis le nom de calymènes. Voyez Trilobites. (D. F.)

INSECTES, *Insecta*. (*Entom.*) Ce nom exprime la conformation la plus générale des animaux auxquels on l'applique; car leur corps est composé de petites portions distinctes, qui forment autant d'anneaux ou de segmens, articulés les uns sur les autres de manière à présenter autant d'intersections. Il est évident que le mot insecte, en latin *insectum*, vient d'*intersectum*, entrecoupé, nom qui lui-même est la traduction littérale du mot grec εντομον, exprimant la même idée.

Dans l'état actuel des connoissances acquises en histoire naturelle, voici la définition la plus exacte que l'on puisse donner d'un insecte parfait, c'est-à-dire sous sa dernière forme.

Animal sans vertèbres; à tronc, ou partie moyenne du corps, articulé en dehors; muni de membres articulés; et respirant par des stigmates, qui sont les orifices des trachées intérieures.

Tous ces caractères, comme nous allons l'indiquer, distinguent la classe des insectes de celles auxquelles on doit rapporter les autres espèces d'animaux.

Le défaut d'os intérieurs ou de vertèbres est un caractère essentiel, qui se joint cependant à un très-grand nombre d'autres qu'on pourroit également nommer négatifs, parce qu'on ne les retrouve pas dans les insectes: tels sont l'absence d'un cœur et de vaisseaux propres à la circulation; d'organes distincts, isolés, pour la respiration, comme les poumons et les branchies, etc.; et ces caractères suffisent pour faire distinguer cette classe de la zoologie d'avec les quatre premières classes, auxquelles on rapporte les Mammifères, les Oiseaux, les Reptiles et les Poissons.

Les articulations qu'offre la partie moyenne du corps ou le tronc, éloignent les insectes des Mollusques et de la plupart des Zoophytes. Les membres articulés, situés sur les parties latérales et le plus ordinairement au nombre de six, peuvent servir à les faire distinguer des Vers ou des Annelides, comme la présence des stigmates, qui sont les orifices des trachées, les fait reconnoître d'avec les Crustacés, qui respirent par des branchies, et qui ont par conséquent des vaisseaux, tandis que les insectes en sont constamment privés. (Voyez l'article Entomologie, où nous avons cru devoir insister sur ces caractères et sur le rang que les insectes paroissent devoir occuper dans l'échelle des êtres.)

Nous nous proposons, dans cet article, de présenter d'abord des idées générales sur la structure des insectes, de faire ensuite connoître les fonctions principales et l'organisation de ces animaux; après quoi nous exposerons la classification ou la méthode que nous avons employée pour conduire facilement à la connoissance des insectes; enfin, nous présenterons une histoire abrégée des auteurs qui ont traité des insectes en général, en indiquant principalement les systèmes, ou les méthodes, qu'ils ont successivement proposés.

§. 1.er *Idées générales sur la conformation et sur la structure des insectes.*

La plupart des insectes ont six pattes et sont dits, pour cela même, *hexapodes.* Beaucoup ont des ailes. Leur corps est le plus souvent formé de seize pièces ou articulations distinctes, que l'on considère comme formant trois régions principales : la *tête,* le *corselet* ou *thorax,* et l'*abdomen* ou le *ventre.*[1]

La tête s'articule constamment avec le corselet ou thorax ; mais ce mode d'*articulation* varie suivant les ordres, les familles et les genres. Il n'y a que les araignées, les scorpions, les faucheurs et les autres insectes sans ailes de la famille des acères, dont la tête n'est pas articulée et mobile sur le tronc et ne porte pas d'*antennes.*

On distingue dans la tête des insectes la *bouche,* dont les parties diffèrent beaucoup, non-seulement dans tous les ordres, mais même par de petites modifications dans tous les genres et très-probablement aussi dans toutes les espèces. Ces modifications des parties de la bouche ont été étudiées avec beaucoup de détails par quelques entomologistes, qui ont établi, d'après cette considération, non-seulement des ordres qu'ils ont appelés à tort des classes parmi les insectes, mais qui même en ont tiré tous les caractères des genres.

Nous ne nous étendrons pas beaucoup ici sur ce sujet, l'ayant exposé à l'article BOUCHE. Il suffira de rappeler que, sous ce point de vue, tous les insectes peuvent être rapportés à deux grandes divisions : les espèces à mandibules et à mâchoires libres, disposées par paires mobiles isolément ; ce sont les insectes mâcheurs ou broyeurs : tels sont les quatre premiers ordres, les coléoptères, orthoptères, névroptères et hyménoptères, et la plupart des familles des insectes parmi les aptères. Mais, déjà dans l'ordre des insectes hyménoptères, et en particulier dans les familles des mellites, des ptérodiples et des chrysides, les mâchoires s'alongent, s'aplatissent et

---

1 Pour éviter les répétitions, nous prévenons le lecteur qu'il trouvera dans ce Dictionnaire, et dans l'ordre alphabétique, des détails beaucoup plus circonstanciés sur chacune de ces parties dont les noms sont imprimés en caractères italiques.

forment, à l'aide de la lèvre inférieure, une sorte de tube et de langue qui donne à ces insectes la double faculté de broyer les alimens et de les pomper par une sorte de succion.

Dans les insectes suceurs proprement dits, les alimens ne peuvent être avalés qu'autant qu'ils sont liquides ; mais les organes qui servent à produire cette succion, sont très-diversifiés dans les différens ordres. Ainsi chez les hémiptères c'est un *bec* articulé, sorte de tube composé de plusieurs pièces qui vont, en diminuant de grosseur, de la base à la pointe, et dans l'intérieur desquelles sont contenues des soies fines et aiguës, espèces de lancettes, ordinairement au nombre de trois.

Chez d'autres, comme dans les lépidoptères, la bouche consiste en un instrument particulier, roulé ordinairement en spirale sur lui-même, auquel on donne le nom de *langue*. Cette langue forme un canal composé de deux demi-gaines qui correspondent aux mâchoires des autres insectes, mais excessivement alongées, à la base desquelles on retrouve les palpes souvent très-velus, et tous les rudimens des autres parties de la bouche.

Enfin, dans les diptères, la bouche forme tantôt une *trompe* charnue, terminée par deux lèvres qui font l'office d'une ventouse, au centre de laquelle se trouve l'orifice du canal de la digestion ; et les genres dans lesquels on observe cette sorte d'instrument, sont forcés de prendre leur nourriture telle qu'elle se trouve à la surface des corps, ou de la dissoudre en la liquéfiant, afin de pouvoir ensuite l'avaler. Dans d'autres il y a ce que les entomologistes sont convenus d'appeler un *suçoir*: c'est une sorte de trompe non évasée à son extrémité libre et dans laquelle se retrouvent des soies, instrumens vulnérans dont l'insecte se sert pour percer la peau des êtres organisés, des humeurs desquels il doit se nourrir.

Après la bouche, les parties les plus constantes de la tête sont les *antennes*, sortes de cornes de formes très-variables, articulées, et au nombre de deux dans tous les insectes, excepté dans la famille des araignées. On ignore encore complétement l'usage des antennes, et il est probable qu'elles sont destinées à faire percevoir divers modes de sensation. Il est évident

en particulier que beaucoup d'espèces s'en servent comme
de tentacules pour explorer les circonstances dans lesquelles
ils se trouvent; mais il est notoire aussi que leur existence
et en même temps leur excessive brièveté dans quelques
espèces, en particulier dans la plupart des diptères et dans
quelques hémiptères et névroptères, ne peut pas s'accorder
avec cet usage. Au reste, nous reviendrons par la suite à
l'étude des modes de sensation dans les insectes.

Les *yeux* sont encore des organes dont la présence est
constante à la tête des insectes. Ils sont aussi le plus souvent
au nombre de deux, situés sur les parties latérales. Ils ne
sont pas couverts par des paupières; leur surface est taillée
à facettes, dont le nombre varie excessivement. On les distingue très-bien sur les yeux des demoiselles, des papillons,
de certaines mouches. Leur couleur varie. Dans les diptères,
les mâles se distinguent souvent par la grosseur des yeux, qui
occupent toute la tête.

Outre ces yeux à facettes ou composés, qui sont constans
dans tous les insectes sous l'état parfait, on en observe dans
plusieurs ordres d'autres, petits, le plus souvent au nombre
de trois, situés non sur les côtés de la tête, mais dans la ligne
moyenne du front, au-dessus de la bouche et entre les antennes. Ces petits *yeux* ne sont pas taillés à facettes : aussi
les nomme-t-on *lisses*, ou en un seul mot, qui convient
mieux, les *stemmates*. On ignore leur usage. On croit cependant qu'ils servent également à la vision, parce que les yeux
des araignées ont à peu près la même forme, et que ces derniers insectes n'en ont pas d'autres. Il est vrai que la plupart
en ont huit, de la forme de ceux qu'on nomme stemmates.

On distingue encore sur la tête des insectes diverses régions, dont le développement, les couleurs ou les enfonce-
mens, et d'autres particularités ont offert quelques caractères
que nous croyons en conséquence devoir faire connoître.
Tel est l'*occiput*, qui sert à l'articulation avec le corselet,
tantôt par un seul condyle, tantôt par deux. Il est quelquefois tronqué, arrondi, aplati, déprimé, prolongé en une
sorte de col, etc.; le *vertex* ou le sommet de la tête; le *front*;
le *chaperon*, qui supportent immédiatement la bouche ou la
lèvre supérieure; les *joues*, entre les yeux et la bouche; la

ganache ou le menton, sur lequel s'articule la *lèvre inférieure*. Telles sont les diverses régions de la tête des insectes.

Le *corselet* ou le *thorax* est la partie du tronc qui est placée entre la tête et le ventre ou l'abdomen : elle supporte constamment les membres, tels que les pattes et les ailes. Voilà la définition la plus générale que l'on puisse donner de cette région du corps; car elle se compose de plusieurs autres parties, que quelques auteurs avoient déjà distinguées, mais sur lesquelles M. Audouin vient de présenter (Mai 1820) un Mémoire très-curieux, dont nous allons extraire les faits qui suivent, d'après le rapport que M. Cuvier en a fait à l'Institut.

M. Audouin distingue dans le thorax trois anneaux ou segmens du corps, dont chacun porte une paire de pattes, et que, d'après leur position de la tête à l'anus, l'auteur nomme *prothorax*, *mésothorax* et *métathorax*. Chacun de ces trois segmens présente quatre faces : une supérieure, que nous décrirons par la suite, et qui correspond au dos, en latin *tergum*; deux latérales et une inférieure, constituant, à elles trois, la région de la *poitrine*. La portion ou face inférieure forme le *sternum*, et les latérales portent le nom général de flancs. On y distingue trois pièces principales : la plus voisine de la ligne moyenne ou inférieure, et qui s'appelle *épisternum*; l'autre, placée plus en arrière, qui reçoit la première articulation de la patte, se nomme *épimère*; et la troisième, enfin, porte le nom d'*hypoptère*. C'est par cette troisième pièce du flanc que les ailes sont supportées dans les segmens appelés moyen et postérieur, ou *méso-* et *méta-thorax* : de plus, il y a quelquefois une petite pièce autour du stigmate, que l'on nomme *péritrème*.

Le dos ou le *tergum* se compose de quatre régions dans chaque segment; l'auteur les nomme de devant en arrière : *præscutum*, *scutum*, *scutellum* et *postscutellum*. Les deux extrêmes sont souvent cachées dans l'intérieur.

D'après cette étude extérieure du thorax, on conçoit qu'il doit y avoir de très-grandes différences pour la forme et l'étendue de ces diverses parties dans les différens ordres. Ainsi le mésothorax est peu développé dans les coléoptères et les orthoptères, qui ont des élytres de peu d'usage dans l'action de voler. Dans les cigales, c'est l'épimère qui se prolonge sous le premier anneau de l'abdomen, pour former la grande plaque concave qui recouvre l'instrument du chant chez ces insectes. Les quatre régions du dos sont plus sensibles et mieux divisées sur le mésothorax, dans les ordres des lépidoptères, des hyménoptères et des diptères. Dans les libellules ou demoiselles, c'est l'épisternum qui a pris le plus grand développement. Dans les coléoptères, c'est le métathorax qui offre la même augmentation d'étendue, en raison de l'usage auquel il est destiné, puisqu'il reçoit les véritables organes du mouvement, les ailes membraneuses.

L'abdomen ou le ventre est la troisième région du tronc dans les insectes; il ne porte pas de pattes articulées. (Nous l'avons fait connoître avec détails, tome I.er, page 6.) Le nombre des anneaux qui composent cette région, varie d'un à quatorze ou quinze. La plupart portent un trou ou un pore qui se nomme *stigmate*, et qui est l'orifice d'une trachée. L'abdomen est articulé avec le *métathorax* dans la région postérieure, tantôt par une large surface ; il est alors dit sessile, comme dans les coléoptères, les orthoptères, etc. : tantôt, au contraire, l'articulation offre un rétrécissement marqué, qu'on nomme pétiole ou pédicule, comme dans les guêpes, les sphéges.

L'extrémité libre de l'abdomen est le plus souvent percée par *l'anus*. Le dernier anneau varie beaucoup pour la forme : car souvent il est disposé de manière à favoriser le rapprochement des sexes, ou à faciliter la ponte ou l'introduction des œufs dans les matières qui doivent les recevoir ; souvent encore il est organisé de manière à devenir une arme d'offense ou de défense. Les crochets, les tarières, les aiguillons, les pinces, les lames, les scies, les queues, les filières et les autres instrumens font souvent partie de cette région du tronc.

On distingue également dans chacun des anneaux du ventre les régions inférieure, supérieure et latérales, pour en indiquer la forme, la structure, les taches, les mouvemens, qui fournissent de très-bons caractères, non-seulement pour les genres, mais même pour les espèces et les différences de sexe. (*Voyez* ABDOMEN.)

Les *ailes* sont de véritables membres, à l'aide desquels les

insectes s'appuient sur l'air et se transportent dans l'atmosphère (voyez Vol). Elles consistent en pièces articulées sur
le méso- et sur le méta-thorax, dans l'intérieur desquels sont
placés des muscles très-puissans, qui les meuvent, les étendent,
les plissent et les déplissent, les élèvent, les abaissent alternativement, et les portent en dehors et en dedans; enfin,
ce sont de véritables rames légères, mais solides, constituées
par des membranes, soutenues par des rayons ou touches,
diversement disposés pour leur donner la souplesse, la résistance et la mobilité dont elles ont besoin.

Aucun insecte ne naît véritablement ailé, et quelques-
uns, qu'on dit Aptères, ne prennent jamais d'ailes; tantôt
les insectes n'en ont que deux, on les nomme alors Diptères,
ou ils en ont quatre, et on les dits alors Tétraptères. Quand
il y a quatre ailes, on nomme supérieures celles qui sont
insérées plus près de la tête ou sur le mésothorax ; on appelle inférieures, celles que supporte le métathorax.

Dans les insectes à quatre ailes, lorsque les supérieures
sont plus épaisses, lorsqu'elles ont une autre consistance que
les inférieures et qu'elles servent comme de gaines ou d'é-
tuis aux véritables ailes membraneuses, on les nomme des
élytres ou des *demi-élytres* : tels sont les Coléoptères, les Orthoptères en général et les Hémiptères.

Chez les autres insectes, qui ont quatre ailes à peu près
d'égale consistance et qui servent également à l'action du
vol, on distingue celles qui sont comme couvertes d'une
poussière écailleuse, et celles qui sont à peu près nues. Les
premières sont celles des Lépidoptères, et les autres s'observent dans les Gymnoptères. Ces dernières se distinguent en
ailes à nervures disposées principalement dans la longueur,
comme chez les Hyménoptères, et en celles dont les nervures
transversales sont nombreuses, comme en réseau : telles sont
celles des Névroptères.

C'est d'après la présence, le nombre et la forme des ailes,
qu'on a classé ou plutôt formé les huit ordres dans la classe
des insectes, comme on le voit par le tableau que nous
présenterons dans la suite de cet article. Il y a en outre
beaucoup de modifications dans la forme des ailes, dans leur
structure, et même dans quelques appendices, qui tantôt

jient les ailes entre elles, comme les anneaux, les boucles, les crochets. les ardillons, les *balanciers*, les *cuillerons* ou *ailerons*, etc. Tous ces détails seront présentés à l'article Vol dans les insectes, où ils peuvent être beaucoup mieux exposés.

Les *pattes* ou les pieds des insectes sont, comme nous l'avons déjà dit, le plus souvent au nombre de six dans les véritables insectes : elles sont disposées par paires, reçues chacune dans une des pièces du thorax. On distingue en général dans les pattes des insectes quatre régions, savoir, la hanche. la cuisse, la jambe et le tarse.

La *hanche* (*coxa*) est une pièce courte, le plus souvent enchâssée, mais mobile, dans le prothorax pour la première paire de pattes, dans le mésothorax pour la paire moyenne, et dans le métathorax pour la paire postérieure. La forme de cette hanche et son mode d'articulation varient le plus souvent; il est le même pour les postérieures, mais tout-à-fait différent pour la paire de pattes qui se porte en avant, tandis que les deux autres sont dirigées en arrière. Tantôt cette pièce de la hanche est globuleuse et ressemble à une sphère reçue dans une cavité arrondie, comme le genou des mécaniciens: tantôt elle est aplatie, ovale, alongée, linéaire, et tellement engagée dans la pièce correspondante du tronc qu'elle semble en faire partie et s'y confondre : voilà pourquoi la plupart des auteurs n'en font pas mention. Cependant on l'a observée dans quelques dytiques, où elle forme une sorte d'oreille, ce qui leur a fait donner le nom de cnémidotes. On l'a aussi remarquée dans les blattes, les forbicines.

La *cuisse* ou le *fémur* est la seconde articulation de la patte; sa forme varie beaucoup, ainsi que ses proportions. Quelquefois elle porte à sa base une sorte d'appendice mobile qu'on nomme trochanter. et dont on ignore encore l'usage : il a été observé en particulier dans les coléoptères créophages. Cette cuisse est remarquable, tantôt par sa grosseur, comme dans les alurnes. les altises. les donacies, les œdémères, quelques syrphes, les hirtées : tantôt par sa longueur, comme dans les sauterelles, les criquets, les truxales. les puces, les chalcides : on y observe aussi les pointes, les épines, les membranes. les rainures. les arêtes et plusieurs autres particularités.

La *jambe* ou le *tibia* est la troisième portion ou articulation de la patte, placée entre le tarse et la cuisse. Elle présente autant de variétés que le fémur par sa conformation : elle en a ordinairement la longueur. Sa forme varie suivant les usages : son bord est dentelé et sa surface aplatie dans les insectes fouisseurs. Ce tibia est cilié dans les insectes nageurs; garni de brosses ou de poils roides dans quelques abeilles, comme celle dite à manchettes; garni d'épines mobiles dans beaucoup de lépidoptères, dans les hydrophiles, etc.

Le *tarse* ou le doigt est ordinairement composé de plusieurs articulations ou phalanges qui terminent la patte. Ces articles varient, pour le nombre, depuis un jusqu'à dix ou douze, selon les ordres. Il est à peu près constant dans certains ordres ; quelques aptères en ont seuls plus de cinq. Ce nombre est le plus considérable qui ait été observé dans les autres ordres. Ordinairement les pattes moyennes ont le même nombre d'articles aux tarses que les antérieures ; mais celles qu'on nomme postérieures ont souvent moins d'articles que les autres. On a étudié avec soin, depuis Geoffroy, ce nombre des articles aux tarses; il a même fourni de bons caractères pour établir des sous-ordres parmi les coléoptères. Ainsi, on a nommé *dimérés*, ceux qui n'ont que deux articles aux tarses; *trimérés*, ceux qui en ont trois; *tétramérés*, ceux qui en ont quatre ; *pentamérés*, ceux qui en ont cinq; enfin, on a désigné sous le nom de coléoptères *hétéromérés*, les espèces qui n'ont que quatre articles aux pattes de derrière, tandis qu'on leur en compte cinq aux deux autres paires. L'avant-dernier article des tarses, ou le pénultième, présente quelques variétés pour la conformation et les usages auxquels il est destiné dans les insectes. Il en est de même du dernier, qui supporte un, deux, trois ou quatre crochets ou ongles, dont la forme présente également beaucoup de modifications; quelquefois il est tellement réduit qu'il semble manquer tout-à-fait. Dans quelques espèces il n'offre qu'une seule pièce, et les mâles ont souvent les tarses antérieurs disposés de manière à pouvoir adhérer sur le corps des femelles, qui sont, à cet égard, autrement conformées : tels sont quelques hydrophiles, quelques dytiques, quelques crabrons, quelques asiles. Chez d'autres, cette dilatation des tarses a

des usages différens, comme dans les abeilles. Chez quelques-
uns tous les articles des tarses sont velus en-dessous, comme
dans quelques donacies, dans quelques charansons ; parfois,
quelques articles seulement, comme le pénultième ou le dernier. offrent cette conformation, ou une sorte de pelote, de
houppe, de ventouse, de disque ou de demi-disque épaté,
comme dans les capricornes, les asiles, les mouches.

Les crochets ou les ongles sont aussi différemment organisés ; car ils forment la pince, la griffe, la serre, le tire-
bourre. (Voyez Tarses dans les insectes.)

Telles sont à peu près les formes extérieures des insectes.
Notre intention ne peut être d'exposer toute l'organisation
de ces animaux, ce qui exigeroit des détails qui ne sont pas
de la nature de cet ouvrage. Nous croyons cependant devoir
indiquer avec plus de détails les modifications que les fonctions
principales paroissent avoir éprouvées, dans les insectes, sous
le rapport des mouvemens, des sensations, de la nutrition
et de la reproduction.

§. 2. *Fonctions des insectes.*

Nous avons déjà insisté, à l'article *Entomologie*, sur le
rang élevé que paroit devoir occuper la classe des insectes
dans l'échelle des êtres : qu'il nous suffise de rappeler ici
que, sous le rapport de l'animalité, ou pour ce qui constitue
essentiellement l'être vivant et animé, les insectes viennent
immédiatement après les animaux vertébrés, puisqu'ils ont
un tronc articulé, supporté par des membres articulés, et
qu'ils jouissent de toutes les espèces de mouvement; que, relativement à leur masse. ils le manifestent à un degré tel que
plusieurs se transportent sur la terre, dans l'air, dans l'eau
et à sa surface. avec la plus grande rapidité ; qu'ils sont doués
également de la faculté de percevoir vivement et à distance,
au moyen des organes des sens, la plupart des qualités des
corps, et peut-être plus et mieux que nous ne pouvons les
apprécier nous-mêmes ; que, chez eux, les organes de la respiration. répandus par tout le corps, sont mis en contact avec
les humeurs, pour les rendre propres à l'excitation de la vie,
ce qui compense et peut-être dépasse en énergie le défaut
de la circulation : de sorte que les organes de la nutrition et

leur complément, ceux de la génération, ne sont pas moins énergiques ni moins parfaits que ceux des crustacés, des annelides, des mollusques et des zoophytes.

Les *Mouvemens* dans les insectes, quoique très-variés, ont exigé peu de complication : comme les parties de leur corps sont, en général, très-symétriques, on retrouve à gauche ce qui s'observe de l'autre côté, de sorte que, sous ce rapport, l'étude de la moitié de leur corps donne l'idée de la partie correspondante. Ensuite, quant au tronc, la tête et ses annexes, comme les parties de la bouche et les antennes, sont seules très-mobiles. Les trois régions du thorax sont mues en totalité par les membres, et elles servent plutôt de point d'appui qu'elles ne déterminent le transport. Enfin, les anneaux de l'abdomen sont en général articulés les uns sur les autres de la même manière, de sorte que les muscles de l'un des segmens se retrouvent à peu près les mêmes sur les segmens qui précèdent et sur ceux qui les suivent.

La plupart des articulations s'opérant en ginglyme ou en charnière, deux muscles ont suffi pour les produire : un extenseur, en général plus petit, et un fléchisseur ou adducteur, beaucoup plus volumineux. Ces muscles sont toujours placés à l'intérieur ou dans la cavité des articulations, de sorte que les pièces cornées des membres, par exemple, sont des étuis pour les muscles : absolument comme on le voit dans les pinces des homards et des écrevisses, qui sont très-propres à servir de démonstration dans ce cas.

Les muscles des insectes offrent cette difficulté dans leur étude, qu'ils ne sont réellement circonscrits et distincts que par leur insertion ou par la terminaison de leurs fibres sur un tendon solide ou prolongement articulé de la pièce qu'elles doivent mouvoir. Comme il n'y a point de vaisseaux ni de tissu tomenteux cellulaire dans les insectes, ces fibres ne sont pas liées entre elles, et quand elles sont séparées de leur insertion ou de leur attache fixe, elles restent flottantes comme des houppes, ce qui rend leur étude fort difficile. Dans les insectes mous, comme dans les orthoptères, tels que les sauterelles ; dans les diptères, mais surtout dans les larves et les chenilles, cette étude est beaucoup plus facile. Lyonnet, dans son beau Traité sur l'anatomie de la chenille du cossus, a donné d'excellentes figures de ces organes du mouvement: on retrouve également des descriptions et des dessins exacts des muscles, dans la Bible de la nature de Swammerdam. Nous-mêmes nous nous sommes livrés à cette étude, et nous avons consigné, dans le premier volume de l'Anatomie comparée de M. Cuvier, les recherches que nous avons jointes à celles de ce savant, lorsqu'il a bien voulu nous associer à ses travaux et à la publication de cet ouvrage, auquel nous croyons devoir renvoyer le lecteur pour de plus amples détails.

SENSIBILITÉ. Les insectes sont évidemment doués d'un système nerveux, et ce système est absolument le même que celui qu'on retrouve dans les crustacés et les annelides. Il consiste dans une moelle nerveuse assez homogène, composée le plus souvent de douze ganglions ou renflemens successifs, placés à la file les uns des autres, dans toute la longueur du corps, depuis la tête jusqu'à l'extrémité opposée du tronc. De ces renflemens partent constamment deux nerfs qui vont se joindre au renflement suivant, et de plus d'autres nerfs, en nombre variable, qui partent en irradiant pour se rendre dans tous les organes circonvoisins, et qui sont d'autant plus gros ou plus alongés que ces organes sont eux-mêmes plus développés ou plus éloignés du ganglion. Ces renflemens principaux sont généralement disposés ainsi : le premier, qui a été regardé comme un cerveau, est situé dans la tête, au-dessus de la bouche et de l'origine du conduit des alimens ; outre les filets qu'il fournit aux diverses parties de la bouche, qu'il est inutile d'examiner ici, il en envoie de plus gros aux yeux, aux antennes, et deux en arrière, qui lient le premier ganglion au suivant. Ces deux filets embrassent constamment l'œsophage, et lui forment ainsi une sorte de collier que les alimens doivent traverser. La série des autres ganglions reste alors sous les intestins et dans la partie inférieure du corps. Il y en a trois dans la poitrine : un pour le prothorax, qui donne les nerfs des pattes de devant ; un pour le mésothorax, qui fournit les nerfs des ailes supérieures ou des élytres, et ceux des pattes moyennes ; enfin, dans le métathorax, le ganglion correspondant, qui est le quatrième de la série, fournit les nerfs des ailes inférieures et des pattes postérieures.

Chacun d'eux donne les deux filets qui établissent la série des renflemens : arrivés dans l'abdomen , cette série offre autant de renflemens qu'il y a d'anneaux, et ces ganglions fournissent les nerfs des muscles , ceux qui accompagnent les vaisseaux à air , les viscéres génitaux , digestifs et sécréteurs.

On conçoit que les larves ont les nerfs autrement disposés; cependant ce sont absolument les mêmes que ceux qui se manifesteront dans l'insecte parfait, avec cette différence, par exemple, que les renflemens ou les ganglions s'éloignent les uns des autres ou se rapprochent, suivant que la larve, de courte qu'elle étoit, comme celle du fourmilion , donne un insecte alongé, ou bien que d'une larve alongée, comme de celle du scarabée ou du hanneton , il en provient un insecte beaucoup plus court.

Il n'y a pas le moindre doute que les parties dont nous venons de parler, ne soient les instrumens par lesquels l'insecte perçoit ses sensations, et que ces filets nerveux ne transmettent dans les organes la sensibilité dont ils sont doués, en liant entre elles toutes les parties du corps. Des expériences positives l'auroient démontré, lors même que l'analogie n'eût pas été évidente. Mais il s'agit d'examiner maintenant comment les insectes perçoivent les sensations : nous allons successivement exposer les notions acquises sur les organes des sens dans les insectes.

Vue. Les yeux existent évidemment dans tous les insectes parfaits, et même dans les larves qui sont obligées d'aller chercher elles-mêmes leur nourriture. Quant à celles qui se développent au milieu de leurs alimens, si elles y ont été déposées par leur mère, et quant aux espèces qui sont condamnées à vivre dans une obscurité profonde où l'on ne peut supposer que la lumière arrive jamais, on n'observe pas chez elles les instrumens de la vision.

Nous avons déjà dit que beaucoup d'insectes avoient deux sortes d'yeux : 1.º ceux qu'on nomme lisses ou stemmates, dont le nombre varie et dont les usages réels ne sont pas encore bien connus, quoique, par analogie, on les croie propres à la vision, puisque les araignées, les scorpions, les faucheurs n'en ont pas d'autres; 2.º les véritables yeux, dont la surface est à facettes ou à réseau, ce qui leur donne une organisation très-compliquée. Quand on examine, en effet, la superficie de ces yeux à la loupe, et quelquefois à la vue simple, comme dans les papillons, les demoiselles, les mouches, les taons, on voit qu'ils sont taillés de manière à présenter beaucoup de petits tubercules ou de plans diversement combinés, qui paroissent former autant de cornées ou de petits objectifs, c'est-à-dire, de premières lames, que doivent traverser les rayons lumineux émanés de la surface des objets. Chacun de ces petits plans est distingué de ceux qui l'avoisinent par des lignes ou des sillons, sur lesquels il n'est pas rare d'observer des poils.

Quand on enlève ainsi l'ensemble de cette cornée générale, et qu'on l'applique à l'objectif d'un microscope, après l'avoir nettoyé ou débarrassé de la matière colorante qui semble former autant d'iris et de trous pupillaires qu'il y a de plans divers, les objets vus à travers se répètent autant de fois qu'il y a de facettes. On présume que les apparences des corps se peignent ainsi dans les yeux des insectes, qui sont toujours immobiles ou adhérens à la partie solide de la tête. On voit se rendre de très-gros nerfs optiques dans ces yeux. Leur teinte varie beaucoup : car il en est de noirs, de blancs, de jaunes, de verts, de bleus, de rouges; enfin, de toutes les teintes et de toutes les nuances, souvent même avec l'éclat métallique de l'argent, de l'or et du cuivre. Cette matière colorante est une sorte de membrane choroïde, dans laquelle on distingue autant de cellules qu'il y a de facettes, et dans chacune de ces cellules, ainsi que Swammerdam l'a décrit dans sa Bible de la nature et représenté à la planche XX de cet immortel ouvrage, on voit parvenir un filet nerveux de la masse optique. Il est évident, d'après les expériences de Delahire, insérées dans les Mémoires de l'Académie des sciences de Paris, tome X, page 609 et suiv., et d'après les recherches de Stancari, de Bologne, que les yeux sont, chez les insectes, organisés de manière à leur faire percevoir l'image des corps; car, quand les yeux sont couverts d'un enduit opaque, quand leur surface est altérée par quelque caustique ou par un instrument tranchant, et lors même qu'elle n'est couverte que d'une poussière très-fine, l'insecte est aveuglé et va se heurter contre tous les corps, s'il ne s'élève pas verticalement dans l'atmosphère, comme cela arrive aux oiseaux sur lesquels on fait la cruelle expérience de les aveugler ou de leur obscurcir les yeux subitement. Leuwenhœck a reconnu 3,181 facettes dans l'œil d'un scarabée, 8000 sur celui d'une mouche. Dupuget, dans ses Observations sur la structure des yeux des divers insectes, imprimées à Lyon en 1706, a compté sur l'œil d'un papillon 17,325 facettes.

Ouie. Tous les naturalistes sont persuadés que les insectes sont doués de la faculté de percevoir les sons ou les ébranlemens de l'air, puisque plusieurs en produisent dans les circonstances de la vie où il leur devient important de se manifester réciproquement leur existence. Le chant de la cigale, le bruissement des sauterelles et la stridulation des criquets, le grognement des courtilières, le bourdonnement des abeilles, le tintement des cousins, le piaulement des syrphes, le tic et tac des psoques, le tapotement des vrillettes, et tous ces bruits, ces strideurs, ces frémissemens, ces oscillations, ces murmures des criocéres, des leptures, des capricornes, des donacies, des ateuches, des blaps, des sphinx, sont certainement destinés à être perçus par un organe spécial; mais on en ignore le siége dans les insectes : c'est peut-être parce qu'on a voulu par analogie en rechercher l'existence vers la tête. Jusqu'ici on n'a établi que des conjectures à cet égard. Il faut avouer que tout porte à croire que les insectes perçoivent les sons; mais on ne sait pas encore où réside chez eux l'organe destiné à en transmettre l'idée ou l'image.

Odorat. Quant à l'organe de l'odorat, quand on réfléchit à la nature même de cette perception, on est étonné que les physiologistes aient voulu, par une analogie peu réfléchie, trouver vers la tête des insectes l'instrument destiné à arrêter les odeurs et à en apprécier les qualités. Que les mammifères, les oiseaux, les reptiles soient organisés comme l'homme, sous le rapport de l'olfaction, cela devoit être, puisque tous respirent par des poumons, et que l'air qui pénètre dans leur corps pour cet usage n'y peut parvenir que par une seule route, qui est la double entrée des narines : c'est sur ce passage forcé, et à l'orifice même, que l'essai de la nature de cet air doit être fait, pour que l'animal soit averti du danger de l'admettre ou de la nécessité de le repousser.

Les odeurs ont en effet la plus grande analogie avec les saveurs. Elles consistent matériellement dans les particules des corps tenus en suspension, les unes dans les gaz, les autres dans les liquides. Les fluides élastiques dissolvent continuellement les corps à leur surface ; ils se chargent par cela même de quelques atomes de leurs parties constituantes, et ils les retiennent ainsi suspendues dans une sorte de dissolution, disposés à les abandonner lorsqu'elles auront plus de tendance à s'unir à d'autres substances. Dans quelques circonstances les corps très-volatiles, et souvent par cela même très-odorans, prennent momentanément la forme de vapeurs ou de gaz non permanens, qui jouissent de la plupart des propriétés de l'air ou des fluides élastiques avec lesquels ils se mêlent. C'est donc sous ce point de vue, et comme des corpuscules gazéifiés ou des fluides aériformes, que l'on doit étudier la manière d'agir des odeurs.

Transmises nécessairement par l'air, qui est leur seul véhicule, les odeurs tendent à pénétrer avec lui dans le corps de l'animal ; arrêtées, sur leur passage, dans une sorte de bureau de douane où elles doivent être promptement visitées et analysées, elles sont mises là en contact avec une surface humide, avec laquelle elles ont quelque affinité : elles s'y combinent aussitôt ; mais en même temps elles touchent et avertissent de leur présence des nerfs distribués sur ces mêmes parties, qui reportent au cerveau, dont ils sont le prolongement, l'action chimique ou physique, en un mot, la sorte de sensation qu'ils dénotent ou que peut-être ils ont éprouvée.

Les odeurs sont donc, comme toutes les autres sensations physiques, une sorte de toucher, dans lequel le corps, quelle que soit sa nature, vient au-devant de l'organe et se transporte sur la seule partie de l'animal où son action puisse manifester toutes ses propriétés. En dernière analyse, toutes nos sensations se réduisent ainsi, ou à une *taction* passive, c'est-à-dire à l'action d'être touché ; ou à un *tact* actif, qui nous donne la faculté de porter notre corps, ou quelques parties de notre corps, sur la surface des objets, pour en apprécier quelques qualités.

Par cette admirable disposition nous éprouvons l'action de

la plupart des corps. C'est ainsi que la lumière, fluide impondérable. qui se modifie si diversement à la surface des objets, en transmet l'image dans l'œil, en s'appliquant exactement sur le nerf de la rétine; que la matière de la chaleur ou le calorique se met en équilibre avec notre corps, s'y applique ou s'en échappe, en manifestant ainsi sa présence ou son défaut ; que les vibrations communiquées aux corps se transmettent, soit directement par le contact, soit par l'intermède de l'air ou des gaz, à une petite quantité d'air renfermée dans l'un de nos organes, avec laquelle elles se mettent en harmonie parfaite, pour faire apprécier les sons et produire l'audition; que les matières, enfin, qui sont susceptibles de se dissoudre dans les liquides, viennent manifester leurs qualités sur la région de l'animal où elles avoient le plus grand besoin d'être appréciées avant de parvenir dans l'intérieur de son économie, puisque la saveur est une des qualités de l'aliment.

En dernière analyse, tous les organes des sens sont constitués par des appareils chimiques ou physiques, véritables éprouvettes où des nerfs aboutissent, pour faire naître à l'instant même l'idée complète de la perception et de la sensation réelle.

Nous avions besoin d'entrer dans ces détails physiologiques pour exposer nettement comment on conçoit que se fait dans les insectes la sensation des odeurs.

Il est bon de rapporter d'abord des faits qui prouvent que les insectes jouissent de cette sensation.

Il semble que la nature, en douant de l'existence cette innombrable quantité d'êtres destructeurs, ait eu pour but de les employer à faire disparoître les tristes restes des êtres organisés privés de la vie, afin de rendre plus tôt à la masse générale les élémens qui les composent, pour en former promptement de nouveaux par un cercle continu de créations et de destructions.

Pour parvenir à ce but, elle a, pour ainsi dire, intéressé à ses travaux tous les êtres qu'elle destinoit à cet emploi important, en leur donnant des goûts et une manière de vivre analogues aux fonctions qu'ils étoient appelés à remplir ; et, afin de porter ici, comme dans toutes ses œuvres, la perfection à son plus haut degré, elle a doué ces animaux d'une sensation toute particulière et propre à leur genre de vie.

C'est par le milieu même dans lequel ils habitent, que les insectes sont avertis de la présence des corps qui peuvent servir à leur nourriture : l'air, en se chargeant des émanations odorantes qui s'en dégagent continuellement, va porter dans l'organe respiratoire toutes les molécules qu'il tient en suspension ; il devient ainsi le guide invisible de l'animal qui cherche à subvenir à ses besoins.

Les premiers observateurs de la nature n'avoient point suivi avec l'attention convenable le mode de décomposition des êtres organisés. Voyant paroître presque subitement des insectes destructeurs, des larves, ou, comme ils le disoient, des *vers*, dans les cadavres, ils les regardoient comme le produit de la corruption. Il n'y a pas deux siècles que Rédi prouva, par des expériences concluantes, que les vers y étoient déposés par des mouches et d'autres insectes ailés, et que ceux-ci avoient été attirés par ce qu'on nommoit l'*instinct* sur les corps qui se décomposoient : c'est ce qu'on observe maintenant tous les jours.

C'est ainsi qu'on voit arriver de toutes parts des insectes sur le résidu des alimens qui ont été soumis à l'action digestive. Tels sont particulièrement les bousiers, les sphéridies, les escarbots, les staphylins, les mouches, qui soulèvent ces matières, les perforent, leur font présenter plus de surface à l'humidité, au desséchement, à la dissolution, en les dispersant ou en les étendant sur un plus grand espace. Tels sont encore les nécrophores, les boucliers, les dermestes, les anthrènes, les ptines, qui paroissent principalement attaquer et appelés à détruire les matières organiques animales privées de la vie.

On refusoit à ces insectes l'organe de l'odorat ; mais on les supposoit doués d'une vue si perçante qu'elle suppléoit à ce défaut. Quelques expériences cependant peuvent combattre cette opinion et en faire adopter une tout-à-fait opposée.

Certaines fleurs prennent une odeur fétide et cadavéreuse tellement prononcée, qu'on y voit arriver, lors de leur plus grand épanouissement, un très-grand nombre d'insectes qui vivent ordinairement dans les matières animales soumises à

23. 29

la décomposition putride. C'est ainsi que les spathes de la serpentaire (*arum dracunculus*), les corolles de la stapelia variée, se trouvent souvent couvertes ou remplies de sylphes, d'escarbots, de la mouche de la viande et autres insectes, qui viennent non-seulement dans l'espoir d'y trouver leur nourriture, mais même pour y déposer leur progéniture. Peut-on se refuser ici à l'évidence, et ne pas reconnoître, d'abord, que ces insectes ont été trompés par leurs organes de la vision; qu'ensuite ceux de l'odoration ont produit non-seulement le mouvement volontaire ou le transport de l'insecte vers le lieu où se volatilisoient les molécules odorantes, mais que, de plus, trompé par cette sensation illusoire, l'insecte a été jusqu'à déposer ses œufs sur une matière que son odorat seul lui avoit indiquée comme propre à recevoir ces dépôts précieux ?

Ne voit-on pas les abeilles, les guêpes, les sphinx, les papillons et tous les insectes qui se nourrissent du suc des végétaux ou du nectar des fleurs, arriver en grand nombre vers la plante qui le produit, aussitôt qu'il en découle ou que les pétales sont ouverts ?

C'est encore en vain qu'on chercheroit à expliquer ici cette attraction, ce mouvement, par la sensation visuelle de l'insecte : car, malgré le soin des fleuristes, qui enveloppent leurs tulipes dans des châssis de toile ; malgré ceux de l'épicier, dont le miel est caché par les douves du baril qui le renferme, l'insecte arrive, averti par l'odeur, et fait toutes les tentatives possibles pour parvenir vers le lieu d'où elle émane directement.

Les insectes jouissent donc du sens de l'odorat. Mais dans quelle partie de leur corps réside l'organe propre à cette perception ? Il est probable que cette sensation s'opère chez eux, comme dans tous les autres animaux, par l'organe respiratoire. Mais, dans les insectes, comme nous allons bientôt l'exposer, la respiration a lieu par des orifices nombreux qui correspondent à la plupart des anneaux du corps, excepté à la tête. On nomme stigmates, ces ouvertures, qui toutes aboutissent aux trachées ou aux vaisseaux à parois élastiques, toujours remplis de l'air ambiant, qui y arrive sans doute chargé de tous les corpuscules odorans, comme chez les autres

animaux. Mais ce gaz pénètre-t-il ainsi dans le lacis des vaisseaux aériens ? ou bien dépose-t-il ces molécules à l'entrée
même des stigmates ? C'est ce qu'il est difficile de décider.
quand on n'éprouve pas soi-même cette sorte de sensation :
car certainement nous n'aurions aucune idée de la fonction
admirable de la membrane pituitaire des animaux, si nous
n'éprouvions pas évidemment la sensation des odeurs, et si.
dans certaines circonstances appréciables, nous n'étions pas
privés de l'olfaction. [1]

Goût. On conçoit aisément que les insectes ont la faculté
de distinguer les saveurs. On a cru long-temps qu'elle rési-
doit dans les palpes, parce que ces parties de la bouche sont
continuellement en mouvement et appliquées sur tous les
points de l'aliment, à mesure qu'il est divisé et broyé par les
mandibules et les mâchoires. On étoit porté à cette idée,
parce que, dans un très-grand nombre d'espèces, l'extrémité
des palpes se renfle, se ramollit et devient comme vésicu-
leuse; c'est encore à cause de cette particularité que quelques physiologistes ont émis l'opinion que l'organe de l'odoration pouvoit siéger dans cette partie. Cependant les palpes
n'existent pas dans un très-grand nombre d'insectes, ou bien
ils sont très-courts et ne peuvent en aucune manière servir à
cet usage. Il vaut mieux présumer que les saveurs se manifestent chez les insectes, comme dans la plupart des animaux,
dans l'intérieur même du canal digestif, et principalement à
son origine ou dans la bouche. Chez tous, en effet, les alimens pénètrent, ou sous la forme liquide, comme dans les
insectes suceurs, les diptères, les hémiptères, les lépidoptères, beaucoup d'hyménoptères, ou ils sont liquéfiés par la
salive que l'animal unit aux particules qu'il détache et qu'il
broie avec les mâchoires pour les porter sur le prolongement
de la lèvre inférieure, qui porte à l'intérieur le nom de langue
ou de languette (*ligula*), parce qu'elle en remplit les fonctions. Il se rend, en effet, vers cette partie, des nerfs très-
distincts. Lyonnet les a représentés parfaitement dans son

---

1 Nous avons extrait ces détails, relatifs à l'organe de l'odorat, d'un
Mémoire que nous avons publié sur cet objet en l'an V (1796), Magasin
encyclopédique, tome II, p. 435 et suiv.

Histoire anatomique de la chenille des cossus. Ainsi, c'est dans la bouche que l'on doit supposer le siége de l'organe du goût, dont les insectes sont certainement doués, puisqu'ils recherchent ou abandonnent certaines sortes d'alimens après en avoir opéré la dégustation.

Le *toucher*, dans les insectes, paroît être l'un des sens les moins développés. Ce n'est pas que ces animaux soient privés de parties propres à être mises en contact avec les différens points de la surface des corps ; mais ces parties sont généralement couvertes d'une peau dure, souvent cornée, et qui se refuse par conséquent à une application immédiate, comme l'exige l'appréciation des qualités tangibles des corps. D'ailleurs, l'idée de la température plus ou moins élevée, de la mollesse ou de la solidité, de la masse ou de l'étendue en longueur, largeur et épaisseur, ne peut pas être facilement acquise par l'insecte au moyen du toucher. Les organes que l'on suppose destinés à cet usage dans les insectes, sont d'abord les antennes. Il est vrai que ces sortes de cornes, surtout lorsqu'elles sont alongées et formées d'un grand nombre d'articulations, semblent être des sortes de tentacules que l'insecte met continuellement en mouvement pour explorer sa route et pour connoître les obstacles : c'est ce que l'on voit dans les sphéges, les ichneumons, les chrysides, qui ont les antennes, comme on le dit, très-vibratiles ; c'est ce qu'on observe encore dans les capricornes et la plupart des xylophages, dans les créophages, comme les carabes, les cicindèles : mais dans d'autres insectes les antennes sont formées par un simple poil ou par quelques anneaux très-courts. A quoi serviroient ces antennes dans les mouches, les cigales, les demoiselles ? Secondement, on a cru pouvoir attribuer aux palpes cette même faculté du toucher ; mais ces palpes, à la vérité très-mobiles dans les insectes màcheurs, sont à peine en rudiment ou tout-à-fait nuls dans les insectes suceurs, comme les hémiptères, et leur forme est tout-à-fait changée.

Enfin, les *tarses* sont certainement les parties les plus propres à donner à l'insecte l'idée de la nature des corps sur lesquels ils s'appliquent. Ils offrent, en effet, chez la plupart une assez large surface spongieuse qui, dans les mouches, les chrysomèles, les capricornes, peut facilement s'adapter à la superficie du corps. Chez d'autres, comme dans les hémiptères, les hyménoptères, ces tarses sont en général alongés, composés d'articulations très-mobiles. Enfin, dans les araignées, les faucheurs et beaucoup d'autres aptères, ces tarses sont évidemment des instrumens qu'ils emploient pour explorer la solidité et la nature des corps sur lesquels ils vont se transporter.

NUTRITION. Tels sont les organes des sensations dans les insectes : étudions maintenant, chez ces animaux, la fonction nutritive.

Nous avons déjà vu que quelques insectes se nourrissent de matières liquides, et qu'ils sont dits *suceurs;* tandis que d'autres, attaquant les substances solides, sont obligés de les diviser, de les humecter, de les broyer, et qu'à cet effet ces insectes sont munis de mandibules et de mâchoires à l'aide desquelles ils écrasent et réduisent en pulpe leurs alimens, et qu'on les nomme, dans ce cas, *mâcheurs.* Les insectes, comme tous les êtres animés, tirent les élémens de leur nutrition des corps organisés ou des matières qui ont été déjà empruntées par d'autres êtres vivans à la nature brute ou inorganique; mais les modes de l'alimentation sont extrêmement variés, comme nous allons brièvement l'exposer ici, nous proposant de développer ce sujet, avec tous les détails qu'il comporte, à l'article NUTRITION dans les insectes.

Il faut d'abord savoir que très-souvent le genre de nourriture varie extrêmement, dans une seule et même espèce d'insecte, aux diverses époques de sa vie. Telle espèce est carnassière ou se nourrit du suc des animaux, dans son premier âge, qui devient ensuite herbivore; telle autre, au contraire, est forcée de se nourrir d'abord de débris de végétaux, qui, par la suite, ne pourra se sustenter qu'avec les humeurs ou les parties solides des animaux. Quelques-uns également pourront, pendant un temps de leur existence, absorber ou sucer leur nourriture sous forme liquide, et, par conséquent, sans la mâcher : tandis que, dans d'autres circonstances, les parties de la bouche ayant changé de forme, ils n'attaqueront que les solides. Il seroit nécessaire d'apporter ici un si grand nombre d'exemples de ces modifications, que nous nous contenterons d'en citer quelques-uns des plus remarquables.

Les hydrophiles, qui dans leur premier âge sont ce qu'on appelle des vers assassins, qui attaquent et sucent les têtards des reptiles, les petits poissons, les mollusques, les insectes mous, et qui, sous leur dernière forme, ne recherchent plus que les plantes aquatiques et les feuilles à demi décomposées des végétaux qui tombent dans l'eau, nous présentent un cas évident d'un zoophage qui devient phytophage : il en est de même des anthrènes, des téléphores, etc. D'un autre côté, les larves des fourmilions sucent leur proie sans la mâcher, et l'insecte parfait a la bouche parfaitement organisée pour broyer les alimens. En sens inverse, ne voyons-nous pas les chenilles des lépidoptères, comme le ver à soie, ronger et mâcher les feuilles; tandis que les papillons, les bombyces ne peuvent que sucer le nectar des fleurs avec leur langue ou trompe, qui se roule en spirale? Ces différences de mœurs et de conformation dans les parties de la bouche sont toujours liées avec d'importantes modifications dans les autres organes digestifs.

Tous les insectes sont doués d'une sorte d'instinct qui les porte à déposer leurs œufs, ou les germes de leur progéniture, dans le lieu qui leur présentera une nourriture plus facile, ou bien les parens pourvoient d'avance aux besoins de la famille qui doit leur succéder. Quelques-uns, comme les abeilles, les fourmis, les termites, travaillent en commun à la nourriture des petits, et leur préparent une pâtée dont les molécules ont été soumises à une sorte de préparation digestive, comme le font les oiseaux et surtout les pigeons. Toutes les familles des plantes, et leurs parties diverses, deviennent l'aliment de certaines espèces d'insectes, qui sucent ou dévorent les racines, les tiges, les feuilles, les fleurs, les différentes parties des fruits; d'autres recherchent les animaux, vivent à leur surface, dans leur intérieur : chaque espèce semble être attachée à telle ou telle race, ou attaquer quelques animaux pendant leur vie ou après leur mort. Citons, par exemple, les œstres, les hippobosques, les mélobosques, les tiques, les puces, les poux, les ricins, les cousins, les taons, les stomoxes, les asiles, les araignées, les demoiselles, les carabes, les cicindèles, les staphylins, les téléphores, les coccinelles, les mantes, les punaises, les ré-

duves, les notonectes , les naucores, etc. , qui sucent ou rongent les animaux pendant qu'ils vivent encore ; tandis que
d'autres les détruisent après leur mort, ou s'attachent à leurs
dépouilles dans toutes les circonstances possibles, dans l'eau,
dans la terre ou dans l'air : tels sont, entre autres, les dermestes, les boucliers, les nécrophores, les nitidules, les an-
thrénes, les ptines, les nécrobies, les blattes, les teignes,
etc. Quelques-uns se développent dans l'intérieur même des
animaux vivans, comme les larves d'œstres , d'échinomyes,
de mouches , de conops , d'ichneumons, de chalcides, de
sphèges , etc.

Quant aux organes de la nutrition, ils varient non-seulement dans les différens ordres, mais même sous les formes
diverses que les insectes prennent lorsqu'ils subissent leurs
métamorphoses.

On distingue parmi les organes digestifs, la bouche , l'œsophage ou le conduit qui s'étend de la bouche à l'estomac ,
l'estomac même , le tube digestif ou canal intestinal et ses
annexes, tels que les canaux salivaires, pancréatiques, biliai-
res, qui ne forment pas chez les insectes de véritables glandes
sécrétoires.

Nous avons déjà étudié les parties de la *bouche*, d'abord
au commencement de cet article INSECTES et à celui de
BOUCHE. Nous ne reviendrons pas sur ce sujet, la conformation des organes destinés à saisir et à absorber les alimens ,
ou , comme on l'a dit, la disposition des instrumens cibaires
variant excessivement et ayant fourni non-seulement les caractères des ordres, mais même ceux des genres.

L'œsophage vient immédiatement après l'arrière-bouche.
C'est un canal plus ou moins alongé et étroit, suivant que
l'insecte a le corselet, ou les trois pièces qui forment cette
région du corps, plus étendu de devant en arrière. Il est
constamment embrassé à son origine par deux cordons nerveux, qui proviennent du premier renflement de la moelle
épinière contenue dans le crâne, et que l'on regarde comme
le cerveau. C'est au-dessous de lui, et ensuite dans toute sa
longueur, que l'on distingue les trois ganglions suivans de la
série des nerfs noueux, qui se trouvent ainsi au-dessous des
intestins, tandis que, dans tous les animaux à vertèbres , la

moelle de l'épine est située au-dessus ou en arrière dans la cavité vertébrale : l'œsophage est musculeux, et les fibres contractiles qu'on y observe, sont principalement disposées en longueur. Il est vrai qu'étant sujet à se dilater partiellement, pour laisser passer le bol alimentaire, pour ainsi dire calibré par la cavité du pharynx, il doit offrir des rides quand il n'est pas rempli. Au surplus, d'après la remarque de M. Marcel de Serres, qui a donné un très-bon Mémoire sur le tube intestinal dans les insectes (mémoire qui a été imprimé dans les Annales du Muséum en 1813), les fibres circulaires de l'œsophage sont beaucoup moins visibles que dans cette partie du canal qu'on regarde comme le duodénum.

L'estomac, dans les insectes, varie beaucoup, et par sa forme, et surtout par le nombre des poches ou des renflemens qu'il présente. Ainsi, il y a un véritable *gésier* ou une poche musculaire et fibreuse dans les insectes qui avalent goulument : leurs alimens sont pour ainsi dire broyés à l'intérieur, après avoir été ramollis soit par la bouche, soit par leur séjour dans l'œsophage, qui constitue alors une sorte de jabot.

Quelquefois ce gésier est garni à l'intérieur d'écailles ou de lames de corne tranchantes ou dentelées, et on l'observe ainsi dans les espèces carnassières, comme dans les herbivores ; cependant ce gésier n'existe que chez les insectes mâcheurs.

L'estomac est tantôt simple, ou n'offre qu'une légère dilatation de l'œsophage, dont il est à peine distinct ; chez d'autres insectes il est membraneux et très-dilaté : tels sont en particulier ceux qui, sous leur dernier état, ne font que pomper le nectar des fleurs, comme les abeilles, les papillons. Chez d'autres suceurs, mais qui ne pompent que les humeurs animales, comme les zoadelges parmi les hemiptères, on trouve un estomac simple encore, mais à parois musculeuses.

Le tube intestinal est d'autant plus étendu, et surtout plus long, que l'insecte dans lequel on l'observe est moins carnassier. C'est une observation qui est commune au surplus à tous les animaux. Les espèces qui se nourrissent de matières végétales, sont obligées d'en ingérer une grande quantité pour en obtenir une alimentation égale ; car, sur un poids donné, il y a infiniment plus de matière alibile ou nourrissante dans une substance animale, que dans celles que contiennent les plantes : aussi les lapins, les ruminans, tels que la vache, le mouton, par exemple, ont-ils le ventre plus volumineux et les intestins plus longs que le loup, les belettes, les lions, etc. Au reste, ce cas général est démontré par quelques circonstances propres à la vie des insectes : ainsi les larves du grand hydrophile noir sont carnassières, et leur tube intestinal n'a guères que la longueur totale du corps. L'insecte parfait est herbivore : ses intestins, roulés en spirale, offrent plus de quatre fois la longueur de la larve. Les têtards des grenouilles nous offrent un exemple, en sens inverse, d'un animal herbivore qui devient zoophage.

On distingue dans les intestins la portion qui vient immédiatement après l'estomac, ou les estomacs (car souvent il se compose de plusieurs poches), et la portion qui avoisine l'anus. La première est regardée comme un duodénum, et l'autre comme le rectum. Quelquefois, près de l'origine du duodénum, il y a des sortes d'appendices ou de prolongemens, en forme de cul-de-sac, qu'on nomme alors des cœcums, dans lesquels on trouve souvent une humeur qu'on a regardée comme une sorte de bile ou de suc pancréatique, parce qu'il y aboutit en effet des filamens qui paroissent appelés à opérer une sécrétion d'une humeur propre à la digestion.

La bile proprement dite paroit être fournie par un appareil de filamens beaucoup plus longs et plus grêles, qui constituent une sorte de houppe, qui aboutissent quelquefois à un canal cholédoque commun, ou qui se rendent chacun isolément au canal digestif, qu'ils perforent en s'y terminant.

Le rectum, ou la dernière portion du tube intestinal, aboutit à l'anus, ou plutôt à l'orifice commun, qu'on peut appeler le cloaque : on y remarque des fibres circulaires qui y forment une sorte de sphincter. On y observe en outre des lignes saillantes, qui y forment des côtes variables qui probablement déterminent la forme que prennent les matières excrémentitielles lorsqu'elles sortent du corps de l'insecte. Cette diversité de forme est surtout notable dans certaines larves ou chenilles, comme dans celles des sphinx, des bombyces, qui dénotent ainsi leur présence sous les branches des arbres ou des arbrisseaux qu'elles dévorent.

Consultez principalement sur cet objet le Mémoire de M. Marcel de Serres, déjà cité, et qui a été publié dans le vingtième volume des Annales du Muséum, et l'article III de l'Anatomie comparée de M. Cuvier, tome IV, pages 112 et suivantes.

Quant à la nutrition en elle-même, il n'y a pas le moindre doute qu'elle ne s'opère au moyen des alimens qui doivent fournir aux organes non-seulement les moyens de se réparer, mais surtout de s'accroître et de remplir leurs fonctions. Mais comment s'opère cette absorption? C'est une question qui n'est pas encore complétement résolue. M. Cuvier a exposé les raisons qui font croire que cette absorption, dans les insectes, s'opère par une sorte d'imbibition, parce qu'ils sont privés d'organes circulatoires, ou de vaisseaux lymphatiques, artériels et veineux. Il est vrai qu'il arrive à cette opinion par des indications négatives; mais il y est tellement conduit par l'analogie, que ses raisonnemens deviennent une sorte de preuve concluante. Nous allons présenter ici un extrait de son travail à ce sujet, tel qu'il est consigné dans les Mémoires de la société d'histoire naturelle de Paris, tome I.ᵉʳ, page 54.

Il est de fait qu'on n'observe aucun vaisseau sanguin dans les insectes : on n'en connoît qu'un, qui est une sorte de canal régnant le long de la partie moyenne du dos dans toutes les régions. On le voit très-bien dans les chenilles, surtout chez celles qui ont le corps ras, comme le ver à soie, le cossus : on y distingue une sorte de mouvement alternatif de systole et de diastole, ou de dilatation et de contraction, qui semble passer de la tête à la queue; mais on n'a jamais pu y observer des branches ou des racines qui y apportent un fluide liquide ou qui en sortent.

D'un autre côté, quand on sait de quelle manière s'opère, dans les insectes, la respiration, on ne voit pas une aussi grande nécessité, que chez les autres animaux, de la présence d'un agent central de la circulation, ni de canaux propres à porter les humeurs vers le lieu où l'air vient se mettre spécialement en contact avec les humeurs nutritives. C'est ce que nous chercherons à développer par la suite. Enfin, par cela même qu'il y a dans les animaux doués de la circulation, des vaisseaux artériels et veineux, ou qui viennent du cœur et qui s'y rendent, on conçoit qu'il existe chez eux des glandes conglomérées, destinées à opérer les sécrétions : ainsi le foie, le pancréas; les glandes parotides, salivaires; les testicules, etc. Mais cela devoit être autrement dans les espèces privées de la circulation; aussi n'y a-t-il pas de glandes destinées à ces fonctions. Ces organes sécréteurs sont formés de filamens nombreux et distincts, qui plongent au milieu même du fluide nourricier dont ils doivent emprunter les matériaux, pour les travailler chacun suivant son mode et opérer ainsi les sécrétions.

Voilà comment il faut, dans l'état actuel de la science anatomique et physiologique, croire que la nutrition s'opère chez les insectes. C'est par la porosité du tube intestinal que les matériaux les plus propres à l'alimentation se séparent de la masse ingérée; leur division est telle, qu'ils forment alors une sorte de vapeur dont les molécules, peut-être encore plus fluides que les liquides, sont absorbées vraisemblablement sous la forme de gaz, que contiendroient alors les nombreuses trachées dont le tube intestinal est couvert.

Cependant d'autres sécrétions s'opèrent encore dans les insectes : mais le mode de cette séparation des humeurs nous est à peu près inconnu. Nous savons, par exemple, que l'acide produit par les fourmis, et qui est analogue à celui du vinaigre, est dégorgé par l'insecte; que plusieurs autres animaux de la même classe vomissent ainsi à volonté ou dégorgent quelques matières, soit fétides, soit nuisibles, au moment où elles se croient en danger. C'est ainsi que les boucliers, les carabes, les larves et les chenilles, rendent, par la bouche, une humeur dégoûtante; que d'autres, comme les cétoines, les blaps, laissent sortir du cloaque quelque liqueur fétide; que les méloés, les chrysomèles font suinter de leurs articulations une sorte d'huile d'une odeur désagréable; que les coccinelles font exhaler, du bord de leur corselet, une humeur jaunâtre d'une grande volatilité et d'une saveur amère; que plusieurs larves, comme celles de la chrysomèle du peuplier, les chenilles des papillons podalire et machaon, celle du bombyce vinule ou queue-fourchue font sortir des tubercules, des tentacules, de la surface desquels s'exhale une humeur particulière ; que les staphylins font également saillir de l'anus deux vésicules qui transsudent une liqueur acide et très-odorante ; que chez les brachins qu'on nomme *fumant* et *pétard*, il s'échappe de l'anus, à la volonté de l'animal, un gaz acide, produit par une liqueur contenue dans deux vésicules ; que d'autres portent des odeurs plus ou moins fortes : ainsi l'hémérobe aux yeux d'or, au moment du danger, exhale une odeur d'excrémens humains ; les pentatomes et les punaises, des émanations toutes désagréables ; tandis que les capricornes, les cicindèles, les fourmilions et plusieurs autres insectes des sables, portent une sorte d'odeur suave d'ambre ou de rose. C'est dans cette catégorie des sécrétions qu'il faut également ranger les fils déliés que produisent les hydrophiles, quelques ichneumons qu'on nomme à coton, la plupart des chenilles des bombyces, et en particulier celle du mûrier, qui donne la soie. Les sécrétions de la laque, de la cire ; l'humeur de l'aiguillon de la guêpe et des abeilles : celle de la trompe des réduves, des naucores ; la liqueur phosphorique des scolopendres, de la fulgore porte-lanterne, des taupins phosphorescens et noctiluque, des lampyres vers-luisans ; la graisse qui se sécrète dans le corps des larves pour l'époque où aura lieu la métamorphose sous l'état de nymphe, offrent encore un autre mode de sécrétions. On conçoit qu'il nous est impossible d'entrer ici dans ces détails, que nous avons dû cependant indiquer.

Passons maintenant à l'étude de la RESPIRATION chez les insectes. Nous avons déjà eu occasion de parler des orifices par lesquels l'air pénètre dans le corps des insectes. Nous savons que ces ouvertures, qu'on nomme les stigmates ou les spiracules, sont à peu près au nombre de seize à dix-huit, correspondant chacun à l'un des côtés des segmens du corselet et des anneaux de l'abdomen. Ces stigmates sont l'origine des trachées ou des vaisseaux aériens, dont la structure est l'une des plus singulières. La plupart sont formés d'une lame mince, élastique, contournée en spirale sur elle-même, de manière à former un tube continu ; et, pour en donner une idée fort exacte, qu'on se figure l'un de ces fils d'or, d'argent ou de cuivre, tirés à la filière, et aplatis ensuite comme ceux dont on se sert pour en former les galons. On sait que ces fils métalliques ne font que recouvrir un autre fil de soie ou de matière végétale. de manière à le masquer complétement. Si l'on soumet un fil de galon ainsi disposé à l'action du feu, la matière végétale ou animale se brûle, se réduit en cendre, et cette cendre peut sortir par les deux extrémités du tube, qui reste alors creux et formé d'une lame spirale, dont les tranches sont parfaitement en rapport les unes avec les autres : telles sont les trachées chez la plupart des insectes. En effet, si l'on en tire une à l'aide d'une petite pince, on la voit se détordre ou se défiler, et, abandonnée à elle-même, elle tend à reprendre sa disposition en spirale. C'est à cette propriété qu'est due leur aptitude à former des tuyaux élastiques, se soutenant par eux-mêmes, et restant toujours propres à recevoir l'air, qui y pénètre, à ce qu'il paroît, par sa propre pesanteur et par sa fluidité extrême.

Ces canaux aériens sont en général cylindriques dans une certaine étendue de leur longueur; cependant il en est qui sont comme étranglés d'espace en espace, et qui forment alors comme des vésicules plus ou moins renflées, arrondies, ovales ou sphériques. Les larves ont des trachées, comme les insectes parfaits; mais il s'opère dans ces organes, à l'époque de la transmutation ou de la métamorphose, un changement presque aussi remarquable que celui qui a lieu dans le reste du corps. Quelques insectes aquatiques, en particulier, ont une manière de respirer tout-à-fait différente sous les trois états de larves, de nymphes et d'insectes parfaits.

On voit dans un grand nombre de diptères, lorsqu'ils sont encore sous l'état de larves, les orifices des trachées groupés diversement vers les derniers anneaux du corps. Chez les larves des mouches armées ou stratiomys, par exemple, on remarque une sorte d'aigrette formée de poils barbus, comme ceux qui couronnent les semences des pissenlits, des scorzonères et autres plantes composées : c'est au centre de cette aigrette, comme huilée, que s'observe l'orifice respiratoire. Dans les larves et les nymphes des libellules ou demoiselles, le mode de respiration est surtout singulier. L'eau pénètre dans leur rectum par une sorte d'inspiration : il est probable qu'elle abandonne là le gaz oxigène qui s'y trouve combiné,

On voit, en effet, dans l'épaisseur des parois de cet intestin un grand nombre de trachées, qui représentent cinq grandes feuilles ou nervures de feuilles composées de petites trachées qui se rendent dans quatre troncs principaux, dont deux, plus gros encore, se subdivisent dans toutes les parties du corps. On rend sensible à l'œil ce mode de respiration des larves dont nous parlons, en les laissant séjourner pendant quelques minutes dans une eau colorée, puis en les transportant dans une autre eau tres-limpide : à chaque mouvement d'expiration l'eau sort colorée de l'anus, après avoir lavé les tuniques de l'intestin. D'ailleurs, l'animal emploie ce mode de respiration pour faciliter son transport ou son mouvement dans l'eau, en profitant de la résistance que le jet sortant de l'anus éprouve sur la masse du liquide ; le corps de l'insecte, s'appuyant ainsi en arrière, avance du côté opposé, où est la tête. Dans les larves des éphémères, dans celles des phryganes, des cousins, des tourniquets, il faut avouer qu'il semble exister de véritables branchies, toujours en mouvement quand l'animal respire. C'est une sorte d'anomalie parmi les insectes, qui mérite une attention toute particulière, surtout dans les éphémères, si, comme Swammerdam l'a pensé, ces insectes ont en outre la faculté de féconder les œufs après qu'ils sont séparés du corps de leur mère ; ce qui est une analogie marquée avec les poissons et quelques reptiles batraciens.

Il résulte des recherches anatomiques, que, comme les insectes n'ont ni cœur ni vaisseaux, ce n'est pas le sang qui va chercher l'air, mais l'air qui se porte partout où se trouvent les humeurs ; de sorte que, par le fait, le résultat est le même, puisque les deux fonctions s'exécutent réellement comme deux nombres qui sont multipliés indifféremment l'un par l'autre et qui donnent le même quotient.

D'après les expériences de M. Vauquelin, insérées dans les Annales de chimie, tome XII, page 273, il a été constaté que l'oxigène est nécessaire à la respiration des insectes ; que ce gaz est absorbé ; que l'acide carbonique est dégagé, et que la matière de la chaleur se développe dans cette opération animale.

Quoique la température des insectes soit à peu près la

même que celle de l'atmosphère, il faut avouer qu'on ne la connoît pas positivement : d'une part, parce qu'il est très-difficile de l'observer et de l'estimer, et que, de l'autre, le corps de l'insecte est bientôt mis en équilibre avec les matières qui l'environnent. Cependant on a observé que les insectes qui vivent en société, et surtout, dans nos climats, les fourmis et les abeilles, lorsqu'elles sont réunies, développent une température presque égale à celle de l'homme, si elle ne la dépasse pas. Un thermomètre, placé pendant l'hiver au centre d'une ruche, y reste constamment élevé à 28 à 5o° Réaumur ; et quand on excite ces insectes, leur respiration devient plus active, et ils développent alors presque subitement une température qui monte à deux ou trois degrés au-dessus de celle qu'ils marquoient d'abord.

Nous allons parler ici de la voix des insectes, quoique réellement les sons produits par ces animaux ne puissent pas toujours être attribués à l'air qui sort de leur corps. En traitant du *bourdonnement* dans les abeilles, nous avons exposé quelques faits qui semblent porter à croire que peut-être la vibration communiquée à l'atmosphère est due à l'ébranlement de l'air qui sort des stigmates du corselet : et en parlant, au commencement de cet article, de la faculté auditive, nous avons exposé quelques faits entomologiques relatifs aux différens bruits que les insectes produisent. La plupart sont dus à des frottemens ou des vibrations rapides, communiqués soit aux corps voisins, soit à certaines parties conformées de manière à représenter des cordes ou des membranes ; aussi a-t-on dit, en parlant des insectes : *Animalia muta, nisi alio proprio instrumento sonora.* Les uns font mouvoir la tête sur le corselet, ou celui-ci sur les élytres, comme les capricornes, les criocères : d'autres font vibrer les anneaux de l'abdomen contre l'extrémité libre de ces mêmes élytres; tels sont les trox, les ateuches. Chez quelques-uns c'est un bouquet de poils roides, comme une brosse qui frotte contre un corps solide; c'est ce qui a lieu dans les blaps : d'autres frappent fortement le bois qu'ils rongent, avec quelques parties de la tête, comme les taupins, les vrillettes; chez les cigales mâles, c'est une sorte de tambour ou d'écaille concave, sous laquelle roule un cylindre garni de cordes saillantes: ceux-ci, comme les mâles des sauterelles, des criquets, font résonner quelques parties de leurs élytres en les croisant rapidement, ou en les agitant avec les jambes, comme les cordes de certains instrumens résonnent sous l'archet qui les frotte, etc. (Voyez Sons produits par les insectes.)

Génération. Après avoir étudié dans les insectes les organes du mouvement et des sensations qui établissent la vie de rapport ou de relation dans ces animaux, nous avons fait connoître, d'une manière générale, les parties qui servent à la nutrition ou à l'augmentation de volume du corps de l'insecte, et à la réparation des matériaux qu'il emploie pour exécuter ses fonctions ; nous avons traité en particulier des organes de la digestion, de la respiration, de la voix et des sécrétions. Il nous reste à parler de celle de ces sécrétions qui est la plus importante, puisqu'elle donne aux êtres vivans la faculté de reproduire d'autres individus en tout semblables à eux-mêmes ou destinés à le devenir : nous allons donc faire connoître les organes de la génération dans les insectes.

Nous prions le lecteur de vouloir bien consulter sur ce sujet les trois articles que nous allons lui indiquer, afin d'éviter ici les répétitions. Nous avons présenté au mot Accouplement dans les insectes, toutes les particularités les plus curieuses sur le rapprochement des sexes. Aux mots Reproduction et Ponte, nous nous proposons de donner le complément de cette fonction.

Tous les insectes proviennent d'autres individus absolument semblables à eux, et dont ils se sont séparés d'abord sous forme d'*œufs*, c'est-à-dire que ce germe a été déposé, avec une certaine quantité de nourriture appropriée à son premier âge, dans une coque membraneuse plus ou moins solide. La configuration de ces œufs, et la manière dont ils sont pondus et disposés, chacun selon les besoins futurs, sont des plus admirables. Il en est de mous, et d'autres dont la coque acquiert quelquefois une très-grande solidité. Les uns sont agglomérés, collés les uns aux autres, réunis par des pédicules communs ou distincts; il en est de sphériques, d'ovales, de cylindriques, de plats, de déprimés, de comprimés, de prismatiques, d'anguleux, etc. ; quelques-uns sont enveloppés de matières protectrices propres à en éloigner les animaux qui en seroient avides : ce sont tantôt des odeurs, des pointes acérées. des liqueurs corrosives. des enveloppes serrées et impénétrables. ou d'autres moyens astucieux et trompeurs que la femelle a mis en usage pour garantir sa progéniture. jusqu'à les couvrir de son propre corps. qui se dessèche et les protége comme un bouclier, ainsi qu'on le voit dans les cochenilles. On conçoit aussi que la couleur de ces œufs varie beaucoup selon les espèces et l'époque depuis laquelle ils ont été pondus. parce qu'alors le germe développé communique ses teintes aux membranes qui les recèlent. Quelques-uns de ces œufs éclosent dans l'intérieur du corps de leur mère: c'est ce qui arrive à ceux des pucerons dans certaines époques de l'année, à ceux de la mouche bleue de la viande. des hippobosques; enfin, chez tous les insectes dits. pour cela même , *ovovivipares*.

Le plus souvent les sexes sont distincts et séparés, ou sur des individus différens; les uns sont mâles et les autres femelles. Le nombre des individus de l'un et de l'autre sexe est en général à peu près le même; cependant il en est quelques-uns qui sont condamnés dès l'enfance à n'avoir jamais les organes sexuels complétement développés. Quand cette anomalie existe. ce sont les femelles qui sont ainsi privées des organes sexuels, au moins apparens. et on les dit alors *neutres* ou *mulets* : c'est ce qu'on observe dans quelques genres d'hyménoptères. principalement dans les fourmis. les guêpes, les abeilles. et dans quelques névroptères ou hémiptères, comme les termites. les pucerons. Il est cependant rare que les insectes d'une même espèce vivent par paires ou en monogamie. Le seul besoin de la fécondation les rapproche pour un temps très-court : le mâle périt peu de temps après l'accouplement. tandis que la femelle survit jusqu'après la ponte. Nous avons déjà dit qu'il sembloit qu'il n'y avoit que les sucs élaborés dans le jeune âge de l'insecte qui pussent servir à l'œuvre de la génération: car, aussitôt que ces animaux ont pris leur dernière forme. et qu'ils ont acquis le pouvoir de donner ou de recevoir le fluide qui transmet la vie. ils s'accouplent, pondent et meurent. Les mâles sont en général plus petits que les femelles : ils sont plus sveltes. plus brillans et mieux colorés; la forme des antennes, des ailes, et surtout l'extrémité de l'abdomen ou résident les organes sexuels et les instrumens destinés à placer les œufs dans les circonstances les plus favorables à leur développement, offrent souvent de notables différences.

Ainsi les mâles des fourmis, des cochenilles, des pucerons, de quelques coléoptères herbivores, sont excessivement petits de taille, si on les compare avec leurs femelles. Les antennes des bombyces, celles des rhipiphores, des taupins, sont beaucoup plus développées dans les mâles; les ailes du bombyce disparate, du tau, de l'étoilée, n'ont presque pas de rapports avec celles des femelles : quelques-unes des femelles sont même tout-à-fait sans ailes, comme dans notre espèce de lampyre dite à cause de cela *ver luisant*.

Chez la plupart des insectes les organes sexuels sont placés à l'extrémité de l'abdomen; elles font le plus souvent saillie au dehors dans les mâles, quelquefois aussi chez les femelles. Dans quelques espèces, cependant, comme dans les demoiselles et les araignées, les parties sexuelles femelles sont autrement disposées que celles des mâles.

Nous avons fait connoître, à l'article ACCOUPLEMENT, toutes les particularités les plus remarquables que développent les insectes à l'époque où les deux sexes sentent la nécessité de se manifester réciproquement, ou de se faire connoître le besoin impérieux de la reproduction et de la conservation de l'espèce, en s'adressant à tous les sens : les uns en produisant des bruits particuliers; d'autres, en développant des effets de lumière pendant l'obscurité des nuits; plusieurs en exhalant des odeurs qui manifestent au loin leur présence, et qui attirent ainsi les deux sexes l'un vers l'autre par une sorte de véhicule ou de guide invisible.

L'acte de la reproduction s'opère dans les insectes par le rapprochement des sexes et par le contact plus ou moins prolongé des organes, qui se pénétrent de manière que la liqueur prolifique ou séminale peut aller vivifier les œufs, dont les rudimens préexistent dans les ovaires; le plus souvent ce sont des organes mâles, solides et cornés, qui sont introduits dans le cloaque de la femelle. Ces organes mâles consistent ordinairement dans des pièces qui se présentent d'abord avec peu de volume, mais qui, s'écartant bientôt, permettent aux parties molles de se porter plus avant, et qui, en outre, se renversent ou s'accrochent de manière que la séparation des deux individus ainsi accouplés ne peut plus s'opérer, à moins que les parties ne soient restituées dans leur situation primitive, ce qui n'arrive que lorsque la fécondation est complète.

La configuration des organes mâles et femelles varie trop, non-seulement dans les ordres, mais même dans les genres et les espèces, pour que nous essayions d'en présenter une idée générale. Nous dirons seulement que chez les mâles on trouve des vaisseaux spermatiques très-nombreux et fort gonflés avant l'accouplement ; que ces vaisseaux, qui ont douze ou quinze fois la longueur du corps, sont pliés et repliés sur eux-mêmes, de manière à occuper une grande partie de la cavité de l'abdomen : ils aboutissent quelquefois à un réservoir commun, à des vésicules séminales qu'on a comparées à des prostates, à des épidydimes, à des canaux déférens, qui se rendent plus ou moins médiatement à une sorte de pénis ayant pour fourreau les écailles cornées qui font l'office de gorgeret dilatateur.

Dans les femelles, outre l'orifice destiné à recevoir les organes du mâle, il existe souvent des instrumens qui facilitent la ponte, ou la manière diverse dont les œufs doivent être déposés. La vulve s'ouvre dans le cloaque ; c'est là qu'aboutissent les oviductes : ce sont des canaux très-prolongés, comme les vaisseaux spermatiques, mais beaucoup plus gros. On y distingue les œufs, qui sont d'autant plus développés, qu'ils sont plus près du canal commun qui les mène dans le cloaque : c'est le plus souvent dans ce canal commun qu'ils reçoivent la glu ou l'humeur visqueuse qui sert à les fixer ou à les suspendre par des pédicules quelquefois très-alongés, comme on l'observe dans les œufs des hémérobes. Il est des insectes qui pondent tous les œufs à la fois, comme deux grappes, c'est ce qui arrive aux éphémères ; mais le plus souvent ces œufs passent successivement, un à un, par l'orifice du cloaque. Les pondoirs ont tantôt la forme de couteaux, de sabres, de scies, de gouches, de vrilles, de perçoirs, de sondes : c'est ce qu'on observe dans les sauterelles, les grillons, les mouches à scie, les ichneumons, les

chalcides, les évanies, les leucopsides, les nèpes, les panorpes, quelques trichies, les priones, les cossus, etc.

Le mode même du rapprochement des sexes est déterminé
par la configuration générale du corps, ou par la position
des organes sexuels. Le mâle est ordinairement placé au-
dessus de la femelle, qui est plus grosse. La puce, les éphémères, dit-on, et quelques autres, font seuls exception. Quelquefois les mâles ont les pattes de devant plus alongées,
comme on l'observe dans les clytres, quelques scarabées : ou
leurs tarses sont très-dilatés en devant, et garnis de houppes, de lames ou d'écailles pour adhérer sur le corps de la
femelle, qui est trop lisse, comme on l'observe dans les mâles
des hydrophiles, des dytiques, des crabrons ; et c'est alors
aussi qu'on remarque quelquefois une différence notable
dans les élytres des femelles, qui sont sillonnés en long ou en
travers, tandis que ceux du mâle ne le sont pas. La position
des organes sexuels a aussi déterminé de singuliers modes
d'accouplement. Dans les libellules, par exemple, le mâle
saisit la femelle par le cou, ou dans l'intervalle de la poitrine avec la tête, au moyen de deux crochets qui font
l'office de tenailles et qui sont placés à l'extrémité de sa
queue : il s'envole ainsi avec elle, et la force de venir appliquer son ventre contre sa poitrine, ou à la base de son
abdomen, qui loge là les organes sexuels. Dans les araignées
le mode de fécondation est encore plus singulier, les organes
du mâle étant situés dans les palpes, et ceux de la femelle
à la base de l'abdomen, au-dessous des pattes. Dans l'acte
de l'accouplement le plus souvent les insectes restent tranquilles et immobiles ; d'autres continuent de marcher ou de
voler : quelques-uns, comme les hannetons, prennent une
position singulière, le mâle restant presque renversé sur le
dos : dans les bombyces, comme dans les vers à soie, les têtes
du mâle et de la femelle sont en sens opposés, et ce rapprochement dure plus ou moins de temps ; il exige des journées
entières, ou il s'accomplit en moins d'une seconde. Nous
croyons même que les éphémères n'ont pas de véritable accouplement, mais que les mâles fécondent les œufs dans l'eau,
après la ponte.

L'histoire des changemens qui surviennent chez les insectes. depuis l'instant où ils sortent de l'œuf jusqu'à celui où ils sont aptes à reproduire leur espèce ou à propager leur race. doit trouver ici sa place. Chez la plupart des insectes ces changemens sont de trois sortes: on les nomme. dans leur ensemble. la transmutation ou la *métamorphose*. Le premier état de l'insecte, lorsqu'il sort de l'œuf, est celui de *larve* ou de *chenille*; le second est celui de chrysalide. de nymphe. de pupe ou d'aurélie: enfin. sous le dernier état, l'insecte est accompli : il est. comme on le dit, parfait ou déclaré: c'est ce qu'on a nommé aussi l'*image*, ou l'insecte reproduit (*imago revelata*).

Les métamorphoses des insectes ont été connues imparfaitement par les anciens. On voit dans beaucoup de passages d'Aristote, qu'il savoit que plusieurs insectes, et il nomme en particulier les papillons. les abeilles. provenoient de chenilles. de vers; mais ce n'est guères que depuis les recherches de Swammerdam . de Rédi et de Goedaert. que ces transformations ont été bien connues, et que la reproduction des insectes a été expliquée comme elle devoit l'être.

Outre les mutations notables dans la forme que subissent les insectes dans les trois états qui suivent leur sortie de l'œuf, ils changent souvent de peau ou d'épiderme. et souvent cet épiderme est d'une tout autre apparence que celui qui lui succède. ce qui donne encore à l'insecte un autre aspect; c'est ce qui arrive à la chenille du mûrier. dite ver à soie: lorsqu'elle sort de l'œuf. cette chenille est velue: dans les mues suivantes. elle a le corps ras ou sans poils; mais sa teinte varie beaucoup. Il en est de même dans un grand nombre d'autres larves.

Fabricius. dans sa Philosophie entomologique, a consacré une section entière à l'exposition des modifications de la métamorphose dans les insectes. Depuis cet auteur la science a fait de grands progrès. et M. Latreille en particulier a publié sur ce sujet des observations très-judicieuses, dont nous donnerons une analyse après avoir présenté celle du travail de Fabricius. qui met parfaitement sur la voie.

Ainsi la larve. qu'on nomme quelquefois chenille ou ver. est l'enfance de l'insecte dès le moment où il sort de l'œuf. Cette larve, toujours stérile, est molle. très-vorace; elle se dépouille à mesure que sa peau ne peut plus suivre le développement de ses organes. A sa dernière mue, la larve prend le nom de pupe, de nymphe, de chrysalide ou d'aurélie; c'est, dit Fabricius, l'adolescence de l'insecte : il ne croît plus; il se durcit : quelquefois, ou dans quelques cas, cette nymphe est immobile, et, pendant ce repos, elle acquiert plus de consistance.

Fabricius distingue cinq ordres de métamorphoses, d'après les modifications de formes et de mouvemens de la larve et de la nymphe.

Dans la première métamorphose, qu'il nomme *complète*, à laquelle il rapporte les araignées, les scorpions, les pinces, les cirons, etc., il n'y a pas de différence entre les larves, les nymphes et les insectes parfaits.

Il rapporte au second ordre de métamorphose, qu'il nomme *demi-complète*, les demoiselles, les punaises, dont les larves ont six pattes et sont agiles, ainsi que les nymphes, qui ont de plus des rudimens d'ailes.

Au troisième ordre, qu'il appelle métamorphose *incomplète*, il rapporte les coléoptères, les hyménoptères, qui proviennent de larves motiles, et qui produisent une chrysalide à pattes distinctes, mais repliées et immobiles.

Les lépidoptères, qui ont des larves ou chenilles avec des pattes, et agiles, dont la chrysalide est couverte d'une enveloppe commune qui prive les pattes du mouvement, mais sur laquelle on distingue cependant la forme de la tête, du corselet et du ventre, sont rapportés au quatrième ordre de métamorphose, qu'il nomme *obtectée*.

Enfin, les diptères forment un cinquième ordre de transmutation, qu'il appelle *coarctée*, parce que la larve apode, annelée et mobile, se change en une nymphe qui paroît apode et qui est toujours immobile, et parce qu'il se forme en dehors une enveloppe qui ne permet de distinguer aucune partie du corps.

M. Latreille distingue trois sortes de métamorphoses : 1.º celle qu'il nomme ébauchée, 2.º la demi-métamorphose, et 3.º la métamorphose complète.

Dans les deux premiers modes, l'insecte n'éprouve de transmutation que dans les organes du mouvement, dans les ailes ou les pattes; la larve, la nymphe, sont toujours actives, et l'insecte parfait conserve les mêmes habitudes.

C'est le troisième mode de métamorphose qui offre le plus d'intérêt : car l'insecte parfait et sa larve n'ont réellement aucun rapport de formes : la nymphe ne se nourrit plus et reste immobile, soit qu'elle ait les membres libres et distincts, soit qu'elle reste, comme on le dit, emmaillottée; et cette sorte de maillot prend la forme d'une momie, lorsqu'on aperçoit les linéamens des pattes, des antennes, des yeux, etc.; ou bien elle est en forme d'œufs, et alors on ne voit qu'une sorte de peau ou de coque arrondie.

Ce sont ces formes qu'il est curieux de connoître : nous les indiquerons avec plus de détails à l'article Transformation ou Métamorphose.

§. 3. *De la méthode employée dans cet ouvrage pour conduire à la connoissance des insectes et à leur classification.*

Quoique la classe des insectes comprenne à elle seule un plus grand nombre d'espèces bien connues que les autres sections du règne animal, et même que toutes celles auxquelles on rapporte les animaux sans vertèbres, considérés dans leur totalité, nous pouvons assurer qu'aucune n'est plus facile à étudier. Nous avons déjà exposé, au commencement de cet article et dans celui qui est inséré sous le titre d'Entomologie, que les insectes diffèrent de tous les autres animaux par le défaut de vertèbres, par la disposition des organes du mouvement, qui offrent des articulations nombreuses dans la partie moyenne du corps et dans les appendices articulés qui constituent leurs membres; en même temps que tous respirent par des trous ou des orifices extérieurs nombreux, nommés stigmates, qui correspondent à des canaux aériens élastiques ou à des trachées.

Les insectes ont été divisés en huit ordres, qui ont tiré leur dénomination des modifications des organes du vol ou des ailes, suivant qu'on en aperçoit, ce qui arrive au plus grand nombre, ou qu'il n'en existe pas. Ce défaut des ailes réunit, comme nous le verrons, des insectes fort différens les uns des autres; cependant c'est un moyen commode et artificiel de distinguer certains groupes ou familles, qu'on a réunis sous un nom commun, qui indique principalement cette absence constante des ailes à toutes les époques de la vie dans certaines espèces, qui forment ainsi l'ordre des Aptères, ou le huitième de la classe. Tous les autres insectes ont des ailes, mais leur nombre varie : un ordre réunit les espèces qui n'en ont que deux; c'est le septième de la classe, celui des Diptères, chez lesquels on trouve beaucoup d'autres caractères bien plus importans que ce nombre des ailes.

On observe quatre ailes chez tous les autres insectes, qu'on pourroit appeler, à cause de cela, les tétraptères; mais ce grand ordre se subdivise en six autres bien distincts : d'abord par la nature des alimens que ces animaux sont forcés de rechercher, les uns ne pouvant se nourrir que de liquides, de sucs ou d'humeurs qu'ils pompent ou absorbent à la surface ou dans l'intérieur des corps organisés; ceux-ci forment deux ordres.

Dans les uns, la bouche consiste en un bec articulé, formé de pièces coudées ou courbées, qui peuvent rentrer les unes dans les autres, et on observe, le plus souvent, dans leurs ailes, une différence notable entre les supérieures, qui sont à demi coriaces, ou qui ressemblent à des demi-étuis, ce qui les a fait nommer Hémiptères.

Chez les autres insectes à quatre ailes et sans mâchoires, la bouche consiste en une sorte de langue ou de trompe roulée en spirale sur elle-même, ce qui a fait donner à l'ordre auquel on les rapporte, le nom de Glossates; mais, comme en général, dans ces insectes, les quatres ailes soutiennent de petites écailles ou lamelles colorées diversement et placées souvent les unes au-dessus des autres à la manière des écailles des poissons, on les a désignés sous le nom de Lépidoptères, ou à ailes écailleuses.

Tous les autres insectes à quatre ailes ont la bouche composée de mâchoires et de mandibules propres à diviser les matières solides dont ils font leur nourriture. Ils ont été rapportés à quatre ordres, dont les noms sont tirés de la forme, de la consistance et de la disposition des ailes. Ainsi, les uns ont les ailes supérieures plus épaisses que les

inférieures, auxquelles elles servent comme de gaine ou de
fourreau, et alors les inférieures sont membraneuses, et tantôt
pliées en travers seulement : c'est ce qui arrive dans les
COLÉOPTÈRES, qui composent le premier ordre : ou bien les
ailes inférieures membraneuses sont surtout plissées dans leur
longueur, et le plus souvent non pliées sous des élytres ou
sous les gaines que leur forment les ailes supérieures, qu'elles
dépassent ; tels sont les ORTHOPTÈRES.

Chez les autres insectes à quatre ailes ou tétraptères, et chez
lesquels les supérieures et les inférieures sont à peu près de
semblable consistance, on distingue la structure de ces ailes,
pour en faire le caractère des deux ordres qui ont emprunté
leur nom de cette disposition : ainsi, chez les NÉVROPTÈRES,
les ailes sont comme formées de mailles par des nervures
en réseau, tandis que dans les HYMÉNOPTÈRES on distingue
principalement des lignes ou côtes saillantes sur les ailes, qui
sont en général plus étroites et plus consistantes.

Le tableau suivant donne une idée synoptique de cette
classification des insectes, d'après les ailes et les parties de
la bouche.

*Tableau analytique de la classification des insectes en huit
ordres, d'après les ailes.*

```
                        ⎧           ⎧ de consistance in-⎧ travers...   1. COLÉOPTÈRES.
                 ⎧      ⎧ à mâ-      ⎨ égale : les infé- ⎨
          ⎧      ⎪      ⎨ choires :  ⎩ rieures pliées en ⎩ long.....    2. ORTHOPTÈRES.
          ⎪ quatre⎨      ⎪           ⎧ semblables, à ner-⎧ réticulées.  3. NÉVROPTÈRES.
 Ailes ⎨ distinctes⎨    ⎩ ailes     ⎨                   ⎨
          ⎪      ⎪                    ⎩ vures             ⎩ veinée....   4. HYMÉNOPTÈRES.
          ⎪      ⎪      ⎧ sans mâchoires, ⎧ un bec non roulé..  5. HÉMIPTÈRES.
          ⎩      ⎩      ⎨ formant         ⎩ une langue roulée.  6. LÉPIDOPTÈRES.
                 ⎩ deux : jamais de mâchoires............  7. DIPTÈRES.
          ⎩ nulles...............................  8. APTÈRES.
```

Cet arrangement systématique des insectes, qui est à peu
près celui qui a été proposé par Linnæus, se trouve cependant
établi ici d'après d'autres caractères que ceux tirés uniquement
des ailes, comme les noms des ordres sembleroient l'indiquer.
Il faut avouer, comme nous l'avons déjà fait connoître au
mot APTÈRE, qu'un assez grand nombre d'insectes, même sous
l'état parfait, se soustrait à cette classification par les ailes,

puisqu'on retrouve dans presque tous les ordres quelques individus , soit des deux sexes, soit de l'un des sexes en particulier, qui, quoique analogues par la conformation générale, par les mœurs, les habitudes, et surtout par la manière de vivre forcée ou déterminée d'après la structure des parties de la bouche, devroient être rapportés à l'ordre des aptères, si l'on ne considéroit que la seule privation des ailes.

Nous ferons connoitre ces espèces qui restent toujours privées d'ailes, dans chacun des articles qui seront consacrés soit aux ordres, soit aux genres : mais nous croyons devoir indiquer ici un moyen accessoire de les distinguer d'abord. La structure des parties de la bouche devient très-utile à étudier pour cette classification des insectes qui, quoique privés d'ailes, n'appartiennent pas à l'ordre des aptères.

Ainsi le défaut des mâchoires, ce qui est très-rare dans les aptères, excepté dans les pous, les tiques et les puces, distingue très-bien quelques hémiptères, comme les punaises des lits , quelques réduves, cochenilles, pucerons, etc. , qui ont tous un bec articulé; quelques diptères, comme des hippobosques, mélobosques, qui ont un suçoir corné; enfin, quelques lépidoptères qui, comme les femelles de quelques bombyces, de quelques teignes, ont une langue roulée en spirale.

Tous les autres insectes faussement ou seulement en apparence privés d'ailes, ont des mâchoires, et ont alors leur ventre immédiatement accolé au corselet, et ils n'ont que six pattes; ce qui les distingue des vrais aptères, qui ont le ventre réuni au tronc : tels sont, parmi les coléoptères, les femelles du lampyre ver-luisant, et beaucoup d'espèces qui ont des élytres soudés, ou sous lesquels il n'y a pas d'ailes membraneuses. Tels sont encore parmi les orthoptères quelques sauterelles, gryllons, blattes, mantes; mais ces derniers ont tous les mâchoires garnies d'un appendice particulier propre à cet ordre. Enfin, parmi les faux aptères à ventre pédiculé et qui n'ont que six pattes, et non huit comme les acères, on distingue assez facilement les fourmis, les mutilles, les ichneumons et les autres hyménoptères, par la forme de leur bouche et les cinq articles de leurs tarses; tandis que quelques névroptères, comme les psoques, les termites, n'ont que deux ou trois articles aux tarses.

Nous avons indiqué, sous les noms de chacun des ordres, l'histoire générale des insectes qu'ils comprennent; de même que dans les articles consacrés à l'examen de chaque famille, nous avons fait connoître les détails relatifs aux genres et aux mœurs des espèces qu'on y rapporte. Nous ne présenterons donc ici qu'une sorte de résumé propre à donner l'idée de l'ensemble de la classe des insectes.

I. L'ordre des COLÉOPTÈRES comprend les insectes à quatre ailes, dont les supérieures forment des étuis ou des gaines pour les inférieures, qui sont membraneuses et le plus ordinairement pliées en travers. Ces dernières portent seules le nom d'ailes, parce qu'elles servent au vol; les autres sont appelées des *élytres* : de là le nom d'élytroptères qu'on a proposé de donner à cet ordre.

Quand on commençoit à étudier les insectes, on désignoit ceux dont nous parlons sous le nom très-vague de scarabées. Ils forment en effet un ordre très-naturel, et qui comprend des insectes qui ont entre eux la plus grande analogie sous le rapport des métamorphoses et de la structure.

Les coléoptères naissent tous sous la forme d'un œuf qui donne une larve à six pattes, le plus souvent fort agile, à tête mobile, distincte, garnie de mâchoires, et qui garde cette forme plus ou moins de temps, en changeant de peau cinq ou six fois. Ces larves, lorsqu'elles ont acquis tout leur développement, subissent une métamorphose complète, c'est-à-dire qu'elles se changent en nymphes, dont toutes les parties sont distinctes et semblables à celles de l'insecte parfait; mais elles sont immobiles et elles ne prennent plus alors de nourriture.

Les coléoptères, sous l'état parfait, ont la bouche munie de mandibules et de mâchoires; ils peuvent se nourrir de matières solides, animales et végétales. Leurs sexes sont distincts : il n'y a pas chez eux de mulets. En général, les femelles sont plus grosses que les mâles : ceux-ci ont les couleurs plus vives et les antennes plus développées.

L'ordre des coléoptères est le plus nombreux de la classe; il comprend à lui seul près de deux cents genres d'insectes :

aussi a-t-on été forcé de le subdiviser en sous-ordres ou sections. Geoffroy, l'historien des insectes des environs de Paris, a trouvé une méthode facile, et qui paroît très-propre à rapprocher entre elles les espèces qui semblent avoir le plus d'analogie dans la structure et les habitudes : c'est le nombre des articulations que présentent leurs tarses. Ces articles des tarses sont analogues, jusqu'à un certain point, aux phalanges qui composent chacun de nos doigts. Ils se terminent par des grappins de forme variable, qui servent à l'insecte pour s'accrocher sur les corps.

On a fait la remarque que les pattes intermédiaires, dans tous les coléoptères, ont toujours le même nombre d'articles aux tarses que les antérieures, de sorte qu'on n'a recours à l'examen de ce nombre qu'autant que les tarses antérieurs auroient été mutilés dans les individus chez lesquels on étudie les pattes.

Pour déterminer le nombre des articles aux tarses dans un coléoptère, le naturaliste commence à constater celui des pattes postérieures : car, s'il en observe cinq ou trois, il peut être assuré, d'après l'état actuel de la science, que ce même nombre de cinq ou de trois se retrouvera aux pattes moyennes ou antérieures. Mais, s'il y a quatre articles aux tarses de derrière, il faut absolument observer ceux des deux autres paires, car les uns en ont cinq et les autres quatre également.

On distingue ainsi quatre sous-ordres et même cinq parmi les coléoptères, et le nombre des articles aux tarses a fourni les dénominations sous lesquelles on les désigne, comme il suit :

I.er Sous-ordre : COLÉOPTÈRES PENTAMÉRÉS ou à cinq articles à tous les tarses, ce qui souvent se dénote comme il suit : 5, 5, 5.

II.e Sous-ordre, COLÉOPTÈRES HÉTÉROMÉRÉS ou à cinq articles aux pattes antérieures et moyennes, et quatre seulement aux tarses postérieurs ; ou 5, 5, 4.

III.e Sous-ordre, COLÉOPTÈRES TÉTRAMÉRÉS, c'est-à-dire, à quatre articles à tous les tarses ; ou 4, 4, 4.

IV.e Sous-ordre, COLÉOPTÈRES TRIMÉRÉS, ou ceux qui n'ont que trois articles à tous les tarses ; ou 3, 3, 3.

V.ᵉ Sous-ordre, Coléoptères dimérés, ou ceux qui n'auroient
que deux articles seulement aux tarses ; ou 2, 2, 2.

Le premier sous-ordre des coléoptères, celui des pentamérés, comprend des insectes nombreux, et qui présentent
de très-grandes différences dans les mœurs et dans les habitudes. On a trouvé des moyens commodes de les distribuer
en familles ou petits groupes naturels, d'après la considération de quelques parties extérieures, comme la longueur ou
la brièveté des élytres, leur plus ou moins grande consistance, la forme des antennes ou des autres régions du corps.

Dix familles ont été rapportées à ce premier sous-ordre
des coléoptères pentamérés. Nous allons présenter ici, d'abord
sous forme d'un tableau analytique, les indications principales, que nous exposerons ensuite avec plus de détails.

```
                                                             3. Brachélytres.
        très-courts, ne couvrant pas le ventre; an-
        tennes grenues..............................

                              non dentées; simples...   1. Créophages.
                    aplati;    tarses     natatoires..   2. Nectopodes.
        en soie,    antennes  dentées; sternum pointu.   8. Sternoxes.
        ou en fil;
        corps       arrondi, alongé, convexe.........    9. Térédyles.

                              d'un seul côté.....        5. Priocères.
                    feuilletée. à l'extrémité......      4. Pétalocères.
        en
        masse       non       ronde, solide......        7. Stéréocères.
                    lamellée.  longue, perfoliée..       6. Hélocères.

        corselet plat; antennes filiformes variables.. 10. Apalytres.
```

Les coléoptères Créophages ou carnassiers composent une
famille très-nombreuse du sous-ordre des coléoptères pentamérés. En général, leurs élytres sont durs et recouvrent le
ventre, et quelquefois il n'y a pas en-dessous d'ailes membraneuses; leurs pattes sont très-propres à marcher, n'étant
pas comprimées et présentant des crochets bien distincts;
leurs antennes sont en général en fil ou en soie.

Les uns ont le corselet plus étroit que la tête : tels sont
les cicindèles, les élaphres, les manticores. Les autres,
comme les carabes, les cychres, les scarites, etc., ont généralement la tête plus étroite que les élytres.

Les Nectopodes ou rémitarses, comme les tourniquets, les

dytiques, ne diffèrent des coléoptères de la famille qui précède, que par la forme générale de leur corps et par la forme des tarses, qui sont aplatis en manière de nageoires; par leurs mœurs et le mode du développement des larves.

Les Brachélytres ou brévipennes, ainsi nommés à cause de la forme et de la brièveté de leurs élytres comparés à l'alongement extraordinaire de l'abdomen, ont les antennes composées de petites articulations grenues, arrondies en forme de grains de chapelet. Ils se nourrissent encore, comme les précédens, de matière animale; mais la plupart ne recherchent que les cadavres. Quelques auteurs en ont fait un ordre particulier, sous le nom de microptères : c'est à cette famille qu'on rapporte les staphylins, les pœdères, les oxypores.

Les Pétalocères ou lamellicornes correspondent au genre *Scarabée* de Linnæus; leurs antennes en masse feuilletée à l'extrémité, et le nombre des articles aux tarses, les caractérisent suffisamment. D'ailleurs tous les genres rapportés à cette famille ont les mêmes mœurs. Ils ne se nourrissent, sous l'état parfait, que de végétaux, de leurs débris, après même qu'ils ont passé dans le corps des animaux. La plupart ne volent que le soir; leurs larves se développent à l'abri de la lumière. La plupart sont étiolées, courbées en arc, ce qui gêne beaucoup leurs mouvemens. Les hannetons, les cétoines, les bousiers, les scarabées, ont été rangés dans cette famille.

Les Priocères ou serricornes ont aussi les antennes feuilletées, mais d'un seul côté, ce qui leur donne souvent la forme d'une scie dentée. La plupart vivent dans l'intérieur du bois, et ils ont avec les genres de la famille qui précède une grande analogie dans les mœurs et dans la structure. Les mâles diffèrent souvent beaucoup des femelles pour la taille et le développement de certaines parties. Les cerfs-volans ou lucanes, les passales et les synodendres, sont des coléoptères priocères.

La famille des Hélocères ou des clavicornes est aussi caractérisée, comme leur nom l'indique, par la forme des antennes constituant une masse alongée, composée de feuillets ou de lames qui semblent perforées, perfoliées ou transpercées par la tige centrale. La plupart recherchent les matières animales ou végétales qui commencent à se décomposer : tels sont les hydrophiles, les dermestes, les boucliers, les nécrophores, les nitidules, etc.

Les Stéréocères ou solidicornes composent une très-petite famille de coléoptères à élytres durs, dont les antennes forment une masse arrondie, qui paroît solide, tant les articulations qui la composent sont rapprochées les unes des autres : les escarbots, les anthrènes, les léthres appartiennent à ce groupe.

C'est dans le bois, et quelquefois dans le tronc même des arbres vivans, que se développent les insectes de la famille des Sternoxes ou thoraciques. Leur corps est alongé, étroit, quelquefois aplati ; leurs antennes en fil, souvent dentelées ; leur corselet se termine soit en pointe en arrière, soit en dessous sous la forme d'un sternum pointu, qui souvent même fait l'office d'un ressort : tels sont les buprestes, les taupins, les cébrions, etc.

Les Ténébdyles ou perce-bois ont les mêmes mœurs et à peu près les mêmes formes que les sternoxes : mais leur corselet n'est point prolongé en pointe : au contraire, il se trouve arrondi en cylindre, et les élytres sont à peu près conformés de même : tels sont les vrillettes, les panaches, les ruinebois ou lymexylons, les mélasis, les ptines, etc.

Enfin, la dernière famille des coléoptères pentamérés est celle des Apalytres ou mollipennes, dont le nom a été emprunté de la mollesse des élytres ; ils ont en outre le corselet aplati et les antennes en fil. La plupart sont carnassiers dans leur dernier état. Le mode de leur développement est encore peu connu. Tels sont les téléphores, les malachies, les omalises, les vers luisans ou lampyres, les driles, les lyques, etc.

Il n'y a que six familles dans le sous-ordre des coléoptères dont les tarses postérieurs n'ont pas le même nombre d'articles que ceux de devant ou du milieu. En général ce sont des insectes nocturnes : au moins le plus grand nombre fuient la lumière trop vive, et recherchent les lieux obscurs. La plupart préfèrent pour leur nourriture les matières végétales. Voici le tableau des familles qui forment le groupe des Hétéromérés.

```
                 ⎧ mous, flexibles ; à antennes très-variables. 11. Épispastiques.
                 ⎪           ⎧ filiformes, souv nt ⎧ larges....  13. Ornéphiles.
A élytres ⎨ durs ;  ⎨ dentées ; élytres ⎨ rétrécis...  12. Sténoptères.
                 ⎪ antennes ⎨                ⎧ non soudés ; ⎧ longue..  14. Lygophiles.
                 ⎩              ⎪ grenues ; ⎨ antennes en ⎨ ronde...  16. Mycétobies.
                                 ⎩ élytres  ⎩ masse        
                                               ⎩ soudés, pas d'ailes.....  15. Photophyges.
```

Les Épispastiques ou vésicans ont tiré leur nom de la propriété qu'a le corps du plus grand nombre, lorsqu'il est mis en contact prolongé avec la peau, d'y produire une sorte de cloche, de vessie ou de brûlure. C'est à cette famille qu'on rapporte les cantharides, les mylabres, les méloës ou proscarabées, les lagries, les notoxes, etc. Leurs caractères sont très-distincts.

Dans les Sténoptères ou angustipennes, comme les nécydales, les œdémères, les mordelles, les anaspes. etc., le rétrécissement bizarre et presque monstrueux des élytres à leur extrémité libre les fait distinguer au premier aperçu. Quoique cette famille soit assez naturelle, il paroît que les mœurs sont très-différentes selon les genres, si l'on en juge du moins d'après celles des sitarides, qui semblent vivre en parasites dans les nids des abeilles maçonnes, tandis que les mordelles se développent dans le bois.

Les Ornéphiles ou sylvicoles vivent aussi, à ce qu'il paroît, aux dépens de la partie ligneuse des végétaux ; leurs élytres durs, larges, leurs antennes filiformes, les distinguent au reste de tous les autres coléoptères hétéromérés. Tels sont les cistèles, les pyrochres, les serropalpes, les hélops, les calopes, etc.

Quant aux Lygophiles ou ténébricoles, leurs antennes grenues en masse alongée, leurs élytres durs, non soudés, et les ailes membraneuses qu'ils recouvrent, ainsi que leurs habitudes exprimées par le nom qui sert à les désigner, tout porte à les considérer comme formant une famille fort naturelle ; et c'est là qu'on range les ténébrions, les opatres, les pédines, les sarrotries, qui mènent insensiblement à la famille suivante.

C'est celle des Photophyges ou lucifuges, qui fuient la lumière, qui ne peuvent voler, parce qu'ils n'ont pas d'ailes,

et que leurs élytres durs sont soudés par la suture et ne
sont aptes qu'à protéger l'abdomen qu'ils recouvrent. Tels
sont les blaps, les pimélies, les eurychores, les sépidies, les
érodies, les scaures, etc. : famille nombreuse d'insectes, la
plupart des pays chauds et arides.

Les fongivores ou Mycétobies constituent la dernière famille
du sous-ordre des coléoptères hétéromérés. Ils se nourrissent,
comme leur nom l'indique, de moisissures, de champignons:
leurs élytres sont durs, non soudés; leurs antennes grenues,
en masse arrondie. C'est à cette famille qu'on rapporte les
bolétophages, les diapères, les tétratomes, les agathidies,
les hypophlées, les cossyphes, etc.

Le troisième groupe ou sous-ordre des coléoptères, celui
des Tétramérés, qui réunit toutes les espèces dont les tarses
de devant et ceux de derrière n'ont que quatre articles, comprend seulement des insectes dont les matières végétales font
la nourriture principale. Ils correspondent en majeure partie aux trois grands genres que Linnæus désignoit sous les
noms de Chrysomèle, Charanson et Capricorne, dont les
premiers s'alimentent principalement avec les feuilles, les
seconds avec les semences, et les troisièmes avec les matières
ligneuses. Quelques genres anomaux viennent se placer ici
d'après le nombre des articles aux tarses, quoique sous certains rapports ils semblent se rapprocher d'autres familles.
Voici l'indication des familles de ce sous-ordre.

```
                     ⌠portées sur un bec ou prolongement du front. 17. Rhinocères.
                     ⎮                          ⌠en masse : corps.....⌠arrondi.. 18. Cylindroïdes.
                     ⎮                          ⎮                     ⎱aplati... 19. Omaloïdes.
           ⌠non sur  ⎮                          ⎮              ⌠soie................. 20. Xylophages.
Antennes  ⎨un bec,  ⎨                          ⎮              ⎮    ⌠aplati........... Genre Spondyle.
           ⎱  et     ⎮              ⌠non en     ⎨        ⎮fil ⎨    rond : ⌠arrondi.. 21. Phythophages.
                     ⎮              ⎱masse,      ⎮              ⎱    corps  ⎱plat.... Genre Cucuje.
                     ⎱              mais en      ⎱
```

La famille des Rhinocères ou rostricornes correspond, comme
nous venons de le dire, au genre Charanson ou *Curculio* de
Linnæus : leur tête se prolonge en une sorte de bec ou de
trompe qui supporte les antennes. C'est un groupe très-
nombreux, qui a été subdivisé en beaucoup de genres. Ils
proviennent d'une larve molle qui vit à l'abri, soit dans l'in-

térieur des tiges, soit dans les fruits et les semences les plus dures. Quelques-uns, sous l'état parfait, se nourrissent de feuilles. Les uns ont les antennes en masse droites ou brisées, c'est-à-dire, coudées dans le milieu. Les attélabes, les anthribes, les oxystomes, les brachycères, appartiennent au premier groupe ; les charansons, les rhynchènes, les ramphes sont rangés dans le second. Parmi les rhinocères dont les antennes ne forment pas une masse on place les brentes, les bruches et les becmares.

Les Cylindroïdes ou cylindriformes, ainsi rapprochés par la forme de leur corps qui est arrondi, ont en outre les antennes en masse, non portées sur un prolongement de leur front ; ils ressemblent beaucoup aux térédyles, dont ils s'éloignent par le nombre des articles de leurs tarses. Tels sont les apates, les bostryches, les scolytes, les corynètes et les clairons. Ces deux derniers genres ne sont placés ici que par l'arrangement du système que nous adoptons, leurs mœurs étant tout-à-fait différentes.

C'est encore par la conformation de leur corps que les insectes coléoptères, désignés sous le nom d'Omaloïdes ou planiformes, sont ainsi rapprochés. Leur corps est très-déprimé ; leurs antennes sont en masse ; leur tête n'est pas prolongée en une sorte de trompe ou de bec : ils se nourrissent de matières végétales. Tels sont les ips, hétérocères, mycétophages, cucujes ou ulciotes, trogosites ou ronge-blés, lyctes, colydies, etc.

Les Xylophages ou lignivores composent une famille des plus naturelles. Ils correspondent au grand genre des *cerambyx* de Linnæus : tous, et sans exception, sous l'état de larves, ils se développent dans le tronc des arbres ; ils ont les mêmes mœurs sous l'état parfait, et une ressemblance frappante dans le port et dans la forme des membres. La plupart sont ornés de couleurs vives et brillantes ; ils ont de longues antennes en soie, quelquefois plus étendues que le corps ; leurs articulations sont nombreuses, et ils peuvent les diriger en arrière. Les femelles sont plus grosses et moins vives que les mâles : les larves sont des espèces de vers ou de chenilles molles, plus ou moins étiolées, alongées, aplaties ou quadrangulaires, à six pattes courtes, garnies de mamelons ou de tubercules.

qui servent à leur progression dans les galeries qu'elles se
creusent au milieu du bois, quelquefois en pleine végétation. C'est à la famille des xylophages qu'il faut rapporter
les genres Rhagie, Lepture, Molorque, Callidie, Saperde,
Capricorne, Lamie, Prione et un grand nombre d'autres
subdivisions.

La dernière famille des coléoptères tétramérés, qui comprend les herbivores ou Phytophages, est dans le même cas
que la précédente. Linnæus avoit rangé toutes les espèces
qui composent aujourd'hui ce groupe, dans le grand genre
Chrysomela. Ils ont, en effet, les mêmes mœurs et beaucoup
d'analogie dans l'organisation et dans quelques parties du
corps, en particulier dans les antennes, quoique leur forme
générale présente de grandes modifications, qui ont principalement servi à les distribuer en genres naturels. Tous proviennent de larves qui vivent ordinairement en sociétés sur
les feuilles des plantes. Leur corps est souvent coloré, trapu,
ridé en travers. Quelques-unes laissent exsuder de leur surface ou de leurs articulations des humeurs colorées ou odorantes : leurs pattes sont alongées, et elles marchent avec
facilité. Toutes ont des moyens de se soustraire à leurs nombreux ennemis, qui sont les oiseaux. Sous l'état parfait, les
coléoptères phytophages ont généralement le corps bombé,
les antennes en forme de fil à articles arrondis, et l'avant-
dernière pièce de leurs tarses est comme partagée en deux
lobes : ils adhèrent, par ce moyen, avec beaucoup de force
aux surfaces des feuilles même les plus lisses.

Les uns ont les antennes à peu près de même grosseur dans
toute leur étendue, comme les lupères, les altises, les galé-
ruques ; d'autres ont le corselet très-convexe, comme les
clytres, les gribouris : les hispes, les criocères, les donacies,
les alurnes n'ont pas le corselet rebordé. les chrysomèles,
les hélodes, les cassides offrent un léger renflement à l'extrémité libre de leurs antennes, qui est encore plus sensible
et aplati dans les érotyles.

Les coléoptères, qui n'ont que trois articles aux tarses, ne
composent qu'une seule famille. qui est la vingt-deuxième,
et qui a été nommée celle des Trimérés ou tridactyles ; elle
forme en même temps le quatrième sous-ordre. Réunis par ce

caractère artificiel, les genres qu'on y rapporte n'offrent pas entre eux une très-grande analogie. Jusqu'ici on n'a pas encore observé beaucoup d'insectes ainsi conformés, excepté le genre des coccinelles, qui est fort nombreux en espèces, et qui constitue, à lui seul, une sorte de famille naturelle, comprenant des insectes carnassiers sous les deux états de larve et d'insecte parfait. Les scymnes ne diffèrent guères des coccinelles que par la disposition du corselet relativement aux élytres; les genres Eumorphe, Endomyque et Dasycère sont plus voisins des Mycétobies.

Quant au cinquième sous-ordre des coléoptères, celui des Dimérés, qui seroit une vingt-troisième famille, à laquelle on auroit rapporté les psélaphes, les chennies et les clavigères, Illiger et Reichenbach ont reconnu que cette division n'étoit qu'apparente dans ces insectes, d'ailleurs très-petits, l'article près du tibia ou de la jambe étant très-grêle, de sorte que ce sous-ordre ne peut encore être établi, et que nous ne l'indiquons ici que pour mémoire.

Le second ordre de la classe des insectes, celui des ORTHOPTÈRES, que Degéer nommoit dermaptères, et Fabricius ulonates, comprend bien moins d'espèces que la plupart des autres ordres, quoique le nom indique par son étymologie la disposition particulière des ailes inférieures, qui sont plissées en longueur et non en travers, le seul genre des perce-oreilles ou forficules excepté : ce n'est pas ce qui a autorisé la formation de cet ordre, qui est fort naturel ; mais bien le mode de transformation ou l'analogie dans les métamorphoses. En effet, les larves des orthoptères sont agiles, les nymphes le sont également, et sous les trois états le genre de nourriture reste le même. En général leurs élytres sont flexibles et non réunis par une suture moyenne. La plupart ont des stemmates entre les antennes, et ils offrent, à leur mâchoire, un appendice particulier qu'on a appelé une *galète*. Quatre familles seulement composent cet ordre, et deux de ces familles ne comprennent encore qu'un seul genre. Voici l'indication de ces familles : 1.° d'après l'observation de la longueur respective des pattes postérieures ; 2.° d'après le nombre des articles aux tarses ; 3.°, enfin, d'après la forme du corselet.

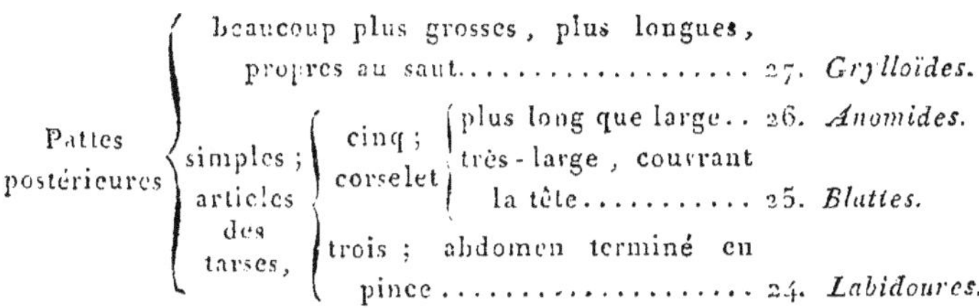

Les Labidoures ou forficules appartiennent réellement à une famille distincte, dont les mœurs et l'organisation sont fort remarquables : les perce-oreilles forment ce groupe, différent de tous les autres par les élytres, qui sont semblables à ceux des staphylins, puisqu'ils ont une véritable suture moyenne : les ailes, quoique plissées sur leur longueur, n'en sont pas moins pliées trois fois en travers, et peuvent, par un mécanisme admirable, se ployer et se déployer comme par ressort.

Les Blattes forment également un genre anomal ou une véritable famille bien distincte. Ce sont des insectes très-plats, à antennes très-longues, en soie; à pattes grêles, très-aplaties et semblables à celles des forbicines, avec lesquelles elles ont les plus grands rapports. Leur corselet, large, en bouclier, couvre la tête et les élytres. Leur abdomen se termine, comme dans plusieurs genres de grylloïdes, par deux organes coniques, qui servent à une sécrétion de matière fétide dans quelques espèces. Beaucoup restent aptères.

Les Anomides ou orthoptères difformes ont reçu cette dénomination à cause du mode singulier de l'articulation et de la forme du corselet, susceptible de faire un angle avec le ventre. Leur tête est dégagée; leurs pattes de derrière ne servent pas au saut : les uns, comme les phasmes ou les spectres, ressemblent à des bâtons alongés; d'autres, comme les phyllies, à des feuilles vertes réunies en paquet trois à trois; enfin, les mantes ont les pattes de devant armées d'un crochet mobile, dont elles se servent comme de mains, qu'elles portent à la bouche. Leurs antennes varient beaucoup.

La quatrième et dernière famille de l'ordre des orthoptères, celle des Grylloïdes ou grylliformes, comprend beaucoup de genres qui ont entre eux la plus grande analogie; leur corps est alongé; leur tête le plus souvent dans une

position verticale, à mandibules saillantes; leurs ailes inférieures dépassent le plus souvent les élytres ; leurs cuisses
postérieures sont renflées, très-musculeuses; les jambes sont
aussi longues que les cuisses, ce qui donne à ces insectes la
faculté de s'élancer dans l'air pour s'envoler. Les antennes
varient beaucoup, ce qui a permis d'en former plusieurs
genres : ainsi, elles sont en prisme ou en fuseau aplati
dans les truxales; en fil ou légèrement renflées, dans les sauterelles, les criquets, les tridactyles; enfin, en soie ou beaucoup plus grêles à l'extrémité libre, dans les locustes, les
courtilières et les gryllons.

Les NÉVROPTÈRES ou les insectes à mâchoires, à quatre
ailes nues, de semblable consistance entre elles, et à nervures
en réseau ou anastomosées, forment le troisième ordre de la
classe et composent trois familles bien distinctes, comme
nous allons d'abord l'indiquer.

A bouche	très-visible,	couverte par les lèvres....	30.	*Odonates.*
		nue	28.	*Stégoptères.*
	à peine distincte, les palpes exceptés...		29.	*Agnathes.*

Cet ordre, quoique fondé sur la forme des ailes et sur
l'existence des parties de la bouche disposées de manière à
couper les matières solides, n'est cependant pas très-naturel,
parce que les mœurs et les métamorphoses offrent souvent,
dans une même famille, de fort grandes dissemblances.

Les STÉGOPTÈRES ou tectipennes, par exemple, dont la
bouche est toujours formée de parties très-distinctes, et qui
portent les ailes en toit, comme leur nom l'indique, proviennent pour la plupart de larves carnassières qui souvent
tendent des piéges aux insectes dont elles se nourrissent, ou
qui attaquent ceux qui vivent en familles et dont la marche
est lente : elles se filent un cocon, et leur nymphe est immobile comme celle des coléoptères. D'autres larves se développent sous les écorces et dans le bois; quelques-unes vivent
en grandes familles, et on observe dans ces sortes de sociétés
gynocratiques, comme chez les abeilles, un grand nombre
de femelles neutres, une seule femelle féconde, et un grand
nombre de mâles, qui ne vivent que le temps nécessaire à
leur développement et à la fécondation. Enfin, il en est

quelques-unes qui paroissent se développer sous l'eau. La
plupart, sous l'état parfait, ne vivent que quelques jours:
tels sont les fourmilions, qui ont les antennes en fuseau ; les
ascalaphes, qui les ont terminées par une petite masse, comme
les papillons ; les hémérobes, qui les ont en soie, et les panorpes et les semblides, qui les ont en forme de fil. Tous
ces genres ont cinq articles aux tarses, tandis qu'il n'y en a
que quatre dans les raphidies, deux dans les psoques, et trois
dans les perles et les termites.

Les Agnathes ou buccellés, c'est-à-dire, à bouche très-
petite, distincte seulement par les palpes, n'ayant pas d'organes propres à saisir la nourriture solide ni à sucer les
liquides, ne vivent que très-peu de temps sous l'état parfait :
leurs larves se développent dans l'eau ; elles ont des branchies
qui servent à la respiration aquatique ; leurs nymphes, quoique immobiles au moment où elles viennent de prendre cette
forme, en quittant celle de larves, acquièrent ensuite plus
de solidité et deviennent agiles. Telles sont les éphémères,
qui ont les antennes plus courtes que la tête ; dont les ailes
supérieures, dans l'état de repos, se relèvent verticalement
sur le dos, et dont les inférieures sont généralement très-
peu développées ; leur ventre est terminé par deux ou trois
soies très-longues. Les phryganes, ainsi nommées de l'habitude qu'ont leurs larves de couvrir de petits morceaux de bois,
ou de substances étrangères, les fourreaux qu'elles se filent
à la manière des teignes, ont les antennes très-longues.
Tous ces agnathes ne volent guères que le soir : ils ne vivent
que quelques momens, et tous les individus d'une même
espèce éclosent à la fois dans le même pays.

La troisième famille des névroptères, celle des Odonates
ou libelles, se distingue par la forme de la bouche, qui est
très-développée, mais recouverte par la lèvre inférieure.
C'est un groupe des plus naturels : toutes proviennent de
larves aquatiques, qui nagent, en introduisant dans leurs
intestins une certaine quantité d'eau, qu'elles expulsent tout
à coup comme avec une seringue ; l'eau environnante résiste
à ce jet et éloigne l'insecte dans le sens opposé. Leur nymphe
est agile, et ne diffère de la larve que par des moignons
d'ailes. Les organes de la génération présentent une dispo-

sition des plus bizarres, qui influe sur leur mode d'accouplement. Les libellules et les agrions composent cette famille.

Le quatrième ordre de la classe des insectes est, comme nous l'avons dit, celui des HYMÉNOPTÈRES : il comprend encore des insectes mâcheurs, ou dont la bouche est conformée de manière à diviser les matières solides, mais cependant à pomper en même temps les liquides. Leurs quatre ailes sont nues, membraneuses, avec des nervures principales sur la longueur ; les inférieures, plus minces et plus étroites, s'accrochent, par leur bord externe, au bord interne des supérieures, au moyen de petites pointes courbées, pour ne former avec elles qu'un seul plan, lorsqu'elles sont écartées du corps. La plupart ont cinq articles aux tarses. Les femelles ont le plus souvent une tarière ou un aiguillon.

Neuf familles composent cet ordre des hyménoptères. Voici le tableau analytique qui les indique :

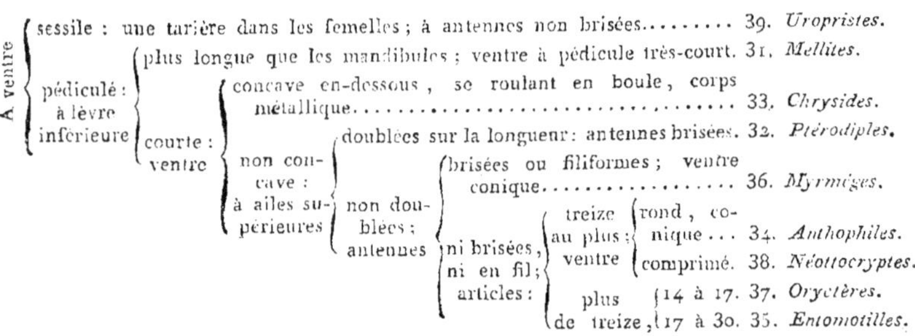

La seule famille indiquée sous le n.° 39 comprend des insectes dont la larve ressemble tout-à-fait à une chenille munie de pattes, et qui se nourrit comme toutes les chenilles ; tandis que les larves de toutes les autres familles ont la forme de vers mous sans pattes, près desquelles les parens déposent une certaine quantité d'alimens, ou qu'ils se chargent de nourrir.

Les APIAIRES ou mellites, dont le ventre est attaché au métathorax par un petit pédicule court, et dont la lèvre inférieure est plus longue que les mandibules, ont toutes des antennes brisées ou coudées. Sous l'état parfait, ces insectes sucent le nectar des fleurs, et ils nourrissent leurs larves du pollen des végétaux. Il y a souvent, parmi les es-

pèces qui vivent en société, des femelles condamnées dès
l'enfance à une stérilité absolue, mais que le sentiment de
l'amour maternel porte à se charger de l'éducation des petits
qui proviennent d'une ou de plusieurs femelles fécondes.
C'est à cette famille qu'il faut rapporter les abeilles, les
xylocopes, les bourdons, ainsi que les andrènes, les hylées,
les nomades : enfin, le genre des bembèces, dont la lèvre
supérieure forme une sorte de bec qui couvre les parties de
la bouche.

Les Ptérodiples ou duplicipennes, comme les guêpes et les
masares, forment la famille suivante, dont les mœurs sont
analogues à celles des abeilles, mais dont les mâchoires sont
moins alongées, et qui sont surtout remarquables par le pli
longitudinal qui se forme dans les ailes supérieures lorsque
l'insecte est dans le repos, ce qui les rétrécit beaucoup.
Leurs antennes sont aussi brisées ; mais elles forment une
masse ou un fuseau vers les articles libres.

Les Chrysides et les parnopès, qui composent à elles seules
une petite famille, sont surtout remarquables par la forme
des anneaux de l'abdomen, qui sont concaves en-dessous et
qui peuvent se rouler en boule comme les armadilles.

Les Anthophiles ou floriléges se trouvent sur les fleurs
dans l'état parfait : ils se nourrissent du pollen, mais ils ne
le recueillent pas comme les apiaires. Ils nourrissent, au
contraire, leurs larves avec d'autres insectes, qu'ils saisissent
et qu'ils paralysent en les piquant de leur aiguillon, ou qu'ils
mutilent, afin qu'ils n'offrent aucune résistance à ces sortes
de vers qui, le plus ordinairement, sont déposés dans des
nids construits avec artifice. Les uns ont les antennes renflées, comme les philanthes et les scolies ; d'autres les ont à
peu près de même grosseur dans toute leur étendue : tels sont
les mellines et les crabrons.

La famille des Entomotilles ou insectirodes, c'est-à-dire
rongeurs d'insectes, provient de larves qui, pour la plupart,
se développent dans l'intérieur du corps des autres insectes,
dont elles absorbent tous les sucs, en ménageant les organes
de la digestion jusqu'à l'époque où elles sont prêtes à se mé-
tamorphoser. Ce sont des insectes parasites, dont les mœurs
sont extrêmement curieuses à étudier. On rapporte à ce

groupe les genres Ichneumon, Ophion, Banche, Foene, Évanie.

Les Myrméges ou formicaires, c'est-à-dire voisins des fourmis, comprennent en effet ce genre et ceux des mutilles et des doryles. Il y a parmi eux des individus condamnés, comme chez les abeilles, à une stérilité complète. La plupart vivent en sociétés nombreuses. Les neutres seuls travaillent. Les mâles périssent peu de temps après qu'ils ont rempli leurs fonctions, ou que l'époque de la fécondation est passée. Leurs mœurs présentent aussi le plus grand intérêt. Les insectes parfaits sucent les pucerons, semblent les élever en domesticité; ils se livrent des guerres, font de leurs prisonniers des sortes d'esclaves qu'ils chargent des soins domestiques intérieurs. (Voyez en particulier l'article Fourmi.)

Les Oryctères ou fouisseurs ont des mœurs analogues à celles des anthophiles, quoique leurs caractères, ou la disposition de leurs parties extérieures, soient fort différens : tels sont les pompiles, les larres, les sphèges et les tiphies.

La famille des abditolarves ou Néottocryptes, noms qui indiquent que les larves de ces insectes sont soigneusement cachées, comprend des espèces qui ont beaucoup de rapports de mœurs avec les entomotilles; mais leurs formes sont aussi très-différentes. La plupart déposent leurs œufs sous l'épiderme ou dans le tissu même des végétaux; les plaies qu'ils produisent, appellent en cet endroit les sucs qui s'extravasent, produisent des tumeurs ou des gales, dans l'intérieur desquelles les larves se développent et se nourrissent parfaitement à l'abri : telles sont les mœurs des diplolèpes, des cynips, des eulophes, des diapries. D'autres, comme les leucopsides, les chalcides, se nourrissent dans le corps des insectes, à peu près comme les ichneumons.

Enfin, la dernière famille des hyménoptères réunit des insectes tellement différens des autres, sous le rapport des métamorphoses, qu'on seroit tenté d'en former un ordre particulier. C'est celle des Uropristes ou serricaudes, ainsi nommée à cause de la tarière en scie que les femelles portent à l'extrémité du ventre, et qui sert à faire des entailles aux écorces des plantes sous lesquelles l'insecte veut déposer ses œufs. Dans toutes les espèces mâles et femelles l'abdomen

est absolument sessile ou appliqué immédiatement au corselet : toutes proviennent de chenilles à tête écailleuse , qui se
nourrissent de matières solides végétales , feuilles et écorces.
Elles ont plus de dix-huit pattes , et quelquefois, quoique
rarement, au-delà de vingt-deux. A l'époque de leur transmutation. elles se filent un double cocon , quelquefois très-
solide , où la nymphe reste immobile , quoique ses parties
soient distinctes , enveloppées cependant dans un épiderme
qui reste dans la coque, que l'insecte déchire ou coupe très-
régulièrement en travers , lorsqu'il prend sa dernière forme
et qu'il sort, comme ressuscité, de cette sorte de tombeau.
Deux groupes partagent cette famille : dans l'un, auquel on
rapporte les cimbèces et les sirèces, les antennes ne sont ni
en fil ni en soie, comme dans les tenthrèdes ou mouches
à scie, les urocères et les orysses.

Cette famille des uropristes est un chaînon qui lie l'ordre
des hyménoptères à celui des lépidoptères par la forme et
les mœurs des larves.

Les HÉMIPTÈRES forment le cinquième ordre de la classe.
Ce nom , qui signifie moitié d'ailes ou demi-ailes, et auquel
on a proposé de substituer ceux d'hémélytres et d'hémimé-
roptères, ne convient pas à toutes les espèces.

Quoique ces insectes aient le plus souvent quatre ailes,
dont la base ou la moitié de la longueur qui y correspond
reste plus opaque; il en est quelques-uns, comme les cigales
et les pucerons, par exemple, dont les ailes supérieures sont
semblables aux inférieures. Leur véritable caractère consiste
dans la forme de leur bouche, qui a déterminé la nature
de leurs alimens, et par conséquent leurs mœurs. Ainsi,
quoique le nom donné à cet ordre soit mauvais , les insectes qu'il réunit n'en ont pas moins les plus grands rapports par la métamorphose, qui est incomplète, c'est-à-dire
que l'insecte, sous les trois états, est semblable à lui-même,
les ailes ou les rudimens d'ailes exceptés, comme chez les
orthoptères. et surtout par la présence d'un *bec*, ou d'une
bouche consistant en une sorte de tube formé de plusieurs
pièces qui contiennent des soies fines et aiguës. L'animal se
sert de cet instrument pour piquer les corps organisés dont
il suce ou pompe les humeurs pour se nourrir.

Six familles fort naturelles composent cet ordre : voici le
tableau analytique qui les indique, d'après l'examen des parties extérieures.

```
                     (        ( longues, ( soie.......... 41. Zoadelges.
          ( larges : ( antennes(   en    ( fil ou en masse. 40. Rhinostomes.
( coriaces,(        ( très-courtes, en soie... 42. Hydrocorées.
A ailes ( croisées,
supérieures(       très-étroites, linéaires : tarses vé-
          (           siculeux..................... 45. Physapodes.
          ( membraneuses, non croisées;( trois......... 43. Auchénorinques.
            articles des tarses       ( deux au plus. 44. Phytadelges.
```

Les insectes de la famille des hémiptères Rhinostomes ou
frontirostres a, comme leur nom l'indique, un bec qui paroît
naître du front; leurs antennes ne sont pas en soie, et leurs
tarses ne sont pas propres à nager, mais bien à s'accrocher sur
les corps solides. Ils paroissent tous sucer de préférence les végétaux, dont ils absorbent la séve sous les trois états de larves,
de nymphes agiles et d'insectes parfaits. Les uns ont les antennes en masse, ce sont les podicères et les corées; d'autres
les ont en fil; mais parmi ceux-là il en est qui ont cinq
articles aux tarses, comme les pentatomes et les scutellaires,
tandis que d'autres n'en ont que trois, comme les acanthies,
les gerres et les lygées.

Les Zoadelges ou sanguisuges sucent les humeurs des animaux; leur bec paroît aussi être un prolongement arqué du
front, mais leurs antennes longues se terminent par un article
très-grêle ou en soie : tels sont les punaises des lits, les mi-
rides, les réduves, les ployères et les hydromètres.

Les Hydrocorées, ou les punaises qui vivent dans l'eau,
qu'on peut encore appeler rémitarses, parce que leurs pattes
postérieures sont propres à nager, à raison de l'aplatisse-
ment de leurs tarses qui souvent sont ciliés sur la tranche
et composés de deux articles, sont surtout remarquables par
l'extrême brièveté de leurs antennes, qui ressemblent à un
petit poil ou à une soie. C'est dans cette famille qu'on range
les genres dont les espèces portent des filets au ventre, comme
les scorpions aquatiques ou les nèpes et les ranatres; ainsi
que celles qui n'ont pas ces sortes de filets, comme les sigares,
les naucores et les notonectes.

Les cigales et les autres genres voisins, dont le bec, dans

l'état de repos, reste couché sous le ventre entre les pattes, et dont la base paroît naître du cou, portent, à raison de cette conformation, le nom de collirostres ou d'AUCHÉNORIN-QUES. Leurs ailes supérieures, qui ne sont pas croisées, sont à peu près de semblable consistance dans toute leur longueur: ils n'ont pour la plupart que trois articles aux tarses. On rapporte à cette famille, comme nous venons de le dire, les cigales, cicadelles, membraces, cercopes, flates, fulgores, etc.

Les PHYTADELGES ou plantisuges ont aussi les ailes non croisées et semblables entre elles, souvent étendues et transparentes: leur bec paroît encore prendre son origine à la base de la tête en-dessous, au devant du corselet, ou vers le cou. Leurs tarses sont en général très-mal organisés pour la marche; ils n'ont que deux articles. Aussi la plupart des espèces sont-elles très-lentes et restent-elles fixées sur les végétaux, au lieu même où leurs mères ont déposé leurs œufs. Il en est beaucoup qui n'ont pas d'ailes, et dont les pattes, très-courtes, ne peuvent servir qu'à retenir ces insectes sur les feuilles ou les écorces: tels sont les gallinsectes, les cochenilles femelles, les chermès, les psylles. D'autres, comme les pucerons, les aleyrodes, peuvent se transporter d'un lieu à un autre à l'aide des ailes. Le mode de génération de ces insectes est des plus curieux à connoître. (Voyez les articles PHYTADELGES et PU-CERONS.)

Enfin, le seul genre anomal des thrips constitue la famille des PHYSAPODES ou vésitarses, noms qui indiquent la conformation singulière des tarses, lesquels sont garnis de petites vessies qui font, à ce qu'il paroît, l'office de petites ventouses pour faire adhérer l'insecte sur les surfaces les plus lisses. Ce sont de très-petites espèces, dont le bec est, par conséquent, très-court. Ils ont à peu près le port des staphylins; mais leurs transformations sont bien celles des hémiptères, puisqu'on a observé leurs larves et leurs nymphes. Cependant ils diffèrent réellement de tous les insectes de cet ordre. Les plus grandes espèces atteignent à peine une ligne de longueur.

Après les insectes à quatre ailes qui ont un bec, viennent ceux qui ne peuvent aussi se nourrir que de liquides, mais à l'aide d'une langue roulée en spirale. Ils forment le sixième ordre, celui des LÉPIDOPTERES. Leur corps est toujours velu et leurs ailes couvertes de petites écailles colorées, placées en recouvrement les unes sur les autres, ce qui leur a valu le nom qui les désigne d'une manière générale. Jamais ils n'ont de stemmates ou d'yeux lisses, et leurs antennes sont toujours alongées.

Les lépidoptéres proviennent de larves agiles, alongées, qui ont d'abord, du côté de la tête, six pattes articulées, et ensuite plusieurs autres fausses-pattes, disposées par paires sur les anneaux du corps, dont le nombre n'excède pas seize. On les nomme *chenilles*; leur tête est formée d'une sorte de grande écaille qui la recouvre entièrement, et dont les formes varient; leur bouche est munie de mâchoires. Elles se nourrissent de feuilles, de fruits, d'écorces, de bois; quelques-unes de substances animales; la plupart peuvent filer. Outre les mues ou les changemens de peau qui souvent changent l'aspect de ces chenilles, elles subissent, quand elles ont acquis tout leur développement, une véritable métamorphose complète. Elles se changent en une chrysalide immobile, plus grosse du côté de la tête, et sur laquelle on distingue des traits qui dessinent la position de toutes les parties de l'insecte parfait qu'elles renferment. Plusieurs s'accrochent par la queue, et subissent leur transformation à l'air libre; d'autres, qui se sont construit un étui ou un fourreau ouvert du côté de la tête, le ferment à cette époque. Enfin, le plus grand nombre se tissent, avec une soie plus ou moins grossière, un follicule ou un cocon, dans lequel elles restent long-temps, souvent six mois, dans une sorte de sommeil léthargique et sans prendre de nourriture. La forme des antennes a permis de diviser cet ordre en quatre familles, comme il suit:

A antennes	en masse, ou renflées au	bout	46. *Ropalocères.*
		milieu......	47. *Clostérocères.*
	non renflées, et en...	fil ou en peigne..	48. *Nématocères.*
		soie	49. *Chétocères.*

Les Ropalocères ou globulicornes correspondent au genre Papillon de Linnæus. Ils ne se filent pas de coque. La plupart s'accrochent par la queue : les uns restent suspendus

verticalement; d'autres, avant de se changer en chrysalide,
ont eu la précaution de passer quelques fils qui les entourent
en dehors, comme une sorte de sangle transversale, pour se
maintenir rapprochés des corps sur lesquels ils se sont fixés.
Toutes les espèces volent pendant le jour, et non le soir; tels
sont les papillons, les hespéries, les hétéroptères.

Les Clostérocères ou fusicornes ont les antennes en fuseau
ou en prisme, plus gros au milieu. Leur corselet est en
général plus gros que dans les papillons; leurs ailes inférieures
s'accrochent aux supérieures par un poil roide, qui est reçu
dans une sorte d'anneau du bord interne près de la base. Ces
ailes ne peuvent pas s'élever verticalement. La plupart ne
volent qu'au crépuscule, principalement le soir. On rapporte
à cette famille les sphinx, les sésies, les zygènes.

Les Nématocères ou filicornes offrent, comme leur nom
l'indique, des antennes à peu près en fil, dentelées, ou en
peigne : leurs ailes sont en toit, le plus souvent arrondies;
elles sont aussi accrochées par un fil roide. La plupart des
chenilles se filent un cocon. Les bombyces, les cossus, les
hépiales composent cette famille.

Enfin, la dernière famille, celle des Chétocères ou filicornes, comprend tous les lépidoptères dont les antennes sont
plus grêles à leur extrémité libre ou en forme de soie. C'est
le groupe le plus nombreux. Il comprend des espèces qui
n'ont entre elles d'autre analogie que dans la forme des antennes; car, sous l'état parfait, elles ont un port très-varié,
principalement par la forme des ailes : ensuite les chenilles
diffèrent beaucoup encore pour la conformation, les mœurs
et les habitudes. Parmi les espèces de cette famille, les
unes, comme celles des genres Phalène et Ptérophore,
ont les ailes étendues, même dans l'état de repos ou d'inac-
tion; les autres, lorsque l'insecte ne vole pas, ont des ailes disposées de manière à former une sorte de fourreau ou de gaine
au corps, comme les lithosies et les teignes: enfin, chez un
plus grand nombre, comme dans les pyrales, les alucites,
les crambes et les noctuelles, les ailes forment, dans l'état
de repos, une sorte de toit sur le corps.

Le septième ordre de la classe comprend tous les insectes
qui, sous leur dernier état, n'ont que deux ailes membra-

neuses, et qui sont privés de mâchoires distinctes : ce sont les DIPTÈRES. Ces insectes ont, pour bouche, un instrument propre à la succion des liquides, qui offre trois principales modifications dans sa structure. Quelquefois c'est une avance cornée, qui fait toujours saillie au dehors, et qui sert de gaine à des soies roides, mobiles les unes sur les autres. C'est une sorte de pipette ou de chalumeau garni de petites lancettes ; c'est un suçoir qu'on nomme en latin *haustellum*. Quelquefois ce tuyau est charnu, protractile, rétractile, pouvant être alongé et rentrer dans une cavité particulière de la tête, terminé le plus ordinairement par une partie plus large, divisée en deux lèvres, et au centre de laquelle est un pore absorbant, formant ainsi une sorte de petite ventouse ; c'est ce qu'on nomme une trompe, en latin *proboscis*. Enfin, cette bouche offre une troisième modification : elle représente une sorte de museau aplati, garni d'une trompe très-courte, et peut-être d'un petit suçoir, avec des palpes ou des barbillons articulés fort distincts.

Les métamorphoses varient un peu dans les différentes familles, et même dans quelques genres : la plupart pondent des œufs. Les larves qui en proviennent, quoique de formes et de mœurs très-variées, sont le plus souvent privées de pattes et d'yeux, et celles-là se développent au milieu de leur nourriture ou dans l'eau. Elles se meuvent souvent à la manière des sangsues, c'est-à-dire, en s'accrochant avec la bouche. La plupart des nymphes, à l'exception de celles des cousins et de quelques tipules, sont toujours immobiles, et leurs parties sont tantôt recouvertes par la peau de la larve qui se dessèche, tantôt par une sorte de coque membraneuse, arrondie, lisse, à la surface de laquelle on ne distingue aucune partie de l'insecte, comme dans les œufs des oiseaux. Cette coque s'ouvre le plus souvent en travers, sans que les deux parties de l'enveloppe se séparent entièrement, en laissant un pont qui fait l'office d'une charnière élastique.

Les deux ailes membraneuses des diptères offrent le plus souvent en-dessous deux rudimens d'ailes inférieures recourbées sur elles-mêmes, en forme d'écailles doubles ou simples, qu'on nomme des *cuillerons* ; et en-dessous se voit presque toujours un petit appendice plus ou moins alongé, et terminé à son extrémité libre par un petit bouton renflé : c'est ce qu'on nomme les *balanciers*. Leur usage est encore ignoré. Ils n'existent pas dans les cousins.

L'ordre des diptères ne comprend pas, comme le nom pourroit porter à le croire, tous les insectes qui n'ont que deux ailes : il en réunit plusieurs qui, par leur organisation, leurs mœurs et leur analogie avec quelques espèces du même ordre, doivent y être rapportés, quoiqu'ils n'aient pas d'ailes du tout : tels sont les mélobosques et peut-être quelques espèces du genre de la puce. Les insectes à deux ailes seulement et qui ne sont cependant pas des diptères, sont quelques coléoptères à élytres sans ailes membraneuses; et d'autres chez lesquels les élytres sont tellement courts par rapport aux ailes toujours étendues, que les ailes supérieures semblent leur manquer : tel est le molorque; tels sont aussi quelques ripiphores. Plusieurs éphémères n'ont aussi que deux ailes, quoique la plupart en aient quatre réticulées. Quelques pucerons, les mâles des psylles, des kermés, des cochenilles, qui sont, par la structure de leur bec, de véritables hémiptères, n'ont cependant réellement que deux ailes.

Nous avons donné, à l'article DIPTÈRES, de plus grands détails sur cet ordre; nous croyons devoir y renvoyer le lecteur, en lui présentant seulement ici l'analyse qui mène à la distinction des cinq familles qui le composent.

<pre>
                        (cornée, saillante (suçoir rond.. 5o. Sclérostomes.
           distincte,)   en   (muscau plat. 54. Hydromyes.
A bouche)   (charnue, enfon-   (à poil latéral. 52. Chétoloxes.
          ((cée; antennes   (sans poil isolé. 51. Aplocères.
           (nulle, remplacée par trois pores......... 53. Astomes.
</pre>

La famille des SCLÉROSTOMES ou haustellés est caractérisée par la présence du suçoir saillant, souvent coudé, qui est évident, même dans l'état de repos. Les espèces réunies par ce caractère sucent presque toutes les animaux, sous l'état parfait; mais leurs larves ont des manières de vivre tout-à-fait différentes, et par conséquent ces larves et souvent leurs nymphes n'ont aucune analogie avec les insectes qu'ils produisent.

Les cousins, par exemple, ressemblent aux tipules de la famille des hydromyes par leur forme générale et par celle des antennes ; mais ils diffèrent de tous les autres diptères par la forme et par la mobilité dont est douée leur nymphe, qui a, sous ce rapport, plus d'analogie avec celle des phryganes parmi les névroptères.

Les stomoxes, qui ont les habitudes des cousins, ressemblent beaucoup plus à des mouches.

Les mœurs des larves varient beaucoup. On en trouve dans le sable, où elles dressent des embuches aux autres insectes ; dans la terre, dans le fumier, dans l'eau ; dans l'intérieur des animaux, des végétaux.

Les moyens que l'on emploie pour diviser en genres les insectes à deux ailes, sont tout-à-fait systématiques. Il faut avouer qu'on connoît encore très-peu ces insectes, et que leurs métamorphoses sont à peu près ignorées. Les uns, comme les hippobosques, les mélobosques, les ornithomyzes, ont les antennes terminées par un poil isolé ; leur tête est à peine distincte du corselet ; les crochets de leurs tarses sont souvent contournés en tire-bourre, pour adhérer sur la peau des animaux. Leurs larves, à ce qu'il paroît, se développent et subissent leurs métamorphoses dans le corps de leur mère ; d'autres, comme les myopes, les rhingies, les stomoxes, portent sur l'un des côtés de l'antenne un poil roide isolé, qu'on ne retrouve pas dans les autres genres, qui tantôt, comme les conops, ont les antennes en fuseau, et tantôt en fer d'alène, comme les bombyles, les taons, les chrysopsides, les empis.

La famille des Aplocères ou simplicicornes, c'est-à-dire celle qui renferme les espèces à trompe charnue, rétractile, et dont les antennes n'ont pas, comme celles du groupe suivant, un poil isolé latéral, renferme des genres dont l'histoire est encore peu connue. Elle réunit ceux que nous allons énumérer, en renvoyant pour d'autres détails aux articles qui les concernent, et principalement au mot Aplocères. Ce sont, parmi ceux qui offrent un poil terminal aux antennes, les rhagions, les bibions, les anthrax, les cyrtes et les hypoléons ; et parmi les autres les stratyomes ou mouches armées, les siques, les némotèles, qui ont l'abdomen ovale, aplati, et les mydas et les céries, qui l'ont arrondi et alongé.

Les Chétoloxes ou latéralisètes, dont les mouches communes pourroient être considérées comme les prototypes, ont, comme le nom de la famille l'indique, un poil isolé sur les antennes; ce poil est tantôt simple, tantôt comme plumeux ou barbu : les genres Cénogastre et Mouche sont dans ce dernier cas. Les échinomyes et les tétanocères ont l'article intermédiaire des antennes plus long que les autres. Viennent ensuite se ranger dans le même groupe les ceyx, qui ont les pattes très-longues, le corps linéaire, la tête comme portée sur un cou ; les dolychopes et les cosmies, qui ont le ventre courbé en-dessous; les mulions, qui ont les antennes en fuseau, tandis qu'elles se terminent par une sorte de palette dans les syrphes, les thérèves et les sarges.

La petite famille des Astomes ne comprend que le genre des oëstres, chez lesquels la bouche paroît être remplacée par trois tubercules. L'insecte ne prend cette forme ailée que pour vaquer à l'œuvre de la génération, ou pour transmettre sa race dans les lieux singuliers que la nature a destinés à son développement, tels que les sinus frontaux des ruminans, les intestins, les furoncles ou les ulcères souscutanés que leurs larves déterminent dans les animaux.

Enfin, sous le nom d'Hydromyes ou de bec-mouches sont réunies toutes les espèces dont le front se prolonge en une sorte de bec ou de museau, sur lequel on distingue seulement des barbillons ou des palpes articulés. Leurs antennes, souvent très-longues et en peigne, ont toujours un grand nombre d'articles. La plupart proviennent de larves de formes particulières, bien différentes de celles des autres diptères; car les nymphes surtout laissent apercevoir au dehors les membres de l'insecte parfait, comme dans les lépidoptères : telles sont les tipules, les cératoplates, les hirtées, et quelques autres, comme les psychodes et les scathopses. Cette famille semble former un ordre distinct parmi les insectes; mais on n'en connoît encore les mœurs que très-imparfaitement.

Le huitième et dernier ordre de la classe des insectes a, comme nous l'avons déjà annoncé, bien moins de caractères positifs que ceux que nous avons étudiés jusqu'ici.

C'est une division tout-à-fait arbitraire et systématique, comprenant plusieurs groupes d'insectes qui n'ont entre eux aucun rapport d'organisation ni de mœurs; ils sont privés d'ailes, et cependant, sous cette forme, ils peuvent reproduire leur race. Voilà le seul caractère, qui est, comme on pourroit le dire, négatif, puisqu'il consiste en un défaut ou une privation de parties : on les désigne sous le nom d'AP-TÈRES. Dans le second volume de ce Dictionnaire nous avons fait connoître quels sont les insectes des différens ordres qui, quoique privés d'ailes, ne sont pas rangés parmi les aptères : il a fallu, pour cela, comparer ces insectes, et employer ce qu'on peut appeler la méthode d'exclusion, n'ayant pas d'autres moyens d'exprimer les caractères des ordres. Nous renvoyons à cet article, qu'il faudroit reproduire ici en entier. Nous en empruntons cependant le tableau suivant, qui indique les six familles naturelles de cet ordre.

```
                 ⎧ peu distinct; pattes à ⎧ tous les anneaux..   59. Myriapodes.
Des mà-          ⎪                        ⎩ quelques anneaux.    60. Polygnathes.
choires:   ⎨                     ⎧ nulles : 8 pattes........  58. Acères.
abdomen          ⎪ très-distinct; ⎨ distinctes; ⎧poilu.......   57. Nématoures.
                 ⎩   antennes     ⎩ à anus     ⎩sans poils....  56. Ricins.
Pas de mâchoires : un bec ou un suçoir...........  55. Rhinaptères.
```

Parmi les RHINAPTÈRES ou parasites on range les aptères qui n'ont pas de mâchoires, mais un suçoir ; leur tête est mobile ou distincte du reste du corps : tels sont les poux, les cirons et les puces.

La petite famille suivante comprend seulement les ricins ou les poux des oiseaux, qui ont de petites mandibules pour s'accrocher aux plumes : on les a appelés AVISUGES ou ORNI-THOMYZONS.

Les NÉMATOURES ou séticaudes comprennent trois petits genres qui ont beaucoup d'analogie avec les blattes, insectes orthoptères, et avec quelques névroptères, par la forme des antennes, de la bouche, des pattes et par les tuyaux qui souvent terminent l'abdomen : tels sont les genres Forbicine, Lépisme et Podure, qui sont nocturnes et se nourrissent de débris de végétaux.

Les ARANÉIDES ou les acères sont tellement différens des autres insectes, que quelques auteurs, dans ces derniers temps, en ont fait une classe à part. Ils diffèrent, en effet, des insectes, d'abord, parce qu'ils n'ont pas de tête distincte et surtout pas d'antennes, parce que le corselet et la tête sont réunis, parce que la plupart ont huit pattes ; ils n'ont pas d'yeux à réseaux simples, mais comme huit yeux lisses ou stemmates : il y a une sorte de sac pulmonaire distinct, avec très-peu de stigmates ou d'orifices extérieurs. Ils pondent plusieurs fois pendant leur vie. Tous se nourrissent d'animaux qu'ils blessent à mort et qu'ils sucent ou dévorent ensuite. C'est une famille très-nombreuse, qui se subdivise en genres et sous-genres, d'abord d'après la forme des mandibules, qui se terminent tantôt par un simple crochet acéré, mobile, comme les araignées, les mygales, les trombidies; ensuite, en espèces dont les mandibules forment la pince, et dont l'abdomen est accolé au corselet sans pédicule distinct : tels sont les scorpions, caractérisés en outre par les anneaux postérieurs de l'abdomen, qui sont articulés en forme de queue terminée par un aiguillon ou crochet venimeux; tels sont encore les phrynes, les galéodes et les faucheurs.

Les Myriapodes ou millepieds ont des paires de pattes à presque tous les anneaux : ils ont quelques analogies d'une part avec les crustacés, et de l'autre avec les annelides; ils n'ont pas de corselet distinct, et leur tête ne porte que deux antennes. Les scolopendres et les scutigères n'ont qu'une seule paire de pattes à chaque segment de leur tronc, tandis que les jules, les polyxènes, les glomérides et les polydesmes en ont deux à chaque anneau.

Enfin, les Polygnathes ou quadricornes, comme les cloportes, les armadilles et les physodes, qui ont quatre antennes, semblent faire le passage évident à la classe des crustacés; car la plupart portent les œufs sous les derniers anneaux du corps : ces œufs y éclosent, et les petits y restent quelque temps vivans. Ils respirent par des trachées. Voilà en quoi ils diffèrent de certains crustacés, comme les crevettes.

Nous venons d'exposer la méthode de classification que nous avons adoptée pour ce Dictionnaire. Nous croyons devoir répéter que nous n'avons pu qu'énoncer les faits, qu'on trouvera développés avec beaucoup plus de détails sous chacun des noms principaux. Nous allons seulement ajouter ici la liste des familles dans l'ordre que nous avons suivi, afin d'en présenter l'ensemble, et pour qu'elle puisse servir de guide dans l'arrangement méthodique des planches qui représentent tous les genres d'insectes dans l'Atlas. Nous indiquerons aussi celles des livraisons qui ont paru jusques et compris la vingt-troisième. Par la suite, quand nous aurons occasion de citer une planche, nous l'indiquerons sous le numéro qui sera gravé au bas.

I.er Ordre. COLÉOPTÈRES.

Premier Sous-ordre. PENTAMÉRÉS.

1.re Famille. Créophages ; 3.e livraison, deux planches, n.os 12 et 13.
2.e — Nectopodes ; 4.e livraison, n.° 11.
3.e — Brachélytres ; *idem,* *id.*
4.e — Pétalocères ; 4.e livraison, n.° 10.
5.e — Priocères ; 8.e livraison, n.os 9 et 10.
6.e — Hélocères ; *idem,* *idem.*
7.e — Stéréocères ; 16.e livraison, n.° 10.
8.e — Sternoxes ; 11.e livraison, n.° 10.
9.e — Térédyles ; *idem,* *id.*
10.e — Apalytres ; 1.re livraison, n.° 9.

Second Sous-ordre. HÉTÉROMÉRÉS.

11.e Famille. Épispastiques ; 8.e livraison, n.° 12.
12.e — Sténoptères ; 15.e livraison, n.° 13.
13.e — Ornéphiles ; *idem,* n.° 11.
14.e — Lycophiles, *idem,* n.° 10.
15.e — Photophyges, *idem,* n.° 12.
16.e — Mycétobies ; 18.e livraison, n.° 11.

Troisième Sous-ordre. TÉTRAMÉRÉS.

17.e Famille. Rhinocères ; 16.e livraison, n.° 9.
18.e — Cylindroïdes ; 11.e livraison, n.° 9.
19.e — Omaloïdes ; 16.e livraison, n.° 10.
20.e — Xylophages ; 8.e livraison, n.° 11.
21.e — Phytophages ; 17.e livraison, n.os 9 et 10.
     Les genres anomaux Spondyle et Cucuje, 11.e livraison, n.° 9.

Quatrième Sous-ordre. TRIMÉRÉS.

22.e et 23.e Familles. Tridactyles et Dimérés.

II.^c Ordre. ORTHOPTÈRES.

24.e Famille. Labidoures ; 1.re livraison, n.° 12.
25.e — Blattes ; *idem,* *id.*
26.e — Anomides ; *idem,* *id.*
27.e — Grylloïdes ; 13.e livraison, n.ºs 13 et 14.

IIIe Ordre. NÉVROPTÈRES.

28.e Famille. Stégoptères ; 13.e livraison, n.° 12, et 14.^e
  livraison, n.° 11.
29.e — Odonates ; 1.re livraison, n.° 11.
30.e — Agnathes ; *idem,* *id.*

IV.^c Ordre. HYMÉNOPTÈRES.

31.e Famille. Mellites.
32.e — Ptérodiples : 1.re livraison, n.° 10.
33.e — Chrysides ; *idem,* *id.*
34.e — Anthophiles; *idem,* *id.*
35.e — Entomotilles : 9.e livraison, n.° 9.
36.e — Myrméges; *idem,* *id.*
37.e — Oryctères.
38.e — Néottocryptes.
39.e — Uropristes.

Ve Ordre. HÉMIPTÈRES.

40.e Famille. Rhinostomes ; 11.e livraison, n.° 11.
41.e — Zoadelges : 11.e livraison, n.° 12.
42.e — Hydrocorées ; *idem,* *id.*
43.e — Auchénorinques ; 1.re livraison, n.° 9.
44.e — Phytadelges.
45.e — Physapodes ; 11.e livraison, n.° 11.

VI.^c Ordre. LÉPIDOPTÈRES.

46.e Famille. Ropalocères; 9.e livraison, n.° 10.
47.e — Clostérocères : 8.e livraison, n.° 13.
48.e — Nématocères : 6.e livraison, n.ºs 10 et 11.
49.e — Chétocères ; 8.e livraison, n.° 13, et 9.e livraison, n.° 11.

VIIe Ordre. DIPTÈRES.

50.e Famille. Sclérostomes.
51.e — Aplocères; 2.e livraison, n.° 8.
52.e — Chétoloxes.
53.e — Astomes.
54.e — Hydromyes.

VIIIe et dernier Ordre. APTÈRES.

55.e Famille. Rhinaptères; 18.e livraison, n.° 10.
56.e — Ornithomyzons.
57.e — Nématoures.
58.e — Acères; 2.e livraison, n.ºs 10 et 11.
59.e — Myriapodes; 22.e livraison, n.ºs 9 et 10.
60.e — Polygnathes; *idem*, n.° 10.

Après avoir fait connoître successivement, dans les pages qui précèdent, 1.° la conformation des insectes, en donnant une description générale des parties dont leur corps se compose; 2.° l'organisation intérieure, ou l'exposé des fonctions que ces animaux remplissent; 3.° l'arrangement méthodique ou la classification particulière que nous avons employée pour les faire connoître, il nous reste à traiter, comme nous l'avons indiqué au commencement de cet article, de l'histoire de la science entomologique, en indiquant les auteurs principaux qui ont écrit sur les insectes; mais, en donnant les titres de leurs ouvrages, nous en présenterons une courte analyse.

Ce sujet a été l'objet de plusieurs traités particuliers, dont nous profiterons. Cependant il sera facile de voir que nous sommes loin de les avoir copiés. Les principaux sont Brunnich (1764); Fabricius, dans le premier livre de sa Philosophie entomologique (1778), intitulé Bibliothèque; les auteurs de l'Encyclopédie méthodique (1789); une dissertation inaugurale de M. Gravenhorst (1801), publiée en latin, à Helmstædt, dans laquelle l'auteur a voulu donner principalement un abrégé des systèmes d'entomologie; enfin, un opuscule de M. Charles Nodier, qui a pour titre Bibliographie entomologique, ou Catalogue raisonné des ouvrages relatifs aux insectes (an IX).

Voici d'abord la liste chronologique de cinquante-six des auteurs principaux : c'est dans cet ordre que nous allons successivement les faire connoître.

1. Gesner, 1541.	3o. Pallas, 1766.
2. Aldrovande, 1602.	31. Schluga, 1767.
3. Hoefnagel, 165o.	32. Drury, 1768.
4. Mouffet, 1634.	33. Ernst, 1769.
5. Rédi, 1646.	34. Cramer, 1775.
6. Goedaert, 1662.	35. Fabricius, 1775.
7. Malpighi, 1669.	36. Esper, 1777.
8. Swammerdam, 1675.	37. Stoll, 1780.
9. Lister, 1678.	38. Schrank, 1781.
10. Mérian, 1679.	39. Laicharting, 1781.
11. Leuwenhœck, 1695.	40. Thunberg, 1784.
12. Vallisnieri, 1700.	41. Olivier, 1789.
13. Rai, 1708.	42. Latreille, 1796.
14. Albin, 1731.	43. Panzer, 1796.
15. Réaumur, 1734.	44. Clairville, 1798.
16. Seba, 1734.	45. Cuvier, 1798.
17. Linnæus, 1735.	46. Herbst, 1799.
18. Frisch, 1738.	47. Illiger, 1801.
19. Edwards, 1743.	48. Duméril, 1801.
20. Rœsel, 1744.	49. Paykull, 1800 et 1811.
21. Bonnet, 1745.	5o. Meigen, 1804.
22. L'Admiral, 1746.	51. Kirby, 1802.
23. Degéer, 1752.	52. Jurine, 1807.
24. Clerk, 1757.	53. Huber, 1808.
25. Lyonnet, 1760.	54. Schœnherr, 1806, 1808 et 1817.
26. Scopoli, 1765.	
27. Geoffroy, 1762.	55. Gyllenthal, 1808, 1810 et 1813.
28. Schæffer, 1764.	
29. Brunnich, 1764.	56. Duftschmid, 1805, 1812.

Voici une autre liste des auteurs, que nous avons disposée de manière à donner une idée générale de la nature de leurs ouvrages.

Ceux qu'il est utile d'étudier comme *observateurs* des mœurs et de l'histoire des insectes en général, sont les suivans :

Swammerdam, Goedaert, Réaumur, Rœsel, Degéer, Bonnet, Huber.

Parmi les *anatomistes*, nous citerons Leuwenhœck, Swammerdam, Vallisnieri, Lyonnet, Cuvier, Marcel de Serres.

Les auteurs que nous considèrerons comme *systématiques* et descripteurs, sont:

Linnæus, Degéer, Fabricius, Latreille.

Puis ceux qui n'ont décrit que les insectes d'un pays, ou *topographes* : comme

Geoffroy, Fourcroy et Walckenaër, ceux des environs de Paris.

Frisch et Panzer, ceux de l'Allemagne.

Thunberg, Paykull et Gyllenthal, ceux de la Suède.

Illiger et Kugelan, ceux de la Prusse.

Schranck, ceux des environs de Vienne en Autriche.

Scopoli, ceux de la Carniole.

Laicharting, ceux du Tyrol.

Rossi, ceux de l'Étrurie.

Spinola, ceux de la Ligurie.

Cyrillo, ceux de Naples.

Voët, ceux de la Belgique.

Nous citerons ensuite ceux des auteurs qui ont décrit, soit les insectes d'un ordre entier, soit seulement les espèces d'un seul genre, ou les *monographes*.

Ainsi, pour les coléoptères: Olivier, Illiger, Herbst.

Pour les escarbots, Paykull; les charansons, Clairville; les méloës, Leach; les staphylins, Gravenhorst.

Pour les orthoptères, Stoll.

Pour les hémiptères: Fallen, Schellenberg; Sto l, pour les cigales; Wolff, pour les punaises.

Pour les hyménoptères, Jurine; pour les abeilles, Kirby; pour les guêpes, Réaumur; pour les uropristes, Klug; pour les fourmis, Huber, Latreille.

Pour les névroptères, Swammerdam; Degéer, sur les éphémères; Smeathan, sur les termites.

Pour les lépidoptères: Esper, Cramer, Hubner, Ernst, Sepp, Hoefnagel.

Pour les diptères : Meigen, Schellenberg, Fallen.

Pour les aptères : Clerck, Walckenaër.

1. Conrad Gesner, dont les ouvrages nombreux sont consacrés à l'histoire générale des animaux, n'avoit pas publié lui-même ses observations, ni surtout ses recherches historiques sur les insectes, puisqu'il est mort en 1558, et que le livre 5, où il est question du scorpion et de quelques autres insectes, n'a été publié par Wolpf que de 1580 à 1587. Moufflet avoue cependant qu'il a eu connoissance des manuscrits de Gesner, qui avoient été achetés par Camerarius, puis envoyés à Thomas Penn, à Londres, lequel les communiqua à Thomas Moufflet. C'est sous le rapport de l'érudition que l'ouvrage de Gesner mérite l'attention des naturalistes.

2. Ulysse Aldrovandi n'est aussi qu'un érudit et un compilateur instruit. Son traité des insectes, *de animalibus insectis libri septem*, a eu deux éditions in-folio : la première, avec des gravures en bois, à Bologne, 1602; et la seconde, à Francfort, 1618, avec des gravures sur cuivre. On y trouve un premier arrangement systématique. Les insectes y sont divisés en deux classes, les terrestres et les aquatiques, avec des ordres tirés de la présence, du nombre et de la disposition des pattes et des ailes; mais ces ordres sont si arbitraires, que dans le premier, par exemple, il range les insectes qui font des rayons d'alvéoles et du miel (*favifica*), et dans un autre tous ceux qui n'en font pas.

3. J. Hoefnagel étoit un peintre observateur, qui a laissé des figures très-exactes d'un grand nombre d'insectes : elles ont été gravées à Anvers, en 1630 et 1646, sous le titre suivant: *Diversæ insectorum volatilium icones ad vivum depictæ*. C'est son ouvrage principal, et il n'offre d'intérêt que par les figures.

4. Thomas Moufflet a publié l'un des premiers ouvrages consacrés spécialement à l'histoire des insectes; il a pour titre : *Insectorum sive minimorum animalium theatrum*, etc. Il a été publié à Londres, en 1634, en petit in-folio de 326 pages, avec des figures en bois. C'est encore un ouvrage érudit, dans le genre de ceux de Gesner, dont il a beaucoup profité, puisqu'il paroit avoir eu connoissance des manuscrits laissés par ce savant, que Boerhaave appeloit un prodige d'érudition : *monstrum eruditionis*.

5. Francesco Redi, savant observateur, qui a surtout éclairé l'histoire de la génération des insectes, qu'on regardoit comme le produit de la corruption. Il a publié ses observations d'abord, en italien, à Florence, en 1668; mais il en a paru une traduction en latin à Amsterdam, en 1671 : *Experimenta circa generationem insectorum*, sous format in-12, avec quelques planches en cuivre.

6. Jean Goedaert avoit publié d'abord en hollandois un ouvrage sur la métamorphose des insectes, qui a été ensuite traduit en latin et publié sous ce titre : *Metamorphosis et historia naturalis insectorum, cum commentariis et appendicibus Joh. de Mey et F. Veizaerd*, 3 vol. in-8.º, depuis 1662 jusqu'en 1667, avec figures. Cet ouvrage a été traduit en françois, et Lister, comme nous le verrons sous le nom de cet auteur, en a publié une édition latine d'après une méthode particulière. Il y a beaucoup de faits dans l'ouvrage de Goedaert. Malheureusement on croyoit alors à la naissance spontanée. Cependant quelques observations sont bien faites, et les figures assez exactes pour que beaucoup d'insectes y soient reconnus.

7. **Marcellus Malpighi** a donné un des meilleurs traités d'anatomie sur les insectes, à l'occasion de ses recherches sur la structure du ver à soie, d'abord dans une lettre latine, *Dissertatio de bombyce*, imprimée à Londres, en 1669. C'est un petit volume de 100 pages in-4.°, avec douze planches ; mais cette dissertation a été réimprimée dans les Œuvres complètes de l'auteur, en 1686.

8. **Jean Swammerdam** a publié en hollandois, d'abord en 1669, une histoire générale des insectes, qui a été traduite successivement en françois et en latin : ce sont de petits volumes in-4.°, avec 13 planches qui sont les mêmes dans les trois éditions, dont la dernière, de Leyde, est de 1685. Mais le grand ouvrage de cet auteur est sa Bible de la nature, en deux volumes in-fo'io, avec 53 planches supérieurement gravées sur cuivre, publiée en 1737 et 1738, à Leyde, sous ce titre : *Biblia naturæ, seu historia insectorum, belgice, cum versione latina H. D. Gaubii, et vita auctoris per Herm. Boerhaave.* Les travaux de Swammerdam ont été une époque remarquable pour la science. Cet auteur a découvert les principaux modes de la transformation ou de la métamorphose, et par conséquent il a donné la base de la meilleure classification pour les ordres. Parmi les insectes sans métamorphose et qui ne changent que de peu, en conservant pendant toute leur vie la forme qu'ils avoient en sortant de l'œuf, il range les araignées, la tique, le pou, le cloporte, le scolopendre, etc. ; il donne en particulier l'histoire très-détaillée de la structure et de l'organisation des pous. Au second ordre, qui comprend les insectes agiles, sous les trois états de larve, de nymphe et de perfection, mais qui, sous le second, ont des rudimens d'ailes, il rapporte ceux qu'on a nommés depuis névroptères, orthoptères et hémiptères : c'est là que se trouvent décrites l'histoire de la demoiselle, celle de la nèpe ou scorpion aquatique, de l'éphémère. Au troisième ordre, dans lequel les nymphes, quoique munies de parties distinctes, ne sont plus susceptibles de mouvement prononcé, Swammerdam rapporte d'abord les insectes nommés depuis hyménoptères et coléoptères ; il donne pour exemple l'organisation et l'histoire de la fourmi, de l'abeille et du scarabée nasicorne, et même celle du cousin (quoique cet insecte forme, pour ainsi dire, un ordre à part, puisque sa nymphe est agile). C'est à ce même ordre troisième que l'auteur rapporte encore les insectes à chrysalide emmaillottée ; il décrit très en détail, à cette occasion, l'organisation et les métamorphoses des papillons dits la petite tortue, et de celui du chou. Enfin, dans son quatrième ordre sont rangés les insectes à chrysalide obtectée ou semblable à un œuf ; il y rapporte les diptères : il y donne l'histoire d'un stratyome ou de la mouche armée de Geoffroy, celle de la mouche du fromage. L'ouvrage dont nous venons de présenter une bien courte analyse, est un des plus importans pour l'étude de l'organisation des insectes ; il contient en outre beaucoup de faits curieux pour l'histoire naturelle en général et pour l'anatomie des animaux.

9. **Martin Lister.** Cet Anglois, en donnant une édition de Goedaert, en 1685, a présenté une sorte de méthode de classification, qu'il a perfectionnée ensuite dans l'ouvrage de John Rai, qu'il a publié en 1710. Ses divisions sont tirées de la forme des œufs et de la métamorphose ; ensuite de la présence ou du défaut des pattes, des élytres et des ailes. Mais cette méthode, comme on va le voir, est l'enfance de l'art. Les insectes sont ou sans métamorphoses, *intransmutabilia*, ou

ils subissent des transformations, *transmutabilia*. Ceux-ci se subdivisent en *vaginipennia* (les coléoptères), *papiliones* (les lépidoptères), *quadri-pennia* (hyménoptères et névroptères) et *bipennia* (les diptères) : viennent ensuite d'autres subdivisions, d'après les larves, la forme, la couleur, les proportions des parties du corps, ou d'autres particularités de conformation.

10. MÉRIAN (Mademoiselle Marie-Sibylle de) a composé plusieurs ouvrages en hollandois sur l'histoire des insectes. Ses œuvres ont ensuite été traduites en latin et en françois, le plus souvent avec les mêmes planches, de 1679 à 1730. L'histoire des insectes d'Europe, publiée in-folio, à Amsterdam, se compose de 184 planches enluminées. La dissertation ayant pour titre, *Erucarum ortus, alimentum et paradoxa metamorphosis*, publiée à Amsterdam, en 1718, comprend 50 planches. Il y a encore plusieurs autres ouvrages, entre autres celui qui a pour titre, *Metamorphosis insectorum Surinamensium*, qui a paru en 1705. Tous ces ouvrages sont principalement recherchés des amateurs ou des bibliomanes pour la beauté des planches, et surtout pour leur rareté, ayant été tirés à un très-petit nombre d'exemplaires.

11. ANTOINE DE LEEWENHOECK a principalement étudié les insectes ou leurs parties à l'aide du microscope. L'ouvrage dans lequel il a consigné ses observations, formant cinq petits volumes in-4.º, est intitulé : *Arcana naturæ, ope microscopiorum detecta; Delphis*, 1695 à 1721. Les trois derniers sont imprimés à Amsterdam. Toutes les observations sont sous forme de lettres écrites de manière à inspirer beaucoup d'intérêt, quoique un peu longues, comme cela arrive à toutes les personnes qui font des observations minutieuses, et qui croient devoir en publier les procès-verbaux. Cet ouvrage est cependant plein de faits sur les larves des tenthrèdes, sur les galles des végétaux produits par diverses espèces d'insectes très-bien décrites ; sur les fourmis, les abeilles, les cousins. On y trouve une description du pou, très-curieuse, même après celle de Swammerdam ; l'histoire de la mouche commune, de la puce, etc. Mais les objets sont décrits presque au hasard, suivant les occasions qui se sont offertes. Il n'y a pas d'ordre dans l'ouvrage, ce qui en rend la lecture fort pénible.

12. ANTONIO VALLISNIERI a écrit tous ses ouvrages en italien. Le premier, qui a pour titre, *Dialoghi soprà la curiosa origine, sviluppi e costumi di varii insetti*, a été publié à Venise en 1700 ; mais toutes ses recherches sont recueillies dans ses Œuvres, qui forment trois volumes petit in-folio, avec beaucoup de planches fort bien gravées. Les insectes les plus curieux, ou ceux qui y sont le mieux décrits et pour la première fois, sont les suivans : le fourmilion, l'ichneumon, la guêpe menuisière ou xylocope, l'œstre hémorrhoidal, le nasal, le criocère rouge du lis, la mouche à scie ou hylotome du rosier, la puce, le kermès, le charanson du blé ou la calandre. En général, cet ouvrage joint à beaucoup d'érudition un art admirable dans la manière d'observer.

13. JOHN RAI n'a pas publié lui-même ses ouvrages, étant mort trois ans avant que Lister en eût donné une édition, en 1710, sous le titre d'*Historia insectorum*, in-4.º Cependant il avoit publié, en 1705, une petite feuille in-8.º, qui a été réimprimée comme le prolégomène de l'ouvrage ci-dessus mis au jour par Lister. Cette brochure in-8.º avoit pour titre, *Methodus insectorum, seu insecta in methodum aliqualem*

digesta. C'est le premier ouvrage méthodique sur l'entomologie, comme pour tous les animaux dits vertébrés. Nous l'avons fait connoître à l'article de Lister.

14. Éléazar Albin, peintre anglois, a publié son ouvrage sous le titre d'Histoire naturelle des insectes d'Angleterre, *A natural History of english insects, with notes and observations by W. Derham*. Cet ouvrage n'est estimé que pour les figures coloriées, qui sont au nombre de 100 planches, et fort exactes.

15. Réaumur (René-Antoine Ferchault de) a écrit l'un des ouvrages les plus importans pour les observateurs de la nature; il est composé de six volumes in-4.°, qui ont paru de 1734 à 1740, sous le titre de Mémoires pour servir à l'histoire des insectes. L'auteur s'y est acquis une gloire immortelle pour l'art et la patience avec lesquels il a scruté les mœurs de ces animaux, afin de les dévoiler à ses lecteurs. Des planches fort exactes accompagnent ses descriptions. Il est à regretter que la méthode n'ait pas présidé à l'arrangement des faits et des détails, qu'il est fort pénible de chercher dans un ouvrage d'aussi longue haleine. Il paroît que son travail devoit être continué. On assure même que le manuscrit du septième volume, prêt à être livré à la presse, ne l'a jamais été. Il nous est impossible de présenter une analyse de cet ouvrage immense, qui comprend 3672 pages, et qui est orné de 267 planches in-4.° doublées. Nous en avons profité dans la plupart des articles de ce Dictionnaire, et nous le citons fort souvent.

16. Albert Seba, apothicaire à Amsterdam, avoit recueilli beaucoup d'insectes, qu'il avoit achetés pour en orner son cabinet, dont il a donné la description en quatre volumes in-folio, avec figures. La plupart des espèces figurées sont étrangères; mais il y en a beaucoup qui sont citées par les auteurs comme prototypes, quoiqu'en général les dessins soient grossiers, et les couleurs presque constamment fausses et mal distribuées, même d'après la description qui accompagne les planches. Les quatre-vingt-dix-neuf planches du tome troisième, en particulier, sont entièrement consacrées à la représentation des insectes, la plupart d'Amérique, de Surinam et de Ceilan.

17. Charles Linnæus, Suédois, professeur à Upsal, fondateur des méthodes et de la nomenclature dans toutes les parties de l'histoire naturelle, principalement en botanique et en zoologie. Ce n'est pas à nous de juger ici cet homme célèbre, dont le nom se rattache d'une manière si éclatante à toutes les branches de la science; nous indiquerons seulement le mérite principal de Linnæus, qui est dans la méthode, les considérations générales, et dans le mode uniforme du développement des caractères et de la description. Ses ouvrages, qui ont paru de 1735 à 1770, ont subi dans chaque édition de grands changemens, et par conséquent ils ont offert des améliorations et des perfectionnemens successifs. Ainsi, dans les premières éditions du *Systema naturæ*, dont Lyonnet a fait une critique judicieuse dans les notes qu'il a ajoutées à la Théologie des insectes de Lesser (livre 1.er, chapitre 3), on voit que Linnæus divisoit les insectes en sept classes générales : 1.° les espèces à élytres ou ailes couvertes, comme les scarabées; 2.° celles qui ont les ailes découvertes, comme les papillons, les demoiselles, les guêpes, les mouches; 3.° celles qu'il nommoit demi-ailées, qui n'ont pas toutes des ailes, ou qui les portent sans étuis, comme les saute-

relies, les fourmis, les punaises, le scorpion aquatique ; 4.° les non-ailées, comme le cloporte, les millepieds, le pou, la puce, etc. Les trois autres classes comprenoient tous les autres animaux sans vertèbres, que l'auteur regardoit alors comme des insectes ; savoir : la 5.°, les vers de terre lombrics, les tænias, les sangsues ; la 6.°, les animaux mollusques à coquilles terrestres et aquatiques ; la 7.°, enfin, les zoophytes, comme les oursins, les astéries, orties de mer ou méduses, etc. Mais par la suite, et surtout dans la 12.° édition, qu'il publia lui-même, en 1766, il réforma ce premier arrangement, et nous retrouvons sa classification en sept ordres, d'après les ailes, et sous les dénominations que nous employons encore, en y intercalant un second ordre, celui des orthoptères. Charles de Villers a publié à Lyon, en 4 volumes in-8.° et en latin, une entomologie d'Europe, d'après la méthode Linnéenne.

18. Jean-Léonard Frisch a publié, de 1730 à 1766, une description des insectes d'Allemagne, qui forme treize cahiers in-4.°, avec trente-huit planches, souvent citées par les auteurs. Le texte est allemand : *Beschreibung von allerley Insekten in Deutschland.*

19. George Edwards, peintre anglois, a donné de très-bonnes figures en couleur de beaucoup d'insectes étrangers et européens, dans les sept volumes in-.. qu'il a publiés, soit avec ses Oiseaux rares, soit dans ses Glanures d'histoire naturelle.

20. Auguste-Jean Roesel de Rosenhof, observateur exact et peintre habile, de Nuremberg, qui, outre son admirable ouvrage sur les reptiles batraciens, en a publié un en quatre volumes in-4.°, dont le texte est allemand (*Die monatlich herausgegebene Insecten-Belustigung*) : Amusemens sur les insectes, de 1746 à 1761. Les planches sont au nombre de plus de cent dans chaque volume, parfaitement exécutées et coloriées. L'auteur entre dans beaucoup de détails sur les métamorphoses, les mœurs, la structure. Cet ouvrage a été continué par Kleeman, gendre de Rœsel. On ne connoit pas encore complètement en France les faits que les planches indiquent, parce que ce livre n'a pas été traduit.

21. Charles Bonnet, Genevois. A vingt ans, en 1740, il publia son beau Mémoire sur les pucerons, et beaucoup d'autres observations sur les insectes, qui sont en grande partie réunies dans son *Traité d'insectologie* : Paris, 2 vol. in-12, avec 6 planches. Toutes ses recherches sont en outre consignées dans ses OEuvres, 9 vol. in-4.°, avec fig., 1779. C'est un des meilleurs observateurs.

22. Jacob L. Admiral a publié, en 1740, un ouvrage, en hollandois, sur les papillons, sous format in-folio. Il y a vingt-cinq planches coloriées qui sont fort estimées.

23. Le Baron Charles De Géer, Suédois, peut être considéré comme l'un des principaux entomologistes. Ses ouvrages sont en même temps très-méthodiques et remplis d'observations. Quoique imprimés à Stockholm, ils sont écrits en françois et forment huit volumes in-4.°, avec 200 planches. Ils portent le titre de *Mémoires pour servir à l'histoire des insectes.* Ils ont paru de 1752 à 1778. Le second volume n'a été publié qu'en 1771 : c'est une particularité remarquable par le fait que voici. L'auteur, n'ayant pas placé, comme il l'espéroit, le premier volume, prit le parti d'envoyer en présent tous les volumes

suivans à ceux qui avoient fait acheter le premier, et il ne fit tirer les sept derniers volumes qu'à un très-petit nombre d'exemplaires. Les mémoires de Degéer ont beaucoup d'analogie avec ceux de Réaumur; mais ils sont rédigés avec beaucoup plus de méthode, surtout les cinq derniers volumes. On trouve dans le premier seize mémoires sur les chenilles, et un dix-septième sur les ennemis des chenilles et en particulier sur les ichneumons, dont il présente une très-bonne division. Le second volume, divisé en deux parties, est consacré d'abord à l'histoire des insectes à quatre ailes nues : il est précédé de plusieurs discours généraux sur la demeure, la nourriture, la génération, la transformation des insectes; la classe des insectes à ailes farineuses; celle des insectes à ailes membraneuses, à bouche sans dents ni trompe, qu'il distingue de ceux qui, ayant aussi des ailes membraneuses, ont des dents avec ou sans aiguillon ou tarière. Dans le tome III se trouvent l'histoire et la description des insectes à quatre ailes, tantôt tout-à-fait membraneuses, tantôt à demi coriacées, et à bec ou à suçoir; enfin, celle des insectes qui correspondent aux orthoptères. Les tomes IV et V comprennent l'histoire des coléoptères rangés suivant le nombre des articles aux tarses. Il faut reconnoitre ici que ces volumes ont paru en 1774 et 1775, c'est-à-dire, douze ans après l'ouvrage de Geoffroy, auquel on doit l'observation de l'excellent caractère tiré du nombre des articles aux tarses. Le tome VI est consacré à l'histoire des diptères et des kermès, qui forment la 9.ᵉ et la 10.ᵉ classe. Enfin, dans le VII.ᵉ volume se trouve l'histoire des aptères. Degéer a donné les meilleures bases de la classification des insectes. Il les a prises dans toutes les parties apparentes des insectes. Nous allons en présenter ici un court aperçu, que nous emprunterons à l'extrait qu'en a donné Retzius en un petit volume in-8.°, Leipsic, 1783, sous le titre de *Genera et species insectorum.*

Degéer a rapporté les 1446 insectes qu'il connoissoit, à 100 genres, qui correspondent à quatorze sous-ordres et à deux sous-classes principales, les insectes ailés et les aptères.

Les insectes ailés ont ou quatre ailes nues (GYMNOPTERA), ou deux ailes sous des étuis (VAGINATA), ou deux ailes seulement (DIPTERA).

Les GYMNOPTÈRES forment cinq sous-ordres : Les *lépidoptères*, qui ont quatre ailes farineuses et une langue en spirale; ce sont les genres Papillon, Sphinx, Adscite, Ptérophore, Phalène. Les *aglosses (elinguia)*, qui ont quatre ailes nues, ni bec, ni dents; telles que les phryganes, les éphémères. Les *névroptères*, qui ont quatre ailes nues, égales entre elles, en réseau, la bouche dentée : comme les libelles, hémérobes, fourmilions, perles, panorpes, raphidies. Les *hyménoptères*, qui ont quatre ailes nues, inégales, avec des nervures longitudinales; la bouche dentée; l'anus le plus souvent aiguillonné : comme les abeilles, les nomades, guêpes, sphèges, chrysides, sirèces, ichneumons, cynips, tenthrèdes et fourmis. Enfin les *siphonés*, qui ont quatre ailes membraneuses et un bec plié sous le corselet, comme les thrips, les pucerons, les cochenilles, les cigales.

Les insectes à étuis, VAGINÉS, se rapportent à trois sous-ordres, les hémiptères, les dermaptères et les coléoptères.

Les *hémiptères* ont deux gaines ou étuis à demi coriaces ou demimembraneux, croisés; deux ailes membraneuses et un bec sous la poitrine : tels sont les punaises, les nèpes.

Les *dermaptères* portent deux gaines coriaces en forme d'ailes; deux ailes membraneuses , et leur bouche est garnie de mâchoires : on y rapporte les mantes, sauterelles, criquets, gryllons, blattes, perce-oreilles.

Les *coléoptères* ont deux étuis durs , couvrant deux ailes membraneuses , et la bouche dentée. C'est la division la plus nombreuse. Presque tous les genres de Geoffroy s'y trouvent rangés aussi par le nombre des articles aux tarses : il en a trente-trois, qu'il est inutile de répéter ici.

Les insectes A DEUX AILES constituent deux sous-ordres :

1.° Ceux qui ont des balanciers, *halterates*: la bouche sans dents, mais avec une trompe : tels sont les genres Mouche, Stratyome, Némotèle, Taon, Asile, Empis, Conops, Bombyle, Hippobosque, OEstre, Cousin, Tipule.

2.° Les *proboscidés* diffèrent suivant les sexes : les mâles ont deux ailes sans balancier, sans dents, ni trompe; les femelles n'ont pas d'ailes, mais une trompe sous le corselet.

La seconde sous-classe des insectes, celle des APTÈRES, se divise en deux grandes sections : l'une qui comprend la puce uniquement, qui subit des métamorphoses, *sauteurs* et suceurs; l'autre comprend les aptères, *marcheurs* (*gressoria*), et se subdivise en trois ordres; savoir :

1.° Ceux qui ont un cou (*auchenates*), qui ont la tête distincte du corselet, et six pattes au plus; tels que les forbicines, podures, termites, poux, ricins.

2.° Ceux qui n'ont pas de cou (*atrachélies*), qui ont la tête confondue avec le corselet, et six pattes au plus. Ils forment huit genres: Mitte, Faucheur, Araignée, Scorpion, Chélifère, Écrevisse, Crabe et Monocle.

3.° Enfin, les *crustacés*, qui ont quatorze pattes ou plus, et la tête distincte du corselet, comme les squilles, cloportes, scolopendres et iules.

2./. CHARLES CLERCK a publié en suédois et en latin, à Stockholm, en 1757, un petit volume sur les araignées de la Suède, avec six planches coloriées, et un autre ouvrage qui représente beaucoup d'insectes rares. L'ouvrage sur les araignées est estimé. L'auteur a bien observé et bien décrit les mœurs de ces animaux.

25. PIERRE LYONNET avoit donné, dès 1742, la traduction de la Théologie des insectes de Lesser, et il y avoit joint des notes très-savantes, en même temps que des dessins originaux. Il avoit réuni à cette époque les insectes des environs de la Haye, et il se proposoit de les décrire et de les représenter ; mais il ne publia son admirable *Traité de la chenille qui ronge le bois de saule* qu'en 1760. C'est un ouvrage in-4.°, de 6i5 pages, avec 18 planches en cuivre, gravées par l'auteur même. Ce chef-d'œuvre d'exécution, de patience et d'adresse, a placé Lyonnet à la tête des graveurs et des anatomistes. C'étoit un génie rare. Il parloit neuf langues, et possédoit beaucoup d'arts d'agrément. Il fut secrétaire des États de Hollande. On regrette que la seconde partie de l'Anatomie du cossus, qui avoit été décrite, dessinée et gravée par lui, n'ait pas été publiée : c'est une grande perte pour la science.

26. JEAN-ANTOINE SCOPOLI, professeur à Pavie, critique de Linnæus, avoit publié, en 1763, son Entomologie de la Carniole en latin. Il paroît qu'il avoit fait graver une quarantaine de planches pour y être

jointes ; mais elles sont très-rares , et la plupart des exemplaires qui nous sont tombés entre les mains, en sont privés. C'est dans l'ouvrage intitulé , *Introductio ad historiam naturalem*, *Pragæ* , 1777, que se trouve exposé le système de l'auteur. En voici l'abrégé. Il rapporte les insectes à cinq des tribus dans lesquelles il range les animaux. La 4.ᵉ, les Lucifuges de Swammerdam , qu'il divise en deux nations *(gentes)* : les *crustacés*, parmi lesquels on voit les araignées, les scolopendres, les cloportes, les forbicines ; les *pédiculaires*, comme les cirons, les poux, les puces. La 5.ᵉ tribu est celle des Gymnomites de Geoffroy, qu'il divise en diptères et en tétraptères, qu'il subdivise en aiguillonnés, et ceux qui ont une queue et une chrysalide agile. La 6.ᵉ tribu comprend les Lepidoptères de Rœsel : elle comprend trois nations : les sphinx , les phalènes, les papillons. La 7.ᵉ tribu, les Proboscidés de Réaumur, correspond aux hémiptères, et comprend deux nations, les terrestres et les aquatiques. Enfin, la 8.ᵉ et dernière tribu des insectes comprend les Coléoptères *de Frisch* (à la page 372) ou *de Fabricius* (peut-être par erreur typographique, à la page 438), divisés d'abord en aquatiques et en terrestres , ceux-ci d'après la forme des antennes.

Quoique la méthode ou plutôt l'arrangement de Scopoli soit très-mauvais, surtout pour l'époque où il a été proposé, on ne peut disconvenir que les genres sont assez bien rapprochés entre eux, et que plusieurs ne soient établis sur de très-bons caractères : aussi ont-ils été conservés, ou proposés et adoptés depuis, sous d'autres noms.

27. Geoffroy, médecin de Paris, a publié, en 1762, un ouvrage en deux volumes in-4.ᵉ, sous le titre d'*Histoire abrégée des insectes des environs de Paris*, avec 22 planches en cuivre représentant les principaux genres. C'est un ouvrage très-méthodique et très-commode. Malheureusement l'auteur n'y a décrit que les espèces qui se rencontrent aux environs de la capitale. Les divisions sont à peu près celles de Linnæus, d'après les ailes. Cependant les tétraptères à ailes nues, hyménoptères et névroptères, sont compris dans un même ordre. Les orthoptères forment une section seulement dans l'ordre des coléoptères. Le nombre des articles aux tarses, la forme des antennes et celle de toutes les autres parties du corps, ont été employés comme caractères dans l'établissement des genres, qui ont tous été adoptés, au moins quant à la réunion des espèces ; car les noms en ont été changés quelquefois. L'ouvrage que nous faisons connoître ici, est indispensable pour l'étude des insectes. Fourcroy, en 1785, en a publié un petit abrégé en latin, en deux volumes in-18 ou petit in-12 , sous le titre d'*Entomologia parisiensis , sive catalogus insectorum* , etc. , et il y a intercalé quelques espèces. Il a paru aussi une seconde édition de l'ouvrage in-4.º, qui n'en est qu'une réimpression, avec les courtes additions de Fourcroy.

28. Jean-Christian Schæffer est auteur de plusieurs ouvrages sur les insectes. Le premier, écrit en latin, n'est qu'un Catalogue des figures des insectes qui se trouvent aux environs de Ratisbonne. Il se compose de 280 planches , qui forment trois volumes, publiés en 1769. La méthode employée, ou plutôt la dénomination, est celle de Linnæus. Les planches sont belles et exactes : elles offrent surtout des développemens de caractères qui sont d'une grande utilité. Il a aussi publié à part, sous format in-4.º, des Élémens d'entomologie , en latin et en allemand, avec 135 planches, et un Supplément de texte et de cinq planches, qui ont paru en 1777. Quoique les noms des classes soient changés, elles sont à peu près les mêmes que celles de Geoffroy.

29. Martin-Thrane Brunnich n'a publié qu'un très-petit ouvrage sur les insectes, en danois et en latin; il a pour titre : *Entomologia, sistens insectorum tabulas systematicas, Hafniæ*, 1764, avec une planche en cuivre qui représente, au simple trait, les parties caractéristiques des insectes. Dans une courte introduction l'auteur fait connoître la conformation et l'organisation des insectes. Il présente aussi une classification des entomologistes, *insectistæ*, qu'il divise ainsi :

I. Entomologues. A. Collecteurs : 1.° anciens (*patres*), comme Aristote, Pline, Dioscoride; 2.° commentateurs, les mêmes; 3.° ichniographes ou figuristes, tels que Goedaert, Hoefnagel, Mérian, Valisnieri, Albin, Frisch; 4.° métamorphosistes, Swammerdam; 5.° descripteurs, Rai, Linnæus; 6.° monographes, Lister, Schæffer, Clerck; 7.° curieux, Catesby, Mérian, Strœm, Pontoppidan; 8.° muséographes, Linnæus, Poda; 9.° topographes, Mérian, Albin, Frisch; 10.° voyageurs, Marcgrave, Rumphius, Sloane, Hasselquist, Osbeck. — B. Les Méthodistes, qu'il divise, 1.° en philosophes, Swammerdam, Réaumur, Degéer, Linnæus; 2.° systématiques, les mêmes; 3.° nomenclateurs.

II. Entomophiles : 1.° anatomistes, Malpighi, Swammerdam, Leuwenhœck, Lyonnet, etc.; 2.° médecins, Dioscoride, Galien, Aldrovandi, Mathioli, Glauber, Dale, etc.; 3.° mélangistes (*miscellanei*), Bochart, Lesser, Derham, etc.

Viennent ensuite les tables systématiques et analytiques, qui mènent à la détermination des genres et sous-genres par la considération successive et comparée des diverses parties du corps des insectes.

30. Pierre-Simon Pallas. Nous ne citons ce célèbre naturaliste que pour le petit ouvrage in-4.° publié à Erlangen, en 1781, sous ce titre : *Icones insectorum, præsertim Rossiæ Sibiriæque peculiarium.*

31. Jean-Baptiste Schluga a donné des Élémens d'entomologie, à Vienne, en 1766. C'est un petit volume en latin, où l'on remarque beaucoup d'ordre et de précision. Il y a deux planches en cuivre pour représenter les caractères. L'auteur a proposé quelques dénominations qui ont été approuvées par Fabricius : telles sont en particulier les synonymes latins des noms de classes de Linnæus : *vaginantia, semi-vaginantia, farinacea, reticulata, venosa, bialata, nuda.*

32. Dru Drury a publié, avec un texte anglois et françois formant trois volumes in-4.°, ornés de 168 planches en couleur, un très-bel ouvrage qui a pour titre : *Illustrations of natural history, wherin are exhibited figures of exotic insects.* La plupart de ces insectes sont des papillons et des coléoptères.

33. Ernst et Engramelle. Le père Engramelle, moine augustin, a décrit, et Ernst a peint d'après nature, un bel ouvrage qui a paru à Paris, sous format in-4., de 1779 à 1790, sous le titre de *Papillons d'Europe*, en sept volumes, avec environ 300 planches. En général les planches représentent l'insecte sous les trois états. Le texte est peu estimé.

34. Pierre Cramer, d'Amsterdam, a publié en hollandois et en françois 400 planches de papillons exotiques des trois parties du monde. C'est un ouvrage magnifique pour la netteté et l'élégance des figures. Il est très-recherché des amateurs d'histoire naturelle.

35. Jean-Christian Fabricius, professeur à Kiel, en Danemarck, mort en 1807, à l'âge de 65 ans, a publié un très-grand nombre d'ouvrages sur les insectes. A l'exception de quelques dissertations, ses écrits sont en latin. Il a surtout excellé dans l'art de décrire. Malheureusement il n'a point dessiné ni donné de figures des espèces qu'il décrivoit pour la première fois, de sorte qu'il s'est glissé beaucoup d'erreurs et de doubles emplois dans le nombre de celles qu'il a fait connoître. Ses genres ont été établis d'après un système particulier, qui s'est perfectionné successivement, il est vrai, mais qui est devenu beaucoup plus minutieux et difficile, à mesure qu'il s'appliquoit à un plus grand nombre d'espèces. Les seules parties de la bouche lui ont présenté, dans les modifications, non-seulement les caractères des ordres, mais même ceux des genres. La difficulté qu'il y avoit à distinguer les espèces par leur seul secours, a fait que l'auteur lui-même s'en est tenu le plus souvent à la description d'une seule espèce, qu'il a regardée comme le prototype d'un groupe qu'il a eu l'art, nous dirions presque l'instinct admirable, de former par une réunion très-naturelle.

Voulant faire adopter son système ingénieux, l'auteur a employé la foible ressource d'exprimer ou de peindre des formes analogues (et même semblables) par des termes différens, et d'éloigner, autant que possible, les genres les plus voisins, afin de faire trancher en apparence les caractères, comme nous l'avons prouvé par des exemples dans la préface de notre Zoologie analytique. Au reste, Fabricius, disciple célèbre de Linnæus, n'a adopté la classification artificielle des insectes que parce qu'il a voulu appliquer à l'entomologie le principe de son maître, de tirer les caractères d'une seule et même partie, comme la botanique l'avoit permis pour le système sexuel, fondé uniquement sur la considération des fleurs. Fabricius ne concevoit pas qu'il pût être fondé un autre système meilleur; aussi dit-il : *Quale quæso systema, si mox a radice, mox a caule aut a foliis, mox a floribus caracteres desumerentur?* La méthode naturelle, presque généralement adoptée aujourd'hui, répond d'une manière péremptoire à cette question.

Les ouvrages de Fabricius n'en ont pas moins rendu le plus grand service à la science. Nous allons indiquer les principaux.

Son Système d'après ses parties de la bouche, ou les instrumens cibaires, comme il les appelle, a paru, en 1775, sous ce titre : *Systema entomologiæ, sistens insectorum classes, ordines, genera, species*, en un gros volume de 832 pages. Nous n'en présenterons pas ici l'analyse, parce qu'il a été beaucoup modifié par l'auteur dans ses publications subséquentes.

En 1776, Fabricius publia un volume de 310 pages, tout-à-fait systématique, sous le titre de *Genera insectorum*.

En 1778, il donna un très-petit volume de 178 pages, qui est un de ses plus beaux titres dans la science, quoiqu'il soit à peu près calqué sur le plan d'un semblable ouvrage de Linnæus relatif à la botanique : c'est sa *Philosophia entomologica*. M. Saint Amand, d'Agen, en a donné une sorte de traduction françoise, ce qui nous a empêché de publier celle que nous en avions faite nous-même, il y a plus de trente ans, et pour laquelle M. Fabricius avoit eu la complaisance de nous remettre un grand nombre de notes et de corrections, que nous conservons précieusement.

En 1781 parut le *Species insectorum*, en 2 vol. in-8.°, qui renferme la description des espèces; l'auteur, en 1787, y a ajouté deux autres volumes, sous le titre de *Mantissa insectorum, sistens eorum species nuper detectas* Ces quatre volumes forment ensemble 1800 pages.

De 1792 à 1794 il publia le même ouvrage, refondu sous ce titre : *Entomologia systematica et aucta*, 4 vol. in-8.°; plus, en 1798, un autre volume de Supplément.

De 1801 jusqu'en 1806 il publia successivement ce qu'il a appelé ses systèmes : *Eleutheratorum*, 2 vol. ; *Rhyngotorum*, 1 vol. ; *Piezatorum*, 1 vol. ; *Antliatorum*, 1 vol. Il n'a paru qu'un premier volume des *Glossatorum*, et il est encore rare en France.

Voici en abrégé la disposition systématique des insectes, d'après Fabricius. Les uns ont des mâchoires : les autres n'en ont pas. Ces derniers sont les *glossates*, comme les lépidoptères, qui ont une langue en spirale ; les *rhyngotes*, comme les hémiptères, qui ont un bec articulé ; les *antliates*, comme les diptères, qui ont une trompe ou un suçoir.

Les insectes qui ont des mâchoires, ou n'en ont que deux, ou en ont un plus grand nombre ; ils forment deux grandes sections.

A la première sont rapportés :

1.° Les *éleuthérates*, qui ont les mâchoires nues, composées, palpigères ; tels sont les coléoptères.

2.° Les *ulonates*, qui ont les mâchoires simples, découvertes, palpigères, surmontées d'une galète ; ce sont les dermoptères ou orthoptères.

3.° Les *synistates*, qui ont, comme les éleuthérates, les mâchoires découvertes, mais réunies, à la base, à une lèvre palpigère : ce sont la plupart des névroptères.

4.° Les *odonates*, qui ont les mâchoires cachées, simples ; les lèvres sans palpes : telles sont les libelles.

5.° Les *piézates*, dont les mâchoires, comprimées, alongées, engainent une lèvre palpigère : ce sont les hyménoptères.

6.° Les *mitosates*, qui ont deux mandibules composées, deux mâchoires et deux palpes distinctes, ou soudées et réunies avec la lèvre : ce sont les myriapodes ou millepieds.

7.° Les *unogates*, qui ont deux mandibules en pinces sans lèvre supérieure : tels sont les aranéides ou acères.

Trois ordres offrent l'existence de plusieurs mâchoires : ce sont les *polygnathes*, les *exochnates* et les *kleistagnathes*. Le premier seul comprend les cloportes et autres genres voisins. Il réunit aussi les monocles, qui sont de véritables crustacés, ainsi que les crabes et les écrevisses, que Fabricius a décrits comme des insectes.

36. Eugène-Jean-Christophe Esper a publié, de 1777 à 1786, à Erlangen, quatre volumes in-4.° sur les lépidoptères d'Europe, *Europäische Schmetterlinge*. C'est un ouvrage très-estimé et fort recherché pour les figures coloriées, qui sont très-exactes et parfaitement exécutées.

37. Caspard Stoll, d'origine hollandoise, a donné la description en cette langue et en françois, en même temps que les figures, des lépidoptères, des orthoptères et surtout des hémiptères. Les deux derniers ouvrages sont très-précieux comme monographie, ou plutôt comme une collection de très-bonnes figures ; car il y a peu d'observations, et surtout un défaut de synonymie qui ne peut être rétabli que par des entomologistes déjà instruits.

38. François-de-Paule Schranck a publié, sous le titre modeste de Catalogue des insectes d'Autriche, *Enumeratio insectorum Austriæ indi-*

genarum, Vienne, 1781, in-8.°, un très-fort volume avec quatre planches en cuivre qui représentent, pour la plupart, des insectes de la famille des cirons et des ricins. L'auteur a suivi à peu près la classification Linnéenne, en omettant exprès l'ordre des lépidoptères, dont son compatriote Schiffermülier venoit de faire l'histoire. Cet ouvrage est principalement estimé à cause des soins que l'auteur a mis à la synonymie et à la description exacte des espèces, dont, à l'exemple de Geoffroy, il a constamment indiqué les dimensions d'après une échelle qui se trouve à la fin de l'ouvrage.

39. JEAN-NÉPOMUCÈNE DE LAICHARTING a décrit en allemand les insectes du Tyrol, en 2 vol. in-8.°, imprimés à Zurich. Il paroit qu'il n'a publié que les coléoptères. Il est souvent cité par les auteurs allemands. HERBST a continué ce travail en 10 volumes in-8.°, avec un atlas de planches coloriées.

40. CHARLES-PIERRE THUNBERG, professeur à Upsal, après avoir voyagé au Cap et au Japon, a fait publier, dans des dissertations soutenues par de jeunes docteurs à l'Académie d'Upsal, la description de beaucoup d'insectes de Suède. Il y en a une, entre autres, qui a pour titre: *Caracteres generum insectorum*, qui fait partie du 7.ᵉ volume des Actes de l'Académie, et qui a été réimprimée à Gottingue, en 1791, avec des annotations de MEYER. On y trouve de très-bons caractères tirés de la conformation générale, et l'établissement de plusieurs genres nouveaux, entre autres de ceux de la manticore, du colliure, etc.

41. ANTOINE-GUILLAUME OLIVIER a publié deux ouvrages principaux: l'un est la partie des insectes dans l'Encyclopédie méthodique, 4 vol. in-4.°; l'autre est son Histoire naturelle des coléoptères, sous le titre d'*Entomologie*, en 4 gros vol. gr. in-4.°, avec des planches enluminées, publiée d'abord en 1790 et années suivantes, interrompue ensuite, et continuée en 1808, époque à laquelle a paru le quatrième volume, partagé en deux parties. Ce dernier ouvrage est parfaitement exécuté. Toutes les espèces de coléoptères connues sont décrites et figurées, surtout dans les trois premiers volumes. Dans le quatrième, le nombre de celles qui ont été rapportées aux genres étant devenu trop considérable, l'auteur n'a pu suivre son premier plan, en particulier pour la famille des chrysomèles et celle des charansons. Quoi qu'il en soit, l'Entomologie d'Olivier est le principal ouvrage sur l'ordre des coléoptères. Les planches sont disposées de manière que chacune d'elles correspond à un genre dont elle porte le numéro, et il y a autant de planches sous le même numéro que le nombre des espèces l'a exigé. L'auteur avoit eu en vue d'ajouter par la suite des planches à l'ouvrage, quand il auroit réuni assez d'espèces pour les remplir. Dans l'Encyclopédie Olivier a suivi la classification de Linnæus, par les ailes, en adoptant cependant l'ordre des dermaptères de Degéer, qu'il a désigné sous le nom d'orthoptères, adopté depuis par les François. On sait que la disposition de l'ouvrage est dans l'ordre alphabétique. Plusieurs auteurs ont contribué à la rédaction des derniers volumes : MM. Al. Brongniart, Latreille, Desmarets, Godard, etc.

42. PIERRE-ANDRÉ LATREILLE a publié un grand nombre d'ouvrages sur l'entomologie, et il les a successivement perfectionnés par l'occasion très-heureuse qu'il a eue d'observer la belle et nombreuse collection du Musée royal de Paris, qui a été confiée à ses soins éclairés. Les titres de ces ouvrages sont:

1.° *Précis des caractères génériques des insectes disposés dans un ordre naturel;* in-8.°, 201 pages; Brive, an V (1796).

2.° *Histoire générale et particulière des crustacés et des insectes,* faisant suite à l'édition de Buffon, par Sonnini; 14 vol. in-8.°, avec figures; Paris, an X (1802 — 1805).

3.° *Genera crustaceorum et insectorum;* 4 vol. in-8.°; Paris, 1806 et 1807.

4.° *Considérations générales sur l'ordre naturel des animaux composant les classes des crustacés, des arachnides et des insectes, avec un tableau méthodique de leurs genres distribués en familles;* in-8.°, 1810, Paris, 1 vol.

5.° Le troisième volume de l'ouvrage de M. Cuvier, intitulé le Règne animal; 1817.

En outre, la plupart des articles d'entomologie dans la 1.re et la 2.e édition du Dictionnaire d'histoire naturelle de Déterville; plusieurs mémoires imprimés à part, ou publiés dans les Annales du Muséum: *l'Histoire des fourmis:* sur la *Géographie des insectes,* ou les climats qu'ils habitent; *Sur les insectes vivant en société,* etc.

L'auteur a, le premier, eu l'idée de ranger les insectes par familles, auxquelles il n'avoit pas donné de noms, et qu'il avoit presque toutes formées de la réunion des genres correspondant à celui de Linnæus, dont ils étoient un démembrement; puis il donna à ces familles des noms analogues à leur origine : acaridies, acrydiens, andrénètes, aphidiens, arachnides, asellotes, asiliques, bembicites, bombyliers, bombycines, hostrichines, etc , etc., l'auteur voulant, dit-il, s'assurer par ces dénominations la propriété exclusive de l'établissement des principales familles.

M. Latreille ayant successivement corrigé ses ouvrages, voici l'extrait de son dernier travail, inséré, en 1819, à l'article *Entomologie,* dans le Dictionnaire de Déterville.

Il partage en trois classes les animaux articulés et pourvus de pieds articulés, qu'il nomme ENTOMES; ce sont : 1.° les CRUSTACÉS; 2.° les ARACHNIDES; 3.° les INSECTES. Nous ne parlerons ici que des deux dernières classes.

Les ARACHNIDES se divisent en deux ordres:

1.° Les *pulmonaires,* qui forment trois familles : les aranéides, les pédipalpes et les scorpionides.

2.° Les *trachéennes,* qui composent également trois familles, savoir: les faux-scorpions, les pygnogonides et les holètres.

La classe des insectes forme douze ordres, dont voici les noms : myriapodes, thysanoures, parasites, suceurs, coléoptères, orthoptères, hémiptères, névroptères, hyménoptères, lépidoptères, rhipiptères et diptères.

Les quatre premiers ordres ne comprennent qu'un très-petit nombre de familles et de genres.

Ordre I. Les myriapodes se partagent en deux familles, les chilognathes et les chilopodes.

II. Les thysanoures, en deux familles également, les lépismènes et les podurelles.

III. Les parasites, de même, en mandibulés et en édentulés.

IV. Les suceurs ne comprennent que la puce.

V. Les coléoptères forment quatre sections, d'après le nombre des articles aux tarses, et M. Latreille adopte nos noms autrement accentués.

§. 1. Pentamères ; six familles : carnassiers , brachélytres, serricornes, clavicornes, palpicornes, lamellicornes, qui, chacune, se subdivisent en tribus, puis en sections ; ainsi les lamellicornes forment deux tribus, les scarabéides et les lucanides ; et en six sections naturelles, que l'auteur nomme les coprophages, les géotrupins, les xylophiles, les phyllophages, les anthobies, les mélitophiles.

§. 2. Hétéromères ; quatre familles : mélasomes, taxicornes, sténélytres, trachélides.

§. 3. Tétramères ; six familles : rhincophores, xylophages, platysomes, longicornes, eupodes, cycliques, clavipalpes.

§. 4. Trimères ; deux familles : aphidiphages, fongicoles.

VI. Les orthoptères comprennent deux familles : les coureurs et les sauteurs.

VII. Les hémiptères sont partagés en deux sections.

§. 1. Hétéroptères ; deux familles : géocorises, hydrocorises.

§. 2. Homoptères ; trois familles ; cicadaires, hyménélytres, gallinsectes.

VIII. Les névroptères, en trois familles : les subulicornes, les planipennes, les plicipennes.

IX. Les hyménoptères composent deux section.

§. 1. Térébrans deux familles : porte-scies, pupivores.

§. 2. Porte-aiguillon ; quatre familles : hétérogynes, fouisseurs, diploptères et mellifères.

X. Les lépidoptères; trois familles: diurnes, crépusculaires, nocturnes.

XI. Les rhipiptères ; genre unique et anomal : xénos.

XII et dernier. Les diptères forment deux sections.

§. 1. Proboscidés ; quatre familles : némocères, tanystomes, notacanthes, athéricères.

§. 2. Éproboscidés ; une seule famille, les pupipares.

En tout cinquante-six familles, dont cinquante pour les insectes, et six pour les arachnides.

43. George-Wolfgang-François Panzer, de Nuremberg, a composé plusieurs ouvrages sur les insectes, et le premier en date est le principal : c'est une collection de petits cahiers de feuilles détachées, dont chacune représente un insecte gravé et enluminé, avec la description en regard, de manière que chacune des figures et des descriptions peut être rangée dans les ordres, en suivant les systèmes divers et les méthodes adoptées. Les premiers cahiers de cet ouvrage, dont chacun se compose de vingt-quatre insectes décrits et figurés, ont paru en 1793; ils ont continué de paroître jusqu'en 1814 : il y en avoit alors cent douze, ce qui porte le nombre total des insectes figurés à 2688. L'ouvrage a pour titre *Deutschlands Insekten*, ou *Faunæ insectorum germanicæ initia*. La synonymie en est soignée, et les planches très-exactes. C'est un livre très-précieux pour la science. Les autres ouvrages de Panzer ont paru plus tard et sont moins importans. L'un concerne les coléoptères d'Allemagne ; c'est un vol. in-12 de 370 pages, avec douze planches. Un autre concerne les hyménoptères. En général, l'auteur ne s'est attaché qu'aux descriptions, et non à l'observation des mœurs et de l'organisation.

44. Clairville, Anglois, mais habitant la Suisse, est auteur, avec le peintre et graveur Schellenberg, de deux minces volumes gr. in-8.°, avec figures, qui ont pour titre, en allemand et en françois, *Entomo-*

logie helvétique. Ils ont paru en 1798 et 1806. L'auteur n'y décrit que quelques genres. Le premier volume en particulier ne comprend que les insectes coléoptères de la famille des rhinocères ou charansons. Il y a seize planches, qui représentent onze genres seulement. C'est un travail minutieux, parfaitement exécuté, imprimé avec beaucoup de luxe et en même temps avec grand nombre de fautes typographiques. L'auteur a présenté, à la page 44, un tableau analytique que nous allons copier ici, pour donner une idée des noms qu'il a proposé de substituer aux ordres de Linnæus, et qui pour la plupart ne sont pas heureusement choisis.

			Sections.
INSECTES....	Ptérophores ; à ailes :	mandibulés ; avec mâchoires.	1. Élytroptères : ailes crustacées.
			2. Dératoptères : ailes coriacées.
			3. Dictyoptères : ailes réticulées.
			4. Phléboptères : ailes veinées.
		haustellés ; avec suçoir.	5. Haltériptères : ailes avec balanciers.
			6. Lépidoptères : ailes pulvérulentes.
			7. Héminéroptères : ailes mixtes.
	Aptères ; sans ailes :	haustellés......	8. Rophotères : suçeurs en piquant.
		mandibulés.....	9. Pododanères : coureurs.

45. George-Léopold-Christian-Frédéric-Dagobert Cuvier a donné en France la plus grande impulsion à la méthode naturelle. Il a, le premier, indiqué un grand nombre de familles, en considérant les genres de Linnæus comme types primitifs, et en ayant le plus grand égard aux métamorphoses, d'après Swammerdam, et aux organes de la mastication ou de la déglutition, d'après Fabricius.

Dans son premier ouvrage, publié en l'an VI (1798), les crustacés sont encore placés avec les insectes dans le premier ordre des insectes pourvus de mâchoires et sans ailes. Les familles naturelles qu'il indique, sont : 1.° les Crustacés, les monocles, les écrevisses, les cloportes ; 2.° les Millepieds, tels que les jules, les scolopendres ; 3.° les Aracnéides, comme les scorpions, les araignées, les faucheurs, les hydrachnés ; 4.° les Phtynéides, auxquels sont rapportés les podures, les forbicines, les ricins.

Le second ordre est celui des névroptères, partagé en trois familles : 1.° les Libelles ; 2.° les Perles, comme les termites, les hémérobes, les panorpes, les raphidies ; 3.° les Agnathes, tels que les friganes, les éphémères.

Les hyménoptères forment le troisième ordre. M. Cuvier le divise en genres : les abeilles, les guêpes, les sphex, les chrysides, les mouches à scie, les ichneumons, les urocères, les cynips, les fourmis, les mutilles. Chacun de ces grands genres est ensuite subdivisé en sous-genres, la plupart indiqués par Fabricius.

Vient ensuite le quatrième ordre, celui des coléoptères, subdivisés par la forme des antennes et le nombre des articles aux tarses, en trente-un grands genres : les lucanes, les scarabées, les charansons, les bruches, les coccinelles, les silphes, les hydrophiles, les sphéridies, les escarbots, les birrhes, les dermestes, les bostriches, les ptines, les taupins, les richards, les lampyres, les cantharides, les meloés, les ténébrions, les mordelles, les cassides, les chrysomèles, les hispes, les capricornes, les leptures, les nécydales, les dytiques, les gyrins, les carabes, les cicindelles et les staphylins; et tous ces grands genres sont subdivisés en sous-genres.

Les orthoptères sont rapportés à quatre genres ou types : les perce-oreilles, les blattes, les mantes et les sauterelles.

Les hémiptères comprennent les punaises, les nèpes, les notonectes, les cigales, les thrips et les pucerons.

Les lépidoptères sont de même rapportés aux grands genres : papillons, sphinx, phalènes.

Les diptères sont subdivisés en tipules, cousins, mouches, taons, empis, bombyces, conops, asiles, hippobosques et œstres.

Enfin, dans un dernier ordre sont rangés les aptères sans mâchoires, tels que les puces, les poux et les mittes.

Deux ans après, M. Cuvier ayant bien voulu associer à ses travaux l'auteur de cet article, qui publioit les premiers volumes de son *Anatomie comparée*, la division précédemment adoptée fut corrigée, et des familles naturelles, au nombre de quarante-huit, furent proposées avec des dénominations particulières qui, pour la plupart, ont été conservées dans la Zoologie analytique. Ce travail, pour la classification des insectes, forme le huitième tableau synoptique.

Enfin, en 1817, lorsqu'il publia l'ouvrage qui a pour titre le *Règne animal distribué d'après son organisation*, M. Cuvier confia la rédaction du 3.ᵉ volume, comprenant les insectes en particulier, à M. Latreille, qui, en conservant quelques-unes des divisions premières, a introduit presque dans tous les ordres ses divisions, subdivisions, et sa nomenclature, à peu près telle que nous en avons ci-dessus donné l'analyse.

46. Jean-Frédéric-Guillaume Herbst, de Berlin, a donné plusieurs ouvrages au public : la plupart sont ornés de planches enluminées très-exactes; mais ils sont écrits en allemand. Il y a des monographies des genres Araignée, Faucheur, Scorpion, Papillon, et un grand ouvrage sur les coléoptères, de format in-4.ᵒ, et sur les lépidoptères (avec Jablonski), dans lequel il y a près de trois cents planches.

47. Jean-Charles-Guillaume Illiger a publié d'abord, en 1798, sous son nom et celui de Kugellan, en un volume in-8.ᵒ, en allemand, un ouvrage important, sous le titre modeste de Catalogue (*Verzeichniss*), contenant la description des coléoptères de la Prusse. Les descriptions y sont faites avec le plus grand soin, et la synonymie très-scrupuleusement vérifiée. Il a publié en outre plusieurs ouvrages, un sur les lépidoptères des environs de Vienne, en 1801, et un dernier sous ce titre *Magazin für Insektenkunde*, 7 vol. in-8.ᵒ

48. André-Marie-Constant Duméril. J'ai inséré dans le premier volume de l'Anatomie comparée de M. Cuvier, en 1798, les premières tentatives que j'ai faites de la classification, par familles naturelles, des genres d'insectes. Dans les deux années suivantes, j'ai continué ce travail, que j'ai présenté, le 3 Brumaire an IX, à la Société philomatique. J'en ai publié un extrait la même année, dans le Journal de physique et dans le Magasin encyclopédique, an VI, tome I, p. 289. On me pardonnera ces petits détails, parce qu'ils constatent les époques principales de mes études. En 1804 parut la première édition de mon *Traité élémentaire d'histoire naturelle*, dans lequel j'ai exposé avec plus d'étendue le plan que je suivois depuis près de quatre ans dans

mes cours d'histoire naturelle aux écoles centrales. Cependant ce n'est réellement qu'en l'année 1803 que mon travail sur les insectes parut en entier dans la *Zoologie analytique*, en soixante-douze tableaux synoptiques, avec des détails explicatifs. C'est d'après cette méthode que les insectes ont été exposés dans la 2.ᵉ édition du Traité élémentaire qui a paru en 1807 et dans les divers volumes de ce Dictionnaire, d'après le plan adopté et annoncé en 1804, que j'ai constamment suivi et exposé avec détails dans la section précédente de cet article INSECTES. (Voyez pages 471 et suivantes.)

49. GUSTAVE DE PAYKULL a mis au jour, en 1800, à Upsal, trois volumes in-8.º sur les insectes de Suède, *Fauna Suecica*. Il n'y a décrit que les coléoptères; mais ce travail est complet. Les descriptions sont faites d'après nature, et très-soignées : c'est un modèle dans ce genre. Le même auteur a donné d'excellentes monographies de plusieurs genres: en 1789, celle des carabes et celle des staphylins; en 1792, celle des charansons, et en 1811 celle des escarbots.

50. JEAN-GUILLAUME MEIGEN s'est principalement occupé de l'ordre des diptères. Avant qu'il ait, en 1804, publié son ouvrage in-4.º, avec figures, en allemand, sous le titre de Classification et description des insectes diptères de l'Europe : *Beschreibung der Europæischen zweyflügeligen Insekten*. M. Baumhauer avoit donné à Paris, en l'an VIII 1800, un extrait de ce travail en françois. Quoique les caractères ne soient pas tirés spécialement de la disposition et du nombre des nervures des ailes, l'auteur s'en est cependant beaucoup occupé, et il avoue que cette considération lui a fourni la base de son travail.

51. WILLIAM KIRBY, auteur anglois, a publié en anglois, avec des descriptions en latin, la monographie des abeilles d'Angleterre, 2 vol. in-8.º, 1802 : c'est un très-bon ouvrage. Il a aussi donné, avec le docteur SPENCE, des Élémens d'entomologie, dont le premier volume a paru à Londres, en 1815.

52. LOUIS JURINE, très-habile professeur de chirurgie à Genève, s'est beaucoup occupé de l'histoire naturelle des oiseaux, des crustacés et surtout des insectes de ce pays. Il a publié, en 1807, en un volume in-4.º, un très-bel ouvrage, orné de gravures en couleurs, qui représentent une espèce de chacun des genres de l'ordre des hyménoptères, sous le titre de *Nouvelle méthode de classer ces insectes*. L'auteur a pris pour base de sa méthode la disposition des nervures des ailes.

53. FRANÇOIS et PIERRE HUBER, père et fils, de Genève. Le premier a publié d'excellentes *Observations sur les abeilles*, et le second sur les *Mœurs des fourmis indigènes*. Nous en avons fait des analyses détaillées dans les articles qui concernent ces insectes, et là aussi nous en avons fait un éloge bien mérité.

54. CHARLES-JEAN SCHOENHERR a donné en trois volumes in-8.º, publiés à Stockholm, en 1806—1808 et 1817, une synonymie complète et très-soignée des insectes coléoptères, d'après l'ordre du *Systema eleutheratorum* de Fabricius, jusques et compris le 147.ᵉ genre, *Molorchus* : il porte pour titre *Synonymia insectorum*. Il a fallu une patience infinie pour exécuter un travail aussi pénible, mais qui devient indispensable à tout entomologiste descripteur par les grandes recherches qu'il peut éviter pour remonter aux sources.

55. Léonard Gyllenthal a aussi décrit, en trois volumes, les coléop·
tères, en se bornant à ceux de la Suède, à peu près d'après le système
de M. Latreille : il manque encore à ce travail les genres voisins des
cerambyx et ceux du genre *Coccinelle*, dont l'auteur s'occupe actuellement. Les descriptions ont l'inconvénient d'être trop longues, et de
répéter des détails communs à toutes les espèces du genre. Les volumes
écrits en latin ont paru en 1808 — 1810 et 1813.

56. Gaspard Duftschmid a publié, en langue allemande, en 1805 —
1812, la description d'un grand nombre de coléoptères par familles
naturelles, les scarabées, les clavicornes, les créophages, les rémitarses, etc. L'ouvrage, qui a pour titre *Fauna Austriæ*, ne se compose que de deux volumes. Ils sont très-estimés. Il paroît que l'auteur a cessé de s'occuper de la science. (**C. D.**)

INSECTES. (*Foss.*) Les insectes fossiles auxquels on a
donné le nom d'entomolithes, se présentent dans le succin
ou dans des pierres fissiles. Les premiers sont parfaitement
conservés dans toutes leurs parties, et on pourroit même
reconnoitre les espèces. On a trouvé dans cette substance des
mouches, des tipules, des ichneumons, des fourmis, etc.
J'en possède un morceau aplati et de la grosseur du pouce,
dans lequel on voit distinctement dix-huit insectes, tels que
des fourmis, des tipules, de petits coléoptères, et un cha-
rançon, que M. le baron Dejean, qui a rassemblé une si grande
collection de coléoptères, n'a point reconnu pour être un
insecte vivant actuellement en Europe.

Après les tempêtes on trouve le succin et les insectes qu'il
renferme sur les côtes de la mer Baltique, principalement
sur celles de la Poméranie et de la Prusse, sur quelques-unes
de la Méditerranée, telles que celles de la Marche d'Ancône,
de Gênes et de la Sicile.

On découvre aussi cette résine fossile dans l'intérieur de
la terre, en Lithuanie, en Pologne, en Italie et en Provence
près de Sisteron. Elle est ordinairement dans des sables noirà-
tres, parmi des bois fossiles, pyriteux ou bitumineux.

Les insectes que l'on rencontre dans les pierres, y sont dans
un état de conservation bien moins parfait que dans le succin;
on aperçoit pourtant distinctement la tête, le corselet, et
le corps souvent divisé par anneaux : mais il est difficile d'être
assuré si ce sont des insectes parfaits ou seulement des larves
ou des chrysalides de névroptères qui vivent dans les eaux
douces jusqu'à leur entier développement.

Quelques-uns de ces fossiles se trouvent accompagnés de débris de petites coquilles, et il y a lieu de croire que la catastrophe qui les a saisis s'est opérée dans des eaux qui avoient été tranquilles, et où pouvoient vivre ces larves ou ces chrysalides.

On voit des figures de ces insectes fossiles dans l'ouvrage de Knorr sur les Pétrifications, part. 1.re, tab. XXXIII, fig. 2-6, et dans celui de Scheuchzer, *Herb. diluv.*, tab. V, fig. 1 et 2. Ce dernier auteur a annoncé qu'on avoit trouvé une libellule avec ses ailes au mont Bolca dans le Véronnois, un grand scarabée dans une pierre d'Œningen et une scolopendre dans une pierre grise de Lubeck.

Aldrovande cite un insecte de ce dernier genre et des pucerons pétrifiés sur une pierre noire du canton de Glaris.

Vallerius dit que, dans les pierres d'Œningen, on a trouvé des insectes volans, tels que les scarabées, auxquels on a donné le nom de cerf-volant, des mouches, des libellules et des papillons.

Bromel annonce qu'on trouve des vestiges d'insectes, des ailes de papillons et de scarabées sur des ardoises alumineuses des carrières d'Andra-Rumen dans la province de Scanie en Suède (*Acta litt. Sueciæ*, tom. 5, pag. 446). Il cite aussi des ailes de mouches dans des pierres de Frankenberg, et de gros insectes avec des pyrites brillantes dans celles de Wurtzburg.

On a trouvé dans les carrières de Vestena nova, avec des squelettes de poissons, un insecte marin qu'on a rapporté au genre Pygnogonum de Fabricius. On voit une figure de cet insecte dans les Annales du Musée, tom. 5, pl. Ire, fig. 3.

Différens auteurs, tels que Buttner, Richter, Vogel, Langius, Lippi et Bruckmann, ont annoncé que dans les schistes d'Œningen on a trouvé des mouches ichneumones, des hémérobes, des insectes diptères, des enveloppes de larves d'insectes, des nymphes, et qu'en Éthiopie on a vu à l'état fossile des cellules d'abeilles et des œufs d'insectes.

Une observation peu approfondie a pu faire voir à certains auteurs autre chose que ce qui étoit. Il est difficile de croire, par exemple, que des pucerons aient pu passer à l'état fossile, et il est extrêmement probable qu'on a pris des oolites pour des œufs d'insectes. On s'est trompé en prenant pour des ruches d'abeilles des astrées fossiles, dont les lames qui remplissoient chaque cellule ont été détruites, comme cela arrive souvent. L'on peut croire que des scarabées soient devenus fossiles ; mais il y a lieu de penser que souvent l'on a pu prendre pour eux des paradoxites pyriteux et de leurs débris, comme j'en possède, et qui se trouvent dans des roches amphiboliques noires.

On voit sur des schistes de Solenhofen, de Pappenheim et d'Eichstædt, des empreintes que l'on a prises pour des vers de terre, et auxquelles on a donné le nom d'helmintolithes ; mais, d'après les figures qu'on en trouve dans l'ouvrage de Knorr ci-dessus cité, part. 1.re, tab. XII, fig. 2-10, il est probable que ces pétrifications ont une tout autre origine, au moins pour quelques-unes, qui paroissent avoir quatre à cinq fois plus de longueur que n'en ont les vers de terre que nous connoissons aujourd'hui à l'état vivant.

Le corps représenté fig. 1.re de la même planche, se rapporteroit assez à un ou à plusieurs dragonneaux de sources qui auroient été saisis par la pétrification.

Je possède une pierre de Solenhofen qui contient de petites astéries, et sur laquelle on voit une sorte de tube que l'on pourroit prendre pour une portion de ver fossile, mais auquel paroissent être attachées à plusieurs places des coquilles bivalves avec leurs deux valves striées circulairement et ouvertes. Tout porte à croire que ce corps, ainsi que la plupart de ceux dont il est question ci-dessus, ne sont point des restes de vers de terre. (D. F.)

INSECTES HONTEUX. (*Mamm.*) Le Père Tachard nomme ainsi, dans son Voyage à Siam, une espèce de pangolins, sans doute à cause de la faculté qu'ont ces animaux de se rouler en boule, lorsqu'ils éprouvent quelque crainte. (F. C.)

INSECTIRODES ou ENTOMOTILLES. (*Entom.*) Noms sous lesquels est désignée une famille naturelle d'insectes hyménoptères, dont les larves se développent dans l'intérieur des autres insectes, qu'elles rongent ; c'est de cette particularité qu'est emprunté le nom tiré des deux mots latins, *insecta rodo :* tels sont les *ichneumons*, les *fœnes*, les *ophions*, les *banches*, les *évanies*, etc. Voyez ENTOMOTILLES. (C. D.)

INSECTIVORES. (*Ornith.*) On appelle ainsi les oiseaux ou

autres animaux qui se nourrissent principalement d'insectes. (Ch. D.)

INSENS. (*Bot.*) C'est un des noms vulgaires de l'absinthe, *artemisia absinthium*. (H. Cass.)

INSERTION DES ÉTAMINES. (*Bot.*) C'est leur position dans la fleur, leur point d'attache dans les fleurs hermaphrodites. L'insertion des étamines a lieu, tantôt au niveau de la base du pistil (blé. *saururus, kœlreuteria*); tantôt au-dessous de la base du pistil (*cleome pentaphylla, helicteres, sterculia*); tantôt sur le pistil, au sommet de l'ovaire (ombellifères), ou à la base du style (balisier), ou au sommet du style (*limodorum. serapias*), ou sous le stigmate (aristoloche); tantôt sur le périanthe simple (aletris), sur le calice (rose), sur la corolle (labiées).

On nomme insertion absolue. celle où on ne considère que le point où elle a lieu. abstraction faite du pistil, et insertion relative celle où l'on considère le point où elle a lieu par rapport au pistil.

L'insertion relative est dite hypogyne. lorsqu'elle a lieu au-dessous de la base du pistil, ou au niveau de la base du pistil (graminées. renoncules): elle est périgyne, lorsqu'elle a lieu autour du pistil, sur la paroi du calice ou du périanthe simple (thymelées, rosacées); épigyne. lorsqu'elle a lieu sur le pistil même (orchidées, ombellifères).

L'insertion est immédiate ou médiate. Elle est immédiate lorsque les étamines sont attachées, sans intermédiaire, sous le pistil, sur le calice ou sur le pistil. Elle est médiate, lorsqu'elles sont attachées à la corolle. Dans ce cas. l'insertion se fait par l'intermédiaire de cette enveloppe florale, qui, comme les étamines, se trouvant attachée sous le pistil, sur le calice ou sur le pistil, prend, comme elles, suivant ces positions. la dénomination de corolle hypogyne, corolle périgyne et corolle épigyne. Les étamines et la corolle sont censées avoir la même insertion. En général, l'insertion est semblable dans les plantes d'une même famille et dans les plantes de familles voisines. (Mass.)

INSERTIONS MÉDULLAIRES. (*Bot.*) Voyez Rayons médullaires. (Mass.)

INSIDIATOR. (*Ichthyol.*) Les auteurs ont désigné par ce

nom latin le poisson que d'autres ont appelé *imposteur* en françois. Voyez FILOU. (H. C.)

INSIRE. (*Mamm.*) Nom que l'on trouve employé au Congo, comme étant celui d'un animal carnassier qui a quelque rapport avec les martes. (F. C.)

INSOLATION. (*Chim.*) C'est l'exposition aux rayons du soleil de matières quelconques. On fait cette opération, 1.° quand on veut séparer d'une substance fixe un liquide qu'elle contient et qui est susceptible de s'évaporer ; 2.° pour soumettre à l'action de la lumière des corps qui en éprouvent quelque changement, soit dans leur composition, soit simplement dans l'état d'agrégation de leurs particules. (CH.)

INSOLUBILITÉ. (*Chim.*) Propriété qu'a un solide de ne pas se dissoudre dans un liquide ; un liquide, de ne pas se dissoudre dans un autre liquide ; un gaz, de ne pas se dissoudre dans un liquide. (CH.)

INSTINCT. L'idée qu'on a généralement de l'instinct, est celle d'une force, d'une faculté particulière, cause immédiate des actions[1] auxquelles les animaux sont aveuglément et nécessairement portés.[2]

Ce n'est cependant point une de ces idées claires que l'on peut circonscrire d'une manière précise : en effet, on a beaucoup varié et on est loin d'être d'accord sur les actions instinctives. Les uns en ont étendu le nombre, et les autres l'ont restreint, suivant qu'il convenoit à leurs systèmes de refuser ou d'accorder de l'intelligence aux animaux, de faire dépendre ces actions d'une influence mécanique des organes ou d'une détermination plus ou moins libre de l'esprit. Pour

---

[1] Par une action, un acte, j'entends simplement un fait, un phénomène, sans y ajouter nécessairement l'idée d'activité.

[2] Quelques auteurs ont mis au nombre des instincts les penchans, les dispositions, et même les appétits, les besoins naturels. Ces phénomènes nous paroissent être d'un tout autre ordre ; nous n'en parlerons pas. En effet, les dispositions et les besoins ne conduisent pas nécessairement à des actions aveugles : les premières sont au contraire des aptitudes à être frappées de telles ou telles modifications, plutôt que de telle ou telle autre, ce qui suppose l'expérience ; et si les seconds poussent irrésistiblement à certaines actions, ils doivent plutôt être considérés comme occasion, que comme causes de ces actions.

assurer à cette idée toute la netteté dont elle a besoin, il auroit fallu, comme dans toutes les sciences d'observation, où l'on ne peut remonter aux causes que par les faits, il auroit fallu, dis-je, établir d'abord ceux-ci, c'est-à-dire, distinguer, par des caractères fixes, les actions aveugles et nécessaires, de celles qui sont électives et contingentes, de celles qui, en un mot, sont le résultat de l'expérience; et c'est ce qu'on est loin d'avoir fait : il n'est pas même possible d'arriver sur ce sujet à toute la précision que l'on doit désirer, parce que la science de l'intelligence des brutes n'est encore qu'à son enfance, et que les principes dont pourroit s'aider celui qui voudroit s'y livrer, n'existent point. Si je m'en occupe ici, c'est donc bien moins dans l'intention de donner la solution de ce problème, que pour faire envisager les faits qui s'y rapportent sous le point de vue que je crois le plus propre à conduire à ce but important : aussi ne traiterai-je cette question que d'une manière sommaire, et en me bornant à citer les faits qui me paroîtront indispensables.

Mais, avant que d'entrer en matière, il est nécessaire que je fasse remarquer que nous ne pouvons étudier le principe des actions des animaux que dans nos propres actions, et que les bornes de notre intelligence sont pour nous les bornes du monde intellectuel. Nous ne devons qu'aux lumières que nous puisons en nous-mêmes le pouvoir d'éclairer les actions des brutes, pour en distinguer les différens caractères et en apprécier la nature. La comparaison de nos actions avec les leurs est ici notre unique guide ; et ce que nous reconnoîtrons être la cause des unes, sera la cause des autres. Si la toute-puissance eût créé, pour les actions des animaux, une faculté différente de celle qui détermine les nôtres, ce seroit en vain que nous nous efforcerions de la découvrir; elle résisteroit à toutes nos tentatives, et resteroit éternellement cachée à nos yeux.

Lorsque nous considérons d'une manière générale les actions des animaux [1], nous remarquons qu'elles sont simples

---

[1] Toute action consiste dans un ou plusieurs actes intellectuels, qui sont causes, et dans un ou plusieurs actes corporels, qui sont effets. C'est là le sens que, dans cet article, nous donnons aux mots *acte* et *action*, sans rien préjuger sur les actions instinctives, dont nous ne sommes point encore censés connoître les élémens.

ou complexes, c'est-à-dire que les unes ne paroissent demander ou ne demanderoient de notre part, pour être produites, qu'un très-petit nombre de faits, d'actes intellectuels, comme une perception, un jugement, par exemple, tandis que les autres semblent nécessiter le concours d'un nombre plus grand de ces actes, et même rendre indispensables des combinaisons de l'ordre le plus élevé ; nous voyons en outre que les plus simples, comme les plus compliquées, se manifestent, ou avant qu'aucune expérience ait pu avoir lieu, ou après l'emploi et par conséquent le développement des facultés qui, dans l'état ordinaire des choses, doivent agir pour qu'une action contingente se produise.

Il n'y a jamais eu de contestation fondée sur les actions antérieures à toute expérience : simples ou complexes, elles ont toujours été considérées par les naturalistes comme instinctives ; et, en effet, il faut bien qu'une force aveugle et nécessaire les ait fait naître, puisqu'aucune expérience n'avoit encore pu mettre en jeu les facultés de l'être qui les manifestoit.

Les cris de l'enfant qui souffre et qui a besoin de secours ; la recherche de la mamelle par le petit qui vient de naître, et l'action de téter ; la fuite, déterminée par la crainte, d'un jeune animal qui n'a point encore appris à connoître le danger ; la défense qu'il oppose à qui veut le saisir ; l'obéissance du nouveau-né accourant à la voix de sa mère, etc., sont des actions de cette nature.

Celles qui se sont produites après que des influences extérieures ont pu agir sur l'intelligence, ont seules inspiré des doutes, quant aux principes sur lesquels elles reposent, faute de moyens pour distinguer les contingentes des nécessaires, ainsi que nous l'avons dit plus haut. En effet, d'une part elles avoient été mal observées, et de l'autre on manquoit de règles pour les juger et pour déterminer leurs véritables caractères : deux conditions qui se lient si intimement dans toutes les sciences d'observation, qu'on peut affirmer que l'observation de tout phénomène est incomplète, si l'on ne peut pas en même temps rattacher ce phénomène, par des vues générales, à ceux qui sont du même ordre que lui.

La première marque, le premier signe d'une action élec-
tive, c'est de pouvoir être modifiée par l'expérience, de la
même manière qu'elle a été produite, et, l'expérience ne
pouvant agir que sur l'esprit, c'est dire, en d'autres termes,
que le premier signe d'une faculté contingente est de dépendre
de l'intelligence et de toujours pouvoir agir conformément
aux circonstances variables dont elle est de nature à éprouver
l'influence. Ainsi, ce que par la suite nous dirons d'une
action, nous entendrons le dire d'une faculté, et réciproquement.

Les exemples de ce genre d'action sont communs : le chien
qui obéit, au lieu de fuir, à la vue d'un fouet dès qu'il le voit
en main ; qui va chercher l'objet qu'on lui désigne, au lieu de
rester indifférent à l'ordre qu'il reçoit ; qui s'agite et déchire
les barreaux de sa cage, s'ils sont de bois, et qui se résigne
à son esclavage, si ces barreaux sont de fer, fait donc des
actions contingentes ; et la faculté qui en est le principe, est
une faculté modifiable, puisqu'elle reçoit l'influence des différentes circonstances pour lesquelles ces actions se produisent.

Ce sont encore des actions du même genre que celles que
nous voyons faire au cheval qui, ayant à choisir entre deux
chemins dont un lui est connu, prend constamment ce dernier, quelque éloigné que soit le temps où il l'a pris pour la
dernière fois : lorsque le chien court au devant de son
maître et le couvre de ses caresses, s'il le voit se disposer à
sortir et qu'il ait envie de l'accompagner ; lorsqu'il contient le troupeau dont la garde lui est confiée, dans les limites précises que son maître lui a tracées : lorsque le loup
attaque sa proie à force ouverte dans la solitude des bois,
ou s'en empare par surprise dans le voisinage des habitations, etc. Ces actions, comme les précédentes, n'ont rien
de nécessaire et pouvoient ne point avoir lieu. La moindre
circonstance suffisoit pour déterminer le cheval à prendre le
chemin qu'il n'avoit point encore parcouru : si le chien, par
sa propre désobéissance, avoit mécontenté son maître, bien
loin d'accourir à lui avec joie, il ne s'en seroit approché
qu'en tremblant, et l'on sait que cet animal n'acquiert que
par l'éducation le talent admirable que nous lui connoissons
pour la garde des troupeaux, etc.

Par-contre le caractère des actions instinctives sera d'être fixes et de se reproduire constamment les mêmes dans toutes les situations. En conséquence nous rangeons parmi ces actions celles que nous présentent le chien, lorsqu'il va enfouir dans la terre les restes de son repas ; le cheval et le renne, lorsqu'ils enlèvent la neige qui recouvre la terre, pour découvrir la nourriture dont ils ont besoin ; les vaches, lorsque, menacées par la présence d'un loup, elles placent leurs petits au milieu d'un cercle dont leurs têtes et leurs cornes forment la circonférence ; les castors, lorsqu'ils élèvent leurs huttes et leurs digues, lorsqu'ils vont couper le bois nécessaire à leurs constructions, lorsqu'ils réparent les ravages que leurs ennemis ou le temps peuvent avoir faits à leur habitation ; le lapin, lorsqu'il se creuse un terrier ; l'oiseau, lorsqu'il se construit un nid, etc. En effet, toutes ces actions se présentent constamment à nous comme invariables dans ce qu'elles ont d'essentiel. Le chien cache ses alimens superflus, quand même il n'a jamais eu besoin d'y avoir recours ; le cheval qui enlève avec ses pieds la neige sous laquelle l'herbe ou la mousse sont cachées, le fait même quand il voit la neige pour la première fois, et quand il est repu, comme quand il a faim. Le castor construit dans toutes les situations, dans l'esclavage le plus étroit, comme au sein de la plus grande liberté ; quand les abris lui sont les plus inutiles, comme lorsqu'ils lui sont le plus nécessaires. Ces vaches, si ingénieuses pour défendre leurs petits quand elles sont en troupe, ne changeroient rien à leurs moyens de défense, quand elles seroient réduites au plus petit nombre, et que ces moyens deviendroient insuffisans ; ce lapin, si soigneux à se creuser une retraite, ne sait ni la cacher ni la construire suivant les lieux, la nature de ses ennemis ou celle des saisons, etc. ; et les dernières classes du règne animal nous offriroient des exemples encore plus frappans, plus extraordinaires.

Cette distinction étant bien établie empiriquement entre les actions contingentes et les actions instinctives, si nous nous arrêtons à considérer ces dernières, nous trouvons qu'elles sont de nature très-différente, qu'elles s'exercent constamment ou ne se manifestent qu'à certaines époques ; qu'elles sont toujours en petit nombre ; mais qu'elles vont en augmen-

tant et de nombre et d'importance, à mesure que les animaux, sous le rapport de l'organisation, s'éloignent davantage
de l'espèce humaine.

Pour établir ces propositions, il nous suffira de quelques
exemples : les animaux dont nous venons de parler, nous les
fourniront eux-mêmes. N'y a-t-il pas, en effet, une différence
immense entre les actions involontaires et toujours très-
simples qui sont occasionées par la peur, la colère, l'amour,
la faim. etc., et celles que nous venons de citer, toutes remarquables par leur complication? Les unes semblent purement organiques, tandis que pour les autres l'intelligence
paroit indispensable. De plus, ce n'est qu'à certaines époques
et durant un temps limité que beaucoup d'animaux vont à
la recherche de leurs femelles, qu'ils se préparent des gîtes,
qu'ils construisent leurs nids. Enfin le chien, le cheval,
le bœuf, nous présentent peu d'actions que l'on puisse attribuer à l'instinct; et cependant leur vie est assez active. c'est-
à-dire que leurs actions contingentes la remplissent presque
tout entière et suffisent à la plupart des situations assez
nombreuses dans lesquelles ils sont à portée de se trouver. Ils
nous présentent de même cette espèce de dégradation de
l'intelligence qui se manifeste par la diminution des actions
électives, comparativement aux actions instinctives et nécessaires. Le chien nous fait voir un très-grand nombre des
premières, et un très-petit nombre des secondes; le bœuf,
au contraire. passe sa vie active dans d'assez étroites limites,
et si ses actions instinctives ne sont pas très-nombreuses,
elles le deviennent par comparaison avec le nombre de ses
actions contingentes.

Mais ces vérités acquerroient beaucoup plus d'évidence, si
nous parcourions le règne animal dans son entier : nous
verrions que les quadrumanes et les carnassiers. qui se trouvent placés au haut de l'échelle des êtres intelligens. sont en
quelque sorte des animaux libres, en comparaison des insectes,
par exemple. dont toute l'existence semble dominée par
une force uniforme et constante, qu'on pourroit comparer
à celles qui mettent en mouvement les machines que nous
construisons, si nous étions fondés à trouver une véritable
analogie entre les puissances de l'intelligence et celles du

monde matériel. Enfin, l'action instinctive du chien la plus compliquée, celle qui exigeroit de notre part le concours du plus grand nombre d'actes intellectuels, n'est absolument rien en comparaison des actions de cette nature que nous observons chez les animaux invertébrés, et principalement chez les insectes. Quelques actes isolés de prévoyance sont en effet ce qu'en ce genre le chien et les mammifères voisins nous offrent de plus remarquable : chez les insectes, au contraire, toute l'existence, quelque variée qu'elle paroisse, ne semble se composer que d'une seule action nécessaire, mais compliquée à l'infini, de laquelle rien d'extérieur ne peut les détourner et vers laquelle ils tendent invinciblement. Pour ne citer qu'une des espèces les plus connues, l'abeille, qu'y a-t-il dans les actions d'aucun mammifère qui approche de la sagacité, de la prévoyance, de la force de combinaison que fait supposer l'industrie de cet animal ? Rien, après l'intelligence de l'homme, ne paroît plus propre à exciter notre étonnement et notre admiration que cette puissance qui porte invariablement un être à suivre un plan compliqué d'actions qui se lient intimement en une seule, dont la durée peut être de plusieurs jours, de plusieurs mois, et qui n'ont toutes qu'un même but. C'est que ce ne sont point les actions qui paroissent naître de combinaisons profondes, de calculs compliqués, de vues ingénieuses qui distinguent véritablement l'homme des autres êtres intelligens; nous trouvons, comme nous venons de le voir, des preuves de l'existence de ces actions chez les animaux les plus imparfaits, et à un degré que nous ne pouvons peut-être pas dépasser de beaucoup : c'est la liberté seule, la faculté de connoître, qui fait la véritable supériorité de l'intelligence humaine.

Le caractère de variabilité qui est donné aux actions contingentes, et celui d'invariabilité qui est attribué aux actions nécessaires, ne doivent cependant pas être pris dans un sens tout-à-fait absolu. L'animal conserve toujours l'exercice de ses sens et le degré d'intelligence qui lui est propre, et il les emploie l'un et l'autre de la manière la plus favorable à l'action nécessaire à laquelle il est porté. L'exercice de ces facultés est même toujours proportionné au degré de né-

cessité des actions; plus le besoin, le sentiment qui entraînent l'animal à agir, sont impérieux, plus aussi ses facultés
sont captives : c'est pourquoi l'instinct nous paroît beaucoup plus fort chez les uns que chez les autres. Il n'y a
aucune comparaison à faire à cet égard entre le hamster qui
se forme des magasins pour l'hiver et le chien qui cache sa
nourriture surabondante : rien ne peut détourner le premier
de son action, et, au contraire, la moindre circonstance
peut distraire le second de la sienne. Mais il y a plus : de
nombreuses observations font penser qu'une longue habitude
transforme en quelque sorte les actions contingentes en actions nécessaires, et que celles-ci ne sont pas soustraites sans
réserve à une action long-temps continuée des circonstances
extérieures et accidentelles, et qu'elles prennent quelque
chose des actions électives. Plusieurs animaux, en effet, nous
en donnent la preuve : les chiens de chasse proprement dits
n'ont besoin d'aucune éducation pour se livrer à cet exercice
et poursuivre les bêtes fauves, tandis que les barbets, les dogues,
par exemple, n'y sont point naturellement portés. D'un autre
côté, on assure que les lapins, tenus pendant plusieurs générations dans des lieux où ils ne peuvent fouir, donnent naissance à des races qui ne sont plus portées à se creuser des
terriers; et Leroi dit positivement que les jeunes renards
qui se trouvent près des lieux habités, montrent par leurs
actions, même avant d'avoir quitté le nid, beaucoup plus
de prudence et de ruse que ceux qui vivent dans les contrées sauvages où ils ont peu d'ennemis à craindre et à fuir.
C'est qu'il n'est pas plus ici qu'ailleurs de lois absolues. La nature est un ensemble harmonieux dont toutes les parties sont
liées, où toutes les transitions sont adoucies, et qui présente
avec d'autant plus de force ce caractère d'unité qu'elle a dû
recevoir de son auteur, que l'intelligence qui la contemple
a su se placer dans un point plus élevé et embrasser une plus
grande étendue de phénomènes; mais cet ordre suppose des
rapports différens, permet des rapprochemens et des distinctions, et ce sont eux que nous avons dû d'abord chercher à
faire connoitre.

Après avoir considéré les actions des animaux en elles-
mêmes, et avoir essayé de distinguer, par leurs propres ca-

ractères, celles qui sont électives et contingentes de celles qui paroissent nécessaires, nous devrions montrer à quels actes intellectuels ou plutôt à quelle cause les unes et les autres sont dues : par là nous établirions le point de séparation présumable entre l'intelligence de l'espèce humaine et l'intelligence des animaux, séparation qui doit être le but principal de toutes les recherches de la nature de celles qui font l'objet de cet article.

Malheureusement l'entière solution de ce problème ne nous paroit point encore possible. Pour le résoudre, il faudroit que l'on possédât, ce qu'on n'a pu encore obtenir, une classification méthodique et complète des modifications que notre esprit peut éprouver, c'est-à-dire, des opérations dont il est susceptible ou des idées qu'il peut acquérir. En effet, comme nous l'avons dit, nous ne pouvons avoir que la conscience de nos propres actes intellectuels ; ceux des animaux seront éternellement cachés à notre perception. Nous ne parvenons à les concevoir que par induction, qu'au travers de leurs actions, qu'au milieu des mouvemens de leurs organes ; et l'on sait combien de causes différentes peuvent produire des mouvemens semblables.

Nous voyons cependant que les animaux, ceux des premières classes surtout, sont susceptibles d'attention ; qu'ils reçoivent par leurs sens des impressions analogues à celles que nous recevons par les nôtres ; que ces impressions laissent des traces qui se conservent et qui les rappellent ; qu'elles forment les unes avec les autres des associations nombreuses et variées ; qu'il s'en déduit plusieurs jugemens, plusieurs rapports, etc. C'est là que se bornent les facultés dont nous pouvons apercevoir en eux des traces avec une certaine apparence de fondement ; mais les modes, les formes, auxquels leurs perceptions sont soumises, nous les ignorons ; et nous ne pouvons établir quelles sont les espèces de rapports qu'ils ne saisissent pas, et qui formeroient conséquemment l'apanage exclusif de l'homme. Au reste, si nous ne trouvons pas réunies dans une seule espèce d'animal toutes les facultés de cette nature que nous rencontrons en nous, il seroit possible qu'un examen attentif en fît reconnoître un grand nombre dans l'ensemble des espèces qui constituent le règne animal, et de telle sorte que ces facultés pussent elles-mêmes, comme les qualités physiques, servir à faire distinguer ces espèces l'une de l'autre. Mais, ce qui nous paroît hors de doute, c'est que tous les animaux sans exception sont dépourvus du sens intime de la perception du moi et de la faculté de réfléchir; c'est-à-dire, de considérer intellectuellement, par un retour sur eux-mêmes, leurs propres modifications : ils ignorent qu'ils reçoivent l'impression des corps extérieurs, qu'ils pensent, qu'ils agissent; les actes de leur esprit, comme les mouvemens de leur corps, n'ont que des causes extérieures. Dépourvus ainsi de toute connoissance, ils le sont de toute liberté ; car c'est par l'acte seul qui nous apprend à nous connoître, que nous apprenons à vouloir librement.

C'est principalement à la privation du sens intime de cette qualité précieuse qu'il faut attribuer l'infériorité des animaux à l'égard de l'homme; car, leur accordât-on toutes les autres facultés que nous reconnoissons en nous, ils seroient encore loin de nous égaler. Tout chez eux, dans ce cas-là même, n'auroit lieu que fortuitement; les phénomènes ne se présenteroient encore à eux qu'au hasard : ils ne pourroient ni en faire un choix, ni les réunir, ni les accumuler, ni les classer de manière que leurs facultés pussent en tirer ces rapports nombreux et variés que nous parvenons à en obtenir ; et il résulteroit encore de là cet autre caractère, propre à distinguer les actions instinctives de toutes les autres, que toutes celles qui supposeroient la réflexion seroient des actions de ce genre.

Je sais que plusieurs auteurs, et principalement Condillac, ont pensé que les animaux réfléchissent; mais ils n'ont pu faire reposer cette opinion que sur leurs actions invariables, que nous avons dû regarder comme instinctives. Et comment la faculté la plus indépendante, celle d'où toute liberté découle, seroit-elle exclusivement enchaînée dans des actions nécessaires ? Il seroit contradictoire de l'admettre. Si les provisions que nous voyons faire au chien étoient l'effet d'une véritable connoissance, c'est-à-dire, si la réflexion lui avoit appris tout ce qu'il auroit fallu qu'il sût, et ce qu'il ne pouvoit évidemment savoir sans elle, pour prévoir et pour agir en conséquence, il ne se seroit pas borné à faire des provisions de bouche, il en auroit fait pour s'abriter, pour se coucher, en un mot, pour tous ses besoins; et nous pouvons appliquer ce raisonnement à tous les animaux pourvus d'instinct, et formés de manière à produire ces actions isolées dont l'existence ne peut être conçue par nous qu'autant que nous considérons la perception du moi et la réflexion comme en étant les causes.

D'autres psychologistes, ayant remarqué que la force de réflexion étoit ordinairement proportionnée à l'intensité des idées, et que celles-ci avoient d'autant plus d'empire sur l'esprit que nous avons plus de disposition à les acquérir, en avoient conclu que cette faculté étoit constamment dépendante de chaque disposition, de chaque penchant, et que, si les animaux ne la manifestent que dans quelques cas seulement, c'est que leurs penchans sont en petit nombre. Mais cette explication ne concorde pas plus que la précédente avec les faits, et surtout avec ce caractère de liberté qui distingue le sens intime de toutes nos autres facultés. En effet, son premier acte nous apprend notre puissance sur nous-mêmes, et c'est dans cette puissance seule que nous trouvons un témoignage de notre liberté. Lorsque nous avons besoin d'une image, d'un souvenir, d'un jugement, ils se présentent, ou non, suivant la disposition de nos organes, et s'ils naissent, c'est, comme on sait, toujours spontanément et d'eux-mêmes, dans le cas où nous les appelons[1] avec le plus d'ardeur, comme dans celui où ils se présentent sans que nous les sollicitions. La réflexion, au contraire, lorsqu'elle s'est une fois manifestée, qu'elle nous a une fois révélés à nous-mêmes, reparoît dès que nous réclamons son secours, dès que nous voulons qu'elle devienne active ; nous ne pouvons pas nous séparer de notre moi, et vouloir la réflexion, c'est réfléchir. Il suit de là que les animaux exerceroient cette faculté, s'ils la possédoient, dans leurs penchans les plus foibles, comme dans leurs besoins les plus pressans, dès qu'elle pourroit les servir ; et les faits nous prouvent qu'ils n'en agissent point ainsi. Il est bien certain

---

[1] Je n'emploie pas le mot de volonté, parce qu'il est inséparable de l'idée de liberté pour la plupart des esprits.

que, pour tous les animaux indistinctement, le besoin de
nourriture est le plus puissant sur les individus, et qu'il est
bien plus important pour leur existence, pour leur moi, de
le satisfaire, que de satisfaire le besoin de s'abriter ; et nous
voyons cependant beaucoup d'animaux se creuser des terriers, c'est-à-dire, paroître prévoir la nécessité d'un abri, et
ne pas prévoir, lorsqu'elle devra se faire le plus vivement
sentir, la nécessité d'une provision d'alimens.

Toutes les autres tentatives qui ont eu pour objet d'expliquer d'une manière générale, et sans admettre de faculté
particulière, les actions des animaux, n'ont pas été plus
heureuses ; et on pourroit en dire autant des explications
qui ont été données des actions instinctives en particulier.

Pour éviter les contradictions que nous venons de faire
remarquer, des philosophes ont pensé que les actions de ce
dernier genre dépendoient d'une forme particulière du cerveau, et n'étoient en quelque sorte que des actions méca-
niques. Renfermée dans ces simples termes, cette théorie
seroit plus difficile à admettre encore que les précédentes,
et ne tireroit d'un embarras que pour plonger dans un autre :
car qu'est-ce que cette forme, et sur quelle analogie porte-
t-elle ? Elle suppose un genre de preuves qu'on n'a point
encore données. Sans doute on trouvera dans la structure du cerveau des animaux des formes qui se lieront avec
leurs facultés intellectuelles ; mais, si cette idée repose sur
des vraisemblances très-fortes, aucune expérience ne la démontre encore ; et l'extrême difficulté d'un tel travail le
rendra peut-être long-temps encore impossible. Si quelques-
unes de nos idées qui paroissent être complexes n'ont point
encore été analysées, si on n'en a point encore démontré
l'origine et séparé les élémens, on n'a pas démontré non
plus l'impossibilité de cette analyse ; et on ne peut faire
reposer une théorie de la nature de celle qui nous occupe,
sur des analogies négatives, sur des suppositions que, d'un
moment à l'autre, on peut voir détruire.

Il est un ordre de phénomènes différens des précédens,
dans lequel on pourroit, avec plus de fondement et en
s'appuyant sur des analogies plus sûres, trouver une explication aux actions instinctives : ce sont les phénomènes de

l'habitude. Nous en avons dit un mot au commencement de cet article, et auparavant nous en avions parlé d'une manière plus spéciale dans le tome XI des Annales du Muséum d'histoire naturelle, en donnant la description du chien des habitans de la Nouvelle-Hollande. L'habitude d'une action consiste en ce que l'acte corporel se reproduit sans qu'il y ait effort et qu'on ait conscience de l'acte intellectuel qui en a été la cause primitive. Il semble qu'il s'établisse alors entre les organes et les besoins naturels, les appétits, les penchans, les idées, etc. (qui, dans l'origine, avoient mis l'intelligence en mouvement pour qu'à son tour elle fît agir les membres), une dépendance immédiate telle que l'intermédiaire de l'esprit n'est plus nécessaire pour que les actions se produisent. Dans ce cas ces actions ne paroissent plus se composer d'actes intellectuels et d'actes corporels, mais seulement de ces derniers, et des différentes modifications de nous-mêmes qui sont de nature à mettre en activité notre intelligence[1] et par suite nos organes. Presque toutes nos actions peuvent prendre ce caractère de l'habitude, et le plus simple examen de nous-mêmes suffit pour nous en donner une foule de preuves. Or, si cette espèce de dépendance pouvoit exister naturellement entre les besoins et les organes, les phénomènes de l'instinct trouveroient une explication facile : la nature auroit primitivement établi cette relation entre eux ; et, en effet, nous la découvrons en nous-mêmes, pour les actions compliquées comme pour les actions simples. Nous n'avons pas plus besoin du secours de la pensée que les animaux pour nous arrêter, reculer ou fuir à la vue d'un objet nouveau qui nous effraie. Le sentiment de la peur suspend dans ce cas le mouvement des muscles ou les excite, sans que l'intelligence paroisse y prendre la moindre part. Et tout ne semble-t-il pas être organique dans l'exercice de la lecture, dans celui des armes, dans le mouvement des doigts sur un instrument de musique ? Nous reconnoissons les caractères et articulons les sons qu'ils représentent,

---

[1] Je n'ai pas besoin de faire remarquer que je n'envisage ici que la succession naturelle des faits, et que je ne m'occupe ni de leur cause ni du principe général de l'activité.

quoique notre esprit soit entièrement préoccupé par le sens
de ce que nous lisons : le maitre d'armes suit de son fleuret
le fleuret de son adversaire, sans qu'aucune pensée vienne
contribuer à ses rapides mouvemens : le pianiste parcourt
des deux mains son clavier dans tous les sens et suivant
toutes les combinaisons que les dix doigts peuvent former,
malgré l'attention exclusive qu'il donne aux notes placées
sous ses yeux et qu'il fait rendre à son instrument. Tous
ces exercices, comme toutes les pratiques de l'industrie,
sont même d'autant plus parfaits que la pensée leur est
devenue plus étrangère ; tant qu'elle leur est encore nécessaire, on les possède mal , et en ce point c'est véritablement en se rapprochant des animaux qu'on se perfectionne. Il n'y a rien d'absolument différent dans ce que produit l'instinct, et la comparaison du tisserand et de l'araignée
est bien plus exacte et plus juste qu'on ne l'a pu penser. Ces
deux ordres de phénomènes pourroient même tellement se
confondre, qu'on feroit en quelque sorte de l'instinct avec
de l'habitude, si ce n'est de l'habitude avec de l'instinct :
une personne qui seroit exercée, dès son enfance, à ramasser
et à cacher tout ce qui lui reste de ses repas, finiroit par le
faire aussi machinalement et aussi inutilement que le chien
domestique.

Les principes de psychologie qui sont professés dans nos
écoles, ne sont point contraires aux idées que nous venons
d'exposer. On a toujours distingué en philosophie deux ordres de phénomènes , ceux de l'intelligence et ceux de l'activité ; d'où l'on admettoit implicitement deux systèmes d'organes, sièges de ces phénomènes. L'intelligence , c'est-à-dire,
les perceptions et les idées de toute nature, agissant d'une
manière quelconque sur l'activité, déterminoient la volonté,
et les actions se produisoient. Malheureusement on a obscurci
cette idée, d'ailleurs très-claire , en séparant des puissances
propres à agir à la manière des pensées, pour les réunir au
système de l'activité : puissances d'un ordre très-particulier, il est vrai, mais qui ne sont pas moins que les premières
des causes d'actions. Je veux parler des sentimens, des besoins, des passions, dont le siège doit être aussi distinct de
celui des pensées que ce dernier l'est du siège de la volonté.

D'après ce que nous avons dit, ce seroit sinon dans le principe, du moins dans les organes de l'activité, que résideroient
les facultés instinctives ; et les phénomènes de l'habitude,
considérés sous ce point de vue, s'expliquant très-naturelle-
ment, présenteroient un nouveau genre de preuves aux idées
que nous avons émises dans cet article. En effet, on conçoit
que l'impression fréquente de l'intelligence ou de toute autre
cause sur l'activité, ou plutôt sur l'organe qui en est le siége,
doit s'approfondir par l'influence répétée de l'une et par
l'exercice de l'autre, et finir par devenir ainsi une forme
nécessaire d'action, comme les actions instinctives sont le
résultat d'une forme nécessaire, mais d'une forme qui, au
lieu d'être acquise, est primitive et essentielle à la nature
des êtres qui présentent ces actions. En rapportant un exemple
à l'appui de cette explication, nous la rendrons encore plus
sensible. Lorsqu'un homme, après avoir bien conçu et bien
gravé dans sa mémoire les principes de l'équitation, essaie
pour la première fois d'exercer cet art, aucun de ses mouvemens, aucune de ses attitudes, malgré sa science, ne
sont ce qu'ils doivent être : son corps se porte en avant ou en
arrière, tandis qu'il devroit rester dans une situation verticale ; ses jambes se remuent quand elles devroient être immobiles ; les mouvemens de sa main ne sont point en accord
avec ceux de ses pieds ; en un mot, aucune harmonie n'existe
entre lui et son cheval. D'abord, ce n'est que par une grande
contention d'esprit qu'il parvient à faire un des mouvemens
prescrits dans un cas donné, puis un autre qui soit en
accord avec le premier, et enfin à exécuter tous ceux que
l'art commande ; et ce que je dis pour ce cas particulier, je
pourrois le dire pour tous les autres. Petit à petit le même
effort d'esprit devient de moins en moins nécessaire ; les
mouvemens qui se faisoient avec le plus de difficultés et le
plus lentement, se font avec aisance et promptitude, et cela
dès que l'esprit le juge nécessaire ; enfin, après un exercice
plus ou moins long, l'intelligence ne prend plus aucune
part à la pratique de cet art : tout ce qu'il exige, se fait en
quelque sorte de soi-même. Si le cheval fait un mouvement
contraire à celui dont on lui avoit donné le signe, c'est ce
mouvement seul, ou plutôt celui qu'il communique à son

cavalier, qui appelle de la part de celui-ci le mouvement qui le redressera, et cela instantanément, av·: la promptitude de la paupière qui se ferme pour garantir l'œil, ou de la tête qui se détourne pour éviter un coup : dès-lors tous ces principes raisonnés par lesquels nous avons vu commencer l'exemple que nous venons de détailler, sont transformés en de simples associations de mouvemens, en un pur mécanisme.

Presque toutes nos actions peuvent prendre ce caractère ; aussi rencontrons-nous tous les degrés par lesquels l'homme peut passer en ce genre de modification, lorsque nous parcourons les différentes classes dont se compose une nation et l'ensemble ou la succession des divers peuples, comme nous trouvons tous les degrés de l'instinct, lorsque nous parcourons l'ensemble des animaux. Il n'y auroit même rien de trop fort à supposer des hommes réduits à un tel état d'abrutissement, qu'ils fussent incapables d'exercer aucune des facultés libres de leur intelligence ; et je ne serois point étonné qu'on en eût trouvé de semblables autrefois chez les Égyptiens, et qu'aujourd'hui il ne s'en rencontrât encore de tels chez les Chinois et chez les Indiens. Cependant la différence entre ces hommes dégradés et les animaux seroit encore immense. Ceux-ci sont condamnés à rester éternellement soumis à l'influence fortuite des circonstances ; nous, au contraire, qui sommes susceptibles d'apprécier et de connoitre ces circonstances, nous pouvons exercer sur elles une autorité puissante : d'où il suit que l'homme seul est susceptible d'une éducation véritable.

L'exercice peut développer les facultés des animaux ; on peut leur faire contracter des habitudes profondes, et, par le secours de l'homme, renforcer ou affoiblir les penchans qui lui seroient utiles ou nuisibles.

L'espèce humaine, exclusivement à toute autre, a la faculté d'être éclairée, d'acquérir des idées pures, de s'en faire le type du juste, du beau, du vrai, et de travailler à son perfectionnement : c'est là son véritable apanage, et c'est à la faculté de se connoitre et à la réflexion qu'elle en est redevable. C'est donc cette faculté qui doit faire le principal objet de nos soins et le but de nos efforts dans la culture de tous les autres. C'est par la réflexion, en effet, que celles-ci se fortifient, s'élèvent, s'agrandissent, quoiqu'elles soient le partage des animaux, comme le nôtre. Ainsi, l'instrument le plus méprisé le s'ennoblit suivant la main qui le dirige, et la fin pour laquelle on l'emploie. (F. C.)

INTELLIGENCE. Voyez Instinct.

INTERMÈDE. (*Chim.*) Un intermède étoit, pour les anciens chimistes, 1.º un corps au moyen duquel on pouvoit séparer un autre corps d'un troisième auquel il étoit uni; tel étoit l'acide sulfurique, au moyen duquel on sépare l'acide nitrique du nitrate de potasse : 2.º un corps qui servoit à opérer la combinaison d'un second corps avec un troisième, auquel ce second corps, à l'état de liberté, ne se seroit pas uni. Ainsi la potasse étoit un intermède par lequel l'huile, qui, à l'état de pureté, est insoluble dans l'eau, devient susceptible de s'y dissoudre lorsqu'elle est unie à cet alcali. (Ch.)

INTERMÉDIAIRES [Stipules], (*Bot.*) : naissant sur la tige entre des feuilles opposées. On en a des exemples dans le café, le gardenia, etc. Ces stipules, dans les rubiacées, forment verticille avec les feuilles, et semblent n'être que des feuilles avortées. (Mass.)

INTERNE [Bouton, *Gemma*]. (*Bot.*) Au lieu de faire saillie à l'extérieur dès qu'il commence à se former, il reste caché sous l'écorce jusqu'à l'époque du bourgeonnement : tels sont ceux de l'acacia, du sumac, etc. (Mass.)

INTERPOSITIVES [Cloisons]. (*Bot.*) M. Mirbel nomme ainsi les cloisons placentériennes qui, partant, en divergeant, de l'axe central d'un péricarpe multivalve, vont chacune s'unir à l'une des sutures, en sorte qu'elles alternent avec les valves : on en a des exemples dans le *convolvulus*, le *dodonæa*, etc. Au contraire, les cloisons placentériennes sont dites oppositives (*valvis contraria*), lorsqu'elles rencontrent, par leur bord, le milieu des valves : on en a un exemple dans le *paullinia pinnata*. (Mass.)

INTERPRETE. (*Ornith.*) L'oiseau auquel Linnæus a donné cette épithète, est le tourne-pierre ou coulon chaud, *tringa interpres*. (Ch. D.)

INTERROMPU [Épi], (*Bot.*), composé de fleurs disposées sur l'axe en groupes qui ne se touchent point : tel est l'épi de la lavande, du bananier, etc. (Mass.)

INTERRUPTÉ-PENNÉE [Feuille], (*Bot.*) : pennée avec interruption, c'est-à-dire, pennée avec des folioles alternativement grandes et petites ; telles sont les feuilles de la pomme de terre, de l'aigremoine, de la reine des prés, etc. (Mass.)

INTESTINAUX. (*Entomoz.*) Dénomination que l'on emploie quelquefois seule pour désigner les animaux qui vivent dans l'intérieur des autres. que M. Rudolphi a appelés *entozoaires*, et dont nous donnerons l'histoire générale à l'article Vers intestinaux. Voyez ce mot. (De B.)

INTESTINS. (*Anat.*) Voyez Tube intestinal. (F. C.)

INTORSION. (*Bot.*) Beaucoup de plantes grimpantes n'ont ni vrilles, ni griffes ; mais elles roulent leurs tiges flexibles autour des végétaux voisins, et s'élèvent en les serrant étroitement. Linnæus a donné à ce phénomène le nom d'intorsion. Dans certaines espèces (haricot, liseron), les circonvolutions de la tige vont toujours de droite à gauche : dans d'autres (houblon, chèvre-feuille), elles vont toujours de gauche à droite. Si on roule ces plantes dans la direction qui ne leur est pas naturelle, elles languissent comme des animaux contrariés dans leurs habitudes ; aussitôt qu'on leur rend la liberté, elles rebroussent chemin pour reprendre la direction qui leur est propre. (Mass.)

INTOUM. (*Bot.*) Plante corymbifère des Antilles, rangée avec doute par Jacquin dans le genre *Bellis*, et nommée avec raison par Linnæus *eclypta punctata*. Jacquin dit qu'on peut en extraire un suc vert qui noircit à l'air, et qu'on pourroit, en fixant cette couleur par quelque moyen, l'employer pour les teintures noires et pour faire de l'encre. Il ajoute qu'un esclave, originaire de la Guinée, lui avoit assuré que, dans son pays, où cette plante étoit nommée *intoum*, on l'employoit à l'extérieur pour augmenter la couleur noire de la peau. (J.)

INTRAFOLILE [Hampe]. (*Bot.*) Il y a des hampes qui naissent d'un autre point que les feuilles (*convallaria majalis*, etc.) ; mais ordinairement elles naissent entre les feuilles radicales (pissenlit. *bellis perennis*, etc.). (Mass.)

INTRANSMUTABLES. (*Entom.*) Ce nom, qui est tiré du latin, signifie *qui ne subissent pas de transformation ou de mé-*

tamorphose, et il a été donné par John Rai aux insectes qui ne changent pas de formes, comme les araignées, les poux, les cloportes, par opposition à la plupart des insectes ailés, qui étoient appelés *transmutables*. (C. D.)

INTRICARIE. (*Foss.*) M. de Gerville, auquel on doit déjà la connoissance d'une très-grande quantité de corps organisés fossiles des départemens de la Manche et du Calvados, a trouvé à Saint-Floxel près de Bayeux un polypier fragile, dégagé de toute gangue et d'un genre nouveau. Ce corps, dont la grandeur est inconnue, étoit déposé à quatre pieds au-dessous de la surface du sol, dans une cavité qui contenoit une sorte d'ocre ferrugineuse en poussière. Les couches des environs étant du calcaire à oolites, et celles qui se trouvent à quelques pieds au-dessous du lieu où étoit ce polypier étant une argile ancienne, grise et dure, dans laquelle on trouve de grandes coquilles bivalves, auxquelles M. Sowerby a donné le nom de *plagiostoma gigantea*, il y a tout lieu de croire que ce polypier dépend d'une couche plus ancienne que la craie : tous les corps que l'on trouve fossiles aux environs étant entourés de gangue dure, il est très-étonnant que ce polypier se soit trouvé libre et dégagé de toute pétrification.

Je propose d'en former, sous le nom d'*Intricarie*, un genre nouveau dont voici les caractères : *Polypier pierreux, solide intérieurement, à expansions composées de rameaux cylindriques anastomosés en filets ; cellules des polypes hexagones, alongées ; à bords relevés et couvrant toute la surface des rameaux.*

Les débris de la seule espèce que je connoisse, à laquelle j'ai donné le nom d'intricaire de Bayeux, *intricaria bajocensis*, ont plus d'un pouce de longueur, sur neuf lignes de diamètre, et sont composés de rameaux anastomosés en différens sens et imitant des mailles irrégulières d'un filet qui ont d'une à cinq lignes d'ouverture. Ces rameaux ont environ une demi-ligne de diamètre et sont couverts de cellules qui sont moitié plus longues que larges. Leurs bords relevés forment une sorte d'écorce raboteuse qui les recouvre.

On voit la figure de ce polypier dans l'atlas de ce Dictionnaire. (D. F.)

INTRIT. (*Min.*) M. Pinkerton a donné ce nom aux roches

mélangées dans lesquelles une espèce minérale est *cimentée*
avec d'autres par une pâte. (B.)

INTSI. (*Bot.*) Genre indiqué par M. du Petit-Thouars
(*Gen. nov. Madag.*, pag. 22) pour une plante de l'île de
Madagascar, de la famille des *légumineuses*, de l'ennéandrie
monogynie de Linnæus, qui se rapproche des *guilandina* par
son fruit; des *amorpha*, par sa corolle; des *tamarindus*, par
ses étamines.

C'est un grand arbre, dont les feuilles sont ailées, composées de cinq folioles; les fleurs disposées en corymbe. Leur
calice est campanulé à sa base, partagé en quatre lobes à
son limbe; la corolle composée d'un seul pétale onguiculé,
opposé à l'ovaire; les étamines au nombre de neuf; les filamens inégaux, dont trois sont seuls fertiles, inclinés et plus
longs; l'ovaire supérieur, surmonté d'un style et d'un stigmate.
Le fruit consiste en une gousse oblongue, comprimée, renfermant trois à quatre semences alongées, dont l'intervalle est
rempli de moelle.

Cette plante se rapproche beaucoup du *cain bessi, seu me-
irosideros amboinensis*, Rumph·, *Amb.*, 3, pag. 21, tab. 10.
(POIR.)

INTSIA. (*Bot.*) Nom malabare, cité par Rhéede, d'un
acacie, *acacia intsia*, rangé dans la section des espèces épineuses à feuilles bipennées. Il ne faut pas le confondre avec
l'*intsi* de Madagascar, genre nouveau de légumineuses, établi
par M. du Petit-Thouars sous le même nom *intsia*. Voyez ci-
dessus. (J.)

INTSJIN (*Bot.*), nom japonois, cité par Kæmpfer, d'une
aurone, qui est l'*artemisia capillaris* de M. Thunberg. (J.)

IN-TSIA. (*Bot.*) Kæmpfer cite ce nom japonois pour une
plante laiteuse, rampante, à feuilles de nummulaire, tapissant les rochers, et qu'il prend pour un lierre. M. Thunberg
croit que c'est plutôt un figuier, ce qui est probable, si elle
a des stipules, comme il le dit: et alors on peut la rapprocher
du *ficus scandens* de M. de Lamarck, qui est vivant au jardin
du Roi. (J.)

INTURIS (*Bot.*), nom substitué par Gaza au nom grec
capparis, suivant C. Bauhin, pour désigner le câprier. (J.)

INTYBELLIE, *Intybellia.* (*Bot.*) (*Chicoracées*, Juss. = *Syn-*

génésie polygamie égale, Linn.] Ce genre de plantes, que nous avons proposé dans le Bulletin des sciences de 1821, p. 124, appartient à l'ordre des synanthérées, et à la tribu naturelle des lactucées, dans laquelle nous le plaçons immédiatement auprès de notre genre *Pterotheca*. Voici ses caractères.

Calathide incouronnée, radiatiforme, multiflore, fissiflore, androgyniflore. Péricline subcampanulé, très-inférieur aux fleurs extérieures; formé de squames égales, unisériées, appliquées, oblongues, coriaces-foliacées, membraneuses sur les bords, accompagnées à la base de squamules surnuméraires nombreuses, très-inégales, irrégulièrement imbriquées, appliquées. Clinanthe plan, garni de fimbrilles très-longues, inégales, laminées inférieurement, filiformes supérieurement. Fruits oblongs, cylindracés, striés, glabres; aigrette blanche, composée de squamellules nombreuses, inégales, filiformes, capillaires, à peine barbellulées. Corolles pourvues de poils longs, fins, flexueux, comme frisés, occupant la partie supérieure du tube et la partie inférieure du limbe.

INTYBELLIE ROSE; *Intybellia rosea*, H. CASS., Bull. des sc. 1821, p. 124. C'est une plante herbacée, dont les tiges sont scapiformes, hautes d'environ un pied et demi, dressées obliquement ou inclinées, cylindriques, à peine pubescentes, un peu ramifiées, pourvues d'une feuille courte à la base du rameau le plus inférieur, et d'une bractée squamiforme à la base de chacun des autres rameaux. Les feuilles radicales sont nombreuses, étalées, longues de six pouces, larges d'un pouce et demi, un peu charnues, d'un vert glauque ou cendré, couvertes dans leur jeunesse d'un duvet blanchâtre de poils frisés, glabriuscules dans l'âge adulte; leur partie inférieure est pétioliforme; la supérieure est oblongue, comme lyrée, divisée profondément sur les deux côtés en lobes, dont les supérieurs surtout sont divariqués, ondulés, sinués, inégalement et irrégulièrement découpés en dents aiguës. Les calathides, larges d'environ un pouce et composées de fleurs roses, sont solitaires au sommet de la tige et de ses rameaux nus et pédonculiformes; leur péricline est pubescent.

Nous avons observé les caractères génériques et spécifiques qu'on vient de lire, sur quelques individus vivans, cultivés au Jardin du Roi, où ils fleurissoient au mois d'Août. Nous ignorons leur origine.

On pourroit décrire assez exactement cette plante, en disant qu'elle a la tige du *leontodon autumnale*, les feuilles de
l'*hyoseris radiata*, le péricline, le fruit et l'aigrette des *crepis*,
le clinanthe des *andryala*, les corolles du *barkhausia rubra*.
Mais ses rapports naturels et essentiels la rapprochent davantage des *crepis*, et surtout du *crepis nemausensis* de Gouan,
dont nous avons fait, en 1816, un genre distinct, sous le
nom de *pterotheca*.

Le genre *Intybellia* diffère du genre *Pterotheca*, en ce que
tous les fruits de la calathide sont uniformes, aigrettés, non
ailés et incollifères. Dans le *pterotheca*, les fruits marginaux
sont inaigrettés et munis sur leur face intérieure de trois
à cinq ailes longitudinales très-saillantes, tandis que les autres fruits sont cylindriques et un peu amincis supérieurement en un col court, portant une aigrette.

L'*intybellia* n'a point d'affinité naturelle avec les *andryala*,
dont elle diffère beaucoup par le port; elle en diffère aussi
par plusieurs caractères du péricline, du fruit, de l'aigrette
et de la corolle. En effet, dans les *andryala*, le péricline est
très-simple, le fruit est muni de dix grosses côtes formant
au sommet de petites cornes saillantes; l'aigrette est très-
barbellulée; la corolle est pourvue de longs poils charnus.
(H. Cass.)

INTYBUM, INTYBUS (*Bot.*): anciens noms des *cichorium
endivia* et *intybus*, et de l'*hieracium præmorsum*. Voyez Endivia.
(H. Cass.)

INU. (*Bot.*) Prénom adjectif, dans la langue japonoise,
signifiant que le nom auquel il est joint n'est pas celui de
l'espèce préférée. Ainsi l'*inu-maki* ou *maki-spuria*, selon
Kæmpfer, est une espèce d'if à petites feuilles, différente
de l'if à grandes feuilles, qui est le *fon-maki* ou *maki legi-
tima*. L'*inu-itabu* est un figuier sauvage, *ficus pumila*, suivant
M. Thunberg. L'*inu-tade* est une persicaire, variété du *polygonum barbatum*. L'*inu-fugi* est l'*hedysarum tomentosum* de M.
Thunberg. L'*inu-ganeb* est l'*hedysarum microphyllum* du même.
Il nomme *vitis heterophylla*, une vigne sauvage qui est l'*inu-
ganabu*, différent du *ganabu* ou *vitis labrusca*. L'*inu-kimpoga*
ou *inu-tegaras* est le *geranium palustre* de Linnæus. Le *draba
muralis* et le *turritis hirsuta* sont également nommés *inu-nas-*

suna. L'*inu-sansjo* est un fagarier, *fagara piperita.* L'*inu-seri* est le pigamon des prés, *thalictrum flavum.* (J.)

INULE, *Inula.* (*Bot.*) [*Corymbifères*, Juss. = *Syngénésie polygamie superflue*, Linn.] Ce genre de plantes appartient à l'ordre des synanthérées, à notre tribu naturelle des inulées, et à la section des inulées-prototypes, dans laquelle nous le plaçons immédiatement auprès du genre *Conyza.* Voici les caractères génériques, tels qu'ils résultent de nos observations faites comparativement sur des individus vivans de neuf espèces véritables d'*inula*, et sur beaucoup d'autres espèces faussement attribuées à ce genre.

Calathide radiée : disque multiflore, régulariflore, androgyniflore ; couronne subunisériée, multiflore, liguliflore, féminiflore. Péricline égal ou supérieur aux fleurs du disque, formé de squames imbriquées, extradilatées, appliquées : les extérieures plus larges, coriaces, surmontées d'un appendice étalé, foliacé ; les intérieures étroites, linéaires, inappendiculées, submembraneuses. Clinanthe plan, ou convexe, inappendiculé. Ovaires oblongs, cylindracés ; aigrette simple, formée de squamellules subunisériées, inégales, filiformes, barbellulées, souvent entregreffées à la base. Anthères munies de longs appendices basilaires plumeux. Corolles de la couronne à languette ordinairement longue, étroite, linéaire, tridentée au sommet.

INULE HÉLÉNION : *Inula helenium*, Linn.; *Corvisartia helenium*, Mérat. C'est une plante herbacée, à racine vivace, produisant des tiges hautes d'environ quatre pieds, dressées, rameuses, cylindriques, épaisses, pubescentes. Les feuilles radicales sont longues de deux pieds et demi, y compris le pétiole, qui est long, presque cylindrique, bordé supérieurement par la décurrence du limbe ; celui-ci, large de six à sept pouces, est ferme, lancéolé, aigu aux deux bouts, à bords inégalement dentés, à face supérieure scabre, à face inférieure subtomenteuse, blanchâtre, munie de nervures réticulées, très-saillantes. Les feuilles caulinaires sont alternes, graduellement plus courtes de la base au sommet de la tige ; les inférieures oblongues-lancéolées, à base élargie, subcordiforme, amplexicaule, à partie inférieure étrécie, subpétioliforme ; les supérieures sessiles, semi-amplexicaules, étalées, ovales-lancéolées, un peu cordiformes à la base. Les calathides, larges de trois pouces et composées de fleurs jaunes, sont solitaires au sommet des tiges et des rameaux. Leur péricline est supérieur aux fleurs du disque, formé de squames imbriquées, appliquées, dont les extérieures sont larges, coriaces, surmontées d'un appendice étalé, foliacé, élargi à sa base, ovale-lancéolé, et les intérieures étroites, linéaires, coriaces-membraneuses, inappendiculées: le clinanthe est large, plan, fovéolé, à réseau finement papillulé; les ovaires sont striés, glabres; leur aigrette est composée de squamellules nombreuses, entregreffées à la base: les anthères sont pourvues de longs appendices basilaires plumeux. L'inule héiénion, plus connue sous les noms d'*aulnée* ou d'*enula campana*, se trouve aux environs de Paris, dans les prés et les bois humides; elle fleurit en Juillet et Août: sa racine, amère et aromatique, est employée en médecine.

INULE BRITANNIQUE: *Inula britanica*, Decand., Fl. fr., tom. 4, p. 149; *Inula britannica*, Linn., Mérat. Sa racine est vivace; ses tiges, hautes de trois pieds, sont dressées, rameuses supérieurement, cylindriques, hérissées de longs poils mous; les feuilles sont alternes, sessiles, étalées, semi-amplexicaules, oblongues-lancéolées, cordiformes à la base, entières, ou légèrement denticulées sur les bords de leur partie inférieure, garnies sur les deux faces de longs poils mous; les feuilles inférieures longues de six pouces, larges de quinze lignes, les supérieures plus petites. Les calathides, larges d'un pouce et demi, et composées de fleurs jaunes, sont disposées en panicule corymbiforme au sommet des tiges. Leur péricline, supérieur aux fleurs du disque, est formé de squames irrégulièrement imbriquées, linéaires, à partie inférieure coriace, appliquée, la supérieure appendiciforme, étalée, foliacée, quelquefois élargie et foliiforme sur les squames extérieures, qui se trouvent alors très-manifestement appendiculées, comme dans les autres espèces du genre, les ovaires sont hispides, et ne nous ont jamais offert le caractère essentiel des *pulicaria*, que M. Mérat prétend cependant y trouver, et qu'il décrit, dans la seconde édition de sa Flore parisienne (tom. 2, pag. 260), comme un très-petit appendice terminal denticulé. Cette plante est commune aux environs de Paris, sur les bords de la Seine et de la Marne, où elle fleurit en Juillet et Août. M. De Candolle remarque qu'elle ne croit point dans les îles britanniques, et que les anciens l'ont nommée *britanica*, et non point *britannica*.

INULE A FEUILLES DE SAULE ; *Inula salicina*, Linn., Mérat. Racine vivace ; tiges hautes de deux pieds, dressées, cylindriques, glabres, simples inférieurement, rameuses supérieurement ; garnies de feuilles alternes, sessiles, demi-amplexicaules, étalées, longues d'environ deux pouces, larges d'environ sept lignes, oblongues, arrondies à la base, aiguës au sommet, glabres, garnies sur les bords de poils roides imitant des dentelures en scie ; calathides solitaires au sommet de la tige et des rameaux, larges de quinze lignes, et composées de fleurs jaunes. Le péricline campaniforme, égal aux fleurs du disque, est formé de squames imbriquées, appliquées, glabres ; les extérieures plus larges, coriaces, munies d'une petite bordure noirâtre, scarieuse, ciliée, et d'un appendice terminal étalé, foliacé, lancéolé, cilié ; les intérieures très-étroites, linéaires, inappendiculées, appliquées, presque entièrement coriaces-scarieuses. Les ovaires sont glabriuscules. Cette espèce habite plusieurs parties de la France, et se trouve aux environs de Paris, dans les prairies humides : elle fleurit en Juin et Juillet.

INULE EN GLAIVE ; *Inula ensifolia*, Linn. Racine vivace ; tiges hautes d'un pied et demi, dressées, simples inférieurement, rameuses supérieurement, cylindriques, parsemées de longs poils blancs, mous, fugaces ; garnies de feuilles alternes, sessiles, semi-amplexicaules, étalées, longues de deux pouces et demi, larges de quatre lignes, étroites-lancéolées, roides, un peu glauques, ponctuées sur les deux faces, bordées de longs poils blancs et mous, dont la base est roide et cartilagineuse ; calathides solitaires au sommet de la tige et des rameaux, qui forment ensemble une sorte de corymbe ; chacune d'elles large d'un pouce et demi, et composée de fleurs jaunes. Le péricline subcampanulé, égal aux fleurs du disque et hérissé de longs poils blancs, est formé de squames nombreuses, régulièrement imbriquées, appliquées ; les extérieures plus larges, coriaces, surmontées d'un long appendice étalé, recourbé, foliacé, lancéolé: les intérieures étroites, linéaires, inappendiculées, comme scarieuses au sommet. Les ovaires sont glabriuscules. Cette espèce habite l'Allemagne et l'Italie.

INULE PUANTE : *Inula graveolens*, Desf., Tabl. de l'éc. de bot., 2.ᵉ édit., pag. 121 : *Solidago graveolens*, Lam., Decand., Mérat ; *Erigeron graveolens*, Linn., Pers., Loisel. Plante herbacée, annuelle, pubescente, un peu visqueuse, douée d'une odeur forte et désagréable. Sa tige, haute de deux à trois pieds, est dressée, cylindrique, très-rameuse, garnie de feuilles alternes : les inférieures longues de trois à quatre pouces, larges d'environ dix lignes, oblongues-lancéolées, à peine dentées, ayant leur partie inférieure étrécie, pétioliforme : les supérieures graduellement plus petites, sessiles, très-entières. Les calathides, hautes et larges de trois lignes, et composées de fleurs jaunes, sont très-nombreuses, pédonculées, dressées, disposées en panicules pyramidales autour de la tige et de ses branches. Elles sont très-courtement radiées : leur disque est multiflore ; leur couronne est unisériée ; le péricline, supérieur aux fleurs du disque, est formé de squames imbriquées, oblongues-lancéolées ; les extérieures ont leur partie inférieure appliquée, et la supérieure étalée, foliacée, appendiciforme ; les intérieures sont entièrement appliquées, et membraneuses sur les bords ; le clinanthe est plan, profondément alvéolé, à cloisons charnues, dentées ; les fruits sont oblongs, presque obovoïdes, un peu comprimés, hérissés de longs poils, pourvus d'un bourrelet basilaire glabre, annulaire, et d'un col épais, très-court, glabre, mais entouré de poils capités, implantés sur le sommet du fruit : l'aigrette est simple, formée de squamellules nombreuses, inégales, unisériées, filiformes, très-barbellulées, entregreffées à la base et formant par leur réunion une sorte de cupule ; les anthères sont munies de longs appendices basilaires ; les corolles de la couronne ont leur languette tridentée au sommet ; les styles sont conformes à ceux des inulées-prototypes.

Cette plante, qui fleurit en Août et Septembre, habite les départemens méridionaux de la France, et même les environs de Paris, où on la trouve dans les champs. Les botanistes ont commis une grave erreur ₊en attribuant cette espèce aux genres *Erigeron* ou *Solidago* , qui ne sont pas de la même tribu naturelle. M. Desfontaines est le seul qui l'ait rapportée à son véritable genre. Cependant ses caractères génériques offrent quelques particularités qu'on aura sans doute remarquées en lisant la description ci-dessus; et nous étions tenté de fonder là-dessus un genre distinct, lorsque nous avons été arrêté par la crainte de nous exposer trop souvent au reproche de multiplier les genres sans nécessité. En effet, malgré les différences dont il s'agit, la plante en question peut très-bien rester dans le genre *Inula.*

INULE BLANCHE : *Inula candida*, H. Cass.; *Conyza candida*, Linn. Cette espèce remarquable, qui habite l'île de Candie, a une souche ligneuse, rameuse, épaisse, raboteuse, divisée au sommet en plusieurs branches courtes, terminées chacune par un assemblage de feuilles rapprochées en rosette, tomenteuses, blanchâtres, épaisses; leur pétiole est long d'un pouce et demi, semi-amplexicaule, demi-cylindrique; leur limbe est long de deux pouces et demi, large de quinze lignes, elliptique, à peine crénelé sur les bords, à nervures réticulées, saillantes en-dessous. Les tiges naissant de l'aisselle des feuilles susdites, sont herbacées, étalées, flexueuses, foibles, grêles, simples, cylindriques, tomenteuses, blanches, garnies de feuilles alternes, petites, courtement pétiolées, lancéolées. Les calathides sont jaunes, radiées, larges de sept à huit lignes, et au nombre de trois environ, l'une terminale, les deux autres presque sessiles dans l'aisselle des feuilles supérieures, près du sommet de la tige. La calathide est courtement radiée : composée d'un disque multiflore, régulariflore, androgyniflore ; et d'une couronne unisériée, multiflore, liguliflore, féminiflore. Le péricline, tomenteux, blanc, campanulé, à peu près égal aux fleurs du disque, est formé de squames nombreuses, imbriquées, appliquées; les extérieures courtes, larges, oblongues, ou ovales, coriaces, surmontées d'un appendice variable, étalé, foliacé, oblong, ou subspatulé, d'autant plus long que la squame dont il dépend est plus extérieure ; les squames intérieures sont longues, étroites, linéaires-subulées, presque membraneuses, inappendiculées. Le clinanthe est large, un peu convexe, nu, ponctué. Les ovaires sont longs , grêles, cylindriques , striés, hispides ; leur aigrette est composée de trois à dix squamellules longues , un peu inégales , unisériées , distancées , filiformes , peu barbellulées. Les anthères sont pourvues d'appendices basilaires longs , linéaires , barbus ou plumeux. Les corolles de la couronne ont le tube long et la languette courte , linéaire , tridentée au sommet , plus ou moins chargée de glandes en-dessous. Les fleurs du disque et de la couronne sont jaunes. Nous avons observé des calathides dont les languettes étoient très-courtes , et des calathides dont les languettes étoient très-longues.

Les six descriptions spécifiques qu'on vient de lire ont été faites par nous sur des individus vivans , cultivés au Jardin du Roi.

Tournefort confondoit les *inula* dans le genre *Aster* , et cette grave erreur de classification a été reproduite avec beaucoup de confiance par quelques botanistes modernes , tels que Haller, Allioni, Mœnch. Vaillant est le premier auteur du genre *Inula* , qu'il nommoit *helenium* : mais il le caractérisa fort mal : car il ne le distingua du genre *Aster* que par la couleur des fleurs , et du genre *Solidago* , par la disposition des calathides. Linné , en adoptant le genre de Vaillant , substitua mal à propos le nom d'*inula* à celui d'*helenium* : mais il le caractérisa parfaitement bien , et il insista surtout avec raison sur le caractère fourni par les appendices basilaires des anthères. Cependant, depuis Linné , Gærtner et d'autres botanistes ont rejeté ce caractère aussi constant qu'important , et ils ont fondé , comme Vaillant. la distinction générique des *aster* et des *inula* seulement sur la couleur des fleurs. Adanson a voulu rétablir l'ancien nom d'*helenium* , et il a séparé de ce genre l'*inula crithmoides*, qui en diffère par la structure du péricline. Nous adoptons ce genre d'Adanson, nommé *Limbarda*. Gærtner a séparé des *inula* quelques espèces qu'on y avoit confondues , et qui en diffèrent essentiellement par la structure de l'aigrette. Nous adoptons ce genre de Gærtner. nommé *pulicaria*, et qui est peut-être le même que le *doria* , proposé plus anciennement par Adanson : mais Gærtner a mal à propos attribué à son *pulicaria* l'*aster annuus*, Linn., qui n'est pas de la même tribu naturelle , et qui appartient à notre genre *Diplopappus*. Necker nomme *enula* le genre *Inula*, et il propose, sous le nom de *lioydia*, un nouveau genre, comprenant, suivant lui, quelque espèce rapportée par Linné à l'*inula*, et qui en diffère par le péricline formé de dix squames unisériées et par l'aigrette presque plumeuse. Nous avons fait de vains efforts pour deviner l'espèce que Necker attribue à son *lioydia*, et les affinités naturelles de ce genre, que l'auteur dit être voisin des *tussilago* et *pétasites* : c'est un problème qui nous paroit insoluble, et nous osons à peine soupçonner que le *lioydia* pourroit être une mutisiée. M. Mérat, dans la première édition de sa Flore parisienne (page 528), a cru pouvoir séparer l'*inula helenium* des autres espèces d'*inula*, pour en faire un genre nommé *Corvisartia*, qu'il distingue par le péricline, dont les squames extérieures sont larges, ovales-trapézoïdes, velues, et les intérieures linéaires, nombreuses, colorées, glabres. L'auteur attribue en outre à son *corvisartia* des anthères dépourvues d'appendices basilaires, et un stigmate entier dans les fleurs femelles de la couronne. Enfin, il déclare que cette plante, *encore peu étudiée*, étoit confondue dans un genre dont elle est aussi distincte par ses caractères botaniques que par son port.

Nous observons, 1.° que Linné, Adanson, Jussieu, Smith et presque tous les botanistes ont mentionné ce qu'il y a d'essentiel et de vrai dans la structure décrite par M. Mérat, et qui se réduit à ce que les squames extérieures du péricline sont étalées et plus larges que les intérieures; 2.° que le stigmate n'est jamais entier, c'est-à-dire indivis, dans l'*inula helenium*, non plus que dans les autres *inula*; 3.° que l'*inula helenium* a, comme les autres *inula*, les anthères pourvues de longs appendices basilaires plumeux; 4.° que les caractères essentiels du péricline sont absolument les mêmes dans l'*inula helenium* et dans les autres véritables espèces d'*inula*, notamment dans l'*inula salicina*, laissée par M. Mérat dans le genre *Inula* : c'est ce dont on peut se convaincre en lisant les six descriptions spécifiques que nous avons présentées; 5.° que, si l'*inula helenium* différoit génériquement des autres espèces, il faudroit encore, dans cette fausse hypothèse, conserver pour cette espèce primitive et principale l'ancien nom d'*inula*, et donner le nouveau nom générique aux espèces qui en seroient séparées. Dans notre article Corvisartia (tom. X, pag. 572), nous avions déjà remarqué que toutes les espèces d'*inula* qui ont les squames extérieures du péricline terminées par un appendice étalé, foliacé, étoient congénères de l'*inula helenium*; c'est pourquoi nous avions modifié et rectifié, d'après nos propres observations, les caractères attribués par M. Mérat à son genre. Mais, en adoptant le nom générique de *corvisartia*, nous ne songions pas que presque tous les *inula* deviendroient des *corvisartia*, et que le genre *Inula* se trouveroit réduit au *limbarda* d'Adanson, ce qui n'est pas admissible.

Il résulte des remarques précédentes, que le genre *Inula* de Linné doit être divisé en trois genres, nommés *Inula*, *Limbarda*, *Pulicaria*. L'*inula* est caractérisé par l'aigrette simple, et par le péricline dont les squames extérieures sont surmontées d'un appendice étalé, foliacé. Le *limbarda* est caractérisé par l'aigrette simple, et par le péricline formé de squames absolument inappendiculées et par conséquent entièrement appliquées. Le *pulicaria* est caractérisé par l'aigrette double, et par le péricline appendiculé. Nous ne répèterons point ici ce que nous avons déjà dit, dans notre article Eurybie (tom. XVI, pag. 46), sur la valeur du caractère résultant de l'appendiculation des squames du péricline; et nous ne pensons pas que l'importance du caractère résultant de la duplicité de l'aigrette ait besoin d'être justifiée.

Indépendamment des espèces appartenant au *limbarda* et au *pulicaria*, quelques autres synanthérées, mal à propos attribuées à l'*inula*, passent dans d'autres genres. L'*inula gossypina* de Michaux est un *diplopappus*, que nous avons décrit dans ce Dictionnaire (tom. XIII, pag. 509) sous le nom de *diplopappus lanatus*. L'*inula saxatilis* de Lamarck, ou *erigeron glutinosum* de Linné, appartient à notre genre *Myriadenus*. L'*inula subaxillaris* de Lamarck est notre *heterotheca*. L'*inula crispa* de Persoon est notre *duchesnia*. L'*inula serrata* de Persoon est le *grindelia*. L'*inula glutinosa* de Persoon fait partie de notre genre *Aurelia*. Quoique nous n'ayons point vu l'*inula cœrulea* de Linné, que Vaillant attribuoit à son genre *Asteropterus*, caractérisé par l'aigrette plumeuse, nous sommes trèsconvaincu que cette espéce ne peut pas appartenir au genre *Inula*. Seroit-ce le *lioydia* de Necker?

Si l'on adopte les caractères proposés dans cet article pour le genre *Inula*, et ceux que nous avons assignés au genre *Conyza* (tom. X., pag. 305). on reconnoitra, en comparant nos deux descriptions génériques, que les genres *Inula* et *Conyza* se touchent immédiatement dans la série naturelle, qu'ils diffèrent très-peu, et même qu'ils peuvent se confondre en certains cas. En effet, le seul caractère qui les distingue consiste en ce que la couronne de la calathide est liguliflore et radiante dans l'*inula*, tandis qu'elle est tubuliflore et non radiante dans le *conyza*; et ce caractère distinctif, qui résulte uniquement de l'alongement ou de l'accourcissement du limbe des fleurs femelles, peut disparoitre accidentellement. C'est ce qui a lieu dans l'*inula candida*, qui appartient tantôt au genre *Inula* et tantôt au genre *Conyza*, selon que le limbe des fleurs femelles est alongé ou accourci. Il en est de même de beaucoup de genres de synanthérées, qui ne diffèrent que par la radiation de la calathide, et qui se confondent entièrement par l'effet de la variation accidentelle dont il s'agit. Faut-il en conclure que les espéces qui ne diffèrent que par la radiation ou la non-radiation de leurs calathides, doivent être réunies dans le même genre? Nous ne le pensons pas. S'il falloit exclure des caractères génériques tous ceux qui sont susceptibles de varier, il en resteroit bien peu, et la science retomberoit dans une grande confusion, produite par le mélange de presque tous les genres. Nous avons souvent observé des synanthérées dont le clinanthe, habituellement nu, portoit accidentellement des squamelles très-manifestes. D'autres synanthérées, à ovaires habituellement aigrettés, offrent accidentellement des ovaires nus par avortement de l'aigrette; et réciproquement, des ovaires habituellement nus sont accidentellement aigrettés. Conservons tous ces caractères génériques, en faisant remarquer qu'aucun d'eux n'est infaillible; et, dans les cas douteux, ayons recours à l'état le plus habituel des parties variables et à l'observation des autres parties. Ainsi, pour décider si l'*inula candida* doit être attribuée au genre *Inula* plutôt qu'au genre *Conyza*, il faut observer si sa calathide est plus habituellement radiée que discoïde, et si les autres caractères de cette plante la rapprochent davantage des *inula* que des *conyza.*

Il n'est peut-être pas inutile d'avertir que l'affinité établie par nous entre les genres *Inula* et *Conyza,* suppose nécessairement que ces deux genres sont restreints dans les limites que nous leur avons assignées. Le genre *Conyza* des autres botanistes est un chaos sur lequel il est impossible de fonder aucun rapport naturel. M. Robert Brown est jusqu'à présent le seul qui s'accorde avec nous sur la limitation du genre *Conyza* et sur ses rapports avec l'*Inula*[1] : mais, en énonçant son opinion sur ce point, il auroit peut-être dû nous citer comme ayant établi long-temps avant lui les véritables fondemens de cette opinion, en démontrant que les vraies *conyza* font partie de la tribu des inulées, tandis que les *baccharis* appartiennent à celle des astérées. (H. Cass.)

INULÉES, *Inuleæ.* (*Bot.*) C'est la douzième des vingt tribus naturelles dont se compose l'ordre des synanthérées, suivant notre méthode de classification. La tribu des inulées est intermédiaire entre celle des anthémidées, qui la précède, et celle des astérées qui la suit. Elle comprend un plus grand nombre de genres qu'aucune autre tribu, si l'on excepte celle des hélianthées, qui est encore plus nombreuse.

Nous avons établi la tribu des inulées[2], dans notre premier Mémoire sur les synanthérées, lu à la première classe de l'Institut, le 6 Avril 1812, publié par extrait dans le *Bulletin des sciences* de Décembre 1812, en totalité dans le *Journal de physique* de Février, Mars, Avril 1813, et en abrégé dans le *Journal de botanique* d'Avril 1813. Les caractères de cette tribu, qui se trouvoient disséminés dans nos premier, deuxième, troisième et quatrième Mémoires, ont

---

1 *Observations on the natural family of plants called compositæ; by Robert Brown*, pag. 114. Journal de physique, de Juillet 1818, pag. 10 et 25.

2 Le lecteur voudra bien me pardonner les détails que je suis trop souvent forcé de rappeler pour soutenir mes droits, depuis que certains botanistes ont élevé des prétentions tendant à m'enlever le fruit de douze années de travaux. (Voyez le Journal de physique de Mai 1818 et de Juillet 1819.)

été réunis et présentés, sous la forme d'une description complète, dans le sixième Mémoire publié dans le *Journal de physique* de Février et Mars 1819; et cette description est reproduite dans le *Dictionnaire*, tom. XX, pag. 374. Nous avons indiqué la division de la tribu des inulées en trois sections naturelles dans plusieurs de nos Mémoires et de nos articles, notamment dans l'article GNAPHALIÉES, tom. XIX, pag. 122. La désignation des genres composant la tribu dont il s'agit se trouve déjà en très-grande partie, soit dans nos articles de ce *Dictionnaire*, soit dans nos Mémoires publiés dans le *Journal de physique* ou dans le *Bulletin des sciences*. Mais il est nécessaire d'exposer méthodiquement la série de tous ces genres : c'est l'objet du présent article.

XII.ᵉ TRIBU. LES INULÉES (*Inuleæ*).

(Voyez les caractères de cette tribu, tome XX, pag. 374.)

PREMIÈRE SECTION.

INULÉES-GNAPHALIÉES (*Inuleæ-Gnaphalieæ*).

Caractères ordinaires. Péricline scarieux. Stigmatophores tronqués au sommet. Article anthérifère long; appendice apicilaire de l'anthère, obtus; appendices basilaires longs, non pollinifères.

I. Aigrette stéphanoïde, paléacée, ou mixte.

1. * RELHANIA. = ?? *Bellidiastrum.* Vaill. (1720). — *Athanasiæ*, *Leyseræ*, *Zoegeæ sp.* Lin. — Lin. fil. — *Relhaniæ sp.* L'Hér. (1788). — *Leysera et Eclopes.* Gærtn. (1791). — *Michauxia.* Neck. (1791). — *Relhania.* Pers.

2. † ?? ROSENIA. = *Rosenia.* Thunb. (1800).

3. † ?? LAPEIROUSIA. = *Osmitis sp.* Lin. fil. — *Relhaniæ sp.* L'Hér. — *Lapeirousia.* Thunb. (1800).

4. * LEYSERA. = *Asteris sp.* Tourn. — *Asteropterus.* Vaill. (1720). — Adans. — Gærtn. (1791). — *Leyseræ sp.* Lin. — *Callicornia.* Burm. — *Leysera.* Neck. (1791).

5. * LEPTOPHYTUS. = *Gnaphalium leyseroides.* Desf. — *Leptophytus.* H. Cass. Bull. janv. 1817. p. 11.

6. † LONGCHAMPIA. = *Longchampia.* Willd. Mag. der nat. fr. (1811).

II. Corolles très-grèles.

7.* Chevreulia. = *Chaptaliæ sp.* Pers. — *Xeranthemi sp.* Petit-Th. — *Chevreulia.* H. Cass. Bull. mai 1817. p. 69. Dict. v. 8. p. 516.

8.* Lucilia. = *Serratula acutifolia.* Poir. — *Lucilia.* H. Cass. Bull. févr. 1817. p. 52.

9.* Facelis. = *Gnaphalium retusum.* Lam. — *Facelis.* H. Cass. Bull. juin 1819. p. 94. Dict. v. 16. p. 104.

10.* Podotheca. = *Podosperma.* Labill. (1806). — *Podotheca.* H. Cass. Dict.

III. Péricline à peine scarieux.

11.*! Syncarpha. = *Stæhelinæ sp.* Lin. — ? *Roccardia.* Neck. (1791). — *Leyseræ sp.* Thunb. — Willd. — *Serratulæ sp.* Poir. — *Syncarpha.* Decand. (1810).

12.* Faustula. = *Chrysocoma reticulata.* Labill. — *Faustula.* H. Cass. Bull. sept. 1818. p. 140. Dict. v. 16. p. 251.

IV. Péricline peu coloré.

13.*! Phagnalon. = *Elichrysi sp.* Tourn. — *Conyzæ et Gnaphalii sp.* Lin. — *Conyzæ sp.* Lag. — *Phagnalon.* H. Cass. Bull. nov. 1819. p. 173. Dict. v. 19. p. 118. 119.

14.* Gnaphalium. = *Elichrysi sp.* Tourn. — Adans. — *Helichrysi sp.* Vaill. — *Gnaphalii sp.* (*Filaginoidea*) Lin. — *Filaginis sp.* Gærtn. — *Archyrocomæ sp.* Pers. — *Gnaphalium.* R. Br. Obs. comp. p. 122 (1817). Journ. de phys. v. 87. p. 15. — H. Cass. Dict. v. 19. p. 115. — ? *Gynemæ sp.* Rafin. — H. Cass. Dict. v. 20. p. 157.

15.* Lasiopogon. = *Gnaphalium muscoides.* Desf. — *Lasiopogon.* H. Cass. Bull. mai 1818. p. 75.

V. Clinanthe squamellifère.

16.* Ifloga. = *Gnaphalium cauliflorum.* Desf. — *Ifloga.* H. Cass. Bull. sept. 1819. p. 142. Dict.

17.† Piptocarpha. = *Piptocarpha.* R. Br. Obs. comp. p. 121 (1817). Journ. de phys. v. 87. p. 22.

18.*! Cassinia. = *Caleæ sp.* Labill. — H. Cass. Dict. v. 6. suppl. p. 52. — *Cassinia.* R. Br. Observ. compos. p. 126. (1817). Journ. de phys. v. 87. p. 17. (Non *Cassinia.* Hort. kew.)

23. 36

19.* Ixodia. = *Ixodia.* R. Br. Hort. kew. ed. 2. v. 4. p. 517, (1812) — Sims. Bot. mag. — H. Cass. Dict.

VI. Péricline pétaloïdé.

20.* Lepiscline. = *Gnaphalium cymosum.* Lin. — *Lepiscline.* H. Cass. Bull. févr. 1818. p. 31.

21.† Anaxeton. = *Gnaphalii sp.* Berg. — *Anaxeton.* Gærtn. (1791) — ? *Argyranthus.* Neck. (1791).

22.* Edmondia. = *Elichrysi sp.* Tourn. — *Xeranthemum sesamoides.* Lin. — ? *Argyranthi sp.* Neck. — *Edmondia.* H. Cass. Bull. mai 1818. p. 75. Dict. v. 14. p. 252.

23. * Argyrocome. = *Elichrysi sp.* Tourn. — *Helichrysi sp.* Vaill. — *Xeranthemoides.* Dill. — *Xeranthemi et Gnaphalii sp.* Lin. — *Argyrocome.* Gærtn. (1791). — *Xeranthemum.* Neck. (1791). — *Helichrysum.* Pers. (1807).

24.* Helichrysum. = *Elichrysi sp.* Tourn. — Adans. — *Helichrysi sp.* Vaill. — *Gnaphalii sp.* Lin. — Juss. — Willd. — Pers. — *Elichrysum.* Gærtn. (1791). — *Trichandrum.* Neck. (1791). — *Helichrysum.* H. Cass. Dict. v. 20. p. 449.

25.* Podolepis. = *Podolepis.* Labill. (1806).

26.* Antennaria. = *Elichrysi sp.* Tourn. — *Gnaphalii sp.* Lin. — *Antennariæ sp.* Gærtn. (1791). — *Antennaria.* R. Br. (1817). Obs. comp. p. 122. Journ. de phys. v. 87. p. 15. 23. — *Disynanthus.* Rafin.

27.† Ozothamnus. = *Caleæ sp.* Forst. — Willd. — *Ozothamni sp.* R. Br. Obs. comp. p. 125. (1817). Journ. de phys. v. 87. p. 14. — *Ozothamnus.* H. Cass. Journ. de phys. v. 87. p. 29.

28.* Petalolepis. = *Eupatorii sp.* Labill. — *Ozothamni sp.* R. Br. (1817). — *Petalolepis.* H. Cass. Bull. sept. 1817. p. 138. Journ. de phys. v. 87. p. 29.

29.* Metalasia. = *Gnaphalii sp.* Lin. — *Antennariæ sp.* Gærtn. — *Metalasia.* R. Br. Obs. comp. p. 124 (1817). Journ. de phys. v. 87. p. 16.

VII. Calathides rassemblées en capitule.

§. Tige ligneuse.

30.* Endoleuca. = *Gnaphalii muricati var.* Lin. — *Gnaphalium capitatum.* Lam. — ? *Antennariæ sp.* Gærtn. — ? *Metalasiæ sp.* R. Br. — *Endoleuca.* H. Cass. Bull. mars 1819. p. 47. Dict. v. 14. p. 474.

51. † ? Shawia. = *Shawia*. Forst. (1776). — Scopol. — Juss. — Schreb.

52.* Perotriche. = *Seriphii sp*. Lin. — Juss. — *Perotriche*. H. Cass. Bull. mai 1818. p. 75.

53. * Seriphium. = *Absinthii sp*. Tourn. — *Helichrysoidis sp*. Vaill. (1719). — *Seriphium*. Lin. — Juss. — Gærtn. — *Filaginis sp*. Adans. — *Seriphii sp*. Pers.

54.* Stæbe. = *Absinthii sp*. Tourn. — *Helichrysoidis sp*. Vaill. (1719). — *Stæbes sp*. Lin. — Juss. — *Stæbe*. Gærtn. — Neck. — *Filaginis sp*. Adans. — *Seriphii sp*. Pers.

55.† Disparago. = *Stæbes sp*. Berg. — Lin. — *Disparago*. Gærtn. (1791). — *Wigandia*. Neck. (1791).

56.*! Œdera. = *Buphthalmi sp*. Lin. (1764). — *Œdera*, Lin. (1771). — Gærtn. — H. Cass. Bull. févr. 1820. p. 26. — *Œderæ sp*. Lin. fil. — Thunb. — Jacq. — Willd. — Pers.

57.* Elytropappus. = ? *Gnaphalium hispidum*. Willd. — *Elytropappus*. H. Cass. Bull. déc. 1816. p. 199. Dict. v. 14. p. 576.

§§. Tige herbacée.

58. * Siloxerus. = *Siloxerus*. Labill. (1806).

59.* Hirnellia. = *Hirnellia*. H. Cass. Bull. avr. 1820. p. 57. Dict. v. 21. p. 199.

40.* Gnephosis. = *Gnephosis*. H. Cass. Bull. mars 1820. p. 43. Dict. v. 19. p. 127.

41.† Angianthus. = *Angianthus*. Wendl. Coll. pl. v. 2. p. 52. t. 48. (1809). — R. Br. Obs. comp. p. 105. Journ. de phys. v. 86. p. 406. — *Cassinia*. R. Br. (1815). Hort. kew. ed. 2. v. 5. (Non *Cassinia*. Obs. comp.)

42.† Calocephalus. = *Calocephalus*. R. Br. Obs. comp. p. 106 (1817). Journ. de phys. v. 86. p. 409.

43.* Leucophyta. = *Leucophyta*. R. Br. Obs. comp. p. 106 (1817). Journ. de phys. v. 86. p. 409.

44.* Richea. = *Cartodium*. Soland. ined. — *Stæhelinæ sp*. Forst. ined. — *Craspedia*. Forst. (1786. malè.). — H. Cass. Dict. v. 11. p. 555. — *Richea*. Labill. (1806).

45. * Leontonyx. = *Gnaphalium squarrosum*. Lin. — *Leontonyx*. H. Cass. Dict.

46.* Leontopodium. = *Filaginis sp*. Tourn. — Lin. — Juss. — *Gnaphalii sp*. Lam. — Willd. — Jacq. — Decand. — *Anten-*

nariæ sp. Gærtn. — *Leontopodium.* Pers. (1807). — R. Br. Obs. comp. p. 123. (1817). Journ. de phys. v. 87. p. 15. — H. Cass. Bull. sept. 1819. p. 144.

SECONDE SECTION.

Inulées - prototypes (*Inuleæ - Archetypæ*).

Caractères ordinaires. Péricline non scarieux. Stigmatophores arrondis au sommet. Article anthérifère long ; appendice apicilaire de l'anthère, obtus ; appendices basilaires longs, non pollinifères.

I. Clinanthe ordinairement nu sur une partie et squamellé sur l'autre.

47.* Filago. = *Filaginis sp.* Tourn. — Lin. — *Gnaphalium.* Vaill. (1719). — *Gnaphalii sp.* Lam. — *Evax.* Gærtn. (1791). — *Micropi sp.* Desf. — Decand. — *Filago.* Willd. — H. Cass. Bull. sept. 1819. p. 141. Dict. v. 17. p. 2,

48.* Gifola. = *Filaginis sp.* Tourn. — Vaill. — Lin. — Adans. — Juss. — Gærtn. — *Gnaphalii sp.* Lam. — Willd. — Smith. — Decand. — *Gifola.* H. Cass. Bull. sept. 1819. p. 142. Dict. v. 18. p. 531.

49.* Logfia. = *Filaginis sp.* Tourn. — Vaill. — Lin. — Adans. — Juss. — Gærtn. — *Gnaphalii sp.* Lam. — Willd. — Smith. — Decand. — *Logfia.* H. Cass. Bull. sept. 1819. p. 143.

50.* Micropus. = *Gnaphalodes.* Tourn. — Adans. — *Filaginis sp.* Vaill. — *Micropus.* Lin. — Gærtn. — *Micropi sp.* Desf. — Decand.

51.* Oglifa. = *Filaginis sp.* Tourn. — Vaill. — Lin. — *Gnaphalii sp.* Lam. — Decand. — *Oglifa.* H. Cass. Bull. sept. 1819. p. 143.

II. Clinanthe nu.

52.* Conyza. = *Conyzæ sp.* Tourn. — Vaill. — Lin. — Cæteri omnes botanici, excepto R. Brown. Obs. comp. p. 114. Journ. de phys. v. 87. p. 10. 25. 26. — *Conyza.* H. Cass. Dict. v. 10. p. 305 (1818).

53.* Inula. = *Asteris sp.* Tourn. — Haller. — Alli. — Mœnch. — *Helenii sp.* Vaill. (1720). — *Inulæ sp.* Lin. — *Helenium.* Adans. (1763). — *Inula.* Gærtn. — H. Cass. Dict. — *Enula.* Neck. — *Corvisartia et inulæ sp.* Mérat. — *Corvisartia.* H. Cass. Dict. v. 10. p. 572.

54.* Limbarda. = *Asteris sp.* Tourn. — *Inula crithmoides.* Lin. — *Limbarda.* Adans. (1765).

55.* Duchesnia. = *Aster crispus.* Forsk. — *Inulæ sp.* Vent. — Pers. — Desf. — *Duchesnia.* H. Cass. Bull. oct. 1817. p. 155. Dict. v. 13. p. 545.

56.* Pulicaria. = *Asteris sp.* Tourn. — Alli. — *Helenii sp.* Vaill. — *Inulæ sp.* Lin. — ??? *Doria.* Adans. — *Pulicariæ sp.* Gærtn. (1791).

57.* Tubilium. = *Erigeron inuloides,* Poir. — *Tubilium.* H. Cass. Bull. oct. 1817. p. 155.

58.* Jasonia. = *Erigeron tuberosum.* Lin. — *Inula tuberosa.* Lam. — *Jasonia.* H. Cass. Bull. oct. 1815. p. 175. Journ. de phys. v. 82. p. 144. 145. Dict.

59.* Myriadenus. = *Erigeron glutinosum.* Lin. — *Inula saxatilis.* Lam. — *Myriadenus.* H. Cass. Bull. sept. 1817. p. 158.

60.* Carpesium. = *Conyzoides.* Tourn. (1706). — *Balsamitæ sp.* Vaill. — *Carpesium.* Lin. (1741). — Adans.

61. † ? Denekia. = *Denekia.* Thunb. (1800).

62. † ? Columellea. = *Columellea.* Jacq. (1798).

63. * Pentanema. = *Pentanema.* H. Cass. Bull. mai 1818. p. 74.

64.* Iphiona. = *Chrysocomæ sp.* Forsk. — *Conyza pungens.* Lam. — *Stæhelinæ sp.* Vahl. — *Iphiona.* H. Cass. Bull. oct. 1817. p. 155. Dict.

III. Clinanthe squamellé.

65.* Rhanterium. = *Rhanterium.* Desf. (1799).

66.* ! Cylindrocline. = ?? *Conyza hirsuta.* Lin. — *Cylindrocline.* H. Cass. Bull. janv. 1817. p. 11. Dict. v. 12. p. 518.

67.* Molpadia. = *Buphthalmum cordifolium.* Waldst. — *Molpadia.* H. Cass. Bull. nov. 1818. p. 166.

68.* ! ? ? Neurolæna. = *Conyzæ sp.* Lin. — *Caleæ sp.* Swartz. — Gærtn. — Willd. — *Neurolæna.* R. Br. Obs. comp. p. 120 (1817). Journ. de phys. v. 87. p. 14.

TROISIÈME SECTION.

Inulées-Buphthalmées (*Inuleæ - Buphthalmeæ*).

Caractères ordinaires. Péricline non scarieux. Stigmatophores arrondis au sommet. Article anthérifère court: appendice apicilaire de l'anthère, aigu; appendices basilaires courts, polliniféres.

I. Clinanthe squamellifère.

69.* Buphthalmum. = *Asteroidis sp.* Tourn. — *Buphthalmi sp.* Lin. — Gærtn. — Mœnch. — *Bustia.* Adans. (1763). — ? *Buphthalmum.* Neck. — *Buphthalmum.* H. Cass. Bull. nov. 1818. p. 166.

70.* Pallenis. = *Asterisci sp.* Tourn. — Vaill. — *Buphthalmi sp.* Lin. — *Obeliscothecæ sp.* Adans. — ?? *Athalmum.* Neck. (1791). — *Pallenis.* H. Cass. Bull. nov. 1818. p. 166.

71.* Nauplius. = *Asterisci sp.* Tourn. — Vaill. — *Buphthalmi sp.* Lin. — Gærtn. — *Nauplius.* H. Cass. Bull. nov. 1818. p. 166.

72.* Ceruana. = *Ceruana.* Forsk. (1775). — Juss. — H. Cass. Dict. v. 8. p. 12. — *Buphthalmi sp.* Vahl.

II. Clinanthe inappendiculé.

73.* Egletes. = *Matricaria prostrata.* Swartz. — *Pyrethri sp.* Willd. — *Chrysanthemi sp.* Pers. — *Egletes.* H. Cass. Bull. oct. 1817. p. 153. Dict. v. 14. p. 265. v. 19. p. 506.

74.* Grangea. = *Artemisiæ sp.* Lin. — *Grangea.* Adans. (1763). — H. Cass. Dict. v. 19. p. 504. — *Grangeæ sp.* Juss. — Desf. — Lam. — Poir. — *Cotulæ sp.* Willd. — *Centipedæ sp.* Pers.

75.* Centipeda. = *Artemisiæ sp.* Lin. — *Sphæranthi sp.* Burm. — *Grangeæ sp.* Juss. — Desf. — Lam. — Poir. — *Centipeda.* Lour. (1790). — H. Cass. Dict. v. 19. p. 505. — *Cotulæ sp.* Willd. — *Centipedæ sp.* Pers.

III. Calathides rassemblées en capitule.

76.* ?? Sphæranthus. = *Sphæranthos.* Vaill. (1719). — *Sphæranthus.* Lin. — *Polycephalos.* Forsk. — Scop. — (Non *Sphæranthus.* Scop. Intr. ad hist. nat.)

77.* ??? Gymnarrhena. = *Gymnarrhena.* Desf. Mém. du mus. d'hist. nat. v. 4. (1818). — H. Cass. Dict. v. 20. p. 111.

Remarques sur le tableau précédent.

I. L'astérisque placé à la suite du numéro d'ordre indique qu'une ou plusieurs espèces du genre ont été soigneusement et complétement étudiées par nous-même sur des individus vivans ou secs. La croix indique, au contraire, que nous n'avons pu, jusqu'à présent, étudier le genre dont il s'agit que sur les descriptions ou les figures publiées par d'autres botanistes. Le point d'exclamation simple, double ou triple, placé à la suite de l'astérisque ou de la croix, signifie que le genre offre une ou plusieurs anomalies graves, c'est-à-dire, des caractères insolites remarquables et qui font une exception notable au signalement du groupe général ou partiel dans lequel ce genre est placé. Le point d'interrogation simple, double ou triple, placé immédiatement avant le titre du genre, signifie que nous avons plus ou moins de doute sur la classification de ce genre. Le même signe, placé immédiatement avant un synonyme, témoigne nos doutes sur cette partie de la synonymie. Les chiffres compris entre deux parenthèses à la suite du nom d'un auteur ou de la citation de son ouvrage, ont pour objet de faire connoître la date précise de l'établissement du genre, et de fixer ainsi le droit légitime de l'inventeur. Cette indication, omise jusqu'à présent dans toutes les synonymies, auroit incontestablement plusieurs avantages notables ; et elle n'est qu'imparfaitement suppléée par l'ordre suivant lequel on dispose les synonymes. Il seroit encore à désirer, pour perfectionner la synonymie et augmenter son utilité, que l'on indiquât par les adverbes *benè* et *malè*, ou par quelques signes équivalens, le mérite de la chose que l'on cite. Nous n'avons point osé exécuter une innovation aussi délicate ; mais nous la recommandons aux botanistes qui ont plus de crédit et d'autorité que nous. Au moyen des deux perfectionnemens que nous proposons, et qui ont pour objet l'indication des dates et l'appréciation des choses, la synonymie deviendroit ce qu'elle doit être, c'est-à-dire, un tableau historique, très-abrégé, mais instructif, des travaux des botanistes sur chaque classe, chaque ordre, chaque genre et chaque espèce, en sorte que toute l'histoire de la botanique descriptive se trouveroit dans les synonymies. Rédigée suivant ce système, la synonymie pourroit n'être pas trop prolixe, parce qu'on en excluroit sévèrement toute citation d'auteurs qui n'ont fait que copier leurs devanciers. Il faudroit bien pourtant citer ceux dont tout le travail se réduit à un changement de nom : mais l'adverbe *frustrà*, un zéro ou quelque autre signe de même valeur, feroit aussitôt apprécier le mérite de la chose citée avec cette indication.

Dans la crainte de donner trop d'étendue à notre tableau, nous nous sommes borné à indiquer les noms des auteurs, sans citer leurs ouvrages. Nous avons dû toutefois faire exception à cette règle en faveur des genres les moins connus, tels que sont tous ceux dont nous sommes l'auteur, et qui se trouvent disséminés soit dans ce Dictionnaire, soit dans le Bulletin des sciences. Dans le tableau ci-dessus, Bull. désigne le *Bulletin des sciences par la société philomatique de Paris*, et Dict. désigne le *Dictionnaire des sciences naturelles*. Lorsque notre nom se trouve cité dans la synonymie d'un genre qui ne nous appartient pas, c'est que nous avons réformé, d'après nos propres observations, les caractères du genre ou sa composition.

II. Pour mériter d'être considéré comme le véritable auteur d'un genre, il ne suffit pas, suivant nous, d'avoir le premier donné à ce genre un nom rendu public par la voie de l'impression : il faut encore l'avoir décrit, caractérisé ou désigné avec une exactitude au moins suffisante pour qu'il puisse être reconnu par les botanistes. La loi contraire, quoique généralement admise, nous paroit aussi déraisonnable qu'injuste, et nous n'hésitons pas à l'enfreindre. C'est pourquoi, malgré l'autorité imposante de M. R. Brown, nous avons rejeté le nom générique de *craspedia*, jadis inventé par Forster, et nous avons donné la préférence au nom de *richea*, beaucoup plus nouvellement attribué au même genre par M. Labillardière. Notre règle s'applique à la plupart des genres de Necker, à beaucoup de genres d'Adanson, et à ceux de quelques autres botanistes. Les genres de Necker, surtout, sont des espèces d'énigmes fort difficiles à deviner, et nous avons eu beaucoup de peine à établir leur synonymie, qui le plus souvent est restée douteuse, malgré nos efforts pour l'éclaircir. Cependant nous avons reconnu, parmi les genres de ce botaniste, un grand nombre de ceux qui ont été proposés après lui comme nouveaux : mais nous ne pensons pas que les noms génériques de Necker méritent la préférence, parce qu'ils sont plus anciens; ils doivent perdre ce privilége par l'inexactitude des descriptions, et par le défaut d'indication des espèces.

Le genre *Podospermum* de M. De Candolle et le genre

Podosperma de M. Labillardière sont très-différens l'un de l'autre, et doivent subsister tous les deux : mais, comme ils se confondoient par leurs noms, nous avons dû nécessairement changer le nom de *podosperma*, qui est le moins ancien; car le *podospermum* a été publié en 1805, et le *podosperma* en 1806.

III. Les deux genres *Lioydia* de Necker et *Lachnospermum* de Willdenow ne sont point compris dans notre tableau, quoiqu'ils appartiennent peut-être à la tribu des inulées.

Il nous paroit impossible de déterminer avec certitude la plante que Necker a voulu désigner par le nom de *lioydia*. C'est, suivant lui, une espèce linnéenne d'*inula*, qui diffère des vraies *inula* par l'aigrette presque plumeuse, et le péricline de dix squames unisériées, entregreffées inférieurement. Nous serions très-disposé à croire que c'est l'*inula cœrulea* de Linnæus, dont le péricline auroit été fort mal décrit par Necker; mais cette conjecture ne s'accorde guères avec une remarque de ce botaniste, qui dit que les genres *Tussilago* et *Petasites* ont de l'affinité avec son *lioydia*. Au reste, l'*inula cœrulea* ou *cernua* nous semble, d'après la description de Bergius, devoir être rapporté à la tribu des astérées plutôt qu'à celle des inulées.

Le *lachnospermum* de Willdenow appartient sans doute à la tribu des inulées ou à celle des carlinées. Ces deux tribus ont beaucoup d'affinité : mais elles diffèrent essentiellement par la structure du style, que Willdenow a malheureusement négligé de décrire. Cependant, comme ce botaniste attribue au *lachnospermum* un clinanthe garni de très-longues fimbrilles, s'il n'a pas pris pour des fimbrilles les poils dont les fruits sont hérissés, il est infiniment probable que ce genre est une carlinée. Dans le cas contraire, ce seroit une inulée-gnaphaliée, qu'il faudroit placer entre les deux genres *Syncarpha* et *Faustula*.

IV. Le tableau des inulées comprend soixante-dix-sept genres, dont trente-un ont été fabriqués par nous. On ne manquera pas de se récrier contre une telle multiplicité de genres, car ces sortes de critiques sont très à la mode aujourd'hui. Il nous sera facile de démontrer que ce dont on se plaint comme d'un abus intolérable, est une suite nécessaire du perfection-

nement de la science. Quel est le but de la botanique descriptive, et quels sont ses moyens? Son but est de connoître
les végétaux par leurs ressemblances et leurs différences : ses
moyens sont de réunir ceux qui se ressemblent et de séparer
ceux qui diffèrent. Plus les observations deviendront exactes,
plus on découvrira de ressemblances et de différences entre
les êtres que l'on comparera. Si, pour exprimer ces ressemblances et ces différences, on se bornoit, comme le veulent
nos adversaires, à les exposer par des descriptions, on peut
assurer que l'esprit saisiroit mal les rapports et que la mémoire ne les retiendroit point. L'expérience prouve que le
seul moyen de fixer l'attention et d'aider la mémoire, c'est
d'attacher un nom propre aux choses que l'on décrit. Pour
nous faire mieux comprendre, examinons en quoi consiste
le travail d'un botaniste qui divise un ancien genre en plusieurs genres nouveaux, et tâchons de juger, sans partialité,
ce qu'il peut y avoir, dans cette opération, d'utile ou de
nuisible aux progrès de la science.

L'opération dont il s'agit suppose nécessairement que
l'on a découvert ou remarqué, entre les espèces de l'ancien
genre, de nouveaux rapports résultant de ressemblances et
de différences inaperçues ou négligées précédemment. En
effet, chacun des nouveaux groupes doit être distinct des
autres par quelques différences, et il doit comprendre des
espèces qui se ressemblent plus entre elles qu'elles ne ressemblent aux espèces des autres groupes. Jusque-là il est
incontestable que le botaniste novateur a fait un travail
utile, et qu'il ne peut mériter aucun blâme. Mais il ne se
borne pas à diviser l'ancien genre en plusieurs groupes, et à
les caractériser ; il veut encore désigner chacun d'eux par un
nom propre, et c'est là ce qui lui attire les reproches de nos
adversaires. Nous leur répondons d'abord qu'ils peuvent d'un
trait de plume effacer ces noms génériques qui leur déplai-
sent tant, et que l'utilité du travail n'en subsiste pas moins.
Mais nous allons plus loin, et nous soutenons que ces noms
eux-mêmes sont très-utiles et presque indispensables, surtout
lorsque les caractères des groupes sont compliqués ; car, ainsi
que nous l'avons dit, il n'y a que les noms propres qui puissent fixer l'attention et aider la mémoire.

La seule objection sérieuse qu'on pourroit nous faire est précisément celle à laquelle on ne songe pas. La voici dans toute sa force. L'histoire naturelle n'est pas seulement la science des différences qui existent entre les êtres; elle est aussi celle de leurs ressemblances. En divisant un grand genre en plusieurs petits genres, on perfectionne en effet la science des différences ; mais il semble qu'on détériore en même proportion la science des ressemblances. Oui, sans doute, si l'on néglige de subordonner les groupes selon leurs divers degrés d'importance. Mais, si l'on a soin d'établir convenablement cette subordination, on perfectionne tout à la fois la science des ressemblances et celle des différences. Citons un exemple. Les cinq genres *Filago*, *Gifola*, *Logfia*, *Micropus*, *Oglifa*, peuvent être considérés comme ne formant qu'un seul genre aux yeux de ceux qui n'aiment point la multiplicité de ces sortes de groupes. En les distinguant, nous croyons avoir perfectionné la connoissance des différences qui existent entre ces plantes. Mais, en les réunissant en un groupe d'ordre supérieur, dans notre tableau des inulées-prototypes, dont ce groupe fait partie, nous avons conservé et peut-être même perfectionné la connoissance de leurs ressemblances. Au lieu de nous borner à caractériser ce groupe, nous aurions pu et peut-être dû lui donner un nom, tel que celui de *Filago*, si nous voulions le considérer comme un genre primaire ou proprement dit, comprenant cinq genres secondaires ou sous-genres ; ou bien celui de *Filaginées* ou de *Gnaphaloïdées*, si nous voulions le considérer comme une petite section naturelle comprenant cinq genres proprement dits.

Ainsi, pour perfectionner tout à la fois la science des différences et celle des ressemblances, il faut multiplier beaucoup les divisions, et ne point les ranger sur la même ligne, mais établir entre elles une subordination proportionnée à leurs différens degrés d'importance. C'est pourquoi nous pensons que désormais les progrès de la botanique descriptive exigent absolument la distinction des genres primaires et des genres secondaires, et celle des espèces primaires et des espèces secondaires. Chaque genre primaire ou secondaire doit porter un nom substantif : chaque espèce primaire ou secondaire doit être distinguée par un adjectif. Plusieurs botanistes admettent, comme nous, les deux sortes de genres, et les subordonnent convenablement ; mais il nous semble qu'ils réduisent à peu de chose l'utilité des genres secondaires ou sous-genres, en attachant les noms spécifiques au nom du genre primaire, au lieu de les attacher au nom du genre secondaire. Cette méthode est évidemment contraire à l'ordre naturel des idées.

Pour achever l'apologie de la multiplicité des genres, nous devons encore faire observer que les caractères d'un genre sont d'autant plus instructifs qu'ils sont plus nombreux, parce qu'alors ils donnent une connoissance plus complète de la structure propre au genre qu'ils caractérisent. Or, il est certain que des caractères génériques nombreux ne peuvent presque jamais convenir tous exactement à beaucoup d'espèces différentes. Pour restreindre le nombre des genres, il faut donc nécessairement de deux choses l'une : ou leur attribuer des caractères fautifs et trompeurs, qui ne s'appliquent exactement qu'à une ou quelques-unes des espèces de chaque genre ; ou bien réduire les caractères génériques à un signalement très-vague et très-succinct, qui ne fait presque point connoître le genre ainsi caractérisé. Cependant le but de la science est de parvenir, autant qu'il est possible, à la connoissance la plus exacte et la plus complète des choses qu'elle étudie.

Au reste, nous sommes loin de prétendre que la multiplicité des genres soit exempte d'inconvéniens, et nous avouons qu'elle peut dégénérer en abus ; mais nous soutenons que l'abus du système inverse est beaucoup plus contraire aux progrès de la science, que ce système a bien plus d'inconvéniens que l'autre, et que la confusion des genres mal à propos distingués est une opération beaucoup plus facile que la distinction des genres mal à propos confondus.

Disons aussi un mot sur les noms génériques. Dans le but de rendre ces noms significatifs et caractéristiques, on a coutume de les composer de l'assemblage de plusieurs mots grecs. Cette méthode produit le plus souvent des noms prolixes, des noms désagréables à l'oreille, des noms qui se ressemblent en partie et peuvent facilement se confondre. Loin d'aider notre mémoire et de guider notre esprit, ces noms ne sont bons qu'à nous égarer, parce que le caractère exprimé par chacun d'eux est tantôt commun à beaucoup de genres différens, et tantôt particulier à une seule espèce du genre. Convaincu qu'un nom générique est d'autant meilleur qu'il est plus insignifiant et moins désagréable à l'oreille, nous avons donné à la plupart de nos genres des noms tout-à-fait contraires aux lois arbitrairement établies, ce qui procurera sans doute à quelques botanistes le moyen facile de s'approprier nos genres en changeant leurs noms.

Il est digne de remarque que les deux ordres de plantes qui renferment le plus de genres, c'est-à-dire, l'ordre des synanthérées et celui des graminées, sont précisément ceux où la fleur proprement dite offre le moins de variations dans sa structure, en sorte que chacun de ces deux ordres pourroit être considéré, par un botaniste systématique, comme ne formant qu'un seul genre, puisque, dans les autres ordres de végétaux, les genres sont fondés sur les différences qui existent dans la structure des fleurs. Les synanthérées et les graminées ont encore ceci de commun, que les fleurs sont petites, d'une structure très-simple, presque toujours groupées plusieurs ensemble, et toujours accompagnées de bractées qui leur servent d'enveloppe. Les modifications de l'inflorescence et les parties accessoires étrangères à la fleur proprement dite acquièrent, dans ces deux ordres, une prépondérance qu'ils n'ont point ailleurs, et deviennent la source féconde et presque unique où les botanistes puisent la plupart des différences génériques. Cette remarque est une nouvelle preuve d'un principe sur lequel nous allons bientôt insister : ce principe, reconnu par quelques botanistes, mais dont en général on n'apprécie pas assez l'importance, est que les mêmes parties ou les mêmes caractères n'ont pas la même valeur dans les différens groupes de végétaux. Nous croyons avoir indiqué la vraie cause de cette variation de valeur dans notre premier Mémoire sur la Graminologie : voyez le *Journal de physique* de Décembre 1820, pag. 453.

V. En divisant naturellement l'ordre des synanthérées en tribus, les tribus en sections, et les sections en sous-sections composées de plusieurs genres, nous avons dû nous efforcer de caractériser tous ces groupes ; car, en nous bornant à les désigner par des noms. comme a fait M. Kunth, nous eussions rendu notre travail très-facile sans doute, mais aussi complétement inutile. Les résultats de nos recherches ont été peu satisfaisans ; et cependant nous avons persévéré dans notre entreprise, parce que nous pensons que l'impossibilité d'atteindre la perfection, et même d'en approcher, ne doit jamais empêcher de se diriger vers elle jusqu'au point où il est permis de parvenir.

Nous avons reconnu qu'aucune partie de l'organisation des synanthérées ne pouvoit être employée seule pour caractériser un groupe naturel. et à plus forte raison pour caractériser tous les groupes de même importance. Les caractères de chaque groupe doivent donc être fournis par le concours de plusieurs parties : d'où il suit que l'exposition de ces caractères est nécessairement très-longue, très-compliquée et très-minutieuse. Remarquez que la même partie n'a pas la même valeur dans les différens groupes de même importance. Par exemple. la structure du style, qui caractérise en général assez bien la plupart des tribus, caractérise mal celle des inulées ; et les étamines obtiennent, dans la tribu des inulées. une prééminence qu'elles n'ont point dans la plupart des autres tribus. De même, la corolle caractérise fort bien quelques tribus et fort mal plusieurs autres, et l'on peut en dire autant de toutes les parties des synanthérées.

Les caractères d'un groupe naturel de synanthérées sont tous, ou presque tous. sujets à des modifications ou variations qui les rendent très-souvent inexacts ; mais, comme ils sont nombreux et fournis par diverses parties, ils se suppléent mutuellement. c'est-à-dire que, l'un ou quelques-uns d'eux se trouvant en défaut. les autres suffisent presque toujours pour déterminer la classification avec assez de certitude.

Ces considérations, et plusieurs autres que nous avons exposées ailleurs, prouvent qu'il est impossible de faire pour les synanthérées une méthode de classification naturelle, et qui soit en même temps simple, claire, facile, commode. exacte, infaillible, régulière et symétrique. Ceux qui ne croient pas ces divers genres de perfection incompatibles. et qui nous reprochent de n'avoir pas su les concilier dans notre méthode, n'ont sans doute étudié que bien superficiellement l'ordre des synanthérées.

Notre tableau de la tribu des inulées offre trois sections très-naturelles, mais distinguées par des caractères assez compliqués, minutieux, équivoques, qui se réduisent à des nuances souvent fort légères, et sont sujets à beaucoup d'exceptions.

La première section, celle des gnaphaliées, est la plus nombreuse. Nous avons d'abord essayé de la diviser en plusieurs groupes caractérisés par la structure de l'aigrette; puis nous avons tenté d'établir cette division sur la composition de la calathide; un troisième essai a été fait sur le clinanthe, et un quatrième sur le péricline. Il n'est pas inutile de présenter ici ces quatre essais, en omettant, pour abréger, la liste des genres.

Distribution des gnaphaliées, fondée sur *l'aigrette.* 1.° Aigrette nulle. 2.° Aigrette stéphanoïde. 3.° Aigrette mixte : en partie stéphanoïde, laminée ou paléiforme; en partie filiforme, pénicillée ou plumeuse. 4.° Aigrette de squamellules filiformes, non manifestement plumeuses, mais souvent épaissies supérieurement. 5.° Aigrette manifestement plumeuse.

Distribution des gnaphaliées, fondée sur la composition de la *calathide.* 1.° Calathide radiée. 2.° Calathide semi-radiée. 3.° Calathide discoïde. 4.° Calathide incouronnée, pluriflore. 5.° Calathide incouronnée, souvent uniflore ou biflore.

Distribution des gnaphaliées, fondée sur le *clinanthe.* 1.° Clinanthe nu. 2.° Clinanthe pourvu d'appendices irréguliers. 3.° Clinanthe pourvu de vraies squamelles.

Distribution des gnaphaliées, fondée sur le *péricline.* 1.° Squames inappendiculées, entièrement appliquées. 2.° Squames pourvues d'un appendice inappliqué, mais non pétaloïde. 3.° Squames pourvues d'un appendice pétaloïde, c'est-à-dire, étalé, radiant et d'une couleur éclatante. 4.° Squames pourvues d'un appendice réfléchi, coriace, roide, de couleur brune.

Aucune de ces tentatives n'ayant produit une distribution naturelle des genres, nous avons dû abandonner cette méthode artificielle et systématique, et recourir à la combinaison des affinités. Cette combinaison a eu pour résultat la division des gnaphaliées en sept groupes, dont le dernier, plus nombreux, est subdivisé en deux parties. Tous ces groupes sont plus ou moins naturels, et plusieurs pourroient être considérés comme des genres composés de sous-genres. Leurs caractères distinctifs, fournis tantôt par telle partie de la structure, tantôt par telle autre, n'offrent point la symétrie, la corrélation, l'opposition, que l'on admire dans les classifications artificielles, et ils ne sont pas toujours d'une rigoureuse exactitude. S'ils paroissent être plus simples que ceux des sections et des tribus, c'est que, pour abréger, nous avons omis, peut-être à tort, d'exposer l'ensemble des caractères de ces petits groupes, pour nous borner à présenter le signalement qui nous a paru le plus notable.

La plupart de ces remarques sont également applicables aux groupes formés dans les deux autres sections. En général, et sauf exceptions, on peut observer que ces petits groupes sont d'autant plus difficiles à caractériser exactement qu'ils sont plus naturels. C'est ainsi que, dans la section des inulées-prototypes, le premier groupe, qui est le plus naturel, ne pourroit être bien caractérisé que par une assez longue description.

Les difficultés que nous avons éprouvées pour établir, dans l'ordre des synanthérées, des tribus, des sections et des sous-sections, résultent principalement d'une chose que les botanistes semblent méconnoitre, et que nous ne saurions trop répéter : c'est que la valeur d'un même organe ou d'un même caractère n'est pas égale dans les différens groupes de même importance. L'évaluation ou la subordination régulière et graduelle des organes ou des caractères est donc impossible à établir d'une manière générale, et il faut chercher péniblement celle qui est propre à chaque groupe, à chaque genre, sans quoi l'on retombe aussitôt dans l'arbitraire, et l'on n'obtient qu'une classification très-peu concordante avec l'ensemble des affinités.

VI. Nous avons éprouvé aussi de très-grandes difficultés pour coordonner convenablement les soixante-dix-sept genres de la tribu des inulées suivant une série linéaire, simple et droite. En effet, cette disposition exprime seulement les affinités de chaque genre avec celui qui le précède et avec celui qui le suit; mais elle ne peut indiquer ses affinités avec plusieurs autres genres du même groupe. Rebuté d'abord par ces difficultés, et séduit par des apparences trompeuses, nous avons essayé de disposer les genres suivant un autre mode, prôné depuis long-temps par quelques botanistes spéculatifs, comme le vrai moyen d'élever la classification naturelle au plus haut degré de perfection. Cette méthode consiste à disposer les genres sur un plan, à peu près comme les différentes parties d'une région de la terre sont disposées sur une carte géographique représentant cette région. Nous avons multiplié nos tentatives avec beaucoup de persévérance, en les combinant et les variant de toutes sortes de manières, et le dernier résultat de ce travail pénible a été de nous convaincre 1.º que l'exécution parfaite de cette méthode est absolument impossible; 2.º que son exécution imparfaite et praticable produit une disposition beaucoup moins bonne que la série linéaire, simple et droite; 3.º que cette méthode est contraire à la nature de notre entendement; 4.º que la série linéaire, simple et droite, est et sera toujours, malgré ses imperfections, la meilleure de toutes les dispositions et la plus naturelle, ou, pour mieux dire, la seule bonne et la seule naturelle; 5.º qu'il y a des moyens fort simples pour remédier aux défauts de la série linéaire.

Le but de la méthode géographique, appliquée à la disposition des genres, est d'exprimer 1.º toutes les affinités de ces genres; 2.º les différens degrés de leurs affinités; 3.º les différentes sortes d'affinités. Nous avons appris par notre propre expérience que, même en se bornant à un groupe de genres peu nombreux, une simple surface ne suffit pas pour la disposition convenable des signes qui doivent indiquer, qualifier et mesurer toutes les affinités. Il faudroit, pour approcher du but qu'on se propose, construire un réseau dont une partie s'étendroit sur cette surface, tandis qu'une autre s'élèveroit au-dessus, et qu'une autre encore s'abaisseroit au-dessous d'elle. Remarquez bien qu'en supposant possible la construction de ce réseau à trois dimensions, on n'atteindroit pas encore au but; car, pour offrir le tableau complet des affinités d'un genre avec les autres genres du même groupe, il faut placer au centre le genre dont il s'agit, et disposer autour de lui tous les autres genres, à des distances plus ou moins grandes selon les degrés d'affinités. Mais, comme il est impossible que tous les genres se trouvent en même temps au centre et à la circonférence, il est clair qu'on ne peut pas exprimer, par un seul et même réseau, les affinités respectives de tous les genres d'un groupe.

La représentation exacte et complète des divers degrés d'affinités est tout aussi impraticable que la simple indication de ces affinités. Telle plante ressemble beaucoup à telle autre par une partie de sa structure, et en diffère beaucoup par une autre partie. La méthode seroit très-imparfaite et manqueroit son but, si elle n'exprimoit pas ces divers rapports; et cependant il est impossible d'établir une disposition telle que deux plantes se trouvent à la fois rapprochées et éloignées l'une de l'autre.

Les obstacles que nous avons signalés, et plusieurs autres également insurmontables, prouvent qu'il faut renoncer pour toujours à l'exécution parfaite de la méthode géographique ou réticulaire. Mais nous convenons qu'il est possible et même très-facile de tracer, sur une feuille de papier, un tableau représentant, non pas toutes, mais quelques-unes des affinités; non pas les mesures exactes de ces affinités, mais des mesures très-peu approximatives; non pas, enfin, les différentes sortes, mais une seule sorte d'affinité. De petits cercles, contenant chacun un nom générique, indiqueront les genres; des lignes droites rayonnant de chaque cercle vers plusieurs autres exprimeront les affinités des genres joints par ces lignes; les différentes longueurs de ces rayons mesureront les affinités, et des noms d'organes écrits parallèlement aux lignes de ce réseau feront connoître quelle sorte d'affinité se trouve indiquée et mesurée. Maintenant il faut juger si un tableau aussi incomplet et aussi imparfait seroit préférable à une série linéaire bien ordonnée. Nous n'hésitons pas à préférer la série linéaire, pour deux principaux motifs. 1.° Elle n'est point trompeuse : chacun sait qu'elle n'exprime que les affinités de chaque genre avec celui qui le précède et celui qui le suit, tandis que le réseau annonce la prétention illusoire et mensongère d'exprimer toutes les affinités. 2.° La série linéaire est infiniment moins arbitraire que le réseau, parce que celui qui dispose une série est limité dans ses choix d'affinités par des bornes très-étroites, tandis que le constructeur du réseau, beaucoup moins restreint dans ses choix, se perd dans le vague des combinaisons et ne sait à quoi se fixer. On peut affirmer que plusieurs botanistes d'égale force, travaillant séparément sur un même groupe de genres, se trouveront à peu près d'accord dans la disposition d'une série linéaire, tandis que les différens réseaux tracés par eux n'auront entre eux aucune ressemblance.

L'idée d'une disposition géographique ou réticulaire, qui semble, au premier aperçu, très-philosophique, est repoussée par la vraie philosophie. L'erreur capitale des partisans de cette méthode est de ne considérer dans la science que les choses qu'elle étudie : ils oublient tout-à-fait que nous ne pouvons étudier ces choses qu'à l'aide de nos facultés intellectuelles, et qu'ainsi la science doit nécessairement se conformer à la nature de notre entendement et se proportionner à sa foiblesse. La nature de notre entendement est telle que nous ne pouvons comparer que deux objets à la fois : d'où il suit que les vrais rapports des choses, quoique réellement simultanés, ne peuvent être envisagés par nous que dans un ordre successif. C'est pour cela que le langage, qui est une image fidèle des opérations de notre entendement, se présente sous la forme d'une série linéaire, simple et droite. Vainement on nous objectera l'exemple des cartes géographiques. Une mappemonde est un portrait de la terre en miniature, mais n'est point une géographie; de même que la figure d'une plante n'est point sa description ni son histoire. Le géographe, qui fait un traité sur la science dont il s'occupe, est obligé de décrire successivement les différentes régions, et de les présenter ainsi à ses lecteurs dans un ordre linéaire. L'historien n'a-t-il pas aussi à retracer des événemens multipliés qui ont eu lieu simultanément ? Cependant il faut bien qu'il les dispose dans un ordre linéaire et successif. Le philosophe lui-même aperçoit plusieurs rapports qui se pressent tous à la fois autour du point qu'il discute, et il ne peut les développer que l'un après l'autre.

Il n'y a rien de plus faux que la comparaison qu'on veut

établir entre une carte géographique et un réseau exprimant les affinités des êtres. Nous le répétons, la carte géographique n'est rien autre chose qu'un portrait parfaitement ressemblant : le réseau est une analyse, une combinaison d'abstractions, une conception plus ou moins ingénieuse de notre esprit, et dont le type ne se trouve nulle part dans la nature. Il est vrai que l'exécution complète et parfaite de la méthode réticulaire, si elle étoit possible, produiroit aussi une sorte de portrait fait avec des signes de pure convention, ou plutôt une description écrite en caractères hiéroglyphiques ; mais, dans ce cas, le réseau seroit si compliqué qu'il seroit inintelligible, et les rapports indiqués seroient si multipliés qu'on n'en remarqueroit aucun. D'ailleurs, présenter l'image ou le portrait d'un objet matériel, c'est le faire connoître à nos yeux, mais non point à notre entendement. L'analyse opérée par le langage est le meilleur moyen de convertir cette connoissance empirique ou visuelle en une connoissance intellectuelle et scientifique. Le réseau est aussi, comme le langage, une méthode d'analyse ; mais une mauvaise méthode, parce qu'elle n'est point en harmonie avec l'ordre de nos idées et les formes de notre intelligence. Un autre défaut de cette méthode d'analyse, c'est qu'elle a besoin elle-même d'être analysée ; ce qui la rend à peu près inutile. En effet, le réseau sera d'autant plus compliqué qu'il sera plus parfait, c'est-à-dire qu'il exprimera un plus grand nombre de rapports ; mais, pour comprendre ce réseau si compliqué et se rendre propres les notions qu'il exprime, il faudra l'expliquer, le développer, l'analyser, le décomposer, par un discours, ou tout au moins par une suite d'opérations mentales : et ne voyez-vous pas que cette nouvelle analyse indispensable n'est autre chose que la substitution de la méthode linéaire à la méthode réticulaire ? Enfin, et sous un autre rapport bien évident, le réseau le plus parfait ne pourroit jamais dispenser de recourir à la série linéaire ; car, pour écrire dans un livre l'histoire ou la description des êtres, il faut bien nécessairement les présenter dans un ordre successif. Ainsi, la disposition réticulaire ne peut se passer du secours de la disposition linéaire, tandis que la disposition linéaire peut se passer du secours de la disposition réticulaire, comme nous allons bientôt le démontrer.

Nous pourrions approfondir davantage ce sujet important;
car les argumens se présentent en foule pour réfuter le système dont il s'agit, et nous ne sommes embarrassé que du
choix; mais nous en avons assez et peut-être trop dit pour
établir que la série linéaire, simple et droite, est la meilleure
et la plus naturelle de toutes les dispositions imaginables.
Nous disons la plus naturelle, parce que, si elle n'est pas
entièrement conforme à la nature des objets extérieurs que
nous étudions, elle est au moins parfaitement conforme à
la nature de notre propre entendement qui les étudie.

Pour terminer cette discussion, démontrons que les défauts
de la série linéaire peuvent être corrigés ou atténués par
deux moyens, qu'il faut employer concurremment. Le premier consiste à faire un choix judicieux entre les affinités
des genres dont on combine la disposition. Chaque genre a
de l'affinité avec plusieurs autres; mais ces affinités sont
presque toujours inégales, et il est bien rare qu'on n'en
trouve pas deux assez prépondérantes pour fixer la place du
genre dont il s'agit entre celui qui doit le précéder et celui
qui doit le suivre. Il est vrai que ces combinaisons partielles,
faites d'abord séparément pour chaque genre, sont souvent
inconciliables avec la disposition générale à laquelle il faut
définitivement parvenir : c'est alors que le classificateur doit
faire preuve de talent et de connoissances, en opérant,
avec ménagement et sagacité, des concessions réciproques
entre les combinaisons partielles et la combinaison générale, de manière à sacrifier le moins possible les premières
à la seconde, et la seconde aux premières. Le second moyen
est plus facile : il remédie à l'imperfection du premier, et il
procure tout ce qu'on pourroit obtenir par la disposition
réticulaire la plus parfaite. Ce moyen est d'énoncer, sous
le titre de chaque genre, avant ou après sa description,
toutes les affinités qui n'ont pas pu être exprimées par la
position de ce genre dans la série, ainsi que les degrés de
ces affinités, et la nature particulière de chacune d'elles.

VII. On jugera sans doute que toutes les considérations
théoriques que nous venons d'exposer, sont déplacées dans
un article de Dictionnaire destiné à offrir la liste nominale
des genres de la tribu des inulées. Les considérations dont il

s'agit sont extraites d'un discours servant d'introduction à notre tableau général, inédit, de la classification naturelle des genres de l'ordre des synanthérées. Ce tableau, très-étendu, doit trouver place dans le Dictionnaire; mais quelques motifs nous engagent à le diviser en plusieurs articles, sous différens titres. Nos considérations préliminaires devoient être admises de préférence dans le premier de ces articles. (H. Cass.)

INVERSE [Anthère]. (*Bot.*) En général, l'anthère est attachée de manière que la suture de ses valves regarde le centre de la fleur : on la dit adverse. Mais quelquefois la suture des valves est tournée vers la circonférence de la fleur (iridées, *cucumis*, etc.) : alors l'anthère est inverse.

La radicule est inverse, lorsqu'au lieu de se tourner du côté du hyle, elle se dirige du côté diamétralement opposé : on en a un exemple dans l'acanthe.

Les stigmates sont inverses, lorsqu'étant plusieurs dans une fleur, chacun d'eux regarde le centre de la fleur, au lieu d'être tourné du côté des étamines (renonculacées, saxifrages, etc.). (Mass.)

INVISIBLE [Radicule]. (*Bot.*) Dans certaines espèces, dans la fève, par exemple, la radicule, la plumule et même la tigelle, sont visibles avant la germination de la graine ; dans d'autres(oignon, pin, commeline, etc.), elles sont invisibles avant la germination. (Mass.)

INVOLUCRE, INVOLUCELLE. (*Bot.*) Dans une ombelle composée, les bractées qui forment une collerette à la base de l'ombelle générale, portent le nom d'involucre, et celles qui se trouvent à la base des ombelles partielles ou ombellules, portent le nom d'involucelles : l'ombelle de la carotte, par exemple, a un involucre et des involucelles. (Mass.)

INVOLUTÉE [Feuille]. (*Bot.*) La feuille, considérée dans le bouton, est dite involutée, lorsque ses deux bords sont roulés en dedans : on en a des exemples dans le chèvre-feuille, la violette, le poirier, le peuplier, etc. (Mass.)

IO. (*Entom.*) C'est le nom latin du papillon appelé le paon de jour. (C. D.)

IODATES. (*Chim.*) Combinaisons salines de l'acide iodique avec les bases salifiables.

Composition.

100 parties d'acide iodique, contenant 24,201 parties d'oxigène, neutralisent une quantité d'oxide métallique qui contient 4.84 parties d'oxigène. Donc l'oxigène de l'acide est à celui de la base :: 5 : 1.

Propriétés génériques.

L'eau dissout les iodates de potasse, de soude et d'ammoniaque, et l'iodate de zinc en très-petite quantité.

Les iodates sont insolubles dans l'alcool d'une densité de 0.82.

Le chlore ne les altère pas.

Les acides sulfurique, nitrique et phosphorique, n'ont d'action sur eux qu'autant qu'ils s'emparent d'une portion de leur base.

A la chaleur d'un rouge obscur tous les iodates sont décomposés. Le plus grand nombre des iodates métalliques donnent de l'oxide et de l'iode : quelques-uns, de l'oxigène et un iodure.

Plusieurs iodates fusent sur les charbons ardens ; celui d'ammoniaque est fulminant.

Ils sont décomposés par l'acide hydrochlorique, et il y a dégagement de chlore, formation d'eau et d'acide chloriodique ioduré.

L'acide sulfureux, en s'emparant de l'oxigène de l'acide iodique, met l'iode à nu.

L'acide hydrosulfurique en sépare l'iode.

Préparation.

On prépare l'iodate d'ammoniaque directement en neutralisant l'acide iodique par l'ammoniaque.

Les iodates de potasse, de soude, de baryte, de strontiane et de chaux, s'obtiennent par le procédé décrit au mot Hydriodates. Nous ajouterons ici que M. Gay-Lussac pense que les sels se forment au moment même où l'iode est dissous par ces alcalis. Il fonde son opinion sur ce qu'un excès de potasse, mis avec une solution mixte d'iodate et d'hydriodate de potasse neutres, produit une liqueur semblable à celle qu'on obtient en mettant de l'iode dans l'eau de potasse.

Les autres iodates s'obtiennent en mêlant la solution des

iodates de potasse, de soude ou d'ammoniaque, avec la solution d'un sel contenant la base que l'on veut unir à l'acide iodique.

C'est à M. Gay-Lussac que nous devons tout ce que l'on sait sur ce genre de sels.

1.re Section. *Iodates solubles.*

Iodate d'ammoniaque.

Il cristallise en petits grains.

Il détone par la chaleur, en répandant une foible lumière violette.

Lorsqu'on le décompose par la chaleur, on obtient de l'eau, et des volumes égaux d'oxigène et d'azote; ce qui doit être, puisqu'il est formé,

en poids... { acide............ 100
{ ammoniaque...... 10,94

en volume { oxigène........ 2,5
{ iode.......... 1
{ ammoniaque... 2... { azote............ 1
{ hydrogène...... 3

Iodate de potasse.

Il est en petits cristaux qui se groupent sous la forme cubique.

Il est inaltérable à l'air.

100 parties d'eau, à 14 ¾ degrés, dissolvent 7,43 parties d'iodate de potasse.

Projeté sur les charbons ardens, il fuse.

Il détone légèrement par la percussion, quand il est mêlé au soufre.

A une chaleur rouge il se réduit en oxigène, et en un iodure de potassium qui, avec l'eau, donne une dissolution d'hydriodate de potasse neutre.

Il est formé, suivant M. Gay-Lussac, de

Acide........ 77,754 100
Potasse...... 22,246 .... 28,61.

100 parties d'iodate de potasse chauffées donnent donc

77,410 iodure de potassium... { iode.............. 58,937
{ potassium.......... 18,473

22.59 oxigène, dont..... $\begin{cases} 18.817 \text{ proviennent de l'acide,} \\ 5.775 \text{ proviennent de la potasse.} \end{cases}$

Une conséquence de cette composition de l'iodate de potasse, c'est que, quand on dissout l'iode dans la potasse, il se forme, pour 100 parties d'iodate, 407,381 d'hydriodate, qui contiennent 386,067 d'iodure de potassium, c'est-à-dire, cinq fois plus que n'en donnent les 100 parties d'iodate distillées.

L'iodate de potasse ne pourroit pas remplacer avec avantage le nitre dans la fabrication de la poudre à canon, car la quantité de gaz qu'il donne est à celle du nitre :: 1 : 2,5.

L'iodate de potasse est susceptible de former un sous-iodate cristallisable.

On sait que l'acide iodique décompose l'acide hydriodique. Lorsque ces deux acides sont unis à la potasse, ils ne se décomposent plus, parce que l'affinité de la base pour les acides surmonte celle de l'oxigène pour l'hydrogène ; mais elle ne les surmonte que foiblement : car, en faisant passer un courant d'acide carbonique dans la solution mixte de l'hydriodate et de l'iodate de potasse, on obtient un précipité d'iode, parce que l'affinité des acides est assez affoiblie pour qu'ils se décomposent mutuellement; et cependant, lorsque les sels sont isolés, l'acide carbonique ne les altère pas.

Iodate de soude.

Il cristallise en petits grains qui paroissent cubiques, ou en petits prismes qui sont ordinairement réunis en houppe.

Il fuse sur les charbons comme le nitre.

100 parties d'eau, à 14¼ degrés, en dissolvent 7,5.

Il ne contient pas d'eau de cristallisation.

Le mélange de ce sel et de soufre détone légèrement par la percussion.

Il contient,

         Oxigène.................. 24,432
         Iodure de sodium....... 75,568.

A la distillation il laisse dégager avec son oxigène une petite quantité d'iode : c'est pourquoi le résidu forme avec l'eau un hydriodate légèrement alcalin.

Il existe un sous-iodate de soude qui cristallise en petites aiguilles soyeuses réunies en houppe, lorsqu'on le prépare avec de l'iodate neutre et de la soude.

2.ᵉ Section. *Iodates insolubles ou peu solubles.*

Iodate de baryte.

Il est pulvérulent, incolore et pesant.

100 parties d'eau en ont dissous 0,16 à 100^d

— — — — 0,05 à 18.

Il ne fuse pas sur les charbons ardens, ce qui tient à deux causes : 1.° à ce qu'il ne donne pas autant d'oxigène par la chaleur que l'iodate de potasse; 2.° et surtout à ce que, le sel ne se fondant pas, le contact du charbon avec l'oxigène qui se dégage est très-limité.

Lors même qu'il a été séché à 100^d, il donne de l'eau à la distillation, ce qui prouve qu'il contient de l'eau de cristallisation; après ce produit on obtient de l'oxigène, de l'iode et de la baryte sensiblement pure ou simplement hydratée.

Acide........ 100
Baryte........ 46,54.   (Gay-Lussac.)

Iodate de strontiane.

Il paroît cristalliser en octaèdres. Il laisse dégager de l'eau de cristallisation avant de se décomposer par le feu. Il se comporte d'ailleurs comme le précédent.

100 parties d'eau en dissolvent 0,73 à 100^d

— — — — 0,54 à 15.

Iodate de chaux.

Il est pulvérulent; il cristallise en prismes quadrangulaires, en se déposant d'une solution d'hydriodate ou d'hydrochlorate de chaux.

100 parties d'eau en dissolvent 0,98 à 100^d

— — — — 0,22 à 18.

Il paroît contenir 0,05 d'eau de cristallisation; il se comporte au feu comme les deux derniers.

Iodate de zinc.

Il est très-peu soluble dans l'eau; il fuse légèrement sur les charbons.

Iodate d'argent.

Il est blanc, insoluble dans l'eau, très-soluble dans l'ammoniaque; en quoi il diffère de l'hydriodate, qui ne s'y dissout pas.

L'acide sulfureux, versé dans la solution ammoniacale, en précipite de l'iodure d'argent.

Iodates de plomb, de protoxide de mercure, de peroxide de fer, de bismuth, de deutoxide de cuivre.

Ils sont blancs, et solubles dans les acides.

L'iodate de potasse ne précipite ni les sels de peroxide de mercure, ni ceux de manganèse.

Il n'existe pas d'iodates iodurés. (CH.)

IODE. (*Chim.*) Nom donné par M. Gay-Lussac à un corps simple, qui est électro-négatif dans la plupart de ses combinaisons, et qui se réduit en une vapeur d'une belle couleur violette. C'est cette propriété qui lui a fait donner le nom d'iode : *iode* dérive de ιωδης, *violet*.

Propriétés physiques.

L'iode, à la température ordinaire, est solide, d'un gris noir : à 17 degrés sa densité est de 4,348.

Il se liquéfie à 107 degrés, et entre en ébullition de 175 à 180. Sa vapeur est violette, ainsi que nous l'avons dit : la densité de cette vapeur, calculée, est de 8,695.

L'iode, mis sur la peau, y fait une tache jaune-brune très-foncée, qui finit par se dissiper à l'air. Il a une saveur très-âcre, et une odeur qui a beaucoup d'analogie avec celle du chlore étendu d'eau.

Il ne paroît pas conducteur de l'électricité; car, M. Gay-Lussac en ayant mis un très-petit morceau dans une chaîne galvanique, la décomposition de l'eau, qui se faisoit auparavant, cessa tout à coup.

Il se présente sous des formes variées : tantôt il est en masses lamelleuses, ayant un aspect gras dans les parties qu'on vient de mettre à découvert; tantôt il est en paillettes micacées; enfin, il cristallise en lames rhomboïdales, très-brillantes et très-larges, puis en octaèdres alongés.

Propriétés chimiques.

Iode et corps simple.

Il n'éprouve aucune action de la part de l'oxigène avec

lequel on le met en contact, soit qu'on le chauffe, soit qu'on ne le chauffe pas; mais, s'il rencontre l'oxigène, au moment où celui-ci cesse de faire partie de quelques combinaisons, il pourra s'y unir en une proportion définie, et donner naissance à l'*acide iodique* (voyez IODIQUE, acide).

Le chlore s'unit à l'iode avec une grande facilité : il produit l'*acide chloriodique*, qui peut, en se combinant avec de l'iode, former l'*acide chloriodique ioduré* (voyez tom. IX, p. 30).

L'iode ne s'unit pas à l'azote libre ; mais il est susceptible de s'y combiner, quand celui-ci est à l'état naissant.

L'iode peut se dissoudre dans le phosphore en un grand nombre de proportions : pendant que la combinaison s'opère, il se dégage de la chaleur qui n'est point accompagnée de lumière.

L'iode s'unit au soufre directement.

Il ne se combine ni au bore ni au carbone.

Il s'unit à l'hydrogène, lorsque les deux corps sont exposés à une chaleur rouge : il en résulte l'acide hydriodique (voyez HYDRIODIQUE (*acide*).

L'iode que l'on fait passer sur le potassium chauffé dans un tube de verre, s'y combine, en dégageant une lumière qui paroît violette au travers de la vapeur de l'iode qui n'est pas absorbé par le métal.

L'iode se combine également au sodium.

Il se combine, à une température peu élevée, avec le zinc, le fer, l'étain, l'antimoine, le cuivre, le plomb, le bismuth, le mercure, l'argent, etc. ; avec le mercure il forme deux combinaisons définies.

Les combinaisons de l'iode avec les métaux se font, en général, facilement à une température peu élevée : il se dégage de la chaleur et très-rarement de la lumière.

Action de l'iode sur les corps oxigénés, l'eau exceptée.

L'iode n'a pas d'action sur les acides nitrique, sulfurique, phosphorique, carbonique, borique, ni sur la silice; il n'en a pas sur les acides sulfureux, nitreux secs.

Au rouge obscur il décompose les oxides de potassium, de sodium, de plomb et de bismuth. L'oxigène se dégage, et l'iode se combine au métal réduit.

À cette température l'iode décompose les sous-carbonates de potasse et de soude : il se dégage 1 volume d'oxigène contre 2 d'acide carbonique, et le métal complétement réduit forme un iodure.

L'iode exerce une action moins forte sur les protoxides d'étain et de cuivre. Quand ces corps sont en contact à chaud, il ne se dégage pas d'oxigène, par la raison que celui-ci se concentre sur la moitié du métal pour former un peroxide, tandis que l'autre moitié forme un iodure.

L'iode que l'on fait passer sur de la chaux, de la strontiane et de la baryte, s'y combine sans dégager d'oxigène. Il forme avec ces bases des sous-iodures d'oxides. Ces iodures d'oxides sont les seuls qui puissent subsister à une température rouge.

Action de l'iode sur les corps hydrogénés non organiques.

L'eau dissout 0.007 de son poids d'iode ; la solution est jaune. Si on la chauffe jusqu'à la faire bouillir, elle se décolore : on trouve alors dans l'eau des acides hydriodique et iodique : la présence du premier est indiquée par le précipité d'iode, qui se fait lorsqu'on y mêle du chlore ; la présence du second, par le précipité d'iode qu'on obtient lorsque, après l'avoir neutralisé par l'ammoniaque et l'avoir concentré, on y mêle de l'acide sulfureux.

M. Gay-Lussac pense qu'il est probable que l'iode ne se dissout dans l'eau que par l'intermède de l'acide hydriodique, qui se forme en même temps que la dissolution a lieu, et que, si l'on peut décolorer cette dissolution, en en chassant l'iode qui n'est pas acidifié, soit en l'exposant à la lumière du soleil, soit en l'exposant à la chaleur, tandis qu'on ne peut pas décolorer l'acide hydriodique ioduré, cela tient à ce que, dans le premier liquide, l'affinité de l'acide hydriodique pour l'iode est diminuée par la présence de l'acide iodique qui s'est formé en même temps que le premier acide. La décomposition de l'eau par l'iode doit toujours être peu considérable, eu égard au poids du liquide, par la raison que, quand les acides hydriodique et iodique sont concentrés, ils se réduisent en eau et en iode.

L'iode paroît susceptible de s'unir avec l'hydrogène percarburé, lorsqu'on fait passer l'éther hydriodique dans un tube de verre rouge de feu. (Voyez tome XV, p. 473.)

M. Thomson prétend que l'iode décompose l'hydrogène perphosphuré, en s'emparant de son phosphore, et en mettant l'hydrogène en liberté.

L'iode décompose le gaz hydrosulfurique : il se produit de l'acide hydriodique. La décomposition a lieu lorsque l'acide hydrosulfurique est dissous dans l'eau.

L'iode absorbe le gaz ammoniaque : il en résulte un liquide d'abord visqueux, très-éclatant et d'un brun noir, qui perd ensuite de son éclat et de sa viscosité en absorbant de nouveaux gaz. Il ne se dégage rien pendant la formation de ce composé, qui est un véritable iodure d'ammoniaque. Lorsqu'on le met dans l'eau, une portion d'ammoniaque est décomposée : ses élémens s'unissent à l'iode; ils forment de l'acide hydriodique qui reste dans la liqueur combiné à l'ammoniaque indécomposée, et de l'iodure d'azote qui se dépose sous la forme d'une poudre noire. (Voyez tome III, Suppl., p. 154.)

Si nous admettons qu'il y ait 1 volume d'ammoniaque décomposé, on aura $1\frac{1}{2}$ volume d'hydrogène qui, en s'unissant à $1\frac{1}{2}$ volume d'iode, produiront 3 volumes de gaz hydriodique, qui satureront 3 volumes de gaz ammoniaque; en second lieu, $\frac{1}{2}$ volume d'azote qui s'unira à $1\frac{1}{2}$ d'iode. d'où il suit que, sur la quantité d'ammoniaque qui prend part à l'action de l'iode, il y en a $\frac{1}{4}$ qui est décomposé.

Action de l'iode sur les corps oxigénés humides.

A une température basse, l'iode mis dans de l'eau contenant de l'acide sulfureux détermine une décomposition d'eau : il en résulte de l'acide sulfurique et de l'acide hydriodique. Si l'on exposoit les corps à l'action de la chaleur, il arriveroit un moment où l'acide sulfurique réduiroit l'acide hydriodique en eau et en iode, en cédant le tiers de son oxigène.

L'acide arsénieux, l'hydrochlorate de protoxide d'étain, les sulfites, les hyposulfites, mis en contact avec de l'eau et de l'iode, s'oxigènent aux dépens de l'eau, tandis que l'iode passe à l'état d'acide hydriodique.

Lorsqu'on verse de l'eau de potasse concentrée sur l'iode, celui-ci est dissous avec rapidité. La liqueur dépose une matière blanche, grenue, qui est de l'iodate de potasse, et retient de l'hydriodate de pota-se ou de l'iodure de potassium, suivant qu'on admet que l'oxigénation de l'iode s'est faite aux dépens de l'eau, ou bien aux dépens d'une portion de la potasse. Nous adopterons la première opinion. Suivant que c'est l'alcali qui domine ou l'iode, la couleur de la liqueur est le jaune-orangé ou le rouge-brun très-foncé. Dans ce dernier cas c'est l'hydriodate qui tient de l'iode en dissolution, et malgré cela il y a un excès sensible d'alcali. Il paroit que, quand la liqueur est saturée d'iode, et qu'elle est assez étendue pour ne pas laisser précipiter d'iodate, elle contient une quantité d'iode à l'état de dissolution égale a celle qui a été acidifiée par les deux élémens de l'eau.

L'eau de soude se conduit comme celle de potasse.

Il en est de même des eaux de chaux, de strontiane et de baryte. La seule différence qu'on observe, c'est que leurs iodates, étant très-peu solubles, se précipitent : c'est pourquoi on peut obtenir par ce moyen les iodates de ces bases à l'état de pureté.

Lorsque la magnésie est mise avec de l'eau et de l'iode, il y a pareillement formation d'un hydriodate et d'un iodate.

Les oxides qui, comme ceux de zinc et de fer, tiennent beaucoup à l'oxigène, sans posséder une aussi grande alcalinité que les bases précédentes, ne déterminent pas la décomposition de l'eau par l'iode.

Les oxides qui tiennent peu à l'oxigène, tels que les peroxides de mercure et d'or, ne déterminent pas la décomposition de l'eau, mais sont eux-mêmes en partie décomposés par l'iode. Aussi, en exposant le peroxide de mercure, comme l'a fait M. Colin, à une température de 60 à 100 degrés, dans de l'eau où il y a de l'iode, une portion d'oxide cède son oxigène à une portion d'iode : il en résulte du suriodate de mercure qui reste en dissolution, et du sous-iodate insoluble : en même temps le mercure réduit forme un iodure rouge avec la portion d'iode qui ne s'est pas acidifiée. L'oxide d'or produit, dans les mêmes circonstances, du suriodate d'or soluble : mais l'or qui a été réduit ne forme pas d'iodure.

Action de l'iode sur les matières organiques en général.

MM. Colin et H. Gaultier de Claubry sont les seuls chimistes qui aient examiné d'une manière générale l'action de l'iode sur les matières végétales et animales. Ils sont arrivés aux résultats suivans.

1.° *Iode, et substances organiques formées de carbone, d'hydrogène et d'une portion d'oxigène plus grande que celle nécessaire pour convertir l'hydrogène en eau.*

A froid il n'y a pas d'action. A une température suffisante pour décomposer la matière organique, il se produit de l'acide hydriodique.

Si l'on fait bouillir le mélange des corps dans l'eau, il se dégage de la vapeur d'iode, et si la matière organique est soluble, elle est dissoute sans éprouver d'altération.

2.° *Iode, et substances organiques formées de carbone, d'oxigène et d'une quantité d'hydrogène plus grande que celle nécessaire pour convertir l'oxigène en eau.*

A la température ordinaire, ainsi qu'à 100 degrés, il se forme de l'acide hydriodique, qu'on sépare au moyen de l'eau. Tel est le résultat qu'on obtient en traitant par l'iode le camphre, les huiles fixes et volatiles, l'alcool, l'éther et les graisses animales.

3.° *Iode, et substances végétales formées de carbone, plus d'oxigène et d'hydrogène dans la proportion qui constitue l'eau.*

A froid, il y a formation de composés plus ou moins colorés, dont l'eau bouillante ne dégage pas d'iode ou n'en dégage qu'une portion ; à 100 degrés il ne se produit pas d'acide hydriodique, mais il se forme à la température où la substance organique peut se décomposer.

L'iode s'unit à l'amidon en deux proportions. La combinaison neutre est bleue ; celle avec excès d'amidon est blanche : on peut la considérer comme un sous-iodure. Nous allons exposer ses propriétés, par la raison que nous ne l'avons pas fait en traitant de l'amidon.

On obtient l'iodure d'amidon en triturant de l'amidon sec

provenant du blé avec un excès d'iode également sec. Le mélange devient noir : on le dissout dans la potasse ; on sature l'alcali par un acide végétal : l'iodure se précipite. Le salep, l'empois, le mucilage de racine de guimauve, l'amidon de pommes de terre, se comportent comme l'amidon du blé.

L'iodure d'amidon est soluble dans l'eau froide : la dissolution est violette ; elle passe au bleu quand on y met de l'iode. Si on la fait bouillir, tout l'iode qui est en excès à la composition du sous-iodure se dégage : il reste du sous-iodure blanc dans la liqueur. Si on fait évaporer cette dernière, on obtient un résidu un peu jaunâtre, qui devient bleu par l'addition de l'iode.

L'acide nitrique étendu, l'acide sulfurique très-concentré, l'acide hydrochlorique, le chlore, versés dans la solution de sous-iodure d'amidon, font passer la couleur du liquide au bleu, parce qu'ils mettent à nu de l'iodure neutre, en se combinant avec l'excès d'amidon, ou bien en l'altérant.

L'acide nitrique concentré décompose l'iodure d'amidon en altérant ce dernier.

L'acide sulfureux liquide en précipite l'amidon, et il y a en même temps de l'eau décomposée ; son oxigène convertit l'acide sulfureux en acide sulfurique, et son hydrogène convertit l'iode en acide hydriodique.

L'acide hydrosulfurique le décompose : l'amidon et le soufre sont précipités, tandis que l'hydrogène de l'acide s'unit à l'iode.

La potasse, la soude dissolvent l'iodure d'amidon. MM. Colin et Gaultier considèrent cette dissolution comme un composé de sous-iodure d'amidon, d'iode et de potasse.

A froid, l'alcool convertit l'iodure en sous-iodure. A quelques degrés au-dessous de celui où il entre en ébullition, il sépare tout l'iode de l'amidon, en le convertissant en acide hydriodique. Un corps huileux ajouté à l'alcool accélère la décomposition du sous-iodure.

A ces faits nous ajouterons que l'iode agit sur les réactifs colorés, humides, de nature végétale, à la manière du chlore : il en détruit la couleur, parce que sans doute il y a une décomposition d'eau : l'oxigène de celle-ci se porte sur le carbone et l'hydrogène de la matière organique, tandis que son hydrogène s'unit à l'iode.

État naturel de l'iode.

Ce corps existe dans un grand nombre de fucus. Suivant M. Gaultier de Claubry, il y est à l'état d'acide hydriodique, uni à la potasse et à la soude. M. Fife l'a trouvé dans les éponges.

Préparation.

Après avoir incinéré des espèces de *fucus* qui contiennent de l'iode, on lessive la cendre; on fait concentrer le lavage, et, en l'abandonnant à lui-même, on l'épuise de tout ce qu'il contient de matières cristallisables: l'eau-mère ainsi obtenue renferme des hydriodates de potasse et de soude. On la met dans une cornue tubulée à laquelle on a adapté une alonge et un récipient tubulés. On verse peu à peu dans la cornue de l'acide sulfurique concentré et en excès: une portion de cet acide s'unit à la potasse et à la soude, tandis que celle qui ne s'y combine point, passe en partie à l'état d'acide sulfureux, parce qu'elle cède de l'oxigène à l'hydrogène de l'acide hydriodique. De cette réaction résulte de l'iode qui passe dans le récipient avec de la vapeur d'eau, lorsqu'on vient à porter à l'ébullition le liquide contenu dans la cornue. Il se volatilise, outre l'iode et l'eau, de l'acide sulfureux et de l'acide hydrochlorique: ce dernier provient des chlorures qui n'ont pas été séparés par les cristallisations auxquelles on a soumis les lavages des cendres de fucus. On lave l'iode, puis on le distille avec de l'eau de potasse foible. Par ce moyen on l'obtient sous la forme de lames brillantes comme le carbure de fer. Il ne s'agit plus que de le sécher; on y parvient en le pressant entre des papiers joseph, jusqu'à ce qu'il cesse de les mouiller: on l'introduit ensuite dans une cloche de verre fermée par un bout, où on le foule avec un tube de verre, puis on le chauffe jusqu'à ce qu'il soit fondu.

M. Wollaston a proposé d'ajouter du peroxide de manganèse, après qu'on a saturé les bases des hydriodates par l'acide sulfurique. L'oxide, en cédant une portion de son oxigène à l'acide hydriodique devenu libre, forme de l'eau, et met ainsi l'iode à nu. L'oxide de manganèse, qui a perdu de l'oxigène, s'unit à l'acide sulfurique qui est en excès.

Les eaux-mères des lessives de cendres de fucus que l'on trouve à Paris, dans le commerce, sous le nom d'*eaux-mères de soude de vareck*, contiennent ordinairement du nitrate de potasse et une quantité très-notable de chlorures. C'est pour cette raison que, quand on y verse de l'acide sulfurique concentré, il y a une vive effervescence, occasionée surtout par du chlore et de l'acide nitreux.

Histoire.

C'est en France que l'iode a été trouvé dans la *soude de vareck*. M. Courtois, auteur de cette découverte, après l'avoir tenue secrète pendant plusieurs années, la communiqua, au commencement de 1812, à MM. Clément et Désormes, qui l'annoncèrent publiquement à l'Institut, le 29 Novembre 1813, dans une note composée de leurs propres observations et de celles de M. Courtois. Dans la séance du 6 Décembre, M. Gay-Lussac, qui avoit reçu quelques jours auparavant de M. Clément une certaine quantité d'iode, avec l'invitation de l'examiner d'une manière spéciale, lut un mémoire dans lequel il établissoit les rapports qu'il avoit avec le chlore, et proposoit de lui donner le nom qu'il porte depuis cette époque. Les rapprochemens que M. Gay-Lussac avoit faits, furent pleinement confirmés par M. H. Davy, qui se trouvoit alors à Paris, et qui consigna ses observations dans une lettre datée du 11 Décembre, qui fut lue à l'Institut le 15 du même mois. Enfin, dans le mois d'Août 1814, M. Gay-Lussac lut un mémoire à l'Institut, où il assigna définitivement le rang que l'iode doit occuper dans le système chimique des corps simples. Il fit voir que ses propriétés le rangeoient entre le chlore et le soufre; que l'azote devoit être placé à la suite de ce dernier, à cause de la ressemblance qui existe entre l'acide nitrique et les acides iodique et chlorique, soit par la facilité avec laquelle ces trois acides cèdent leur oxigène, soit par leur composition, qui est telle que, pour 1 volume de chlore, d'iode et d'azote, il y a 2½ volumes d'oxigène. Il fit voir encore que, si quelques iodates se rapprochent entièrement des chlorates, la plupart ont plus d'analogie avec les sulfates, et que les sulfures, les iodures et les chlorures se comportent de la même manière avec l'eau : enfin, que l'action du soufre et du chlore sur les *oxides*, avec ou sans le concours de l'eau, est semblable à celle que l'iode exerce sur les mêmes composés.

C'est du travail de M. Gay-Lussac que nous avons emprunté presque toute la matière de cet article. (Cн.)

IO-DIEB. (*Ornith.*) L'oiseau que David Crantz désigne sous ce nom dans son Histoire du Groënland, publiée en allemand, et qui est nommé *io-fugl* par Pontoppidan, tom. 2, pag. 113, est le labbe à longue queue, *larus stercorarius*, Linn. (Cн. D.)

IODIQUE. (*Chim.*) Combinaison acide de l'iode avec l'oxigène.

Composition.

	Poids.	Volume.	
Oxigène......	31,927	2⅓	} Gay-Lussac.
Iode.........	100	 1	}

La quantité d'oxigène est le multiple par 5 de la première quantité qui peut s'unir à l'iode.

Propriétés.

Il est solide quand il est anhydre, incolore et demi-transparent. Sa densité est supérieure à celle de l'acide sulfurique hydraté.

Il est inodore ; sa saveur est très-aigre et astringente.

Il rougit la teinture de tournesol, et finit par la détruire.

Il est légèrement déliquescent dans un air humide. Sa solution dans l'eau est susceptible d'être concentrée en sirop, et dans cet état elle peut être réduite en une matière pâteuse, qui paroît être un hydrate : cette matière, chauffée davantage, perd la totalité de son eau, sans que l'acide soit altéré.

Il forme des sels dont la plupart sont insolubles à l'état neutre.

L'acide iodique précipite les nitrates de plomb et de mercure.

Les acides sulfurique, phosphorique, nitrique, forment avec lui des composés cristallisables. Si, dans une solution d'acide iodique concentrée et chaude, on verse goutte à goutte de l'acide sulfurique : les deux acides s'unissent, et leur combinaison se précipite. Ce précipité, fondu avec précaution, est susceptible de cristalliser, par le refroidissement, en cristaux rhomboïdaux d'une couleur jaune-pâle, qui peuvent être volatilisés sans altération, lorsqu'on ne les chauffe pas brusquement. Dans le cas où la chaleur est trop forte, une partie se sublime, et une autre est réduite en acide sulfurique, en iode et en oxigène.

L'acide iodique forme avec l'acide phosphorique hydraté un composé solide, jaune, incristallisable. On peut encore obtenir un composé, en mettant l'acide iodique dans l'acide phosphoreux, et faisant chauffer : alors une portion du premier acide cède son oxigène à l'acide phosphoreux, et le convertit en acide phosphorique ; l'iode désoxigéné se volatilise, et la partie d'acide iodique non décomposée s'unit à l'acide phosphorique.

L'acide iodique et l'acide nitrique forment un composé qui cristallise en rhomboïdes aplatis. Ces rhomboïdes secs, exposés à une chaleur de beaucoup inférieure à celle qui volatilise le composé sulfurique, se réduisent en deux portions : l'une se décompose en oxigène, en iode et en acide nitrique ; l'autre se sublime sans altération.

L'acide iodique, exposé à une température inférieure de quelques degrés à celle qu'il faut pour porter l'huile d'olive à l'ébullition, se fond et se réduit en iode et en oxigène.

Cette action explique comment il forme, avec le soufre, le charbon, le sucre, les résines, les métaux combustibles divisés, des mélanges qui détonent quand on en élève la température.

La solution d'acide iodique corrode presque tous les métaux, même l'or et le platine (l'or surtout).

L'acide iodique et l'acide hydriodique liquide qui n'est pas très-étendu d'eau, se décomposent mutuellement en eau et en iode.

L'acide iodique et l'acide hydrochlorique liquide se réduisent en eau et en acide chloriodique ;

L'acide iodique et l'acide hydrosulfurique liquide se réduisent en eau, en soufre et en iode.

L'acide sulfureux liquide, en lui enlevant son oxigène, se transforme en acide sulfurique, et met l'iode en liberté.

Histoire et préparation.

Nous sommes redevables à M. Gay-Lussac de la découverte de l'acide iodique. Il en détermina la composition et les propriétés principales dans le mémoire qu'il présenta à l'Institut en Août 1814. Il le retira de l'iodate de baryte au moyen de l'acide sulfurique ; mais l'acide iodique, préparé par ce procédé, est en dissolution dans l'eau, et il retient toujours une petite quantité de l'acide qui a servi à son extraction. En 1815, M. H. Davy obtint l'acide iodique parfaitement pur, en faisant réagir, à la température ordinaire, l'oxide de chlore sur l'iode. Voici son procédé :

On introduit dans un tube fermé par un bout $2\frac{1}{2}$ parties de chlorate de potasse et 10 d'acide hydrochlorique, d'une densité de 1,105 : après avoir placé le tube verticalement, on y adapte un tube horizontal rempli de chlorure de calcium ; ce tube, au moyen d'un tube coudé, plus étroit, communique avec un récipient de verre mince à long col, dans lequel on a mis 1 partie d'iode. On chauffe avec précaution l'extrémité du tube de verre où est le mélange de chlorate et d'acide, afin d'éviter l'explosion que détermineroit infailliblement une chaleur trop forte. Il se dégage de l'oxide de chlore, qui arrive à l'état sec dans le récipient : là l'iode se combine aux deux élémens de l'oxide gazeux ; il en résulte de l'acide chloriodique ioduré et de l'acide iodique. Quand l'opération est terminée, on chauffe doucement le récipient : l'acide chloriodique ioduré se volatilise, et l'acide iodique reste à l'état solide.

C'est M. H. Davy qui a fait connoître la combinaison de l'acide iodique avec les acides qui ne sont pas susceptibles de le décomposer. (CH.)

IODURES. (*Chim.*) Combinaisons non acides, que l'iode forme avec les bases salifiables, et avec les corps simples qui sont électro-positifs par rapport à lui.

a) Les *iodures de corps simples non métalliques* sont ceux de phosphore, de soufre et d'azote.

b) Les *iodures de corps simples métalliques*, connus, sont ceux

de potassium, de sodium, de fer, de zinc, d'étain, d'antimoine, de cuivre, de plomb, de bismuth, de mercure (il
y en a deux), d'argent et d'or.

Tous les iodures métalliques sont décomposés par les acides
nitrique et sulfurique concentrés : le métal est oxidé, et l'iode
est mis en liberté.

A l'exception des iodures de potassium, de sodium, de
plomb et de bismuth, tous les autres sont décomposés, lorsqu'après les avoir portés au rouge dans un tube on y fait
passer un courant d'oxigène.

Le chlore les décompose tous.

Enfin les iodures de potassium, de sodium, de fer, de
zinc, sont dissous par l'eau, vraisemblablement en donnant
lieu à des hydriodates.

Les iodures d'étain et d'antimoine sont réduits par l'eau
en acide hydriodique et en oxides, qui se déposent pour la
plus grande partie lorsqu'il y a assez d'eau.

Les iodures de cuivre, de plomb, de bismuth, de mercure et d'argent, sont insolubles dans l'eau.

La composition des iodures métalliques est facile à déterminer, d'après celle de l'iodure de zinc, par la raison que
les quantités d'iode qui se combinent à un métal sont pro-
portionnelles à la quantité d'oxigène que celui-ci absorbe.
Ainsi 100 d'iode se combinent à 26,225 de zinc, qui absorbent 6,402 d'oxigène. Qu'on cherche maintenant la quantité
d'un métal quelconque à laquelle cette quantité d'oxigène
peut s'unir, et l'on aura la quantité de ce métal qui s'unit à
100 d'iode, en supposant toutefois que le métal en question
soit susceptible de former un iodure.

c) Iodures de bases salifiables.

On ne connoît guère parmi les bases salifiables que l'ammoniaque qui soit susceptible de former un iodure. Voyez
IODE. (Ch.)

IOLITHE. (Min.) Nom donné par les minéralogistes de
l'école de Freyberg à l'espèce minérale que M. Cordier a
décrite sous celui de Dichroïte. Voyez ce mot. (Br.)

IOLITHUS ou JOLITHUS (Bot.), c'est-à-dire, *pierre violette*, en grec. Schwenckfeld, dans son Catalogue des végé-

taux et des fossiles de la Silésie, nomme *iolithus* ou *lapis violaceus*, une pierre qui répand l'odeur de la violette. Micheli pense qu'il s'agit d'une petite plante, et ne balance pas à la donner pour l'*herbula muscosa*, d'Agricola, qui exhale l'odeur de violette, et pour la pierre d'Aldenberg, à odeur de violette, de Besler (*Mus. rar.*, tab. 29); enfin, pour son *byssus germanica* (*Nov. gen.*, tab. 89, fig. 5), que Linnæus rapporte à son *byssus iolithus*, qui, s'il n'a pas toujours l'odeur de la violette, en a au moins souvent la couleur. Cette odeur se fait sentir surtout lorsque ce byssus, après avoir été desséché, vient à être humecté. Il forme sur les pierres de grandes plaques pourpres, ou violettes, ou orangées. Agardh et Lyngbye le considèrent comme une espèce de conferve terrestre, formée de petits filamens droits, excessivement courts, dichotomes, articulés, et à articulations une fois et demie plus longues que larges.

Il y a aussi des pierres qui sentent la violette, mais qui doivent leur odeur à une autre cause, comme nous l'avons dit ailleurs. (LEM.)

IOLO - SUCHIL. (*Bot.*) Ce nom indien, signifiant *fleur cordiale*, est donné, au rapport d'Acosta, cité par C. Bauhin, à une fleur qui a la forme et le volume d'un cœur. Elle est mentionnée dans l'article où il est question des œillets d'Inde, *tagetes*. (J.)

ION (*Bot.*), nom grec de la violette. (J.)

IONÉSIE, *Ionesia*. (*Bot.*) Genre de plantes dicotylédones, à fleurs complètes, monopétalées, de la famille des *légumineuses*, appartenant à l'*heptandrie monogynie* de Linnæus, offrant pour caractère essentiel : Un calice à deux folioles; une corolle infundibuliforme; le tube charnu et fermé; le limbe à quatre lobes; un appendice en forme d'anneau, inséré à l'orifice du tube de la corolle, supportant sept étamines; un ovaire pédicellé, auquel succède une gousse en forme de sabre, contenant quatre à huit semences.

Ce genre, établi par Roxburg pour un arbre des Indes orientales, paroît avoir des rapports avec les *palovea* et les *bauhinia*, et devoir être rangé parmi les légumineuses. Il ne renferme qu'une seule espèce.

IONÉSIE AILÉE : *Ionesia pinnata*, Roxb., *Asiat. research.*, 4, pag. 555 ; Willd., *Spec.*, 2, pag. 287 ; *Asjogam*, Rheed., *Hort. Malab.*, 5, pag. 117, tab. 59. Arbre des Indes orientales, d'une médiocre grandeur, dont les rameaux sont garnis de feuilles alternes, pétiolées, ailées avec une impaire, composées de quatre à six paires de folioles glabres, fermes, oblongues, lancéolées, luisantes : les fleurs sont disposées en cime, médiocrement pédonculées, terminales et axillaires : la corolle en forme d'entonnoir, d'un jaune orangé ; les gousses courbées en sabre. (Poir.)

IONIA (*Bot.*), nom athénien de l'yvette, *chamæpytis*, suivant Ruellius. (J.)

IONIDIUM. (*Bot.*) Genre de plantes dicotylédones, à fleurs complètes, polypétalées, irrégulières, de la famille des *violacées*, de la *pentandrie monogynie* de Linnæus, offrant pour caractère essentiel : Un calice à cinq folioles, sans prolongement à sa base ; une corolle irrégulière, à cinq pétales, sans éperon, presque à deux lèvres : la supérieure à deux pétales ; trois pétales à l'inférieure ; celui du milieu plus large et plus long : cinq étamines, les anthères non réunies ; un ovaire supérieur, surmonté d'un seul style et d'un stigmate. Le fruit est une capsule entourée par le calice, à une seule loge, à trois valves ; graines attachées au milieu des valves.

Ce genre renferme des espèces herbacées ou des sous-arbrisseaux, que Linnæus avoit d'abord réunis aux violettes, que Ventenat en a exclus pour en former un genre particulier sous le nom d'*ionidium*. On n'en cultive aucune espèce en Europe, une ou deux exceptées, l'*ionidium polygalæfolium* et l'*ionidium suberosum*. Elles exigent une bonne terre, l'orangerie en hiver et de la chaleur en été : on les multiplie de boutures.

IONIDIUM ITOUBOU : *Ionidium itouboa*, Vent. ; *Viola itouboa*, Aubl., *Guian.*, tab. 518 ; *Viola calceolaria*, Linn. Ses racines sont blanches, rameuses, cylindriques et traçantes : ses tiges droites, rameuses, herbacées, tomenteuses ; les feuilles pétiolées, ovales, dentées en scie, tomenteuses à leurs deux faces ; les fleurs blanches, très-grandes, axillaires ; leur calice velu, à cinq folioles inégales ; quatre pétales onguiculés, roulés à leurs bords, un cinquième beaucoup plus grand ; l'ovaire velu ; le stigmate urcéolé ; la capsule arrondie, à trois faces, s'ouvrant en trois valves ; les semences ovales, petites et blanches. Cette plante croît à l'île de Cayenne et dans les contrées méridionales de l'Amérique. Ses racines, d'après Aublet, ont les propriétés de l'ipécacuanha blanc, prises en petite dose ; en poudre, elles sont purgatives : elles deviennent émétiques, lorsqu'on augmente la dose, qui est ordinairement d'un gros.

IONIDIUM ÉMÉTIQUE : *Ionidium ipecacuanha*, Vent., *l. c.*; *Viola ipecacuanha*, Linn.: *Pombalia ipecacuanha*, Vandell., *Fasc.*, pag. 7, tab. 1. Cette plante a des racines blanches, fibreuses et ramifiées ; elles produisent des tiges droites, rameuses, hautes de deux pieds : les feuilles sont ovales, elliptiques, vertes, glabres ou un peu pileuses en-dessous, dentées en scie : les pétioles courts; les fleurs blanches, solitaires, axillaires, inclinées sur leur pédoncule, accompagnées de deux bractées très-courtes, pileuses au sommet; les pétales onguiculés, deux plus longs, rabattus; trois inférieurs, dont un très-grand, pubescent en-dessous. Cette espèce croît au Brésil. On soupçonne fortement que ce sont ses racines qui fournissent l'*ipecacuanha blanc;* au reste, il est reconnu aujourd'hui que cet émétique provient de plusieurs plantes différentes, non-seulement parmi les violettes, mais d'espèces qui appartiennent à d'autres genres. (Voyez IPÉCACUANHA.)

IONIDIUM HÉTÉROPHYLLE : *Ionidium heterophyllum*, Vent., *l. c.*; *Viola heterophylla*, Poir., Encycl.; *Viola surrecta, etc.*, Pluken., tab. 120, fig. 8. Espèce remarquable par ses feuilles de deux sortes. Ses racines sont grêles, longues, tortueuses et blanchâtres; les tiges dures; les rameaux glabres, presque filiformes : les feuilles presque sessiles; les inférieures petites, ovales; les supérieures linéaires-lancéolées: les fleurs petites, axillaires; les pédoncules capillaires, plus courts que les feuilles. Cette plante croît à la Chine.

IONIDIUM A PETITES FLEURS : *Ionidium parviflorum*, Vent., *l. c.*; *Viola parviflora*, Linn. fils, *Sup.*; Cavan., *Icon. rar.*, var. 6, pag. 21. Plante herbacée de l'Amérique méridionale, qui a le port du *veronica serpillifolia*, et dont les tiges filiformes, presque grimpantes, sont garnies de feuilles nombreuses, pétiolées, glabres, ovales, munies de cinq dents à chaque bord. Les fleurs sont droites, axillaires, fort petites ; la co-

rolle d'un blanc de lait; les quatre pétales supérieurs à peine
plus longs que le calice ; le cinquième pendant, une fois
plus long; le stigmate en entonnoir; la capsule petite, à
trois loges.

IONIDIUM GLUTINEUX : *Ionidium glutinosum*, Vent., Malm.,
pag. 27. Ses tiges sont herbacées, un peu pileuses vers leur
sommet : les feuilles alternes, ovales-elliptiques, glabres, dentées ; les pédoncules pileux, filiformes ; les fleurs blanches,
petites ; leur calice pubescent. Commerson a découvert cette
plante à Buenos-Ayres. Dans l'*ionidium linifolium* (Poir.,
Encycl., *sub viola*), autre espèce recueillie par Commerson
à Madagascar, les feuilles sont éparses, fort petites, étroites,
linéaires ; les fleurs solitaires, petites, blanchâtres; les capsules glabres.

IONIDIUM A FEUILLES DE POLYGALA : *Ionidium polygalæfolium*,
Vent., *l. c.*, tab. 27; *Viola verticillata*, Ort., Dec. 4, pag. 50;
Cavan., *Lec. bot.*, 2, pag. 573. Espèce originaire de la Nouvelle-Espagne, dont les tiges sont dures, touffues, presque
ligneuses, à peine rameuses ; les feuilles opposées, presque
sessiles, lancéolées, rudes à leurs bords ; les fleurs d'un vert
jaunâtre, petites, inclinées, puis redressées. Dans l'*ionidium
linariæfolium* (Poir., Encycl., *sub viola*), les feuilles sont
linéaires, très-étroites; les stipules sétacés; les fleurs bleuâtres, petites ; la corolle à peine de la longueur du calice.
Dans l'*ionidium strictum*, Vent., *l. c.*, les tiges sont ligneuses,
élancées ; les feuilles opposées, lancéolées, très-entières,
glabres, longues d'un pouce ; les stipules très-courtes, subulées ; les fleurs petites ; la corolle blanchâtre ; les capsules
courtes, à trois petites valves concaves, renfermant des semences blanchâtres. Cette espèce a été découverte à l'île de
Saint-Thomas par M. Ledru, et à Saint-Domingue par M.
Poiteau.

IONIDIUM GRIMPANT : *Ionidium hybanthus*, Vent.; *Viola hybanthus*, Linn.; Aubl., *Guian.*, 2, tab. 519; *Hybanthus*, Jacq.,
Amer., tab. 175, fig. 24, 25. Arbrisseau de Cayenne, que les
Galipons nomment *pira-aia*. Ses tiges se divisent en rameaux
grêles, roulés les uns sur les autres ou autour des arbres qui
les avoisinent ; garnis de feuilles alternes, lisses, ovales,
longues d'environ six pouces. Les fleurs sont ou solitaires ou

réunies plusieurs ensemble sur un pédoncule commun, axillaires, soutenues par des pédicelles courts, articulés; la corolle fort grande, jaunâtre; le pétale supérieur concave, éperonné à sa base; les deux latéraux arrondis, onguiculés; les deux inférieurs fort petits; les étamines appliquées contre l'ovaire, surmontées d'un corps membraneux, portant à sa face intérieure une anthère qui s'ouvre en deux valves.

IONIDIUM A LONGUES FEUILLES : *Ionidium longifolium*, Poir., Encycl., *sub viola*. Plante découverte à Cayenne, remarquable par la grandeur et la longueur de ses feuilles, par ses petites fleurs à longs éperons, par ses tiges ligneuses, garnies de rameaux roides, tortueux. Les feuilles sont alternes, pétiolées, oblongues-lancéolées, longues de quatre à cinq pouces; les fleurs solitaires, ou réunies sur un pédoncule simple, presque capillaire; le calice fort petit; la corolle blanchâtre; l'éperon étroit, subulé.

IONIDIUM A FEUILLES DE THESIUM : *Ionidium thesiifolium*, Poir., Encycl., *sub viola*. Adanson a découvert, au Sénégal, cette plante à tige herbacée, presque simple, glabre, striée, garnie de feuilles alternes, sessiles, très-étroites, longues de deux ou trois pouces, glabres, très-entières; les stipules subulées; les fleurs fort petites, solitaires, axillaires, presque sessiles; les folioles du calice étroites, aiguës; la corolle blanche, à peine plus longue que le calice; la capsule ovale, obtuse, un peu arrondie.

Parmi les autres espèces de ce genre placées d'abord parmi les violettes, on peut distinguer le *viola buxifolia*, (Poir., Encycl.), à feuilles alternes, en ovale renversé, entières, roulées à leurs bords, de l'île de Madagascar : le *viola capensis*, Thunb., dont les tiges sont droites, ligneuses; les feuilles en ovale renversé, dentées en scie : le *viola enneasperma*, Linn.; *nelam-parenda*, Rheed., *Hort. Malab.*, 9, tab. 60; très-rameuse dès la base de la tige, à feuilles alternes, linéaires-lancéolées, distantes, entières, dépourvues de stipules; elle croit dans les Indes orientales. (POIR.)

IONISCUS. (*Ichthyol.*) Au rapport d'Athénée, les anciens Éphésiens nommoient ιωνισκος la daurade, *aurata vulgaris*. Voyez DAURADE. (H. C.)

IONITES. (*Bot.*) Ruellius cite ce nom comme un de ceux donnés anciennement au caprier. (J.)

IONTITIS (*Bot.*), nom grec, suivant Mentzel, de l'aristoloche clématite. (J.)

IONUS. (*Ichthyol.*) On trouve désigné, sous le nom grec d'*iovἐς*, par Hesychius et Varinus, un poisson qui nous est totalement inconnu. (H. C.)

IONYGRON. (*Bot.*) Nom grec de la grassette, *pinguicula*, qui étoit un *sanicula montana* de C. Bauhin, la *viola humida* de quelques autres, et le *dodecatheon* de Pline. (J.)

IOPS. (*Ichthyol.*) Par le nom d'*iωπες*, les anciens Athéniens paroissent avoir désigné l'anchois. Voyez ENGRAULE. (H. C.)

IOTA. (*Entom.*) Nom d'une noctuelle qui porte sur les ailes supérieures deux traits longitudinaux de couleur noire, que l'on a comparés à la lettre majuscule grecque, I. La chenille se nourrit des feuilles de plusieurs espèces d'armoise, telles que l'absinthe, l'aurone, la citronelle, la santoline, etc. (C. D.)

IOUAITOBOU. (*Bot.*) Nom caraïbe, suivant Surian, d'une plante caryophyllée des Antilles, qui étoit un *alsine* de Plumier, et que Swartz nomme *pharnaceum spatulatum*. (J.)

IOUANTAN. (*Bot.*) Aublet dit que les Noiragues, habitans d'une partie de la Guiane, nomment ainsi son genre *Vantanea*, que l'on n'a pas encore rapporté à une famille connue. (J.)

IOUTAY. (*Bot.*) Les Garipons de la Guiane nomment ainsi l'*outea* d'Aublet, genre de plante légumineuse. (J.)

IOUTZIOU. (*Ichthyol.*) Voyez JOUSION. (H. C.)

IOWAIOU. (*Ornith.*) Nom koriaque d'une espèce de gagari, *colymbus maximus*, Stell., et *colymbus immer*, Linn. (CH. D.)

IPATKA. (*Ornith.*) L'oiseau qui porte ce nom au Kamtschatka, est l'*anas arctica* de Clusius, de Willughby, etc., l'*alca arctica* de Linnæus, le puffin de la zoologie arctique de Pennant, le macareux de Buffon, pl. enl. 275. (CH. D.)

IPÉCACUANHA. (*Bot.*) La plante connue au Brésil sous ce nom, décrite et figurée par Marcgrave et Pison, est le véritable ipécacuanha du commerce. Les auteurs qui se sont succédé, ont émis diverses opinions sur l'origine de cette racine employée en médecine, qu'ils attribuoient à différentes plantes. On avoit cru que c'étoit un *paris* ou une *pyrole*, ou un chèvrefeuille ou un euphorbe. Vandelli croyoit que c'étoit son *pombalia*, genre voisin de la violette, réuni postérieurement à l'*ionidium* de Ventenat, dans la même famille. Cette racine ressembloit encore à celle d'une violette du Pérou, existante dans nos herbiers et reportée aussi à l'*ionidium* ; mais l'écorce de celle-ci est beaucoup moins épaisse, ce qui aide à la distinguer facilement. M. Mutis, célèbre botaniste, résidant à Santa-Fé, en Amérique, a, le premier, fait connoître un *psychotria*, appartenant à la famille des rubiacées, que Linnæus fils a nommé *psychotria emetica*, en le regardant comme le véritable ipécacuanha, et citant comme synonyme la figure de Marcgrave, sans faire attention que dans celle-ci la disposition des fleurs en tête est bien différente. Postérieurement, M. Brotero, botaniste portugais, a mieux connu la plante du Brésil, dont il a donné une bonne figure et une description exacte, qui prouvent que cette plante, quoique également rubiacée, appartient à un genre différent, qu'il nomme *callicocca*, en ajoutant le nom spécifique *ipecacuanha*. Ce genre doit se confondre avec celui du *cephaelis*, publié auparavant par Swartz.

Comme on distingue dans les pharmacies deux ipécacuanha, à raison de la couleur grise ou brune de leurs racines, quelques auteurs, les regardant comme différens, ont cru que l'ipécacuanha gris étoit fourni par le *callicocca* ou *cephaelis*, et le brun par le *psychotria*. Cette erreur a subsisté tant qu'on n'a pas possédé ici les deux plantes en herbier avec leurs racines. M. Richard, fils, ayant eu occasion de les observer dans l'herbier de son père, en a fait l'objet d'un mémoire présenté à la société de médecine, et consigné dans le n.º 4 des Bulletins de cette société, année 1818. Il a observé que la racine de *cephaelis*, absolument semblable à celle du commerce, variant du gris au brun, avoit la partie ligneuse amincie comme un fil, et l'écorce épaisse, raboteuse à l'extérieur, marquée de plusieurs fentes circulaires très-rapprochées, et présentant ainsi la forme d'anneaux très-courts. Au contraire, la racine du *psychotria*, plus volumineuse, a une écorce lisse, plus mince que la partie ligneuse.

offrant à l'extérieur des espèces d'étranglemens ou sillons circulaires, assez éloignés les uns des autres. Il propose en conséquence, pour les bien distinguer, de nommer ipécacuanha annelé la racine du *cephaelis*, et ipécacuanha non annelé celle du *psychotria*. Cette dernière est plus rare dans les pharmacies et dans les collections de matière médicale. La première, au contraire, est très-usitée, et l'on emploie indifféremment les deux variétés, grise ou brune. Cette identité, indiquée par M. Richard, est combattue par M. Virey, qui a publié récemment l'extrait d'une dissertation plus ancienne de M. Gomez, botaniste américain, tendant à prouver que l'ipécacuanha gris, le même que l'*ipécacuanha blanc* de Pison, diffère du brun, et provient d'un *richardia*, autre rubiacée, qu'il nomme *richardia brasiliensis*, et dont il a communiqué des échantillons à M. Virey. Sa racine, de même forme que celle du brun, est également annelée, à anneaux un peu moins courts, à écorce pareillement épaisse, blanchâtre, un peu plus molle, entourant une partie ligneuse filiforme, et ayant la même saveur âcre, ainsi que l'odeur nauséeuse. L'auteur détaille ensuite les autres caractères qui rattachent cette plante au genre *Richardia*, dédié anciennement par Linnæus à Richardson, botaniste anglois. Cette indication d'un observateur qui a vu et décrit les plantes vivantes, semble prouver que les ipécacuanha bruns et gris proviennent de deux plantes différentes.

La propriété soit antidyssentérique, soit émétique, est à peu près la même dans ces deux racines; elle est moindre dans celles du *psychotria* et des deux *ionidium* cités plus haut.

On supprime ici les détails relatifs à leur emploi, qui sont du ressort de la matière médicale et de la médecine; nous rappellerons seulement que l'ipécacuanha a été connu, vers 1649, par l'éloge que faisoit Pison de son utilité dans la dyssenterie. Sa réputation s'établit lentement. Un médecin nommé Legros en avoit apporté, en 1672, une provision, qui fut mise en vente dans une pharmacie célèbre de Paris, mais y resta presque dans l'oubli. Un marchand plus adroit, nommé Grenier, qui en avoit apporté 150 livres en 1686, associa à sa vente et mit dans son secret le médecin Helvetius le père. Celui-ci obtint de Louis XIV qu'on en feroit l'essai dans les hôpitaux, et en cas de succès il devoit avoir, avec une récompense, le privilége exclusif de la vente. L'un et l'autre furent accordés à Helvetius. Le marchand, qui voulut entrer en partage, lui intenta un procès; mais Helvetius fut maintenu dans la jouissance du privilége, à la charge de l'indemniser. Grenier, mécontent, vendit de l'ipécacuanha à beaucoup de personnes, et le secret fut bientôt divulgué. Ce remède ne tarda pas à trouver des prôneurs très-zélés. D'abord on ne connoissoit que sa propriété antidyssentérique; ensuite on a découvert son action émétique, qui l'a fait placer au premier rang parmi les médicamens végétaux de cette classe.

Dans les environs de Rio-Janéiro, suivant M. Gomez, le nom de *poaia* est donné en général aux divers ipécacuanha. Le *cephaelis* est nommé *poaia do mato* ou *cipo*; le *richardia* est le *poaia do campo* ou des champs; et M. Gomez parle aussi d'un *poaia grossa*, qu'il ne put examiner que superficiellement, et dont les rugosités transversales lui parurent plus écartées que dans les espèces ordinaires. Chomel, dans ses Plantes usuelles, dit aussi que les Portugais donnent à l'ipécacuanha les noms de *bexuquillo*, *cagosanga* et *beloculo*.

Plusieurs plantes employées en divers pays comme émétiques y portent, pour cette raison, le nom d'ipécacuanha. Telles sont d'abord, à Cayenne et à Saint-Domingue, quelques violettes autres que celles citées précédemment. Le *cynanchum vomitorium*, de la famille des apocinées, est l'ipécacuanha blanc de l'île de France. Quelques autres apocinées sont employées dans l'Inde sous le même nom comme émétiques. Le *boerhaavia diandra* est nommé de même à Cayenne. On trouve dans quelques livres le *trientalis* sous le nom de *ipecacuanha europœa*. Un *ruellia* de Saint-Domingue, nommé *coccis*, est cité comme ipécacuanha faux par Nicolson. Voyez ÉMÉTINE. (J.)

IPECA-GUACU. (*Ornith.*) L'oiseau que Pison, Hist. nat., pag. 85, désigne sous ce nom, est le canard musqué, *anas moschata*, Linn. (CH. D.)

IPECATI-APOA. (*Ornith.*) Cet oiseau, dont Marcgrave a donné la description et la figure, pag. 213 de son Histoire naturelle du Brésil, et auquel correspond l'*apeca apoa* de

Rai, *Synops.* 148, est rapporté à l'oie bronzée, *anas mela-*
nolos, Gmel. et Lath. (Cʜ. D.)

IPECU. (*Ornith.*) L'oiseau que les Brésiliens nomment ainsi,
et qui est figuré dans Marcgrave, pag. 207, est l'ouantou ou
pic noir huppé de Cayenne, *picus lineatus*, Linn. (Cʜ. D.)

IPECUTIRI. (*Ornith.*) Le canard auquel on donne ce nom
au Paraguay, à cause de son cri *tiri* ou *cutiri*, et qui est décrit par M. d'Azara sous le n.° 457, a le front d'un brun roussâtre, les côtés de la tête, la gorge et le devant du cou blanchâtres, le derrière de la tête et la nuque noirs; le dessous
du corps d'un brun roussâtre, avec quelques taches noires
sur les flancs; les parties supérieures du corps d'un noir changeant, le bec d'un rouge obscur. (Cʜ. D.)

IPÉRUCUIBA (*Ichthyol.*), nom brésilien du rémora. Voyez
Écʜᴇɴᴇïᴅᴇ. (H. C.)

IPHIONE, *Iphiona.* (*Bot.*) [*Corymbifères*, Juss. = *Syngéné-*
sie polygamie égale, Linn.] Ce genre de plantes, que nous
avons proposé dans le Bulletin des sciences d'Octobre 1817,
appartient à l'ordre des synanthérées, à notre tribu naturelle des inulées, et à la section des inulées-prototypes, dans
laquelle nous l'avons placé entre les deux genres *Pentanema*
et *Rhanterium.* Il présente les caractères suivans :

Calathide incouronnée, équaliflore, pluriflore, régulariflore, androgyniflore. Péricline formé de squammes imbriquées. Clinanthe inappendiculé, planiuscule. Fruits cylindracés, hispides; aigrette composée de squammellules inégales,
filiformes, barbellulées. Anthères munies d'appendices basilaires.

Iᴘʜɪᴏɴᴇ ᴘᴏɴᴄᴛᴜᴇ́ᴇ; *Iphiona punctata*, H. Cass., Bulletin des
sciences d'Octobre 1817. C'est une plante herbacée, dont la
tige est simple, grêle, cylindrique, striée, à peine pubescente; ses feuilles sont alternes, sessiles, oblongues, sagittées
à la base, dentées en scie, ou presque entières, glabriuscules, parsemées en-dessous de points glanduleux; les calathides, composées de fleurs jaunes, sont tantôt disposées en
panicule corymbée, tantôt peu nombreuses et disposées en
un petit corymbe terminal. Elles sont multiflores; leur péricline est égal aux fleurs, subcylindracé, formé de squammes
irrégulièrement imbriquées, foliacées, linéaires, aiguës,

uninervées, parsemées de glandes; le clinanthe est planiuscule; les fruits sont cylindriques, hispides, munis d'un bourrelet basilaire; leur aigrette est composée de squammellules
peu nombreuses, unisériées, inégales, filiformes, barbellulées;
les anthères sont pourvues d'appendices basilaires sétiformes;
les corolles ont leurs divisions garnies de glandes. Nous avons
observé cette plante dans un herbier de M. de Jussieu, qui
a été fait à Galam en Afrique.

IPHIONE A FEUILLES DE GENÉVRIER : *Iphiona juniperifolia*, H.
Cass., Dictionnaire; *Iphiona dubia*, H. Cass., Bulletin des
sciences d'Octobre 1817; *Conyza pungens*, Lamk.; *Chrysocoma
mucronata*, Forsk.; *Stæhelina spinosa*, Vahl. Cette plante herbacée, ou peut-être ligneuse, est entièrement glabre, et haute
de six pouces dans l'échantillon incomplet que nous décrivons: sa tige est dure, roide, cannelée, anguleuse, très-rameuse, à rameaux paniculés, divariqués, roides et droits;
les feuilles sont peu nombreuses, éparses, alternes, sessiles,
longues de cinq lignes, subulées, roides, épaisses, coriaces,
spinescentes au sommet, portant, sur chacun des deux côtés
de leur partie basilaire, une lanière courte, subulée, roide,
spinescente; les calathides, hautes de quatre lignes et composées de fleurs jaunes, sont solitaires au sommet de la tige
et des rameaux. Elles sont pluriflores; leur péricline, inférieur aux fleurs, est formé de squammes imbriquées, appliquées, ovales, glabres, coriaces, membraneuses sur les bords;
le clinanthe est petit. Les fruits sont cylindracés, profondément cannelés, hispides; leur aigrette, égale à la corolle, est
composée de squammellules filiformes, épaisses, très-barbellulées, nombreuses, plurisériées, et d'autant plus petites qu'elles
sont plus extérieures; les anthères ont l'appendice apicilaire
long, et les appendices basilaires courts; les corolles sont cylindriques, à tube nul, ou presque nul, ou confondu avec
le limbe; les styles sont conformes à ceux des inulées. Cette
plante a été découverte par Lippi, en Égypte, aux environs
du Caire, sur les montagnes. Nous avons étudié ses caractères
génériques et spécifiques sur un échantillon de l'herbier de
M. Desfontaines, qui ne nous a point offert une particularité décrite par M. de Lamarck en ces termes : « A la base
« de la plupart des feuilles, on trouve, entre les deux piquans

« latéraux, deux très-petites oreillettes qui se courbent pour
« embrasser la tige.»

Les deux espèces d'*iphiona* diffèrent beaucoup l'une de
l'autre, non-seulement par le port, mais aussi par quelques
caractères génériques, ainsi qu'on peut le remarquer en
comparant leurs descriptions : cependant, pour ne pas trop
multiplier les genres, nous avons dû associer ces deux plantes.
La première a beaucoup d'affinité avec notre genre *Pentanema*, et la seconde avec le genre *Rhanterium* ; mais les caractères des trois genres sont bien distincts. L'*iphiona juniperifolia* avoit été attribuée par M. de Lamarck au genre *Conyza*,
par Forskal au genre *Chrysocoma*, et par Vahl au genre
Stæhelina : mais la calathide des *conyza* est pourvue d'une couronne féminiflore : les *chrysocoma* sont de la tribu des astérées : les *stæhelin* sont des carlinées, et elles diffèrent d'ailleurs des *iphiona* par le clinanthe fimbrillifère et l'aigrette
rameuse. (H. Cass.)

IPHISE. (*Erpétol.*) Feu Daudin a donné ce nom à une
espèce de couleuvre, *coluber iphisa*, qui est encore fort peu
connue. Décrite d'abord par Merrem, qui l'a reçue de l'Inde,
cette espèce a été nommée par lui *Hygiens natter*. Seba paroît l'avoir figurée aussi sous la dénomination de *serpens sia-
mensis* (*Thes.* II, tab. 54, fig. 5). (H. C.)

IPHYON. (*Bot.*) Anguillara, cité par C. Bauhin, croit que
ce nom est donné par Théophraste à l'asphodèle jaune. (J.)

IPICAY. (*Bot.*) La plante du Brésil citée sous ce nom par
Mentzel, est le JUPICAI. Voyez ce mot. (J.)

IPO. (*Bot.*) Voyez ANTIARE et HIPO. (J.)

IPOMÉA, *Ipomæa.* (*Bot.*) Genre de plantes dicotylédones,
à fleurs complètes, monopétalées, régulières, très-voisin des
liserons, de la famille des *convolvulacées*, de la *pentandrie
monogynie* de Linnæus : offrant pour caractère essentiel : Un
calice à cinq découpures ; une corolle infundibuliforme ou
en cloche ; cinq étamines attachées à la base de la corolle ;
un ovaire supérieur ; un stigmate en tête ; une capsule à trois
loges polyspermes.

Ce genre n'est que médiocrement séparé des liserons. Les
caractères qui l'en distinguent, ne se trouvent pas toujours réunis dans les nombreuses espèces qui le composent ; mais il en

existe au moins un ou deux suffisans pour les tenir séparées des liserons. Le plus saillant seroit la forme de la corolle, si elle étoit constamment en entonnoir, c'est-à-dire, à tube alongé et retréci, comme dans le quamoclit ; mais souvent elle est presque campanulée : il faut alors avoir recours au stigmate en tête ou à deux lobes très-courts, tandis qu'il est bifide dans les liserons. Le nombre des loges et des semences n'est pas non plus constant : d'où il résulte qu'il y a, parmi les auteurs, peu d'uniformité dans les espèces, placées tantôt dans l'un, tantôt dans l'autre de ces deux genres.

Les ipoméa se composent d'une suite nombreuse de très-belles espèces, dont plusieurs sont cultivées dans nos jardins comme plantes d'ornement, propres, par leur tige grimpante, à couvrir les berceaux ou à palissader les murs. On sème leurs graines sur couche, dès que les gelées ne sont plus à craindre, dans des pots de terre de bruyère mêlée avec moitié de terre franche : on repique ensuite les jeunes plantes, seule à seule, dans des pots qu'on enterre au pied d'un mur exposé au midi. Les espèces les plus remarquables de ce genre sont :

Ipoméa quamoclit : *Ipomœa quamoclit*, Linn. ; Lamk., *Ill. gen.*, tab. 104, fig. 1 ; *Flos cardinalis*, Rumph., *Amb.*, 5, tab. 155, fig. 2 ; *Tsiuria-cranti*, Rheed., *Malab.* 11, tab. 60. La délicatesse de son feuillage et l'éclat de ses fleurs rendent cette belle espèce très-remarquable. Ses tiges sont grêles et s'élèvent, en grimpant, à la hauteur de sept à huit pieds ; les feuilles d'un beau vert, pectinées, élégamment pinnati-fides ; les pinnules linéaires, presque filiformes. Les fleurs sont axillaires, solitaires, quelquefois deux sur un très-long pédoncule ; la corolle en entonnoir, de couleur écarlate très-vive, longue de plus d'un pouce. Cette plante est originaire des Indes orientales. Rhéede dit que son suc est sternu-tatoire et employé comme tel avec succès dans quelques maux de tête.

Ipoméa tubéreux : *Ipomœa tuberosa*, Linn. ; Sloan., *Jam. hist.*, 1, tab. 96, fig. 2 ; Pluken., *Almag.*, tab. 276, fig. 6 ; vulgairement Liane a tonnelles. Cette espèce est, par ses longs rameaux plians, la plus propre à couvrir les berceaux les plus étendus, à les décorer par ses belles fleurs odorantes, d'un jaune clair ou blanchâtre ; mais il lui faut, pour prospérer en pleine terre. un climat tempéré, tel que celui des contrées méridionales de l'Europe. Ses feuilles sont vertes, un peu pubescentes en-dessous, divisées en sept digitations inégales. très-profondes : ses fleurs grandes, latérales, axillaires, un peu purpurines à leur base, en forme d'entonnoir, réunies deux ou trois sur un pédoncule commun. Elle croît dans les iles et les contrées méridionales de l'Amérique.

IPOMÉA PIED-DE-TIGRE : *Ipomœa pes tigridis*, Linn.; Herm., *Lugdb.*, tab. 187 : *Pulli-Schonadi*, Rheed., *Malab.*, 11, tab. 59. Ses tiges sont rudes, grimpantes; ses feuilles palmées, divisées en cinq ou sept digitations, couvertes à leurs deux faces de poils fins et couchés. Les pédoncules sont axillaires, terminés par une tête de fleurs serrées, touffues, très-velues; la corolle infundibuliforme; les capsules à trois loges; les semences un peu velues. Cette plante croît dans les Indes et à Java. L'*ipomœa papiru*, *Flor. Per.*, 2, tab. 120, fig. *A*, a de grosses racines tubéreuses, employées en infusion par les Péruviens dans les diarrhées et les dyssenteries. Les feuilles sont palmées, en cœur, à cinq digitations; les fleurs axillaires, solitaires, amples, purpurines, en entonnoir.

IPOMÉA PURGATIF : *Ipomœa cathartica*, Poir., Encycl., Suppl.; *Convolvulus africanus*, Nicols., Hist. de Saint-Domingue, pag. 260 : vulgairement LIANE PURGATIVE, RUE PURGATIVE, LIANE A BAUDUIT, ABEFÉEA. Plante recueillie à l'ile de Saint-Domingue par M. Poiteau. Ses tiges sont glabres, herbacées, grimpantes; ses feuilles en cœur, glabres, à trois lobes acuminés, inégaux; les pédoncules axillaires, uniflores; les fleurs grandes; la corolle d'un rouge vif. infundibuliforme; le tube renflé, long d'un pouce: le limbe ample, à cinq lobes, marqué en-dessous d'une étoile à cinq rayons. Au rapport de Nicolson. on en tire un suc résineux qui se coagule et dont on se sert pour purger. Un habitant de Saint-Domingue, nommé *Bauduit*. en faisoit un sirop purgatif qui porte son nom. Quoiqu'il soit fort en usage parmi les habitans du pays, il ne laisse pas d'être dangereux, en ce qu'il occasionne quelquefois des superpurgations.

IPOMÉA ÉCARLATE : *Ipomœa coccinea*, Linn.; Commel., *Rar.*, tab. 21; Plum., *Amer.*, 89, tab. 105; Curtis, *Bot. Magaz.*, tab. 221. Cette espèce est cultivée dans les jardins comme plante d'ornement : elle y produit un effet très-agréable par ses belles fleurs, d'un rouge écarlate, ou d'un jaune orangé. Ses feuilles sont simples, en cœur ; un pédoncule commun et axillaire supporte, vers son sommet, cinq à six fleurs pédicellées : les divisions du calice se terminent par un filet sétacé ; les capsules sont globuleuses. Cette plante croît à l'île de Saint-Domingue. L'*ipomœa angulata*, Lamk., *Ill.*, 1, pag. 464, diffère de l'espèce précédente par ses feuilles anguleuses, presque à trois lobes, par ses pédoncules beaucoup plus longs que les feuilles. La corolle est d'un rouge écarlate. Commerson a découvert cette plante à l'Isle-de-France.

IPOMÉA ÉPINEUX : *Ipomœa bona nox*, Linn. ; Curtis, *Bot. Magaz.*, tab. 752 ; Jacq., *Hort. Schœnbr.*, 1, tab. 36 et 96. Plante originaire de la Floride et de la Jamaïque, cultivée au Jardin du Roi, facile à reconnoître par sa belle et très-grande corolle blanchâtre, verte à sa base, marquée également de zones verdâtres à son limbe : le tube est très-long, cylindrique ; les feuilles simples, ovales, en cœur a leur base, quelquefois un peu sinuées à leur bord ; les supérieures plus étroites, lancéolées, auriculées.

IPOMÉA BICOLORE : *Ipomœa bicolor*, Lamk., *Ill.*, 1, pag. 465 ; *Convolvulus Nil*, Linn. ; Dillen., *Elth.*, tab. 80, fig. 90, 92. Espèce des Antilles, dont la corolle est grande, très-belle, campanulée, blanche vers sa base, d'un bleu céleste à son limbe. Ses tiges sont rudes, grimpantes ; les feuilles ovales, en cœur, acuminées, un peu velues, les unes entières, d'autres à trois lobes aigus ; les pédoncules courts, à une ou deux fleurs ; les découpures du calice très-longues, linéaires. On cultive cette plante au Jardin du Roi. L'*ipomœa hederacea*, Jacq., *Icon. rar.*, 1, tab. 36, est très-rapproché de l'espèce précédente : mais ses tiges sont couvertes de poils fins et mous ; ses feuilles trilobées, velues à leurs deux faces ; les découpures du calice courbées en corne, garnies à leur base d'une touffe de poils longs et très-fins ; la corolle grande, campanulée, purpurine.

IPOMÉA A STIPULES PALMÉES : *Ipomœa stipulacœa*, Jacq., *Hort. Schœnbr.*, 2, tab. 199 ; *Convolvulus tuberculosus*, Linn. Plante originaire de l'Isle-de-France, cultivée au Jardin du Roi. Ses tiges s'élèvent, en grimpant, à la hauteur de douze pieds et plus, garnies de feuilles à cinq lobes glabres, lancéolés, aigus : accompagnées de deux stipules palmées, à trois ou cinq lobes courts, étroits : la corolle est purpurine, campanulée, longue de trois pouces, à dix crénelures ; les pédoncules de la longueur des pétioles, soutenant trois fleurs pédicellées. Dans l'*Ipomœa mauritiana*, Jacq., *Hort. Schœnbr.*, 2, tab. 200, les feuilles sont découpées en sept lobes ; les pédoncules soutiennent un corymbe de grandes et belles fleurs d'un pourpre clair, campanulées.

Ipoméa pourpre : *Ipomœa purpurea*, Lamk., *Ill.*, 1, pag. 466; *Convolvulus purpureus*, Linn.; Dillen., *Elth.*, tab. 82, fig. 94; Cavan., *Icon.*, 2, tab. 107. Cette belle espèce est une des plus généralement cultivées : elle fait l'ornement de tous les jardins, parmi les plantes grimpantes, propres à décorer les berceaux, les treillages, etc. Ses tiges sont herbacées, un peu velues ; ses feuilles simples, molles, ovales en cœur, presque glabres ; les pédoncules axillaires, de la longueur des feuilles, chargées de plusieurs fleurs purpurines ou d'un beau violet, grandes, blanches à leur base, quelquefois coupées de bandes blanches, assez semblables à celles du grand liseron ; le calice est hispide. Cette plante est originaire de l'Amérique méridionale.

Ipoméa sagitté : *Ipomœa sagittata*, Poir., Voyage en Barb., 2, pag. 122; Desf., *Fl. atl.*, 1, pag. 177; Lamk., *Ill.*, tab. 104, fig. 1 : *Convolvulus Wheleri*, Vahl, *Symb.*, 2, pag. 36. Cette jolie plante, que M. Desfontaines et moi avons découverte sur les côtes de Barbarie, que depuis Cavanilles a également trouvée en Espagne, seroit propre à figurer avec la précédente par ses grandes corolles campanulées d'un rose pourpre : ses tiges sont glabres, grimpantes; ses feuilles lancéolées, sagittées à leur base par deux oreillettes aiguës : les pédoncules axillaires, à une ou deux fleurs; les filamens velus à leur base. (Poir.)

IPOMOPSIS. (*Bot.*) Sous ce nom générique, Michaux, dans sa Flore de l'Amérique septentrionale, désigne l'*ipomœa rubra* de Linnæus, que nous avions antérieurement réuni au *cantua*, dans les polémoniacées, et qui paroît n'en devoir pas être séparé. Voyez CANTU. (J.)

IPOTARAGUAPIN. (*Bot.*) Arbrisseau de l'Amérique méridionale, cité par Lœfling, qui n'en a pas vu la fleur, et qui en décrit seulement le fruit, lequel est un brou un peu alongé, recouvrant une noix de même forme, à deux loges monospermes, dont une est plus centrale. Cet arbrisseau a des feuilles opposées, des épines également opposées et axillaires, des stipules intermédiaires et planes ; les fruits sont portés également sur des pédoncules axillaires. Cette description, quoique incomplète, peut faire supposer que cet arbrisseau est une rubiacée qui se rapproche du *canthium*. (J.)

IPOTIS. (*Bot.*) Voyez Hippotis. (Poir.)

IPPOCAMPOS. (*Ichthyol.*) Les Grecs ont désigné le cheval marin par le nom de ιπποκάμπος. Voyez Hippocampe. (H. C.)

IPPOKA. (*Bot.*) Barrère, dans sa France équinoxiale, cite ce nom de pays pour le *cassia biflora*. (J.)

IPPOUROS. (*Ichthyol.*) Aristote a désigné la dorade par le nom grec d'ιππουρος. Voyez Coryphène. (H. C.)

IPRÉAU. (*Bot.*) Nom vulgaire d'une espèce de peuplier. (L. D.)

IPS. (*Entom.*) Nom sous lequel on désigne un genre d'insectes coléoptères tétramérés ou à quatre articles à tous les tarses, à antennes en masse non portées sur un bec ou prolongement du front, et à corps déprimé, de la famille des omaloïdes, c'est-à-dire, planiformes.

Ce nom d'ips est tout-à-fait grec ; on le trouve dans Théophraste et dans l'Odyssée d'Homère : ιψ est dérivé lui-même de ιψω, *noceo*, je nuis ; ιψ, ιπος, *vermis cornu corrodens*, ver qui ronge la corne. Il est probable qu'Aldrovande, et par suite Degéer, en employant ce nom pour l'appliquer à quelques espèces de dermestes, avoient beaucoup plus de raison que Fabricius, qui s'en est servi pour indiquer des insectes très-petits, plats, linéaires, vivant sous les écorces et dans l'intérieur du bois, qu'ils rongent sous les deux états de larve et d'insecte parfait.

Aucun genre de coléoptères ne présente plus de variations et de difficultés pour la nomenclature. Nous venons déjà de dire que Degéer avoit donné ce nom d'*ips* à des espèces de dermestes de Linnæus, que Geoffroy avoit en effet cru devoir en séparer sous le nom de *scolytes*. Lorsque Fabricius publia ses premiers ouvrages descriptifs, il comprit, sous le nom d'*ips*, des *nitidules*, des *trilomes*, des *mycétophages*. Olivier, dans son grand ouvrage sur les coléoptères, réunit dans ce genre *Ips*, sous le n.° 18, vingt-quatre espèces d'insectes fort différens les uns des autres, dont on a fait depuis un très-grand nombre de genres. Nous nous contenterons d'indiquer ici les noms des principaux: *colydie, boros, méline, triplace, byture, cerque, colobyque, thymale, catérètes, micropèple, dacne, engis, cryptophage, sphérite.* Nous étions d'abord dans l'intention de donner un précis des considérations d'après lesquelles ces divers genres avoient été établis; mais, en voyant les variations nombreuses des parties d'après lesquelles les genres avoient été formés, nous avons reconnu que c'étoit un dédale dont il nous seroit fort difficile de tirer le lecteur: car tantôt les genres ont été établis d'après la disposition des tarses, tantôt d'après la forme du corselet; ici d'après la disposition des mandibules, là d'après le nombre des articles et la forme de la masse des antennes.

M. Latreille, qui est beaucoup plus versé dans ces sortes de détails, n'a pu lui-même trouver le fil de ce labyrinthe, comme on peut le voir dans l'article Nitidule du Règne animal, 3.ᵉ volume, page 260, et dans le Nouveau Dictionnaire de Déterville.

Nous nous contenterons, comme lui, de décrire une espèce du genre *Ips*; c'est celle dont nous avons donné la figure dans l'atlas de ce Dictionnaire, planches XVI et XIX de la livr. n.° 5 des Omaloïdes. (Voyez ce mot.)

C'est l'Ips cellérier ou des celliers, *Ips cellaris*, figuré aussi sous ce nom par Olivier, planche 1, fig. 5, *a, b*. C'est un dermeste de Scopoli, et de Fuesly, qui l'a également fait connoître dans ses Archives: il est ovale, noirâtre; les bords du corselet sont crénelés légèrement; les élytres et le corselet sont finement pointillés et pubescens.

Il est commun à Paris; mais on ne connoit ni sa larve ni ses mœurs. (C. D.)

IPSIDES. (*Entom.*) M. Latreille a nommé ainsi la petite famille qu'il a établie pour y ranger les genres Dacné et Ips. C'est une division des clavicornes. (C. D.)

IPSUS (*Bot.*), un des noms grecs du liége, suivant Menzel. (J.)

IQUETAYA. (*Bot.*) Plante dont l'espèce n'est pas encore déterminée par les botanistes, et qu'au Brésil on mélange à égale dose avec le séné pour lui enlever son goût désagréable et sans nuire à ses qualités. (Lem.)

IR. (*Bot.*) Les Nègres du Sénégal nomment ainsi un arbre dont le bois, étant sec, leur sert à faire du feu, en tournant avec force un morceau pointu dans le creux d'un autre morceau préparé à cet effet. (Lem.)

IR. (*Ornith.*) Nom polonois du friquet, *fringilla montana*, Linn. (Ch. D.)

IRA. (*Bot.*) Nom malabare, cité par Rhéede, d'une espèce de souchet, *cyperus ligularis*, selon Rottboll. Willdenow a retranché ce synonyme à cette espèce sans l'appliquer à une autre. On ne confondra pas l'*ira* avec l'Iria. Voyez ce mot. (J.)

IRABUBO. (*Mamm.*) Un des noms américains du cabiaï; il est rapporté par Gumila. (F. C.)

IRAGNO. (*Entom.*) Nom patois des araignées dans le Midi. (C. D.)

IRAIBA. (*Bot.*) Pison parle d'un palmier de ce nom, au Brésil, qui contient, dit-il, à l'extrémité de sa tige, une moelle très-blanche, que l'on mange crue ou cuite avec de l'huile, et qui est un bon aliment. La partie plus ferme, également blanche et semblable à de la farine, sert à faire de la bouillie ou une espèce de pain. On mange aussi le fruit, qui a une saveur désagréable. (J.)

IRAITUCH et AIAWE. (*Bot.*) Clusius, dans ses *Exotica*, dit qu'un suc ainsi nommé est envoyé de l'Amérique, enveloppé dans des feuilles de bananier. (J.)

IRAMBÈRE. (*Bot.*) Dans un herbier ancien de Coromandel, on trouve sous ce nom le *ferreola buxifolia* de Roxburg, qui paroît devoir être réuni au *maba* de Forster dans les ébénacées. (J.)

IRAMUSU. (*Bot.*) On donne, suivant Hermann, ce nom, dans l'île de Ceilan, à une plante dont la racine, nommée par les Portugais *ras de amor*, racine d'amour, est employée pour rétablir les forces et pour combattre les affections goutteuses et les douleurs d'entrailles. Linnæus ne la rapporte à aucun genre connu. (J.)

IRANDJA. (*Bot.*) On donne ce nom, aux environs de

Montpellier, à deux excellentes espèces de champignons : l'une est l'oronge vraie, et l'autre l'agaric engainé de Bulliard, qui appartiennent tous deux aux mêmes genres, l'AMMANITE (voyez ce mot) et ORONGE. (LEM.)

IRANE. (*Bot.*) Chez les anciens Grecs, *irane* étoit synonyme de *ballaris* et de *bryon thalassion*, qui répondent au *muscus marinus* des Latins, et à *mousse de mer*. Il paroît que plusieurs espèces furent confondues sous ces dénominations; ce qui le prouve, c'est la grande différence qui existe entre la description de la mousse de mer donnée par Pline, et celle de Dioscoride. Il se peut que ce dernier naturaliste ait voulu désigner la coralline officinale, comme le croient la plupart de ses commentateurs. Ce polypier a été, en effet, connu des anciens ; il doit son nom de *coralline*, qui depuis est devenu celui du genre dont il fait partie, à sa petite taille, à sa consistance solide et à sa manière de vivre fréquemment aux pieds du corail. Il n'est guère probable que l'*irane* soit une espèce de conferve, comme le pense Adanson ; mais il est impossible de dire si c'est un animal plutôt qu'un végétal. (LEM.)

IRASSE. (*Bot.*) Nom d'un palmier, probablement du genre *Martinezia*, qui croit dans l'Amérique méridionale.(LEM.)

IRE. (*Bot.*) Ce nom est cité, dans la table d'Adanson, comme synonyme du *gnaphalium* de Tournefort, qui est le *diotis* de M. Desfontaines. (H. CASS.)

IREMEMINAY. (*Bot.*) Nom donné sur la côte de Coromandel, suivant un herbier de ce pays, au *premna serratifolia*, genre de la famille des verbenacées. (J.)

IREON. (*Bot.*) Nom sous lequel P. Browne désigne le genre *Sauvagesia*, dans son Histoire de la Jamaïque. Burmann, fils, dans son *Flora Capensis*, a fait un autre *ireon*, qui est, selon lui, le *roridula dentata* de Linnæus, et, selon Scopoli, le *lobelia parviflora* de Bergius : ce genre de Burmann et de Scopoli n'a pas été adopté. (J.)

IREOS. (*Bot.*) L'iris de Florence, *iris florentina*, a reçu ce nom anciennement, comme le témoignent les écrits de Dodonée et de Mentzel. (LEM.)

IRESINE. *Iresine*. (*Bot.*) Genre de plantes dicotylédones, à fleurs dioïques, de la famille des *amaranthacées*, de la *dioécie pentandrie* de Linnæus, dont le caractère essentiel consiste dans des fleurs dioïques, offrant un calice à cinq petites folioles, accompagné à sa base de deux petites écailles extérieures : dans les fleurs mâles, cinq étamines libres, séparées par cinq écailles internes; dans les fleurs femelles, un ovaire supérieur, dépourvu de style, surmonté de deux stigmates. Le fruit consiste dans une capsule uniloculaire, renfermant plusieurs semences enveloppées d'un duvet très-fin, lanugineux.

Parmi les espèces qui composent ce genre, et qui ont peu d'éclat, une seule est cultivée dans les jardins de botanique. C'est une plante peu délicate sur la nature du terrain; cependant elle exige au moins la serre tempérée dans la mauvaise saison, et des arrosemens fréquens en été. Comme ses graines ne parviennent jamais à maturité, on la multiplie de boutures faites au printemps par déchirement des vieux pieds.

IRÉSINE FAUX-CELOSIA : *Iresine celosioides*, Linn.; Pluk., *Almag.*, tab. 261, fig. 1? Sloan., *Hist.*, 1, tab. 90, fig. 2. Cette plante s'élève à la hauteur de deux ou trois pieds, sur une tige glabre, cannelée, rameuse, un peu renflée à ses nœuds, garnie de feuilles ovales-lancéolées, un peu rudes et ponctuées en-dessus; les inférieures oblongues, acuminées. Les fleurs sont très-petites, disposées en une panicule rameuse et serrée. Cette plante croît dans la Floride et la Virginie. L'*Iresine diffusa*, Willd., diffère peu de cette espèce; elle en a le port, l'inflorescence : mais ses feuilles sont parfaitement glabres, cuspidées; la panicule plus étalée. Elle croît dans l'Amérique méridionale.

IRÉSINE A FLEURS VELUES : *Iresine erianthos*, Poir., Encycl., Suppl.; Lamk., *Ill.*, tab. 213, fig. 1. Espèce découverte au Brésil par Commerson, dont les tiges sont glabres, presque ligneuses, un peu striées, rameuses; les feuilles opposées, pétiolées, glabres, ovales-lancéolées; la panicule ample, étalée; les ramifications inférieures géminées, toutes opposées, roides, velues; les fleurs petites, lanugineuses et blanchâtres.

IRÉSINE A GRAPPES : *Iresine racemosa*, Poir., Encycl., Suppl.; Lamk., *Ill.*, tab. 213, fig. 2. Cette plante est remarquable par la disposition de ses fleurs en grappes alternes, très-simples, formant par leur ensemble une longue panicule terminale ; les pédicelles accompagnés chacun d'une petite bractée. Les rameaux sont glabres, cylindriques; les feuilles alternes, pétiolées, glabres, étroites, lancéolées, très-entières. Cette espèce croit à la Martinique. Dans l'*Iresine paniculata*, Poir., Encycl.. les ramifications de la panicule sont rameuses et non en grappes simples; les feuilles presque opposées, à peine pétiolées, étroites, lancéolées, aiguës; les tiges glabres, cylindriques et rameuses. Elle croit dans l'Amérique méridionale.

MM. Humboldt et Bonpland ont découvert, dans l'Amérique méridionale, plusieurs autres espèces d'irésine, décrites par M. Kunth dans le *Nova genera*, etc. : telles que l'*iresine parvifolia*, à petites feuilles ovales-aiguës, pubescentes en-dessous et à leurs bords; la panicule simple, étalée, composée d'épis oblongs, sessiles, cylindriques. L'*iresine Havanensis* en est très-voisine : mais ses tiges sont rampantes; ses feuilles glabres, ciliées; la panicule rameuse. Dans l'*iresine Mutisii*, les tiges ont leurs rameaux tétragones; les feuilles glabres, ovales-oblongues; la panicule très-rameuse, etc. (Poir.)

IRGENDIR. (*Mamm.*) C'est le nom que les Tunguses donnent, dit-on, à la loutre commune. (F. C.)

IRI. (*Bot.*) Racine que les naturels du Brésil emploient à fabriquer des arcs : la plante qui la fournit nous est inconnue. (Lem.)

IRIA ou BALARI. (*Bot.*) Noms malabares d'un souchet de l'Inde, nommé pour cette raison *cyperus iria* par Linnæus. MM. Richard et Persoon nomment aussi *iria* le *cyperus monostachyos*, dont la spicule est solitaire, terminale, et les fleurs munies seulement de trois étamines : ce genre peut être réuni à l'*abilgardia*. (J.)

IRIARTEA. (*Bot.*) Voyez Ceroxylon. (Poir.)

IRIBIN. (*Ornith.*) M. Vieillot a donné pour caractères à ce genre d'oiseaux de la famille des vautours, *daptrius*, la mandibule inférieure du bec anguleuse en-dessous, échancrée vers le bout, obtuse : le jabot et la gorge glabres chez les adultes; la cire velue; les tarses grêles. Le même auteur a fait du rancanca un genre particulier sous le nom d'*Ibycter*, en le caractérisant par sa mandibule inférieure entière et un peu pointue, la cire et les joues nues. Son genre Ca-racara, *polyborus*, a le bec rétréci en-dessous, la cire large et velue, le jabot laineux, avec l'ongle postérieur le plus fort de tous.

On a dit, dans ce Dictionnaire, tom. 7, pag. 10, qu'il y avoit au Muséum d'histoire naturelle trois oiseaux de plus petite taille que le *caracara proprement dit* et sous la même dénomination générique, en ajoutant que le premier indi-vidu, le caracara noir, y portoit, pour synonymie, le nom de *daptrius ater*; le second, c'est-à-dire le caracara à queue rayée, celui de *daptrius striatus*, Vieil.; et que le troisième, dont M. Vieillot a fait son genre Rancanca, *Ibycter*, y étoit nommé *caracara rancanca*. M. Vieillot, qui ne reconnoit dans les deux iribins du Muséum que des variétés d'âge ou de sexe de son *daptrius ater*, se plaint, p. 187 du 16.ᵉ vol. de la 2.ᵉ édition du Dictionnaire dont il est un des collaborateurs les plus distingués, de ce qu'on a donné dans celui des Sciences naturelles la dénomination fautive de *daptrius striatus*, Vieil., au second individu; mais il auroit pu remarquer que l'auteur de l'article CARACARA s'est borné à exposer que l'étiquette de l'individu dont il s'agit présentoit cette synonymie. (CH. D.)

IRIBU. (*Ornith.*) Ce nom est employé d'une manière gé-nérique, au Paraguay, pour désigner les vautours, dont M. d'Azara décrit trois espèces. La première, n.º 1, est l'*iribu rubicha*, chef ou roi des iribus, qui se rapporte au roi des vautours, *vultur papa*, Linn. et Lath., zopilote, *gypagus*, de M. Vieillot. Le second est l'iribu proprement dit des Guarinis, n.º 2, et le troisième est l'*iribu-acabiray*, n.º 3, ou simplement l'*acabiray*, mot qui signifie tête chauve. Sonnini rapporte celui-là à l'urubu de Buffon, et celui-ci à l'aura; mais l'aura et l'urubu ont été confondus, tant par le naturaliste françois que par Gmelin et Latham, sous le nom de *vultur aura*, et c'est M. Vieillot qui, en établissant le genre Gallinaze, *Catha-rista*, a désigné avec précision les deux espèces sous les noms de *catharista aura* et *catharista urubu*. Ces espèces, dont la couleur est à peu près la même, se distinguent en ce que la première a la peau de la tête et du cou ridée et la queue arrondie, et que chez la seconde la tête et le cou sont garnis de mamelons, et les pennes caudales égales. (CH. D.)

IRIDAPS. (*Bot.*) Commerson nommoit ainsi le *rima* ou arbre du fruit à pain, *artocarpus*. (J.)

IRIDEA. (*Bot.*) Stackhouse pense qu'on peut établir sous ce nom un genre dans la famille des algues, auquel il rapporte son *fucus fluitans*, qui se fait remarquer par sa fronde cartilagineuse, cylindrique, très-rameuse, à rameaux opposés, plusieurs fois découpés et à divisions capillaires. Sa fructification est inconnue.

Ce fucus est figuré planche 17 de la deuxième édition de la Néréide britannique.

L'*iridea* est placé par Stackhouse entre ses genres *Hippurina* et *Herbacea*, qui représentent le *Delesseria* de Lamouroux. (LEM.)

IRIDÉES. (*Bot.*) Famille de plantes de la classe des monopérigynes ou monocotylédones, apétales, à étamines insérées au calice. Elles ont un calice toujours supère, c'est-à-dire, adhérent inférieurement à l'ovaire, qu'il ne déborde que par son limbe divisé, plus ou moins profondément, en six lobes égaux ou inégaux; d'où résultent des fleurs régulières ou irrégulières. Les étamines, au nombre de trois, sont insérées au bas des trois divisions plus intérieures du calice. Leurs anthères sont alongées et appliquées contre la surface extérieure de l'extrémité supérieure des filets, qui sont tantôt distincts, tantôt réunis en un tube traversé par le style. L'ovaire, toujours infère, faisant corps avec le calice, est surmonté d'un style plus ou moins long, terminé par trois stigmates. Il devient une capsule à trois loges polyspermes, s'ouvrant dans sa longueur en trois valves, dont chacune, en s'écartant à l'époque de la maturité, emporte avec elle une cloison qui lui adhère et la partage dans son milieu. Les graines, attachées à l'angle intérieur des loges, au point de leur réunion, sont souvent disposées sur deux rangs. Elles sont remplies par un périsperme de substance solide et comme cornée, creusé, vers le hile ou point d'attache, d'une petite cavité dans laquelle est niché un embryon monocotylédone très-petit. Les tiges de ces plantes sont herbacées, ou quelquefois ligneuses, ou rarement presque nulles. Les feuilles, toujours alternes, sont engainées à leur base, souvent distiques et conformées en lames aplaties d'épée,

Les fleurs sont terminales, accompagnées de spathes uni- ou multiflores, qui sont ordinairement bivalves.

On peut établir dans cette famille deux sections caractérisées par la réunion ou la séparation des filets d'étamines.

Dans celle des filets réunis sont rapportés les genres *Galaxia*, *Sisyrinchium*, *Tigridia*, *Ferraria*, *Vieusseuxia* et *Patersonia* de M. Brown, dont on regarde le *genosiris* de M. Labillardière comme congénère.

La section plus nombreuse des filets non réunis renferme d'abord les genres anciens, *Iris*, *Moræa*, dont le *Bobartia* de Linnæus et le *Diplarrena* de M. Labillardière sont congénères; *Ixia*, auquel on rapporte le *Tapeinia*, *Cipura*, *Watsonia*, *Gladiolus*, *Antholyza*, *Witsenia*, *Crocus* : ensuite les genres plus récens, *Parianthus*, *Babiana*, *Sparaxis*, *Hesperantha*, *Geissorhiza*, *Tritonia*, *Anomatheca*, *Trichonema* de M. Gawler, *Aristea* de M. Aiton, *Diasia* de M. De Candolle : les uns et les autres disposés ensemble suivant un ordre qui n'est pas définitivement arrêté.

Les *Dilatris*, le *Wachendorfia* et le *Xiphidium*, laissés auparavant à la suite des iridées, comme ayant avec 'elles de l'affinité, devront former la nouvelle famille des dilatridées. Elle sera caractérisée principalement par une capsule à trois loges et trois valves libres, munie d'un réceptacle central triangulaire, portant sur ses trois faces une ou plusieurs graines, et sur les angles duquel s'insèrent les bords des valves, formant ainsi chacune leur loge entière, comme dans les convolvulacées. Le *Conostylis* paroît appartenir à cette série, et le port y ramène aussi les genres *Argolasia*, *Anigosanthos*, *Lophiola*, *Heritiera* de Michaux, *Hœmodorum*; mais il faudroit vérifier s'ils ont ce réceptacle central qui doit distinguer les dilatridées de toutes les autres familles monopérigynes, ou si, ayant le fruit des iridées, ils doivent former une famille distincte. (J.)

IRIDIUM. (*Chim.*) Corps simple appartenant à la 5.e section des métaux. (Voyez Corps.)

Il est solide, d'un blanc d'argent.

D'après l'observation de M. Vauquelin, il jouiroit d'une légère ductilité.

Il est infusible au feu de nos fourneaux ; cependant M.

Children est parvenu à le fondre en globule au moyen de
son appareil voltaïque. La densité de ce globule étoit de
18.68 ; mais, comme il étoit poreux, cette densité est trop
foible.

L'iridium nous paroît être essentiellement électro-négatif,
parce que les combinaisons qu'il forme avec l'oxigène et
avec le chlore sont évidemment plutôt électro-négatives ou
acides, qu'électro-positives ou alcalines, et en outre ces
combinaisons ne se font que dans très-peu de circonstances.

*Action de l'oxigène et des corps qui peuvent agir par
leur oxigène.*

L'iridium, exposé à l'air et même à l'oxigène pur, à
toutes les températures connues, n'éprouve aucune altération.

Tous les acides oxigénés sont sans action sur lui ; car
l'eau régale, le seul liquide acide qui puisse l'attaquer, ne
le fait, suivant nous, que par le chlore, et non par l'oxigène. On doit attribuer ce manque d'action autant au peu
d'affinité du métal pour l'oxigène, qu'à la foible affinité de
l'oxide d'iridium pour les acides : ce qui le prouve, c'est
qu'en le faisant rougir dans un creuset d'argent avec la potasse, ou, ce qui revient au même, avec le nitrate de cette
base, on l'oxide très-bien, parce qu'alors l'oxide s'unit à
l'alcali.

Action des hydracides, du chlore et de ses composés.

Aucun hydracide pur n'attaque l'iridium.

Il en est de même du chlore. Mais, quand on met l'iridium
dans de l'eau régale très-concentrée, le chlore à l'état naissant, qui vient de céder son hydrogène à une portion de
l'acide nitrique qui se trouve convertie en acide nitreux, se
porte sur le métal, et une petite quantité de ce dernier est
dissoute : la dissolution est rouge.

Action des corps simples.

Le soufre est susceptible de s'unir à l'iridium, quand il le
rencontre dans un degré extrême de division.

Au rouge blanc l'iridium se combine à l'étain, au cuivre,
au plomb et à l'argent.

Extraction et histoire.

Nous ne parlerons de l'extraction de l'iridium qu'au mot PLATINE.

Il a été découvert par Descotils, en 1803, et examiné peu de temps après par M. Vauquelin et par Tennant.

Des combinaisons de l'iridium.

Alliage d'une partie d'iridium et de 4 parties d'étain. Il est d'un blanc mat, dur et malléable. (Vauquelin.)

Alliage d'une partie d'iridium et de 4 parties de cuivre. Rouge pâle ; il paroît blanc quand il a été limé. Il est ductile et beaucoup plus dur que le cuivre. (Vauquelin.)

Alliage d'une partie d'iridium et de 8 parties de plomb. Blanc et dur (Vauquelin). Tennant dit que , par la coupellation , on en sépare le plomb : l'iridium reste dans la coupelle.

Une partie d'iridium et 2 parties d'argent étant exposées au feu, il se produit un alliage ; mais il y a une portion d'iridium qui ne se combine pas (Vauquelin). L'alliage est ductile, suivant Tennant.

Iridium et or. Suivant Tennant, l'iridium s'allie à l'or sans en changer la couleur. Cet alliage est malléable. Il ne peut être décomposé par la coupellation, lors même qu'on y a ajouté de l'argent. L'eau régale foible sépare bien l'or de l'iridium, mais ne le dissout pas.

Sulfure d'iridium.

M. Vauquelin l'a obtenu en exposant au feu, dans un creuset fermé, un mélange de 100 parties de soufre et de 100 parties de *sel ammoniaco-d'iridium*, qui représentent 45 parties de métal. Le sulfure produit pesoit 60 parties : d'où il suit que 100 parties d'iridium avoient absorbé 33,34 parties de soufre.

Ce sulfure ne se fond pas au fourneau de réverbère ; quand il est calciné à l'air, le soufre se réduit en acide sulfureux, et le métal reste à l'état de pureté.

Oxides et sels d'iridium.

Jusqu'ici on n'a point obtenu les oxides d'iridium à l'état de pureté. On croit qu'il y en a au moins deux. L'oxide, qui passe pour être au minimum, a une couleur bleue. Le composé d'iridium, qu'on a regardé comme l'oxide au maximum, est d'un rouge jaunâtre.

Quand on tient au rouge, dans un creuset d'argent, pendant une heure environ, un mélange d'iridium et de potasse pure ou de nitre, le métal s'oxide et s'unit à l'alcali. L'eau, appliquée au résidu, le sépare en deux composés : l'un soluble, avec excès d'alcali ; l'autre insoluble, avec excès d'oxide d'iridium.

Composé soluble. Il est bleu.

Composé insoluble. Il paroit noir ; mais, si on le traite par l'acide hydrochlorique, il s'y dissout au moins en partie : la dissolution est bleue.

Propriétés de la dissolution hydrochlorique bleue, d'après M. Vauquelin.

Cette dissolution, qu'on a appelée *muriate* ou *hydrochlorate de protoxide d'iridium*, ne précipite par aucun alcali. Si elle contenoit du fer ou du titane, on auroit un précipité vert : si elle contenoit de la silice ou de l'alumine, le précipité seroit bleu. M. Vauquelin, d'après la forte affinité de l'oxide d'iridium pour l'alumine, et la couleur de cette combinaison, pense que l'iridium pourroit bien être le principe colorant du saphir.

Les corps désoxigénans, comme l'acide hydrosulfurique, le fer, son sulfate de protoxide, le zinc et l'étain, décolorent cette dissolution ; et ce qui est remarquable, c'est que l'addition du chlore rétablit la couleur bleue, et que, si on en met un excès, la couleur passe au pourpre ; mais il paroît que dans ce dernier cas l'oxidation n'est pas changée, parce qu'en exposant la liqueur à l'air elle repasse au bleu.

Lorsqu'on la fait bouillir avec le contact de l'air, elle passe au vert, au violet, au pourpre et au rouge jaunâtre. Y a-t-il absorption d'oxigène ? Cela est probable.

Propriétés de la dissolution d'iridium dans l'eau régale, quand on en a chassé l'excès d'acide.

Cette dissolution, qu'on a appelée *muriate* ou *hydrochlorate de peroxide d'iridium*, est rouge. Elle a une saveur acide et très-astringente ; elle précipite la gélatine.

Elle est décolorée par le sulfate de protoxide de fer, et ce qu'il y a de très-remarquable, c'est que, si l'on verse du chlore dans la liqueur décolorée, la couleur passe immédiatement au rouge, et ne change pas lorsque l'excés de chlore qu'on peut y avoir mis est dissipé : c'est le contraire de ce qui arrive à *la dissolution bleue précédente*, qui a été décolorée d'abord, et qu'on a fait passer ensuite au pourpre avec un excés de chlore.

La dissolution rouge d'iridium ne passe au bleu dans aucune circonstance.

Lorsqu'elle est concentrée, si on y ajoute de l'ammoniaque, on obtient un composé qu'on a appelé *muriate ammoniaco-d'iridium.* Il est d'une couleur pourpre si foncée qu'il paroît noir comme du charbon. Lorsqu'il est sec, il donne, à la distillation, de l'azote, de l'acide hydrochlorique, de l'hydrochlorate d'ammoniaque, et 45 pour 100 d'iridium métallique. Ce composé exige 20 parties d'eau froide pour se dissoudre : la liqueur est rouge-orangé; 1 partie de ce composé colore 40000 parties d'eau. L'ammoniaque, l'acide hydrosulfurique, le fer, le zinc et l'étain, décolorent la liqueur : le chlore fait reparoître la couleur.

La dissolution rouge d'iridium, mêlée au chlorure de potassium, forme un composé qu'on a appelé *muriate de potasse et d'iridium.* En masse ce composé est noir; mais, divisé, il est pourpre : 100 parties cristallisées, chauffées fortement, se réduisent à 50 parties, dont 37 sont de l'iridium et 13 du chlorure de potassium. (Ch.)

IRIDORKIS. (*Bot.*) Genre de la famille des *orchidées*, établi par M. Aubert du Petit-Thouars, pour placer l'*angræcum distichum*, Lamk., caractérisé par sa fleur renversée, dont le labelle est plan, élargi et denté au sommet. Il n'a pas été admis par les botanistes. (Lem.)

IRIDROGALVIA. (*Bot.*) Voyez Narthèce. (Poir.)

IRIGENIUM. (*Bot.*) Synonyme de Hierobotane (voyez ce mot) chez les anciens. (Lem.)

IRINGIO. (*Bot.*) Voyez Irungus. (J.)

IRIO, IRION. (*Bot.*) Les Latins, suivant Dioscoride et son commentateur Ruellius, nommoient ainsi le velar, *erysimon* des Grecs. Fuchs appliquoit ce nom à la sanve ou moutarde sauvage, *sinapis arvensis ;* Daléchamps et Columna , à deux sisymbres, *sisymbrium irio* et *polyceration ;* plus récemment Burmann le donnoit au *roridula.* (J.)

IRIPA. (*Bot.*) Nom malabare , suivant Rhéede, d'un arbre de l'Inde , qui est le *cynomorium sylvestre* de Rumph, le *cynometra ramiflora* de Linnæus. (J.)

IRIS ; *Iris,* Linn. (*Bot.*) Genre de plantes monocotylédones, type de la famille naturelle des *iridées ,* et de la *triandrie monogynie* du système sexuel, dont les principaux caractères sont les suivans : Spathe de plusieurs folioles membraneuses, enveloppant une ou plusieurs fleurs; calice nul ; corolle monopétale, irrégulière, tubulée inférieurement, ayant son limbe partagé très-profondément en six découpures onguiculées, inégales, alternativement redressées et étalées, ou réfléchies en dehors; trois étamines à filamens plus courts que les divisions de la corolle, insérés dans le haut du tube devant les découpures réfléchies, et portant à leur extrémité des anthères oblongues; un ovaire inférieur, ovoïde ou oblong, surmonté d'un style court, adhérent avec le tube de la corolle, et terminé par trois grands stigmates pétaloïdes, bifides à leur extrémité, recouvrant les étamines ; capsule oblongue , à trois valves et à trois loges, contenant chacune plusieurs graines assez grosses et communément arrondies.

Les iris sont des plantes herbacées, à racines tubéreuses ou bulbeuses : leurs feuilles sont ordinairement alongées, planes, aiguës, tranchantes sur les bords, ayant la forme d'une lame d'épée ou de sabre , et s'engainant par leur côté interne et inférieur: dans quelques espèces, les feuilles sont linéaires, canaliculées ou anguleuses : leurs fleurs sont en général grandes, belles, variées de différentes couleurs, imitant en quelque sorte celles de l'arc-en-ciel, et c'est de là que ces plantes ont reçu le nom qu'elles portent, l'arc-en-ciel étant, selon les poëtes anciens, l'emblème d'Iris, messagère des dieux et principalement de Junon.

On connoit aujourd'hui au-delà de quatre-vingts espèces d'iris, dont un assez grand nombre croit naturellement en Europe : les autres se trouvent dans l'Orient et en Asie, au cap de Bonne-Espérance, quelques-unes en Amérique.

Si nous voulions considérer ces plantes sous le rapport de

la beauté de leurs fleurs, presque toutes mériteroient de nous occuper; mais, comme cela donneroit trop d'étendue à cet article, nous nous bornerons à parler ici des espèces les plus remarquables sous le rapport de leurs propriétés, ou de celles qu'on emploie le plus communément à la décoration des jardins.

* *Divisions extérieures de la corolle chargées d'une raie barbue; feuilles ensiformes.*

IRIS DE SUSE; vulgairement IRIS DEUIL, IRIS TIGRÉE : *Iris Susiana*, Linn., *Spec.*, 55; Redout., *Lil.*, 1, t. 18. Sa racine est tubéreuse, horizontale; elle produit une tige cylindrique, haute d'un pied et demi à deux pieds, terminée par une ou deux fleurs plus grandes que dans aucune autre espèce, d'une couleur brunâtre claire, panachée de veines et de lignes d'un violet pourpre. Les trois divisions réfléchies de la corolle sont plus larges que les autres, d'une couleur brune plus foncée, avec une tache noirâtre. Les feuilles sont ensiformes, droites, glabres, d'un vert glauque, plus courtes que la tige. Cette belle espèce croît naturellement aux environs de Suse dans le Levant, et, selon Linnæus, elle a été envoyée, en 1573, de Constantinople dans les Pays-Bas, d'où elle s'est répandue en Europe dans les jardins de botanique et des amateurs.

L'iris de Suse demande plus de précautions pour être cultivée avec succès que la plupart des espèces dont nous parlerons ci-après : elle craint la gelée, et il faut l'en garantir en la plantant dans un pot un peu grand, ou mieux en la plaçant en pleine terre au pied d'un mur, où elle fleurit plus sûrement; dans ce dernier cas, il faut avoir soin de la mettre à l'abri des grands froids, en la couvrant avec de la litière ou de la paille toutes les fois que la rigueur de la saison l'exige. Il lui faut une terre légère, sèche et l'exposition au soleil. Ses fleurs paroissent en Mai dans les jardins du Nord, et en Avril dans ceux du Midi. Elle perd ses feuilles tous les ans, après avoir fleuri, et les nouvelles commencent à pousser en automne. Le moment favorable pour la transplanter est celui où sa végétation est suspendue, depuis la dessiccation des anciennes feuilles jusqu'à ce que les nouvelles commencent à paroître.

Iris de Florence : *Iris florentina*, Linn., *Spec.* 55 ; Redouté, *Liliac.*, 1, tab. 25. Sa racine est tubéreuse, noueuse, odorante ; elle produit une tige haute d'un pied ou environ, munie de quelques feuilles à sa base, et chargée dans sa partie supérieure de deux à trois fleurs blanches, grandes, d'une odeur douce et agréable : leur tube est toujours plus long que l'ovaire. Les feuilles sont plus courtes que la tige, droites, planes, en forme de lame d'épée, glabres et d'un vert glauque. Cette iris croît naturellement dans les parties méridionales de l'Europe ; on la trouve en Provence, et elle fleurit à la fin d'Avril ou au commencement de Mai.

Sa racine récente est émétique et purgative ; on peut en donner le suc à la dose d'une à deux onces dans quatre fois autant de vin blanc : ce remède convient principalement dans les hydropisies. Mais aujourd'hui cette racine n'est guère employée qu'à son état de dessiccation et en poudre. De cette dernière manière les pharmaciens l'emploient comme accessoire pour rouler des pilules ou leur donner de la consistance. Autrefois cette poudre entroit dans la composition de plusieurs préparations pharmaceutiques maintenant tombées en désuétude. Mais un usage auquel cette racine sert communément aujourd'hui, c'est à faire, lorsqu'elle est en morceaux parfaitement desséchés, ces petites boules nommées *pois d'iris*, et qu'on emploie pour entretenir la suppuration des cautères. Les parfumeurs se servent aussi de la racine d'iris de Florence, à cause de son odeur, qui ressemble à celle de la violette.

Iris germanique : *Iris germanica*, Linn., *Spec.*, 55 ; Bull., *Herb.*, t. 141. Sa racine est tubéreuse, charnue, noueuse, horizontale, et elle donne naissance à une tige haute d'un pied et demi à deux pieds, un peu rameuse. Ses feuilles sont planes, en forme de lame d'épée ou de sabre, distiques, moins longues que la tige. Les fleurs, d'un bleu violet foncé, sont disposées, au nombre de trois à quatre, dans la partie supérieure de la tige ; le tube de leur corolle est à peine aussi long que l'ovaire. Cette plante croît en France, en Italie, en Allemagne, en Suisse, etc., dans les lieux secs et arides, sur les vieux murs. On la plante dans les grands parterres ; ses fleurs, ayant beaucoup d'éclat, sont très-propres à les orner au printemps.

Le suc exprimé de la racine récente de l'iris germanique, plus vulgairement flambe, est fortement émétique et même purgatif. On le conseille dans l'hydropisie, à la dose de quatre gros à deux onces : mais, comme il a beaucoup d'âcreté, il doit être mêlé à quelque véhicule qui tempère et diminue son action irritante ; car, employé seul, il peut exciter une sensation brûlante dans la gorge et par suite de cruelles tranchées. On peut aussi donner l'infusion vineuse de cette racine coupée en morceaux. Quand elle est sèche, elle perd une grande partie de ses propriétés : on peut alors, après l'avoir réduite en poudre, la substituer dans quelques usages pharmaceutiques à celle de l'iris de Florence.

On prépare, en faisant macérer avec de la chaux les corolles de l'iris germanique, une couleur d'un beau vert, connue sous le nom de *vert d'iris*, dont les peintres font usage, principalement pour la miniature. En faisant infuser ces fleurs dans du vitriol de Mars, on en retire une couleur noire.

IRIS A FLEURS PALES ; *Iris pallida*, Lamk., Dict. encyclop., tom. 3, pag. 294. Cette espèce diffère de la précédente par sa tige plus élevée, par ses feuilles plus larges, plus glauques, par ses fleurs d'un bleu pâle, et surtout par ses spathes membraneuses, très-blanches, même avant l'épanouissement des fleurs ; tandis que dans l'iris germanique elles sont d'abord vertes, ensuite teintes de pourpre ou de violet sur les bords, et qu'elles prennent, en se desséchant, une couleur sale, un peu roussâtre. M. de Lamarck croit cette plante originaire du Levant : on la cultive en pleine terre dans les jardins ; elle fleurit en Mai.

IRIS A ODEUR DE SUREAU : *Iris sambucina*, Linn., *Spec.*, 55 ; *Bot. Magaz.*, n.º et t. 187 ; *Iris major latifolia*, VIII, Clus., *Hist.*, 1, pag. 219. Cette espèce ressemble beaucoup à l'iris germanique ; mais ses feuilles sont beaucoup plus vertes, ses fleurs plus pâles, et les divisions redressées de la corolle sont échancrées. Elle croît dans le Midi de l'Europe ; on la cultive au Jardin du Roi.

IRIS JAUNE-SALE : *Iris squalens*, Linn., *Spec.*, 56 ; Jacq., *Fl. Aust.*, 1, p. 7, t. 5. Sa racine est tubéreuse et horizontale, comme dans les espèces précédentes ; elle produit une tige cylindrique, une fois plus longue que les feuilles et haute d'environ deux pieds, portant, dans sa partie supérieure, trois à quatre fleurs assez grandes, dont l'inférieure est pédonculée et placée dans l'aisselle d'une feuille. Les feuilles sont ensiformes, glabres, vertes, un peu rougeâtres à leur base. Les corolles, enveloppées avant leur épanouissement dans des spathes vertes, ont leurs trois pétales réfléchis d'un pourpre livide, et veinés vers leur base qui est jaunâtre ; les trois pétales, redressés, sont échancrés à leur sommet et d'un jaune sale. Cette espèce croît dans le Midi de l'Europe, et on la cultive dans les jardins du Nord, où elle fleurit en Mai.

Iris panachée : *Iris variegata*, Linn., *Spec.*, 56 ; Jacq., *Fl. Aust.*, t. 5. Sa racine est de même forme que celle des espèces précédentes. Ses feuilles, d'une forme aussi à peu près semblable, sont longues d'environ un pied et un peu plus courtes que la tige, qui porte dans sa partie supérieure trois à cinq fleurs jaunes, mais dont les trois divisions réfléchies de la corolle sont élégamment veinées ou rayées de pourpre brun. Cette plante croît naturellement en Autriche ; on la cultive dans les jardins : elle fleurit à Paris à la fin de Mai ou au commencement de Juin.

Iris naine : *Iris pumila*, Linn., *Spec.*, 56 ; Jacq., *Fl. Aust.*, t. 1. Sa tige n'est haute que de deux à trois pouces et de la longueur des feuilles, qui sont ensiformes. La fleur est solitaire, terminale, à tube grêle, saillant hors de la spathe, et au moins de la longueur des divisions de la corolle ; sa couleur est le plus souvent violette, quelquefois purpurine, bleuâtre ou même blanchâtre. Cette espèce croît naturellement dans les lieux secs et pierreux ; on la trouve fréquemment sur les murs et les toits rustiques : elle fleurit de bonne heure, à la fin de Mars ou au commencement d'Avril. Ses fleurs, qui sont grandes comparativement à l'élévation de la plante, font un joli effet et sont très-propres à la décoration des grottes et des rocailles que l'on place dans les jardins paysagers.

Iris jaunâtre ; *Iris lutescens*, Lamk., *Dict. encycl.*, tom. 3, pag. 297. Cette espèce diffère de la précédente par la couleur de sa fleur, qui est constamment jaune ; par ses feuilles moins longues que la tige, et par le tube de sa corolle plus court, renfermé dans la spathe. Elle croît dans les lieux pierreux et montagneux en France, en Allemagne, etc. : elle fleurit en Avril et Mai.

IRIS FRANGÉE ; *Iris fimbriata*, Vent., *Hort. Cels.*, pag. et tab. 9. Sa racine est tubéreuse ; ses feuilles sont alongées, larges d'un pouce, très-aiguës, planes, un peu recourbées en forme de sabre ; ses tiges sont droites, comprimées, à peine plus longues que les feuilles, hautes de six à dix pouces, un peu rameuses dans leur partie supérieure, qui porte deux à trois fleurs d'un bleu pâle, à divisions ondulées et crénelées en leurs bords : les trois extérieures presque cunéiformes, parsemées de taches jaunâtres ; les intérieures plus étroites, sans aucune tache : les stigmates sont déchiquetés et frangés en leurs bords. Cette plante est originaire de la Chine ; on la cultive au Jardin du Roi à Paris, et on la rentre dans l'orangerie pendant l'hiver.

*** Divisions extérieures de la corolle sans raie barbue ; feuilles planes et ensiformes.*

IRIS DES MARAIS, vulgairement GLAYEUL DES MARAIS : *Iris pseudo-acorus*, Linn., *Spec.*, 56 ; Bull., *Herb.*, tab. 137. Sa racine est tubéreuse, oblongue, horizontale ; elle produit une tige droite, haute de deux à trois pieds, un peu moins élevée que les feuilles, qui sont ensiformes, droites, d'un vert gai. Les fleurs sont jaunes, au nombre de trois à quatre : les unes axillaires, longuement pédonculées ; les autres terminales : leurs pétales intérieurs sont plus courts et plus étroits que les stigmates. Cette espèce est commune en Europe, dans les marais, sur les bords des rivières et des étangs : elle fleurit en Juin et Juillet.

La racine de l'iris des marais n'a point d'odeur : elle a beaucoup d'âcreté lorsqu'elle est fraîche, et en cet état elle est fortement purgative ; mais les médecins n'en font guère usage : les gens de la campagne l'emploient empiriquement dans les hydropisies. Sèche et réduite en poudre, elle provoque la sécrétion muqueuse du nez, quand on la met en contact avec cette partie, et la salivation, si c'est dans la bouche qu'on la place. Quelques auteurs ont prétendu que, par la dessiccation, cette racine devenoit astringente ; et, comme telle, ils l'ont conseillée dans la diarrhée et dans la dyssenterie; mais l'irritation qu'elle produit quand on l'applique à l'intérieur du nez, prouve assez qu'elle ne doit pas avoir perdu toutes les propriétés qu'elle avoit étant récente.

En Écosse, les habitans des montagnes se servent de la décoction de cette racine mêlée à des préparations de fer, pour en faire de l'encre; et dans quelques parties de ce même pays on l'emploie pour teindre les draps en noir. Il y a quelques années, lorsque les denrées coloniales étoient à un prix très-élevé, on a proposé les graines de l'iris des marais, torréfiées, pour remplacer le café; mais l'usage de ces graines ne s'est nullement répandu sous ce rapport.

IRIS FÉTIDE; vulgairement IRIS GIGOT, GLAYEUL PUANT OU SPATULÉ : *Iris fœtidissima*, Linn., *Spec.*, 57; *Iris sylvestris, spatulata, fœtida*, Blackw., *Herb.*, tab. 158. Sa racine, qui est tubéreuse, comme dans l'espèce précédente, produit des feuilles ensiformes, un peu étroites, d'un vert foncé, rendant, quand on les froisse entre les doigts, une odeur désagréable qui peut être comparée à celle de l'ail. Sa tige est haute d'un pied et demi à deux pieds, imparfaitement cylindrique, anguleuse d'un seul côté; elle porte dans sa partie supérieure trois à quatre fleurs d'un violet obscur, tirant sur le pourpre, dont les divisions intérieures sont un peu plus longues que les stigmates. Cette plante croît en France, en Angleterre, en Allemagne, en Italie, etc., dans les bois montagneux, les lieux humides et ombragés : elle fleurit en Mai et Juin.

Les racines et les graines de cette iris ont, selon quelques auteurs, une propriété anti-hystérique et fendante; elles ont aussi passé pour hydragogues : mais aujourd'hui on ne les emploie plus sous aucun rapport.

IRIS DE SIBÉRIE, vulgairement IRIS DES PRÉS : *Iris sibirica*, Linn., *Spec.*, 57; Jacq., *Flor. Aust.*, tab. 5. Ses racines sont fibreuses et noirâtres; elles produisent des feuilles ensiformes, étroites, droites, d'un vert un peu foncé, plus courtes que les tiges, qui sont hautes de deux pieds ou plus, nues ou peu feuillées dans leur partie supérieure, qui porte deux à quatre fleurs inégalement pédonculées, d'un beau bleu, panachées de blanc et d'un peu de jaune à leur base; les divisions exté-

rieures de la corolle sont ovales. Cette espèce croît naturellement dans les prés et les bois en France, en Allemagne, en
Suisse, en Autriche, en Hongrie, etc. : elle fleurit en Mai
et en Juin.

IRIS VARIÉE : *Iris versicolor*, Linn., *Spec.*, 57 ; *Bot. Magaz.*,
n.° et t. 21 ; *Iris americana versicolor, stylo non crenato*, Dill.,
Hort. Elth., 187, tab. 155, fig. 187. Ses feuilles sont ensiformes, un peu étroites, vertes, recourbées au sommet, à
peine moins longues que la tige, qui est cylindrique, haute
d'un pied à un pied et demi, terminée par deux à trois fleurs,
dont les divisions extérieures sont grandes, ovales, bleues,
mais panachées vers leur base de blanc, de jaune et de veines violettes, et dont les divisions redressées sont plus petites,
lancéolées, d'un pourpre violet ou bleuâtre. Cette espèce est
originaire de l'Amérique septentrionale ; on la cultive au
Jardin du Roi.

IRIS BATARDE : *Iris spuria*, Linn., *Spec.*, 58 ; Jacq., *Flor. Aust.*
tab. 4. Sa tige est haute d'un pied et demi à deux pieds,
droite, feuillée et un peu comprimée inférieurement. Ses
feuilles sont ensiformes, étroites, droites, presque aussi longues que les tiges. Ses fleurs sont terminales, ordinairement
au nombre de deux, l'une au-dessous de l'autre, ayant leurs
divisions extérieures en forme de spatule, leurs ovaires à
six angles, et leurs spathes vertes : ces fleurs sont veinées de
bleu ou de violet sur un fond blanc jaunâtre, et elles paroissent en Mai et Juin. Cette plante croît en Allemagne, en
Autriche, dans le Midi de la France et de l'Europe.

IRIS JAUNE : *Iris ochroleuca*, Linn., *Mant.*, 175. ; *Bot. Magaz.*,
n.° et tab. 61. Cette espèce a quelques rapports avec la précédente ; mais elle en diffère par ses racines tubéreuses, horizontales, qui poussent çà et là leurs tiges, au lieu que dans
l'iris bâtarde les tiges et les feuilles naissent rapprochées en
touffe, de même que dans l'iris de Sibérie. Elle se distingue
aussi par la couleur, constamment jaunâtre ou d'un jaune
blanchâtre, de ses fleurs. L'iris jaune croît dans la Sibérie et
le Levant ; on la cultive au Jardin du Roi.

*** *Feuilles linéaires, canaliculées ou jonciformes.*

IRIS GRAMINÉE : *Iris graminea*, Linn., *Spec.* 58 ; Jacq., *Flor.*

Austr., tab. 2. Ses racines sont fibreuses, et elles produisent des tiges et des feuilles réunies en touffe. Ces dernières sont linéaires, étroites, presque semblables à celles des graminées, une fois plus longues que les tiges, qui sont comprimées, hautes de trois à six pouces, terminées par une ou deux fleurs, dont l'ovaire est à six angles, et la spathe de deux pièces lorsqu'il n'y a qu'une fleur, de trois lorsqu'il y en a deux. Ces fleurs sont d'un pourpre violet, avec des lignes plus foncées : elles paroissent en Juin et Juillet. Cette espèce croît naturellement sur les collines et au bord des bois, en Alsace, dans les Vosges, en Autriche, en Hongrie.

IRIS ŒIL-DE-PAON ; *Iris pavonia*, Thunb., *Diss. de ir.*, n.° 35, tab. 31. Sa racine est bulbeuse : elle produit une tige simple, cylindrique, haute d'un pied, velue, garnie inférieurement de quelques feuilles linéaires, striées, velues, de la longueur de la tige elle-même, qui porte à son sommet une ou deux fleurs d'une belle couleur orangée, dont les trois divisions extérieures sont plus grandes que les autres, ovales, entières, marquées de points noirs à leur base, avec une tache bleue, en cœur, noire et veloutée en sa partie inférieure, et dont les trois divisions intérieures sont une fois plus courtes, plus étroites, et presque lancéolées. Ces fleurs ne durent qu'un jour. La plante est originaire du cap de Bonne-Espérance ; on la plante en pot et on la rentre dans l'orangerie ou la serre tempérée.

IRIS BULBEUSE : *Iris xiphium*, Linn., *Spec.* 58 ; Lois., *Herb. amat.*, n.° et tab. 110. Sa racine est une bulbe ovale, pointue ; elle produit une tige droite, haute d'un pied et demi ou environ, garnie à sa base de feuilles linéaires-subulées, creusées en gouttière, striées, glabres, un peu moins longues que la tige. Ses fleurs sont terminales, agréablement odorantes, ordinairement au nombre de deux, dans des spathes vertes et pointues : leur couleur est communément bleue, avec une tache jaune à la base des divisions étalées, qui ne sont pas plus larges que les stigmates : mais il y a plusieurs variétés dans lesquelles les différentes divisions de la corolle sont ou blanches, ou jaunes, bleues foncées ou claires, et même verdâtres, comme bronzées. Cette espèce croît naturellement en Espagne et en Portugal ; on la cultive pour l'ornement des jardins. Ses différentes variétés, plantées en mélange dans une plate-bande, y forment, quand elles sont en fleurs, à la fin de Mai ou au commencement de Juin, un charmant coup d'œil, mais qui ne dure que quatre à cinq jours : on peut prolonger sa jouissance le double de ce temps, en garantissant les fleurs du soleil au moyen d'une grande toile étendue au-dessus. Les oignons peuvent être retirés de terre tous les ans, après que les tiges et les feuilles sont sèches, et on les replante au mois d'Octobre ou au commencement de Novembre. Ils ne craignent que les très-fortes gelées, et surtout lorsque la terre n'est pas couverte de neige, comme cela arriva en Janvier 1820. Lorsqu'on laisse les oignons plusieurs années de suite sans les remuer, ils fournissent une grande quantité de caïeux. Une terre franche, légère, est celle qui leur convient le mieux.

Iris xiphioïde : *Iris xiphioides*, Willd., *Spec.*, 1, pag. 231 : Red., Lil., t. 212; Lois., *Herb. amat.*, n.º et tab. 166. Cette espèce a beaucoup de rapports avec la précédente; mais elle en diffère par ses feuilles plus larges, plus longues que la tige, et par les divisions étalées de sa corolle, qui sont beaucoup plus larges que les stigmates. Ses fleurs sont inodores, larges de trois à quatre pouces, d'un beau bleu clair dans l'état sauvage; blanches, pourpres ou violettes, dans les variétés cultivées. Cette plante croît naturellement dans les montagnes en Espagne et dans les Pyrénées. Nous l'avons vue très-commune dans les prairies un peu élevées de ces dernières montagnes, à Luz, à Cauterets, au Tourmalet, etc.; elle y fleurit en Juin et Juillet. Dans les jardins de Paris elle est en fleur dès le mois de Mai. Quoiqu'elle se trouve très-fréquemment dans les Pyrénées, comme nous venons de le dire, les botanistes ont long-temps ignoré qu'elle fût indigène en France, et M. de Lamarck n'en avoit point fait mention dans la première édition de sa Flore françoise. Depuis, M. de Lapeyrouse et M. Ramond ont revendiqué l'honneur de l'avoir découverte en France ; mais il paroît que Tournefort l'avoit vue dans les Pyrénées avant eux ; et, en effet, il seroit difficile d'herboriser pendant quelques jours dans ces montagnes, à l'époque où elle fleurit, sans la rencontrer, et il n'est pas possible que la beauté de ses fleurs, dans ces lieux agrestes, ne frappe non-seulement un botaniste, mais la première personne à la vue de laquelle elles s'offrent. Quoi qu'il en soit, il y a long-temps que les Hollandois ont tiré cette plante de l'Espagne et l'ont cultivée chez eux, où ils en ont obtenu un grand nombre de variétés, dont par suite les jardins françois se sont enrichis. La culture de l'iris xiphioïde est la même que celle de l'espèce précédente. Ses bulbes sont, dit-on, fortement émétiques, quand elles sont fraîches.

IRIS DE PERSE : *Iris persica*, Linn., *Spec.*, 59 ; Herb. de l'amat., n.° et tab. 48. Sa racine est une bulbe alongée, pyramidale, de la grosseur du pouce ; elle pousse cinq à six feuilles linéaires-subulées, canaliculées, d'un vert un peu glauque, longues d'environ trois pouces, du milieu desquelles s'élève, à la hauteur de trois à quatre pouces, une fleur assez grande, d'une odeur suave, enveloppée avant son épanouissement dans une spathe bivalve. La corolle de cette fleur, à laquelle une seconde succède quelquefois, est partagée profondément en six divisions, dont les trois intérieures sont très-petites, étroites, horizontales ou un peu pendantes, tout-à-fait blanches ; les trois extérieures sont grandes, redressées ou demi-ouvertes, blanches, marquées d'une raie jaune dans leur milieu et à leur sommet d'une large tache veloutée et violette. Les trois stigmates sont grands, pétaliformes, blancs, avec une raie d'un bleu pâle dans leur milieu. Cette plante est originaire de la Perse ; on la cultive en Europe depuis près de deux cents ans. Elle craint la gelée et l'humidité. Quand on la plante en pleine terre, il faut la placer à une exposition chaude et avoir soin de la couvrir de litière pendant les froids. On en jouit davantage en la plantant dans des pots remplis d'une terre légère et sablonneuse, et en plaçant ces pots dans les appartemens, lorsque la plante est en fleur ; ce qui arrive dès le mois de février pour les oignons qui ont été tenus à une douce chaleur pendant tout l'hiver : en pleine terre ils ne fleurissent qu'à la fin de Mars. On peut aussi mettre les oignons dans des carafes remplies d'eau, comme on fait pour les narcisses et les jacinthes.

IRIS SISYRINCHION, vulgairement IRIS DOUBLE-BULBE : *Iris sisyrinchium*, Linn., *Spec.*, 59 ; *Sisyrinchium majus et minus*,

Clus., *Hist.*, 216. La tige de cette espèce est haute de trois à six pouces, et elle porte une à trois fleurs. Ses feuilles sont subulées, canaliculées, plus longues que la tige. Ses fleurs sont bleues, marquées de taches jaunes à leur base; elles paroissent en Avril et Mai. Cette plante croît naturellement en Espagne, en Portugal, sur les côtes de Barbarie, et en Provence, dans les environs de Toulon. Clusius dit qu'en Portugal les enfans mangent ses bulbes comme des noisettes. La bulbe de cette espèce n'est point double, mais simple. Ce qui en a imposé à ceux qui ont cru voir la racine formée de deux bulbes, c'est que chaque année il se forme une nouvelle bulbe, non latéralement, comme dáns les orchis, les tulipes, les aux, etc.; mais naissant immédiatement au-dessus de l'ancienne, comme dans les safrans et les glaïeuls. Dans ces derniers et dans l'espèce dont il est ici question, l'ancienne bulbe est desséchée et ne forme qu'une sorte de plateau au-dessous de la jeune bulbe, lorsqu'on n'arrache la plante qu'au terme de la végétation; mais, si on la retire de terre pendant la floraison, on trouve deux bulbes, l'une qui n'a pas encore acquis toute la grosseur à laquelle elle doit parvenir, et l'autre n'ayant pas encore perdu sa forme.

Iris tubéreuse, vulgairement Faux-hermodacte; *Iris tuberosa*, Linn., *Spec.*, 58; Dod., *Pempt.*, 249; Herb. de l'amat., n.° et tab. 53. La racine de cette iris est formée d'un à quatre tubercules alongés, à peu près de la grosseur du petit doigt; elle produit une tige de six pouces à un pied, terminée par une seule fleur, d'un vert brun, avec une teinte d'un violet obscur. Les feuilles sont linéaires, étroites, quadrangulaires, plus longues que les tiges. Cette plante croît dans le Midi de l'Europe; elle a été trouvée depuis quelques années en Provence, en Languedoc et dans le Poitou. Dans les pays méridionaux elle fleurit en février, et à Paris à la fin de Mars ou au commencement d'Avril. Elle vient bien en pleine terre.

Linnæus, dans sa Matière médicale, regarde les racines de cette iris comme fournissant les hermodattes, dont l'usage étoit autrefois beaucoup plus répandu en médecine qu'il ne l'est aujourd'hui; car il est presque entièrement tombé en désuétude; mais Linnæus paroît avoir été dans l'erreur: c'est

à une autre plante que sont dues les Hermodattes, et l'opinion la plus probable à cet égard est celle de Miller, de
Forskal et de Spielman , qui pensent qu'elles sont formées
avec les bulbes d'une liliacée figurée dans Matthiole, p. 1108,
sous le nom de *colchicum orientale*, mais qui appartient réellement à une espèce de fritillaire. (L. D.)

IRIS. (*Entom.*) C'est ainsi qu'on désigne en latin le papillon
qu'on appelle en France le *grand Mars changeant*. (C. D.)

IRIS. (*Ichthyol.*) M. de Lacépède a donné ce nom à un
poisson des eaux douces de la Caroline , où il a été découvert par M. Bosc. qui l'avoit appelé *perca iridea*. M. de Lacépède en a fait le *labrus irideus*. Voyez Labre. (H. C.)

IRIS. (*Min.*) Pline, liv. XXXVII, chap. 9, dit que l'iris
est un vrai cristal ayant six angles comme lui, et que, placé
au soleil dans une chambre , il renvoie sur les murailles,
d'une manière admirable, les couleurs de l'arc-en-ciel; que
ces couleurs ne lui sont pas propres, etc.

Derosnel (Merc. ind., part. 2, pag. 25) donne ce nom
à une pierre qui est d'un gris de lin tirant sur le rougeâtre,
réfléchissant un peu les couleurs de l'arc-en-ciel; mais qui,
étant laiteuse et n'ayant pas la vivacité de l'opale, est
peu estimée. Cette description convient assez bien à la variété
grisâtre du quarz chatoyant, qu'on nomme vulgairement
œil de chat.

La circonstance des six angles attribués par Pline à l'iris,
a fait présumer à M. Haüy que ce nom pouvoit également
s'appliquer « aux cristaux de quarz limpides, durs, polis,
« assez égaux pour que deux de leurs plans inclinés entre
« eux fassent l'office de l'angle réfringeant du prisme trian-
« gulaire, en sorte qu'étant exposés au soleil, ils projettent
« l'image colorée de cet astre sur une muraille située à une
« distance convenable. » Wallerius, tom. 1, pag. 227, dit
à peu près la même chose en parlant de cette variété de
quarz.

Une troisième sorte de phénomène, résultant de l'action
du quarz sur la lumière, a fait donner aussi le nom d'iris
aux variétés qui le présentent : ce sont des quarz hyalins parfaitement limpides. renfermant dans leur intérieur des fissures
extrêmement minces, qui ont la propriété de donner les

couleurs de l'iris ou de l'arc-en-ciel avec la plus grande vivacité. Ces quarz sont fendillés ainsi naturellement, et alors
leurs fissures moins nombreuses et leur limpidité plus complète rendent ces couleurs plus belles et plus durables, ou
ils le sont artificiellement, soit par la percussion, soit par
leur immersion dans l'eau en état d'incandescence.

Ainsi il y auroit trois sortes d'iris :

1.º Le gris de lin de Derosnel, qui seroit un quarz chatoyant ;

2.º Le cristallisé ou le quarz poli sous un certain angle,
qui est probablement l'iris connu des physiciens modernes,
et peut-être aussi celui de Pline ;

3.º Le quarz hyalin, limpide, fendillé, qui, étant cristallisé, peut fort bien convenir à l'iris indiqué par Pline comme
hexagonal. Cette dernière pierre d'iris est la plus connue,
la plus recherchée, et les plus belles viennent du Mexique
et du Brésil. (B.)

IRIS. (*Ornith.*) On appelle ainsi le prolongement de la
membrane choroïde autour de la pupille ; sa couleur varie
suivant les différentes espèces d'oiseaux. L'iris est blanc
dans la grue couronnée ou oiseau royal, dans la cigogne
maguari, dans le petit tétras à queue fourchue ; blanchâtre
dans le choucas ; noir dans beaucoup de passereaux ; d'un noir
bleuâtre dans la fresaie ; bleu dans le geai ; brun dans un
grand nombre d'oiseaux ; d'un jaune brun dans le cravant ;
jaune dans le faisan doré, l'éperonnier, le goéland à manteau gris ; d'un jaune brillant dans le héron commun, le bu-
tor, le grand et le moyen ducs, le cariama, le garrot, l'huî-
trier ; orangé dans plusieurs coucous ; rouge dans le jaseur
de Bohême, le coq de Bantam, le canard huppé de la Loui-
siane, le geai blanc, le pinson noir ; d'un rouge vif dans le
guêpier ; d'un rouge de feu dans le courlis brun ; d'un rouge
aurore dans les tourterelles blanches, dans quelques variétés
de pigeons, dans les coqs, les poules ; de couleur noisette
dans le casse-noix, le coucou ordinaire, etc.

La connoissance de ces variations, très-utile pour le choix
des yeux d'émail dans la préparation des oiseaux empaillés,
fournit aussi quelquefois des caractères pour la désignation
des espèces. Wolf observe, dans son Histoire naturelle des

oiseaux de Franconie, que l'iris change de couleur avec l'âge ; mais il est probable que ce changement ne devient sensible que chez des individus très-vieux. (Ch. D.)

IRIS MARINA. (*Ichthyol.*) Quelques anciens naturalistes, Aldrovandi entre autres, ont ainsi appelé une espèce de ruban ou de flamme de mer, qui me paroît être la cépole serpentiforme en particulier. Voyez Cépole. (H. C.)

IRISCH. (*Ornith.*) On appelle ainsi, en Norwége, la linotte. *fringilla linaria*, Linn. (Ch. D.)

IRIWYA (*Bot.*), nom donné, suivant Hermann, à une espèce de haricot non déterminée. (J.)

IRLIN (*Ornith.*), un des noms allemands, suivant Schwenckfeld, de la bergeronnette du printemps, *motacilla flava*, Linn. (Ch. D.)

IRON (*Bot.*), nom vulgaire de l'absinthe dans la Hongrie, suivant Clusius. (J.)

IROUCANA. (*Bot.*) Ce genre de plante, observé dans la Guiane par Aublet, nommé *moellaria* par Scopoli et Necker, *athenæa* par Schreber, a été supprimé par nous et réuni au genre *Anavinga* d'Adanson et de Lamarck, que quelques auteurs préfèrent de nommer *Casearia*, avec Jacquin. (J.)

IROUDA (*Ornith.*), nom vulgaire de l'hirondelle en Languedoc, où le petit s'appelle *iroundou*. (Ch. D.)

IRRÉGULIER (*Bot.*), dont les parties correspondantes diffèrent entre elles, soit par la forme, soit par la grandeur. On a des exemples de calice irrégulier, de corolle irrégulière, etc., dans la sauge, le pied-d'alouette, la capucine, le *robinia pseudo-acacia*, etc. L'irrégularité du calice et de la corolle est ordinairement indiquée par la déviation des étamines vers un même côté de la fleur. Les parties peuvent ne pas être toutes semblables et former cependant un tout régulier, si la dissemblance suit un ordre symétrique : tel est, par exemple, le calice de la potentille, du fraisier, etc. (Mass.)

IRRITABILITÉ et CONTRACTILITÉ. Voyez Moelle épinière pour le premier, et Motilité, Muscles, pour le second. (F.)

IRRITABLE (*Bot.*), se contractant et exécutant divers mouvemens par suite de l'acte même de la végétation, ou par le contact de certains stimulans. Ces effets se manifestent d'une manière plus ou moins sensible dans diverses parties des plantes, principalement dans les feuilles, les étamines, les vaisseaux du tissu interne. Ils sont très-marqués dans les feuilles de la sensitive, du sainfoin du gange (voyez au mot Feuilles), ainsi que dans les étamines des berberis, du *ruta graveolens*, du *parnassia*, etc. M. Desfontaines a fait voir que presque toutes les étamines exécutent spontanément des mouvemens particuliers au moment de la fécondation. Les expériences de MM. Brugmann, Coulon, Th. de Saussure, démontrent que les vaisseaux des plantes sont susceptibles de contraction, et qu'on peut anéantir leur irritabilité par plusieurs des agens physiques ou chimiques qui anéantissent l'irritabilité chez les animaux.

La force par laquelle les fruits de la balsamine éclatent, ou les étamines de la pariétaire, du kalmia, etc., se débandent, n'est pas l'irritabilité. Ces phénomènes sont dus à l'élasticité : ils ne se répètent point. Ceux qui sont l'effet de l'irritabilité peuvent se répéter. (Mass.)

IRSIOLA. (*Bot.*) Les plantes de la famille des vinifères, que P. Browne nommoit ainsi dans son Histoire de la Jamaïque, sont le *cissus sycioides* et le *cissus acida* de Linnæus. (J.)

IRSKER. (*Ornith.*) Eggède se borne à désigner cet oiseau du Groënland comme un petit moineau chanteur. (Ch. **D.**)

IRUNGUS. (*Bot.*) Dodoens dit que dans les pharmacies on nommoit ainsi le panicaut, qui est l'*iringio* des Italiens, l'*eryngium* des Latins et des botanistes. (J.)

IRUPERO. (*Ornith.*) On applique, au Paraguay, le nom de *pepoaza*, qui signifie *aile traversée*, aux oiseaux dont les ailes sont traversées par une bande d'une autre couleur que le fond. M. d'Azara en a formé une petite famille, qui a de l'analogie avec les moucherolles et les tyrans, et dont une espèce, par lui décrite sous le n.° 204, porte dans le pays la dénomination particulière d'*irupero*. Cet oiseau, long de sept pouces et demi, est tout blanc, à l'exception du bout de la queue, des couvertures supérieures des ailes, de ses quatre premières pennes, de l'extrémité des quatre suivantes, de l'iris, du bec et du tarse, qui sont noirs. (Ch. **D.**)

IRUS. (*Conchyl.*) C'est le nom sous lequel M. Ocken a

formé une petite coupe générique avec les espèces de coquilles bivalves dont M. de Lamarck a fait ses genres Pandore, Pétricole, Rupellaire et Saxicave. Le caractère qu'il assigne à ce genre, est d'avoir le manteau terminé par deux tubes courts, et d'avoir le pied également très-court. Il y range la *tellina inæquivalvis*, Linn., Gmel., le type du genre Pandore de M. de Lamarck; le *mytilus rugosus* de L., Gmelin, et le *Donax Irus* du genre Pétricole de M. de Lamarck. Ce genre Irus de M. Ocken correspond à celui que Poli avoit nommé depuis long-temps *Hypogœa*. (DE B.)

IRUSCULE. (*Bot.*) Dans les Pyrénées orientales on donne ce nom à l'*euphorbia characias*, Linn. (L. D.)

IRYA, IRYAGHAS (*Bot.*) : noms d'une noix muscade de Ceilan, qui est petite, inodore et conséquemment négligée. (J.)

IRYAGHEDHI. (*Bot.*) Noix muscade sauvage de Ceilan, suivant Hermann. La plante est citée et figurée dans le *Thes. Zeyl.* de Burmann, t. 79. C'est un arbre à feuilles opposées, différant en ce point des autres muscadiers. Comme on ne connoît point sa fructification, il est difficile de déterminer son vrai genre. (J.)

FIN DU VINGT-TROISIÈME VOLUME.

STRASBOURG, de l'imprimerie de F. G. LEVRAULT, imprimeur du Roi.